中国生物饲料研究进展与发展趋势（2014）

Research Progress and Development Trend of China Biological Feed in 2014

● 生物饲料开发国家工程研究中心　编著

中国农业科学技术出版社

图书在版编目（CIP）数据

中国生物饲料研究进展与发展趋势（2014）／生物饲料开发国家工程研究中心编著.
—北京：中国农业科学技术出版社，2014.11

ISBN 978 – 7 – 5116 – 1865 – 8

Ⅰ. ①中…　Ⅱ. ①生…　Ⅲ. ①生物 – 饲料 – 研究 – 中国　Ⅳ. ①S816
中国版本图书馆 CIP 数据核字（2014）第 249364 号

责任编辑　李　雪
责任校对　贾晓红

出　　版　中国农业科学技术出版社
　　　　　北京市中关村南大街 12 号　　　邮编：100081
电　　话　（010）82109707　82106626（编辑室）　　　（010）82109702（发行部）
　　　　　（010）82109709（读者服务部）
传　　真　（010）82106650
网　　址　http：//www. castp. cn
经　　销　各地新华书店
印　　刷　北京富泰印刷有限责任公司
开　　本　787mm×1092mm　1/16
印　　张　22.5
字　　数　560 千字
版　　次　2014 年 11 月第 1 版　2014 年 11 月第 1 次印刷
定　　价　120.00 元

《中国生物饲料研究进展与发展趋势 (2014)》

编 委 会

编 写 人 员

前　言

生物饲料是目前全世界畜牧饲料领域的研究开发与应用热点，是生产绿色、有机等高端畜产品的重要手段，对开发我国饲料资源、保障饲料安全和畜产品安全，促进污染减排、解决环保问题等诸多方面都显示了极大前景，具有重大战略意义。

本书内容包含综述和试验性文章，涉及生物饲料研究进展与应用技术，猪、禽、反刍动物、水产动物等日粮中生物饲料应用现状，以及生物饲料添加剂开发应用技术等内容。并针对饲用酶制剂、饲用微生态制剂、功能性蛋白肽和氨基酸、有机微量元素添加剂、植物与微生物提取物添加剂、发酵及酶解饲料等相关产品的研究与应用技术进行了详尽总结。

该书内容基本反映了我国生物饲料近年来的研究成果和技术水平，随着饲用酶制剂、饲用微生物添加剂、益生元添加剂等生物饲料添加剂的生产和应用技术日趋完善，这些技术的集成应用为抗生素时代的终结积累了理论知识和实践经验，同时为全面彻底解决畜产品安全、提高肉蛋奶风味品质以及提升生态环境治理，开辟了崭新的研究领域和巨大的产业前景。

目前，生物饲料产业在国内外都是新兴领域，与国外相比，在许多方面有待研究，尤其是工艺技术、产品标准以及相关法律法规等方面需要迎头赶上。只要我们抓住机遇、迎接挑战，就有希望在短时间内步入国际水平。应用生物饲料节能降耗、改善动物产品品质、确保饲料安全与食品安全，应该成为我国今后饲料工业发展的长期战略。希望在各位同仁的共同努力下，共同推动中国生物饲料产业更好、更快地发展。

在本书编辑出版过程中，得到了各位编委、作者和编辑的密切配合，也得到了北京挑战生物技术有限公司、上海杰康诺酵母科技有限公司、韩国希杰集团、美国金宝公司、北京挑战牧业科技股份有限公司等企业的大力支持，在此致以衷心感谢！

生物饲料开发国家工程研究中心主任

2014 年 11 月

前　言

目　录

第一部分　生物饲料研究进展与应用技术

第二部分　相关产业生物饲料应用现状

第三部分　新技术与新产品

第一部分

生物饲料研究进展与应用技术

生物饲料添加剂应用技术研究进展和未来趋势

蔡辉益　邓雪娟

（生物饲料开发国家工程研究中心，北京　100081）

摘　要：本文综述了生物饲料添加剂领域中重点产品的生产与应用技术的研究进展和未来发展趋势。在饲用酶制剂研发方面，提出了饲用酶制剂综合使用效果排名，阐述了淬灭酶、葡萄糖氧化酶等新型饲用酶制剂生产与应用技术，列举了充分发挥复合酶制剂效果的应用技术，同时指出下一步需要研究的重点；在微生物饲料添加剂研发方面，明确了从动物营养代谢与微生物代谢关系方面研究益生素的作用机理和方式、加强益生素剂型研究等未来发展趋势；在益生元应用技术研发方面总结指出，多糖、寡糖等益生元可作为一种理想的抗生素替代品，但仍需对其提取分离纯化技术、多糖结构与功能的关系及多糖的剂量与效应关系等进行更深入研究；在天然植物提取物应用技术研发方面，天然植物提取物饲料添加剂逐步成为饲料中抗生素的首选替代品，并成为未来研究的重点。

关键词：生物饲料添加剂；应用技术；研究进展；未来趋势

国外生物活性饲料添加剂的研究进展迅速，总体水平高于国内，尤其在饲用生物活性添加剂的生理生化研究方面已较深入。目前，我国生物饲料添加剂无论是研究还是实际应用都呈现出快速、高效的态势。现代生物技术的大量应用，在酶制剂的发酵菌种基因改良提升，发酵工艺和水平等方面已经赶上甚至部分领域超过发达国家的相应水平。例如，耐高温植酸酶裸酶生产技术、高比活葡萄糖氧化酶生产技术等都已经走在世界前列。在抗生素替代品益生素、益生元和天然植物提取物等方面也是如火如荼，取得了很好的成绩。随着全社会对畜产品安全关注的进一步提升，生物饲料添加剂的研究与应用成为行业发展的大趋势。诸如益生素的应用技术、抗菌肽的生产应用技术等还存在许多问题，为此，就我国主要生物饲料添加剂产品技术的研发与应用综述如下。

1　饲用酶制剂

1.1　单酶品种

中国目前允许使用的单酶品种包括植酸酶、蛋白酶、木聚糖酶、β-甘露聚糖酶、α-半乳糖苷酶、β-葡聚糖酶、葡萄糖氧化（GOD）酶、淀粉酶、支链淀粉酶、脂肪酶、麦芽糖酶、果胶酶、纤维素酶 等13种。

1.2　酶制剂在畜禽生产中的应用

在改善畜禽生产性能方面：许多研究都集中在生产效能方面。综合近年研究结果表

作者简介：蔡辉益，博士生导师，研究员，杭州市钱江特聘专家，主要从事家禽营养与饲料添加剂研究。E-mail：caihuiyi@caas.cn

明，无论是在仔猪、肥育猪还是在肉鸡、蛋鸡以及反刍动物（育肥肉牛、羔羊、奶牛等）动物日粮中添加包括植酸酶、半乳糖苷酶、甘露聚糖酶、葡聚糖酶、木聚糖酶、葡萄糖氧化酶等单酶都产生了正向效果，提高了动物平均日采食量、平均日增重、产蛋率，改善了饲料转化率（王明海等，2008；孙旺斌等，2010；李国旺等，2009；周勃等，2011；蔡元等，2010；马君峰，2011）。

在改变畜产品成分方面：植福华（2012）报道，在泌乳前期奶牛日粮中添加外源非淀粉多糖酶制剂，促进奶牛泌乳和改善了乳成分。

1.3 饲用酶制剂综合使用效果排名

根据生物饲料开发国家工程技术研究中心利用单胃动物仿生系统在乳仔猪动物的试验结果，单酶使用效果依次排名为：葡萄糖氧化酶（GOD）、植酸酶、半乳糖苷酶、甘露聚糖酶、葡聚糖酶、木聚糖酶；单酶性价比依次排名为：植酸酶、甘露聚糖酶、半乳糖苷酶、GOD、葡聚糖酶、木聚糖酶。

1.4 新型饲用酶制剂研究与应用

目前，新型饲用酶制剂研发重点集中在3个方面：一是耐高温酶、耐低温酶和高比活酶的研究；二是复合酶制剂的研发和应用技术；三是淬灭酶、葡萄糖氧化酶等几种新型酶制剂的生产技术和应用方法。

1.4.1 淬灭酶（N-酰化高丝氨酸内酯酶）

淬灭酶是由中国农业科学院饲料研究所近年来新研制的一种酶制剂，它可以群体感应调控微生物各种基因表达，协助病原菌感染和定殖；调控毒力因子的产生和作用；介导病原菌的免疫能力和耐药性（张美超等，2011；吴清平等，2009）。

张志刚等（2011）试验结果表明：淬灭酶可提高乳仔猪日增重8.57%、降低料肉比8.24%；在肉鸡生产实践中淬灭酶可以降低肉鸡料肉比3.65%，明显提高肉鸡经济效益。

1.4.2 葡萄糖氧化酶（GOD）

葡萄糖氧化酶是中国农业科学院饲料研究所研制的又一杰作，因其特殊性成为目前市场上再次关注的热点。它具有抗氧化、抑菌、保鲜，提高消化酶活性，降解霉菌毒素，保护肝脏等多种功效，是继植酸酶后又一革命性的新酶制剂。其酶活定义是：37℃，pH值5.5条件下，每分钟形成1μmol过氧化氢的酶量。其特点是：当pH值4.0～7.0，酶活性≥40%；当温度25～50℃，酶活性≥85%。其作用机制是：$C_6H_{12}O_6 + O_2 \Longrightarrow C_6H_{12}O_7 + H_2O_2$。目前市场GOD酶活（U/g）有500、1 000、3 000等规格。

杨久仙等（2011）报道，GOD可以降低仔猪胃中食糜的pH值（4.36 VS 3.68）。汤海鸥等（2013）试验结果表明，葡萄糖氧化酶可提高保育仔猪日增重12.06%，料肉比降低3.56%，采食量提高7.97%，腹泻率降低44.8%。张宏宇等（2014）报道，断奶仔猪日粮中添加200 mg/kg的葡萄糖氧化酶可显著提高断奶仔猪的生长性能以及养殖经济效益。

1.5 酶制剂作用机理

除了已经明确的机制，如降低肠道食糜黏度、提高养分消化率、减少畜禽后肠道有害微生物的繁殖、改变肠壁结构、提高养分吸收能力之外，最近的研究还表明肠道中的pH环境可能影响植酸酶的活力。然而Martinz等（2014）研究表明，日粮中丁酸与植酸酶的效果发挥没有联合效应。

Sindt 等（2014）报道，植酸酶剂量与青年公鸡的生长速率和 AMEn 具有正相关关系，但在后期该效果减弱。同年，Evans 等（2014）试验结果表明，酶制剂的添加对不含肉粉和肉骨粉的日粮作用效果更好。此外，研究人员证实，蛋白质、钙、磷和钠离子水平的降低将显著降低饲料转化效率和骨矿化效果（$P < 0.05$），而植酸酶和木聚糖酶的添加则可以消除该副作用（Goncallves 等，2014）。

1.6 复合酶的应用技术

1.6.1 饲用复合酶剂的设计

常见的复合酶的酶谱由 6~9 种主要单酶组成，见表 1。

表 1 常用复合酶的酶谱（添加量：500~1 000g/t）（单位：U/g）

项目	蛋白酶	淀粉酶	β - 甘露聚糖酶	α - 半乳糖苷酶	木聚糖酶	葡萄糖氧化酶
活性	9 000	10 000	1 500	150	10 000	80

1.6.2 使用复合酶后饲料配方调整技术

乳仔猪日粮应用复合酶后，配方师可以考虑：去皮豆粕或膨化大豆可降低 3~5 个百分点；鱼粉可以降低 1~2 个百分点；膨化玉米可以减少 3~5 个百分点；抗生素可以降至国家允许使用的范围内；酸化剂降低 1~3 个百分点；氧化锌降低 1kg/t。

1.6.3 复合酶制剂的应用效果

综合近年研究结果表明，复合酶（如胃蛋白酶、α - 淀粉酶、β - 淀粉酶等 11 种酶）应用多数集中在仔猪、肥育猪、肉鸡、蛋鸡、肉鸭、鹅等单胃动物，研究结果都产生了正向效果。具体表现：提高了动物平均日增重、产蛋率；改善了饲料转化率。根据仿生系统评估结果表明：乳仔猪日粮中复合酶的应用可以使豆粕利用率提高 8.32%；玉米利用率提高 6.47%。多数试验结果表明：复合酶应用可以降低 50 大卡能量，相当于 5kg 油脂；蛋白降低 1~2 个点；相当于 23kg 蛋白质含量 43% 的豆粕（汤海鸥等，2014；刘明锋等，2014）。

在复合酶制剂中单酶互作效应方面，Yan 等（2014）在小麦- DDGS 型肉鸡日粮中添加复合酶（1 000 木聚糖酶、75 B - 葡聚糖酶和 12.5 α - 半乳糖苷酶）显著降低消化道食物的黏度 26%，明显改善饲料转化效率（$P = 0.02~0.04$），但 3 种酶之间没有互作效应。Gareis 等（2014）指出，复合酶制剂与日粮能量间存在互作效应。且有研究证实：复合酶的发挥效果与日粮类型和底物浓度有关（Mallmannd 等，2014）。

1.6.4 影响酶制剂应用的因素

要使复合酶制剂的作用充分发挥，除了考虑目标动物、生理阶段、日粮类型等因素外，更重要的是考虑饲料生产加工工艺。在生产实践中，粉料中使用酶制剂效果较颗粒料显著，这主要因为酶制剂对温度比较敏感。如果制粒温度超过 85℃，应采用制粒后液体酶制剂喷涂技术，可避免高温蒸汽对酶活性的不利影响。目前，国内科学家利用菌种转基因技术生产出一种植酸酶，真正解决了酶制剂耐高温问题，这种无需包被的裸酶具有极大发展潜力。

1.7 酶制剂生产与应用技术发展趋势

1.7.1 在生产技术方面

酶表达的基因遗传设计技术：应用组建蛋白质结构的新方法能获得自然界并不存在的

具有全新结构和功能的蛋白质。在确定设计目标和初始序列后，经过结构预测和建模，对序列进行初步修改，然后进行酶基因表达或多肽合成，再经过结构功能检测结果指导修改原先设计。

酶表达基因的修饰技术：包括①多位点定点突变技术：定点突变是蛋白质工程中采用的重要技术之一，但以往一般每次只能引入单点突变，突变效率较低，所以多点突变技术研究成为热点。②酶定向进化技术：其利用的主要原理有基因嵌合酶、易错 PCR 及 DNA 体外随机拼接技术。利用酶的定向进化技术对酶基因进行遗传修饰可能获得具有特殊性能的突变酶及突变菌株。

目标酶性质优秀基因的克隆和表达：随着越来越多的物种基因组的物理图谱和 DNA 测序的完成，DNA 重组技术的完善以及各种蛋白质结构和功能关系数据的积累，人们在很大程度上能突破天然酶缺陷的限制，通过克隆和改造各种功能基因使其在微生物中高效表达，再通过优化发酵工艺获得廉价优质产品。

1.7.2 在应用技术方面

对影响饲用酶制剂应用效果因素研究成为获得最佳效果的关键，必须对如下几方面加以关注：①饲用酶的添加方式，是选择体外消化还是在动物体内起作用。②针对不同原料和目标动物的专用型复合酶制剂的研究。③酶制剂随动物生长变化的动态应用技术，不同生长阶段的同一动物的酶制剂配方差异性研究。④复合酶中各单酶制剂间的拮抗关系以及复合酶制剂的添加对不同动肠道物微生态环境的影响评估。⑤耐高温、裸酶制剂的应用方法研究。

2 微生物饲料添加剂

微生物饲料添加剂或饲用微生物，俗称益生素，在我国已有十余年的发展历程，然而，一直存在应用技术研发落后、行业标准制定落后等问题阻碍了该领域的发展。

2.1 提高机体免疫力，改善生产性能

胡顺珍等（2012）研究报道，复合微生态制剂能够提高肉鸡生产性能，改善其肠道微生物环境，提高其抗氧化能力，增强肉鸡免疫功能。尹清强等（2011）报道，微生态制剂的使用能减少哺乳和断奶仔猪消化道疾病发生、降低死亡率、提高机体免疫力。苏云（2012）研究表明，微生态制剂均能够增加仔猪和蛋鸡的生产性能，日粮中添加不同的微生态制剂可改善断奶仔猪的生长性能。

许多科研人员探索了粪肠球菌、嗜酸乳杆菌、保加利亚乳杆菌、干酪乳杆菌、植物乳杆菌、戊糖片球菌等对仔猪、肉鸡生产性能的影响及其应用新技术新方法，综合结果表明：其应用可以提高平均日增重；降低料重比和腹泻率；降低粪便中大肠杆菌数；提高血液中白蛋白和总蛋白；降低尿素氮。对雏鸡具有促进生长的作用，可提高雏鸡肠道乳酸杆菌和双歧杆菌的数量，减少大肠杆菌和沙门氏菌在肠道内的定植和增殖，可提高钠葡萄糖共转运载体（*SGLT1*）和小肽转运蛋白（*PepT1* mRNA）转录水平，进而提高对葡萄糖和小肽的吸收（刘辉等，2011；杭柏林等，2008；王永等，2013；唐峰等，2013；刘伟学等，2012；侯成立，2011；王浩等，2013a；王浩等，2013b；谢红兵等，2008）。

还有科学家利用酿酒酵母等探讨了其对仔猪、肉鸡生产性能的影响及其应用新技术新

方法，结果表明酿酒酵母等添加剂能改善仔猪消化道微生物区系，促进有益菌的增殖，对大肠杆菌等有害菌的生长有抑制效果（潘宝海等，2010；邵广等，2011）。

光合细菌（沼泽红假单胞菌）在饲料中的使用方法方面，研究报道表明，沼泽红假单胞菌按照 1.25×10^6 CFU/mL 水体用量对虾养殖水体处理，有效降低对虾养殖废水中的 COD、$NH_4^+ - N$、$NO_3^- - N$、$PO^{3-}_4 - P$；按照 $(1.5 \sim 7.5) \times 10^6$ CFU/mL 水体对泥鳅养殖水体处理，能够稳定养殖水体的 pH 值，显著提高溶氧；化学耗氧量和氨氮去除效果明显；氮磷比值得到了有效调节（杨莺莺等，2009；王妹等，2010）。

复合菌制剂在饲料中的使用方法方面，科学家们分别就两歧双歧杆菌、保加利亚乳杆菌、嗜热链球菌、枯草芽孢杆菌和酿酒酵母等对肉仔鸡、海兰褐蛋鸡进行试验，结果表明，产蛋数、产蛋率、蛋重和饲料利用率无直接影响，但明显降低蛋的破损和提高机体的抵抗力，减少死淘率，减少鸡舍内氨气含量，降低环境污染，促进肉仔鸡生长，提高肉仔鸡存活率，降低直肠中大肠杆菌数量。同时强调，益生素加上复合酶可以成为常用抗生素的替代物（萨仁娜等，2009；赖国旗等，2009；曲鹏等，2012；徐虹等，2012 ；Cardenas 等，2014）。

2.2 改善肉品质

宋良敏（2012）报道，猪日粮中应用微生态制剂有利于提高育肥猪对钙、磷和粗蛋白的表观消化率，并提升猪肉的品质。杨华等（2013）利用枯草芽孢杆菌、乳酸菌、双歧杆菌、酵母菌饲喂奶牛可显著提高奶牛产奶量，但对牛奶品质改善作用不明显。

2.3 微生态制剂技术发展趋势

一是筛选更多具有直接促生长作用的优良微生物，包括改造菌群遗传基因，选育优良菌种，提升抗酸、抗热等能力。二是应注意从动物营养代谢与微生物代谢关系方面进行研究益生素的作用机理和方式。三是加强剂型加工工艺的研究，例如研究真空冻干技术和微胶囊技术保护产品，采用真空包装或充氮气包装延长产品技术等，提高活菌浓度及其对不良环境的耐受力。

3 功能性蛋白肽

3.1 功能性蛋白肽在畜禽生产中的应用

在提高生产性能方面，包括含蛋白肽极高的血浆蛋白粉在内，其应用都显著提高仔猪、雏鸡的平均日增重、平均采食量和饲料转化率，增强雏鸡免疫力，降低了仔猪腹泻率（孟俊祥等，2012；陈虹等，2014；张效荣等，2013；孟俊祥等，2013）。

在改善动物肠道微生态平衡方面，单春乔等（2012）报道，大豆小肽能促进益生菌的增殖作用。

3.2 功能性蛋白肽发展趋势

目前，我国部分科研单位和企业在该类产品上已经开发出效果显著的产品，但因国家管理严格，至今还没有真正的抗菌肽面市。未来在饲用肽产品的结构与功能关系方面，利用现代生物技术改进活性肽，如将编码某种抗菌肽的基因整合到某些生物体内，通过生物细胞的发酵或培养来直接表达出目的抗菌肽等方面尚需加强研究。

4 益生元

继益生素后，人们发现许多多糖或寡糖具有通过调节动物肠道微生物生长而影响微生态平衡的作用，称之为益生元，受到全球研究者们的高度重视。

4.1 新型生物多糖

多糖是存在于自然界的醛糖和（或）酮糖通过糖苷键连接在一起的聚合物（一般10个以上），分布于动植物及微生物中，具有广泛的生物学功能，它不仅是所有生命有机体的重要组分，还控制细胞分裂和分化、参与细胞间的识别、转化及物质运输、参与机体免疫功能的识别、肿瘤细胞的凋亡等过程。在畜牧生产中，多糖主要作为重要的抗生素替代品，发挥免疫调节、抗病毒、调节肠道微生态及抗细菌等功能。

4.1.1 多糖作用机制

能够通过影响细菌对细胞的黏附，抑制动物肠道有害菌的生长和提高有益菌的生长，从而改善动物肠道微生态，抑制细菌对宿主细胞的危害（何余堂等，2008；文贵辉等，2010；黄玉章等，2010；张伟妮等，2010）。

4.1.2 新型多糖在动物生产中的应用

大量研究表明，多糖可作为一种理想的抗生素替代品，在畜牧业中具有广阔的研究与应用前景。近年来涉及试验的多糖包括：芦荟多糖、乙酰化甘露聚糖、香菇多糖、姬松茸多糖、黄芪多糖、白术多糖、海藻多糖、沙葱多糖等十余种，涉及的试验动物有8种，包括：黄羽肉鸡（蒋林等2005；冯元璋等，2011）、快大型肉仔鸡（王丽荣等，2014；谢红兵等，2011；葛红霞等，2012）、仔猪和育肥猪（李军等，2006；李同洲等，2007；张玲，2013；骆先虎等，2012；乔家运，2012；赵燕飞，2012）、水产动物口裂腹鱼和南美白对虾（向枭等，2011；李素莹，2009）、樱桃谷鸭（文贵辉等，2008）、断奶犊牛（李春生，2010）、肉羊（蔺婷娟，2011）等。结果表明：可以提高日增重，改善饲料转化效率，降低腹泻率，降低死淘率。

在多糖的提取分离纯化技术、多糖结构与功能的关系及多糖的剂量与效应关系等方面仍需更深入的研究。

4.2 寡糖

寡糖是由2~10个单糖组成的一类聚合物。构成寡糖的单糖主要是5碳糖和6碳糖，主要包括葡萄糖、果糖、半乳糖、木糖、阿拉伯糖、甘露糖等。这些单糖可以以直链或分枝结构形成寡糖。目前常用且研究较为集中的寡糖主要包括：果寡糖、甘露寡糖、半乳寡糖、大豆寡糖、木寡糖、异麦芽寡糖、壳寡糖等。寡糖具有独特和多样的生理功能及安全、稳定的产品性能，能够促进机体肠道内有益微生物菌群的形成，结合、吸收外源性病原菌，调节机体的免疫系统。因此，在饲料添加剂上的应用前景也将更为广阔。

4.2.1 促进肠道内有益菌群的形成，改善肠道结构，阻止有害菌定植方面

寡糖可作为营养物质被双歧杆菌、乳酸杆菌以及拟杆菌等有益菌代谢利用，而梭状芽孢杆菌和大肠杆菌等有害菌对其代谢利用率很低。有益菌代谢产生的丙酸是黏膜代谢的主要能源物质，具有促进正常细胞形成的作用。寡糖能显著增加动物的肠绒毛高度和肠壁厚

度。寡糖与动物肠内壁细胞表面的受体结构相似，在肠道竞争性地和病原菌细胞表面的外源凝血素结合，抑制病原菌在肠道的定植与繁育（邰秀林等，2009；李晓丽等，2010；刘云芳等，2011）。

Shang 和 Derakhshani（2014）研究结果表明，果寡糖添加到肉鸡日粮，改变了肉鸡肠道微生物结构，同时表明日粮中钙、磷的数量和比例均能影响肠道微生物种群。

4.2.2　在改善动物生产性能方面

近年来，寡糖应用在动物生产应用效果方面的报道较多，其应用效果受到寡糖种类、使用日粮组成以及动物年龄、种类、使用剂量等因素的影响。但总体结果表明：可以改善肠道微生态平衡、改善动物消化吸收功能，提高血清中低密度脂蛋白含量，提高日增重、改善饲料转化效率、降低腹泻率、改善肉品质等。涉及的寡糖包括：壳寡糖、果寡糖、木寡糖、甘露寡糖、大豆寡糖等多种。涉及的试验动物包括：猪（王秀武等，2005，2008；林渝宁等，2011；李兆勇等，2008；伍淳操，2011）；家禽：肉鸡、蛋鸡、北京肉鸭、樱桃谷肉鸭（张丽，2005；宋涛，2005；易中华等，2004；于桂阳等，2009；王明海，2002；杜文兴等，2004；张建斌等，2010；罗佳捷，2010）；反刍动物：羔羊、犊牛（张军华等，2008；王喜明等，2008）；水产：罗非鱼、南美白对虾（刘爱君等，2009；马利等 2006）等。

4.3　其他益生元在畜禽生产中的应用

赵兴鑫等（2011）研究了中草药益生元对肉鸡肠道微生态生物和形态结构的影响，以 1.0%～2.0% 添加处理，显著降低肠道内大肠杆菌的数量，而 2.0% 添加处理能有效抑制总需氧菌生长，并显著促进乳酸杆菌和双歧杆菌增殖。

王赤龙等（2011）研究了乳源性益生元对西伯利亚鲟生长性能和营养成分消化率的影响。结果显示，在西伯利亚鲟饲料中添加 2% 乳源性益生元，能提高饲料中氨基酸的消化率和饲料利用率。

还有研究指出，益生素和益生元可以替代抗生素和抗球虫药，改变肠道微生态平衡关系，改善小肠潜力，改变肠组织发育。对采食量、饲料转化率、死亡率等无显著影响，肉鸡的生长在后期都可以补偿回来（Loeffler 等，2014；Wang 等，2014）。

5　天然植物提取物

近年来，天然植物提取物因其绿色、无公害与环保等特点被国内外研究人员关注，并成为发展绿色饲料添加剂的主要趋势之一。尤其是随着欧盟及一些国家限用或禁用抗生素法规的出台，天然植物提取物饲料添加剂已作为饲料中抗菌抑菌物的首选替代品，并成开发研究的重点之一（王彪，2010）。

5.1　天然植物提取物在肉鸡生产中的作用

植物提取物在肉仔鸡上的应用以降低仔鸡发病率、提高成活率为主要目的。Waihenya 等（2002）研究发现，饲喂芦荟提取物能降低肉鸡因禽沙门氏菌感染而引起的死亡率，提高抗体水平，降低脏器中沙门氏菌数量。王君荣等（2010）研究了紫苏籽提取物对蛋种鸡的影响，发现其能提高产蛋率、种蛋合格率、种蛋受精率和孵化率，提高单枚蛋重和饲料转化率。Adhikari 等（2014）采用植物提取物（A）、油混合物和酸制剂（B）、益生素复合物（C）饲养肉鸡，发现 A 与 C 具有最好的增重效果。

在改善肉蛋品质方面，很多植物提取物自身具有较强的抗氧化活性，可以提高动物体内的抗氧化能力，对于提高鸡的免疫力、抗应激能力、生产性能和肉蛋品质等方面具有良好的作用。例如，肉鸡日粮中添加 1% ~2% 鲜大蒜或 0.2% 的大蒜素，鸡肉的鱼腥味便会消失，鸡肉香味变浓。在肉仔鸡日粮中添加芦荟多糖可以降低肌肉的滴水损失，提高肌肉的持水力，改善鸡肉品质。

5.2　天然植物提取物在养猪生产中的作用

对仔猪生产性能的影响：植物提取物具有提高仔猪的生长速度，降低料重比的作用。研究表明，在断奶仔猪日粮中添加牛至油 30 ~50g/kg，可提高饲料利用率 3.35%，日粮中添加黄芪、黄连、刺五加等复合提取物，可显著促进仔猪生长和降低腹泻率（周秀琼，2011）。

对肥育猪生产性能的影响：饲料中添加黄芪多糖具有提高生长性能的趋势，而且黄芪多糖还能提高生长猪的体液免疫和细胞免疫能力。在日粮中添加茶多酚能提高肥育猪肌肉总抗氧化能力，降低生长猪腹泻率（武进，2010；李成洪等，2012）。

对母猪生产性能的影响：侯晓礁等（2009）研究表明，在妊娠后期母猪饲料中添加 300g/t 黄芪多糖粉，能有效提高妊娠后期母猪的生产性能和出生仔猪的健康水平，对妊娠母猪的各种繁殖障碍和疾病有很好的预防作用，窝均产仔数、窝均活仔数和窝均活仔重均高于对照组；弱仔率、死胎率、木乃伊率和畸形率均比对照组低。在哺乳母猪基础日粮中添加 0.5% 的植物提取物能明显改善哺乳母猪的泌乳性能，提高哺乳仔猪的生长性能，降低哺乳仔猪的腹泻率及死亡率。

5.3　天然植物提取物在反刍动物生产上的作用

植物提取物能够提高反刍动物的采食量和饲料消化率，同时改变瘤胃微生物菌群，使得降解粗饲料的微生物数量增多，从而改善了其发酵类型。研究发现，植物提取物能够抑制瘤胃甲烷产生，不仅降低反刍动物甲烷生成对环境的影响，而且可以减少瘤胃发酵过程中的能量损失，提高饲料的利用率（李德勇等，2012）。

近年来，大量研究表明，植物提取物中含有皂苷、挥发精油和单宁等多种生物活性成分，具有抗菌、促生长、提高免疫力和抗氧化等功能，同时具有调控反刍动物瘤胃发酵模式，降低饲料蛋白质损失，减少甲烷排放的功能（赵洪波，2012）。

6　小　结

生物饲料添加剂涉猎的范围较广，目前的研究主要集中在生物饲料添加剂的生物发酵菌种、工艺及其安全性有效性的评价等方面。可以肯定的是，饲用酶制剂、微生物添加剂、益生元添加剂等的生产技术和应用技术日趋完善，这些生物饲料添加剂的集成应用为抗生素时代的终结积累了理论知识和实践经验，同时为全面彻底解决畜产品安全、提高肉蛋奶风味品质以及提升生态环境治理，开辟了崭新的研究领域和巨大的产业前景。

参考文献

[1] 王明海，高峰．饲料中添加复合酶制剂对肉鸡生产性能的影响 [J]．饲料博览，2008（2）：9-11.

[2] 孙旺斌，毕台飞．酶制剂对海兰褐蛋鸡生产性能的影响 [J]．畜牧与饲料科学，2010，31（8）：11-12.

[3] 李国旺，赵恒章．酶制剂对断奶仔猪生产性能的影响 [J]．贵州农业科学，2009，37（4）：112-113.

[4] 周勃，冯杰．酶制剂和乳酸菌对育肥猪生产性能和养分消化率的影响 [J]．微生态制剂应用与技术，2011（2）：38-40.

[5] 蔡元，宋玉魁，田斌．添加酶制剂对青贮玉米秸秆品质及羔羊生产性能的影响 [J]．中国草食动物，2010，5（30）：32-34.

[6] 马君峰．玉米芯加酶处理育肥肉牛试验 [J]．中国畜牧杂志，2011，6（30）：4-6.

[7] 植福华．酶制剂对泌乳前期奶牛产奶量和乳成分的影响 [J]．中国奶牛，2012（13）：71-73.

[8] 张美超，曹雅男，姚斌，等．淬灭酶 AiiO-AIO6 酶学性质及对嗜水气单胞菌毒力因子的表达调控 [J]．中国水产学报，2011，35（11）：145-153.

[9] 吴清平，吴葵，叶应旺，等．群体感应及其在动物病原菌致病中的作用 [J]．微生物学报，2009，49（7）：853-858.

[10] 张志刚，任静．群体感应及群体感应淬灭酶拮抗细菌耐药性的研究进展 [J]．中国医师杂志，2011，13（4）：568-570.

[11] 杨久仙，张荣飞，马秋刚，等．葡萄糖氧化酶对断奶仔猪生长性能及肠道健康的影响 [J]．中国畜牧兽医，2011，38（6）：18-21.

[12] 汤海鸥，高秀华，姚斌，等．葡萄糖氧化酶在仔猪上的应用效果研究 [J]．中国饲料，2013，（19）：21-23.

[13] 张宏宇，程宗佳，陈轶群，等．葡萄糖氧化酶对断奶仔猪生长性能的影响 [J]．饲料工业，2014，10：14-16.

[14] I Y Martinz, Martinz I Y C, Lopez, et al. Effect of a microbial cphytase and lactic acid on egg production in laying hens [J]. Poultry Science, 2014, 93（E-suppl. 1）.

[15] A R Sindt, Sindt A R C, t mou, et al. Effect of various doses of phytase on poultry growth and nutrient digestibility [J]. Poultry Science, 2014, 93（E-suppl. 1）.

[16] A M Evans, Evans A M J, S Moritz, et al. Effect of dietary enzyme supplementation on nutrition digestibility and growth performance of chicks fed diets with high amounts of meal and bone meal [J]. Poultry Science, 2014, 93（E-suppl. 1）.

[17] R Goncallves, Goncallves RI, Kuhn, et al. Effect of phytase along or with xylanase on performance and tibia mineralization and phytate destruction in diets different in dietary undetermined anion levels [J]. Poultry Science, 2014, 93（E-suppl. 1）.

[18] 汤海鸥，高秀华，黄辉，等．复合酶制剂对肉鸡生产性能的影响及养殖效益分析 [J]．当代畜禽养殖业，2011，7.

[19] 刘明锋，陈立祥．复合酶制剂在动物生产中的应用研究进展．饲料博览，2014，3：32-34.

[20] F Yan, Yan F M, Vazquez-Anon. Effect of dietary protease and NSP enzyme on growth performance and carcass characteristics of broilers [J]. Poultry Science, 2014, 93（E-suppl. 1）

[21] A E Gareis, Gareis A E P, Rigolin, et al. Effect of enzyme supplementation on fat pad and nutrient digestibility of first cycle laying hens fed variuos concentration of dietary energy [J]. Poultry Science, 2014, 93（E-suppl. 1）.

［22］B Mallmann，S L Vieira. Enzyme effect on energy utilization from corn of different areas of brazil［J］. Poultry Science，2014，93（E – suppl. 1）．

［23］胡顺珍，张建梅，谢双喜，等. 复合微生态制剂对肉鸡生产性能、肠道菌群、抗氧化指标和免疫功能的影响［J］. 动物营养学报，2012，24（20）：334 – 341.

［24］尹清强，李小飞，常娟，等. 微生态制剂对哺乳和断奶仔猪生产性能的影响及作用机理研究［J］. 动物营养报，2011，23（4）：620 – 622.

［25］苏云. 微生态制剂在仔猪和蛋鸡健康养殖中的应用研究［D］. 硕士学位论文. 乌鲁木齐：新疆农业大学，2012：23 – 25.

［26］刘辉，季海峰，王四新，等. 两种乳酸菌制剂对断奶仔猪生产性能的影响［J］. 饲料研究，2011，11：49 – 51.

［27］杭柏林，胡建和，马红娜，等. 鸡盲肠中乳酸菌的分离鉴定及药敏试验［C］. 河南省畜牧兽医学会第七届暨 2008 年学术研讨会理事会第二次会议论文集，2008：627 – 630.

［28］王永，杨维仁，张桂国，等. 日粮中添加屎肠球菌对断奶仔猪生长性能、肠道菌群和免疫功能的影响［J］. 动物营养学报，2013，25（5）：1 069 – 1 076.

［29］唐峰，王建发，刘秀萍，等. 鸡源嗜酸乳杆菌对蛋雏鸡生长性能、肠道微生物菌群及吸收功能的影响［J］. 中国畜牧杂志，2013，15：73 – 77.

［30］刘伟学，武文斌，朱爱军，等. 干酪乳杆菌对断奶仔猪影响效果研究［J］. 饲料与畜牧：新饲料，2012，1：27 – 28.

［31］侯成立，季海峰，周雨霞，等. 植物乳杆菌对断奶仔猪生产性能和生化指标的影响［J］. 饲料研究，2011，（12）：14 – 16.

［32］王浩，许丽，王文梅，等. 戊糖片球菌对 AA 肉鸡生长性能及血清胆固醇含量的影响［J］. 饲料工业，2013a，6：35 – 37.

［33］王浩，许丽，王文梅，等. 戊糖片球菌对肉仔鸡生长性能、肉品质及抗氧化指标的影响. 中国家禽，2013b，35（12）：28 – 32.

［34］谢红兵，常新耀，苗志国，等. 香菇多糖对肉仔鸡生产性能及免疫器官的影响［J］. 贵州农业科学，2011，39（9）：149 – 151.

［35］潘宝海，孙鸣，孙冬岩，等. 酿酒酵母对仔猪生产性能和消化道微生物区系的影响［J］. 饲料研究，2010，1：68 – 69.

［36］邵广，李红宇，黄帅，等. 酿酒酵母对奶牛瘤胃内环境及血液生化指标的影响［J］. 中国牛业科学，2011，37（2）：24 – 26.

［37］杨莺莺，曹煜成，李卓佳，等. PS1 沼泽红假单胞菌对集约化对虾养殖废水的净化作用［J］. 中国微生态学杂志，2009，21（1）：4 – 6.

［38］王妹，陈有光，段登选，等. 沼泽红假单胞菌对泥鳅养殖池塘水质的改善效果［J］. 福建农林大学学报（自然科学版），2010，（39）：168 – 172.

［39］萨仁娜，张琪，谷春涛，等. 微生物饲料添加剂对肉仔鸡大肠杆菌抑制及血液生化指标的影响［J］. 饲料研究，2009，3：4 – 8.

［40］赖国旗，张德纯，韦克，等. 微生态制剂对蛋鸡产蛋性能的影响［J］. 中国微生态学杂志，2005，17（5）：329 – 331.

［41］曲鹏，马明颖，王恩成，等. 复合微生态制剂对蛋鸡生产性能及鸡蛋品质的影响［J］. 粮食与饲料工业 . 2012，12：51 – 53.

［42］徐虹，吕朋飞. 微生态制剂对蛋鸡生产性能的影响［J］. 中国家禽，2012，34（23）：57 – 58.

［43］C. Cardenas，W. Zhai. Effect of various antibiotics，anticoccidials，and antibiotic alternative products on gutcharacterstics and performance using broiler given a 10X coccidiosis vaccine［J］. Poultry Science，

2014, 93（E‐suppl. 1）.

[44] 宋良敏. 复合微生态制剂在养猪生产上的应用［D］. 硕士学位论文. 北京：中国农业科学院，2012：33‐35.

[45] 杨华，毛加宁，方绍华等. 微生态制剂对奶牛产奶性能的影响［J］. 黑龙江畜牧兽医，2013，1：107‐108.

[46] 孟俊祥，周倩，张秀民，等. 鸡血浆蛋白粉对雏鸡生长性能的影响［J］. 饲料广角，2012，24：46‐47.

[47] 陈虹，侯伟革. 蛋鸡日粮添加大豆生物活性肽的应用效果［J］. 畜牧与兽医，2014，44（12）：109‐110.

[48] 张效荣，张秀民，丁凌霄，等. 猪血浆蛋白粉在仔猪日粮中的应用［J］. 饲料广角，2013，12：39‐42.

[49] 孟俊祥，周倩，张秀民，等. 鸡血浆蛋白粉在仔猪日粮中的应用研究［J］. 饲料广角，2013，4：44‐45.

[50] 单春乔，吴磊，刘秋晨，等. 大豆小肽促进益生菌增殖作用的研究［J］. 中国微生态学杂志，2012，24（4）：311‐317.

[51] 何余堂，杜金艳，马春颖，等. 花粉多糖体外抗菌活性分析［J］. 食品工业科技，2008，29（2）：129‐130.

[52] 文贵辉，李丽立，张彬，等. 白术粗多糖对樱桃谷鸭肠道微生物的影响［J］. 饲料研究，2010，7：55‐58.

[53] 黄玉章，林旋，王全溪，等. 黄芪多糖对罗非鱼肠绒毛形态结构及肠道免疫细胞的影响［J］. 动物营养学报，2010，1：108‐116.

[54] 张伟妮，林旋，王寿昆，等. 黄芪多糖对罗非鱼非特异性免疫和胃肠内分泌功能的影响［J］. 动物营养学报，2010，2：401‐409.

[55] 蒋林，冯元璋，杨雪，等. 芦荟乙酰化甘露聚糖对肉仔鸡肠道主要菌群、小肠微绒毛密度、免疫功能及生产性能的影响［J］. 中国兽医学报，2005，25（6）：668‐670.

[56] 冯元璋，古飞霞，袁朝霞，等. 芦荟多糖对黄羽肉鸡生产性能的影响［J］. 饲料研究，2011，5：50‐52.

[57] 王丽荣，张海棠，刘保国，等. 甘草多糖的提取及其对肉仔鸡生长性能的影响［J］. 饲料工业，2004，（8）：44‐45.

[58] 谢红兵，常新耀，苗志国，等. 香菇多糖对肉仔鸡生产性能及免疫器官的影响［J］. 贵州农业科学，2011，39（9）：149‐151.

[59] 葛红霞，白春杨. 姬松茸多糖对AA肉鸡免疫功能的影响［J］. 国外畜牧学‐猪与禽，2012，32（6）：51‐53.

[60] 李军，李德发. 啤酒酵母葡聚糖对断奶仔猪生产性能及淋巴细胞转化率的影响［J］. 中国畜牧杂志，2006，42（1）：17‐20.

[61] 李同洲，侯伟革，臧素敏，等. 黄芪多糖对断奶仔猪生产性能的影响［J］. 中国饲料，2007，12：36‐38.

[62] 张玲. 壳寡糖对脂多糖和环磷酰胺应激仔猪生产性能和免疫功能的影响［D］. 硕士学位论文. 雅安：四川农业大学，2013：23‐25.

[63] 骆先虎，倪以祥. 黄芪多糖对断奶仔猪生产性能的影响［J］. 中国饲料，2012，3：22‐24.

[64] 乔家运，李海花，王文杰. 芦荟多糖对断奶仔猪生长性能的影响［J］. 饲料研究，2012，9：29‐30.

[65] 赵燕飞，汪以真，王静华. 白术、微米白术及白术多糖对断奶仔猪生长性能和免疫功能的影响［J］.

中国畜牧杂志，2012，48（13）：56 – 59.

[66] 向枭，陈建，周兴华，等. 黄芪多糖对齐口裂腹鱼生长、体组成和免疫指标的影响 [J]. 水生生物学报，2011，2：291 – 299.

[67] 李素莹. 中草药对凡纳滨对虾生长和非特异性免疫影响的研究 [D]. 硕士学位论文. 湛江：广东海洋大学，2009：33 – 35.

[68] 文贵辉，李丽立，张彬，等. 白术粗多糖对樱桃谷鸭生长性能的影响 [J]. 农业现代化研究，2008，29（3）：379 – 381.

[69] 李春生. 黄芪多糖防治早期断奶犊牛腹泻的效果试验 [J]. 黑龙江畜牧兽医，2010，20：107.

[70] 蔺婷娟，敖长金，宋丽霞，等. 沙葱多糖对肉羊生长性能和相关激素的影响 [J]. 饲料工业，2011，32（23）：50 – 54.

[71] 邰秀林，龙翔，向钊，等. 低聚果糖对早期断奶犊牛生长性能和血液理化指标及肠黏膜形态的影响 [J]. 中国畜牧杂志，2009，45（11）：34 – 38.

[72] 李晓丽，董淑丽，何万领，等. 果寡糖对不同生长阶段固始鸡血液生化指标的影响 [J]. 中国粮油学报，2010，25（4）：43 – 45，55.

[73] 刘云芳，朱永利，郑德良. 低聚糖对断奶羔羊小肠黏膜免疫相关细胞的影响 [J]. 中国草食动物，2011，31（1）：10 – 13.

[74] Y Shang，H Derakhshani. Ileum and cecum microbiota of broiler chickens in response to low cailcium and a-vailable phosphorous diet supplemented with fructooligosaccride [J]. Poultry Science，2014，93（E – suppl. 1）.

[75] 王秀武，张丽，杜昱光，等. 海洋壳寡糖对仔猪生产性能及血液理化指标的影响 [J]. 天然产物研究与开发，2005，17（6）：794 – 796.

[76] 王秀武，郭无瑕，栗衍华，等. 海洋壳寡糖对仔猪生产性能及器官、肌组织和血清中矿物元素含量的影响 [J]. 中国畜牧杂志，2008，44（5）：40 – 42.

[77] 林渝宁，冯静，伍淳操，等. 低聚糖对断奶仔猪生长性能及血清生化指标的影响 [J]. 四川农业大学学报，2011，29（1）：94 – 97.

[78] 李兆勇，杨在宾，杨维仁，等. 益生素和木寡糖对仔猪生长和养分消化性能的影响 [J]. 西北农林科技大学学报，2008，36（1）：59 – 65.

[79] 伍淳操，王建华. 乳酸菌和甘露寡糖对断奶仔猪生长及血清生化指标的影响 [J]. 江苏农业学报，2011，27（1）：94 – 99.

[80] 张丽. 壳寡糖对肉仔鸡生长发育影响作用的研究 [D]. 硕士论文. 大连：辽宁师范大学，2005：24 – 26.

[81] 宋涛. 日粮中不同水平壳寡糖对北京鸭生长性能、脂肪沉积以及肉品质的影响 [D]. 硕士学位论文. 武汉：华中农业大学，2005：23 – 25.

[82] 易中华，胥传来，马秋刚，等. 果寡糖和益生菌对肉鸡生产性能和腹泻的影响 [J]. 饲料工业，2004，25（5）：49 – 51.

[83] 于桂阳，郑春芳，覃开权，等. 甘露寡糖对肉鸡生长性能的影响 [J]. 家禽科学，2009，9：36 – 37.

[84] 王明海，高峰. 饲料中添加复合酶制剂对肉鸡生产性能的影响 [J]. 饲料博览，2008（2）：9 – 11.

[85] 杜文兴，党国华，王恬，等. 木寡糖对蛋鸡生产性能的影响 [J]. 江苏饲料，2004：1：67 – 70.

[86] 张建斌，车向荣，杨华. 大豆寡糖替代抗生素对蛋雏鸡生产性能和肠道菌群的影响 [J]. 饲料工业，2010，31（10）：7 – 9.

[87] 罗佳捷，张彬，李丽立，等. 大豆低聚糖对肉鸭生产性能的影响试验 [J]. 广东畜牧兽医科技，2010，35（5）：17 – 20.

[88] 张军华，杜莎，罗定媛，等. 木寡糖对羔羊生产性能和血液生化指标的影响 [J]. 中国饲料，2008，

36（2）：22－23.

［89］王喜明，许丽，袁玲，等. 低聚木糖对犊牛生长性能和血液生化指标的影响［J］. 东北农业大学学报，2008，39（7）：61－65.

［90］刘爱君，冷向军，李小勤，等. 甘露寡糖对奥尼罗非鱼生长、肠道结构和非特异性免疫的影响［J］. 浙江大学学报，2009，35（3）：329－336.

［91］马利，曹俊明，吴建开，等. 壳寡糖对南美白对虾生长和血清生化指标的影响［J］. 淡水渔业，2006，36（2）：7－8.

［92］赵兴鑫，张振红，赵国先，等. 中草药益生元对肉鸡肠道微生物和形态结构的影响［J］. 畜牧与兽医，2011，43（3）：53－56.

［93］王赤龙，王嘉，薛敏，等. 乳源性益生元对西伯利亚鲟生长性能和营养成分消化率的影响［J］. 饲料工业，2011，32（10）：11－15.

［94］S L Loeffler，M S Lilburn. The effect of probiotic or prebiotic supplementation on gut morphology in young turkey poults［J］. Poultry Science，2014，93（E－suppl.1）.

［95］X Wang，K Wamsley. Effent of commercially available antibiotic alternatives on 0－41d old male broiler chicken growth performance［J］. Poultry Science，2014，93（E－suppl.1）.

［96］王彪，张慧林，刘小林，等. 天然植物提取物在畜禽生产中的应用研究，畜牧兽医杂志，2010，1（29）：37－39.

［97］Waihenya R K，Mtambo M M A，Nkwengulila G，et al. Efficacy of crude extract of Aloe secundiflora against Salmonella gallinarum in experimentally infected free－range chickens in Tanzania［J］. Journal of Ethnopharmacology，2002，79（3）：317－323.

［98］王君荣，刘敬盛，李燕舞，等. 紫苏籽提取物对蛋种鸡生产性能的影响［J］. 畜牧与兽医，2010，42（11）：28－31.

［99］P A Adhikari，W K Kim. Supplementation of antibiotic alternatives on the growth Performance parameters in broiler［J］. Poultry Science，2014，93（E－suppl.1）.

［100］周秀琼，何健，殷红涛，等. 植物提取物对猪生产性能的影响［J］. 四川畜牧兽医，2011，（10）：33－34.

［101］武进，张石蕊，贺喜. 主要植物提取物添加剂在猪生产中的应用研究进展［J］. 猪业科学，2010，12：74－77.

［102］李成洪，王孝友，杨睿，等. 植物提取物饲料添加剂对生长猪生产性能的影响［J］. 饲料工业，2012，33（17）：14－16.

［103］侯晓礁，王海良，王秀敏，等. 黄芪多糖粉对妊娠后期母猪生产性能的影响［J］. 饲料研究，2009，（6）：36－37.

［104］李德勇，孟庆翔. 植物提取物在反刍动物饲养中的应用［J］. 动物营养学报，2012，24（11）：2 085－2 091.

［105］赵洪波，王志博，张永根. 植物提取物对瘤胃发酵调控的研究进展［J］. 饲料工业，2012，23：37－41.

饲用酶制剂研究进展

杨培龙

（中国农业科学院饲料研究所，北京　100081）

摘　要：酶是由生物体细胞产生的、可催化特定生物化学反应的生物催化剂，具有催化效率高、高度专一性、作用条件温和等特点，应用于食品、纺织、饲料、医药等行业。文章就饲用酶制剂的基本概况、发展现状与问题、研究热点及应用状况进行综述。

关键词：饲用酶制剂；生化特性；蛋白结构

1　基本概况

酶是由生物体细胞产生的、可催化特定生物化学反应的生物催化剂。酶制剂可用于催化工业生产过程中的各种化学反应，且具有催化效率高、高度专一性、作用条件温和等特点，其应用领域遍布食品、纺织、饲料、洗涤剂、造纸、皮革、医药以及能源开发、环境保护等方面，可以降低能耗、减少化学污染。

饲用酶制剂是一种非常重要的饲料添加剂，其主要作用表现在以下几个方面：补充动物内源酶分泌不足；消除饲料中的抗营养因子，降低动物消化道食糜黏度，改善肠道内微生物区系；参与动物内分泌调节，提高畜禽体内激素代谢水平；提高饲料利用率（Jensen，1957）。

1970 年代，美国首先把酶制剂作为饲料添加剂应用于配合饲料中，且取得显著的饲喂效果。此后，饲用酶制剂便受到畜牧养殖业的高度重视，芬兰研制开发了一系列的饲用酶，日本、前苏联等国家也在这方面开展了大量的工作。20 世纪 80 年代初，我国也开始研究酶制剂在饲料工业中的应用，最初用于鸡、猪等单胃动物，以后逐步推广到反刍动物和水产养殖业。我国饲料资源极其短缺，在养殖业中推广应用酶制剂有着更为重大的意义：第一，提高饲料资源利用效率，缓解饲料资源的短缺；第二，降低营养素环境排放，减少环境污染；第三，改善动物健康水平，减少抗生素使用，提供更加安全的动物产品。总之，酶制剂是一种通过生物生产的蛋白质，无毒副作用、无残留，是一种公认的绿色安全的饲料添加剂，具有非常显著的经济、社会和生态效益，对我国饲料工业和畜牧水产养殖业的健康可持续发展具有非常重要意义，推广应用前景极其广阔。

作者简介：杨培龙，博士，研究员，主要从事饲料用微生物分子生物学与基因工程的研究。E‑mail：yangpeilong @ caas. cn

2 发展现状与问题

从 20 世纪 90 年代开始，在国家"863"等国家科技计划的支持下，国内各有关单位开展了大量的饲料用酶的研究工作。据不完全统计，目前国内已有 30 余家研究单位和公司在从事此方向的研究，筛选到了大量相关产酶微生物，并克隆到较多的饲用酶基因，在一些关键技术上有突破，许多项目已到了中试和产业化前期，形成了一批有自主知识产权的有望转化为生产力的新技术。"十二五"以来，通过蛋白质工程等新技术提高酶蛋白质的产量、增加其稳定性以及对各种环境的适应性等方面，进行了更多的研究。例如，依据我国微生物和酶的资源丰富的现实，中国农业科学院建立了快速、有效的特殊性质产酶天然菌的筛选、驯化系统，筛选到了大量的具有优良性质的饲料工业用酶，包括植酸酶、木聚糖酶、β−葡聚糖酶等。构建了高效的饲料用酶表达生产体系，几种酶的研究处于国际领先水平，如高表达的饲料用植酸酶不仅占据了国内 80% 以上的市场，还实现了出口，创造了巨大的社会效益和经济效益（杨培龙，2009）。

但同其他工业用酶面临的问题类似，饲用酶制剂的研发仍面临两方面的问题，即产品性能提升和成本降低。不同种类的优质产品开发及其规模化工业生产仍将是酶制剂发展亟须解决的问题。例如，研制高活性、耐热性、催化 pH 值范围广、耐蛋白酶的"理想"酶产品一直是研发热点之一。

3 饲用酶研究热点

生命科学前沿技术如生物组学、生物芯片、转基因技术、生物信息等的迅猛发展，为产品研发提供了全新的技术途径。目前国际饲料酶制剂产品的研发主要包括：第一，高效目标基因筛选：通过构建各种特殊或极端环境的微生物基因文库等方法，筛选性质优良的目标酶基因；第二，蛋白的结构功能研究与分子改良：对于酶蛋白序列、结构等信息的了解日益加深，对于其作用机制进行深入研究，并进一步通过蛋白质的遗传设计、分子定向进化和多位点定点饱和突变等技术，实现多位点同时突变，拓展酶的功能，提高酶的比活性和耐热性，以开发出具有目标性状的新型产品；第三，安全高效表达系统的构建，目前的一些表达系统在表达饲用生物产品上存在着不同的缺陷，开发高效分泌表达体系对于饲料生物技术产品的产业化至关重要。

3.1 新型优质饲用酶资源的分离与评价

自然界中微生物所产的酶具有丰富性和多样性，为了满足饲用酶生产及应用的特殊要求，需要采用各种方法进行资源挖掘，尤其是特殊环境及极端环境的微生物资源。

一是资源获取方法有了很大改进。传统的酶或基因分离方法是基于分离培养微生物筛选的单个基因或蛋白的分离及序列分析。随着生物技术、基因和蛋白质序列数据库以及生物信息学的发展，新型饲用酶及其编码基因的分离获得效率得到了很大提升。近年来，高通量筛选已经成为基因或酶蛋白分离的主要内容。首先，基于环境如土壤、水体、瘤胃内容物等宏基因组或宏转录组分析及其序列数据可以快速大量获取新型酶制剂编码基因；其次，通过不同酶蛋白特异序列相对应的核苷酸序列设计探针、引物等作为工具，可高效筛选相关基因序列；最后，全长功能基因克隆方法的进展助于快速克隆相关功能基因。例如，构建了环境 DNA 或 RNA 中直接克隆全长功能基因技术。在获得经评估后筛选出的候选基因片段后，对宏基因组模板、PCR 反应程序及体系、以及特异性 SP 引物的设计上都进行了优化，可以更有效的获得基因全长（Huoqing Huang，2010）。另外，一些新技术也逐步应用于酶蛋白的筛选，例如流式筛选技术，质谱成像筛选技术等（Tristan de Rond，2014）。

二是，资源获取数量大大增加。中国农业科学院饲料研究所构建了系统的饲料用酶高效筛选平台，从各种特殊或极端环境中分离了 200 多个饲料用酶编码新基因，并筛选获得了多种符合饲料应用要求的优质酶制剂。例如，来源于中间耶尔森氏菌的高比活植酸酶 Y4 等（Huoqing Huang，2006）。依据不同动物和不同消化阶段的特异需要，还筛选得到了其他具有某些特殊性质的酶。例如，目前发现的最嗜酸的酶：最适 pH 值 1.0 ~ 1.5 的甘露聚糖酶（Huiying Luo，2009）、pH 值 2.6 的木聚糖酶（Huiying Luo，2010）、pH 值 2.6 的 β - 1，4 - 葡聚糖酶（Yinggao Bai，2010）等。这些酶的获得，一方面可以满足饲料工业的各种不同需求，另一方面可加深我们对酶关键性质与结构功能的了解，指导进一步的分子改良。

三是对于酶蛋白在环境中的分布规律及其作用等有了新的认识。以植酸酶为例，从植酸酶本身的序列和结构出发，基于三维结构和催化机制，可将植酸酶分为组氨酸酸性磷酸酶（HAP，Histidine Acid Phosphatase）、beta 折叠桶磷酸酶（BPP，β - Propellar Phytase）、半胱氨酸磷酸酶（CP，Cysteine Phosphatase）、紫色酸性磷酸酶（PAP，Purple Acid Phosphatase）。研究表明，自然界水体中分布着最广泛的 BPP，其大多为中性植酸酶，而瘤胃中则以 CP 为主，且海水环境的海藻中存在大量的中性 BPP 类植酸酶（Huoqing Huang，2011）。另外，大多木聚糖酶在分类上主要属于糖苷水解酶第 10（G10）和第 11（G11）家族，研究发现，冰川土样和瘤胃环境中 G10 家族木聚糖酶较 G11 家族具有更高的基因和功能多样性，且 G10 主要来源于环境中的细菌而 G11 来源于真菌，同时发现不同环境之间木聚糖酶差异很大，且可能属于趋异进化（Guozeng Wang，2010）。这些认识即有助于环境生态中资源利用的进一步理解，也促进资源筛选效率的快速提高。

3.2 饲用酶催化机制研究及蛋白质工程

随着各种具有特殊性质天然酶的获得以及人们对酶蛋白及其催化活性中心结构和催化机制的深入研究，计算机辅助酶分子模拟技术的发展，使人们对酶的高效催化机制研究成为可能。并为酶的改良提供依据，最终降低酶的使用成本、促进酶的广泛应用。

一是蛋白质结构和功能研究逐渐增多，很多酶蛋白的作用机理也逐渐清晰。应用各种方法，可分析酶蛋白或氨基酸的分子动力学，能量、表面电荷和分子键等的动态变化，用以对多种酶蛋白的结构、催化机制等特征与其重要理化特性（温度、pH 特性及抗逆性等）之间相互关系的分子机理进行研究。

近年来，人们越来越多地采用多学科交叉融合的方法（如生物、信息与化学、物理等）对酶与底物间作用进行研究。如基于生物信息学的分子模拟方法是研究最常用的理论方法，主要包括分子对接、分子动力学和量子力学/分子力学组合方法（Combined Quantum Mechanics/Molecular Mechanics，QM/MM）等。通过分子模拟，人们可以很直观地对底物分子在活性口袋中的结合趋向和作用位点等进行细致地研究，再通过实际实验设计去验证和改善酶的一些特性。可以为人们更好的认识酶蛋白开辟一条道路，已触及到了传统实验方法所不易到达的时空领域，有力地弥补了实验研究的局限性并与实验相辅相成（Mak，2014）。

　　二是基于蛋白质结构及其生化特性基础上的合理设计蛋白质工程技术在20世纪80年代逐渐发展起来，其可以对蛋白质进行某些位点的改变或者构建新颖的杂合酶。应用这些技术，在饲料用酶的热稳定性、比活性及pH值适性等改良方面，已进行了许多有益的尝试。Joo等（2011）通过在不同温度下进行分子动力学模拟的手段找到影响Bacillus circulans木聚糖酶Bcx热稳定性的氨基酸N52，通过N52Y突变提高了Bcx的热稳定性和比活。

　　结合蛋白序列信息、蛋白质结晶或同源模建、酶蛋白特定的功能信息等来指导实验设计，对已有的酶进行理性、半理性或随机定向进化，通过突变、区域重组、杂合酶构建、活性位点迭代饱组合突变技术（CASTing技术）等方法构建突变体库。结合高通量的酶筛选技术，酶的分子改造技术已经进入到了基因片段到蛋白肽段自由设计的新阶段（Bornscheuer，2012）。

　　中国农业科学院饲料研究所在催化机理及分子改良方面均取得了较大进展。例如，发现单结构域双功能木聚糖酶底物结合及催化相关位点及作用机制（Pengjun Shi，2010）、非完整结构域植酸酶结构和其助催化功能（Zhongyuan Li，2011）。另外，应用定向进化（directed evolution）及其半合理设计（semi – rational design），通过定点突变、易错PCR和DNA shuffling技术建立了初步的酶分子改良技术体系，获得了多种性质得到改良、可应用于实际生产的改良酶，如热稳定性大大提高的木聚糖酶（Kun Wang，2014）等。多种突变酶均可耐受80℃高温、在pH值2.0~8.0的条件下具有较高活性、抗胰蛋白酶和胃蛋白酶，满足饲料生产的需要。

3.3　饲用酶制剂的高效表达与生产

　　与其他工业用酶类似，限制饲料酶制剂规模化应用的主要瓶颈一直是酶制剂表达、生产的效率。利用基因工程、代谢工程技术，构建高效生物反应器技术平台，使饲料用酶的单位产量大量提高，可以解决饲料添加剂添加成本的问题。

　　饲料行业要求重组表达系统必须是高效和安全的。因此，表达系统需要具备如下特征：受体菌为蛋白酶缺陷型，又有良好的生长特性；具有强诱导型启动子，且高效分泌表达，可提高表达量，且易于产品后加工；菌丝体易去除，工艺简便且回收率高；整合型表达，稳定性好；营养缺陷型筛选，不含抗生素标记，具备较好的安全性。目前可用的表达系统也多种多样，如曲霉、木霉、毕赤酵母、大肠杆菌、枯草芽孢杆菌、链霉菌等表达系统。但不同酶制剂产品在不同表达系统的表现差异很大，相关研究仍有很大的空间（杨培龙，2009）。

　　对于微生物分子生物学及遗传的基础研究一直在进行，基于这些结果，对于表达系统构建和提升的研究也日益提高。例如，一般认为表达量的提高通常可通过几种方法实现，包括目标基因的优化（优化密码子及其mRNA结构预测及调整）；启动子改良、多启动子组合；信号肽改良；增加辅助蛋白或分子伴侣（如解决溶氧的血红蛋白，加快蛋白转运速度的元件等）；能稳定遗传和表达的多拷贝技术；整合位点的控制等。如用于生产还需要进行发酵水平上发酵参数的调整，重组菌株需保持遗传稳定性和表达稳定性。另外，改造获得优质的受体菌株也十分重要。

我国在毕赤酵母高效表达机制研究及应用领域具有优势。通过不同表达量的重组菌株基因组和转录组比较研究，发现了一批毕赤酵母中的新型促表达因子，明确了受体菌中相关促表达因子的作用机理和功能，并发现有利于高表达的基因组整合位点，并在此基础上改进了通用的表达载体和受体菌。其进一步的生产发酵工艺具有成熟稳定性，在30吨和60吨生产用发酵罐中连续发酵10余批次，其目标酶的表达积累曲线和表达量均无变化。植酸酶、木聚糖酶、β－葡聚糖酶、甘露聚糖酶、α－半乳糖苷酶的单位表达量均超过10 g/L，表达效价分别达到较高水平。

4 饲用酶制剂应用状况

从20世纪90年代饲用酶制剂开始大规模应用开始，就有很多关于添加酶制剂改善饲料日粮代谢能和消化率，提高动物生产性能的报道。例如小麦日粮中添加以木聚糖酶为主的复合酶可以提高鸡的表观代谢能（AME）和养分消化率，降低食糜黏度，提高肉鸡生产性能（Steenfeldt，1995）。饲料酶制剂的添加可看作动物消化过程的延伸，即可以提高有效营养的供应。冯定远提出加酶饲料的"有效营养改进值"（Effective nutrients improvement value，ENIV）体系，既是对酶制剂作用机理的初步探索，也可作为改进饲料配方的参考（冯定远，2008）。

饲用酶制剂的应用大多以复合酶的形式，一般认为，不同类型的饲料需要添加不同种类的酶制剂。例如玉米型饲料需要由淀粉酶、木聚糖酶、蛋白酶和纤维素酶组成的复合酶；豆粕型饲料需要以α－半乳糖苷酶为主，同时含有木聚糖酶及其他酶的复合酶；而小麦型饲料以木聚糖酶为主，大麦型饲料以β－葡聚糖酶为主；菜籽粕型和棉籽粕型饲料以木聚糖酶和纤维素酶为主等。但是，目前饲用酶制剂针对不同动物、不同生长阶段以及不同日粮配方的精细应用技术仍然缺乏。

另外，在产品综合应用等层次，多种研究日益受到关注。第一，新产品用于开发新型饲料资源的技术，可利用生物制剂降解秸秆等资源中纤维素、非淀粉多糖，降解豆粕、棉粕、菜粕中的抗营养因子，从而提高资源的利用效率。例如，林谦等（2013）研究了非淀粉多糖酶对玉米加工副产品的氨基酸及养分真代谢率影响，结果表明，加酶后各原料的氨基酸真代谢率提高了0.96%~3.52%，其中玉米及玉米蛋白粉的多种氨基酸真代谢率有显著提升；酶制剂的添加还提高多种玉米加工副产品中干物质、CP及粗脂肪的真代谢率，总体上改善玉米加工副产品的营养效价。第二，建立生物饲料产品的饲用价值和安全性评价技术，包括饲料的适口性，饲料对动物健康状况和畜产品品质的影响等。第三，建立生物饲料产品的高效配套应用技术，针对不同动物和饲料资源获得高效适用的产品应用方法和体系。

我国在相关研究领域也取得了较大进展。从2014年2月1日起，农业部发布的《饲料添加剂品种目录（2013）》正式施行，新目录中增加了部分实际生产中需要且公认安全的饲料添加剂品种（或来源），对生物饲料产品如饲料酶制剂、饲用微生态制剂及其菌种、饲用植物提取物等都有了更为明确的规定，其中，饲料用酶包括植酸酶、淀粉酶、蛋白酶及非淀粉多糖酶等共13类产品，相比2008年制定的目录增加了角蛋白酶产品，且多种酶的生产来源进行了扩充和修改。这将有力促进饲料产业规范化的发展。

参考文献

［1］Jensen L S, Fry R E, Allred J B, et al. Improvement in the nutritional value of barley for chicks by enzyme supplementation ［J］. Poult Sci, 1957, 36：919 – 921.

［2］杨培龙, 姚斌. 饲料用酶制剂的研究进展与趋势 ［J］. 生物工程学报, 2009, 25 (12)：1 844 – 1 851.

［3］Huoqing Huang, Guozeng Wang, Yanyu Zhao, et al. Direct and efficient cloning of full – length genes from environmental DNA by RT – qPCR and modified TAIL – PCR ［J］. Applied Microbiology and Biotechnology, 2010, 87 (3)：1 141 – 1 149.

［4］Tristan de Rond, Megan Danielewicz, Trent Northen. High throughput screening of enzyme activity with mass spectrometry imaging ［J］. Current Opinion in Biotechnology, 2014, 31：1 – 9.

［5］Huoqing Huang, Huiying Luo, Peilong Yang, et al. A novel phytase with preferable characteristics from Yersinia intermedia ［J］. Biochemical and Biophysical Research Communications. 2006, 350 (4)：884 – 889.

［6］Huiying Luo, Yaru Wang, Hui Wang, et al. A novel highly acidic β – mannanase from the acidophilic fungus Bispora sp. MEY – 1：gene cloning and overexpression in Pichia pastoris ［J］. Applied Microbiology and Biotechnology, 2009, 82 (3)：453 – 46.

［7］Huiying Luo, Jun Yang, Jiang Li, et al. Molecular cloning and characterization of the novel acidic xylanase XYLD from Bispora sp. MEY – 1 that is homologous to family 30 glycosyl hydrolases ［J］. Applied Microbiology and Biotechnology, 2010, 86 (6)：1 829 – 1 839.

［8］Yingguo Bai, Jianshe Wang, Zhifang Zhang, et al. Expression of an extremely acidic β – 1, 4 – glucanase from thermoacidophilic Alicyclobacillus sp. A4 in Pichia pastoris is improved by truncating the gene sequence ［J］. Microbial Cell Factories, 2010, 9：33 (1 – 9) .

［9］Huoqing Huang, Rui Zhang, Dawei Fu, et al. Diversity, abundance, and characterization of ruminal cysteine phytases suggest their important role in phytate degradation ［J］. Environmental Microbiology, 2011, 13 (3)：747 – 757.

［10］Guozeng Wang, Yaru Wang, Peilong Yang, et al. Molecular detection and diversity of xylanase genes in alpine tundra soil ［J］. Applied Microbiology and Biotechnology, 2010, 87 (4)：1 383 – 1 393.

［11］W S Mak, J B Siegel. Computational enzyme design：Transitioning from catalytic proteins to enzymes ［J］. Current Opinion in Structural Biology, 2014, 27：87 – 94.

［12］Joo J C, Pack S P, Kim Y H, Yoo Y J. Thermostabilization of Bacillus circulans xylanase：computational optimization of unstable residues based on thermal fluctuation analysis ［J］. J Biotechnol. 2011, 151 (1)：56 – 65.

［13］Bornscheuer U T, Huisman G W, Kazlauskas R J, et al. Engineering the third wave of biocatalysis ［J］. Nature, 2012, 485：185 – 194.

［14］Pengjun Shi, Jian Tian, Tiezheng Yuan, et al. Paenibacillus sp. Strain E18 Bifunctional Xylanase – Glucanase with a Single Catalytic Domain ［J］. Applied and Environmental Microbiology, 2010, 76 (11)：3 620 – 3 624.

［15］Zhongyuan Li, Huoqing Huang, Peilong Yang, et al. The tandemly repeated domains of a β – propeller phytase act synergistically to increase catalytic efficiency ［J］. FEBS Journal, 2011, 278 (17)：3 032 – 3 040.

［16］Kun Wang, Huiying Luo, Jian Tian, et al. Thermostablility improvement of a streptomyces xylanase by introducing proline and glutamic acid residues ［J］. Applied and Environmental Microbiology, 2014, 90 (7)：2 158 – 2 165.

[17] Steenfeldt S, Knudsen K E B, Borsting C F, et al. The nutritive value of decorticated mill fraction of wheat. 2. Evaluation with raw and enzyme treated fraction using adult cockerels [J]. Animal Feed Sci Technol, 1995, 54: 1 – 4.

[18] 冯定远, 黄燕华, 于旭华. 饲料酶制剂理论与实践的新思路——新型高效饲料组合酶的原理和应用 [J]. 中国饲料, 2008, 13: 24 – 28.

[19] 林谦, 王照群, 蒋桂韬, 等. 非淀粉多糖酶对玉米加工副产品氨基酸及养分真代谢率的影响 [J]. 动物营养学报, 2013 (6): 1 383 – 1 394.

饲用酶制剂应用技术

张广民

（北京挑战生物技术有限公司，北京　100081）

摘　要：随着人们对酶制剂认识越来越深入，饲用酶制剂已经广泛应用于饲料领域。而饲用酶制剂在不同畜禽不同阶段的配套应用技术成为进一步发展的最大限制因素之一，尚需深入系统研究，本文对饲用酶制剂在畜禽饲料中的添加量、后处理工艺、酶制剂组合应用技术以及未来酶制剂发展方向进行综述。

关键词：饲用酶制剂；畜禽；应用技术

1　饲用酶制剂在饲料中的应用

植酸酶已经广泛地用于蛋鸡、肉鸡、猪和鸭饲料中，在水产和反刍上处于起始阶段。通过使用植酸酶可以降低饲料中有效磷 0.1%，约相当于每吨配合饲料节约磷酸氢钙 6kg。统计数据显示，国内 2013 年产猪肉 5 493 万 t（按屠宰率 70%、料肉比 2.8 计算），禽肉 1 798 万 t，（按屠宰率 80%、料肉比 1.8 计算），禽蛋 2 876 万 t（按料蛋比 2.2 计算），如果 80% 饲料使用植酸酶，意味全国每年可以节省磷酸氢钙 153.6 万 t。

饲用复合酶由 20 世纪 80 年代欧洲首先在麦类饲粮中开始应用，在 90 年代后期欧洲 80% 以上的肉鸡饲料中添加了以木聚糖酶和 β - 葡聚糖酶等为主的复合酶，到 2000 年以后全球约有 80% 肉鸡麦类饲粮、10% 肉鸡玉米—豆粕型饲粮、10% 猪麦类饲粮开始应用复合酶（Sheppy，2001），到 2013 年全球约有 95% 以上畜禽麦类饲粮中使用复合酶，65% 玉米—豆粕型饲粮使用复合酶。饲用复合酶的广泛应用不但改善动物肠道健康，提高了畜禽的饲料转化率和日增重，而且也降低畜禽养殖约 20% 的氮、磷排放。

另外，饲用酶制剂除了应用在猪、禽等动物，在水产和反刍上也表现出较好的促生长作用（Baruah 等，2007；Brask - Pedersen 等，2011）。总结近年饲用酶制剂的功能主要体现在以下 3 个方面：一是幼龄动物肠道发育不完善情况下内源酶分泌不足消化功能较弱情况下，饲用复合酶无论是内源性的蛋白酶、淀粉酶还是外源的非淀粉多糖酶可以表现为增重、料肉比和腹泻有显著改善；二是在含有抗营养因子高的非常规饲料原料或原料质量变异大的情况下，酶制剂可以达到显著的改善作用；三是使用酶制剂可以提高动物群体生产性能的均一度和整齐度。

2013 年中国饲料行业消耗饲用酶制剂约 9.1 万 t，其中植酸酶和其他酶制剂包括复合酶各约占 50%。在 2011 年至 2013 年增长缓慢，实际上饲用酶制剂近几年都在以 30% 左右的速度在增长，而饲料工业协会统计上没有较大增长，可能是因为近年生物技术进步，发酵水平提高，即饲用酶含量提高而添加量没有较大变化。

2 饲用酶制剂的主要应用技术

2.1 饲用酶制剂的添加量

关于饲料酶制剂的添加量受饲料加工工艺条件、酶制剂储存稳定性、预期效果、动物不同生理阶段等多种因素影响。酶制剂的添加量与使用效果密切相关，添加量不足导致酶不能发挥最佳作用，而过量添加一方面会增加使用成本，另一方面过量添加酶制剂可能会影响畜禽内源酶分泌或抑制动物采食量，进而导致酶制剂出现效果差或不稳定。当前植酸酶的添加量一直遵循 BASF 公司早期推荐量 60～100g/t（植酸酶 5 000U/g），当时植酸酶价格昂贵，添加成本高，而目前植酸酶产品已经十分成熟，价格低廉性价比突出，添加量建议增加 1～3 倍。另外，根据 2008 年农业部颁布《饲用植酸酶使用指南》植酸酶在畜禽饲料中的添加量有所增加，详见表 1。大量试验研究表明，饲粮中添加超过 500U/kg 的植酸酶可以引起植酸大量水解，超剂量（1 000～2 500U/kg）使用植酸酶可以提高猪日增重 7%，饲料转化率提高 4%（Mike Bedfold 和 Carrie Walk，2013；Goodband 等，2013）。也有研究表明，过量（>2 500U/kg）使用植酸酶对猪的采食量有一定抑制作用（Langbein 等，2013）；然而，在肉鸡的试验研究中没有发现类似结果，在肉鸡饲料中添加 8 000U/kg 的植酸酶获得最佳的日增重和料肉比（孙宏选，2011）。因此，考虑植酸酶最佳经济效益，建议在猪日粮中添加 200g/t（2 000U/kg）植酸酶，肉鸡配合日粮中添加 250g/t（2 500U/kg）。

表 1　饲用植酸酶的推荐添加量

动物种类	生长阶段	植酸酶（5000U/g）添加量（g/t 饲料）	植酸酶添加量（U/kg 饲料）
猪	20～35kg	150	750
	35kg 以上	120	600
肉禽		200	1000
	育雏及育成期	200	1000
蛋禽	产蛋期蛋鸡	60	300
	产蛋期蛋鸭	80	400

关于饲用复合酶在畜禽上的添加量受动物使用阶段影响较大，幼龄动物如乳仔猪、雏鸡等添加高剂量的饲用复合酶能表现较好的试验效果，尤其是一些内源酶如蛋白酶、α-淀粉酶等需要补充，而在生长育肥期动物肠道发育相对成熟，分泌较多的内源酶，应减少蛋白酶和淀粉酶的用量，大量研究表明，高剂量的蛋白酶和淀粉酶对动物肠道分泌的内源酶有一定抑制作用（蒋正宇等，2007），而非淀粉多糖酶如 β-葡聚糖酶、木聚糖酶和植酸酶等可以促进幼龄动物肠道发育（Pirgozliev 等，2010）。根据动物试验结果表明，在乳仔猪配合饲料适宜的蛋白酶水平为 10 000U/kg，α-淀粉酶为 1 000U/kg，木聚糖酶 10 000U/kg、β-甘露聚糖酶 1 000U/kg、α-半乳糖苷酶 100U/kg；而肉鸡配合饲料适宜的蛋白酶酶水平为 2 000U/kg，α-淀粉酶为 1 500U/kg，木聚糖酶 5 000U/kg、β-甘露聚糖酶 500U/kg、α-半乳糖苷酶 20U/kg（付生慧等，2006；戴求仲等，2010；桑静超等，

2013)。使用酶制剂的添加量受每种单酶的酶学性质、抗逆性等方面影响，不同来源的酶制剂添加量存在差异。

2.2　饲用酶制剂复配技术

根据中国饲料添加剂允许使用目录（2013）推荐的饲用酶制剂，植酸酶、蛋白酶、木聚糖酶、β-甘露聚糖酶、α-半乳糖苷酶、β-葡聚糖酶、葡萄糖氧化酶、淀粉酶、角蛋白酶、脂肪酶、麦芽糖酶、果胶酶、纤维素酶等13种。不同种单酶制剂存在协同与拮抗作用，同一种酶制剂不同来源酶学性质有很大差异，酶解效率也有较大差异，因而，需要大量试验来研究酶制剂复配技术。冯定远（2011）提出组合酶和组合型复合酶的概念，为复合酶制剂的开发提供了理论依据。目前，不同来源的单酶广泛使用在复合酶中，如组合型蛋白酶中含有酸性蛋白酶、中性蛋白酶、碱性蛋白酶、木瓜蛋白酶等组分；组合型木聚糖酶中含有细菌、真菌来源的多种木聚糖酶。许多研究评价了不同来源的植酸酶单独和复合作为饲料添加剂在畜禽上具有更高的效率（Elkhalil等，2007；Moka等，2013）。中性pH值细菌植酸酶正被开发作为饲料添加剂。细菌和真菌植酸酶是等效的，联合作为饲料添加剂应用，由于他们经过动物胃肠道时具有协同效应，有望成为一种比单独使用一种植酸酶生物学效价更高的新产品（Elkhalil等，2007）。现有研究表明，具有协同作用的酶制剂：植酸酶与其他非淀粉多糖酶，木聚糖酶与纤维素酶、葡聚糖酶，β-甘露聚糖酶和α-半乳糖苷酶、果胶酶具有协同作用（Tiwari等，2010）；具有抑制作用的酶制剂：蛋白酶与几乎所有其他酶制剂。酶制剂复配技术不仅存在不同酶种间也存在同种酶制剂，还存在酶制剂与益生菌、载体之间。

2.3　饲用酶制剂评估技术

酶制剂的生物学效价是确定动物饲料中添加量及优化饲料配方的决策依据，在酶制剂的使用中具有极其重要的意义。目前，酶制剂的评估方法主要采用还原糖法或体内、体外消化率法来评定。自20世纪60年代起，各国学者为了开发对饲料养分生物学效价的快速评定技术，在体外法（in vitro）以及生物学法（in vivo）的简化方面进行过大量的研究工作，饲用酶制剂可以利用这些方法评估酶制剂的生物学效价。如20世纪后期以胃蛋白酶—小肠液为体系的猪、鸡饲料有效能酶学评定体系，以胃蛋白酶—胰液素—碳水化合物酶为水解手段的猪饲料消化能快速评定体系，以蛋白酶透析法为手段的猪、鸡饲料氨基酸消化率快速评定体系等，这些方法同样适合评价单酶、复合酶。体外模拟法是评价酶制剂品质的有效方法之一，体外法能够在一定程度上反映酶制剂的作用效果，并与体内结果有较强的一致性。

黄辉等（2011）建立一套能模拟肉仔鸡消化和吸收养分的两步法体外消化模型，通过测定体外干物质消化率，确定该模型胃和小肠消化阶段最适pH值、蛋白酶添加量、消化时间等消化参数，以及该模型最适宜的透析液体积。肉仔鸡两步法体外消化最佳参数为：胃阶段pH值3.0，胃蛋白酶浓度70 mg/mL，反应时间75min；小肠阶段pH值6.3，胰酶添加量50 mg，反应时间200 min；最佳透析液体积为400 mL。但是，这些方法所采用的胃肠道模拟消化装置多是以酶谱不详、活力不清的人工消化液为基础，评定体系中的诸多系统误差是难以克服的。赵峰（2011）发明了单胃动物仿生系统可以用来评价单酶和筛选复合酶的生物学效价，为饲用酶制剂的开发与应用提供了新方法。该技术利用瘘管动物和电子设备实现全自动化操作，根据不同生理阶段的单胃动物饲喂不同类型日粮后的消化道酶活变异影响因素，设计出了相应的模拟酶谱。另外，关于饲用酶制剂最佳性价比问题也值得探讨的热点。我国饲用酶制剂有 13 种单酶，复配又形成数量众多的配合酶，那么如何评价各种酶制剂的性价比是酶制剂应用的核心。酶制剂的价格受发酵水平、使用效果和添加剂量等因素影响。根据目前酶制剂的发酵水平，结合动物试验和体外消化率试验结果在乳仔猪饲粮中最佳的性价比依次是植酸酶、α-半乳糖苷酶、β-甘露聚糖酶、葡萄糖氧化酶、β-葡聚糖酶、木聚糖酶。

2.4 饲用酶制剂的后处理技术

酶制剂是大分子蛋白类生物活性物质，受温度、湿度、pH 值、蛋白酶以及载体组成等多种因素影响，饲用酶制剂作为一种生物饲料添加剂广泛应用于饲料领域，应用效果主要受饲料加工条件和动物胃肠道特性影响。解决这两个问题的途径主要有：①筛选抗逆性强的饲用酶制剂菌种；②利用生物技术对目的基因进行定点突变；③采用后处理包被技术。当前植酸酶、β-甘露聚糖酶、木聚糖酶已经在基因水平解决了耐温和蛋白酶水解问题，但蛋白酶尤其是中性蛋白酶无法通过高温制粒及胃部低 pH 值和高胃蛋白酶的环境，淀粉酶在酸性条件下酶活损失巨大的问题。目前大多数饲用酶制剂或多或少都受到上述条件的影响。因此，包被或微胶囊技术等后处理技术将广泛使用饲用酶制剂生产中。师昆景（2010）发明了一种植酸酶后处理工艺技术，利用改性淀粉、多元醇、海藻酸钠、纤维素钠、碳酸钙按一定比例混合后溶解经流化床沸腾干燥后制成包衣植酸酶，解决了耐温和耐酸问题，使酶活稳定性由 45% 提高到 90% 以上。蔡青和等（2011）采用肠溶性聚丙烯酸树脂作为包衣材料，玉米淀粉、碳酸钙、乙基纤维素作为芯材，经混合、制粒、抛丸、包衣、制粒等步骤生产耐温饲用酶制剂，湿热情况下酶活存留率提高 58%。研究表明，使用包被脂肪酶可提高耐温、耐酸等抗逆性能，进而提高了脂肪酶在仔猪上的应用效果（杜勇杰，2012）。液体酶比固体酶的酶活稳定性要求更高，受分离、过滤、稳定剂、防腐剂等后处理工艺关键因素影响大，在生产中对后处理工艺需求更加迫切，国内在这方面研究报道很少。目前我国饲料添加剂后处理工艺的关键技术主要掌握在一些大型跨国公司手中，而我国大多酶制剂企业和科研单位不重视后处理技术研发，导致现有产品稳定性不高，很多饲料酶制剂处在原料层面竞争阶段。因此，我国酶制剂后处理工艺技术在未来酶制剂将有广泛的市场空间。

3 饲用功能性酶制剂

目前在饲料中添加的酶制剂，包括植酸酶在内 95% 以上属于提高饲料原料消化利用率类型，饲料原料中无论是淀粉类还是蛋白类改善的空间不超过 15%，未来饲用酶制剂的研究方向向功能性酶制剂方向发展。近几年功能性酶制剂进展迅速，主要是在杀菌抑菌、肠道调节、酶制剂毒素降解和抗氧化等方面。群体感应淬灭酶（N-乙酰高丝氨酸内酯酶）可以应用于在水产养殖中致病性嗜水气单胞菌等革兰氏阴性菌的生物防治（Chen 等，2010）。N-乙酰高丝氨酸内酯酶适宜于水产养殖 pH 值 8.0 和温度 30℃ 环境，利用实时定量技术检测证明，该酶对嗜水气单胞菌的致病因子具有下调作用（张美超等，2011）。葡萄糖氧化酶在动物胃肠道中可以利用葡萄糖产生葡萄糖酸和过氧化氢，可以降低动物胃内食糜的 pH 值和广谱杀菌作用，同时可以激活胃蛋白酶，从而改善动物肠道健康和提高消化能力，提高饲料营养物质消化吸收和动物生产性能（Sandip 等，2009；杨久仙等，2011）。汤海鸥等（2013）也发现葡萄糖氧化酶具有促进仔猪日增重，改善饲料消化利用率的功能，最适添加量为 100～200g/t（100U/kg）。姚东生（2013）发现一种可以降解黄曲霉毒素 B_1 的生物活性酶。黄曲霉毒素降解酶能一定程度的改善肉仔鸡的增重和饲料转化率，并能显著降低毒素在肝脏和血液中的残留，减弱毒素对肝脏的损伤（曹红等，2010）。超氧化物歧化酶（SOD）能够有效清除细胞内外氧自由基，延缓细胞和机体氧化衰老的发生，是防止机体细胞衰老、病变的第一道防线，在医药保健品、美容化妆品、功能性饮料及食品等领域具有广泛的用途。我国科学养家充分利用我国丰富的极端环境微生物资源，研发出具有完全自主知识产权的新一代耐高温 SOD 酶，经改良的耐高温 SOD 酶可耐受 100℃ 高温，可以在 pH 值 4.0～11.0 的范围内保持稳定，比活达到 2 000U/mg 以上，工程菌蛋白表达量达到 5g/L 以上，发酵活力达到 10 000U/mL 以上，两项指标均达到国际先进水平（He 等，2007）。该 SOD 能耐高温、耐酸耐碱，稳定性强，在饲料工业中极具应用前景。

4 未来发展方向

饲用酶制剂广泛在畜禽饲料中使用，在后抗生素时代背景下具有调节肠道功能、提高饲料转化率、提高生产性能等功能，然而在还有许多方面有待提高：

一是利用先进生物技术筛选改进饲用酶制剂产品性能，如耐温植酸酶在畜禽和水产颗粒料上的应用取得了重大突破。

二是后处理工艺技术应充分借鉴药物包被及定点释放技术，提高饲用酶制剂的耐温、耐酸和胃蛋白酶抗逆性，提高有效酶活。

三是开发具有特殊功能的酶制剂，抗氧化、毒素降解、抑制有害菌等方向具有广阔的前景。如抗氧化的超氧化物歧化酶、谷胱甘肽过氧化物酶，霉菌毒素降解的黄曲霉毒素 B_1 取得了进展，然而当前饲料中普遍存在且危害巨大的呕吐毒素和玉米赤霉烯酮等霉菌毒素尚没有重大突破。

四是建立饲用酶制剂应用数据库，构建不同饲料配方的酶制剂组合应用最佳方案，近年来生物技术进步迅速饲用酶制剂菌种来源不断升级，不同来源的酶制剂酶学性质、抗逆性和酶解效率存在巨大差异，建立通用的饲用酶制剂应用数据库存在很大难度。相信在未来几年在科学家和企业家的努力下所有这些问题都会得到解决，这将极大提高酶制剂在饲料工业的广泛应用。

参考文献

[1] Brask - Pedersen D N, L V Glitsφ, L K Skov, et al. Effect of exogenous phytase on feed inositol phosphate hydrolysis in an in vitro rumen fluid buffer system [J]. Journal of Dairy Science, 2011, 94 (2)：951 - 9.

[2] Elkhalil EA, Männer K, Borriss R, et al. In vitro and in vivo characteristics of bacterial phytases and their efficacy in broiler chickens [J]. British Poultry Science, 2007, 48 (1)：64 - 70.

[3] Goodband R D, K B Langbein, M D Tokach, et al. Influence of a superdose of phytase on finishing pig Per-

formance and carcass characteristics ［J］. 2013, Swine Day 2013, 116 – 120.

［4］ He Y Z, Fan K Q, Dong Z Y, et al. Charaterization of a hyperthermostable Fesuperoxidedismutase from hot spring ［J］. Appl Microbiol Biotechnol, 2007, 75：367 – 376.

［5］ Kartik Baruah, Asim K Pal, Narottam P Sahu, et al. Microbial phytase supplementation in rohu, labeo rohita, diets enhances growth performance and nutrient digestibility ［J］. Journal of the World Aquaculture Society, 2007, 1 749 – 7 345.

［6］ Langbein K B, J C Woodworth, R D Goodband, et al. Effects of Super – dosing phytase in diets with adequate phosphorus on finishing pig growth performance and carcass characteristics ［J］. Swine Day 2013, 128 – 131.

［7］ Mike Bedford, Carrie Walk. Superdosing phytases in pig a revolution in feed performance ［J］. International Pig Topics, 2013, 28：7 – 9.

［8］ Moka C H, J H Leeb, B G Kim. Effects of exogenous phytase and β – mannanase on ileal and total tract digestibility of energy and nutrient in palm kernel expeller – containing diets fed to growing pigs ［J］. Animal Feed Science and Technology, 2013, 186：209 – 213.

［9］ Pirgozliev V, Bedford M R, Acamovic T. Effect of dietary xylanase on energy, amino acid and mineral metabolism, and egg production and quality in laying hens ［J］. Bri Poult Sci, 2010, 51（5）：639 – 647.

［10］ Pirgozliev V, Bedford M R. Energy utilisation and growth performance of chicken fed diets containing graded levels of supplementary bacterial phytase ［J］. Bri J Nutr, 2013, 109（2）：248 – 253.

［11］ Ruidong Chen, Zhigang Zhou, Yanan Cao, et al. RHesiegarchh yield expression of an AHL – lactonase from Bacillus sp. B546 in Pichia pastoris and its application to reduce Aeromonas hydrophila mortality in aquaculture ［J］. Microbial Cell Factories, 2010, 9：39 – 49.

［12］ Sandip B B, Mahesh V B, Rekha S S, et al. Glucose oxidase – an overview ［J］. Biotechnol Adv, 2009, 27：489 – 501.

［13］ Sheppy G. The current feed enzyme market and likely trends ［A］. In Bedford M R, Par – tridge G G. Enzymes in farm animal nutrition ［C］. New York：CABI Publishing, 2001, 3 – 5.

［14］ Tiwari S P, Gendley M K, Pathak A K, et al, Influence of an enzyme cocktail and phytase individually or in combination in Ven Cobb broi ler chickens ［J］. British Poultry Science, 2010, 51, 92 – 100.

［15］ 曹红, 尹逊慧, 陈善林, 等. 黄曲霉毒素解毒酶对岭南黄肉仔鸡日粮中黄曲霉毒素 B$_1$ 解毒效果的研究 ［J］. 动物营养学报, 2010, 22（2）：424 – 430.

［16］ 戴求仲, 张民. 玉米豆粕型日粮添加 α – 半乳糖苷酶的饲喂效果 ［J］. 饲料工业, 2010, 31（4）：16 – 17.

［17］ 杜勇杰. 包被脂肪酶的体外稳定性研究及对断奶仔猪生长、免疫、消化和肠道形态的影响. 学位论文 ［D］. 杭州：浙江大学, 2012.

［18］ 冯定远. 新型高效饲料组合酶的最新理论研究与应用技术 ［J］. 2011, 32（4）：1 – 8.

［19］ 付生慧, 张宏福, 何瑞国. 几种非淀粉多糖酶对肉仔鸡日粮能量的当量调控 ［J］. 饲料研究, 2006, 1：53 – 55.

［20］ 黄辉, 丁宏标, 高秀华, 等. 肉仔鸡体外消化模型评定不同添加水平 β – 甘露聚糖酶作用效果的研究 ［J］. 动物营养学报, 2010, 23（1）：130 – 135.

［21］ 蒋正宇, 周岩民, 王恬, 等. 外源 α – 淀粉酶对肉鸡生产性能的影响 ［J］. 家畜生态学报, 2007 年 28（4）：13 – 16.

［22］ 桑静超, 焦喜兰, 石秋锋, 等. 两种酶制剂对保育猪生长性能及血液生化指标的影响 ［J］. 养猪, 2013, 4：33 – 35.

［23］ 孙宏选. 高剂量植酸酶对肉鸡生产性能及能量和蛋白质养分利用率的影响 ［D］. 北京：中国农业科学院, 2011.

[24] 汤海鸥，高秀华，姚斌，等. 葡萄糖氧化酶在仔猪上的应用效果研究 [J]. 中国饲料，19：21 – 23.

[25] 杨久仙，张荣飞，马秋刚，等. 葡萄糖氧化酶对断奶仔猪生长性能及肠道健康的影响 [J]. 中国畜牧兽医，2011，38（6）：18 – 22.

[26] 张美超，曹雅男，姚斌，等. 高效表达 N – 乙酰高丝氨酸内酯酶 – 木聚糖酶融合蛋白及其酶学性质 [J]. 微生物学报，2004，51（8）：1 052 – 1 061.

[27] 赵峰，赵江涛，张宏福. 基于人工消化液与密闭消化器的酶法测定豆粕鸭代谢能值的研究 [J]. 畜牧兽医学报，2011，42（7）：946 – 954.

饲用益生菌（微生态制剂）与益生元的研究进展

张日俊　隋雯丽　廖秀东

（中国农业大学饲料生物技术实验室 动物营养学国家重点实验室，北京　100193）

摘　要： 关于微生态制剂（益生菌）与益生元对于动物肠道健康的有利作用已经被广泛报道，二者对机体其它生理系统或器官的健康促进作用的报道也在不断增加。本文将主要阐述动物益生菌（微生态制剂）与益生元的主要新进展、新观点以及国外的差距比较。

关键词： 微生态制剂；益生元；研究进展

常驻菌群和过路菌群通过不同器官功能和不同生理系统间的交流和相互作用从而影响消化道中定植和非定植微生物的结构（或组成）和功能，这些影响包括病原的传递和感染、肿瘤的发生以及其口腔、肝脏、胃、呼吸系统、胰腺、中枢神经系统和骨质的健康，也影响到人的认知功能、肥胖和儿童成长等。

1　动物消化道微生态系统及其作用

要理解或认识益生菌和益生元的作用必先对消化道菌群有所了解。动物或人体在刚出生时，消化道内是无菌的，随后，外界环境中的微生物随着食物或饮水等逐渐进入消化道，并呈现从无到有、从少到多，其种类和数量逐渐增多，从剧增到缓增、此消彼涨，逐步进入稳定或平衡状态，这个过程称为菌群演替，并呈现多样性和动态平衡。在单胃动物或人消化道寄居（栖息）着 10 倍于体细胞数、100～150 倍于人体基因组的 10^{14} 个细菌，种类多达 500～1500 种（Manson *et al*, 2008）。"人体肠道元基因组计划"最近研究表明，人有 1150 种（Qin *et al*, 2010），平均每个体内约含有 160 种优势菌种，并且这些细菌是绝大部分个体所共有的，这些种群构成了复杂的微生态系统（micro – ecosystem），也把这个系统称为"微生物器官"（microbial organ）和"免疫器官"。肠道微生物菌群也是人类目前了解最少的"器官"（Eckburg *et al*, 2005；O'Hara and Shanahan，2006）。因此，动物或人被称为"超级生物"。单胃动物（如猪禽和人等）的优势菌群是拟杆菌属（*Bacteroides*）、梭状芽孢杆菌属（*Clostridium*）、双歧杆菌属（*Bifidobacterium*）、优杆菌属又称真杆菌属（*Eubacterium*）、乳酸杆菌属（*Lactobacillus*）、肠杆菌科（*Enterobacteriaceae*）、链球菌属（*Streptococcus*）、细梭菌属（*Fusobacterium*）、消化链球菌属（*Peptostreptococcus*）以及丙酸杆菌属（*Propionibacterium*）。多胃动物（如牛、羊等）的瘤胃是个重要的微生态系统，其

作者简介：张日俊，博士，教授，主要从事分子营养与饲料生物技术研究。E – mail：zhangrj621@126.com

优势菌群主要有可降解纤维的纤维杆菌属（*Fibrobacter*）、瘤胃球菌属（*Ruminococcus*）、丁酸弧菌属（*Butyrivibrio*）、拟杆菌属（*Bacteroides*）以及普雷沃氏菌属（*Prevotella*）、月形单胞菌属（*Selenomonas*）、链球菌属（*Streptococcus*）、乳酸杆菌属（*Lactobacillus*）、巨球型菌属（*Megasphaera*），此外有些厌氧真菌、纤毛虫（原生动物）和产甲烷菌也出现在瘤胃中（Mackie *et al*，2000）。其实，在正常情况下，动物肠道粘膜细胞中也寄生着大量病毒，从粪便排出的病毒有100多个型别，每克粪便中可含100多万个病毒颗粒。在肠道还存在大量噬菌体，噬菌体（bacteriophage 或 phage）是感染细菌、真菌、放线菌或螺旋体等微生物的病毒，噬菌体分布极广，凡是有细菌的场所，就可能有相应噬菌体的存在，噬菌体是影响消化道菌群平衡的重要内在力量之一。这些微生物菌群（细菌、真菌等）、病毒、噬菌体存在着复杂的关系和食物链网络，它们彼此相互联系、相互制约，并与宿主细胞之间不断地进行物质、信息、能量交流，其结构（组成）和比例影响着动物或人的健康。已证实，消化道不同的微生物菌群，与饲料消化、吸收及营养代谢（Li *et al*，2008；Martin *et al*，2007；Pokusaeva *et al*，2011；李菊和张日俊，2008；肖珊和张日俊，2008；张日俊，2000；张日俊，2003b；张日俊，2005；张日俊，2009）、能量利用（Muramatsu *et al*，1994；肖珊和张日俊，2008）、人或动物的免疫（张日俊，2003a；张日俊，2005；张日俊 *et al*，2005）、健康和肠道疾病（Acheson and Luccioli，2004；Isolauri *et al*，2004；Pickard *et al*，2004；Stagg *et al*，2004；Svennerholm and Steele，2004；Verdu and Collins，2004）以及其它疾病如人类的肥胖病（Flint，2011；Ley *et al*，2006；Musso *et al*，2010；Tilg，2010）、代谢综合征（Tilg，2010）、糖尿病（Ley *et al*，2006；Musso *et al*，2010）、生长发育有着密切关系（Hooper and Gordon，2001），共生的肠道微生物调节人体的代谢表型（Li *et al*，2008）。益生菌或肠道菌群可作为一种免疫调节工具或手段，用于提高动物免疫力（或抗病力）或人类某些疾病（如多种癌症、糖尿病等的辅助治疗中。总之，消化道菌群可简要概括为健康促进或保护作用、营养作用和解毒作用。

2　微生态制剂（益生菌）

2.1　概念

　　微生态制剂（microbial ecological agents）是一个较为综合的术语，又名促生素、利生素、活菌制剂、益生素（probiotics）等，是 Parker（1974）提出的与"抗生素"相对的新概念，指从动物或自然界分离、鉴定的有益微生物，经发酵培养和后加工（如干燥、包被、不同剂型制剂）等特殊工艺制成的有益活菌制剂。FAO/WHO 以及 EFSA（the European Food Safety Authority）等广泛认可的定义是指当服用足够数量时能对宿主产生健康益处的活的微生物（Hill *et al*，2014）。作者认为，如下的定义更多地能全面反映益生菌的内涵。益生菌是含活菌和（或）死菌，包括其组分和产物的有益微生物制品，经口或经由其它粘膜途径投入，旨在改善粘膜表面微生物或酶的平衡，或者刺激特异性或非特异性免疫机制（1994，德国国际会议）。这个概念强调了组成、使用途径和作用（菌和酶的平衡、刺激特异和非特异性免疫）。因此，畜禽微生态制剂越来越受到世人的关注，被广泛应用于畜牧业，作为现代生物工程技术的重大成果之一，它也将带动畜禽、水产、厩舍环境控制、粪污处理等领域的生产方式的根本性变革，国际上把它誉为"拯救地球的技术"。

2.2 益生菌的标准

有关益生菌的标准我国至今没有建立，现将欧盟的益生菌标准列表1。理想的益生菌应具备如下特性和安全标准（EFSA，2005）：①没有毒性和病原性；②有准确的分类鉴定；③目标菌种能在消化道栖息；④能够在消化道的目标位置存活、定植和产生代谢活性（如产生消化酶、有机酸等），能够耐过胃液和胆汁、在胃肠道留存、粘附到肠上皮细胞或肠绒毛、能与常驻菌群竞争；⑤产生抗菌物质；⑥与病原菌拮抗；⑦调控免疫反应；⑧能发挥至少一种有确实科学依据支持的促进健康作用（减少毒胺、中和内毒素等）；⑨具有遗传稳定性；⑩在加工、贮藏和运输过程中，菌株具有良好可的可控性，其特性具有良好的稳定性；⑪有良好的活性；⑫在工业加工过程中，具有理想的风味和工艺特性。

相比之下，我国在益生菌筛选方面相对粗糙和差距较大，特别是在①、④、⑧、⑨、⑫项目上缺乏科学扎实的研究。

2.3 实际应用的菌株及其特异性

虽然在农业部2013年公布的我国饲料添加剂品种目录中规定允许添加的微生物种类有34种，但在实际益生菌各类产品中所用的菌种最多的是枯草芽孢杆菌、地衣芽孢杆菌、粪肠球菌、屎肠球菌、植物乳杆菌、酿酒酵母，其次是嗜酸乳杆菌、产朊假丝酵母、乳酸片球菌、戊糖片球菌、凝结芽孢杆菌、侧孢短芽孢杆菌、丁酸梭菌，目前还没有一种产品含有双歧杆菌。长期过度、过多、过集中地使用某几种益生菌有可能导致使用效果（功效）降低，而且破坏大生态的微生物平衡。自然生态界遵循多样性原则，即多样性越丰富，生态环境越稳定、越健康。因此，呼吁开发和生产益生菌的企业应尽量增加益生菌的种类。

产品开发者和使用者都要注意菌株的特异性，即同名的不同菌株的生物学特性会有差异性而且其所发挥的作用或功效也是不同的，具有株、种、属的特异性（差异性）。这种差别表现在多方面，如生长快慢、抗逆性（抗酸、碱、胆盐、热等）、产酸特性、死亡菌体对大肠杆菌或沙门氏杆菌等病原菌的抗粘附性、产酶特性（动物和微生物都可以产生的消化酶如蛋白酶、淀粉酶、脂肪酶等，只有微生物能产生非淀粉多糖酸、纤维素酶等）、是否产生抗菌物质、是否对生产性能（如饲料转化效率、肉蛋奶产量等）有正效应、是否具有免疫刺激特性以及加工和储运特性等。因此，希望生产企业多方面深入筛选菌种，使用者认真选择产品，没用的微生物再多也没有用，只能大量消耗营养。

2.4 益生菌的作用

益生菌的作用可以简单概括为三个大方面即生理功能调节作用、健康保护作用和营养作用。益生菌能否产生明显的正效应取决于益生菌在肠道内是否自身能形成优势菌或通过菌群调控作用形成另外一种或几种内源性有益菌群。必须指出的是，如下所述的益生菌作用也不是所有的益生菌都能具有的，也是益生菌的菌株特异性所致。

2.4.1 益生菌对动物生理机能的调节

优秀的益生菌进入消化道其自身或调控内源有益菌形成优势菌群，对动物机体的生理功能产生重要影响，如促进幼龄动物的消化道的发育和成熟（如腔室体积增加、消化道壁结构复杂化）或促进生长动物肠道绒毛的密度和长度增加，对消化道内容物的pH值、氧化还原电位和化学成分等的影响，以及对消化道肠蠕动、上皮细胞再生的影响，其代谢产物还对动物体内代谢途径产生影响。此外，某些益生菌还可降低动物的应激反应，如热应激引起的蛋鸡产品蛋量下降。还能与肠道微生物中有益协同降低有害菌导致的缓慢亚临床炎性反应。

2.4.2　益生菌的健康保护作用

益生菌的健康保护作用表现在 4 大屏障作用方面（Gionchetti *et al*，2005；Isolauri and Salminen，2005；Luyer *et al*，2005；Penna *et al*，2008；Resta and Barrett，2009；Salminen *et al*，1996）：机械屏障、生物屏障、免疫屏障和化学屏障。

①机械屏障：由肠道黏膜上皮细胞，上皮细胞间紧密连接，以及肠表面黏液等构成，能有效阻止细菌穿透黏膜进入深部。益生菌有利于加强肠道上皮细胞间的紧密连接，促进杯状细胞黏液的分泌及抑制肠上皮细胞的凋亡，进而维持胃肠道黏膜组织的完整性，抵制致病菌对肠黏膜的破坏。

②生物屏障：肠腔表层称为腔菌群，主要为大肠杆菌、梭状芽孢杆菌等；深层的为膜菌群，主要是具有粘附特性的双歧杆菌和乳酸杆菌。益生菌或膜菌群通过占位保护产生细菌素、有机酸、过氧化氢等物质来阻止或抑制致病菌和条件致病菌侵袭粘膜。

③免疫屏障：肠道是天然免疫和获得性免疫的重要场所，能够保护肠道免受外来的抗原破坏和免遭异常的免疫应答反应，它主要由肠道相关淋巴组织（派伊尔氏结、肠系膜淋巴结等）、细胞（肠上皮细胞、抗原递呈细胞、T 细胞、B 细胞等）和分子（防御素、细胞因子、免疫球蛋白等）构成。研究表明，肠道菌群或益生菌可通过改善肠上皮细胞免疫功能以及肠道抗原递呈细胞、淋巴细胞（T 细胞、B 细胞）等的功能来调节机体的免疫功能。

④化学屏障：由消化道分泌的胃酸、溶菌酶、细菌素、黏多糖和蛋白分解酶以及胆汁等构成了肠道化学屏障，具有一定的杀菌和溶菌作用。益生菌或内源微生物通常能产生有机酸，有的益生菌还能产生细菌素、过氧化氢等发挥化学屏障作用。

2.4.3　营养作用

营养作用是指益生菌在消化道内发挥了一系列类似营养素的作用，即通过产生消化酶（如蛋白酶、淀粉酶、脂肪酶、非淀粉多糖酸、纤维素酶等），代谢产酸（乳酸、醋酸、丙酸、丁酸等）、维生素、氨基酸等发挥一系列作用。但发挥这些作用是以大量益生菌和肠道内源微生物消耗能量物质为代价的。如果益生菌消化了一定量的营养而没有产生更多的有益作用，这种益菌产品则表现出功效不明显或负效应。如 1 kg 活酵母在 24 h 内容可消耗 1000 kg 葡萄糖，在厌氧状态下（肠道状态），转化为酒精、二氧化碳和热量。大量研究表明，益生菌和内源菌在肠道代谢产生的短链脂肪酸（SCFA）可在盲肠和结肠通过被动扩散吸收，然后穿过上皮进入不同的组织或器官代谢，如乙酸在肌肉、脾、心脏、脑内代谢，丙酸参与肝脏的吸收和代谢和糖异生作用，丁酸在结肠上皮代谢，维持正常细胞分化长和生，结肠上皮细胞能量的 60~70% 来自细菌发酵。双歧杆菌可产生磷蛋白磷酸酶，可增加蛋白质的吸收、利用和贮留，还通过抑制腐败菌来减少养分的消耗；有些微生物能利用氨态氮，提高氮利用，并可减少氨气、生物胺、硫化氢等的形成，改善畜舍环境，减少排泄物中氮磷的排放。

2.5　益生菌的问题及与挑战

益生菌或微生态制剂目前存在的主要问题有：①在菌株筛选方面，国内一些产品的基本研究工作很差，对所用菌种的生物特性了解甚少，甚至连千分之一的菌株信息都不了解，没有优良的菌种是其产品功效不明显的最根本原因，这将严重降低该类产品的社会公信力和产业发展前景；②常温下某些乳酸菌类益生菌产品的稳定性难以解决，这直接降低货架期、产品稳定性和功效；③不同益生菌在动物消化道环境（胃酸、胆汁、肠液、肠内容物成分、内源微生物竞争）的生存、作用方式仍不太清楚，益生芽孢杆菌等过路菌在胃肠道中的萌发增殖率需要进一步研究明确；④益生菌基础研究薄弱，特别是利用现代技术如益生菌全基因组学、宏基因组学、代谢组学去阐明菌株的安全性、特异性、生物学特性、作用机理和功效、对营养代谢的调控等方面；⑤行业标准不健康全，缺乏行业规范，行业乱象从生，经常见到产品企业过度夸大应用效果，这个行业应该借鉴欧盟和 FDA/WHO 等的经验进行管理。

3 益生元

3.1 益生元和合生元概念

在日本，目前饲料和食品中使用益生元已成为常规，欧美国家用量也在不断上升。我国于 20 世纪 90 年代初期开始从事这类添加剂的研究。

Gibson 与 Roberforid（1995）首次提出了益生元的概念，益生元（prebiotics）是一种不被宿主消化的食物成分或制剂，它能选择性地刺激一种或几种结肠内常驻菌的活性或生长繁殖，起到增进宿主健康的作用。后来被原作者更新为：益生元是一种可被某些胃肠道微生物发酵的特殊成分，能调节胃肠道菌群的组成和/或活性，并增强宿主的健康（Gibson et al，2004；Roberfroid，2007）。根据这一定义，候选益生元通过体外和体内试验证明其具有益生元特性。

合生元是指一种或几种益生菌与益生元的混合物，它能通过改善有益菌的存活定植从而对宿主产生有利的影响（Gibson and Roberforid，1995）。

3.2 益生元的标准

益生元应具备以下 4 个条件：①在胃肠道的上部它既不能水解，也不能被吸收；②只能选择性地对某种有益菌进行刺激生长繁殖或激活代谢功能作用；③能够提高肠内有益于健康的优势菌群的构成和数量；④能起到增强宿主机体健康的作用。

一些食物或饲料（如纤维）成分作为益生元至少应具备以下 3 个条件：①不能在胃和小肠水解或吸收；②必须对大肠中有益共生菌如双歧杆菌有选择性促进作用；③底物发酵应该产生对宿主的肠腔或全身的有益作用（Manning and Gibson，2004）。日粮纤维对肠道上段或下段产生的影响见表 1。

表 1 日粮或食物纤维对胃肠道的影响

对上消化道的影响	对下消化道的影响
抗消化	作为结肠微生物的食物
延迟胃排空	作为结肠发酵底物
增加从口腔到盲肠滞留时间	产生发酵终产物（主要是短链脂肪酸）
减少葡萄糖的吸收和降低血糖生成指数	促进或刺激糖发酵
小肠上皮的增生	酸化结肠内容
促进小肠上皮细胞的增殖	刺激结肠上皮细胞的增殖
刺激肠肽的分泌	刺激结肠激素多肽的分泌
	对粪便产生膨胀作用
	调节粪便产生（如频率和一致性）
	增加从盲肠到肛门的排空速度

3.3　益生元的种类、来源和特性

食物或饲料中的有些成分，如某些非消化性碳水化合物（低聚糖或多聚糖类）、一些多肽或蛋白质和某些脂类可以作为益生元的候选者。基于它们的结构，这些成分在上消化道不被吸收和被消化酶水解，而在结肠部位能被细菌利用，同时提供给宿主能量、代谢物质和必需营养成分，因此，这类物质称为结肠性食物。

寡糖是指由 2~10 个单糖通过糖苷键连接形成直链或支链的一类糖，一般构成单元为五碳糖或六碳糖，基本上有 6 种：葡萄糖、果糖、半乳糖、木糖、阿拉伯糖、甘露糖。大于 10 个单糖以上的结合物称为大糖类，100~200 个单糖结合物称为多糖类。由于单糖分子种类、分子结合位置和结合类型不同，形成了种类繁多的寡糖，目前已确认的有 1 000 种以上。根据其构成单元，可将寡糖分为：同源性寡糖和异源性寡糖。根据其功能可分为普通寡糖和功能性寡糖两类。普通寡糖，如蔗糖、麦芽糖、乳糖等，可以被动物体消化吸收，而功能性寡糖，如果寡糖、寡乳糖、异麦芽糖、半乳寡糖等，不能被动物体消化吸收，但却为双歧杆菌等肠道有益菌增殖所利用。

在结肠性食物中，某些非消化性碳水化合物完全符合益生元的标准，而某些来源于牛奶和植物中的肽类和蛋白质，虽然在上消化道不被吸收并有某些利用作用（如促进某些阳离子的吸收及刺激免疫系统），但由于结肠内细菌的发酵作用使之产生有害物质（如氨和胺类），故它们不能算做益生元。由于非消化性脂类经结肠的代谢作用机制还不清楚，这类脂类也不能算做益生元。另外，非消化性碳水化合物包括各种改性淀粉、非直链多糖、半纤维素、果胶、非消化性低聚糖（non‑digestible oligosaccharides，NDOs）等，由于它们对结肠内细菌没有选择性促进作用，因此这类物质也不能算做益生元。

大部分已经鉴定的益生元都是存在于人或动物食物中碳水化合物或寡糖，它们具有不同的分子结构。食物中的碳水化合物或纤维是益生元的候选者，但大部分是非消化性寡糖（NDOs）。能满足益生元定义的 NDOs 包括果寡糖（Fructooligosaccharides，FOS）、寡乳糖或低聚半乳糖（Galactooligosaccharides，GOS）、反式半乳寡糖（Trans‑galacto‑oligosac‑charides，TOS）和乳果糖（Lactulose）。然而，缺乏严格研究的大量其他 NDOS，目前也已应用，如低聚葡萄糖（glucooligosaccharides）、乳糖醇（lactitol）、低聚异麦芽糖（isomalto‑oligosaccharides，IMO）、麦芽低聚糖（maltooligosaccharides）、低聚木糖（xylo‑oligosac‑charides）、水苏糖（stachyose）、棉籽糖（raffinose）和蔗糖嗜热低聚糖（Patterson and Burkholder，2003）。虽然甘露寡糖（MOS）也已被应用，但它不能选择性地促进有益菌群体的增殖。研究甘露寡糖作用模式的报告指出，这些化合物能够与革兰阴性病原菌（如沙门氏菌和大肠杆菌）I 型菌毛的甘露糖专一性凝集素结合，进而导致其从肠道排出（Bau‑rhoo et al，2007；Thomas et al，2004）。

益生元的生产一般从天然原料直接提取，或者通过化学水解多糖而得，或者通过酶法和化学合成法从单糖或双糖（Mussamatto & Mancilha，2007；Nugent，2000）合成。它们中的大多数都是合成的或从植物中分离和海藻多糖解聚而的，如低聚果糖（FOS）、低聚半乳糖（galacto‑oligosaccharides，GOS）、异麦芽低聚糖（IMO）和低聚木糖（XOS）（Ouwehand，2007）。此外，还有大豆低聚糖（Soy oligosaccharides，SOS），低聚龙胆糖（Gentiooligosaccharides）、菊芋（Inulin）、棉籽糖等。我国市场上常见的益生元有：低聚甘露糖、低聚异麦芽糖、低聚果糖、低聚葡甘糖、低聚木糖、壳聚糖、海藻糖、水苏糖等。

另外一种流行的益生元是菊粉（Inulin），它是由 D – 呋喃果糖分子以 $\beta - 2$，1 – 糖苷键连接而成的果聚糖，每个菊粉分子末端以 $\alpha - 1$，2 – 糖苷键连接一个葡萄糖残基，聚合度通常为 2 ~ 60，平均聚合度为 30。其中，聚合度为 2 ~ 9 时称为寡果糖，因此认为菊粉包括寡果糖和更大聚合度的果聚糖。菊粉属于植物中储备性多糖，其来源、收获季节和生长条件（如气候、土壤）以及加工工艺影响菊粉的平均分子量和聚合度。

低聚寡糖甜味较低、有效能值较低，固体的低聚寡糖一般为无色粉末，溶解性较好，溶液无色透明，粘度较大，在 0 ~ 70℃ 范围内其粘度随温度上升而降低，吸湿性较强。其热稳定性受酸碱度影响较大，当 pH 值为中性时，120℃ 条件下还相当稳定，但在酸性条件下（pH = 3），温度达到 70℃ 以上极易分解。

3.4 益生元的功效

3.4.1 改善消化道微生态菌相，特别是选择性增加双歧杆菌和/或乳酸杆菌

研究表明，益生元如 FOS、TGOS（trans – galactooligosaccharides，反半乳寡糖）、菊粉以及它们与益生菌（植物乳杆菌、副干酪乳杆菌或两歧双歧杆菌）组成的合生元可显著增加小鼠（Asahara et al, 2001）、仔猪（Bomba et al, 2002）或人（Cummings and Macfarlane 2002；Langlands et al, 2004）体内的双歧杆菌和乳杆菌的数量或抑制人和动物的各种病原菌（梭状芽孢杆菌属、大肠杆菌、空肠弯曲杆菌、肠杆菌科细菌、沙门氏肠炎菌或鼠伤寒沙门氏菌）。由聚葡萄糖和乳糖醇组成的复合益生元不仅影响大鼠胃肠道微生物生态系统，而且通过增加 IgA 的分泌提高了免疫反应（Peuranen et al, 2004）。在治疗结肠炎时，菊粉能增进大鼠远端结肠炎的治疗效果（Videla et al, 2001）。一项随机对照试验表明，低聚果糖或低聚半乳糖均对艰难梭菌性腹泻的康复有明显作用（Lewis et al, 2005b）（Lewis et al, 2005a）。给日间护理中心的儿童服用低聚果糖，显著提高双歧杆菌数量，降低了潜在的病原体如为梭状芽孢杆菌，而且胃胀气、腹泻和呕吐明显减少（Waligora – Dupriet et al, 2007）。在仔猪日粮中添加 0. 12% 半乳甘露寡糖（GMOS）显著提高了仔猪的生长性能，降低了腹泻率（Tang et al, 2005）。Kohmoto 等（1991）发现，α-寡葡萄糖（α-Glucoolico-saccharides，α-GOS）作为营养物被双歧杆菌、乳酸杆菌、拟杆菌等代谢，而梭状芽苞杆菌、真细菌、肠杆菌等细菌对 α-GOS 的代谢利用率低。

动物饲用益生元后其消化道菌相会发生明显改变。Nurmi 等（1973）首次发现单胃动物肠道内微生物对外源性病原菌的竞争性排阻作用（Competitive Exclusion，CE）。Nurmi（1992）等发现机体 CE 的能力与以双歧杆菌、乳酸杆菌、拟杆菌等为优势菌而梭状芽孢杆菌、真细菌、大肠杆菌比例较少的菌相有高度相关，把这种菌相称为理想肠道微生物菌相。给动物饲用益生元可显著调节肠道微生物菌相，Oyofo 等（1992）在含有沙门氏菌（10^8cfu/g）的雏鸡饮水中添加 2. 5% 的寡果糖或寡木糖，结果鸡群中沙门氏菌从 53% 降到 27%，盲肠中沙门氏菌下降 3 个数量级。Beachey（1981）等认为，病原微生物首先是粘附或结合在消化道肠粘膜表面，然后大量繁殖并直接致病或通过产生毒素而致病。Pusztai（1991）报道，用特定的糖来结合细菌的植物凝血素或用特定的植物凝血素来结合肠粘膜上皮细胞表面糖脂或糖蛋白的糖残基，都可达到阻止细菌与肠粘膜的结合。当肠道内存在一定量的寡甘露糖等寡糖时，植物凝血素可与寡甘露糖等结合，从而减少与肠粘膜上皮细胞结合的机会，甚至将已与植物凝血素结合的肠粘膜上皮细胞的糖基部分置换下来。这两种方式都能促进致病菌或有害菌的排除，从而优化肠道菌群结构。

3.4.2 促进肠道产生短链脂肪酸（SCFA），降低 pH 值

益生元进入肠道后，经肠道微生物选择性发酵后，其 50% 变成 SCFA，其中大约 60% 醋酸、25% 乳酸、10% 丙酸、5% 丁酸。醋酸可直接抑制腐败微生物且效果优于乳酸，乳酸吸收较慢，也是转化成丙酸和丁酸的中间产物，丁酸是肠道上皮细胞的营养和能量源，并促进细胞再生，并对艰难梭菌有很强的抑制作用。

非消化性寡糖（NDOs）在肠内发酵能产生 SCFA 和气体（具有通便效果），并且能产生理论上不少于 300g/kg（干重）的菌体重量，这将能增加排粪量和干物质含量。研究表明，每摄入 1 g NDOs 能增加 1.5～2g 的排粪量增加，同时使排便频率趋于正常。动物对碳水化合物的消化主要是分解 $\alpha-1,4-$ 糖苷键，但是单胃动物产生的内源性消化碳水化合物的酶（如唾液淀粉酶、胰淀粉酶）对其它糖苷键的分解能力较弱或不分解，因此，寡聚糖几乎不被单胃动物消化，故亦称为非消化性寡聚糖（Patterson and Burkholder，2003）。由于 NDOs 不被降解为单糖，因此，基本上不被小肠吸收而直接进入消化道后部。在消化道后部，大量肠道微生物产生分解各种糖苷键的酶将 NDOs 分解，被某些微生物利用，其消化过程是：NDOs 被某些微生物水解成单糖，然后经微生物发酵产生乳酸、乙酸、丙酸或丁酸（SCFA）、二氧化碳和水。但是不同的益生元对肠道内不同的微生物产生不同程度的刺激增殖作用和代谢活性效果，结果产生不同比例的乳酸、乙酸、丙酸和丁酸。如体外研究表明，半乳寡糖只产生乙酸和丙酸，而木寡糖只产生乙酸，果寡糖产生乙酸、丙酸、丁乳和乳酸（Fuller and Gibson，1997；Thankappan et al，2014）。

3.4.3 调节免疫，增强抗病力

许多报道指出，益生元具有免疫调节功能，这与其组分和发酵代谢产物与肠道相关淋巴组织（GALT）密切联系有关，GALT 是肠道巨大免疫系统的一部分，是适应性免疫的需要（Scheppach et al，1992），由淋巴小结、游离淋巴组织、浆细胞、及粘膜上皮内淋巴细胞组成。消化管粘膜表面，经常存在着来自食物、有害物质，细菌和病毒等到产生的抗原，与肠上皮共同形成第一道防线，以阻止这些物质进入肠内。益生元对免疫系统的另一个作用机制是，可以通过益生元的糖基与宿主细胞（特别是巨噬细胞和树状突细胞）膜上的天然受体结合从而激活天然防御应答，特别是在巨噬细胞和树突状细胞（Arnold et al，2006；Nezlin and Ghetie，2004）。事实上，$\beta-$ 寡葡萄糖（$\beta-$glucoseoligosaccharides）与 M2 巨噬细胞表达的特异性受体（如 Dectin-1）结合来刺激先天性免疫反应（Marakalala et al，2013；Palma et al，2006；Palma et al，2012）。口服菊粉和低聚果糖能有效调节小鼠的免疫系统的各种参数，如 Peyer's 结中 IL-10 和干扰素（IFN-G）的分泌水平（Hosono et al，2003）、NK 细胞的活性和淋巴细胞的增殖（Hoentjen et al，2005）、肠道 IgA 的免疫调节作用、小结和结肠多聚免疫球蛋白受体（pIgR）表达的增加（Nakamura et al，2004）和 GALT 的发育（Pierre et al，1997）。此外，菊粉表明可明显改善葡聚糖硫酸钠诱导的远端结肠炎对肠粘膜的炎性损伤（Videla et al，2001）。因此，用低聚果糖和菊粉（100 g/kg）饲喂小鼠 6 周，显著降低了结肠的畸变隐窝灶（Buddington et al，2002）。

Schley and Field（2002）报道益生元能调控 GALT 的免疫指标、外周（次级）淋巴组织以及外周循环中的免疫功能，益生元纤维经肠道微生物发酵产生的短链脂肪酸引起菌群改变（乳酸菌增加），进而通过 3 个途径影响免疫：①通过乳酸菌或细菌产物（细胞壁或细胞质成分）与肠道免疫细胞直接作用；②通过益生元纤维发酵产生 SCFA；③粘液素产

量的改变。Sharon 和 Lis（1993）证实，益生元不仅能连接到细菌上，而且也能与一定的毒素、病毒、真核细胞的表面结合，益生元作为这些外源抗原的助剂（Adjuvants），能减缓抗原的吸收，增加抗原的效价。这种助剂的作用有提高机体细胞免疫和体液免疫的这两方面的功能。Janeway（1993）认为，外源性病原菌进入动物机体后，巨嗜细胞释放 IL - 6，随后 IL - 6 由血液进入肝脏并促使其产生甘露糖结合蛋白，由此触发机体多级免疫功能。寡甘露糖等也能促进细胞分泌含甘露糖基的糖蛋白，这些糖蛋白可结合侵入机体的细菌

3.4.4 促进钙等物质的吸收

青少年每天服用服用由长短链菊粉果聚糖可显著增加钙的吸收，提高青春期的骨矿化。钙吸收主要受遗传因素影响，包括维生素 D 受体基因多态性（Abrams et al, 2005）。此外，动物模型研究表明，菊粉和寡果糖可增加钙的利用率（Scholz and Schrezenmeir, 2002；Scholz and Schrezenmeir, 2007）。在切除卵巢在大鼠，寡果糖增加骨矿含量（BMC）和改善骨胃密度。事实上，服用富含寡果糖（oligofructoseen - riched）菊粉（8g/d）可明显增加有习惯性高钙摄食女孩的钙吸收（Bosscher et al, 2006）。在贫血仔猪的日粮中添加菊粉明显上调了肠上皮细胞编码铁转运蛋白的基因表达，而且显著增加了盲肠内容物中的双歧杆菌和乳酸杆菌数量（Tako et al, 2008）。给大鼠饲用天然菊粉和配方菊粉都产生类似的效果，增加了盲肠发酵生产的短链脂肪酸含量，尤其是丁酸，并刺激钙和镁的消化吸收，增加了骨骼矿物质密度（Demigne et al, 2008）。

3.4.5 改善脂类代谢

已经证实，益生元对肝脏脂质代谢有重要影响，菊粉和寡果糖可明显胆醇血症和甘油三酯血症大鼠的胆固醇和甘油三酸酯，分别为 15% 和 50%（Delzenne et al, 2002；Fiordaliso et al, 1995）。这些指标的减少是由于减少 VLDL 微粒的减少以及其脂肪生成酶活性的降低导致的。在人类，该结果就有争议了。1/3 的临床研究显示，给正常人和中度高血脂症的人类志愿者补充菊粉和寡果糖，血清胆固醇、甘油三酯没有影响，有 3 个研究能显著降低甘油三酯，有 4 个研究表明甘油三酯和总胆固醇浓度和/或总胆固醇和低密度脂蛋白胆固醇浓度明显降低（Delzenne and Kok, 2001；Williams and Jackson, 2002）。在人的营养干预试验中，菊粉似乎比寡果糖更能明显降低大鼠的甘油三酯，但这两种产品都是有作用的。最近的研究还显示，联合食用高蛋白（HP）和高纤维（HF）食物导致食欲减退和促胰岛素激素、类胰高血糖素肽（glucagon - like peptide - 1，GLP - 1）明显增加，也改善了高纤维组的葡萄糖耐受量或血脂相，含有菊粉的食物达到了最低的血浆甘油三酯和总胆固醇水平（Reimer and Russell 2008）。

3.5 益生元在动物中的应用

研究表明，壳寡糖（chitosan oligosaccharide，COS）可以提高肉鸡的生产性能和胸肉质量，同时增加了红血细胞和血液中的高密度脂蛋白胆固醇浓度，COS 还有助于降低腹脂、提高肉品质量（Songsak, 2008）。Sherief（2011）研究了日粮中添加益生元（甘露寡糖）、益生菌（酿酒酵母）和它们的组合（合生元）对于肉鸡生长性能、胴体性状和肉质的影响，结果显示，添加益生元、益生菌和合生元组与未添加组相比，体增量、饲料转化率、胴体性状和肉质均显著提高，合生元组料肉比显著较低。结果也表明，合生元作为生长促进剂优于单独使用益生元或益生菌，能更有效地提高消化率和肉鸡的生长性能。Bozkurt（2009）研究发现，日粮中添加有机酸、益生元（甘露寡糖）、益生菌、益生元和有机酸混合物及益生元和益生菌混合物均对肉鸡的生产性能和屠宰性能有显著提高，且发现益生元和益生菌间存在协同作用。Falaki（2011）研究发现，益生元和益生菌单独或联合使用都可以提高肉鸡生产性能和免疫功能等指标。

关于不同益生元的添加剂量，低聚甘露糖为 0.5~1kg/t 饲料，低聚半乳糖为 1~2kg/t 饲料，低聚果糖为 2.5~5kg/t 饲料，低聚异麦芽糖为 1~2kg/t 饲料。

4　益生菌和益生元的前景展望

今后，随着多领域科学家运用分子生物学、悉生动物学、元基因组学、益生菌基因组学、代谢组学、转录组学、蛋白质组学、脂类组学、微生物发酵工程等领域的先进技术和方法，特别是在元（宏）基因组计划的推动下，将不断加深对消化道微生物、益生菌和益生元与宿主营养、免疫、生长发育、健康、疾病以及衰老死亡关系的认识，也相信益生菌（微生态制剂）、益生元（或合生元）在抗感染、营养与免疫调控、抗生素替代、恢复生态、健康养殖和食品安全中发挥重要的作用。

据美国 Transparency 市场研究机构认为，到 2018 年益生素和益生元的全球市场达到 449 亿美元，约 2 700 亿人民币。随着当代现有科学界对消化道"微观世界"的逐步认识和肠道微生物基因资源的深入挖掘、开发和利用，微生态科学和产业的明天会更美好。

参考文献

［1］ Abrams S A, Griffin I J, Hawthorne K M, et al. A combination of prebiotic short‐and long‐chain inulin‐type fructans enhances calcium absorption and bone mineralization in young adolescents ［J］. Am J Clin Nutr, 2005, 82（2）: 471–476.

［2］ Acheson D W and Luccioli S. Microbial‐gut interactions in health and disease. Mucosal immune responses ［J］. Best Pract Res Clin Gastroenterol, 2004, 18（2）: 387–404.

［3］ Arnold J N, Dwek R A, Rudd P M, Sim R B. Mannan binding lectin and its interaction with immunoglobulins in health and in disease ［J］. Immunol Lett, 2006, 106（2）: 103–110.

［4］ Asahara T, Nomoto K, Shimizu, K, et al. Increased resistance of mice to Salmonella enterica serovar Typhimurium infection by synbiotic administration of Bifidobacteria and transgalactosylated oligosaccharides ［J］. J Appl Microbiol, 2001, 91（6）: 985–996.

［5］ Baurhoo B, Letellier A, Zhao X, et al. Cecal populations of lactobacilli and bifidobacteria and Escherichia coli populations after in vivo Escherichia coli challenge in birds fed diets with purified lignin or mannanoligosaccharides ［J］. Poult Sci, 2007, 86（12）: 2509–2516.

［6］ Bomba A, Nemcova R, Gancarcikova S, et al. Improvement of the probiotic effect of micro‐organisms by their combination with maltodextrins, fructo‐oligosaccharides and polyunsaturated fatty acids ［J］. Br J Nutr, 2002, 88 Suppl 1: 95–99.

［7］ Bosscher D, Van Loo J, Franck A. Inulin and oligofructose as prebiotics in the prevention of intestinal infections and diseases ［J］. Nutr Res Rev, 2006, 19（2）: 216–226.

［8］ Buddington K K, Donahoo J B, Buddington R K. Dietary oligofructose and inulin protect mice from enteric and systemic pathogens and tumor inducers ［J］. J Nutr, 2002, 132（3）: 472–477.

［9］ Charalampopoulos D, Rastall R. Prebiotics and probiotics science and technology ［M］. Springer Verlag,

New York, 2009.

［10］Collado M C, Isolauri E, Salminen S, *et al*. The impact of probiotic on gut health ［J］. Curr Drug Metab, 2009, 10（1）: 68 – 78.

［11］Cummings J H, Macfarlane G T. Gastrointestinal effects of prebiotics ［J］. Br J Nutr, 2002, 87（Suppl）2: 145 – 151.

［12］Delzenne N M, Kok N. Effects of fructans – type prebiotics on lipid metabolism ［J］. Am J Clin Nutr, 2001, 73（Suppl）: 456S – 458S.

［13］Delzenne N M, Daubioul C, Neyrinck A, *et al*. Inulin and oligofructose modulate lipid metabolism in animals: review of biochemical events and future prospects ［J］. Br J Nutr, 2002, 87（Suppl）2: 255 – 259.

［14］Demigne C, Jacobs H, Moundras C, *et al*. Comparison of native or reformulated chicory fructans, or non – purified chicory, on rat cecal fermentation and mineral metabolism ［J］. Eur J Nutr, 2008, 47（7）: 366 – 374.

［15］Eckburg P B, Bik E M, Bernstein C N, *et al*. Diversity of the human intestinal microbial flora ［J］. Science, 2005, 308（5728）: 1635 – 1638.

［16］Falaki M, Shams Shargh M, Dastar B, *et al*. Effects of Different Levels of Probiotic and Prebiotic on Performance and Carcass Characteristics of Broiler Chickens ［J］. Journal of Animal and Veterinary Advances, 2011, 10: 378 – 384.

［17］Fiordaliso M, Kok N, Desager J P, *et al*. Dietary oligofructose lowers triglycerides, phospholipids and cholesterol in serum and very low density lipoproteins of rats ［J］. Lipids, 1995, 30（2）: 163 – 167.

［18］Flint H J. Obesity and the gut microbiota ［J］. J Clin Gastroenterol, 2011, 45（Suppl）: 128 – 132.

［19］Fuller R, Gibson G R. Modification of the intestinal microflora using probiotics and prebiotics ［J］. Scand J Gastroenterol, 1997, 222: 28 – 31.

［20］Gibson G R, Roberfroid M B. Dietary modulation of the human colonic microbiota: introducing the concept of prebiotics ［J］. J Nutr, 1995, 125（6）: 1401 – 1412.

［21］Gibson G R, Probert H M, Loo J V, *et al*. Dietary modulation of the human colonic microbiota: updating the concept of prebiotics ［J］. Nutr Res Rev, 2004, 17（2）: 259 – 275.

［22］Gionchetti P, Lammers K M, Rizzello F, *et al*. Probiotics and barrier function in colitis ［J］. Gut, 2005, 54（7）: 898 – 900.

［23］Guarner F, Malagelada J R. Gut flora in health and disease ［J］. Lancet, 2003, 361（9356）: 512 – 519.

［24］Hill C, Guarner F, Reid G *et al*. Expert consensus document: The International Scientific Association for Probiotics and Prebiotics consensus statement on the scope and appropriate use of the term probiotic ［J］. Nat Rev Gastroenterol Hepatol, 2014, 11（8）: 506 – 514.

［25］Hoentjen F, Welling G W, Harmsen H J, *et al*. Reduction of colitis by prebiotics in HLA – B27 transgenic rats is associated with microflora changes and immunomodulation ［J］. Inflamm Bowel Dis, 2005, 11（11）: 977 – 985.

［26］Hooper L V, Gordon J I. Commensal host – bacterial relationships in the gut ［J］. Science, 2001, 292（5519）: 1115 – 1118.

［27］Hosono A, Ozawa A, Kato R, *et al*. Dietary fructooligosaccharides induce immunoregulation of intestinal IgA secretion by murine Peyer's patch cells. Biosci Biotechnol Biochem ［J］, 2003, 67（4）: 758 – 764.

［28］Isolauri E, Salminen S. Probiotics, gut inflammation and barrier function ［J］. Gastroenterol Clin North Am, 2005, 34（3）: 437 – 450.

［29］Isolauri E, Salminen S, Ouwehand A C. Microbial – gut interactions in health and disease. Probiotics ［J］. Best Pract Res Clin Gastroenterol, 2004, 18（2）: 299 – 313.

[30] Janeway C A. How the immune system recognizes invaders [J]. Sci Am, 1993, 269 (3): 72 - 79.

[31] Langlands S J, Hopkins M J, Coleman N, et al. Prebiotic carbohydrates modify the mucosa associated microflora of the human large bowel [J]. Gut, 2004, 53 (11): 1610 - 1616.

[32] Lewis S, Brazier J, Beard D, et al. Effects of metronidazole and oligofructose on faecal concentrations of sulphate - reducing bacteria and their activity in human volunteers [J]. Scand J Gastroenterol, 2005a, 40 (11): 1296 - 1303.

[33] Lewis S, Burmeister S, Brazier J. Effect of the prebiotic oligofructose on relapse of Clostridium difficile - associated diarrhea: a randomized, controlled study [J]. Clin Gastroenterol Hepatol, 2005b, 3 (5): 442 - 448.

[34] Ley R E, Turnbaugh P J, Klein S, et al. Microbial ecology: human gut microbes associated with obesity [J]. Nature, 2006, 444 (7122): 1022 - 1023.

[35] Li M, Wang B, Zhang M, et al. Symbiotic gut microbes modulate human metabolic phenotypes [J]. Proc Natl Acad Sci, 2008, 105 (6): 2117 - 2122.

[36] Luyer M D, Buurman W A, Hadfoune M, et al. Strain - specific effects of probiotics on gut barrier integrity following hemorrhagic shock. Infect Immun [J], 2005, 73 (6): 3686 - 3692.

[37] Manning T S, Gibson G R. Microbial - gut interactions in health and disease [J]. Prebiotics. Best Pract Res Clin Gastroenterol, 2004, 18 (2): 287 - 298.

[38] Manson J M, Rauch M, Gilmore M S. The commensal microbiology of the gastrointestinal tract [J]. Adv Exp Med Biol, 2008, 635: 15 - 28.

[39] Marakalala M J, Williams D L, Hoving J C et al. Dectin - 1 plays a redundant role in the immunomodulatory activities of beta - glucan - rich ligands in vivo. Microbes Infect, 2013, 15 (6 - 7): 511 - 515.

[40] Martin F P, Dumas M E, Wang Y, Legido - Quigley, et al. A top - down systems biology view of microbiome - mammalian metabolic interactions in a mouse model. Mol Syst Biol, 2007, 3: 112.

[41] Muramatsu T, Nakajima S, Okumura J. Modification of energy metabolism by the presence of the gut microflora in the chicken. Br J Nutr, 1994, 71 (5): 709 - 717.

[42] Musso G, Gambino R, Cassader, M. Obesity, diabetes, and gut microbiota: the hygiene hypothesis expanded [J]. Diabetes Care, 2010, 33 (10): 2277 - 2284.

[43] Nakamura Y, Nosaka S, Suzuki M, et al. Dietary fructooligosaccharides up - regulate immunoglobulin A response and polymeric immunoglobulin receptor expression in intestines of infant mice [J]. Clin Exp Immunol, 2004, 137 (1): 52 - 58.

[44] Nezlin R, Ghetie V. Interactions of immunoglobulins outside the antigen - combining site [J]. Adv Immunol, 2004, 82: 155 - 215.

[45] Nurmi E, Rantala M. New aspects of Salmonella infection in broiler production [J]. Nature, 1973, 241 (5386): 210 - 211.

[46] Nurmi E, Nuotio L, Schneitz C. The competitive exclusion concept: development and future [J]. Int J Food Microbiol, 1992, 15: 237 - 240.

[47] O'Hara A M, Shanahan F. The gut flora as a forgotten organ [J]. EMBO Rep, 2006, 7 (7): 688 - 693.

[48] Palma A S, Feizi T, Zhang Y, et al. Ligands for the beta - glucan receptor, Dectin - 1, assigned using "designer" microarrays of oligosaccharide probes (neoglycolipids) generated from glucan polysaccharides [J]. J Biol Chem, 2006, 281 (9): 5771 - 5779.

[49] Palma A S, Zhang Y, Childs R A, et al. Neoglycolipid - based "designer" oligosaccharide microarrays to define beta - glucan ligands for Dectin - 1 [J]. Methods Mol Biol, 2012, 808: 337 - 359.

[50] Patterson J A, Burkholder K M. Application of prebiotics and probiotics in poultry production [J]. Poult

Sci, 2003, 82 (4): 627 –631.

[51] Penna F J, Peret L A, Vieira L Q, *et al.* Probiotics and mucosal barrier in children [J]. Curr Opin Clin Nutr Metab Care, 2008, 11 (5): 640 –654.

[52] Peuranen S, Tiihonen K, Apajalahti J, *et al.* Combination of polydextrose and lactitol affects microbial ecosystem and immune responses in rat gastrointestinal tract [J]. Br J Nutr, 2004, 91 (6): 905 –914.

[53] Pickard K M, Bremner A R, Gordon J N, *et al.* Microbial – gut interactions in health and disease [J]. Immune responses. Best Pract Res Clin Gastroenterol, 2004, 18 (2): 271 –285.

[54] Pierre F, Perrin P, Champ M, *et al.* Short – chain fructo – oligosaccharides reduce the occurrence of colon tumors and develop gut – associated lymphoid tissue in Min mice. Cancer Res, 1997, 57 (2): 225 –228.

[55] Pokusaeva K, Fitzgerald G F, Sinderen D. Carbohydrate metabolism in Bifidobacteria. Genes Nutr, 2011, 6 (3): 285 –306.

[56] Qin J, Li R, Raes J, *et al.* A human gut microbial gene catalogue established by metagenomic sequencing [J]. Nature, 2010, 464 (7285): 59 –65.

[57] Reimer R A, Russell J C. Glucose tolerance, lipids, and GLP – 1 secretion in JCR: LA – cp rats fed a high protein fiber diet [J]. Obesity (Silver Spring), 2008, 16 (1): 40 –46.

[58] Resta – Lenert S C, Barrett K E. Modulation of intestinal barrier properties by probiotics: role in reversing colitis [J]. Ann N Y Acad Sci, 2009, 1165: 175 –182.

[59] Roberfroid M. Prebiotics: the concept revisited. J Nutr, 2007, 137 (3 Suppl 2): 830 –837.

[60] Salminen S, Isolauri E, Salminen E. Probiotics and stabilisation of the gut mucosal barrier [J]. Asia Pac J Clin Nutr, 1996, 5 (1): 53 –56.

[61] Scheppach W, Bartram P, Richter A, *et al.* Effect of short – chain fatty acids on the human colonic mucosa*in vitro* [J]. JPEN J Parenter Enteral Nutr, 1992, 16 (1): 43 –48.

[62] Schley P D, Field C J. The immune – enhancing effects of dietary fibres and prebiotics [J]. Br J Nutr, 2002, 87 (Suppl 2): 221 –230.

[63] Scholz – Ahrens K E, Schrezenmeir J. Inulin, oligofructose and mineral metabolism – experimental data and mechanism [J]. Br J Nutr, 2002, 87 (Suppl 2): 179 –186.

[64] Scholz – Ahrens K E, Schrezenmeir J. Inulin and oligofructose and mineral metabolism: the evidence from animal trials [J]. J Nutr, 2007, 137 (11 Suppl): 2513 –2523.

[65] Sherief M, Abdel – Raheem, Sherief M S, *et al.* The Effect of Single or Combined Dietary Supplementation of Mannan Oligosacharide and Probiotics on Performance and Slaughter Characteristics of Broilers [J]. International Journal of Poultry Science, 2011, 10 (11), 854 –862

[66] Stagg A J, Hart A L, Knight S C, *et al.* Microbial – gut interactions in health and disease. Interactions between dendritic cells and bacteria in the regulation of intestinal immunity [J]. Best Pract Res Clin Gastroenterol, 2004, 18 (2): 255 –270.

[67] Svennerholm A M, Steele D. Microbial – gut interactions in health and disease. Progress in enteric vaccine development [J]. Best Pract Res Clin Gastroenterol, 2004, 18 (2): 421 –445.

[68] Tako E, Glahn R P, Welch R M, *et al.* Dietary inulin affects the expression of intestinal enterocyte iron transporters, receptors and storage protein and alters the microbiota in the pig intestine [J]. Br J Nutr, 2008, 99 (3): 472 –480.

[69] Tang Z R, Yin Y L, Nyachoti C, *et al.* Effect of dietary supplementation of chitosan and galacto – mannan – oligosaccharide on serum parameters and the insulin – like growth factor – I mRNA expression in early – weaned piglets [J]. Domest Anim Endocrinol, 2005, 28 (4): 430 –441.

[70] Thomas W E, Nilsson L M, Forero M, *et al.* Shear – dependent stick – and – roll′adhesion of type 1 fimbria-

ted Escherichia coli［J］. Mol Microbiol，2004，53（5）：1545 – 1557.

［71］Tilg H. Obesity，metabolic syndrome，and microbiota：multiple interactions［J］. J Clin Gastroenterol，2010，44（Suppl 1）：16 – 18.

［72］Verdu E F，Collins S M. Microbial – gut interactions in health and disease. Irritable bowel syndrome［J］. Best Pract Res Clin Gastroenterol，2004，18（2）：315 – 321.

［73］Videla S，Vilaseca J，Antolin M，et al. Dietary inulin improves distal colitis induced by dextran sodium sulfate in the rat［J］. Am J Gastroenterol，2001，96（5）：1486 – 1493.

［74］Waligora – Dupriet A J，Campeotto F，Nicolis I，et al. Effect of oligofructose supplementation on gut microflora and well – being in young children attending a day care centre［J］. Int J Food Microbiol，2007，113（1）：108 – 113.

［75］Williams C M，Jackson K G. Inulin and oligofructose：effects on lipid metabolism from human studies［J］. Br J Nutr，2002，87（Suppl 2）：261 – 264.

［76］李菊，张日俊. 动物肠道菌群结构与代谢化学成分的相互关系［J］. 中国微生态学杂志，2008，20（2）：189 – 190.

［77］李兰娟. 感染微生态学（第 2 版）［M］. 北京：人民卫生出版社，2002.

［78］肖珊，张日俊. 小鼠低菌模型的构建及多形拟杆菌对其补偿生长作用的研究［J］. 中国微生态学杂志，2008，20（2）：102 – 104.

［79］张日俊. 微生态营养. 现代饲料生物技术与应用［M］. 北京：化学工业出版社，2009.

［80］张日俊，潘淑媛，白永义，等. 微生物饲料添加剂益生康对肉仔鸡营养代谢与免疫功能的调控机理［J］. 中国农业大学学报，2005，10（3）：40 – 47.

［81］张日俊. 单胃动物消化道微生态环境与营养［A］. 动物微生态研究进展［C］. 北京：中国农业大学出版社，2000，140 – 154.

［82］张日俊. 动物胃肠道菌群与其免疫功能和健康的关系［A］. 动物营养代谢研究［C］. 北京：中国农业大学出版社，2003a.

［83］张日俊. 消化道微生物与宿主营养素的吸收和代谢研究［J］. 中国饲料，2003b，26（2）：11 – 14.

［84］张日俊. 动物微生态系统的生物防治和营养免疫作用及微生物饲料添加剂的科学使用［J］. 饲料工业，2005，26（16）：1 – 7.

饲用微生态制剂与益生元的应用技术

马向东

（青岛蔚蓝生物集团，青岛　266000）

摘　要：饲用微生态制剂具有无毒害、绿色、环保等特点，在饲料工业上具有广阔的开发和应用前景。本文综述了国内外饲用微生态制剂与益生元在畜禽日粮中的应用技术，并对微生态制剂行业未来的研发方向也提出了一些要求。

关键词：饲用微生态制剂；畜禽；应用技术

我国饲用微生态制剂的应用开发开始于 20 世纪 90 年代。在初期较高利润的影响下，许多中小企业纷纷跟进，据不完全统计，至今已有 400 多家企业在从事微生态制剂的生产，据中国微生态协会统计其总产量估计约不超过 3 万吨。但存在产品及质量良莠不齐、应用效果不稳定等缺点，严重阻碍了该产业的健康发展。

1　我国饲用微生态制剂与益生元的基本概况

益生元具有无毒、无残留、绿色、环保等特点，在饲料工业上具有广阔的开发和应用前景。但在实际的生产过程中，由于益生元的种类、质量、生产工艺、杂质含量不同等因素，导致不同益生元产品差异很大，且不同厂家的生产成本差异也很大，上述几个因素往往成为制约其在饲料行业中发展的主要原因。因此，益生元在饲料行中发展较为缓慢，尚未得到大规模应用，其前途美好，但发展道路依旧艰难。

我国的畜禽养殖事业近年来有着较快的发展，商品饲料的总产量已经位居世界首位，但绝大多数饲料未添加微生态制剂或益生元。一方面，说明益生元产业发展空间相当巨大，另一方面也说明该产业发展较为不成熟，尚欠缺未解决当前畜牧业发展中的关键问题的有效依据。当前，我国畜牧业发展面临安全、高效、环保的巨大压力，微生态行业尚缺乏有效的科学依据及强大的理论基础去解决饲料行业所面临的难题。换句话说，微生态产业缺乏关键新技术的开发及重大成果的突破，在整个畜牧大行业中影响力较小。但解决畜牧业发展所带来的环境污染等诸多问题，亟须安全、绿色、环保的微生态制剂投放到畜牧生产中，说明其作用不可忽视，我们整个行业应该清醒认识到微生态行业的重要性。随着最近几年来分子生物学的发展，上游技术发展较快，丰富了微生态制剂的研究开发的科研工具，国外相关领域的科学家在其研究应用技术方面做了大量工作，本文主要对 2010 年以后发达国家在微生态制剂及益生元方面所做的应用研究进行综述，希望对行业发展有所帮助。

2 国外饲用微生态制剂与益生元的应用技术

美国田纳西大学 Hanning 等（2012）在研究中分别以慢速生长的裸颈鸡和快速生长的白色科尼什杂交肉鸡品种为试验对象，研究了半乳低聚糖（2%）和低聚果糖（1%）对其生长性能和消化道发育的影响，其中以李子纤维（1%）作为负对照组。结果显示：对于快速白色科尼什杂交肉鸡，使用2%的低聚果糖组肉鸡在增重方面的效果显著优于1%的李子纤维组（$P < 0.05$），半乳低聚糖组效果居中；对于慢速裸颈鸡来说，1%的李子纤维组增重效果最佳。而对其小肠的研究发现，半乳低聚糖、低聚果糖、李子纤维均可改善慢速裸颈鸡小肠的绒毛长度和隐窝深度，且这 3 种产品对其生产性能无显著抑制作用。

美国农业部的 Sohail 等（2012）研究了益生元对肉鸡热应激的影响。选用 ROSS - 708 肉鸡为试验对象，分别设正常条件下正、负对照组及 3 个热应激组。试验期为 42 天，全期饲养温度为（35 ± 2）°C，分别饲喂基础日粮添加 0.5% 的甘露寡糖组、0.1% 的益生菌组（复合乳酸菌为主，$2.00 × 10^9$ CFU/g）和合生元组（0.5% 的甘露寡糖 + 0.1% 的益生菌）。试验结果表明：负对照组肉鸡在 21 日及 42 日龄采食量、日增重及 FCR 较对正照组组极显著降低（$P < 0.01$）。甘露寡糖组肉鸡日增重及饲料转化率改善效果较负对照组差异显著（$P < 0.05$）。21 日龄时，益生菌添加组肉鸡小肠绒毛宽度、表面积及其隐窝深度显著高于负对照组（$P < 0.05$）。42 日龄，合生元添加组小肠绒毛面积、隐窝深度显著高于热应激组（$P < 0.05$）。综合以上结果可知，寡糖、益生菌及合生元能部分改善热应激对生产性能的影响。

意大利的研究人员 Monica Modesto（2009）在断奶 2 周后仔猪研究试验中，使用了来自 4 个双歧杆菌属的 12 个菌株，发现只有 2 株双歧杆菌（m354 和 ra18）和 1 株副干酪乳杆菌（su891）引起后肠双歧杆菌数量的增加；当使用1%的半乳低聚糖（奶业加工提取）及 4% 的低聚果糖（分别来自菊粉和甜菜加工）饲喂仔猪时，仅发现来自甜菜的低聚果糖有提高内源双歧杆菌数量的趋势。当不同剂量 ra18、su891 和甜菜来源的低聚果糖联合添加时，仅发现 ra18 能线性提高增重，而甜菜来源低聚果糖与 ra18、su891 联用对动物生长无影响。

来自美国爱荷华州立大学的研究者 Murugesan 等（2014）进行了 0.2% 的米曲霉（$1.2 × 10^6$ CFU/g）和枯草芽孢杆菌（$1.2 × 10^7$ CFU/g）组合对肉鸡的试验研究。分别使用两种攻毒方法：一种是在 9 日龄使用 10 倍剂量的球虫疫苗接种，另一种是在未清洁的鸡舍投放刚刚出栏的 1 日龄鸡苗，设对照组和益生菌添加组。结果证明：由于攻毒影响，雏鸡肠道上皮细胞对 D - 葡萄糖、L - 赖氨酸、DL - 蛋氨酸和磷的吸收下降，而益生菌的添加改善了这些营养物质的吸收。由此证明添加益生菌可改善细胞的完整性，且该试验条件下可提高雏鸡对病原的防护能力。

来自美国的研究者 Gebert 等（2011）给 224 头新生仔猪通过牛奶添加系统给仔猪饲喂短乳杆菌 1E1 进行研究，结果表明：添加益生菌以后，其空肠和回肠中大肠杆菌的数量显著降低（$P < 0.05$）；添加益生菌 9 d 以后，回肠中绒毛长度与隐窝深度的比值显著增加（$P < 0.05$）；添加 22 d 后，十二指肠中绒毛长度与隐窝深度的比值显著增加（$P < 0.05$）。在空肠中，表达 CD2 的白细胞数显著下降（$P < 0.05$），而益生菌添加组对表达 CD8、

CD25 和 SWC3 的白细胞数量无影响。试验表明，益生菌的早期定植对肠道上皮细胞的完整性和成熟，对早期免疫及病原菌清除有重要意义。

来自丹麦的研究者 Knap 等（2010）研究了地衣芽孢杆菌对肉鸡坏死性肠炎的预防作用。采用产气荚膜梭菌进行攻毒试验，试验组饲喂不同剂量地衣芽孢杆菌（$1.6 \times 10^6 \sim 8 \times 10^7$ CFU/g）及 15g/t 的维吉尼亚霉素饲料。结果表明：地衣芽孢杆菌及维吉尼亚霉素均能够在负对照基础上降低料肉比、提高增重、降低肠道损伤及死亡率，但其生产性能与正对照组相比均有差异。

来自英国的研究人员 Melanie 等（2010）研究了益生菌对断奶仔猪的影响。用饲料中添加 2×10^9 CFU/kg 的布拉迪酵母饲喂断奶仔猪 6 周，然后用添加 1×10^9 CFU/kg 乳酸片球菌的饲料饲喂 3 周，于第 13 周检查各项指标时发现：益生菌使用组的 FCR 显著降低，肠道中大肠杆菌数量显著降低，但其小肠绒毛长度、隐窝深度、长度深度比值、黏膜厚度未受影响。

来自意大利的研究者 Cecilia 等（2010）研究表明，可以使用益生菌来解决空肠弯曲杆菌的污染问题。他们在体外筛选了 55 株乳酸菌具有抑制空肠弯曲杆菌的能力，经过耐酸、耐胆盐，高温、高盐等评价，得到了一株植物乳杆菌 PCS20，一株长双歧杆菌 PCB133，经过动物饲养试验，在家禽粪便中仅仅有 PCB133 可以检出，停止饲喂 6 d 以后依然可以检出，确认 PCB133 具有在饲料中替代抗生素控制空肠弯曲杆菌的能力。

2012 年，来自普渡大学的研究人员 Walsh 等采用 88 头 3 周龄断奶仔猪，研究益生菌和有机酸是否可以控制沙门氏菌的感染。试验采取伤寒沙门氏菌攻毒的方法（1×10^{10} CFU/头），于攻毒 6 d 以后，使用益生菌（屎肠球菌、枯草芽孢杆菌、地衣芽孢杆菌组合，使用剂量均为 1×10^9 CFU/L）饮水治疗；有机酸（丙酸、乙酸、丁酸组合，剂量为 2.58mL/L）饮水治疗；抗生素组使用卡巴氧（55mg/kg）治疗。结果证明：益生菌饮用组在治疗第 2 ~ 6 d 阻止了其日增重下降的趋势，但沙门氏菌在盲肠、胃肠道、淋巴结中的数量并未随益生菌或有机酸的添加而下降，仅卡巴氧组在治疗 8 d 后降低了盲肠中的沙门氏菌数量。结果证明，益生菌或有机酸试验条件下不能抑制沙门氏菌的感染。

来自美国的研究者 Moser 等（2013）研究了在母猪添加枯草芽孢杆菌以后对新生仔猪肠道菌群的影响。试验采用了 208 头母猪，饲喂添加枯草芽孢杆菌（3.75×10^5 CFU/g 饲料）。结果发现：益生菌组母猪断奶体重显著高于对照组（$P > 0.05$），仔猪窝重有提高的趋势（$P = 0.09$）；益生菌添加组断奶仔猪死亡率下降（$P = 0.12$）；采用 RFLP 技术分析新生仔猪肠道，发现益生菌添加组消化道内乳酸菌数量更多，大肠杆菌及产气荚膜梭菌的数量较低。

来自加拿大的研究者 Salim 等（2013）研究了益生菌对肉鸡生长、免疫、盲肠微生物菌群、回肠形态学方面的影响。将 ROSS 肉鸡随机分成 3 个组，试验 1 组添加 0.1% 的罗伊氏乳杆菌，试验 2 组添加 0.1% 的复合益生菌（含罗伊氏乳杆菌、枯草芽孢杆菌、酿酒酵母），对照组采用维吉尼亚霉素（添加量 0.1%）。结果证明：与空白对照组相比，维吉尼亚霉素组和益生菌组都显著提高了 1 ~ 21 日龄的体重（$P < 0.05$），0 ~ 7 日龄复合益生菌组的料肉比显著降低（$P < 0.05$）；与对照组相比，复合益生菌组的白细胞数和单核细胞数显著提高（$P < 0.05$）；益生菌组的免疫球蛋白水平显著高于其他试验组，其中复合益生菌组最高；试验组盲肠中的沙门氏菌及乳酸菌数量并未受到影响；益生菌和维吉尼亚

霉素添加后肉鸡盲肠中的大肠杆菌数量显著降低（$P < 0.05$）；添加益生菌后，回肠的绒毛高度、隐窝深度，外肌层厚度显著高于维吉尼亚霉素组及对照组。试验证实，复合益生菌可以作为饲料中抗生素的替代品，发挥促生长的作用。

3 结 语

综合上述关于益生元的文献，我们惊奇地发现，无论在家禽或猪的应用技术中，添加剂量是一个很关键的指标。如低聚果糖、半乳糖或甘露糖在添加剂量为 0.5% ~ 4%，但其对动物肠道的调理作用及对生产性能并非均为正效应，有的低聚糖对有益微生物的促生长作用并不明显。而众所周知，就目前低聚果糖的生产工艺中，添加量提高势必会提高生产成本，如何生产低成本、高效果的微生态产品，是该产业应攻克的一个技术难题。另外，不同生产企业之间所生产的益生元的质量、杂质含量都存在巨大差异，而其对动物生产性能的影响效果也不得而知。因此，我们建议益生元企业，应该从自身做些，强化研发，降低成本，提高质量，确定应用技术标准，推动益生元在畜牧业发展中发挥更大作用。

对于微生态制剂行业的研究现状来说，国外的应用技术更多侧重于解决空肠弯曲杆菌、沙门氏菌、产气荚膜梭菌、大肠杆菌等的应用，以抗生素的替代作为重点研究对象。同时应用技术对上游的产品开发也提出了具体的要求，如乳酸菌在肠道内的定植问题，国外研究者采用粪便检测的方法，停饲一周以后看是否能够检出目标微生态制剂，该方法简便、有效，但是否有更科学的评估方法，值得进一步探讨。微生态行业应从菌种开发开始，在每一个关键节点建立评估技术，最后进行动物试验进行验证。

参考文献

[1] Hanning A, Clement C, Owens S H, et al. Assessment of production performance in 2 breeds of broilers fed prebiotics as feed additives [J]. Poultry Science, 2012, 91: 3 295 – 3 299.

[2] Sohail M U, Hume M E, Byrd J A, et al. Effect of supplementation of prebiotic mannan – oligosaccharides and probiotic mixture on growth performance of broilers subjected to chronic heat stress [J] Poultry Science, 2012, 91 : 2 235 – 2 240.

[3] Monica Modesto. A novel strategy to select Bifidobacterium strains and prebiotics as natural growth promoters in newly weaned pigs [J]. Livestock Science, 2009, 122 : 248 – 258.

[4] Murugesan G R, Gabler N K, Persia M E. Effects of direct – fed microbial supplementation on broiler performance, intestinal nutrient transport and integrity under experimental conditions with increased microbial challenge [J]. Bri Poul Sci, 2014, 55 (1): 89 – 97.

[5] Gebert S, Davis E, Rehberger T, et al. Lactobacillus brevis strain 1E1 administered to piglets through milk supplementation prior to weaning maintains intestinal integrity after the weaning event [J]. Beneficial Microbes, March 2011, 2 (1): 35 – 45.

[6] KnapI, Lund A D B, Kehlet A A B, et al. Bacillus licheniformis prevents necrotic enteritis in broiler chickens [J]. Avian Diseases, 2010, 54: 931 – 935.

[7] Melanie L B, Helen E D, Glynn C, et al. Influence of probiotics on gut health in the weaned pig [J]. Livestock Science, 2010, 133: 179 – 181.

[8] Cecilia S, Loredana B, Francesca G, et al. Characterization of probiotic strains: An application as feed addi-

tives in poultry against Campylobacter Jejuni ［J］. International Journal of Food Microbiology, 2010, 141: 98 – 108.

［9］ Walsh M C, Rostagno M H, Gardine G Er, *et al.* Controlling Salmonella infection in weanling pigs through water delivery of direct – fed microbials or organic acids ［J］. J Anim Sci, 2012, 90: 261 – 271.

［10］ Baker A A, Davis E, Spencer J D, *et al.* The effect of a Bacillus – based direct – fed microbial supplemented to sows on the gastrointestinal microbiota of their neonatal piglets ［J］. J Anim Sci, 2013. 91: 3 390 – 3 399.

［11］ Salim H M, Kang H K, Akter N, *et al.* Supplementation of direct – fed microbials as an alternative to antibiotic on growth performance, immune response, cecal microbial population, and ileal morphology of broiler chickens ［J］. Poultry Science, 2013, 92 : 2 084 – 2 090.

功能蛋白肽研究进展

冯凤琴 谭 梦

（浙江大学食品科学与营养系，杭州 310000）

摘 要：功能蛋白肽是以动物、植物或微生物蛋白为原料，通过蛋白酶作用或微生物发酵制得的具有生理活性的肽类物质，本文详细论述了功能蛋白肽的营养生理作用、各种来源的功能蛋白肽的研究及应用情况、质量评价指标等，并对未来研究方向进行了展望，为功能蛋白肽在饲料行业的开发应用提供参考。

关键词：功能蛋白肽；饲料；应用

功能蛋白肽一般由 2～50 个与同源蛋白质相同的氨基酸组成，其消化吸收性能比蛋白质更好，且能参与或调节动物某些生理活动。其中氨基酸残基数大于或等于 10 的称为多肽，低于 10 的称为寡肽，含 2 或 3 个氨基酸残基的为小肽（赵海云，2013）。动物吸收利用功能蛋白肽主要有两种途径，一种是饲料中的蛋白质经消化道中蛋白酶作用分解为肽，进一步消化吸收进入血液循环发挥作用，另一种是人工在体外利用酶或者微生物发酵技术将大分子蛋白质降解为肽后，再添加于动物日粮使其采食摄入。随着研究不断深入，越来越多的功能蛋白肽被开发利用于动物保健领域。

1 功能蛋白肽的营养吸收特点和生理作用

1.1 营养吸收特点

传统的代谢模型认为蛋白质必须水解成氨基酸后才能被吸收利用，饲料中氨基酸比例符合理想蛋白质模型就能获得最大的营养效果。然而，在给动物喂以按理想氨基酸模式配制的纯合日粮时，不能获得最佳生产性能和饲料转化效率（Edmonds，1985）。1960 年，Neway 和 Smith（1960）证实了完整的甘氨酰谷氨酸可以被转运吸收，首次提出小肽可被完整吸收的论据。此后的研究发现，蛋白质在体内消化酶的作用下大部分终产物为小肽，且小肽能完整的通过肠道黏膜细胞直接被吸收进入人体循环。至此，小肽被完整吸收的观点及其生理作用才引起人们重视和利用。

现代营养学研究表明，蛋白质在动物体内消化的最终产物大部分为肽，与游离氨基酸比较，肽的吸收速度快、耗能低、载体不易饱和，且各种肽之间转运无竞争性与抑制性，能有效促进蛋白质的合成（施用晖等，1996）。此外，某些氨基酸在水中溶解度低或者易分解，以小肽的形式吸收效率更高。例如，谷氨酰胺（Gln）是动物血液及其他组织含量

作者简介：冯凤琴，教授，博士生导师，主要从事功能性蛋白肽方面的研究。E - mail：fengfq@ edu. zdu. cn

最丰富的一种氨基酸，在维持肠道的正常形态和免疫功能上发挥着重要作用。但 Gln 在水中的溶解度低，易环化为有毒的焦谷氨酸和氨，在热和强碱中裂解为谷氨酸和氨，吸收率低，而采用甘氨酸 – 谷氨酰胺（Gly – Gln）二肽代替 Gln，就能完全弥补这些缺陷（崔志英等，2004）。

1.2 生理作用

除作为营养物质外，功能蛋白肽在调节动物生长发育等方面也起着重要作用，主要包括以下方面。

1.2.1 促进矿质元素的吸收利用

研究发现，一些肽可与金属离子螯合，以整体的形式转运，从而促进矿物质的吸收利用。例如，大豆肽、酪蛋白磷酸肽等能够与 Ca、Zn、Cu、Mg、Fe 等矿质元素螯合，形成可溶的螯合物，克服饲料中草酸、植酸、单宁等所造成的抑制吸收作用，促进矿物元素的吸收（李善仁等，2009；王玉莹等，2014）。

1.2.2 调节免疫功能，提高免疫力

目前已发现多种不同来源的免疫活性肽，如来源于大米蛋白的序列为 GYPMYPLR 的八肽；来源于大豆蛋白的胰蛋白酶解物中序列为 HCQRPR 的六肽；来源于牛乳蛋白序列为 TTMPLW 的六肽等（周永治，2008；五竹青，2010）。免疫活性肽可刺激淋巴细胞增殖，增强巨噬细胞吞噬能力，提升动物机体抵抗力。

1.2.3 抗菌作用，部分替代抗生素

抗生素作为生长促进剂在养殖业发展初期功不可没，近年其危害日益显现。来源于动植物蛋白或通过微生物发酵生产的抗菌肽具有与抗生素类似的效果且其安全性更高。目前已有实际应用的抗菌肽有乳链球菌素、蝇蛆抗菌肽、天蚕素、蜂毒素等。

1.2.4 促进胃肠道黏膜发育，改善胃肠道功能

在日粮中添加一定浓度的富含谷氨酰胺的小麦肽及大豆肽，可刺激胃肠道黏膜发育，刺激和诱导酶活性上升，改善幼畜消化功能（张吉鹍，2010；杨彩梅，2006）。另有报道，一些肽能够通过加快微生物的繁殖，缩短细胞分裂周期来促进益生菌的繁殖，同时还可抑制有害菌的生长（祝平等，2008；张董燕等，2007；周映华，2010），从而使肠道功能得以改善。

1.2.5 调节消化吸收，提高生产性能

大量研究表明，功能蛋白肽通过对动物生理调节，可提高动物生产性能，如用于仔猪饲料中能降低料肉比，提高日增重（王贤勇，2006），用于蛋鸡饲养能够使产蛋量及蛋质量显著提高（范仕苓等，2007），用于奶牛日粮中对泌乳奶牛有增奶作用（叶日松，2007）。

2 功能蛋白肽来源、种类及研究应用

目前，功能蛋白肽种类众多，按来源可分为动物源蛋白肽、植物源蛋白肽及微生物源蛋白肽，其特性见表1。

表1　功能蛋白质肽分类及优缺点

功能蛋白肽种类	主要来源	优点	缺点
动物源蛋白肽	鱼粉、血粉、羽毛粉、昆虫、乳蛋白	氨基酸平衡、蛋白质吸收利用率高	资源少、价格贵
植物源蛋白肽	豆粕、棉粕、菜粕	价格低廉、来源广泛	存在抗营养因子、消化率低
微生物蛋白肽	酵母	氨基酸平衡、生成周期短	富含RNA、消化率低

2.1　动物源蛋白肽

动物源蛋白肽来源于诸如乳蛋白、鱼粉、血粉、羽毛粉等动物蛋白，其特点是必需氨基酸如赖氨酸、蛋氨酸和色氨酸等含量丰富，能值高，同时其钙磷含量较高，且比例适当。

2.1.1　乳蛋白肽

随着分离纯化和结构鉴定技术的发展，已从乳蛋白中分离出大量生物活性肽。其中酪蛋白磷酸肽和乳铁蛋白肽作为饲料添加剂已进行了广泛深入的研究。

酪蛋白磷酸肽（Casein Phosphopeptides，CPPs）是由牛乳酪蛋白酶解制得的含有成簇磷酸丝氨酰基的多肽，来源于 α - 酪蛋白和 β - 酪蛋白，不同来源的 CPPs 氨基酸组成和分子量也各有不同，但都具有相同的活性中心，即 Ser（p）- Ser（p）- Ser（p）- Glu - Glu。CPPs 能够促进动物对 Ca、Fe、Zn 等二价矿物营养素的吸收利用，并且由于产品中还含有酪蛋白来源的非磷酸肽，其中的免疫调节肽、类啡肽、ACE 抑制肽等对动物生长和免疫也有促进作用（蔡木易，2012），在动物饲养中的作用已被很多研究证实（周根来等，2011；李如兰等，2012）。

乳铁蛋白及乳铁蛋白活性肽具有抗菌、抗病毒、抗氧化和调节机体免疫等作用，可用于开发新型的功能饲料。乳铁蛋白（（Laetoferrin，LF）是一种天然的铁结合性糖蛋白，分子量约为 80kDa，牛和人的乳铁蛋白分别含有 689 和 691 个氨基酸。牛乳铁蛋白活性肽（laetoferreinB，LfeinB）是从牛乳铁蛋白的 N 一端（17～41）被胃蛋白酶水解下来的 25 个氨基酸残基的多肽，LfeinB 同时具有亲水和疏水性，碱性的 Arg 残基和疏水的 Trp 残基分别位于分子两侧，Gln 在分子的中间，这种结构与 LfeinB 的抗菌和抗病毒功能有关。在动物生产中使用 LF 和 LfeinB，可降低仔猪的缺铁性贫血发病率、提高幼龄动物的免疫机能，改善动物肠道微生态环境（Wang，et al，2007；李美君等，2012）。

2.1.2　鱼蛋白肽

鱼蛋白是鱼粉中的蛋白成分，鱼粉是用一种或多种鱼为原料，经去油、脱水、粉碎加工后的高蛋白质饲料原料。鱼粉必需氨基酸含量高，其赖氨酸含量是谷物蛋白中的 5 倍，蛋白质消化吸收率高达95%以上，是一种公认的优质蛋白质。经水解作用后得到的鱼蛋白肽不仅具有鱼蛋白固有的优点，同时溶解性、乳化性等物理特性得到明显改善，还具有抗氧化、降血压、调节脂肪代谢和增强免疫力等生理功能。众多研究表明，开发酶解鱼蛋白饲料原料用于部分替代鱼粉，一方面，可显著减少配方中鱼粉用量，降低成本；另一方面，其优良的物理、营养特性和生理功能，可显著改善饲料品质，提高动物的生长性能和机体免疫力，提升动物产品的肉类品质（柳旭东等，2010；Aguila，et al，2007；Tang，et al，

2008)。

2.1.3 血浆蛋白和珠蛋白肽

血浆蛋白粉是近年来饲料行业中报道和研究较多的一种新型蛋白资源。它是将动物新鲜血液经抗凝处理，使血浆从血液中分离，再进行浓缩、低温保存和喷雾干燥制得的乳白色或浅褐色粉末。血浆蛋白粉主要由免疫球蛋白和白蛋白组成，同时含有少量的其他蛋白和肽类，具有适口性好、蛋白质含量高、氨基酸平衡且利用率高的优点，尤其是加工过程中同时保留了原血浆中各种功能性免疫球蛋白的活性，能有效防止仔猪的肠道感染，缓解应激性，促进采食和提高生产性能（张景英，2007）。

水解珠蛋白粉是以动物血球为原料，经充分酶解、分离、干燥等工艺制成。研究表明，珠蛋白肽可促进仔猪免疫器官和消化器官的发育，降低腹泻的发生（武艳军等，2010）；其功能活性主要是由于小肠发育完善且重要消化酶活性提高所致（江国永等，2013）。

2.1.4 昆虫蛋白肽

昆虫与人类相隔甚远，患人畜共患病的可能性很小，因此，昆虫蛋白作为一种较安全的蛋白质资源逐渐开发应用于养殖业。常见的几种昆虫蛋白来源于黄粉虫、弯齿琵甲、蝗虫、家蝇和蝇蛆、豆天蛾和蚕蛹等。

蝇蛆蛋白以其营养全面的优点成为昆虫蛋白资源之首。蝇蛆除富含必需氨基酸、无机元素和微量元素（朝亮，1999；王达瑞等，1991）外，蛆体还存在高表达量的抗菌肽。目前，蝇蛆及其抗菌肽已作为饲料添加物应用于畜禽养殖业，对疾病的预防和治疗取得了一定效果（申红等，2012）。

蚕蛹蛋白 8 种必需氨基酸的含量在 40% 以上，特别是赖氨酸的含量高于其他动物蛋白，而且容易消化吸收，具有促进动物生长发育的作用。蚕蛹较高的药用价值已得到了国内外学者的广泛关注，蚕蛹肽已在食品、医药等领域有了一定的研究应用（刘偲琪，2013）。随着我国蚕蛹产能的增加，蚕蛹蛋白肽在动物营养保健方面的作用也将受到越来越多的重视和研究。

2.1.5 其他动物蛋白肽

除上述动物蛋白外，还有一些研究应用较多的动物蛋白，如蚯蚓蛋白、羽毛蛋白等。

蚯蚓干物质中含有 60% 以上的蛋白质，比肉粉和鱼粉具有更高含量的赖氨酸和蛋氨酸，同时含有脂肪、碳水化合物、矿物质、烟酸和 VB_{12}。鲜蚯蚓具有很好的诱食效果。在动物蛋白资源日趋紧张的现状下，蚯蚓这种新型廉价蛋白资源可作为鱼粉替代物，用于水产及畜禽的养殖。已有用蚯蚓养猪的成功报道（傅规玉，2006）。

我国畜禽养殖业发达，年产羽毛几十万吨。羽毛蛋白除赖氨酸、蛋氨酸含量较低外其他必需氨基酸含量略高于鱼粉，且含有维生素 B_{12} 及一些未知的生长因子，是饲料行业潜在的蛋白源之一（姚清华等，2014）。羽毛蛋白肽是经蛋白酶处理的羽毛蛋白，其体外消化率、适口性均得到提高，具有良好饲用价值（姚清华等，2012）。

2.2 植物源蛋白肽

2.2.1 小麦蛋白肽

小麦蛋白，称谷朊蛋白，是小麦粉生产淀粉的副产物，其蛋白质含量在 80% 以上，除赖氨酸含量较低外，其他氨基酸的含量相对较高，尤其是谷氨酸含量占整个氨基酸含量的

30%，且主要以酰胺形式存在，这对动物的肠道健康十分有益，但由于小麦谷朊蛋白的分子结构中存在大量的脯氨酸、亮氨酸等非极性氨基酸残基和不可解离的极性谷氨酰胺残基，使得谷朊蛋白在中性条件下主要以大的聚集体存在（Shewry，*et al*，1995），因此小麦谷朊蛋白的溶解性较差，极大地限制了谷朊粉的应用。通过蛋白酶水解得到的小麦肽，分子量分布多在 3 000Da 以下，其溶解性和乳化性有了极大的改善，并且具备诸如阿片活性、降血压、抗氧化、抑癌、凝集与抗凝集、免疫调节、抑制凋亡等活性（印虹等，2013），目前，小麦蛋白肽已被用于饲料行业，研究表明小麦蛋白肽可促进仔猪肠道绒毛的发育，获得较高的饲料转化效率（刘珍等，2007；王石等，2011；谷中华等，2013）。

2.2.2　大豆蛋白肽

豆粕是大豆经提取豆油后的副产品，是目前使用最广、用量最多的饲用植物蛋白原料。其赖氨酸在各种饼粕类饲料中含量最高，达到 2.4% ~ 2.8%，相当于棉仁饼、菜籽饼、花生饼的两倍。豆粕的缺点，一个是蛋氨酸含量不足，略低于菜籽饼粕和葵花仁饼粕，略高于棉仁饼粕和花生饼粕，因此，在主要使用大豆饼粕的日粮时，一般要另外添加DL - 蛋氨酸才能满足动物的营养需要；另一个缺点是含有一定的抗营养因子和胀气因子，这些对于畜禽特别是对幼畜来说，是极为不利的（张吉鹍，2010）。功能大豆肽蛋白饲料是用现代生物发酵技术处理豆粕而成，发酵过程中，一方面，豆粕中的植物过敏源和抗营养因子降低；另一方面，酶解大豆蛋白生成的寡肽和小肽，具有降血压、改善脂质代谢、降胆固醇、促进矿物质吸收、促进有益菌群繁殖等生物活性，用于动物饲料替代部分鱼粉，不仅可降低成本，还可对猪、牛等动物起到良好的增重和保健作用（贾涛，2014；张吉鹍，2013）。

2.2.3　玉米蛋白肽

玉米是一种主要的能量饲料原料，玉米蛋白主要成分是玉米醇溶蛋白，分子量约为 21 ~ 25 kDa，玉米蛋白的谷氨酸和亮氨酸的含量较多，但必需氨基酸含量较低，如色氨酸、赖氨酸等氨基酸组成不平衡。玉米蛋白不溶于水，在胃中又难以消化，所以限制了玉米蛋白的使用，但可以通过酶解制备成水溶性好易吸收具有一定功效的活性肽，现已利用玉米蛋白酶解制得降压肽、谷氨酰胺肽、抗氧化肽、高 F 值寡肽等（陈新等，2004）。由于玉米蛋白价格低廉，通过改性增加其溶解性，提升其饲用价值，有较好的应用前景。

2.2.4　棉籽蛋白肽

棉籽饼、粕是棉籽榨油后的副产物，含有较高蛋白质，且精氨酸含量丰富，因其较高的纤维消化率，被广泛用作奶牛日常能源和蛋白质来源。棉粕产量高、价格低，但其赖氨酸含量偏低，且存在棉酚等抗营养因子，在牲畜中使用受到了限制。通过生物技术改良棉粕，不仅可以使棉粕脱毒，而且可提高可直接吸收的小肽含量，从而提高其在饲料中的添加量和利用率。

棉籽肽的制备主要是利用微生物固态发酵的方法（顾赛红等，2003），发酵后的棉粕总氨基酸提高，有助于小肠对营养成分的吸收（张庆华等，2007；郭翠华等，2006）。有学者研究报道了不同饲料蛋白在肉仔鸡消化道水解释放小分子肽比例的差异，其比例高低依次为棉籽粕 > 花生仁粕 > 血粉 > 玉米蛋白粉 > 豆粕 > 鱼粉 > 菜籽粕（刘国华，2005），这表明，采用棉籽蛋白生产小肽可获得高品质的小肽制品。

2.2.5 大米蛋白肽

大米蛋白粉是大米制备淀粉糖的副产物，粗蛋白含量在 60~68%。大米中主要蛋白质成分是水不溶性谷蛋白（占 80% 以上），其蛋白质胱氨酸含量较高，含有较多存在于链内和链间的 −S−S− 键，使蛋白质多肽链聚集成致密分子，因而大米蛋白主要以聚集体形式存在。大米蛋白是优质蛋白，蛋氨酸含量高达 2.2%，赖氨酸含量也高于其他谷类，具有生物效价高、氨基酸组成合理和低敏的特点（谢申伍，2013）。大米蛋白肽是大米蛋白经酶解得到的产物，在猪饲料、家禽饲料中应用也取得了较好的效果（刘卫东等，2013；2012）。

2.2.6 花生蛋白肽

富含蛋白的花生粕，同时含丰富的维生素 E、维生素 B 和矿物质。花生蛋白中 90% 为盐溶性球蛋白，还有较少的水溶性清蛋白。花生饼粕适口性好，可用于喂饲鸡、猪等单胃动物及反刍家畜，但由于花生蛋白氨基酸不平衡，赖氨酸含量只有大豆饼粕的一半左右，蛋氨酸和苏氨酸含量也较低，因此只能与氨基酸或是其他富含赖氨酸的蛋白质饲料复配使用而使氨基酸得到平衡。由于花生粕的品质缺陷，在一定程度上限制了其在饲料行业的高效利用。将花生粕通过生物发酵处理后，其中的各种抗原成分抗营养因子被有效降低或去除，蛋白质被分解成大量的小肽，可作为幼畜幼禽以及水产动物的优良蛋白质来源。同时在发酵花生粕过程中产生大量益生菌、谷氨酸、乳酸、维生素等物质，可以提高动物机体免疫力，抑制消化道疾病的发生，促进动物生长。发酵花生粕还具有独特的芳香味，能大大改善饲料风味及品质，可作为幼畜幼禽，以及水产动物的优良蛋白质来源（张岩等，2006；蔡国林，2010）。

2.3 微生物蛋白

单细胞蛋白质饲料也叫微生物蛋白质饲料。包括细菌、酵母、真菌、某些藻类以及原生动物，其蛋白质的生物学效价高，含有较多维生素。它们的繁殖快，蛋白含量高，有很大发展潜力。

我国的单细胞蛋白饲料主要是酵母产品，酵母饲料以其丰富的 B 族维生素、较合理的氨基酸组成、富含多种酶类及活性物质在饲料行业占有较重要的地位，可用于鸡、猪、反刍、水产等动物饲料中。酵母饲料的生产是以豆粕（饼）、菜粕等富含蛋白的植物原料为基料，通过接种数种酵母菌协同作用，使植物蛋白转化为酵母菌体蛋白（杨洁等，2011）。酵母菌体在猪饲料中可起到提高哺乳母猪采食量，改善母猪胃内菌群结构的作用（王学东等，2006）。在实际应用中，还可通过生物技术将酵母细胞中的蛋白质降解成氨基酸和小肽，核酸降解成核苷酸，并使其他有效成分如 B 族维生素、谷胱甘肽（GSH）、微量元素等一起从酵母细胞中释放出来，制得营养和功能性更好的酵母酶解物（陈训银等，2013），其丰富的小肽极易被动物消化吸收且具有免疫调节、抗氧化、促进蛋白质吸收等功能，呈味肽和核苷酸起到增鲜作用，对提高动物采食量有较大帮助。酵母酶解物具有提高断奶仔猪采食量、补充应激情况下核酸的合成不足、修复因应激反应导致的肠道黏膜损伤、提高仔猪免疫力和促进仔猪日增重等作用（董爱华等，2011）。

尽管单细胞蛋白有许多的优点，并且在上世纪得以大规模生产和应用，但生产成本过高、技术条件的制约、产品的安全性与可接受性等制约了单细胞蛋白广泛生产，迄今为止还没有在动物饲料得以广泛应用（窦全林等，2013）。

3 功能蛋白肽的质量评价

目前市场已推出众多的功能蛋白肽产品，如酪蛋白肽、大豆肽、小麦肽、玉米肽、血蛋白肽等，随着功能蛋白肽制品商业化的不断深入，制定科学、合理的功能蛋白肽评价方法及标准，对其营养功能价值及质量进行评判已非常必要。

根据功能蛋白肽的概念和影响其质量和功能价值的因素，目前多采用以下指标进行评价。

3.1 肽含量

肽在产品中所占的比例是影响其质量的重要因素，肽含量一般通过三氯乙酸法测定。三氯乙酸法的原理是利用大分子的蛋白质在 10% 三氯乙酸溶液中沉淀，除去酸不溶蛋白质，测定酸溶蛋白含量，然后扣除其所含游离氨基酸的量即为肽含量（郭玉东等，2007）。

3.2 分子量分布

功能蛋白肽主要是利用蛋白酶酶解或者是微生物发酵的方法制备，酶、发酵菌株、作用条件不同均会对产物分子量分布有一定的影响。分子量大小决定着其功能及可否被直接吸收利用，分子量小于 1 000Da 的肽吸收率高达 90% 以上（廖占权，2007）。此外，功能蛋白肽中具有生物活性的肽的分子量一般小于 6 000Da（李维等，2013）。分子量分布状况不仅可以反映功能蛋白肽吸收利用率的高低，也能在一定程度上反映其中生物活性肽含量多少，因此分子量分布是评价功能蛋白肽的一个重要指标。一般采用凝胶过滤柱通过 HPLC 法测定（张俊等，2013）。

3.3 特定氨基酸含量的测定

必需氨基酸是否齐全、特定氨基酸含量高低及其比例，也是判断功能蛋白肽质量的指标之一。氨基酸含量测定可通过液相色谱测定，分为柱后衍生法和柱前衍生法（章丽等，2009）。

4 功能蛋白肽的研究方向

功能蛋白肽的开发和应用开创了动物营养的新纪元，目前已在家禽、畜牧、水产养殖方面有了一定的推广和应用，获得了较好的效果。开发功能蛋白肽，一方面使得原本营养价值不高的蛋白质饲料原料得到了充分利用，提升了饲料品质；另一方面，高品质的饲料也提高了动物的生产性能及其对日粮氮的利用率，减少了排泄物对环境的污染。因此，功能蛋白肽作为新型绿色营养性饲料原料在养殖业将会有广阔的应用前景。

在功能蛋白肽饲料的研究中，我国虽然取得了一些成绩，但与国外相比，研究与产业化均起步较晚，整体水平落后于发达国家，且发展很不平衡。许多关键技术还处于仿制阶段，缺乏自主知识产权。

未来功能蛋白肽饲料的研究重点主要集中在以下几个方面：

第一，明确功能蛋白肽中活性成分的序列片段和作用机制。众多功能蛋白肽饲料研究只是基于表观上对动物生长起到了作用，但其在体内发生了什么变化，是通过何种方式在体内进行调节，调节机制是什么，相关研究甚少。进一步研究生物活性肽的氨基酸组成和分子序列结构，明确肽的吸收途径和作用机制是功能蛋白肽饲料营养作用的理论基础，只有掌握了理论，才能更加高效、安全地使用功能蛋白肽饲料。

第二，突破低价值蛋白制备功能肽的技术和作用互补的功能肽的复配研究。植物源蛋白来源广、价格低廉，以其为原料制备功能蛋白肽，需要解决水不溶性蛋白的利用问题，探索高效低能耗的制备方法。此外，目前的研究多集中于某一种特定的功能蛋白肽，但不同来源的功能蛋白肽在氨基酸组成或生理调节功能上可能具有互补性，利用这一点，研究不同功能蛋白肽的复配物用于动物饲养，这对于充分发挥功能蛋白肽作用有深远意义。

第三，建立针对不同动物的功能蛋白肽功效评价体系。功能蛋白肽作用于家禽、畜牧、水产等不同动物所表现的效果各不相同，这是反映功能蛋白肽品质最根本的指标。建立针对不同动物的功能蛋白肽功效评价体系，是未来高效应用功能蛋白肽的基础。

参考文献

[1] 赵海云. 小肽的吸收机制及营养功能 [J]. 安徽农业科学, 2013 (1): 146 – 148.

[2] Edmonds, Silk D B A, Rees R G. Protein digest and amino acids and peotide nutrition [J]. The Proceedings of the Nutrition Society, 1985, 44: 63.

[3] Newey H, Smyth D H. Intracellular hydrolysis of dipeptides during intestinal absorption [J]. Journal of Physiology – london, 1960, 152: 367 – 380.

[4] 施用晖, 乐国伟, 杨凤. 不同比例小肽与游离氨基酸对来航公鸡氨基酸吸收的影响 [J]. 四川农业大学学报, 1996, 14 (3): 37 – 45.

[5] 崔志英, 江青艳. 甘氨酰谷氨酰胺二肽在畜禽生产中应用的可行性 [J]. 饲料工业, 2004, 25 (8): 26 – 28.

[6] 李善仁, 陈济琛, 胡开辉, 等. 大豆肽的研究进展 [J]. 中国粮油学报, 2009, 24 (7): 142 – 147.

[7] 王玉莹, 陈锡威, 冯凤琴, 等. 酪蛋白磷酸肽的研究进展 [J]. 食品工业, 2014, 35 (5): 204 – 208.

[8] 周永治. 生物活性肽的种类及应用 [J]. 江苏调味副食品, 2008 (6): 11 – 14.

[9] 王竹清, 李八方. 生物活性肽及其研究进展 [J]. 中国海洋药物, 2010 (2): 60 – 68.

[10] 张吉鹍. 大豆肽蛋白饲料属性与营养机理及其研究重点 [J]. 广东饲料, 2010, 19 (2): 36 – 38.

[11] 杨彩梅. 谷氨酰胺和甘氨酰 – 谷氨酰胺对断奶仔猪小肠黏膜的影响 [J]. 中国粮油学报, 2006, 21 (4): 119 – 123.

[12] 祝平, 杨维仁, 杨在宾, 等. 哺乳期使用植物小肽对断奶后仔猪肠道微生物及肠道形态的影响 [J]. 中国兽医学报, 2008, 28 (11): 1 347 – 1 351.

[13] 张董燕, 季海峰, 徐炜玲. 益生菌对动物肠道微生物生态学影响的研究进展 [J]. 2007, 34 (3): 15 – 18.

[14] 周映华, 吴胜莲, 张德元, 等. 益生菌抗生素和小肽对仔猪生产性能的影响 [J]. 饲料博览, 2010 (6): 4 – 6.

[15] 王贤勇. 小肽制品对断奶仔猪生长性能和免疫机能的影响及机理研究 [J]. 畜禽业, 2006, (19). 16 – 18.

[16] 范仕苓, 陈文雅, 杨久仙, 等. 功能型小肽对蛋种鸡产蛋和繁殖性能的影响 [J]. 饲料研究, 2007 (11): 30 – 32.

[17] 叶日松. 小肽对奶牛产奶性能的影响 [J]. 乳业科学与技术, 2007, (2): 90 – 91.

[18] 蔡木易. 食源性肽研究进展 [J]. 北京工商大学学报: 自然科学版, 2012, 30 (5): 1 – 10.

[19] 周根来，杨晓志，高勤学，等．酪蛋白磷酸肽对断奶仔猪生长性能和免疫功能的影响［J］．江苏农业科学，2011（1）：253 – 255.

[20] 李如兰，王立克，章文，等．酪蛋白磷酸肽对肉仔鸡生产性能的影响［J］．黑龙江畜牧兽医，2012（21）：61 – 62.

[21] Wang Y Z, Shan T Z, Xu Z R. Effects of the lactoferrin on the growth performance, intestinal microflora and morphology of weanling pigs［J］. Animal Feed Science and Technology, 2007, 135：263 – 272.

[22] 李美君，方成垄，张凯．饲粮中添加乳铁蛋白对早期断奶仔猪生长性能，肠道菌群及肠黏膜形态的影响［J］．动物营养学报，2012，24（1）：111 – 116.

[23] 柳旭东，梁萌青，张利民，等．饲料中添加水解鱼蛋白对半滑舌鳎稚鱼生长及生理生化指标的影响［J］．水生生物学报，2010，34（2）：242 – 249.

[24] Aguila J, Cuzon G, Pascual C, et al. The effects of fish hydrolysate（CPSP）level on Octopus maya（Voss and Solis）diet：Digestive enzyme activity, blood metabolites, and energy balance［J］. Aquaculture, 2007, 273（4）：641 – 655.

[25] Tang H, Wu T, Zhao Z, et al. Effects of fish protein hydrolysate on growth performance and humoral immune response in large yellow croaker（Pseudosciaena crocea R.）［J］. Journal of Zhejiang University Science B, 2008, 9（9）：684 – 690.

[26] 张景英．血浆蛋白粉及其在仔猪饲料中的使用［J］．养殖技术顾问，2007（11）：18 – 19.

[27] 武艳军，江国永，潘勇，等．珠蛋白肽对断奶后期仔猪生长性能和免疫的影响［J］．饲料研究，2010（2）：28 – 30.

[28] 江国永，于伟，武艳军，等．珠蛋白肽对断奶仔猪肠道形态和小肠酶活性的影响［J］．饲料与畜牧：新饲料，2013（10）：48 – 50.

[29] 朝亮．家蝇的利用研究［M］．湖北：武汉大学出版社，1999，124 – 129.

[30] 王达瑞，张文霞，陆源，等．家蝇幼虫营养成分的分析及利用［J］．昆虫知识，1991，28（4）：247 – 249.

[31] 申红，王俊刚，秦文彬，等．饲喂蝇蛆抗菌肽对白痢鸡血液生化指标的影响［J］．石河子大学学报：自然科学版，2012，29（5）：566 – 569.

[32] 刘偲琪．蚕蛹肽的制备以及功能活性的研究［D］．山东农业大学，2013：14.

[33] 傅规玉．蚯蚓粉代替鱼粉饲喂育肥猪的试验［J］．湖南畜牧兽医，2006（3）：11 – 12.

[34] 姚清华，郭清雄，林香信，等．羽毛肽粉作为菲律宾鳗鲡饲料蛋白源初探［J］．水产科学，2014，33（1）：52 – 55.

[35] 姚清华，颜孙安，宋永康，等．饲用羽毛肽粉氨基酸营养价值研究［J］．营养学报，2012，34（3）：245 – 249.

[36] Shewry P R, Tatham A S, Barro F, et al. Biotechnology of bread making：unraveling and manipulating the multi – protein gluten complex［J］. Bio – Technology, 1995, 13（11）：1 185 – 1 190.

[37] 印虹，孙桂菊．小麦肽研究进展［J］．江苏农业科学，2013，41（9）：7 – 9.

[38] 刘珍，王卫国．谷朊粉的风味蛋白酶水解工艺研究［J］．饲料研究，2007（8）：4 – 7.

[39] 王石，王卫国．谷朊粉酶解物对断奶仔猪生产性能，腹泻及消化率的影响［J］．粮食与饲料工业，2011（2）：55 – 57.

[40] 谷中华，钱海峰，陈思思，等．谷朊粉酶解制备多肽饲料添加剂的研究［J］．粮食与饲料工业，2013（4）：52 – 55.

[41] 张吉鹍．肽营养及其在开发大豆肽饲料中的应用［J］．饲料与畜牧：新饲料，2010（1）：22 – 25.

[42] 贾涛．高效蛋白活性肽饲料在生猪养殖中的试验报告［J］．饲料广角，2014（6）：26 – 30.

[43] 张吉鹍，熊立根，邹庆华，等．功能大豆寡肽蛋白饲料在奶牛生产中的应用研究［J］．饲料与畜牧：

新饲料，2013（1）：8－12．

［44］陈新，陈庆森，庞广昌．酶解玉米蛋白生产生物活性多肽的研究现状及开发趋势［J］．食品科学，2004（7）：202－205．

［45］顾赛红，孙建义，李卫芬．黑曲霉PES固体发酵对棉粕营养价值的影响［J］．中国粮油学报，2003，18（1）：70－73．

［46］张庆华，赵新海，钟丽娟，等．三菌株协同固态发酵对棉粕脱毒效果及其生物活性的影响［J］．饲料工业，2007，28（18）：37－38．

［47］郭翠华，李胜利，唐金全，等．脱酚棉籽蛋白及其在奶牛中的应用［J］．中国畜牧杂志．2006，42（6）：63－64．

［48］刘国华．肉仔鸡对小肽的吸收转运及其调控研究［D］．北京：中国农业科学院，2005．

［49］谢申伍．大米蛋白粉在动物饲料生产中的应用［J］．湖南饲料，2013（6）：30－32．

［50］刘卫东，宋素芳，程璞，等．大米蛋白肽对热应激时蛋鸡生产性能和相关生理生化指标的影响［J］．中国粮油学报，2013，27（12）：89－92．

［51］刘卫东，宋素芳，程璞，等．大米蛋白肽对育成猪生产性能，养分代谢和血液生化指标的影响［J］．中国粮油学报，2012，26（7）：72－75．

［52］张岩，肖更生．花生粕的应用进展［J］．食品工业科技，2006，27（8）：197－198．

［53］蔡国林，郑兵兵，王刚，等．微生物发酵提高花生粕营养价值的初步研究［J］．中国油脂，2010（5）：31－34．

［54］杨洁，王红英，吴薇，等．安全酵母饲料的生产工艺参数［J］．饲料工业，2011，32（5）：23－27．

［55］王学东，呙于明，姚娟．活性干酵母对生产母猪生产性能的影响［J］．畜禽业：南方养猪，2006（11）：57－57．

［56］陈训银，董爱华，徐春洪．酵母源生物饲料研究与应用概况［J］．广东饲料，2013（A01）：90－93．

［57］董爱华，陈训银．酵母酶解物在断奶仔猪上的应用研究［J］．饲料与畜牧，2011（10）：50－52）

［58］窦全林，杨明禄，周小玲．单细胞蛋白在食品和饲料中的生产利用现状及前景［J］．粮食与饲料工业，2013（10）：38－42．

［59］郭玉东，张洋，张均国．小肽饲料营养价值及评价方法［J］．饲料工业，2007，28（7）：13－16．

［60］廖占权．大豆肽的功能及质量评价方法［J］．中国油脂，2007，32（8）：34－37．）

［61］李维，兰海楠，付志玲，等．生物活性肽的生理功能及在动物生产中的应用［J］．中国兽医杂志，2013（3）：46－48．

［62］张俊，吕小东，于伟，等．水解珠蛋白粉中寡肽含量及分子量分布的测定方法研究［J］．饲料与畜牧，2013，（5）：53－55．

［63］章丽，刘松雁．氨基酸测定方法的研究进展［J］．河北化工，2009，32（5）：27－29．

功能性蛋白肽应用技术

陈宝江

（河北农业大学动物科技学院，保定 071001）

摘 要：功能性蛋白肽是近年来颇受动物营养关注的一类安全高效的饲料添加剂，本文对近年来关于功能性蛋白肽的生产技术原理及优缺点、在畜禽养殖中的应用技术进展等方面进行了梳理和综述，并提出了功能肽今后研究发展趋势。

关键词：功能性蛋白肽；生产技术；应用；发展趋势

蛋白质营养研究一直是动物营养研究的核心内容，传统的蛋白质理论认为，日粮蛋白质在消化道内经过蛋白酶等内切酶的作用降解为游离氨基酸而被吸收利用，因此一般认为蛋白质的功能是作为必需和非必需氨基酸的原料到达小肠，满足动物合成机体蛋白质的需要。但近年来的的研究表明，蛋白质在动物消化道内还存在着大量的以完整寡肽形式被吸收并进入循环系统而被组织利用的模式，进一步研究表明，寡肽不仅可以作为氨基酸的供体，直接养分满足动物营养需要，同时某些结构形式的寡肽进入到动物机体以后，会发挥出特定的生理活性功能，作为生理调节物，在动物的消化代谢中起着非常重要的作用，这些生物活性肽可以被完整地吸收，并且可以与特殊受体相结合来调节消化、食欲以及内分泌代谢。对该类具有生物活性的功能性蛋白肽的研究迅速成为动物营养研究热点。

1 功能性蛋白肽的概念

功能性蛋白肽（functional peptides），又被称为生物活性肽（bioactive peptides），是指由天然氨基酸以不同组成和排列方式构成、分子量一般小于 6 000Da、在构象上比较松散、是对生物机体的生命活动有益或具有特定生理作用的多功能寡肽类的总称。在特性上其表现为易消化吸收，并对动物具有促进机体生长、促进消化道发育及消化液分泌、抗菌、抗病毒、抗肿瘤、抗氧化作用以及增强免疫机能等作用，在生产中能够改善饲料的适口性、提高动物生产性能和健康水平且食用安全。

功能性蛋白肽结构复杂，功能多样，种类较多，分布广泛，所以学术界对其分类方法并不统一。按其来源可分为内源生物活性肽和外源生物活性肽，内源肽是指由机体细胞直接分泌（表皮生长因子、成纤维细胞生长因子、类胰岛素生长因子、转化生长因子 - β、白细胞介素、干扰素等），外源肽有植物源性的主要有大豆肽、玉米肽、豌豆肽和苦瓜肽

作者简介：陈宝江，教授，博士，主要从事动物营养与饲料科学教学与科研工作。E - mail：Chenbaojiang@ vip. sina. com

等，动物源性主要有乳蛋白肽、卵蛋白肽、畜蛋白肽、鱼蛋白肽和丝蛋白肽等，此外还有近年来广受关注的微生物来源的抗菌肽；按其生理功能可分为降压活性肽、降胆固醇活性肽、抗菌活性肽、抗病毒活性肽、抗肿瘤活性肽、抗氧化活性肽、抗凝活性肽、免疫活性肽等；按其材料可分为海洋生物活性肽和陆地生物活性肽；按其形成原因分为天然生物活性肽和人工合成生物活性肽。

2　功能性蛋白肽的生产

随着人们对功能性蛋白肽结构和功能的认识深刻以及技术进步，功能性蛋白肽的合成手段和方法也越来越丰富，如有人工化学合成法、特定原料提取法、DNA 重组法、微生物发酵法及酶解法等，其中技术较为成熟、适宜于规模化生产及应用较为广泛的方法主要由以下几种。

2.1　化学合成

化学合成法是指在在了解功能肽的氨基酸组成种类、顺序及空间结构的基础上，通过缩合脱水反应，将不同种类的游离氨基酸以肽键形式连接起来，生产特定种类功能肽纯品的过程。

该方法的优点是产品生产目标明确、产品纯度较高，缺点是无用副产品相对多、成本高、效率低，同时在生产中往往需要大量使用有毒溶剂，造成环境污染，有损机体健康，因此现阶段应用该类方法生产饲用活性肽的可能性不大，主要用于制药或实验室使用。

现在应用该方法规模化生产的生物活性肽主要有：谷胱甘肽、肌肽、三囊肽、生长激素释放肽、促性腺激素释放激素、胆囊收缩素等。

2.2　DNA 重组基因表达法

DNA 重组基因表达法是指通过转基因技术，将目标活性肽基因转录到特定宿主中进行高效表达的过程。

该技术的优点是生产成本低、效率高，缺点小分子的基因片段，操作困难、表达和检测工作困难、难筛选到高效表达的菌株，同时，由于产品是通过转基因技术获得，因此会对消费者在使用该类产品时，对其生物安全性存在顾虑。

目前仅限于生产大分子活性多肽和蛋白质的生产，最常见的产品是抗菌肽类。

2.3　微生物发酵法

微生物发酵法是指利用自然界多种微生物在生长繁殖过程中分泌不同种类的蛋白酶（内切、外切等），在微环境下将不易消化的大分子蛋白质进行降解的过程。目前应用较广的微生物主要是米曲霉、乳酸菌、枯草芽孢杆菌、粪链球菌等，一般由它们根据反应底物蛋白质和目标活性肽种类不同按一定组合成复合菌系。

该技术的优点是反应条件温和，环境要求较低，生产成本低、速度快，产品中含有多种活性肽，缺点是由于发酵为多种菌种混合，产物组成复杂，很难获得纯度较高的单一目标产品，同时在生产中常常会产生意想不到的副产品，而影响产品的实际应用效果。

目前应用该方法生产活性肽的底物常用的有植物源性的大豆及其副产品、玉米蛋白粉等；动物源性的有动物血液、羽毛等。

2.4 蛋白酶酶解法

蛋白酶酶解法是指依据预生产的活性肽种类和反应底物蛋白结构特点，应用特定的蛋白质，通过水解反应而获得的生物活性肽的过程。

该技术的优点是原料来源广泛、反应条件温和，目标产物含量高、生产成本低、对环境不造成破坏，缺点是反应产物复杂，常常会伴有苦味肽等严重影响适口性的副产品产生。

由于该方法较其他生产功能肽方法优势相对明显，因此，人们近年来对蛋白酶的选择，酶解工艺参数的优化，水解液的脱苦、脱盐及分离精致等方面相对深入、系统研究，建立了针对不同底物的规范的生产流程和配套设备，成为现阶段生产功能肽的最佳选择。

应用该方法生产的功能肽主要有：乳源功能肽（酪啡肽、类阿片肽、内啡肽、脑啡肽、酪蛋白磷酸肽等）、大豆肽、高 F 值寡肽、丝肽等。其中大豆肽、高 F 值寡肽、丝肽是近年来引人注意的几种活性肽类。

2.4.1 大豆肽

大豆肽是由大豆蛋白质经酶法水解、精制而得到的多肽混合物，以小分子肽为主，分子质量一般在 5 000Da 以下。该类物质具有促进机体能量代谢、降低血糖血脂、抗氧化、调节胰岛素功能及治疗氨基酸吸收障碍等作用。

2.4.2 高 F 值寡肽

高 F 值寡肽是是指氨基酸混合物中支链氨基酸与芳香族氨基酸比值远高于动物机体中这两类氨基酸比值模式寡肽，一般由 3~7 个氨基酸残基组成。该类物质具有改善肝功能、调节蛋白质营养失常及抗疲劳等功能。该类产品可由碱性蛋白酶和木瓜蛋白酶降解玉米黄粉、葵花浓缩蛋白生产。

2.4.3 丝肽

丝肽是蚕丝丝素蛋白的酶解产物，分子量一般在 500~2 000Da。丝肽有抗辐射和防止白血球减少、降低机体对脂肪和胆固醇的吸收、促进伤口愈合和解毒等作用；同时，丝肽能为皮肤和毛发的正常代谢提供必需的养分，从而增加皮肤和毛发的光泽和弹性；丝肽还具有显著的调节机体细胞免疫和体液免疫的功能。

3 功能性蛋白肽在动物生产上的应用

3.1 功能肽在家禽养殖上的应用

肽产品在家禽养殖中应用主要集中在雏鸡和蛋鸡产蛋高峰期阶段，多数是实验表明该类产品可促进雏鸡生长发育，提高蛋鸡生产性能。陈宝江等（2008）研究结果发现，应用肽氨基酸混合物作为蛋白源饲喂在 0~3 周龄肉鸡，生产性能显著高于酪蛋白组和游离氨基酸组，血清激素检测发现，血清中 T3、T4、GH、IGF-I 含量随着日粮中寡肽比例变化而发生规律性变化；侯艳红等（2002）法氏囊活性肽（BS）研究结果发现，BS 有提高 SPF 鸡机体增重和饲料转化率等效果，但 BS 的使用效果与使用剂量和使用方法有关；王碧莲等（2000）蛋鸡饲粮中添加活性肽，显著提高了蛋鸡的产蛋率和蛋重，降低料蛋比，同样，张功（2005）研究在蛋鸡日粮中添加 120mg/kg 大豆活性肽，获得类似结果，而朱碧英等（2008）用虾蛋白肽饲喂蛋鸡，结果显示可显著提高产蛋后期鸡的产蛋率。吴东等

（2005）研究结果发现，在蛋种鹅饲料中添加混合活性小肽，种鹅的采食量、受精率、产蛋率、入孵蛋孵化率、健雏率均有所增高。

3.2　功能性蛋白肽在养猪生产上的应用

功能性蛋白肽作为饲料添加剂，在不同生理阶段的猪日粮中均有应用，实验报道最多，且多数效果显著。应用活性肽，可促进乳仔猪的肠道发育，刺激消化酶分泌，提高机体免疫力，提高生长育肥猪日增重、养分利用率和饲料转化率，提高母猪泌乳力，改善母猪体况，减少产科疾病。

王恬（2003）研究表明，仔猪日粮中添加活性肽，可显著增加肠道绒毛的长度、减小隐窝深度，提高了糖酶、淀粉酶、脂肪酶和胰蛋白酶的活性，其影响随肽的添加提高；张青青等（2010）将活性肽添加到仔猪日粮中，蛋氨酸、赖氨酸和苏氨酸的表观消化率显著提高，说明肽能够刺激消化酶分泌及肠道黏膜结构和功能的发育；汪官保（2007）研究发现，日粮中添加4%植物活性肽，哺乳仔猪胃和胰脏的发育显著提高；蔡元丽（2000）在断奶仔猪日粮中添加水解肠膜蛋白粉，显著了提高仔猪的免疫功能，增强免疫细胞的免疫活性；Cordoba发现，用大豆水解寡肽饲喂患有产肠毒素大肠杆菌病的仔猪，显著促进仔猪的健康恢复，表明活性肽可促进受损上皮细胞的恢复；汪梦萍试验报道，日粮添加肽制品，仔猪腹泻率降低60%，经济效益提高15.62%；王贤勇（2006）则证明，日粮添加2%小肽，仔猪日采食量和日增重分别提高了15.5%和17.3%，但随着添加量的增加，仔猪生长性能呈下降趋势，证明小肽添加并非越多越好，应有适宜的添加比例。

Pafisini等（1989）在日粮中添加少量的小肽制品后发现，生长猪的日增重、蛋白质利用率和饲料转化率显著提高；陈秋梅（2004）研究表明，日粮中添加0.3%～0.5%小肽制剂，育肥猪日增重提高3.91%～8.34%，料重比降低5.04%～8.40%和腹泻率降低4.45%～5.16%；李焕友等（2004）报道，小肽制剂能显著提高肥育猪血清中的血糖浓度、总蛋白质含量及生长激素浓度。

方俊等（2003）等试验证实，母猪生产试验结果证明，小肽可显著改善泌乳母猪的产子性能，泌乳量增加，仔猪断奶体重提高、并减少了母猪体重损失。

3.3　功能性蛋白肽在水产养殖上的应用

水产养殖动物由于消化器官相对简单，对饲料蛋白质的需求相对较高。一般水产动物饲料蛋白质都在20%～60%，所以小肽作为在水产中的应用就显得尤为重要，可显著提高水产动物的采食量，改善饲料转化系数，增强免疫力并可减少水产养殖动物的发病率。

李清等（2005）试验证实，草鱼日粮中加入生物活性肽可提高其生长速度，提高其存活率，并能促进矿物质元素的吸收和利用；于辉等在日粮中添加0.5%酶解酪蛋白，草鱼的相对生长率、蛋白效率比、饲料效率比、血浆中镁含量及小肽总量均显著好于等量的酪蛋白和酸解酪蛋白组；Boze等（1995）报道，给鱼口服小肽制品，能有效刺激和诱导鱼类小肠绒毛膜刷状缘酶的活性上升，增强水产动物的采食与消化吸收功能，表现为鱼苗生长和繁殖加快，健康水平改善，Zambonino等（1997）也获得类似结果；许培玉等（2004）实验证实，日粮中添加适量小肽，可显著提高南美白对虾的相对增重率和体长增长率，降低饲料系数及成活率，同时，溶菌酶和SOD活力提高，但不同水平小肽制品添加量的作用效果不同，说明产动物对小肽有最适需要量。甘晖（2005）试验也证实，小肽制剂可提高建鲤生长速度、饲料利用率，改善日粮适口性，最适添加量为1%。

3.4 功能性蛋白肽在其他动物上的应用

功能肽在其他动物饲养中亦有应用报道。孙桂芬（2002）利用鱼粉和大豆蛋白酶解寡肽混合物进行小白鼠试验，发现寡肽使小白鼠 T 淋巴细胞转化率提高 1.93% ~ 21.41%；赵秀娟等（2000）在大鼠高脂饲料中按照 10g/kg 体重标准饲喂大豆活性肽粉，大鼠血清 TC 降低了 26.0%、总甘油三酯降低 24.4%；李亚峰（2008）在日粮中添加 0.50% 小肽，结果表明，生长期獭兔免疫器官指数提高、红细胞的免疫功能亦显著好于对照组。

4 发展趋势与展望

功能性蛋白肽的发现，改变了蛋白质仅限于提供氨基酸和能量的传统概念，使人们逐渐认识到，蛋白质还具有潜在的信息传导和生理调控。因此，在评价蛋白质的生物学价值和进行蛋白原料供应时，除考虑其氨基酸组成外，还应考虑到蛋白质的结构及其在消化道中可能释放出生物活性肽的组成和种类。

功能性蛋白肽功能与机理研究，已成为蛋白质营养研究的热点领域，伴随着人们对其生物学价值认识的深入，应用动物营养学和生物化学技术，开发其作为新型安全高效功能性饲料添加剂的前景越来越广阔。

今后，对于作为添加剂，功能性蛋白肽产品研发应该重点在以下几个方面进行：

一是功能性蛋白肽的分析技术研究。主要是通过应用新型高效分离设备和分离工艺，对目标肽含量、结构及活性进行精确定量分析，形成功能肽的作用机理的理论基础。

二是功能性蛋白肽定向酶解生产技术研究。通过高效、专一性强的酶种选育技术、不同酶复合选配技术、脱苦微生物的分离纯化应用技术等系列工艺技术组合应用，形成定向、高效、规范的功能肽生产工艺。

三是功能肽的应用技术研究。重点探讨不同种类功能肽在不同畜禽品种、生理阶段的作用效果与应用计量、方法，建立系统、准确的功能肽应用技术方案。

四是功能肽生物学价值评价研究。主要研究功能肽作为饲料添加剂针对不同畜禽的效果评价指标、影响因素，构建完善、客观、精确的功能肽价值评价体系。

总之，对功能肽的认识和研究，极大地丰富了蛋白质营养与调控理论；同时，由于肽类产品的高度安全、促进生产、抗菌防病等较全面的功能作用特点，符合现代饲料工业发展与畜禽健康养殖的要求，功能肽制剂必将成为一种前景广阔的的饲料添加剂。

参考文献

[1] 王兴涌，范华，李栋. 生物活性肽功能和作用研究进展 [J]. 预防医学情报杂志，2009，9（25）：730 – 732.

[2] 陈宝江，蔡辉益，刘国华，等. 不同比例寡肽对肉仔鸡生长及相关激素分泌的影响 [J]. 河北农业大学学报，2008，2（31）：88 – 92.

[3] 侯艳红，张焕铃，杨奎，等. 法氏囊活性肽对鸡体增重及饲料转化率的影响 [J]. 畜牧与兽医，2002，34（9）：8 – 10.

[4] 王碧莲. 薛晓生. 周围小肽营养研究新进展 [J]. 饲料研究，2000，16：19 – 20.

[5] 吴东，夏伦志，汪丽. 种鹅日粮中添加肽制剂对其繁殖性能和血清生化指标的影响 [J]. 饲料工业，

2005，26（8）：38－40.

[6] 王恬，傅永明，吕俊龙，等．小肽营养素对断奶仔猪生产性能及小肠发育的影响［J］．畜牧与兽医，2003，35（6）：4－8.

[7] 汪官保．植物活性肽对哺乳仔猪生产性能的影响及其促生长机理的研究［D］．西宁：青海大学，2007.

[8] 汪梦萍，于爱梅，王碧莲，等．小肽制品"喂大快"对断奶仔猪生长的影响［J］．粮食与饲料工业，2000，4：38－39.

[9] 王贤勇．小肽制剂饲喂断奶猪的效果观察［J］．饲料工业，2006，11：9－10.

[10] Parisini P, Scicipioni P. Effects of peptide in a proteolysate in piglet nutrition［J］. Zootecnica Nutrizion animal, 1989, 15：637－644.

[11] 陈秋梅，张爱忠，杨跃刚．小肽制剂对生长育肥猪生产性能的影响［J］．河南畜牧兽医，2004，25（2）：7－8.

[12] 李焕友，何叶如，胡文娥，等．小肽制剂对肉猪生产性能与猪肉品质的影响［J］．黑龙江畜牧兽医，2004，7：8－10.

[13] 方俊，李伟民．小肽在猪营养中的研究及应用［J］．中国饲料，2003，22：20－21.

[14] 李清，毛华明，肖调义．小肽对鲤鱼免疫力的影响［J］．饲料研究，2005，5：1－3.

[15] Boza J J, Protein V. Enzymic protein hydro lysates：Nitrogen utilization in starved rats［J］. British Journal of Nutrition, 1995, 73：65.

[16] Zambonino J, Cahu C, Peres A. Partial substitution of di－and tripeptides for native proteins in sea bass diets improves rare labrax larval development［J］. Nutr, 1997, 127：608－614.

[17] 许培玉，周洪琪．小肽制品对南美白对虾生长及非特异性免疫力的影响［J］．中国饲料，2004，9：13－15.

[18] 甘晖．小肽的营养对幼龄建鲤生长的影响［J］．饲料工业，2005，26（22）：30－32.

[19] 孙桂芬．饲料小肽的制备及其对小白鼠免疫机能和绵羊瘤胃微生物生长影响的研究［D］．内蒙古农业学，2002.

[20] 赵秀娟，贾莉，牛玉存，等．大豆蛋白对大鼠血浆胆固醇影响及作用机制［D］．中国科学院上海冶金研究所，2000.

[21] 于辉，贺建华．小肽对幼龄草鱼生长性能的影响［J］．佛山科学技术学院学报：自然科学版，2003，21（4）：56－58.

[22] 邓岳松．小肽制剂对南美白对虾生长及饲料效率的影响［J］．内陆水产，2004，11：43－44.

[23] 梁金钟．大豆蛋白活性肽在相关行业中的应用．陈栋梁．多肽的世界——认识功能肽［M］．武汉：武汉出版社，2003：156－165.

[24] 沈蓓英，孙冀平．高F值寡肽生理功能与制备［J］．粮食与油脂，1999，2：27－30.

[25] 倪莉，王璋．酶法水解丝素的研究［J］．食品与发酵工业，1999，26（1）：20.

功能性氨基酸营养研究进展

杨凤娟　　曾祥芳　　谯仕彦

（国家饲料工程技术研究中心，北京　100193）

摘　要：近年来，随着体外细胞模型技术、同位素示踪技术、组学技术和各种组织插管技术的发展，人们发现了谷氨酰胺、精氨酸等传统意义上的非必需氨基酸在健康、存活、生长发育、泌乳和繁殖等方面的新的营养生理功能，丰富和发展了蛋白质氨基酸营养理论与实践。本文综述了谷氨酸按、谷氨酸、精氨酸及其内源合成激活剂 N－氨甲酰谷氨酸、支链氨基酸、甘氨酸、苏氨酸等目前研究较多的功能性氨基酸的研究进展与应用现状，为感兴趣的同行提供参考。

关键词：功能性氨基酸；蛋白质代谢；肠道屏障功能

传统意义上，基于人和动物对生长或氮平衡（即整个机体的净合成蛋白质）的需要，通常将氨基酸分为营养性必需氨基酸（必不可少）和非必需氨基酸（可有可无）（Baker，2009；Wu，2009）。然而，越来越多的体外细胞试验和动物试验研究表明，谷氨酰胺、谷氨酸和精氨酸等一些传统分类上的非必需氨基酸能参与多种信号通路，调控基因的表达、细胞内的蛋白质周转、营养代谢和氧化防御的作用（Brasse－Lagnel 等，2009；Bruhat 等，2009）。一些研究发现，在幼龄或妊娠哺乳动物中，某些非必需氨基酸的数量合成不足，无法满足胚胎/胎儿存活、新生期生长以及血管和肠道的健康（Kim 和 Wu，2004；Mateo 等，2007）。因此，对长期以来关于必需氨基酸和非必需氨基酸的分类标准还有待商榷，除了蛋白质合成作用外，人和动物对氨基酸的营养需要应当考虑氨基酸对细胞和组织的特殊功能。

近年来，功能性氨基酸的概念受到越来越多的重视。功能性氨基酸是指除了合成蛋白质外，还具有其他特殊功能的氨基酸，其不仅对动物的正常生长和维持是必需的，而且对多种生物活性物质的合成也是必需的。功能性氨基酸通过调控机体一些重要代谢途径来促进动物或人的健康、存活、生长发育、泌乳和繁殖（Wu，2009）。目前，研究较多的功能性氨基酸包括谷氨酰胺、谷氨酸、精氨酸、支链氨基酸、甘氨酸、苏氨酸等。

1　谷氨酰胺

谷氨酰胺是机体内含量最为丰富的氨基酸之一。70% 的游离谷氨酰胺在小肠中被利用，为小肠上皮细胞的增殖和发育提供能量来源和物质基础。机体本身只能在肝脏和骨骼肌中合成极少量的谷氨酰胺，正常情况下主要从肠道或循环系统中摄取，被认为是仔猪在

作者简介：谯仕彦，教授，博士生导师，主要从事动物营养与饲料科学研究。E－mail：qiaoshy@ mafic. cn

感染受伤和断奶应激时的条件性必需氨基酸（Li 等，2007）。谷氨酰胺是重要的功能性氨基酸，在调节小肠结构的完整性、肠道免疫功能、细胞内蛋白质周转、信号转导和基因表达中发挥着重要作用（Wu，2010）。

1.1 谷氨酰胺与肠道健康

谷氨酰胺是合成用于细胞分化所必需的嘌呤和嘧啶核苷酸的前体，有助于维持肠道结构完整性和修复肠道损伤。Wu 等（2007）研究发现，当谷氨酰胺不能满足需要时，肠上皮通透性增加，补充谷氨酰胺则可以缓解这一现象。提示谷氨酰胺与肠道屏障功能密切相关。大量研究表明，谷氨酰胺能够改善断奶应激、氧化应激以及炎症条件下的猪肠道屏障功能（Ewaschuk 等，2011；Haynes 等，2009）。对断奶后第 1 周的仔猪，日粮添加谷氨酰胺能有效防止肠道自噬以及肠上皮损伤，促进仔猪肠道发育（Wu 等，1996）。此外，在断奶仔猪日粮中添加谷氨酰胺，可防治空肠绒毛萎缩，缓解小肠结构的改变，减少肠上皮通透性和肠道细菌、内毒素的易位，且能够促进隐窝细胞的增生和肠腔内黏液凝滞体的分泌，维持小肠结构的完整性（Wu 等，1996；张军民，2000）。

1.2 谷氨酰胺与免疫

谷氨酰胺是合成 sIgA 所必需的物质，也是肠系膜淋巴结和淋巴细胞以及肠上皮细胞的重要能量底物，在肠道免疫功能的发挥中起重要作用。动物试验研究表明，日粮添加谷氨酰胺可增强宿主的免疫功能。Yoo 等（1997）报道，日粮补充谷氨酰胺可维持肉毒素感染的早期断奶仔猪肌肉中谷氨酰胺的浓度，使淋巴细胞功能恢复正常，提高肠道的免疫能力。Wu 等（2013）给生长猪饲喂 7 d 补充了 1.0% 谷氨酰胺的日粮后，改喂呕吐毒素污染过的日粮，结果发现，相比于呕吐毒素组，补充谷氨酰胺显著提高了猪的采食量，猪肝脏中毒素含量得到控制，白细胞介素 − 2（IL − 2）和 α − 肿瘤坏死因子（TNF − α）水平显著降低，这些结果表明日粮补充谷氨酰胺能缓解呕吐毒素对生长猪的损伤。

1.3 谷氨酰胺与蛋白质周转和基因表达

在分解代谢状态下，肌肉中谷氨酰胺水平显著降低，并出现蛋白质代谢负平衡。表明谷氨酰胺与蛋白质周转可能存在一定关系。谷氨酰胺可提高骨骼肌中蛋白质合成、抑制其降解，除骨骼肌外，谷氨酰胺还能刺激小肠黏膜中的蛋白质合成、抑制其降解，其机理可能与 mTOR 信号通路有关（Fumarola 等，2005）。此外，谷氨酰胺在基因表达中也起着重要作用。Wang 等（2008）研究表明，仔猪日粮中补充谷氨酰胺可增加肠细胞生长和消除过氧化物相关基因的表达（120% ~124%），减少促进氧化应激和免疫激活相关基因的表达（34% ~75%）。

2 谷氨酸

与谷氨酰胺一样，谷氨酸也是仔猪肠组织中含量最多的氨基酸之一，是肠道重要的供能物质；几乎所有的谷氨酸都被肠上皮分解代谢。谷氨酸是合成谷胱甘肽、精氨酸和脯氨酸的前体物质，在机体中有着非常重要的生物学功能（Wu，1998）。Zhong 等（2011）给断奶仔猪口服补充谷氨酸，研究谷氨酸对断奶仔猪生长性能、肠道形态和热休克蛋白（heat shock protein，Hsp）70 的表达量的影响。结果发现，口服补充谷氨酸显著提高了仔猪的日增重和日采食量，降低了仔猪腹泻率，增加了肠绒毛高度与隐窝深度的比值，同时仔猪空肠中 Hsp70 的 mRNA 表达量和蛋白水平均显著高于对照组仔猪。陈明洪等（2013）研究发现，日粮补充 2% 谷氨酸能够对霉变饲料造成的育肥猪脏器、抗氧化和肉品质损伤起到一定缓解作用。

3　精氨酸及其内源激活剂 N - 氨甲酰谷氨酸

精氨酸是保证幼龄哺乳动物最大生长速度的必需氨基酸（Flynn 等，2002）。它是组织蛋白质中最丰富的氮载体，参与精氨酸酶、一氧化氮合酶（NOS）、精氨酸 - 甘氨酸脒基转移酶和精氨酰 - tRNA 合酶等多种信号通路（Wu 和 Morris，1998），在促进母体和子代血管发育、肌肉蛋白质合成、细胞分裂、创伤修复和增强机体免疫力等生理过程中发挥重要作用，是近年来研究最深入的功能性氨基酸，已被普遍认为是母体和子代的必需氨基酸。N - 氨甲酰谷氨酸（N - carbamoylglutamate，NCG）是哺乳动物精氨酸内源合成的激活剂，已有许多研究表明，其激活精氨酸内源合成的能力极高，日粮添加 NCG 的性价比显著高于精氨酸。

3.1　精氨酸及 NCG 与胎儿和新生动物生长

精氨酸对胚胎、胎盘和胎儿的发育具有重要作用（Kim 等，2005）。妊娠 30 ~ 40 d 期间，猪尿囊液中精氨酸的浓度增加 23 倍（Mateo 等，2008），胎儿尿囊液中精氨酸及其他精氨酸家族氨基酸含量的增加，与前 1/2 妊娠期胎盘合成的 NO 和多胺含量增加有关，此的胎盘生长也最快，提示着以精氨酸为主的代谢途径在孕体生长发育中至关重要。这些物质可通过调节细胞内蛋白质周转和细胞增殖对胚胎发生和着床、血管生成、胎盘和胎儿的生长发育发挥重要作用。在妊娠 14 ~ 28 d 母猪日粮中添加 1.0% 的精氨酸，可使出生活仔数增加 1 头（Ramaekers 等，2006）；在妊娠 30 ~ 114 d 母猪日粮中添加 1.0% 的精氨酸能够提高血浆中精氨酸、鸟氨酸和脯氨酸的浓度，出生活仔数增加 2 头，出生窝重增加 24%（Mateo 等，2007）。大鼠日粮中补充 1% 的精氨酸显著提高大鼠的胚胎存活率，产仔数提高 30%（Zeng 等，2008）。大鼠妊娠早期日粮中补充 1% 的精氨酸可通过 PI3K/PKB/mTOR/NO 信号通路来增强胚胎着床（Zeng 等，2013）。

人和哺乳动物机体可通过谷氨酰胺、谷氨酸和鸟氨酸合成精氨酸。NCG 作为乙酰谷氨酸的结构类似物，能稳定地促进精氨酸的内源合成，并已被证实对动物机体没有毒害作用，在体内稳定不易降解，且其相对半衰期较长，能在体内持续发挥作用。在妊娠 80 d 长大母猪日粮中添加 0.08% 的 NCG，窝产活仔数提高 11.75%（10.75 vs 9.62 kg，$P < 0.05$），窝产活仔总质量提高 13.23%（16.52kg vs 14.59kg，$P < 0.05$），窝产死胎数降低 57.14%（0.75 vs 1.75，$P < 0.05$），同时提高了血浆精氨酸、NO、生长激素的浓度（$P < 0.05$），表明母猪妊娠后期日粮中添加 NCG 提高了有效提高了母猪内源精氨酸的合成，改善了母猪子宫内环境和胎猪的营养供给，保证了胎猪的存活和生长（刘星达等，2011）。江雪酶等（2011）在妊娠全期长大母猪，发现日粮中添加 0.05% NCG 的母猪，窝产活仔数提高 0.55 头，仔猪初生窝重提高 1.39kg（$P < 0.05$），初生个体重提高 70g，与日粮添加 1%L - 精氨酸盐酸盐的作用无显著差异。日粮中添加 0.05% NCG 和 1% 的 L - 精氨酸盐酸盐均能提高血浆中精氨酸、鸟氨酸和脯氨酸等精氨酸家族氨基酸的浓度。在哺乳母猪日粮中补充精氨酸或 NCG 均可提高母猪日均泌乳量、仔猪断奶窝重和断奶均重（刘星达

等，2011）。

精氨酸的内源合成在仔猪出生 1 周后显著降低，这主要是因为乙酰谷氨酸合成酶活性降低，导致乙酰谷氨酸合成不足，从而造成精氨酸内源合成受阻（Wu 等，2004）。王铮讙（2010）给 26 日粮断奶仔猪饲喂含 NCG 分别为 0.04%、0.08% 或 0.12% 日粮，发现 0.04% 和 0.08% 的 NCG 对仔猪的促生长效果显著，日粮添加 NCG 可改善仔猪对饲粮粗蛋白质和磷的消化率（$P < 0.1$），降低仔猪仔猪腹泻率（$P < 0.05$），增加血清游离精氨酸含量（$P < 0.05$）。黄志敏（2012）在母乳饲喂条件下向哺乳仔猪教槽料中添加或人工代乳粉饲喂条件下直接为哺乳仔猪灌服 0.04% 的 NCG，均可提高仔猪出生后 2 周内的平均日增重，并有效改善仔猪的小肠形态，促进其肠道发育。Zeng 等（2012）研究日粮中添加 NCG 对大鼠繁殖性能的影响，结果表明，日粮补充 NCG 可以显著提高子宫白血病抑制因子、$P - Stat3$、$P - Akt1$、$P - Akt2$、$P - Akt3$ 及 $P - P70S6K$ 的表达，进而促进胚胎滋养层细胞对纤维连接蛋白及层粘连蛋白的粘附，从而促进胚胎着床。

3.2 精氨酸及 NCG 与免疫

大量研究表明，精氨酸可有效地改善机体免疫功能。精氨酸可增加胸腺重量，减轻或消除创伤后的胸腺萎缩；增强 T 淋巴细胞对有丝分裂原的反应性，从而刺激 T 淋巴细胞的增殖，提高 T 淋巴细胞介导的免疫防御与免疫调节作用；提高巨噬细胞对病原菌的吞噬能力和自然杀伤（Natural killer，NK）细胞对肿瘤靶细胞的溶解作用，提高外周血 NK 细胞的活性与数量（Barbul，1990；Nieves 和 Langkamp - Henken，2002；Ren 等，2013）。精氨酸免疫调节作用的另一重要机制是 NO 的免疫调节。精氨酸作为合成 NO 的唯一底物，其代谢生成的 NO 够抑制抗体免疫应答，抑制肥大细胞反应性，调节 T 淋巴细胞增殖以及获得性免疫应答，促进 NK 细胞活性，激活外周血中的单核细胞（Bogdan，2001；Chang 等，1997）。Liu 等（2008）在大肠杆菌脂多糖攻毒后的断奶仔猪日粮中补充精氨酸，可以缓解大肠杆菌脂多糖刺激引起的损伤，提高日增重，增加肠绒毛高度，降低隐窝深度，且降低了 IL - 6 等炎性因子的表达。

Zhang 等（2013a）研究了代乳粉中补充 NCG 对大肠杆菌攻毒新生仔猪免疫功能的影响。结果发现，通过代乳粉每天每千克体重补充 50 mg 的 NCG，显著提高了大肠杆菌攻毒后仔猪回肠黏膜 sIgA、IL - 10 以及回肠 CD4 + 水平，降低了 IL - 2 的表达量，促进了仔猪肠道黏膜免疫，提高仔猪生长性能并减少仔猪腹泻情况。

3.3 精氨酸及 NCG 与细胞内蛋白质周转

越来越多的证据表明，精氨酸可增加病毒感染和营养不良条件下处于分解代谢状态的猪小肠中蛋白质的合成。然而，由于在肝脏中存在高活性的精氨酸酶，可迅速水解精氨酸，使得肝细胞中精氨酸的浓度很低，因此，给人工乳喂养的新生仔猪补充精氨酸不能增加肝脏组织中 mTOR 信号通路的活性（Wu 等，2004）。但哺乳仔猪的肠上皮细胞中缺乏精氨酸酶活性或精氨酸分解代谢途径，因此，增加细胞外精氨酸浓度对提高细胞内精氨酸浓度是非常有效的。有报道表明，精氨酸可激活小肠上皮细胞和肌肉组织中 mTOR 和其他激酶介导的信号通路，从而刺激蛋白质的合成，增强细胞的迁移，并促进受损肠道上皮细胞的修复，这可能是精氨酸防止新生仔猪肠道萎缩和功能紊乱的一种机制（Wu 等，2004）。Yao 等（2008）发现给新生仔猪补充精氨酸，发现可以显著提高仔猪血浆中精氨酸浓度，降低血氨浓度，并促进骨骼肌合成，提高仔猪的生长性能。

给断奶仔猪灌服 NCG 可提高血浆中精氨酸家族氨基酸的浓度，并通过增加 Hsp 70 蛋白的表达来促进断奶仔猪肌肉蛋白质的合成（Wu 等，2010）。而以新生仔猪为动物模型，灌服 NCG 增加了仔猪血浆精氨酸和生长激素的水平，从而提高生长速度和肌肉中蛋白质的合成速率（Frank 等，2007）。

4 支链氨基酸

支链氨基酸包括亮氨酸、异亮氨酸和缬氨酸。作为猪的必需氨基酸，支链氨基酸除了调节机体蛋白质合成，还有氧化供能和调节机体免疫功能等生物学功能。不同的支链氨基酸，其作用不同又相互关联。

4.1 支链氨基酸与蛋白质代谢

支链氨基酸既是蛋白质合成的底物，又是合成过程的调节因子。支链氨基酸介导细胞信号通路的调节，最典型的是介导胰岛素和胰岛素生长因子-Ⅰ等促生长激素的信号通路。目前关于支链氨基酸的研究主要集中于促进肌肉蛋白质的合成及其机理方面。Goldberg 等（1980）发现，3 种支链氨基酸中对蛋白质代谢具有调节作用的主要是亮氨酸。Suryawan 和 Davis（2011）报道，亮氨酸通过激活 mTOR 信号通路促进蛋白质的合成、减少蛋白质的分解。Mao 等（2011）以 C2C12 成纤维细胞系为体外模型的研究发现，亮氨酸增加了 mTOR 的磷酸化，继而激活 mTOR 信号通路，提高肌管细胞蛋白质合成，抑制蛋白质分解。Mao 等（2013）以大鼠为动物模型的研究进一步发现，亮氨酸和瘦素均可提高生长鼠骨骼肌合成，且二者之间存在协同效应，进一步阐明了亮氨酸调节骨骼肌蛋白质代谢的机制。楚丽翠（2012）研究了低蛋白日粮中补充亮氨酸对成年大鼠和育肥猪蛋白质代谢的影响，结果表明，与正常蛋白组相比，低蛋白日粮补充亮氨酸对成年大鼠和育肥猪的生长性能没有影响；与低蛋白未补充亮氨酸组相比，补充亮氨酸后能促进机体蛋白质合成，抑制蛋白质降解。刘尧君等（2014）研究发现，低氮日粮中补充支链氨基酸不仅能促进断奶仔猪的生长，还可以提高日粮氮的利用率，降低氮排放。

4.2 支链氨基酸与氧化供能

缬氨酸是重要的供能物质。即使葡萄糖含量充足，当大脑需要供能时，缬氨酸也会优先迅速分解代谢为酮酸释放到细胞外液中供能（Platell 等，2000）。在特殊生理时期，3 种支链氨基酸都是体内重要的能量来源，其体内分解产生的 ATP 的效率高于其他氨基酸。在饥饿、泌乳、疾病等情况下，支链氨基酸的供能作用显得更为重要。Snitinskii？等（1990）报道，仔猪饥饿对其脑与肌肉中的亮氨酸氧化量增加。Skeie 等（1990）向母猪乳腺组织培养液中添加 ^{14}C 标记的亮氨酸、异亮氨酸与缬氨酸，发现 1 h 后，3 种氨基酸氧化产生 CO^2 的速率占乳腺组织代谢 ^{14}C 标记氨基酸的比例分别为 2.75%、1.86% 与 4.07%。

4.3 支链氨基酸与免疫

支链氨基酸与动物的免疫机能密切相关，是维持机体免疫系统正常运转不可或缺的营养素。支链氨基酸缺乏时，会导致动物胸腺和脾脏萎缩，淋巴组织受损。在低蛋白日粮中补充支链氨基酸可以改善断奶仔猪肠黏膜免疫屏障功能，提高断奶仔猪日增重（Ren 等，2014）。一些研究表明，支链氨基酸还具有参与糖异生（Richert 等，1996）和保护心肌（赵稳兴，1997）等方面的作用。支链氨基酸还能调控肠道营养物质吸收和利用，Zhang

等（2013b）研究发现，日粮添加支链氨基酸能调控仔猪空肠氨基酸转运载体，促进氨基酸的吸收和利用。

5 甘氨酸研究进展

甘氨酸是自然界中结构最简单的氨基酸，是哺乳动物的营养性非必需氨基酸。但目前有研究表明，哺乳动物体内合成甘氨酸的量并不能满足其代谢需求（Melendez – Hevia 等，2009）。虽然甘氨酸的轻微缺乏并不会危及生命，但长期、慢性的甘氨酸缺乏可能会导致免疫应答能力减弱等对健康和营养代谢的不利影响（Lewis 等，2005）。在许多关于疾病的实验室模型中，如缺血再灌注损伤（Zhong 等，1996）、休克（Zhong 等，1999）、胃溃疡（Tariq 和 Al Moutaery，1997）、酒精性肝炎（Yamashina 等，2005）等，甘氨酸都可以起到保护作用，然而其保护机制尚未完全阐明。

甘氨酸可参与嘌呤腺苷酸、谷胱甘肽和亚铁血红素等重要分子的合成和一碳基团的代谢，同时，其自身是一种有效的抗氧化剂，可清除自由基。这些生化途径对免疫细胞的增殖和抗氧化很重要。有研究者提出，甘氨酸应该是某些特殊生长阶段（如新生仔猪和断奶仔猪）的营养性必需氨基酸，因为在常规饲养条件下，日粮中甘氨酸的含量并不能满足它们的生长需求（Wu，2010）。Wu 和 Knabe 等（1994）测定了母猪 29 d 泌乳期内初乳和常乳中氨基酸的变化，发现随着泌乳时间的延长，母乳中甘氨酸的含量明显升高，在泌乳期第 29 d 时，甘氨酸成为继谷氨酰胺之后母乳中含量最高的游离氨基酸。由此可见，仔猪对甘氨酸的需要随着年龄的增长明显增加。Powell 等（2011）研究发现，饲喂低蛋白日粮（粗蛋白含量与常规日粮相比降低 5%）的 20～50 kg 生长猪，其甘氨酸合成量不能满足最佳生长所需，在日粮中补充 0.52% 的甘氨酸，提高了生长猪的日增重和饲料转化效率，达到饲喂正常粗蛋白日粮猪的生长水平。

6 苏氨酸

动物体内不能合成苏氨酸，是影响畜禽生长性能的主要限制性氨基酸之一，必须由食物供给。在体内的分解代谢过程中，苏氨酸是唯一不经过脱氨基和转氨基作用的氨基酸。在所有的必需氨基酸中，苏氨酸的特殊性在于其在肠道的代谢。迄今为止的研究发现，肠道是利用氨基酸的重要场所，可利用 1/3 左右的赖氨酸、蛋氨酸等必需氨基酸，但其对苏氨酸的利用高达 2/3 以上，由此决定了苏氨酸对维护肠道健康的重要性。

6.1 苏氨酸与肠道健康

健康猪的肠道可以保留比例高达 60%～80% 的日粮苏氨酸，且苏氨酸是肠道黏液蛋白（苏氨酸占其氨基酸组成 30%）和肠道上皮免疫球蛋白的主要组成成分（Fuller 等，1994）。Bertolo 等（1998）的研究表明，采食苏氨酸缺乏日粮的仔猪，其肠道重量和杯状细胞数量均显著降低，且这种肠道损伤无法通过肠外苏氨酸营养的补充得到恢复。Wang 等（2006）发现，当 10～20kg 仔猪日粮的苏氨酸含量为 0.74% 时，日增重和饲料转化效率最佳，且血清尿素氮水平最低，但最佳免疫球蛋白合成的日粮的苏氨酸含量为 0.85%。Wang 等（2007）发现，日粮中苏氨酸的限制与过量都会导致断奶仔猪小肠黏膜蛋白、黏液蛋白和肌肉蛋白质的合成速率，但黏液蛋白的合成对苏氨酸的缺乏或过量更为敏感。Wang 等（2010）日粮标准可消化苏氨酸的缺乏或过量均可导致小肠黏膜绒毛萎缩、上皮细胞间通透性增加、屏障功能受损；日粮 0.85% 的标准可消化苏氨酸可增加断奶仔猪回肠黏液蛋白基因表达、降低小肠黏膜上皮细胞凋亡速率。

6.2　苏氨酸与免疫

在日粮苏氨酸和蛋氨酸不同水平对机体免疫机能影响的研究中，发现苏氨酸和蛋氨酸主要影响机体的体液免疫反应，苏氨酸及蛋氨酸的不同水平显著影响血液中 IgG 的效价及半数溶血值（侯永清等，2001）。母乳是仔猪获得免疫保护的重要来源，而在母乳中免疫球蛋白 IgG、IgA 和 IgM 的氨基酸组成中，含量最高的是苏氨酸，均在 10% 以上。妊娠母猪对苏氨酸的需要量较高，它是维持妊娠母猪血浆 IgG 浓度的第一限制性氨基酸，而且苏氨酸对妊娠母猪的体液免疫起主导作用。Hsu 等（2001）报道，提高日粮苏氨酸水平能显著提高母猪初乳和常乳中 IgG 的含量。Wang 等（2006）以断奶仔猪为动物模型研究日粮苏氨酸含量对免疫功能的影响时发现，血清抗卵清白蛋白 IgG 浓度随日粮真可消化苏氨酸采食的增加而升高，当真可消化苏氨酸采食量为 6.6 g/d 时，断奶仔猪血清抗卵清白蛋白 IgG 浓度达到最高值。

除上述几种氨基酸外，其他氨基酸，如脯氨酸、蛋氨酸、半胱氨酸、色氨酸和天冬氨酸等都是动物重要的功能性氨基酸，在保证动物的健康、生长发育等过程中有着特殊的生物学功能。这些研究成果，有的已经成功地用于生产实践中，有的还需要更加深入的研究。氨基酸新的生物学功能的发现，将进一步丰富生命的内涵。

参考文献

[1] 陈明洪，段杰林，尹杰，等. 谷氨酸和精氨酸对饲喂霉变饲粮育肥猪所受损伤的缓解作用 [J]. 动物营养学报，2013，25：2 101 - 2 110.

[2] 楚丽翠. 低蛋白日粮添加亮氨酸对成年大鼠和育肥猪蛋白质代谢影响的研究 [D]. 博士学位论文. 北京：中国农业大学，2012.

[3] 侯永清，阮于明，周毓平，等. 日粮蛋白质、赖氨酸、蛋氨酸及苏氨酸水平对早期断奶仔猪免疫机能的影响 [J]. 中国畜牧杂志，2001，37：18 - 20.

[4] 黄志敏. N - 氨基酰谷氨酸对新生仔猪生长性能和小肠形态的影响 [D]. 硕士学位论文. 北京：中国农业大学，2012.

[5] 江雪梅，吴德，方正峰，等. 饲粮添加 L - 精氨酸或 N - 氨甲酰谷氨酸对经产母猪繁殖性能及血液参数的影响 [J]. 动物营养学报，2011，23：1 185 - 1 193.

[6] 刘星达，吴信，印遇龙，等. 妊娠后期日粮中添加不同水平 N - 氨甲酰谷氨酸对母猪繁殖性能的影响 [J]. 畜牧兽医学报，2011，42：1 550 - 1 555.

[7] 刘星达，彭瑛，吴信，等. 精氨酸和精氨酸生素对母猪泌乳性能及哺乳仔猪生长性能的影响 [J]. 饲料工业，2011，32：14 - 16.

[8] 刘尧君，任曼，曾祥芳，等. 低氮日粮补充支链氨基酸提高断奶仔猪生长性能和氮的利用效率 [J]. 中国畜牧杂志，2014，50：44 - 47.

[9] 王玲谦，瞿明仁，游金明，等. N - 氨甲酰谷氨酸对断奶仔猪生长性能、养分消化率及血清游离氨基酸含量的影响 [J].动物营养学报，2010，22：1 012 - 1 018.

[10] 王旭. 苏氨酸影响断奶仔猪肠黏膜蛋白质周转和免疫功能的研究 [D]. 博士学位论文. 北京：中国

农业大学，2006.

[11] 张军民. 谷氨酰胺对早期断奶仔猪肠道的保护作用及机理研究［D］. 博士学位论文. 北京：中国农业科学院，2000.

[12] 赵稳兴. 支链氨基酸对心肌氨基酸蛋白质和能源物质代谢的影响［D］. 硕士学位论文. 北京：中国人民解放军军事医学科学院，1997.

[13] Baker DH. Advances in protein – amino acid nutrition of poultry［J］. Amino Acids, 2009, 37: 29 – 41.

[14] Barbul A. Arginine and immune function［J］. Nutrition, 1900, 6: 53 – 62.

[15] Bertolo RF, Chen C Z, Law G, et al. Threonine requirement of neonatal piglets receiving total parenteral nutrition is considerably lower than that of piglets receiving an identical diet intragastrically［J］. J Nutr, 1998, 128: 1 752 – 1 759.

[16] Bogdan C. Nitric oxide and the immune response［J］. Nat Immunol, 2001, 2: 907 – 916.

[17] Brasse – Lagnel C, Lavoinne A, Husson A. Control of mammalian gene expression by amino acids, especially glutamine［J］. FEBS J, 2009, 276: 1 826 – 1 844.

[18] Bruhat A, Cherasse Y, Chaveroux C, et al. Amino acids as regulators of gene expression in mammals: molecular mechanisms［J］. Biofactors, 2009, 35: 249 – 257.

[19] Chang R H, Feng M H, Liu W H, et al. Nitric oxide increased interleukin – 4 expression in T lymphocytes［J］. Immunology, 1997, 90: 364 – 369.

[20] Ewaschuk J B, Murdoch G K, Johnson I R, et al. Glutamine supplementation improves intestinal barrier function in a weaned piglet model of Escherichia coli infection［J］. Br J Nutr, 2011, 106: 870 – 877.

[21] Flynn N E, Meininger C J, Haynes T E, et al. The metabolic basis of arginine nutrition and pharmacotherapy［J］. Biomed Pharmacother, 2002, 56: 427 – 438.

[22] Frank J W, Escobar J, Nguyen H V, Jobgen S C, et al. Oral N – carbamylglutamate supplementation increases protein synthesis in skeletal muscle of piglets［J］. J Nutr, 2007, 137: 315 – 319.

[23] Fuller M F, Milne A, Harris C I, et al. Amino acid losses in ileostomy fluid on a protein – free diet［J］. Am J Clin Nutr, 1994, 59: 70 – 73.

[24] Fumarola C, La Monica S, Guidotti G G. Amino acid signaling through the mammalian target of rapamycin (mTOR) pathway: Role of glutamine and of cell shrinkage［J］. J Cell Physiol, 2005, 204: 155 – 165.

[25] Goldberg A L, Tischler M, DeMartino G, et al. Hormonal regulation of protein degradation and synthesis in skeletal muscle［J］. Fed Proc, 1980, 39: 31 – 36.

[26] Haynes T E, Li P, Li X, et al. L – Glutamine or L – alanyl – L – glutamine prevents oxidant – or endotoxin – induced death of neonatal enterocytes［J］. Amino Acids, 2009, 37: 131 – 142.

[27] Hsu C B, Cheng S P, Hsu J C, et al. Effect of threonine addition to a low protein diet on IgG levels in body fluid of first – litter sows and their piglets［J］. Asina – Aust J Anim Sci, 2001, 14: 1 157 – 1 163.

[28] Kim S W, Wu G, Baker D H. Amino acid nutrition of breeding sows during gestation and lactation［J］. Pig News and Information, 2005, 26: 89N – 99N.

[29] Kim S W, Wu G. Dietary arginine supplementation enhances the growth of milk – fed young pigs［J］. J Nutr, 2004, 134: 625 – 630.

[30] Lewis R M, Godfrey K M, Jackson A A, et al. Low serine hydroxymethyltransferase activity in the human placenta has important implications for fetal glycine supply［J］. J Clin Endocrinol Metab, 2005, 90: 1 594 – 1 598.

[31] Li P, Yin Y L, Li D, et al. Amino acids and immune function［J］. Br J Nutr, 2007, 98: 237 – 252.

[32] Liu Y, Huang J, Hou Y, et al. Dietary arginine supplementation alleviates intestinal mucosal disruption induced by Escherichia coli lipopolysaccharide in weaned pigs［J］. Br J Nutr, 2008, 100: 552 – 560.

[33] Mao X, Zeng X, Huang Z, et al. Leptin and leucine synergistically regulate protein metabolism in C2C12 myotubes and mouse skeletal muscles [J]. Br J Nutr, 2013, 110: 256 – 264.

[34] Mao X, Zeng X, Wang J, et al. Leucine promotes leptin receptor expression in mouse C2C12 myotubes through the mTOR pathway [J]. Mol Biol Rep, 2011, 38: 3 201 – 3 206.

[35] Mateo R D, Wu G, Bazer F W, et al. Dietary L – arginine supplementation enhances the reproductive performance of gilts [J]. J Nutr, 2007, 137: 652 – 656.

[36] Mateo R D, Wu G, Moon H K, Carroll J A, et al. Effects of dietary arginine supplementation during gestation and lactation on the performance of lactating primiparous sows and nursing piglets [J]. J Anim Sci, 2008, 86: 827 – 835.

[37] Melendez – Hevia E, De Paz – Lugo P, Cornish – Bowden A, et al. A weak link in metabolism: the metabolic capacity for glycine biosynthesis does not satisfy the need for collagen synthesis [J]. J Bio Sci, 2009, 34: 853 – 872.

[38] Nieves C J, Langkamp – Henken B. Arginine and immunity: a unique perspective [J]. Biomed Pharmacother, 2002, 56: 471 – 482.

[39] Platell C, Kong S E, McCauley R, et al. Branched – chain amino acids [J]. J Gastroenterol Hepatol, 2000, 15: 706 – 717.

[40] Powell S, Bidner T D, Payne R L, et al. Growth performance of 20 to 50 kilogram pigs fed low – crude – protein diets supplemented with histidine, cystine, glycine, glutamic acid, or arginine [J]. J Anim Sci, 2001, 89: 3 643 – 3 650.

[41] Ramaekers P, Kemp B, Van der Lende T. Progenos in sows increases number of piglets born [J]. J Anim Sci, 2006, 84: 394.

[42] Ren M, Liu C, Zeng X, et al. Amino acids modulates the intestinal proteome associated with immune and stress response in weaning pig [J]. Mol Biol Rep, 2014, 41: 3 611 – 3 620.

[43] Ren W, Zou L, Li N, et al. Dietary arginine supplementation enhances immune responses to inactivated Pasteurella multocida vaccination in mice [J]. Br J Nutr, 2013, 109: 867 – 872.

[44] Richert B T, Tokach M D, Goodband R D, et al. Valine requirement of the high – producing lactating sow [J]. J Anim Sci, 1996, 74: 1 307 – 1 313.

[45] Skeie B, Kvetan V, Gil K M, et al. Branch – chain amino acids: their metabolism and clinical utility [J]. Crit Care Med, 1990, 18: 549 – 571.

[46] Suryawan A, Davis T A. Regulation of protein synthesis by amino acids in muscle of neonates [J]. Front Biosci, 2011, 16: 1 445 – 1 460.

[47] Tariq M, Al M A. Studies on the antisecretory, gastric anti – ulcer and cytoprotective properties of glycine [J]. Res Commun Mol Pathol Pharmacol, 1997, 97: 185 – 198.

[48] Wang J, Chen L, Li P, et al. Gene expression is altered in piglet small intestine by weaning and dietary glutamine supplementation [J]. J Nutr, 2008, 138: 1 025 – 1 032.

[49] Wang W, Zeng X, Mao X, et al. Optimal dietary true ileal digestible threonine for supporting the mucosal barrier in small intestine of weanling pigs [J]. J Nutr, 2010, 140: 981 – 986.

[50] Wang X, Qiao S, Yin Y, et al. A deficiency or excess of dietary threonine reduces protein synthesis in jejunum and skeletal muscle of young pigs [J]. J Nutr, 2007, 137: 1 442 – 1 446.

[51] Wu G J, Wen Z H, Chen W F, et al. The effect of dexamethasone on spinal glutamine synthetase and glutamate dehydrogenase expression in morphine – tolerant rats [J]. Anesth Analg, 2007, 104: 726 – 730.

[52] Wu G. Intestinal mucosal amino acid catabolism [J]. J Nutr, 1998, 128: 1 249 – 1 252.

[53] Wu G. Amino acids: metabolism, functions, and nutrition. Amino Acids [J], 2009, 37: 1 – 17.

［54］Wu G. Functional amino acids in growth，reproduction，and health ［J］. Adv Nutr，2010，1：31 – 37.

［55］Wu G，Knabe D A，Kim S W. Arginine nutrition in neonatal pigs ［J］. J Nutr，2004，134：2 783S – 2 797S.

［56］Wu G，Meier S A，Knabe D A. Dietary glutamine supplementation prevents jejunal atrophy in weaned pigs ［J］. J Nutr，1996，126：2 578 – 2 584.

［57］Wu G，Knabe D A. Free and protein – bound amino acids in sow's colostrum and milk ［J］. J Nutr，1994，124：415 – 424.

［58］Wu G，Morris SJ. Arginine metabolism：nitric oxide and beyond ［J］. Biochem J，1998，336：1 – 17.

［59］Wu L，Wang W，Yao K，Zhou T，et al. Effects of dietary arginine and glutamine on alleviating the impairment induced by deoxynivalenol stress and immune relevant cytokines in growing pigs ［J］. PLoS One，2013，8：e69502.

［60］Wu X，Ruan Z，Gao Y，et al. Dietary supplementation with L – arginine or N – carbamylglutamate enhances intestinal growth and heat shock protein – 70 expression in weanling pigs fed a corn – and soybean meal – based diet ［J］. Amino Acids，2010，39：831 – 839.

［61］Yamashina S，Ikejima K，Enomoto N，et al. Glycine as a therapeutic immuno – nutrient for alcoholic liver disease ［J］. Alcohol Clin Exp Res，2005，29：162 – 165.

［62］Yao K，Yin Y L，Chu W，et al. Dietary arginine supplementation increases mTOR signaling activity in skeletal muscle of neonatal pigs ［J］. J Nutr，2008，138：867 – 872.

［63］Yoo S S，Field C J，McBurney M I. Glutamine supplementation maintains intramuscular glutamine concentrations and normalizes lymphocyte function in infected early weaned pigs ［J］. J Nutr，1997，127：2 253 – 2 259.

［64］Zeng X，Huang Z，Mao X，et al. N – carbamylglutamate enhances pregnancy outcome in rats through activation of the PI3K/PKB/mTOR signaling pathway ［J］. PLoS One，2012，7：e41192.

［65］Zeng X，Mao X，Huang Z，et al. Arginine enhances embryo implantation in rats through PI3K/PKB/mTOR/NO signaling pathway during early pregnancy ［J］. Reproduction，2013，145：1 – 7.

［66］Zeng X，Wang F，Fan X，et al. Dietary arginine supplementation during early pregnancy enhances embryonic survival in rats ［J］. J Nutr，2008，138：1 421 – 1 425.

［67］Zhang F，Zeng X，Yang F，et al. Dietary N – Carbamylglutamate Supplementation Boosts Intestinal Mucosal Immunity in Challenged Piglets ［J］. PLoS One，2013，8：66280.

［68］Zhang S，Qiao S，Ren M，et al. Supplementation with branched – chain amino acids to a low – protein diet regulates intestinal expression of amino acid and peptide transporters in weanling pigs ［J］. Amino Acids，2013，45：1 191 – 1 205.

［69］Zhong X，Zhang X H，Li X M，et al. Intestinal growth and morphology is associated with the increase in heat shock protein 70 expression in weaning piglets through supplementation with glutamine ［J］. J Anim Sci，2011，89：3 634 – 3 642.

［70］Zhong Z，Enomoto N，Connor H D，et al. Glycine improves survival after hemorrhagic shock in the rat ［J］. Shock，1999，12：54 – 62.

［71］Zhong Z，Jones S，Thurman R G. Glycine minimizes reperfusion injury in a low – flow，reflow liver perfusion model in the rat ［J］. Am J Physiol，1996，270：332 – 338.

功能性氨基酸应用技术

国春艳

（希杰集团希杰（上海）商贸有限公司，上海　201103）

摘　要：随着发酵工业的成熟和发展，饲料用氨基酸的生产规模逐渐扩大，品种也逐渐由赖氨酸和蛋氨酸的常规补充发展到普遍添加苏氨酸，生产企业和科研院校也更进一步关注缬氨酸、色氨酸、精氨酸的规模化应用。从平衡氨基酸的角度考虑，畜禽日粮的蛋白质的生物价值取决于动物生长所需的各种氨基酸水平，氨基酸组成和比例平衡，更能满足动物机体的需要，其蛋白质生物学价值越高。本文着重介绍缬氨酸、色氨酸、精氨酸的功能性作用和畜禽营养中的应用技术。

关键词：功能性氨基酸；畜禽；应用技术

缬氨酸、色氨酸、精氨酸等氨基酸除了合成蛋白质外，还在调解代谢和生理过程中具有多种独特的功能，包括采食调节、肠道功能和免疫功能以及营养代谢、细胞内蛋白质周转等功能，并对多种生物活性物质的合成也是非常重要的前体物质，因此，被归类为功能性氨基酸。支链氨基酸、精氨酸和色氨酸等对蛋白质合成有重要作用，他们既是蛋白质合成的底物，又是合成过程的调解物，介导细胞内信号转导通路的调节。研究较多的功能性氨基酸的功能主要集中在采食调节、行为活动调节、营养代谢、肠道功能和免疫功能调节、胎儿和新生动物发育、细胞内蛋白质周转等方面。

1　缬氨酸

缬氨酸是蛋白质合成的重要前体物质，调节糖代谢氧化产生的效率显著高于其他氨基酸，尤其在特殊的生理状态下，如饥饿、泌乳、疾病时，其氧化供能作用显得更为重要，是动物体内重要的能量来源。目前，对缬氨酸的使用和应用研究的关注主要集中在母猪、仔猪和肉鸡等畜种上。

缬氨酸、亮氨酸和异亮氨酸为支链氨基酸，它们有着相似的化学结构，在动物体内由相同的酶转运系统转运通过细胞膜，由相同的酶降解，在通过血脑屏障时相互竞争，在动物体内存在拮抗作用，支链氨基酸在促进蛋白质合成维持动物正常代谢和健康方面具有重要的生理功能。在考虑缬氨酸的需要量和功能时，需要同时关注其他两种支链氨基酸的含量。在中国原料结构下，亮氨酸和异亮氨酸的含量一般很少出现缺乏状况，因此，在日粮中缬氨酸通常被认为是继赖氨酸、蛋氨酸、苏氨酸之后的第四或第五限制性氨基酸。

缬氨酸对畜禽生产性能的促进功能，主要包括：提高哺乳母猪的泌乳量，改善乳品质；减少仔猪的腹泻率，增加仔猪的断奶窝重；提高肉鸡的日增重，降低料肉比。

缬氨酸和赖氨酸推荐比例为：仔猪日粮中，可消化缬氨酸∶赖氨酸 = 70∶100，肉鸡日粮中，可消化缬氨酸：赖氨酸 = 80：100，母猪日粮中，可消化缬氨酸：赖氨酸 = 110：100。缬氨酸在畜禽日粮中的应用技术，分述如下。

1.1 缬氨酸在母猪上的应用研究

缬氨酸与亮氨酸、异亮氨酸等支链氨基酸含量约占哺乳母猪肌肉蛋白质合成的必需氨基酸含量的40%。缬氨酸是乳腺中氧化速率最高的氨基酸，母猪乳中缬氨酸含量仅为赖氨酸的73%，但经乳腺吸收的缬氨酸为赖氨酸的137%。

缬氨酸不仅参与乳蛋白的合成，而且还能氧化供能或为非必需氨基酸合成提供碳源与氮源，缬氨酸对乳腺的生长发育和促进泌乳有非常重要的意义。研究表明，提高母猪日粮缬氨酸比例，可以促进母猪分泌催乳素，可提高母猪产奶量、改善乳品质，可使乳中脂肪干物质和蛋白质含量和乳中酪蛋白的比例上升，乳清蛋白比例降低。母猪日粮中添加缬氨酸具有降低仔猪哺乳各阶段和全期腹泻率的趋势。因此，母猪日粮中添加缬氨酸可促进仔猪生长，仔猪断奶重随缬氨酸添加水平的提高而增加，缬氨酸水平较高时，可显著提高仔猪的断奶窝重。部分学者对母猪缬氨酸需要量的研究结果见表1。

NRC（2012）中母猪的缬氨酸需要量的推荐水平分别为0.75%、0.81%、0.87%，赖氨酸和缬氨酸的比例为100：87。Richert（1996）研究结果表明，为了达到理想的窝增重，和断奶重，母猪的缬氨酸需要量为1.15%，赖氨酸和缬氨酸的比例为100：128；Chengyi（2009）研究结果表明，为了达到断奶窝重和断奶窝重增重最大，缬氨酸需要量为1.09%，赖氨酸和缬氨酸的比例为100：117。Richert（1997）、Pelligrew（1996）等研究结果也高于NRC（2012）推荐水平。Richert（1997）的研究结果表明，随着母猪窝产仔数的提高，母猪对缬氨酸需要量显著增加。因此，在考虑母猪缬氨酸的需要量时，不仅要考虑母猪的体况、胎次，同时要考虑母猪的繁殖性能和仔猪的断奶窝重目标。

表1 缬氨酸在母猪上的应用研究

资料来源	改善目标	缬氨酸需要量（%）	Lys：Val
Richert（1996）	窝增重，断奶重最高	1.15	100：128
Richert（1997）	窝产仔小于10头	0.8	100：100
	窝产仔大于10头	1.44	100：120
Guan（1998）	缬氨酸乳腺动静脉差最大	1～1.05	100：113
NRC（2012）	日窝增重1.9kg	0.75	100：87
	日窝增重2.0kg	0.81	100：87
	日窝增重2.1kg	0.87	100：87
Pelligrew，（1996）	日窝增重2kg	1	100：120
Carler（2000）	窝产仔等于10头	0.8	100：89
Chenyi（2009）	断奶窝重 & 断奶窝重增重最大	1.09	100：117

1.2 缬氨酸在仔猪上的应用研究

缬氨酸与亮氨酸、异亮氨酸等支链氨基酸含量约占参与生长肥育猪肌肉蛋白质合成的必需氨基酸含量的30%。在仔猪上的研究表明，缬氨酸和赖氨酸的最适比例为70%，可以显著提高仔猪的平均日增重，降低料肉比。部分学者对仔猪缬氨酸需要量最适比例的研究结果见表2。

Barea（2009）研究结果表明，在12～25kg仔猪日粮中，豆粕含量为14.69%，粗蛋白含量为 15.42% ，基础日粮中可消化缬氨酸和赖氨酸比例是 57：100 时，额外添加缬氨酸，使可消化缬氨酸和赖氨酸比例达到 70：100 ，仔猪的平均日增重提高 25% ，饲料的料肉比降低 6% 。该研究结果表明，在低蛋白日粮中，缬氨酸的含量对仔猪的生长性能有重要影响作用。Gaines（2011）研究结果表明，在 21~32kg 的典型玉米豆粕型仔猪日粮中，豆粕含量为 21.8% ，粗蛋白含量为 17.40% ，基础日粮中可消化缬氨酸和赖氨酸比例是 55：100 时，额外添加缬氨酸，使可消化缬氨酸和赖氨酸比例达到 70：100 ，仔猪的平均日增重提高 10.5% ，饲料的料肉比降低 6.7% 。该研究结果表明，在玉米豆粕型日粮中，缬氨酸也是仔猪生长的重要限制性氨基酸。Gaines（2011）在 13~27kg 的仔猪试验，Lordelo（2008）的研究也得到了类似的结论。

表 2　缬氨酸在仔猪上的应用研究

项目	Gaines 等（2011）		Barea 等（2009）		Lordelo 等（2008）
	试验 1 21~32kg 仔猪	试验 3 13~27kg 仔猪	试验 1 12~25kg 仔猪	试验 2 12~25kg 仔猪	7~23kg 仔猪
玉米（%）	71.6	75.9	43.56	47.90	49.32
小麦（%）	—	—	14.52	15.97	25.00
大麦（%）	—	—	14.52	15.97	—
豆粕（48%，%）	21.8	17.4	22.44	14.69	18.20
代谢能（MJ/kg）	14.07	14.00	13.56	13.48	10.30
粗蛋白（%）	17.40	16.20	17.32	15.42	16.99
SID VAL：LYS （基础日粮）	55：100	55：100	57：100	57：100	56：100
SID VAL：LYS （试验日粮）	70：100	80：100	70：100	70：100	70：100
平均日增重（g）	+46	+83	+17	+100	+85
日增重增幅（%）	10.50%	11.64%	3.32%	25%	12%
FCR 降幅	−6.7%	−4.5%	−1.6%	−6%	−3%

1.3　缬氨酸在肉鸡上的应用研究

从平衡氨基酸角度考虑，缬氨酸被认为是肉鸡的第四限制性氨基酸，缬氨酸和赖氨酸最适比例虽然报道结果存在差异，但普遍认同在肉鸡中缬氨酸赖氨酸比例降低会影响肉鸡的体增重和饲料转化率。部分学者对缬氨酸赖氨酸最适比例的研究结果的归纳见表 3。

Tavernari 等（2013）对 8~21 日龄的 cobb 肉鸡进行试验，在典型玉米豆粕型基础日粮中，粗蛋白水平为 20.40% ，缬氨酸和赖氨酸比例为 69：100 时，添加缬氨酸，使缬氨酸和赖氨酸比例达到 81：100 时，肉鸡的平均日增重提高 5.5% ，料肉比降低 5% 。Tavernari 等（2013）在 30~43 日龄的 cobb 肉鸡试验结果显示，缬氨酸和赖氨酸的比例从 70：100 ，提高到 82：100 ，肉鸡的平均日增重增加 9.8% ，料肉比降低 6.5% 。Corzo 等（2010），和 Corzo（2007）对 ROSS 肉鸡的 28 - 42 日龄和 21 - 42 日龄的试验取得了类似结果。

表3 缬氨酸在肉鸡上的应用研究

项目	Tavernari 等（2013）		Corzo 等（2010）	Corzo 等（2007）
	8～21 日龄	30～43 日龄	28～42 日龄	21～42 日龄
品种	Cobb 500	Cobb 500	Ross TP 16	Ross 708
玉米（%）	45.39	49.01	70.85	73.05
豆粕（48%）	24.60	21.23	18.19	21.50
肉骨粉（%）	—	—	2.55	—
表观代谢能（MJ/kg）	12.56	13.19	13.32	12.98
粗蛋白（%）	20.40	18.20	18.00	17.00
SID VAL：LYS（基础日粮）	69：100	70：100	66：100	66：100
SID VAL：LYS（试验日粮）	81：100	82：100	76：100	78：100
平均日增重（g）	+37	+112	+122	+131
日增重增幅（%）	5.5%	9.8%	9.9%	9.0%
FCR 降幅（%）	-5.00	-6.50	-3.45	-5.96

随着科研院所，国内外缬氨酸生产厂家和饲料生产企业对缬氨酸功能和作用的关注，对缬氨酸需要量的评估和试验数据积累会越来越多，会逐渐像目前赖氨酸、蛋氨酸、色氨酸和苏氨酸一样，成为应用普遍的氨基酸营养添加剂单体，使饲料的氨基酸营养组分更加平衡，实现理想蛋白的饲料成本更加经济。

2 色氨酸

色氨酸在体内参与蛋白质合成和调控并能合成 5 - 羟色胺，褪黑激素，烟酸等生物活性物质。目前，对色氨酸的研究主要集中在研究色氨酸的理想需要量和对活动和采食的调节和生长性能的改善。玉米、玉米蛋白粉、肉骨粉和低蛋白玉米—豆粕型饲粮属于典型的色氨酸缺乏型日粮。

在肝脏蛋白质合成中，L - 色氨酸能影响肝脏 RNA 和蛋白质代谢，能显著促进肝脏多核糖体聚集、细胞质 poly（A）- RNA 合成、核标记 RNA 释放和提高核膜核苷三磷酸酶活性。通过刺激胰岛素释放而增加肌肉和肝脏蛋白质的合成，动物日粮中色氨酸缺乏可明显降低肌肉和肝蛋白的合成率。日粮中色氨酸缺乏可导致蛋白质合成减少，从而影响动物肌肉沉积。

体内的色氨酸的主要代谢途径有两种，一是犬尿酸原代谢途径，通过吲哚胺2，3 - 双加氧酶（IDO）途径产生犬尿氨酸，代谢产物包括邻氨基苯甲酸、吡啶甲酸、黄尿酸和烟酸等；二是少量 L - 色氨酸经保留吲哚环的途径代谢，经四氢生物蝶呤依赖性色氨酸羟化酶途径分解，代谢产物包括血液复合胺、N - 乙酰复合胺、褪黑激素和邻氨基苯甲酸。

血液中的色氨酸大部分参与蛋白质结合，只有 5% 以游离形式存在于血液中，只有游离色氨酸才能透过血脑屏障进入中枢神经系统，在进入中枢神经系统时与大分子中性氨基酸（如缬氨酸、亮氨酸、异亮氨酸、苯丙氨酸和酪氨酸）有竞争作用。一旦进入中枢神经系统后，色氨酸就可参与 5 - 羟色胺合成。5 - 羟色胺又称血清素，主要存在于脑组织和胃肠道，具有收缩微血管和升高血压的作用，与情绪、疼痛、攻击行为、睡眠、食欲和性功能等有关。

脑组织中 5 - 羟色胺的合成量与血液中游离色氨酸含量、进入大脑中色氨酸含量及合成 5 - 羟色胺的酶活性有关。若大脑 L - 色氨酸浓度增加一倍，可使大脑中 5 - 羟色胺升高 20% ~ 30%。L - 色氨酸和 5 - 羟色胺在体内还可通过中枢和外周两种途径影响采食量。在大脑中枢，当 L - 色氨酸缺乏、5 - 羟色胺耗竭时，动物采食量急剧下降。

5 - 羟色胺（5 - HT）在脑内主要代谢为 5 - 羟吲哚乙酸，是一种单胺类中枢神经递质。5 - 羟吲哚乙酸的变化可间接反应 5 - HT 的变化。脑内 5 - 羟色胺和 5 - 羟吲哚乙酸的含量下降会导致睡眠障碍。

2.1 色氨酸在猪上的应用研究进展

色氨酸不足将引起猪的采食量显著降低，进而导致猪的生长速度减慢、饲料转化率低下。Burgoon（1992）试验结果表明，6 ~ 16kg 仔猪饲喂色氨酸含量为 0.13% 的日粮，和饲喂色氨酸含量为 0.205% 的日粮，采食量相差 40%。Libal（1995）对 6.9 kg 断奶仔猪的研究结果也与此极相似，色氨酸缺乏使仔猪采食量下降 39.5%。在 Schutte（1988）和林映才（1997）的试验中，色氯酸缺乏组仔猪的采食量只有足够组的 38% ~ 45%。Zimmerman（1975）、伍喜林（1994）、Roth（2003）也得到类似结论。

Schutte 等（1989，荷兰）研究不同色氨酸/赖氨酸水平对 10 - 25kg 仔猪生长性能的影响。试验结果表明，随着色氨酸和赖氨酸比例的增加，仔猪的平均日增重线性增加，24% 处理组与 16% 处理组相比，平均日增重增加 20%，料肉比降低 7%。

Lynch 等（2000）研究不同色氨酸/赖氨酸比例对 10 - 30 kg 仔猪的生长性能的影响。试验结果表明，随着色氨酸比例的提高，仔猪的饲料采食量线性增加，平均日增重也显著提高，当色氨酸/赖氨酸比例达到 22% 时，平均日增重值达到最大化。

Jansman 等（2000）研究了色氨酸/大分子中性氨基酸比例与采食量的关系。结果表明，高水平色氨酸使仔猪增重和饲料效率得到改善。低蛋白质组日增重显著高于高蛋白质组，提高色氨酸/赖氨酸的比例，增重改善效果更加明显。对饲料转化率也有改善作用。色氨酸占赖氨酸比例大于 20% 时，可提高饲料采食量，提高日增重。在低蛋白平衡日粮中提高色氨酸水平，色氨酸/大分子中性氨基酸比例的增加可明显提高饲料采食量。

Pluske 和 Mullan（2000）研究了不同水平色氨酸/赖氨酸比例对仔猪生长性能的影响。结果表明：提高色氨酸/赖氨酸比例，可显著增加平均日增重，21% 组和 16% 组相比，平均日增重提高 14%。

在生长肥育猪，当饲粮中缺乏色氯酸，猪的食欲也明显降低，采食量显著减少，生长猪的采食量减少可达 50% 以上，而肥育猪减少则相对少些，一般达 10% ~ 25%。这可能是肥育猪对色氯酸需求量低些，饲粮中色氨酸缺乏程度没那么严重的结果。怀孕母猪饲粮中色氨酸不足时，其采食量明显降低。

由于色氨酸缺乏，猪食欲降低，无法采食到足够的饲料，进一步导致各生长阶段猪增重减慢，甚至停滞，饲料转化率显著降低，毛长、肤色差；而在同样的基础饲粮中添加一定量合成的色氯酸后，这种现象即可消失。这直观地反映了色氯酸对猪食欲的影响。回归分析表明，猪的采食量和日增重与饲粮中色氨酸含量呈极强正相关（$R = 0.96$ ~ 0.98，$P < 0.001$）。

2.2 色氨酸在肉鸡上的应用研究进展

随着色氨酸在仔猪上的应用的成功，广大学者将色氨酸的应用研究推广到肉鸡和蛋鸡日粮。随着肉鸡蛋鸡理想氨基酸模型的研究，色氨酸的价值逐渐显现，尤其是在优质蛋白原料价格较高时，色氨酸对配方成本的贡献作用更值得关注。色氨酸作为肉鸡的第三限制性氨基酸，不仅参与体蛋白质合成，也是一种具有代谢活性的氨基酸，缺乏可导致肉鸡采食量降低和生长受抑制，它也可通过 5 - 羟色胺、多胺等的神经递质作用影响肉鸡的采食行为。

吴妙宗和蔡辉益（2002）研究表明，血浆羟色胺与平均日采食量有一定的相关性，二者相关系数为 0.34（$P = 0.003$），采食量的变化可能是由于外周 β - 羟色胺的变化而引起。

Rosa 等（2001），Corzo 等（2005）研究认为，在日粮中只要添加微量色氨酸就能产生较好的效果。喻兵权等（2007）研究表明，色氨酸缺乏会导致肉仔鸡增重和采食抑制，原因可能是当色氨酸严重缺乏时，大脑中耗竭导致采食量急剧下降。该研究表明，对日增重、饲料转化率及大部分胴体品质而言，日粮色氨酸 0.198% 组显著好于 0.167% 组。席鹏彬等（2009）研究表明，与 0.11% 色氨酸缺乏组相比，色氨酸含量为 0.14% 试验组公、母鸡的日采食量分别提高 4.5% 和 2.2%，色氨酸含量为 0.23% 处理组公、母鸡的日采食量分别提高 19.5% 和 9.0%。利用相关分析得出，63 日龄黄羽肉鸡血清游离色氨酸浓度与其采食量呈显著正相关。同时，该研究也测定了下丘脑中 5 - 羟色胺的浓度，研究结果证实了日粮色氨酸是通过下丘脑的神经递质作用来调节黄羽肉鸡的采食量。

Mozhdeh 等（2010）研究了 cobb 肉鸡日粮中添加色氨酸对肉鸡生长性能和血液指标的影响。试验结果显示，提高日粮中色氨酸水平可显著提高肉鸡的体增重，饲料采食量，血浆总蛋白浓度，血糖浓度，显著降低饲料料肉比和天冬氨酸转氨酶浓度，乳酸脱氢酶浓度和甘油三酯浓度。研究结果表明，日粮中添加色氨酸对肉鸡的健康状况有促进作用。

Patil 等（2013）研究了在被黄曲霉污染的肉鸡日粮中每吨添加 20g 褪黑素或者添加 250g 褪黑素的前体物色氨酸，均可减弱黄曲霉毒素造成的肉鸡生产性能的降低和免疫抑制程度。

3 精氨酸

目前，市场上可以批量供应的精氨酸，主要有两种来源：发酵工艺生产和毛发水解工艺。毛发水解法生产 L - 精氨酸，需用消耗大量的浓硫酸和氢氧化钠，锌盐等原料，操作环节复杂、收率为 5% 左右，工艺稳定性差、环境污染严重。与毛发水解工艺相比，发酵法生产精氨酸具有绿色高效，产品质量更稳定，环境友好等特点。目前，多家企业可用发酵法生产 L - 精氨酸。

精氨酸是含双氨基条件性必需氨基酸，在机体内发挥多种生理功能，是目前的研究热点。精氨酸及其代谢产物在机体免疫调节、免疫防御等方面发挥着重要的作用，在动物营养中可发挥多种生物功能。精氨酸在机体发育不成熟或在严重应急情况下，如发生疾病或受伤时机体对精氨氨的合成效率降低。在精氨酸缺乏状态下，机体不能正常生长和发育。以精氨酸为主的代谢途径在孕体生长发育过程中至关重要，这些营养物质可通过调节细胞蛋白质周转和细胞增殖胚胎发生，血管生成，胚胎着床，胎盘生长和发育，血流量和胚胎生长发挥重要作用。

精氨酸对伤口的愈合有显著作用，可促进胶原组织的合成；并能通过一系列酶的反应，形成一氧化氮来活化巨噬细胞、中性细胞，对伤口起消炎作用。由于精氨酸还是形成一氧化氮的前体，一氧化氮可在内皮细胞合成松弛因子，因此，可促进伤口周围的微循环，加速伤口恢复。精氨酸能促进多胺，胍氨酸，鸟氨酸，等肠道滋养因子合成，增强肠道免疫屏障，恢复肠黏膜结构的完整性，减少肠黏膜萎缩，加速受损肠黏膜的修复，维持肠黏膜的结构和功能，对维持倡导正常形态结构和生理功能发挥重要作用。

精氨酸与机体免疫有密切关系，可促进胸腺的退化，促进骨髓与淋巴结中胸腺细胞的成熟与分化，促进胸腺中淋巴细胞的增长，并增加胸腺的重量。精氨酸还可促进脑垂体的生长激素，催乳素及胰腺的胰岛素和胰高血糖素的分泌。这些都是体内合成的激素，对促进机体生长和提高机体免疫功能有重要作用。此外，鸟氨酸是瓜氨酸的前体，胍氨酸是精氨酸的前体。鸟氨酸代谢后得到的腐胺亚精胺，具有促进细胞增殖的作用。

3.1　精氨酸在种畜上的应用研究

精氨酸是动物机体内一种十分重要的碱性氨基酸，不仅参与精子的形成，还是精子蛋白质的重要组成成分。另外，精氨酸可调节母畜生殖道内环境的酸碱度，提高其后代的母畜比例。Wu 等（1996）研究发现，妊娠母猪羊水和尿囊液中的精氨酸含量异常丰富，推断精氨酸可能对于胎盘和胎儿的发育具有重要意义。近年的研究发现，精氨酸及其代谢相关氨基酸（精氨酸族氨基酸，AFAA）和代谢产物（NO、多胺等）能够刺激胎盘的生长，将母体营养物质充分转运给胚胎或胎儿以促进它们的存活、生长和发育。日粮中大约有40%的精氨酸会被妊娠母猪的小肠利用掉，精氨酸不足是造成宫内发育迟缓的主要因素。研究表明，妊娠母猪日粮中按 1% 添加水平添加精氨酸，可以提高胚胎成活率，窝活仔数提高 30%。在妊娠第一周补充精氨酸，也可以显著预防妊娠早期胚胎死亡，提高母猪繁殖性能。

Wu 等（2005，2010）研究发现，妊娠母猪对精氨酸的需要量远高于 NRC（1998）标准中的值。生产中日粮提供的精氨酸含量不能满足妊娠母猪的需求，但现在还没有准确的妊娠母猪精氨酸需求量数据。随着妊娠期的变化，母猪对精氨酸的需求量也在不断变化，加之精氨酸在肠黏膜等组织中易被分解利用，其最佳精氨酸需要量还需要做更多的研究。Mateo 等（2007）在妊娠 30 d 母猪的玉米—豆粕型基础饲粮中添加 1.0% 精氨酸盐酸盐，同时对照组添加 1.7% 丙氨酸做等氮对照，结果发现精氨酸组与对照组相比能够增加 22% 存活产仔数并增加 24% 存活仔猪的初生重。Zeng 等（2008）研究发现，精氨酸能够提高活胚胎数，同时增加足月分娩的产仔数，这对预防早期流产具有重要生产指导意义。Tan 等（2009）研究在 110 日龄的公猪饲粮中添加 1.00% 和 2.05% 精氨酸，结果发现添加 2.05% 精氨酸组与添加 1.00% 精氨酸组相比血液中甘油三脂含量极显著降低了 20.0%，胰高血糖素含量显著提高了 36.0%，胴体肌肉含量显著提高了 5.5%，胴体脂肪含量极显著降低了 11.0%。

Liu 等（2012）研究发现，母猪妊娠后期饲粮中添加 1% 精氨酸能提高了母猪的繁殖性能，可能通过影响母猪脐静脉和胎盘 miRNA – 15b、miRNA – 22 的表达，调控其各自靶基因的表达量，从而调节脐静脉和胎盘的血管生成、发育和功能，母体可通过脐静脉和胎盘提供更多的养分给胎儿，保证胎儿的存活、生长和发育。Greene 等（2012）研究发现，精氨酸可以通过增强胎盘中血管内皮生长因子受体 2（VEGFR2）基因的转录活性来增强生殖性能。杨慧等（2012）研究发现，在妊娠母猪（从配种到分娩）饲粮中添加不同水平精氨酸可以提高窝产活仔数和初生窝重，添加不同水平的精氨酸对妊娠后期母猪血液的生化指标影响明显，饲粮中添加精氨酸可提高泌乳母猪血清中部分氨基酸浓度，改善泌乳母猪的新陈代谢和免疫机能，在提高仔猪生长性能的同时缩短了母猪断奶后的发情间隔。

3.2 精氨酸在仔猪上的应用研究

精氨酸对于仔猪肠道功能发育和肠道健康具有良好的促进作用。尤其在幼龄动物阶段，精氨酸需要量较高，在非强化日粮中容易处于缺乏状态。仔猪饲粮中添加适宜的精氨酸能够有效提高平均日采食量和平均日增重，降低料重比，改善动物的生长性能，促进仔猪肠道的发育和吸收功能，促进仔猪发挥最大生长潜力。

Kim 等（2004）研究在 7～21 日龄仔猪饲粮中添加 0.2% 和 0.4% 精氨酸，通过人工乳饲喂系统进行喂养，结果发现平均日增重比对照组分别提高了 28% 和 66%。谭碧娥等（2008）研究在 7 日龄断乳仔猪基础饲粮中添加 0、0.2%、0.4%、0.6% 和 0.8% 精氨酸，结果发现精氨酸能够促进超早断乳仔猪肠道的发育，阻止肠绒毛萎缩，提高肠道白细胞介素 -2（IL-2）基因表达水平，增强肠道免疫功能。姚康等（2008）研究表明，在哺乳仔猪基础饲粮中添加 0.6% 和 0.8% 精氨酸与对照组相比，7～14 日龄的平均日增重分别提高了 54.3% 和 53.3%，14～21 日龄 0.6% 和 0.8% 精氨酸添加组平均日增重比对照组提高了 45.4% 和 44.9%。Yao 等（2008）在 7 日龄仔猪饲粮中添加 0.6% 的精氨酸，显著提高了平均日增重，促进了肌肉蛋白质的合成。Yao（2008）在代乳料中添加不同浓度精氨酸对 7 日龄断奶仔猪平均日增重的影响，研究结果表明，在代乳料中添加 0.6%～0.8% 的精氨酸饲喂 14 d，平均日增重提高 42%。Yao 等（2011）研究在单笼饲养 21 日龄断乳阉割仔猪的基础饲粮中添加 0 和 1% 的精氨酸，添加 1% 精氨酸组与对照组相比小肠的相对重量显著提高了 33%，十二指肠、空肠和回肠的绒毛高度分别显著提高了 21%、28% 和 25%，研究结果表明，日粮中添加精氨酸可以促进仔猪肠道的发育。范苗（2011）研究得到相似的结果，添加不同水平的精氨酸与对照组相比提高了 7～21 日龄的平均日增重。杨慧等（2012）研究发现，在断奶仔猪基础饲粮中添加 1% 的精氨酸能够显著提高仔猪的平均日采食量和平均日增重，显著降低料重比。

Liu 等（2008）研究精氨酸对 LPS 诱导断奶仔猪的肠道损伤是否具有缓解作用时，结果发现，添加 0.5% 和 1.0% 精氨酸显著缓解肠道形态（如绒毛高度、隐窝深度等）发育受阻的状况，且添加 0.5% 精氨酸组显著改善隐窝细胞增殖减少，极显著改善绒毛细胞的凋亡状况；研究结果表明，添加精氨酸能够缓解 LPS 诱导造成的肠道损伤。Liu 等（2009）研究发现，精氨酸可以通过增加回肠乳糖酶活性、十二指肠和回肠二胺氧化酶活性，改善由脂多糖免疫应激造成空肠丙二醛含量增加的情况，还可改善由脂多糖免疫应激造成的回肠超氧化物歧化酶活性增强的情况。Wu 等（2010）研究在 21 日龄哺乳仔猪基础饲粮中添加 0.6% 精氨酸，试验期 7 d，结果显示，与对照组相比添加 0.6% 精氨酸组显著提高肠道重量，十二指肠、空肠和回肠的绒毛高度及隐窝深度，显著提高空肠和回肠的杯状细胞的数量。孟国权等（2010）研究发现，精氨酸可通过降低肠黏膜中内皮质激素 -1 的含量和降低机体的过氧化水平来缓解脂多糖免疫应激导致的肠道黏膜屏障损伤。郭长义等（2010）研究泌乳母猪饲粮精氨酸对哺乳仔猪小肠黏膜发育的影响及抗氧化作用机理，结果发现，添加精氨酸可以改善肠道黏膜的发育，同时还可提高黏膜乳糖酶、碱性磷酸酶和谷胱甘肽酶的活性，降低了超氧化物歧化酶的活性，所以精氨酸可能通过改善肠道的抗氧化能力从而促进哺乳仔猪肠道的发育。Puiman 等（2011）研究发现，精氨酸可以诱导新生仔猪肠黏膜生长。陈渝等（2011）研究精氨酸对免疫应激（24±1）日龄、体重在（7.19±0.63）kg 的仔猪的生长性能和肠道组织细胞膜外 *TLR2*、*TLR4*、*TLR5* 和 *TLR6* 基因表达的影响，结果表明，精氨酸能够显著减缓因沙门氏杆菌活疫苗注射引起的断乳仔猪肠道 *TLR4* 和 *TLR5* 基因的过度表达及血清白细胞介素－6（*IL－6*）含量升高，从而缓解免疫应激对仔猪的损伤。

3.3　精氨酸在家禽上的应用研究

精氨酸在家禽中是条件限制性氨基酸，部分原料中精氨酸含量较高，来源较充分，精氨酸对家禽上的应用研究相对于猪上的略少。但是，随着家禽品种和遗传潜力的更新，日粮中赖氨酸，蛋氨酸，苏氨酸等必需氨基酸的需要水平逐渐提高，但是缺乏对 L－精氨酸的关注。目前部分研究表明，外源补充精氨酸时会增加家禽的平均日增重和改善胴体品质，提高胸肌率和降低胸肌内脂肪含量。

Kwak 等（1999）研究发现，在鸡的基础饲粮中额外添加精氨酸可显著影响鸡的免疫器官如胸腺、脾脏和法氏囊的发育。Corzo 等（2003）研究雄性肉鸡精氨酸的需要时发现，饲粮中添加精氨酸能够显著提高 42～56 日龄雄性肉仔鸡的平均日采食量和平均日增重。方勇军（2009）研究发现，在低精氨酸饲粮基础上添加精氨酸可显著影响肉鸭的生长性能，提高了肉鸭的平均日采食量和平均日增重，随着添加水平提高，平均日增重上升，添加水平为 1.12% 时，增重效果最好。刘凤菊等（2011）研究饲粮中精氨酸的水平对 1～3 周龄雌性爱拔益加（AA）肉仔鸡的影响时发现，精氨酸水平极显著地影响 1～3 周龄肉仔鸡的体重和平均日增重，添加精氨酸能够提高胸肌率及降低胸肌内脂肪含量。朱伟等（2013）研究循环高温环境下精氨酸营养对肉鸭生长性能的影响发现，添加 0.5% 精氨酸可显著降低肉鸭生长全期（1～49 日龄）的料重比。

综上所述，氨基酸作为一种营养性添加剂将会在动物生产中发挥越来越重要的作用。随着对功能性氨基酸的营养生理及免疫作用研究的日益深入，缬氨酸，色氨酸，精氨酸等功能性氨基酸的生物学功能已经超出了普通氨基酸的功能范畴。同时随着氨基酸发酵技术的日益成熟，可商业化供应饲料市场的小品种氨基酸品种会更加丰富。通过对大量的试验和研究报告的整理和分析，对畜禽理想性氨基酸模型推荐如表 4。

表 4　理性氨基酸模型推荐表

氨基酸	肉鸡	母猪	仔猪
赖氨酸	100	100	100
含硫氨基酸	75	55	65
苏氨酸	65	67	65
缬氨酸	78	115	70
异亮氨酸	67	56	55
精氨酸	105	110	105
色氨酸	20	19	22

（续表）

氨基酸	肉鸡	母猪	仔猪
组氨酸	40	40	38
亮氨酸	105	110	105
苯丙氨酸 + 酪氨酸	105	115	110

期待行业对对于不同品种、不同年龄及不同健康状况的动物的氨基酸的需要量及作用机制进行更细致和精确的研究，以使功能性氨基酸更精准地发挥最优的营养生理及免疫作用，促进动物生产健康绿色发展。

参考文献

［1］Andrew A F, Frank H, Markus R. Estimates of individual factors of the trptophan requirements based on protein and tryptophan accretion responses to increasing tryptophan supply in broiler chickens 8 – 21 days of age ［J］. Archives of Animal Nutrition, 2005, 59：181 – 191.

［2］Corzo A, Moran E T, Hoehler D. Arginine need of heavy broiler males applying the ideal protein concept ［J］. Poultry Science, 2003, 82（3）：402 – 407.

［3］Corzo A, Moran J E F, Hoehler D, et al. Dietary tryptophan need of broiler males from forty – two to fifty – six days of age ［J］. Poultry Science, 2005, 84：226 – 231

［4］Gaines A M, D C Kendall, G L Allee, et al. Estimation of the standardized ileal digestile valine to lysine ratio in 13 – 20 – kilogram pigs ［J］. J. Anim. Sci, 2001, 89：736 – 742.

［5］Gaines A M, P Srichana, B W Ratliff, et al. Evaluation of the true ileal digestible（TID）Valine reguirement of 8 – 20 kilogram pigs ［J］. J Anim. Sci, 2006, 84（suppl. 1）：284（Abstr）.

［6］Greene J M, Dunaway C W, BOWERS S D, et al. Dietary L – arginine supplementation during gestation in mice enhances reproductive performance and vegfr2 transcription activity in the fetoplacental unit ［J］. The Journal of Nutrition, 2012, 142（3）：456 – 460.

［7］Han J, Liu Y L, Fan W, et al. Dietary L – Arginine supplementation alleviates immunosuppression induced by cyclophosphamide in weaned pigs ［J］. Amino Acids, 2009, 37（4）：643 – 651.

［8］Kim S W, Mcpherson R L, Wu G Y. Dietary arginine supplementation enhances the growth of milk – fed young pigs ［J］. The Journal of Nutrition, 2004, 134（3）：625 – 630.

［9］Kwan H, Austic R E, Dietert R R. Influence of dietary arginine concentration on lymphoid organ growth in chickens ［J］. Poultry Science, 1999, 78（11）：1 536 – 1 541.

［10］Lewis A J, N Nishimura. Valine reguirement of the finishing pig ［J］. Anim Sci, 1995, 73：2 315 – 2 318.

［11］Li Q, Liu Y L, Che Z Q, et al. Dietary L – arginine supplementation alleviates liver injury caused by Escherichia coli LPS in weaned pigs ［J］. Innate Immunity, 2012, 18（6）：804 – 814.

［12］Liu X D, Wu X, Yin Y L, et al. Effects of dietary L – arginine or N – carbamylglutamate supplementation during late gestation of sows on the miR – 15b/16, miR – 221/222, VEGFA and eNOS expression in umbilical vein ［J］. Amino Acids, 2012, 42（6）：2111 – 2119.

［13］Liu Y L, Han J, Huang J J, et al. Dietary L – arginine supplementation improves intestinal function in weaned pigs after an Escherichia coli lipopolysaccharide challenge ［J］. Asian – Australasian Journal of Animal Sciences, 2009, 22（12）：1 667 – 1 675.

［14］Liu Y L, Huang J J, Hou Y Q, et al. Dietary arginine supplementation alleviates intestinal mucosal disruption induced by Escherichia coli lipopolysaccharide in weaned pigs ［J］. British Journal of Nutrition, 2008, 100 （3）: 552 −560.

［15］ Luiking Y C, Engelen M P, Deutz N E, *et al.* Regulation of nitric oxide production in health and disease ［J］. Current Opinion in Clinical Nutrition and Metabolic Care, 2010, 13 （1）: 97 −104.

［16］ Mateo R D, Wu G Y, Bazer F W, *et al.* Dietary L − arginine supplementation enhances the reproductive performance of gilts ［J］. The Journal of Nutrition, 2007, 137 （3）: 652 −656.

［17］ Mozhdeh E, Kamran K, Atemeh J, *et al.* Dietary tryptophan effects on growth performance and blood parameters in broiler chicks ［J］. Animal and veterinary advances 9 （4）: 700 −704, 2010.

［18］ Patal R J, Tyagi J S, Sirajudeen M *et al.* Effect of dietary melatonin and L − Trptophan on growth performance and immune responses of broiler chicken under experimental aflatoxicosis ［J］. Iranian Journal of Applied Animal Science, 2013, 3 （1）, 139 −144.

［19］ Puiman P J, Stoll B, Van Goudoever J B, *et al.* Enteral arginine does not increase superior mesenteric arterial blood flow but induces mucosal growth in neonatal pigs ［J］. The Journal of Nutrition, 2011, 141 （1）: 63 −70.

［20］ Tan B E, Li X G, Kong X F, *et al.* Dietary L − arginine supplementation enhances the immune status in early − weaned piglets ［J］. Amino Acids, 2009, 37 （2）: 323 −331.

［21］ Tan B E, Yin Y L, Liu Z Q, *et al.* Dietary L − arginine supplementation increases muscle gain and reduces body fat mass in growing − finishing pigs ［J］. Amino Acids, 2009, 37 （1）: 169 −175.

［22］ Tan B E, Yin Y L, Liu Z Q, *et al.* Dietary L − arginine supplementation differentially regulates expression of lipid − metabolic genes in porcine adipose tissue and skeletal muscle ［J］. The Journal of Nutritional Biochemistry, 2011, 22 （5）: 441 −445.

［23］ TAN B, YIN Y L, ONG X F, *et al.* L − Arginine stimulates proliferation and prevents endotoxin − induced death of intestinal cells ［J］. Amino Acids, 2010, 38 （4）: 1 227 −1 235.

［24］ Tavernari, F C, Lelis G R, Vieira R A, *et al.* Remove from marked Records Valine needs in starting and growing Cobb （500） broilers. Poultry Science, 2013, 92 （1）: 151 −157.

［25］ Turner P, Dear J, Scadding G, *et al.* Role of kinins in seasonal allergic rhinitis: icatibant, a bradykinin B2 receptor antagonist, abolishes the hyper responsiveness and nasal eosinophilia induced by antigen ［J］. Journal of Allergy and Clinical Immunology, 2001, 107 （1）: 105 −113.

［26］ Waguespack A M, Bidner T D, Payne R L, *et al.* Valine and isoleucine reguirement of 20 −45 − kilogram pigs ［J］. Anim Sci, 2012, 90: 2 276 −2 284.

［27］ Wiltafsky M K, Schmidtlein B, Roth X. Estimates of the optimum dietary ratio of standardized ileal digestible valine to lysine for eight to twenty − five kilograms of body weight pigs ［J］. Anim Sci, 2009, 87: 2 544 −2 553.

［28］ Warnants N, M J Van Oeckel, M De Paepe. Study of the optimal ideal protein level for weaned piglets ［J］. J Anim Physiol Anim Nutr, 2001, 85: 356 −368.

［29］ Wu X, Ruan Z, Gao Y L, *et al.* Dietary supplementation with L − Arginine or N − Carbamylglutamate enhances intestinal growth and heat shock protein − 70 expression in weanling pigs fed a corn − and soybean meal − based diet ［J］. Amino Acids, 2010, 39 （3）: 831 −839.

［30］ Yao K, Guan S, Li T J, *et al.* Dietary L − Arginine supplementation enhances intestinal development and expression of vascular endothelial growth factor in weanling piglets ［J］. British Journal of Nutrition, 2011, 105 （5）: 703 −709.

［31］ YAO K, YIN Y L, CHU W Y, *et al.* Dietary Arginine supplementation increases mTOR signaling activity in skeletal muscle of neonatal pigs ［J］. The Journal of Nutrion, 2008, 138 （5）: 867 −872.

［32］Zeng X F, Wang F L, Fan X, et al. Dietary Arginine supplementation during early pregnancy enhances embryonic survival in rats ［J］. The Journal of Nutrition, 2008, 138（8）：1 421 – 1 425.

［33］刁其玉. 动物氨基酸营养与饲料 ［M］北京：化学工业出版社, 2007：227 – 232.

［34］沈同, 王镜岩. 生物化学 ［M］. 2 版北京：高等教育出版社, 1990：127 – 132.

［35］印遇龙. 猪氨基酸营养与代谢 ［M］北京：科学出版社, 2008：6 – 122.

［36］杨强, 张石蕊, 贺喜, 等. 低蛋白质日粮不同能量水平对育肥猪生长性能和胴体性状的影响 ［J］. 动物营养学报, 2008, 20（4）：371 – 376.

［37］王荣发, 李敏, 贺喜, 等. 低蛋白质饲粮条件下生长猪对色氨酸需要量的研究 ［J］. 动物营养学报, 2011, 23（10）：1 669 – 1 676.

［38］尹慧红, 张石蕊, 孙建广, 等. 不同净能水平的低蛋白质日粮对猪生长性能和养分消化率的影响 ［J］. 中国畜牧杂志, 2008, 44（13）：25 – 28.

［39］柏美娟, 孔祥峰, 印遇龙, 等. 日粮添加精氨酸对肥育猪免疫功能的调节作用 ［J］. 扬州大学学报：农业与生命科学版, 2009, 30（3）：45 – 49.

［40］陈渝, 陈代文, 毛湘冰, 等. 精氨酸对免疫应激仔猪肠道组织 Toll 样受体基因表达的影响 ［J］. 动物营养学报, 2011, 23（9）：1 527 – 1 535.

［41］范苗. 添加不同水平的精氨酸对新生仔猪生长性能、免疫性能及胃肠道发育的影响 ［D］. 保定：河北农业大学, 2011：15.

［42］方勇军. 精氨酸对肉鸭生长性能、免疫机能、胴体品质和血液脂质的影响 ［D］. 武汉：武汉工业学院, 2009：19 – 21.

［43］郭长义, 蒋宗勇, 李职, 等. 泌乳母猪饲粮精氨酸水平对哺乳仔猪小肠黏膜发育的影响 ［J］. 动物营养学报, 2010, 22（4）：870 – 878.

［44］孔祥峰, 印遇龙, 伍国耀. 猪功能性氨基酸营养研究进展 ［J］. 动物营养学报, 2009, 21（1）：1 – 7.

［45］刘凤菊, 呙于明, 王磊. 1 – 3 周龄雌性肉仔鸡精氨酸需要量 ［J］. 动物营养学报, 2011, 23（4）：571 – 577.

［46］麻名文, 李福昌. 日粮精氨酸水平对断奶 2 月龄肉兔生长性能、免疫器官指数及血清指标的影响 ［J］. 动物营养学报, 2009, 21（3）：405 – 410.

［47］孟国权, 刘玉兰, 车政权, 等. L – 精氨酸对脂多糖诱导的断奶仔猪肠道黏膜屏障损伤的缓解作用 ［J］. 动物营养学报, 2010, 22（3）：647 – 652.

［48］师昆景, 吴灵英, 谭荣炳. 胚胎注射 L – 精氨酸和 L – 鸟氨酸对肉仔鸡早期生长、免疫器官及血浆激素 T3、T4 的影响 ［J］. 中国家禽, 2008, 30（17）：25 – 28.

［49］谭碧娥, 李新国, 孔祥峰, 等. 精氨酸对早期断奶仔猪肠道生长、组织形态及 IL – 2 基因表达水平的影响 ［J］. 中国农业科学, 2008, 41（9）：2 783 – 2 788.

［50］谭玲芳, 王安, 李越, 等. 精氨酸对笼养生长期蛋鸭生长性能及免疫功能的影响 ［J］. 中国饲料, 2013（7）：15 – 18.

［51］吴妙宗, 蔡辉益. 动物色氨酸与烟酸互作关系研究进展 ［J］. 动物营养学报, 2002, 14（2）：5 – 8.

［52］席鹏彬, 林映才, 蒋宗勇, 等. 饲粮色氨酸对 43 – 63 日龄黄羽肉鸡生长胴体品质体成分沉积及下丘脑 5 羟色胺的影响 ［J］. 动物营养学报, 2009, 21（2）：137 – 145.

［53］闫伟, 施寿荣, 杨海明, 等. L – 精氨酸对脂多糖刺激仔鹅生长发育的影响 ［J］. 动物营养学报, 2010, 22（4）：1 071 – 1 075.

［54］杨慧, 林伯全, 张力, 等. L – 精氨酸和乳酸菌对早期断奶仔猪生长性能、血液生化指标和小肠黏膜形态的影响 ［J］. 福建农林大学学报：自然科学版, 2012, 41（4）：514 – 519.

［55］杨慧, 林登峰, 林伯全, 等. 饲粮中添加不同水平 L – 精氨酸对泌乳母猪生产性能、血清氨基酸浓度

和免疫生化指标的影响 [J]. 动物营养学报, 2012, 24 (11): 2 103 - 2 109.

[56] 杨慧, 林登峰, 王恬, 等. 饲粮中添加不同水平 L - 精氨酸对妊娠母猪繁殖性能及血液生化指标的影响 [J]. 动物营养学报, 2012, 24 (10): 2 013 - 2 020.

[57] 姚康, 褚武英, 邓敦, 等. 不同精氨酸添加水平对哺乳仔猪生长性能的影响 [J]. 天然产物研究与开发, 2008, 20 (1): 121 - 124.

[58] 喻兵权, 商振宇, 程鹏, 等. 不同色氨酸水平对生长育成肉鸡生长性能和胴体品质的影响 [J]. 畜禽业, 2007, 10: 10 - 13

[59] 岳斌, 于艺辉. 性控胶囊与精氨酸在奶牛性别控制中的应用试验 [J]. 中国奶牛, 2012 (1): 21 - 22.

[60] 赵宏丽, 孙海洲, 李金霞, 等. 瘤胃保护性精氨酸及 N - 氨甲酰谷氨酸对细毛羊肠道黏膜蛋白质合成率的影响 [J]. 动物营养学报, 2012, 24 (11): 2 141 - 2 147.

[61] 朱伟, 姜威, 李新杰, 等. 精氨酸对夏季旱养肉鸭生长性能和免疫器官的影响 [J]. 粮食与饲料工业, 2013 (1): 49 - 52.

[62] 吴琛, 刘俊锋, 孔祥峰, 等. 饲粮精氨酸与丙氨酸对环江香猪肉质、氨基酸组成及抗氧化功能的影响 [J]. 动物营养学报, 2012, 24 (3): 528 - 533.

有机微量元素添加剂研究进展

刘　宁[1]　孙桂荣[2]

（1. 河南科技大学，洛阳　471000；2. 河南农业大学，郑州　450002）

摘　要：微量元素对动物起着至关重要的作用，有机微量元素添加剂是第三代产品。有机微量元素添加剂的优点体现在化学稳定性好，生物学效价高，能促进动物生产性能和免疫功能，降低饲料配方中微量元素应用水平，减少粪便微量元素排放量和环境污染。本文综述了有机微量元素的分类、生物学特性、吸收机制、应用效果、影响因素及研究进展，为有机微量元素的研究和使用提供参考。

关键词：有机微量元素；生物学特性；吸收机制；研究进展

微量元素铁、铜、锌、锰、钴、碘、硒等虽在动物饲料中含量较少，但却是动物必需的营养性饲料添加剂，对动物的生长、繁殖和健康有重要作用。微量元素添加剂的发展先后经历了无机盐类、有机酸盐类和氨基酸微量元素络合（螯合）物类三个阶段，其中微量元素的无机盐与蛋白质、小肽和氨基酸等有机配位体形成的产物称为有机微量元素，是一种新型有机矿物质元素添加剂，被称为第三代微量元素添加剂。第一代和第二代微量元素的吸收利用率低，浪费严重且对环境造成污染，而第三代产品具有吸收利用率高、稳定性好、生物学效率高和对环境污染小等优点，可以同时补充动物必需的高效微量元素和限制性氨基酸，所以蛋白质、小肽和氨基酸络合（螯合）有机微量元素产品成为畜牧业关注和研究的热点。本文综述了有机微量元素的种类、生物学特性、吸收机制及在动物生产中的应用。

1　有机微量元素的定义及分类

有机微量元素是指由可溶性金属盐中的金属元素离子与有机酸、多糖衍生物、蛋白质、小肽、氨基酸等配位体按一定物质的量比（1～3），通过共价键或离子键结合而形成的络合（螯合）物。根据其组成和结构可分为简单络合物、螯合物、多核络合物等。简单络合物分子中只有一个中心离子与配位体中一个配位原子形成配位键，螯合物的配位体中至少有两个或两个以上的配位原子同时与中心离子成键，形成环状结构。美国饲料管理协会（AAFCO，2001）将有机微量元素定义为5类：（1）金属氨基酸络合物，由可溶性金属盐与一个或几个氨基酸形成的络合产物。是由任何一种矿物质与一种有机物键合而成，结合程度不如金属氨基酸螯合物和金属蛋白盐。（2）金属特定氨基酸络合物，由可溶性金属盐与一种特定氨基酸形成的金属氨基酸络合物，如赖氨酸铜。（3）金属氨基酸螯合物，由可溶性金属盐中的金属离子以 1 mol 金属与 1～3 mol 氨基酸按比例形成共价键，其中水

作者简介：刘宁，博士，教授，主要从事动物营养与饲料科学研究。E－mail：ningliu68@163.com

解氨基酸的平均分子量约为 150 D，所形成的螯合物分子量不超过 800 D。（4）金属多糖络合物，由一种可溶性盐与一种多糖溶液混合形成的产物。（5）金属蛋白盐，由可溶性金属盐与氨基酸和部分水解的蛋白质螯合形成的产物，也有定义为由元素周期表上第一过渡区的元素与氨基酸或短肽形成的一种 pH 稳定的、电中性的开环结构。

我国农业部 2013 年规定的可使用有机微量元素添加剂品种有：蛋氨酸铜、铁、锰、锌络（螯）合物；赖氨酸铜和锌；甘氨酸铜、铁和锌；酵母铜、铁、锰、硒；混合氨基酸铜、铁、锰和锌络合物；蛋白铜、蛋白铁、蛋白锌和锰；羟基蛋氨酸类似物络（螯）合锌、锰、铜；有机铬和苏氨酸锌。

2　有机微量元素的生物学特性

2.1　稳定性好，吸收利用率高

传统的无机微量元素添加剂不稳定，如硫酸铜、硫酸亚铁等易发生氧化还原反应，如二价铁离子在空气、碱性存在时氧化成三价铁，碘化钾在空气和光作用下氧化成碘，氧化镁与硫酸根反应生成硫酸。同时，无机微量元素还易受畜禽体内 pH、脂类、草酸、磷酸和植酸的影响，导致利用率降低，吸收率仅为 2%～10%，大多数随粪便排出体外。有机微量元素中金属离子被封闭在螯合物的螯环内，使其分子内电荷趋于中性，形成了稳定的化学结构，能防止金属离子在消化道内与胃酸作用形成不溶化合物，避免与饲料中植酸、草酸等形成难以吸收的螯合物，受其他无机离子和拮抗物的影响较小，能够阻止不溶性胶体的吸附作用，使金属微量元素顺利到达吸收部位，相对改善了微量元素在机体内的存留和释放作用，而消化吸收和动员利用速度都大大提高。螯合物还可能直接通过细胞膜，以载体的形式促进微量元素的吸收、转运和利用。而一般无机盐和有机盐在被生物体摄入后，必须借助于辅酶的作用成为氨基态物质才能被肠道吸收。

2.2　生物学效价高

生物学效价是指动物利用的营养素占吸收的营养素的比例。无机盐类微量元素被动物机体吸收后，金属离子在血液中与某些蛋白质结合被运输到机体所需部位，才能发生功效。有机微量元素是动物机体吸收金属离子的主要形式，又是体内合成蛋白质过程的中间物质，在机体内溶解性好，容易释放金属离子，不仅吸收快，而且可以减少很多生化过程，节约了体能消耗，因而具有较高的生物学效价。田科雄等（2003）研究表明，以相应的硫酸盐生物学效价为 100%，铜、铁、锌和锰的蛋氨酸羟基类似物的螯合物的生物学效价分别为 191.47%、142.44%、191.74% 和 147.3%。Carlson 等（2004）试验结果表明，250 mg/kg 蛋氨酸锌在提高仔猪生长速度方面同 2000 mg/kg 氧化锌的效果相同。Nengas（2012）报道，水产动物饲喂有机微量元素，由于其较高的生物学效价，不仅可以降低饲粮添加水平，而且还减少了粪便中微量元素的排泄量。

2.3　毒性低、适口性好且对环境污染小

有机微量元素无毒副作用，无刺激性、味香，适口性好，不存在目前普通促生长添加剂在机体中形成阻力、沉积等缺点。而添加无机微量元素不仅因其特殊的气味而影响动物的适口性，而且还会影响胃肠内 pH 值和体内的酸碱平衡。氨基酸螯合物为体内生化反应的正常中间产物，对机体很少产生不良作用，有利于动物采食和胃肠道的消化吸收，其

消化利用率比无机离子的消化利用率高 130% ~280% 。具有环保作用，可以显著减少微量元素排泄量，并且不会对生产性能产生任何不利的影响，是解决过量使用无机盐造成环境污染这一难题的有效办法。

2.4 抗干扰、抗病和抗应激作用

有机微量元素无毒副作用，无刺激性、味香，适口性好，不存在目前普通促生长添加剂在机体中形成阻力、沉积等缺点。而添加无机微量元素不仅因其有特殊的气味而影响动物的适口性，而且还会影响胃肠内 pH 值和体内的酸碱平衡。氨基酸螯合物为体内生化反应的正常中间产物。对机体很少产生不良作用。有利于动物采食和胃肠道的消化吸收。其消化利用率比无机离子的消化利用率高 130% ~280% 。具有环保作用，可以显著减少微量元素排泄量，并且不会对生产性能产生任何不利的影响，是解决过量使用无机盐造成环境污染这一难题的有效办法。有机微量元素与维生素等无配伍禁忌，容易保存，能抵抗干扰，不存在无机微量元素吸收上的竞争作用。还能够提高鸡杀菌能力，改善免疫功能，缓解应激反应。苏荣胜等（2009）在 1 日龄 AA 肉仔鸡基础日粮（饲料铜含量为 11 mg/kg）中分别添加 110mg/kg、220mg/kg、330 mg/kg 蛋氨酸铜，饲喂 60 d 后，不同程度地降低了免疫器官的质量指数，极显著地增加了铜残留量，各免疫器官的病理组织学变化不明显。表明免疫器官中铜含量随着饲粮中铜的添加水平升高而升高，日粮中蛋氨酸铜质量浓度达到 330 mg/kg 不会引起肉鸡免疫器官明显的病理性损伤。Patrick 和 Loder（2011）试验表明，当矿物质以有机形式供给时，较低水平的矿物质就可以维持肉鸡的生产性能。每 10 000 只肉鸡的经济效益可增加 150 欧元。同时粪便中铜、锌和锰的排放量降低了 50% ~70% ，铁降低了 20% ~40% 。

2.5 有机微量元素的吸收机制

有机微量元素的生物学利用率高是因为其吸收利用好，这与其吸收机制有很大关系。目前有机微量元素的吸收机制并不确切，主要认为其是通过氨基酸或肽的吸收机制。

竞争吸收假说认为，键合程度适宜的有机微量元素络合（螯合）进入消化道后，可以避免肠腔中沉淀剂对矿物质元素的沉淀或吸附作用，而直接到达小肠刷状缘，并在吸收位点处发生水解，其中的金属以离子形式进入肠上皮细胞，并吸收入血，因此进入体内的微量元素量增加。Hynes 和 Kelley（1995）指出，这种"保护"程度将受到 pH 值和络合物本身的稳定性的影响。Powell 等（1999）认为，如果配位体大量存在并足够有力地与黏液竞争，金属将促进金属通过黏液层障碍。Aoyagi（1994）在雏鸡饲粮中分别添加蛋氨酸铜、赖氨酸铜和氯化铜，结果表明氨基酸铜络合物和无机盐对吸收抑制剂的反应不同，络合剂可部分减轻半胱氨酸和抗坏血酸对铜吸收的抑制作用。

完整吸收假说认为，微量元素氨基酸络合物能通过氨基酸或肽的吸收途径被完整吸收，被吸收后可将螯合的微量元素直接运输到特定的靶组织和酶系统中，从而发挥生理作用和满足机体需要。Evans（1975）认为，锌必须和胰腺分泌的小分子量蛋白配体（二肽）形成络合物才能被动物吸收。体外和原位研究也表明，当存在大量的半胱氨酸和组氨酸时，它们可与锌生成稳定的络合物，因此可大大增加小肠对锌的吸收和运输（Kirchgessner，1983）。

越来越多的人接受金属氨基酸螯合物和蛋白盐利用肽和氨基酸的吸收机制，此理论的基本概念是金属离子以共价键和离子键与氨基酸的配位体键合，被保护在复合物的核心，

避免了一些理化因子的攻击，金属螯合物从肠黏膜吸收，使得所携带的金属更有效的吸收，金属螯合物以整体的形式穿过黏膜细胞膜、黏膜、细胞和基底细胞膜进入血浆，金属氨基酸螯合物是分子内电荷趋于中性在体内 pH 值环境下溶解度好，吸收率高，易于被小肠粘膜吸收进入血液，供给周身细胞的需要。

3　影响有机微量元素吸收的因素

3.1　有机微量元素产品质量

有机微量元素产品质量是指有机微量元素在产品中所占的比例以及络合物的络合强度或螯合物的螯合强度，是影响有机微量元素作用效果的首要因素，强度越高，生物学效价也越高，相应的效果就好。于昱（2008）研究表明，有机锌的络合强度影响着肉仔鸡小肠对有机锌的吸收，络合强度越强，有机锌的吸收越好。

3.2　添加水平

有关研究表明，有机微量元素添加的水平从 15～5 000 mg/kg 范围不等，导致了在生物学利用率结果上产生较大的变异。在高剂量水平，有机微量元素在不同组织中的代谢与沉淀可能会达到其饱和点，从而使得相应敏感指标对超水平的补充变得不太敏感，即使不同，最终也会显示相同的利用率。

3.3　动物种类

动物种类不同，对有机微量元素利用率反映的敏感性也不同。总体来看，有机微量元素对单胃动物与禽类的作用效果好于反刍动物。另外，与动物的生长阶段也有关，即对幼龄动物比成年动物的作用效果好。

3.4　饲粮类型

饲料中的植酸、纤维素和氨基酸水平影响有机微量元素利用率。

4　有机微量元素在动物生产中的应用

4.1　添加方式

目前，有机微量元素在动物饲料中的添加方式有两种：

①用有机微量元素全部取代饲料中添加的无机微量元素。由于目前有机微量元素成本及售价较高，全部取代会提高饲料及饲养成本，因而限制了其应用，仅适合于在种畜禽及鱼虾等投入产出比较高的饲养品种使用。

②用有机微量元素取代饲料中添加的部分无机微量元素。这种方式既节约成本，又能取得良好的饲喂效果，适用于一般饲养对象及饲料生产企业中，能够发挥两种不同微量元素添加剂的优势。

4.2　在猪上的应用

研究资料表明，日粮中添加有机微量元素，不仅可以降低微量元素水平，降低生产成本，而且对生长猪的生产性能、种猪的繁殖性能、肥育猪的胴体品质以及粪中微量元素排泄量均有显著的改善作用。Creech 等（2004）研究了低水平无机微量元素和有机微量元素对小母猪保育阶段的影响，即对照组日粮铜、锌、铁和锰（均以硫酸盐形式添加）水平分别为 25 mg/kg、150 mg/kg、180 mg/kg 和 60 mg/kg，而无机组和有机组分别为 5 mg/kg、25 mg/kg、25 mg/kg 和 10 mg/kg，其中有机组的微量元素以 50% 金属蛋白盐替代无机盐，结果显示，有机组的饲料报酬显著高于对照组和无机组，血液血红蛋白含量也显著高于无机组，而粪中锌和铜含量显著低于无机组。而当日粮微量元素添加量过量时，其在动物机体各器官的沉积达到最大负荷，有机微量元素的优势不能表现出来，且多余的部分随粪便排出体外，对环境造成极大的污染。Rincke 等（2005）研究发现，日粮添加 2 000 mg/kg 氧化锌与添加等量蛋氨酸锌相比，保育猪的生产性能、锌摄入和排泄、组织残留等均无显著差异。同样，Ma 等（2012）报道，有机微量元素铜、锌、锰和铁对猪的生产性能、屠宰率和肉品质无显著影响。

4.3 在家禽上的应用

家禽饲粮中应用有机微量元素，不仅能显著提高生产性能，提高种蛋的受精率和蛋壳质量，改善肉鸡的胴体性能和肉品质，而且能显著降低微量元素的排泄量，进而减少对环境的污染。Stefanello 等（2014）比较了无机和有机微量元素对 47～62 周龄蛋鸡产蛋性能和蛋壳质量的影响。他们发现，以蛋白盐形式分四个水平（mg/kg）补充锰、锌和铜，即 35、30、5；65、60、10；95、90、15；125、120、20，微量元素来源和水平对蛋鸡采食量、饲料转化率、体重和蛋白哈夫单位没有显著影响；对产蛋率和蛋重有显著的二次效应；随着微量元素水平提高，蛋壳的抗裂强度和蛋壳比例呈显著地线性增加，而蛋失重和蛋壳乳状体数量呈线性显著降低，尤其有机微量元素组蛋失重小、蛋壳厚度大、蛋壳强度高；微观结构分析显示，有机微量元素组蛋壳栅栏层厚度大，而乳状体密度小。

Murphy 等（2012）和 Santos 等（2013）综述了有机微量元素替代无机微量元素在家禽上的应用，建议低水平有机微量元素应用于家禽饲粮，进一步提高微量元素的存留率，降低排泄量，优化饲粮微量元素水平，最佳化动物那些与微量元素密切相关的生产性能。Xiao 等（2013）研究了降低有机微量元素锌、铜和锰水平对肉仔鸡的影响，试验分为两组，N—L 组饲喂方案：1～4 日龄 100% NRC（1994）+ 5～21 日龄 20% NRC；L—L 组：1～4 日龄 20% NRC（1994）+ 5～21 日龄 20% NRC。他们发现，试验结束时 L—L 组肉仔鸡的体增重显著大于 N—L 组，而采食量、料重比和腿骨密度无显著差异。而 Panda 等（2013）研究发现，降低饲粮有机微量元素水平，对肉仔鸡的体重和采食量无显著影响，但是饲料报酬、胫骨灰分以及胫骨钙、磷和微量元素含量显著增加，对血浆谷胱甘肽和铁还原能力没有影响。

4.4 在反刍动物上的应用

微量元素能在细胞水平调控自由基聚合，进而影响抗氧化物与自由基之间的平衡。饲粮中的各种微量元素通过消化过程到达小肠吸收位点，这些离子之间可能存在负面的互作效应，因此会降低它们的吸收率，然而通过与蛋白质或氨基酸螯合，以有机形式提供给动物，可以极大地提高微量元素的生物学效率，充足的微量元素有利于提高动物的免疫功能。Andrieu（2008）研究发现，有机微量元素应用于奶牛，能显著促进奶牛的乳房健康、减少蹄病、提高繁殖性能。Sobhanirad 等（2010）报道，等量蛋氨酸锌替代硫酸锌对奶牛的乳产量有不显著增长趋势，对乳蛋白、乳糖、乳脂肪、非脂固体、总固体和乳密度没有显著影响，但是蛋氨酸锌组乳中体细胞数也有不显著下降趋势，乳中锌含量也无显著差异。

由于有机微量元素成本较高，因此，目前市场上多为有机微量元素部分取代无机微量元素，且呈现出较好的使用效果。Cao 等（2012）报道，泌乳奶牛日粮中应用蛋氨酸铜取代 50% 无机铜，与无机铜组和有机铜组相比，奶牛的产奶量、NDF 和 ADF 表观消化率均具有提高趋势，血液铜浓度的提高达到了显著水平。Ramos 等（2012）报道，放牧荷斯坦小母牛初次泌乳补充有机微量元素，提高了乳脂率，但对泌乳量和其他乳成分没有影响；缩短了配种间隔时间，但是对每胎配种次数和受孕率无影响；减少了母牛的蹄病；对血液中代谢物和激素浓度无影响。Kegley 等（2012）研究发现，小肉牛饲喂氨基酸铜、氨基酸锌、氨基酸锰和葡萄糖酸钴提高了肉牛的体重和饲料报酬，并且减少了抗生素的使用以及缓解运输应激。

5　展望

有机微量元素添加剂部分或全部替代无机微量元素应用于饲料配方中，对动物的生长、繁殖、免疫、抗应激以及产品品质等均具有改善作用，同时由于有机微量元素吸收利用率高，减少了粪便中微量元素的排放量，缓解了畜牧生产对环境的污染。未来发展应体现在开发更多种类的有机微量元素添加剂，尤其是功能性小肽类的有机微量元素，进一步提升有机微量元素的科技含量和应用价值，降低生产成本，加大应用力度。另外，进一步探讨低水平有机微量元素在饲料配方中的应用，紧抓微量元素与动物密切相关的生产性状，最佳化畜牧生产和动物福利。随着畜牧生产的蓬勃发展，动物粪便带来的环境污染日益受到关注，有机微量元素低水平添加量和较高的吸收利用率，将大大减少其在粪便中的排泄量，有利于畜牧生产迈向资源节约型、环境友好型发展模式。

参考文献

［1］苏荣胜，曹华斌，潘家强，等 . 高铜日粮对肉鸡生长性能肾铜残留及肾功能的影响［J］. 中国兽医杂志，2009，45（2）：28 – 29.

［2］田科雄，高凤仙，贺建华，等 . 有机微量元素的生物学利用率研究［J］. 湖南农业大学学报（自然科学版），2003，29（2）：147 – 149 .

［3］于昱，吕林，罗绪刚，等 . 有机锌在肉仔鸡小肠不同部位中的吸收特点［J］. 营养学报，2008，30（2）：148 – 152.

［4］Andrieu S. Is there a role for organic trace element supplements in transition cow health?（Special Issue：Production diseases of the transition cow.）［J］. The Veterinary Journal，2008，176（1）：77 – 83.

［5］Cao Z J，Wang Y M，Wang Y J，Wang F，Li S L，Xin J，Guo F C. Effects of methionine hydroxy copper supplementation on lactation performance，nutrient digestibility，and blood biochemical parameters in lactating cows［J］. Journal of Dairy Science，2012，95（10）：5 813 – 5 820.

［6］Creech B L，Spears J W，Flowers W L，Hill G M，Lloyd K E，Armstrong T A，Engle T E. Effect of dietary trace mineral concentration and source（inorganic vs. chelated）on performance，mineral status，and fecal mineral excretion in pigs from weaning through finishing［J］. Journal of Animal Science，2004，82（7）：2 140 – 2 147.

［7］Kegley E B，Pass M R，Moore J C，Larson C K. Supplemental trace minerals（zinc，copper，manganese，and cobalt）as Availa – 4 or inorganic sources for shipping – stressed beef cattle. The Professional Animal Scientist ［J］. 2012, 28 (3)：313 – 318.

［8］ Ma Y L, Lindemann M D, Cromwell G L, Cox R B, Rentfrow G, Pierce J L. Evaluation of trace mineral source and preharvest deletion of trace minerals from finishing diets for pigs on growth performance, carcass characteristics, and pork quality ［J］. Journal of Animal Science, 2012, 90 (11)：3 833 – 3 841.

［9］ Murphy R A. Choosing the best test for organic trace minerals in poultry feed ［J］. Feed Management, 2012, 63 (1)：22 – 23.

［10］ Nengas L. Microminerals important feed components organic trace elements more effective than inorganic forms ［J］. Global Aquaculture Advocate, 2012, 15 (3)：22 – 24.

［11］ Panda A K, Rao S V R, Prakash B, Kumari K, Raju MVLN. Effect of supplementing different concentrations of organic trace minerals on performance, antioxidant activity, and bone mineralization in Vanaraja chickens developed for free range farming ［J］. Tropical Animal Health and Production, 2013, 45 (6)：1 447 – 1 451.

［12］ Ramos J M, Sosa C, Ruprechter G, Pessina P, Carriquiry M. Effect of organic trace minerals supplementation during early postpartum on milk composition, and metabolic and hormonal profiles in grazing dairy heifers ［J］. Spanish Journal of Agricultural Research, 2012, 10 (3)：681 – 689.

［13］ Rincker M J, Hill G M, Link J E, Meyer A M, Rowntree J E. Effects of dietary zinc and iron supplementation on mineral excretion, body composition, and mineral status of nursery pigs ［J］. Journal of Animal Science, 2005, 83 (12)：2 762 – 2 774.

［14］ Santos Y, Taylor – Pickard J. Modern mineral management in broilers ［J］. International Poultry Production, 2013, 21 (2)：7 – 9.

［15］ Sobhanirad S, Carlson D, Bahari Kashani R. Effect of zinc methionine or zinc sulfate supplementation on milk production and composition of milk in lactating dairy cows ［J］. Biological Trace Element Research, 2010, 136 (1)：48 – 54.

［16］ Stefanello C, Santos T C, Murakami A E, Martins E N, Carneiro T C. Productive performance, eggshell quality, and eggshell ultrastructure of laying hens fed diets supplemented with organic trace minerals ［J］. Poultry Science, 2014, 93 (1)：104 – 113.

［17］ Xiao R, Cantor A H, Pescatore A J, Brennan K M, Graugnard D E, Samuel R S, AoT. Organic trace mineral levels in the first 96 – H post – hatch impact growth performance and intestinal gene expression in broiler chicks ［J］. Biological Trace Element Research, 2013, 156 (1/3)：166 – 174.

有机微量元素添加剂应用技术

M Beckman[1]　F Ji[3]　M Socha[1]　Z Rambo[1]　P Stark[1]　C Rapp[2]　M Rebollo[1]
C Zhang[3] and T Ward[1]

（1. Zinpro Corporation，Eden Prairie，MN，USA；2. Zinpro Animal Nutrition，Inc.，
Boxmeer，Netherlands；3. 金宝（无锡）添加剂科技有限公司，无锡　214105）

摘　要：本文论述了有机微量元素添加剂在客户回报、动物效果、可重复结果、科学研究以及产品品质等方面必须满足的可衡量标准，并综述了证实有机微量元素对各种动物的益处，包括改善生产性能、繁殖性能和免疫功能的方面的研究。

关键词：有机微量元素；化学特性；功效；应用技术

近几年来，有机微量元素产业得到快速发展，不仅体现在全球有机微量元素产品的使用快速增长上，还体现在有机微量元素产品的生产商也如雨后春笋般冒出。现在，在全球市场上有超过 40 个有机微量元素生产商，产品从化学结构上来说也是纷繁复杂。市场上优质有机微量元素产品——金属 – 氨基酸络合物是由一个金属离子与一个氨基酸（按 1 : 1）结合而成。每一类产品都有一定的化学特性，从它们的化学特性上，我们可以对其预期效果有个初步的判断。

1　关键要求

日粮中营养素被动物有效利用的首要条件是该营养素能被消化、溶解和吸收。动物对无机微量元素的吸收和利用效率很低，很大部分无机微量元素在肠腔、在被吸收进入肠道细胞过程中以及在进入肠道细胞后的转运过程中被损失浪费了。譬如，反刍动物瘤胃消化系统仅吸收日粮中铜含量的 1% ~ 5%（NRC Dairy，2001），其部分原因是因为日粮中一些成分如硫和钼会与日粮中无机铜发生互作。硫和钼形成的硫代钼酸盐在肠腔内与铜结合形成不溶性复合物，使得铜不能被动物吸收。

日粮中锌也会与日粮中植酸结合，形成不溶性复合物，导致锌不能被肠道细胞吸收而降低动物对它的利用率。日粮中无机锰的利用率会被日粮铁降低，因为铁和锰均是通过二价金属载体（DMT1）吸收进入肠道细胞，日粮高含量铁会降低 DMT1 活性，同时降低铁和锰的吸收。

微量元素的吸收和利用效率可以通过将微量元素与氨基酸、小肽、糖等配体结合，形成有机微量元素而得到提高。与无机微量元素相比，有效的有机微量元素产品能够让更多的金属被吸收，并提高动物体内微量元素营养储量（Parks and Harmston，1994）。如果金

属—配体复合物是可溶的，而且在消化和吸收过程中能保持完整而不会解离，配体就能降低微量元素在被吸收之前与日粮成分的互作，并促进微量元素高效地吸收转运进入肠道细胞（McDowell，2003）。

对无机微量元素吸收过程的审视，让我们认识到，构造一个高效的有机微量元素有四个关键的要求：①具有高水溶性。②消化过程中能保持完整而不解离。③促进吸收。④动物能产生经济有效的生产性能表现。

2 化学特性

2.1 溶解度

水溶性是高效有机微量元素的关键要素之一。消化过程的作用是将饲料分解变成可溶性成分，以使得这些成分能被吸收。不溶性物质不能被大量吸收，因此会通过消化道而排出体外。有些微量元素在水和酸中的溶解度都很低。无机的氧化物形式微量元素溶解度很低，与其他可溶性无机微量元素或者有机微量元素相比，它的生物学利用率更低。CuO 尤其难溶，因此 CuO 的吸收率被大家公认为是最低的（Baker，1999）。一个优质的有机微量元素应该具有高水溶性，它才能提高金属离子的吸收率。

不同类别的有机微量元素有不同的化学特性，具有不同的溶解度。例如，Guo 和他的合作研究人员（2001）比较了几种市售的不同类别有机铜产品的化学特性（表1）。他们采用铜特异性离子电极测定游离铜离子含量，研究了这些产品在去离子水、2%柠檬酸、0.4%盐酸及柠檬酸氨中铜的溶解度。研究结果表明，不同有机微量元素产品在不同溶液的溶解度差异很大。另有一些资料表明，金属 – MHA 复合物的溶解度也非常低。溶解度是构建高效有机微量元素产品的关键特性之一。

表 1　有机铜产品中铜和氮的溶解性

有机微量元素产品	铜比例（%）		氨比例（%）	
	可溶	不溶	可溶	不溶
赖氨酸铜	99.4[b]	0.6	99.8	0.2
氨基酸铜螯合物	96.0	4.0	45.9	54.1
铜蛋白盐 A	94.8	5.2	16.4	83.6
铜蛋白盐 B	83.3	16.7	61.3	38.7
铜蛋白盐 C	92.2	7.8	51.1	48.9
硫酸铜	99.8	0.2	ND[c]	ND[c]
Cu – EDTA	99.8	0.2	100.0	0.0

注：总可溶和不溶铜和氮用占产品中总铜和氮的比例来表示。a．两份产品样品（2.0 – g）与150 mL去离子水混合，25º C 下震荡培育30 分钟，然后用去离子水定容至 200 mL（Leach and Patton，1997）；b．总可溶铜的比例；c．未检出。

（数据源于 Guo 等，2001）

2.2 稳定性

有机微量元素在消化过程中的稳定性也是一个重要的特性。典型动物日粮中充斥着各种各样的反应性物质，它们会与游离的金属离子结合而降低其吸收率。日粮中拮抗物有植酸、纤维、泥土以及钙、铁等矿物质。优质的有机微量元素产品必须具备很强的联接金属与配体的结合键，以防止微量元素在通过消化系统时发生解离并导致损失。

　　不能因为一个产品被称为有机微量元素就认为它必然具备这些必要的特性，就必然会具有高效性。例如，有些产品被称为是有机金属盐（Organic Metal Salt）。这些有机金属盐产品如丙酸锌或者乙酸锌溶解度很高，但同时也很容易解离（Furia，1972）。有机金属盐与无机的硫酸盐非常类似，一旦溶解就释放出游离的金属离子，然后与拮抗物发生互作。尽管有机金属盐也属于有机微量元素类别，但它们并不能保护金属离子在消化系统内不受拮抗物干扰。

　　将金属原子与蛋白类配体结合的科学技术已经有很多阐述（Williams，1971；Dwyer and Mellor，1964；Bailer，1984）。大多数饲料工业用的有机微量元素产品采用的配体为蛋白、小肽或者单氨基酸。有些产品的配体是这3种配体的混合物。对于金属－氨基酸络合物来说，键接形成于金属与一个氨基酸的羧基端和氨基端。与小肽类配体相比，单氨基酸可以与金属原子形成更强的键接（Williams，1971）。有些有机微量元素产品中配体蛋白质的分子量超过100，000道尔顿（也就是说氨基酸链长度为500～600个氨基酸），因此，这样的产品的有效性值得怀疑。

　　金属原子与羧酸之间形成的键接比与氨基酸形成的键接要弱得多，这可以从比较羧酸盐与氨基酸盐的稳定常数结果上看得出（Furia，1972）。氨基酸盐的稳定常数范围在4～6而羧酸盐的稳定常数范围为1～2。羧酸盐的稳定常数如此之低，我们可以推断在胃内低pH值环境中，它很容易发生解离。因此，MHA这样的羧酸并不是一个好的有机微量元素配体。

　　Guo等（2001）展示了金属与蛋白类配体之间的连接键的基本化学属性。他们先将几种有机微量元素产品溶解于去离子水中，然后测定溶液中可溶的和不可溶的铜和氮的比例（表1）。结果表明，所有有机铜源中大部分铜都可溶。有一个有机微量产品中的铜与氮结合在一起。赖氨酸铜（络合物）与Cu－EDTA中所有氮均可溶，并且与金属的溶解比例一样。有些产品的金属和氮溶解比例不一致，这表明金属与配体发生解离。3个铜蛋白盐中大部分氮不可溶而大部分铜却可溶，这表明这些产品中部分铜并没有与作为配体的小肽或者蛋白结合。尽管研究者没有对这些产品的配体大小进行测定，一个可能的解释是，这3种铜蛋白盐A、B和C含有一部分未与金属原子结合的多肽和蛋白配体。

　　分子结构的稳定性以及通过消化系统时配体和金属间保持强力键接是构建高效有机微量元素的又一个关键属性。

2.3　吸收

　　提高微量元素的吸收是有机微量元素产品必须具备的最关键特性，也是我们在动物饲料中使用有机微量元素产品的原因。为了达到这个目标，有机微量元素的化学结构必须经过特别的设计。大分子量的多肽和蛋白不能通过肠道上皮细胞膜，因此，必须先被水解变成小肽和氨基酸才能被吸收。如果金属与这些大分子多肽和蛋白结合，其去向难以预料。将金属与单氨基酸配体结合可以提高其吸收（Wedekind等，1992；Miles and Ammerman，1989）。另外，配体氨基酸支链长度与微量元素的吸收之间存在着相关性。德国学者给大鼠饲喂不同形式的有机和无机铜，来比较它们的生物学利用率。试验所采用的各处理为不加铜组、硫酸铜组、单氨基酸铜组、二肽铜组或多肽（超过2个氨基酸）铜组，结果显示，采用单氨基酸作为配体的单氨基酸铜组大鼠肝脏铜含量最高（Kirchgessner 等，1967）。单氨基酸配体的有机微量元素对动物的表现更好。

配体的分子大小及配体的来源影响有机微量元素的吸收。肉鸡试验（Ji 等，2006a，b）清楚表明，相对于采用非必需氨基酸和条件必需氨基酸（如甘氨酸）作为配体来说，采用必需氨基酸（如蛋氨酸）作为配体，可以提高微量元素的吸收率。这应该与氨基酸的吸收速度有关，因为很多研究表明，必须在日粮中添加的氨基酸（必需氨基酸）的吸收速度快于那些动物自身能合成的氨基酸（非必需氨基酸）。

2.4 金属含量

金属络合物、金属小肽及金属蛋白盐类的有机微量元素产品由几个成分组成：金属、配体、平衡离子（反应产生的副产物）以及载体。金属络合物采用单氨基酸做为配体，而金属小肽采用分子量稍大的二肽和三肽。金属蛋白盐则采用分子量更大得多的蛋白作为配体。随着配体分子的增大，金属含量必然降低。把金属（元素）的原子量作为分子，除以估计的整个有机微量元素分子的分子量，我们就可以计算出该产品中最大的结合金属的含量。表 2 演示了这种算法：随着氨基酸链的延长，分子量增大，金属含量（百分比）则下降。采用大分子的多肽和蛋白作为配体的有机微量元素中金属的含量低，而采用单氨基酸配体的有机微量元素中金属含量高。产品中的载体会把金属含量进一步稀释到更低。金属蛋白盐中结合的金属含量不可能超过 10%。

表 2　蛋白类有机微量元素产品估计的分子量及最大可能金属含量

有机微量元素	估计的分子量	锌最大含量
单氨基酸锌	292	22.2%
二肽锌	423	15.4%
三肽锌	554	11.7%
四肽锌	685	9.5%
多肽锌（10 个氨基酸）	1471	4.4%

每一类有机微量元素产品所具有的化学特性，给我们提供了预估其性能和功效的判断依据。不同产品的配体类别、配体分子大小以及金属含量差异很大。不同化学结构的产品必须以个案来评估，并且必须采用目标动物来评估。

3　对动物的功效

对有机微量元素产品化学结构和化学性质的了解，有助于我们对它的性能结果做出预期评判，但这些信息不能成为我们做出采购决定的判断依据。验证这些产品是否有效的结论性试验是动物功效试验。不管键接有多强、配体有多小、生物学利用率的改善有多高，如果给动物饲喂有机微量元素产品后没有经济效益产生，那就没有理由使用这个产品。动物的生产性能是决定因素。

科学期刊所发表的文献是关于有机微量元素产品的非常好的信息来源和参考指导。这些发表的试验是基于科学原理来进行的并且经过同行审议的。也有很多综述文章概括了这些期刊上的研究。但很重要的一点是，不能想当然地认为一个有机微量元素产品的试验结果可以推广到所有类别的有机微量元素产品，因为它们具有不同的化学特性，会产生不同的结果。另外，一个产品的试验结果也不能推广到同类别的其他产品上。不同生产商的生产工艺和技术实力是不同的。本文展示的数据表明，同一个类别的不同产品之间是不同的。最好的评估手段是对某个特定产品做动物试验以确定其功效和经济回报。构建一个高效有机微量元素的最终结果就是获得动物生产性能的正向结果。

并非所有有机微量元素产品都是一样的。它们的性能和效果在不同类别产品之间以及甚至同一类别不同产品之间差异很大。不管你是营养师还是采购经理，获取和验证一个有机微量元素产品的化学信息对你做出正确决策有很大帮助。溶解度、稳定性、吸收率和动物表现是构造一个高效的有机微量元素产品的几个关键特性。配体可以决定每个产品的功效。不同化学结构的有机微量元素产品具有不同的化学性质，这意味着它们可能产生不同的性能结果。必须采用动物试验来确定有机微量元素产品在动物生产性能和经济回报上的真实效果。掌握一些基本化学原理是构造和选择高效有机微量元素产品的关键。

4　有机微量元素在奶牛养殖中的应用

4.1　犊牛

微量元素营养对于培育强壮、健康的犊牛很重要。充足的微量元素帮助犊牛降低应激和疾病的挑战，并提高犊牛整体的生长性能。微量元素锌、锰、铜和铁在酶功能和免疫功能方面起重要作用，可以影响生长速度和饲料报酬。用有机微量元素替代无机的锌、锰、铜和铁，可以提高犊牛日增重 0.12kg/d，并提高饲料转化效率（Osorio 等，2008）。还可以看到这些犊牛体高显著提高，体重、体长和髋骨高度在数值上有提高。

降低作为后备母牛的犊牛的呼吸性疾病发生率可以相应地降低首次产犊的年龄（Warnick 等，2005）。给犊牛提供有机微量元素以改善微量元素营养，被证明对犊牛免疫功能有利。例如，锌营养状态会影响到犊牛的体液免疫反应。用有机微量元素代替标准的 ZnO，可以提高犊牛的牛传染性鼻气管炎病毒（IBRV）免疫后的抗体滴度。

4.2　小母牛

肢蹄强健、产奶量高、繁殖性能好、使用年限长的奶牛，来自于优良的后备小母牛营养方案。产后 2 个月内小母牛的蹄趾损伤发生率可以高达 75%。与饲喂无机矿物质的小母牛相比，饲喂有机微量元素氨维乐® 4 的小母牛产后 60 d 蹄趾损伤的发生率和严重程度均降低（Drendel 等，2005）。在这个试验中，有机微量元素缓解了蹄趾损伤对产奶性能的不利影响，减轻了产奶早期患蹄趾损伤的奶牛 305 d 等成熟度产奶量的下降程度。最近的研究观测到有机微量元素中的锌、锰、铜和钴降低小母牛发生趾皮炎的比例。

让小母牛准时受孕是降低后备母牛培育成本的基础，这可以让奶牛饲养者尽早从这些动物上获取投资回报。尽管缺乏饲喂有机微量元素对后备母牛繁殖力的影响的数据，我们观测到给泌乳奶牛饲喂有机微量元素中的锌、锰、铜和钴可以提高它们的繁殖性能（Uchida 等，2001；Ballantine 等，2002；Griffiths 等，2006；Toni 等，2007）。

4.3　干乳/泌乳母牛

随着饲料成本的持续走高，饲料转化效率成为一个越来越重要的评估奶牛利润的生产性能指标。微量元素通过改善健康、提高营养素利用率和提高产奶量来影响饲料转化效率。其中，奶牛的免疫状态发挥非常重要的作用，因为健康的奶牛用于免疫功能的营养损耗更少。当用有机微量元素中的锌来替代无机锌时，饲料转化效率改善了 6.5%（Smith 等，1999）。钴可以提高纤维消化和维生素 B_{12} 合成，从而也可能对饲料转化效率有积极影响。研究表明，奶牛用有机微量元素补充钴 10mg/d 和 20mg/d，饲料能量转化成乳能的效率分别提高 2.56% 和 7.37%（Kincaid 等，2003；Kincaid and Socha，2007）。

给干奶和产奶母牛饲喂有机微量元素可以提高免疫功能和奶产量，并且提高繁殖性能。生产者正在想方设法达到越来越严格的体细胞数（SCC）规定标准，这让他们对添加有机微量元素的利益又有了新的兴趣。通过降低牛奶体细胞数，生产者们获得几方面的经济效益。乳房健康改善及体细胞数降低可能提高奶价及奶产量，提高繁殖性能并降低非自然淘汰数量。一份对 20 个试验的总结汇报指出，泌乳母牛从产前开始直到整个泌乳期饲喂有机微量元素中的锌、锰、铜和钴，奶中体细胞数降低 14.9%。给奶牛饲喂上述的有机微量元素还提高产奶量及能量矫正奶产量各 0.86kg/d，降低产犊至受孕间隔 13 d。进一步观测还显示有机微量元素降低每次受孕所需配种次数，提高产后 150 d 怀孕母牛数量，这证明有机微量元素对奶牛繁殖性能有积极效果。

有机微量元素被用来改善奶牛蹄趾健康。按照推荐量使用有机微量元素被证明可以降低蹄跟糜烂的奶牛比例。

此外，对来自硫酸盐形式和来自有机微量元素的锌、锰、铜和钴的比较数据表明，有机微量元素降低泌乳牛蹄趾损伤的发表率和严重程度降低。

5 有机微量元素在家禽养殖中的应用

5.1 种鸡

给肉种鸡添加有机微量元素能提高可孵化种蛋的数量和质量。试验观测到添加有机微量元素后整个产蛋周期每只入舍母鸡产蛋提高 2~7 枚。添加氨维乐® ZMC（氨维乐® 锌、氨维乐® 锰、氨维乐® 铜）后蛋壳重量和厚度提高，表明蛋壳强度得到改善。与饲喂无机微量元素组相比，饲喂氨维乐® Z/M（氨维乐® 锌、氨维乐® 锰）的肉种鸡生产的鸡蛋和雏鸡明显更大，入孵蛋比例也提高（Khajarern 等，2002）。此外，肉种鸡饲喂有机微量元素后种蛋孵化率在数值上有提高，幅度为 0.7%~5.0%（Kidd 等，1992；Khajarern 等，2002；Favero 等，2013a）。

有机微量元素提高产蛋率的效果，让我们推测它也可能对鸡苗质量有提升效果。研究表明，给肉种鸡饲喂有机微量元素提高了 1 日龄鸡苗的质量，所观测到的有正面效果的鸡苗质量指标包括鸡苗重、个体大小、存活率及免疫反应。研究还发现给种鸡饲喂氨维乐® ZMC 后胚胎和鸡苗的胫骨、股骨钙化度更高（Favero 等，2013b）。

5.2 肉鸡

饲喂有机微量元素的肉鸡一致性地表现出生产性能、免疫、皮肤损伤和脚垫损伤方面得到改善。对 9 个肉鸡试验结果的综合数据表明，饲喂有机微量元素的肉鸡生长速度、饲料转化效率、存活率和胸肉产量均得到提高。与饲喂无机的硫酸盐（锌和锰）肉鸡相比，饲喂氨维乐® Z/M 的混养肉鸡 35 和 43 日龄体重均显著提高，52 日龄体重、矫正饲料转化效率及胸肉重量在数值上有提高。给大上市体重（3.9~4.0 kg）肉鸡饲喂氨维乐® 锌和氨维乐®锰，能提高饲料转化效率 3~4 百分个点。出产更多活鸡、体重更大，意味着出产肉鸡总重量提高、生产效率得到提高、生产者的回报也得到提高。

有效的免疫系统功能对于集约化生产管理系统下饲养的肉鸡来说非常关键。饲喂有机微量元素中的锌和锰的肉鸡，巨噬细胞的肿瘤杀灭活性和体液免疫功能得到提高，这样就降低了肉鸡的死亡率。研究还表明，饲喂有机微量元素形式的锌和锰显著降低肉鸡腹水死亡率。与此相似，进行球虫攻毒后的肉鸡，与饲喂 $ZnSO_4$ 组相比，饲喂氨维乐®锌组体重和饲料转化效率均提高，死亡率、肠道损伤指数均下降。这些肉鸡在 35 日龄撤除抗球虫药，撤药 7 d 和 14 d 后氨维乐®锌组肉鸡肠道损伤指数一直保持较低水平。

皮肤刮伤是蜂窝组织炎及坏疽性皮炎等疾病的主要因素。多个试验表明有机微量元素中的锌和锰降低皮肤损伤的发生率和严重程度。与饲喂无机硫酸锌组肉鸡 42.7% 的皮肤损伤比例相比，饲喂氨维乐®锌肉鸡皮肤损伤比例降低到 9.6%。给肉鸡饲喂有机微量元素，与饲喂标准硫酸盐相比，皮肤损伤指数降低 71%，皮肤撕裂数降低 51%。给肉鸡添加氨维乐®锌降低了蜂窝组织炎的发生率和严重程度，降低了严重损伤的肉鸡比例。皮肤完整性的提高非常关键，有利于提高肉鸡生产的经济效益。

垫料质量差及氨气累积等因素可能损害家禽脚爪的质量。脚垫损伤对肉鸡生产造成损失，因为它会降低采食量和生长速度，增加发病率和死亡率。研究表明有机微量元素提高可销售鸡爪数量 30%。饲喂有机微量元素的 42 日龄雌性肉鸡和 53 日龄混养肉鸡鸡爪损伤显著降低，幅度分别为 25% 和 30%。

5.3　蛋鸡

给蛋鸡饲喂氨维乐®锌和氨维乐®锰对产蛋率有正面影响。采用热应激蛋鸡做的两个试验都观测到产蛋率、蛋重、蛋容重和蛋壳厚度均提高。此外，这两个试验中蛋鸡的料蛋比分别改善了 2.25% 和 1.63%。报告称饲喂氨维乐®锌的蛋鸡入舍母鸡产蛋数多 8 个，不合格蛋比例也下降（Fakler 等，2002）。此外，蛋鸡料添加氨维乐®锌提高了蛋黄中锌含量，并有提高蛋壳强度和体液免疫反应的趋势。

6　有机微量元素在猪养殖中的应用

6.1　母猪、后备母猪和公猪

研究表明以有机微量元素形式饲喂微量元素可以提高母猪、后备母猪和公猪的终生繁殖性能。用有机微量元素来部分替代硫酸盐微量元素，提高母猪哺乳期采食量 8.8%。维持高产母猪的繁殖效率是一个很艰难的挑战，但是，母猪饲喂有机微量元素后我们观测到断奶后返情天数减少 10%，分娩率提高 11%。精液质量是养猪生产中高效繁殖的一个重要方面，微量元素对于优质精子产量和功能有重要影响。公猪料使用有机微量元素的锌、锰和铜能提高精液数量和质量。

母猪怀孕期和泌乳期饲喂有机微量元素对于仔猪有积极影响。事实上，饲喂有机微量元素中锌的母猪所产仔猪仅 3% 需要抗生素治疗，而饲喂无机微量元素的对照组母猪所产仔猪 23% 需要抗生素治疗。给母猪饲喂氨维乐®锌后，观测到仔猪上皮细胞内淋巴细胞、杯状细胞、绒毛高度及绒毛隐窝高度比值显著提高（Caine 等，2001）。小肠发育的这些正面变化可能对小肠的消化和吸收功能产生有利影响，并能降低腹泻的发生。

母猪跛足后会导致采食量下降（尤其是在哺乳期），并降低繁殖性能，最终被过早淘汰出繁殖群。美国的国家动物健康监控系统（National Animal Health Monitoring System）的调查显示，淘汰母猪中有 15% 是直接因为跛足而淘汰，但据估计所有淘汰母猪中跛足母猪占 47%。与饲喂无机微量元素的母猪相比，饲喂氨维乐®（氨维乐® 锌、氨维乐® 锰、氨维乐® 铜）的母猪跛足率显著降低，从 51% 降低至 35%（Anil，2010a）。Anil（2009）报告，母猪饲喂氨维乐® 母猪后后肢损伤和蹄底损伤显著下降（分别降低 15% 和 35%）。母猪料添加氨维乐® 母猪后，与饲喂无机微量元素组相比，产活仔数显著提高（试验组 11.07 头，对照组 10.44 头；Anil 等，2010b）。

6.2 仔猪/保育猪

养猪业界普遍地在仔猪料中添加锌。研究表明以有机微量元素形式添加 250mg/kg 锌一致性地改善仔猪的生长性能。其他研究还观测到有机微量元素中铜和锌在仔猪日粮中的加性效果。有机微量元素中的锌和/或铜提高仔猪生长速度，最终仔猪多增重 1.1 ~ 2.78 kg。

研究表明，使用高剂量无机锌和铜时，可以用利用率更高的有机微量元素来替代无机锌和铜。在一个比较 2 000 mg/kg 源于 ZnO 的锌与 250 mg/kg 源于有机微量元素的锌的试验中，动物生长性能相近。另一个试验比较了 2 000 mg/kg 源于 ZnO 的锌与 250 mg/kg 源于有机微量元素的锌，并采用 $ZnSO_4$ 作为对照组。结果试验末有机微量元素组仔猪重量显著高于对照组，并在数值上高于 ZnO 组。在另一个试验中，饲喂 250 mg/kg 源于有机微量元素的锌的仔猪耗料增重比数值上低于饲喂 2 000 或者 3 000 mg/kg 锌的 ZnO 组（分别为 1.43、1.50 和 1.51）。与饲喂 200 mg/kg（以铜计）$CuSO_4$ 组相比，以氨维乐® 铜形式饲喂 100 mg/kg 铜可以保持相近生长性能，但粪中铜排放量降低（Cook 等，2001）。一份对 7 个保育猪试验的总结报告显示饲喂有机微量元素中铜的保育猪生长速度比饲喂高水平 $CuSO_4$ 的仔猪更快。另一份对 12 个试验研究的总结报告表明饲喂氨维乐® 铜提高日均采食量和日均增重。这 12 个试验中，日均增重比负对照组平均提高 0.05kg，比 $CuSO_4$ 组平均提高 0.03kg。

仔猪缺铁性贫血很可能是因为通过胎盘输送的铁很少，以及/或者母猪奶水中铁含量下降而导致，因此业界普遍在仔猪料中补铁。采用断奶仔猪来进行的比较氨维乐® 铁和饲料级硫酸亚铁的生物学利用率试验中，饲喂氨维乐® 铁的仔猪皮肤红度提高，血液成分得到改善，组织中铁含量提高（Yu 等，1999）。

6.3 生长—肥育猪

在生长肥育猪日粮中使用有机微量元素的关注点在于它能提高猪只增重以及通过改善生理指标来缓解热应激。研究表明，在生长肥育阶段饲喂氨维乐® 锌，与饲喂等量 $ZnSO_4$ 相比，猪只日均增重提高（分别为 0.95kg 和 0.87kg；Patience 等，2011）。热应激对生长肥育猪的不良影响能够被氨维乐®锌显著缓解。有机微量元素的降低肠道通透性和提高肠道强度的作用表明它有利于改善猪的肠道完整性（Pearce 等，2013）。

7 小 结

有机微量元素的高利用率使得生产者可以配置出微量元素含量更低的日粮，并能提高动物的生产性能。研究证明在奶牛、家禽、猪和其他动物上，有机微量元素都有好的效果。各种动物上都可以看到免疫和健康、蹄趾质量、生长和繁殖性能等方面的改善。高效能矿物质改善了动物的生活质量，给动物生产者提供更好的经济回报。

参考文献

[1] Anil S S, J Deen, L Anil, et al. Evaluation of the supplementation of complexed trace minerals on the number of claw lesions in breeding sows [C]. Manipulating Pig Production XII, Australasian Pig Science Association. Cairns, Australia, 2009, November 22 – 25.

[2] Anil S S, J Deen, L Anil, et al. Comparison of the production performance of stall – housed sows receiving complexed trace minerals [C]. Proceedings of the 21st IPVS Congress, Vancouver, Canada, 2010b, July 18 – 21.

[3] Anil S S, J Deen, S K Baidoo, et al. Analysis of the effect of complex trace minerals on the prevalence of lameness and severity of claw lesions in stall – housed sows [J]. J. Anim. Science, 2010a, 88 (E. Suppl. 2): 127.

[4] Bailer J C. Chemistry [M] (Orlando: Academic Press), 1984, 144 – 146.

[5] Baker D H. Cupric oxide should not be used as a copper supplement for either animals or humans [J]. Chelating Agents and Metal Chelates (New York: Academic Press), 1999.

[6] Caine W, M McFall, B Miller, et al. Intestinal development of pigs from sows fed a zinc amino acid complex [C]. Advances in Pork Production, Alberta, Canada, 2001.

[7] Cook D R, M M Ward, T M Fakler. Effect of Availa® Cu level on rate and efficiency of body weight gain in nursery pigs [J]. J. Anim. Science, 2001, 79 (Suppl. 1): 50.

[8] Drendel T R, P C Hoffman, N St Pierre, et al. Effects of feeding zinc, manganese, and copper amino acid complexes and cobalt glucoheptonate to dairy replacement heifers on claw disorders [J]. Prof. Anim. Science, 2005, 21: 217 – 224.

[9] Fakler T M, T L Ward, H J Kuhl. Zinc amino acid complexes (Availa? Zn) improve layer production and eqq quality [J]. Poult. Science, 2002, 81 (Suppl. 1): 120.

[10] Favero A, S L Vieira, C R Angel, et al. Development of bone in chick embryos from Cobb 500 breeder hens ged diets supplemented with zinc, manganese and copper from inorganic and amino acid – complexed sources [J]. Poult. Science, 2013b, 91: 402 – 411.

[11] Favero A, S L Vieira, C R Angel, et al. Reproductive performance of Cobb 500 breeder hens fed diets supplemented with zinc, manganese, and copper from inorganic and amino acid – complexed sources [J]. J. Appl. Poult. Res., 2013a, 22: 80 – 91.

[12] Friedman. Amino Acid Absorption and Utilization [M]. FL.: CRC Press, 1989.

[13] CRC. Handbook of Food Additives [M]. 2nd Edition. FL.: CRC Press, 1972.

[14] Griffiths L M, S H Loeffler, M T Socha, et al. Effects of supplementing complexed zinc, manganese, copper and cobalt on lacation and reproductive performance of intensively grazed lactating dairy cattle on the South island of New Zealand [J]. Anim. Feed Sci. Technology, 2006, 137: 69 – 83.

[15] Guo R, P R Henry, R A Holwerda, et al. Chemical characteristics and relative bioavailability of supplemental organic copper sources for poultry [J]. J. Anim. Science, 2001, 79: 1 132 – 1 141.

[16] Ji F, X G Luo, L Lu, et al. Effect of manganese source on manganese absorption by the intestine of broilers [J]. Poultry Science, 2006a, 85: 1947 – 1952.

[17] Ji F, X G Luo, L Lu, et al. Effects of manganese source and calcium on manganese uptake by in vitro everted

gut sacs of broilers' intestinal segments [J]. Poultry Science, 2006b, 85: 1 217 – 1 225.

[18] Khajarern J, C Ratanas Ethakul, S Khajaren, et al. Effect of zinc and manganese amino acid complexes (Availa® Z/M) on broiler breeder production and immunity [J]. Poult. Science, 2002, 81 (Suppl. 1): 40.

[19] Kidd M, N B Anthony, Z Johnson, et al. Effect of zinc methionine supplementation on the performance of mature broiler breeders [J]. J. Appl. Poult. Res, 1992, 1: 207 – 211.

[20] Kincaid R L, L E Lefebvre, J D Cronrath, et al. Effect of dietary cobalt supplementation on cobalt metabolism and performance of dairy cattle [J]. J. Dairy Science, 2003, 86: 1405 – 1414.

[21] Kincaid R L, M T Socha. Effect of cobalt supplementation during late gestation and early lactation on milk and serum measures [J]. J. Dairy Science, 2007, 90: 1 880 – 1 886.

[22] Kirchgessner M, U Weser, H L Muller, et al. Grazing ruminants require free – choice minerals [J]. Feedstuffs, 1967, 75 (47): 12 – 14.

[23] Miles P H, C B Ammerman. Bioavailability of Manganese from Manganese Methionine for Ruminants [R]. Final Project Report, Univ. Florida, Gainesville, 1989.

[24] National Research Council. Nutrient Requirements of Dairy Cattle [M]. 7th rev. ed. Washington, D. C.: Natl. Acad. Sci, 2001.

[25] Osorio J S, J K Drackley, R L Wallace, et al. Effects of plane of nutrition and bioavailable trace minerals on growth of transported male dairy calves [J]. J. Dairy Science, 2008, 91 (E. Suppl. 1): 562.

[26] Parks F P, K J Harmston. Feed Management [C] 1994, 45 (10): 35.

[27] Patience J F, A Chipman, T L Ward, et al. Impact of zinc source on grow – finish performance, carcass composition and locomotion score [J]. J. Anim. Science, 2011, 89 (Suppl. 1): 66.

[28] Pearce S C, M V Sanz – Fernandez, J Torrison, et al. Effects of zinc amino acid complex on gut integrity and metabolism in acutely heat – stressed pigs [J]. J. Anim. Science, 2013, 91 (Suppl. 1): 48.

[29] Smith M B, H E Amos, M A Froetschel. Influence of ruminally undegraded protein and zinc methionine on milk production, hoof growth and composition, and selected plasma metabolites of high producing dairy cows [J]. Prof. Anim. Science, 1999, 15: 268 – 277.

[30] Toni F, L Grigoletto, C J Rapp, et al. Effect of replacing dietary inorganic forms of zinc, manganese, and copper with complexed sources on lactation and reproductive performance of dairy cows [J]. Prof. Anim. Science, 2007, 23: 409 – 416.

[31] Uchida K, P Mandebvu, C S Ballard, et al. Effect of feeding a combination of zinc, manganese and copper amino acid complexes, and cobalt glucoheptonate on performance of early lactation high producing dairy cows [J]. Animal Feed Science and Technology, 2001, 93: 193 – 203.

[32] Warnick L D, H N Erb, M E White. Lack of association between calf morbidity and subsequent first lactation milk production in 25 New York Holstein herds [J]. Journal of Dairy Science, 1995, 78: 2 819 – 2 830.

[33] Wedekind K J, A E Horton, D H Baker. Methodology for assessing zinc bioavailability: efficacy estimates for zinc – methionine, zinc sulfate and zinc oxide [J]. Journal of Animal Science, 1992, 70: 178.

[34] Williams D R. The Metals of Life [M]. London: Van Nostrand Reinhold Company, 1971.

[35] Yu B, W J Huang, P W S Chiou. Bioavailability of iron from amino acid complex in weaning pigs [J]. 1999.

植物与微生物提取物研究进展

齐珂珂

（浙江省农业科学院畜牧兽医研究所，杭州　310021）

摘　要：植物与微生物提取物作为一种安全、高效、绿色的饲料添加剂，在动物生产中发挥着重要作用。本文对植物与微生物提取物在猪、家禽、反刍动物及水产动物养殖中的应用与研究进展作一综述。

关键词：植物与微生物提取物；应用；研究进展

一、植物提取物研究进展

植物提取物是指以物理、化学和生物学手段（如蒸馏、萃取）分离、纯化植物原料（植物的种子、叶片、根茎等部位）中的某一种或多种有效成分为目的而形成的以生物小分子和高分子为主体的植物产品（易文凯等，2010）。植物提取物中含有丰富而复杂的有机成分，其中多数有机成分具有抗菌、抑菌、抗氧化、双向调节机体免疫功能等生物活性。如抗菌性强的植物提取物中都含有比较高的酚类化合物（香芹酚、百里香酚等），如止痢草、牛至草等；具有抗氧化作用的植物提取物主要包括黄酮类化合物、多酚类化合物、皂苷类、生物碱类、鞣质类等，如薄荷科（如迷迭香、百里香）、姜科、伞形科和草本茄科植物；具有增强动物免疫机能的有五加科、黄芪属和党参属植物提取物。

1　在养猪生产中的应用及研究进展

1.1　仔猪

1.1.1　提高生产性能

植物提取物作为抗生素生长促进剂的替代物添加到饲粮中饲喂仔猪取得了良好的效果，如提高了仔猪的生长速度，降低了料重比。饲粮中添加刺五加多糖能够显著地提高仔猪试验全期的平均日增重，显著地降低试验 $15 \sim 21d$ 时的料重比以及试验全期的腹泻率；显著提高血清中免疫球蛋白 A、G 和 M 含量以及肠道乳酸杆菌和双歧杆菌的数量，显著降低大肠杆菌的数量（杨侃侃等，2013）。刺五加多糖改善仔猪生产性能的作用，与其增强断奶仔猪氨基酸的消化和吸收（Kong 等，2009），以及维持肠道菌群的微生态平衡和肠道形态结构（Fang 等，2009）有关。芦荟多糖可提高断奶仔猪的平均增重和试验结束时的

作者简介：齐珂珂，博士，主要从事动物营养与饲料科学研究。E - mail：nkyqkk@163.com

体重，降低腹泻率（乔家运等，2012）。女贞子提取物能改善仔猪组织和血清的抗氧化能力，提高生产性能，以 0.1% 为最佳添加量（张超等，2012）。银杏叶提取物可显著降低断奶仔猪血清尿素氮和血糖浓度，提高血清碱性磷酸酶活性和生长激素、甲状腺素 T3 水平，进而提高仔猪日增重和饲料转化率（黄其春等，2011）。三颗针提取物能够通过抑制肠道有害菌生长，促进有益菌生长，提高肠道总挥发性脂肪酸的含量，改善仔猪肠道内环境，起到促生长效果（王志祥等，2008）。添加 15 g/kg 的苜蓿皂苷提取物可剂量依赖地增加仔猪血液、肝脏、脾脏和肌肉中 SOD 的活性，肾脏、肌肉和血液中过氧化氢酶（CAT）的活性，降低丙二醛（MDA）的浓度，从而显著提高仔猪的体重、日采食量和饲料转化率（Shi 等，2014）。饮水中添加复方中药制剂（党参、黄芪、茯苓、甘草）可改善仔猪生长性能，增强机体免疫力（李玉等，2011）。

1.1.2　提高免疫力

植物提取物能够增强动物的免疫系统和有效降低疾病的发生率。其中，植物多糖提高机体抗病能力的研究报道较多。刺五加多糖缓解免疫应激断奶仔猪生长抑制与降低其血浆 α–AGP 和 PGE2 含量，提高外周血淋巴细胞数量和血浆 IL–2 含量有关（韩杰等，2013）。红芪多糖能够有效缓解 LPS 所致免疫应激引起的断奶仔猪生长性能下降，可降低血清甘油三酯、总胆固醇、丙二醛含量及碱性磷酸酶活性（宋志学等，2013）。芦荟多糖可通过改善仔猪免疫功能，降低腹泻率来提高生产性能（Qiao 等，2013）。红酒香菇多糖可增强仔猪机体的免疫力，增强其对蓝耳病灭火疫苗的免疫效果（刘金海和张嘉保，2012）。白术多糖能有效缓解仔猪断奶应激，增强机体抵抗力，促进生长（田允波等，2009）。博落回提取物主要有效成分为血根碱与白屈菜红碱，对有害微生物有较好的抑制效果，且具有抗肿瘤活性。博落回提取物能够提高断奶仔猪血清免疫球蛋白 G、一氧化氮含量和溶菌酶活性，显著改善免疫功能，增强断奶仔猪抗病能力，从而改善生长性能，其效果优于土霉素（满意等，2013）。竹叶提取物可改善断奶仔猪的抗氧化能力、免疫功能和脂肪代谢功能（Zhang 等，2013）。黄柏、白术、藿香和石膏的活性成分具有抗氧化功能，有助于缓解仔猪热应激症状（Guo 等，2011）。植物提取物提高动物健康主要通过两条途径，一条是提取物抗菌、抗氧化等性质，在肠道中发挥抑制病原微生物生长的作用，促进微生物生态平衡，保证肠道健康，降低发病几率；另一条是通过提取物的活性成分在肠道中发挥免疫促进剂的作用，增强机体免疫反应。

1.1.3　降低猪舍氨气浓度

樟科植物提取物和丝兰植物提取物作为除臭剂可消除或减少猪场的臭气。断奶仔猪日粮中添加樟科植物提取物能够促进仔猪生长，抑制粪中脲酶活性，减少氨气逸放，最佳使用剂量为 450 mg/kg（潘倩等，2007）。把樟科植物提取物进行微囊化包被后，在仔猪饲料里的添加量可由 450 mg/kg 降至 250～350 mg/kg（周延州，2006）。断奶仔猪饲喂含 125 mg/kg 丝兰提取物的日粮，可以减少保育舍的氨气浓度（Colina 等，2001）。仔猪饲料中添加 90 mg/kg 丝兰属植物提取物拌料，能够降低猪排泄物中氨气的产生量（王建彬和张会萍，2010）。樟科植物提取物和丝兰植物提取物可通过减缓尿素氮分解和可溶性硫化物的产生，从而减少氨和硫化氢的散发；樟科植物提取物效果优于丝兰植物提取物（梁国旗等，2009）。

1.2 肥育猪

中、大猪饲料中添加一定剂量的植物提取物（主要成分为：植物多糖、茶多酚、类黄酮等）在改善猪生产性能方面具有良好的效果，同时可以显著地增强猪机体的抗氧化能力，可以达到或略优于试验所用抗生素类（武进等，2013）。在肥育猪饲粮中添加 0.5% 的植物提取物（杜仲、女贞子、黄芪等），日增重显著提高，料肉比显著降低（李成洪等，2012）。添加含鱼腥草、金银花、陈皮、甘草、板蓝根、黄芪等中草药制剂（张海棠等，2011）或含黄芪、黄芩、白术、杜仲、山楂、神曲和砂仁等中草药制剂（姜卫星等，2011）均具有改善生长猪生产性能和机体免疫功能的作用。在热应激环境下，给生长猪口服藿香、苍术、黄柏和石膏等复合提取物，血清皮质醇和热休克蛋白含量显著降低，表明此复合制剂具有抗热应激的作用（彭晓青等，2011）。

植物提取物还具有改善肉质的作用。饲粮中添加 5 mg/kg 的毛蕊花苷（马鞭草叶子提取物），背最长肌中 α - 生育酚的含量显著增加，脂质氧化水平显著降低，熟肉 4 ℃保存 24 h 腐败味降低，说明该植物提取物在不影响肉质的前提下，使肌肉具有较强的抗氧化能力，提高了肉品质（Rossi 等，2013）。海藻提取物由于富含海带多糖和岩藻依聚糖等抗氧化成分，饲喂 3 周后，对背最长肌的 pH 值、肉色、微生物组成以及食用品质没有显著影响，显著改善了视觉的感官品质，脂质氧化水平显著降低（Moroney 等，2014）。在梅山猪饲料中添加 1.5% 复合中药制剂，显著提高日增重和瘦肉率，显著降低背膘厚和板油率，眼肌面积、屠宰率和胴体重呈上升趋势（杜改梅等，2012）。Biswas 等（2012）4 ℃保存的猪肉分别使用咖喱叶的醇提取和薄荷叶的水提物处理后，可降低肉色中的 L 值和 a 值，增加 b 值；增加 pH 值和 TBARS 值。添加 0.04% 含柑橘类果实、洋葱、根芹菜等植物提取物（主要成分为芳香族类化合物）对肥育猪生产性能无显著影响，但显著降低了肉色亮度和丙二醛含量，显著提高了 SOD 活性（朱碧泉等，2011）。肥育猪饲粮中添加 0.2% 红茶提取物能提高屠宰率、改善猪肉肉色、增加嫩度和肉质风味物质（李勇，2011）。1% 的茶多酚对肥育猪生产性能、胴体性状无显著影响，但可改善猪肉吸水力和嫩度（王建华等，2011）。

1.3 种猪

种公猪日粮中添加一定剂量中草药复方制剂，采精持续时间、精子活力和血液中、促黄体生成素和睾酮含量显著提高，可显著提高种公猪的精液品质（严迪华等，2012）。日粮添加大豆异黄酮 250mg/kg 能促进雄性香猪睾丸和附睾发育，但抑制前列腺和精囊腺发育；500mg/kg 的添加量有效增加了附睾和睾丸中 α - 葡萄糖苷酶含量，促进精子的能量代谢（范觉鑫等，2012）。

植物提取物添加剂可改善母猪的泌乳能力和繁殖能力。母猪日粮中将葛根、三七等提取物，产奶量显著提高，乳汁中的生长激素和催乳素的含量也明显提高（张彩云等，2009）。添加牛至提取物的经产母猪平均日采食量显著提高 10%，母猪分娩率提高，窝产活仔数提高了 0.5 头（Allan 等，2005）。从预产期前 30d 开始，给每头母猪每天添加复方女贞子散（女贞子、枸杞子、菟丝子等组成，主要含中药多糖、黄酮、甙和有机酸等）30 d，仔猪初生重提高 24.04%，40 日龄重提高 18.07%，日增重极显著提高 17.32%，仔猪腹泻次数显著减少（曹国文等，2008）。怀孕后期和哺乳全期的母猪饲料中添加 0.5% 生姜提取物，母、仔猪血液中抗氧化水平、酚类化合物含量和 IgG 的浓度显著增加；初乳中总蛋白水平和多数氨基酸含量显著增加；仔猪初生重显著增加（Lee 等，2013）。

2 在家禽饲养中的应用和研究进展

2.1 提高生产性能

植物提取物中含有抗细菌、抗真菌及抗氧化等有效活性成分可通过改善家禽肠道微生态、饲粮营养物质的利用率和免疫功能，提高其生产性能。如迷迭香提取物或百里香叶子（Lambert 等，2001）、樟科植物提取物（许金新，2004）、止痢草精油（Marcincak 等，2008）、菎草提取物（刘涛等，2011）、紫苏籽提取物（谢君等，2011）、肉桂醛（邱殿锐等，2013；刘洋等，2013）、泡桐花黄酮粗提物（宋扬等，2013）和发酵泽泻（Hossain 和 Yang，2014）等。添加防风、金银花和白屈菜的混合提取物或单独添加白屈菜提取物可显著增加肉鸡平均日增重，单独添加防风提取物可显著提高饲料转化率（Park 等，2014）。混合植物提取物（西洋参、黄芪、甘草、白术、神曲和枸杞水醇法提取）可通过提高饲料利用效率显著改善生长后期肉鸭的生长性能和屠宰性能，且存在剂量效应（刘惠芳和周安国，2008）。日粮中添 150 mg/kg 混合植物提取物（主要含百里香酚、香芹酚、丁香酚、肉桂醛等）可通过减少有害菌群的数量，增加有益菌群的数量，降低肠道 pH 值，改善肠道组织结构，提高消化吸收功能，显著改善肉鸡生产性能及屠宰性能（魏建东，2012）。日粮中添加肉桂、丝兰、一串红、桂花提取物也可以提高肉鸡生产性能，提高肉鸡日增重，降低料重比（周霞等，2012）。

在海赛白壳蛋鸡饲粮中添加 0.04% 槲皮素，可通过提高肠道有益菌双歧杆菌和乳酸杆菌数量，降低肠道有害菌大肠杆菌和总需氧菌数量，进而促进粗蛋白和钙的消化和吸收，最终提高蛋鸡的生产性能（金芳等，2013）。蛋鸡饲料中添加 6% 的桂花草粉可提高蛋鸡的产蛋率和蛋重，降低料肉比和死淘率，对蛋品质无显著影响（吴滴峰等，2012）。在蛋鸡日粮中添加 100 mg/kg 的茶多酚，能显著提高平均蛋重，添加 100~200 mg/kg 茶多酚可延长鸡蛋的保鲜期，显著降低蛋黄中胆固醇和 MDA 含量（张旭等，2011）。在海兰褐壳蛋鸡后期饲料中添加薄荷叶 12 周，可改善产蛋量、蛋重、总产蛋重、采食量、饲料转化率、哈夫单位和血液胆固醇含量（Abdel - Wareth 和 Lohakare，2014）。

2.2 提高畜产品品质

唇形科类植物提取物具有较强的抗氧化活性，如止痢草、牛至草、百里香、迷迭香、丁香和肉桂等。Marcincak 等（2008）给肉鸡饲喂止痢草精油，-21 ℃储存 6~12 个月止痢草组肌肉的丙二醇含量显著降低；储藏后加热处理过程中，添加止痢草可以延迟脂肪的氧化。史东辉等（2013）在饲料中添加止痢草提取物对肉鸡的增重、饲料转化率有改善作用，并能降低肉鸡的死亡率，可显著提高肉鸡的屠体性状，改善肌肉品质。Hu 等（2012）在肉鸡饲粮中添加西兰花茎叶粉可改善肉质，提高了皮肤和腹脂的叶黄素含量，降低了胸肌的滴水损失，提高了胸肌的总抗氧化能力。在黄羽肉鸡日粮中添加 0.1% 的荷叶提取物能够提高肌肉抗氧化能力，改善肌肉品质（王劼等，2011）。紫花苜蓿提取物能够增强肉鸡的抗氧化性能和肉质，不能提高生产性能；而对照组金霉素对生产性能有益，对抗氧化性能和肉质没有显著效果（Dong 等，2011）。添加 0.125% 的五味子提取物可显著提高高脂系肉仔鸡腿肌的脂肪含量和胸肌肌纤维密度，显著降低腿肌的肌纤维直径及胸肌、腿肌剪切力，改善肉质（徐良梅等，2011）。肉鸡日粮添加 0.5% 的发酵泽泻可增加胸肌率，改善脂肪酸组成，增加 EPA 和 DHA 的含量，肌肉氧化稳定性较强（Hossain 和 Yang，2014）。

叶黄素具有较强的抗氧化能力、着色作用、增强免疫作用、抗癌作用。卢建等（2013）在苏禽青壳蛋鸡饲粮中添加 0.2% 的万寿菊提取物，能显著提高鸡蛋哈氏单位和蛋黄颜色，对产蛋性能和蛋黄胆固醇含量无不良影响。安立龙等（2013）研究表明，在长期高温环境中，日粮中添加 120 mg/kg 万寿菊叶黄素 + 200 mg/kg 维生素 C，可有效提高蛋鸡生产性能、改善蛋品质。槲皮素能通过改善蛋鸡内分泌，提高血脂水平来提高蛋黄卵磷脂含量（张琳等，2012），槲皮素也可有效改善蛋鸡产蛋后期的蛋品质（刘莹等，2012）。胡如久（2013）研究表明蛋鸡饲粮中添加 100、200 mg/kg 的葡萄籽提取物可使产蛋率分别提高 4.25%、1.23%；蛋黄胆固醇含量分别降低 12.85%、14.27%。蛋白水平为 14.01%，产蛋豁鹅日粮中苜蓿草粉比例为 20% 时，蛋黄中亚麻酸和总共轭亚油酸含量最高（孙亚波等，2011）。蛋鸡日粮中添加菊粉可以降低鸡蛋中胆固醇含量（Shang 等，2010），添加桑叶粉可显著增加蛋黄颜色、PUFA 含量和 ω－3 系脂肪酸含量（兰翠英等，2011）。发酵的银杏叶可增加鸡蛋的产量，降低血液胆固醇浓度，改善蛋鸡的脂质代谢，降低鸡蛋中 SFA 含量，增加 PUFA 含量（Zhao 等，2013）。

2.3　提高抗病力和抗应激能力

Wang 等（2008）证明日粮中添加连翘提取物可通过缓解肉仔鸡热应激条件下的氧化应激从而改善养分消化率和生长性能。翘提取物和小檗碱作为日粮添加剂都可以通过增强机体免疫力，减少氧化应激，并通过促进高密度饲养条件下肉鸡有益菌群在肠道的定植改善生长性能（Zhang 等，2013）。李东红等（2013）研究证明大蒜素对急性热应激肉鸡糖及蛋白质代谢的影响显著，对肉鸡热应激有一定的缓解作用。车传燕等（2013）也表明，日粮中添加 150 mg/kg 的大蒜素对天长三黄鸡生长发育后期起到较好的抗病促生长作用。胡文举等（2013）证明在肉鸡日粮中同时添加 0.02% 黄连素和 0.2% 黄芪多糖，能够显著提高仔鸡的免疫器官指数和血清免疫球蛋白含量，从而提高肉鸡的抗病能力。肉鸡在口服产气荚膜杆菌的条件下，日粮中添加含百里香和八角茴香的植物精油，可改善生产性能，降低血液总胆固醇含量，阻止小肠和大肠中产气荚膜杆菌和大肠杆菌的增殖（Cho 等，2014）。黑孜然种子的粉末也具有增强肉鸡的免疫功能的作用（Al - Mufarrej，2014；Ghasemi 等，2014）。日粮添加 10% 的印楝或 5% 的青蒿可缓解柔嫩艾美球虫对肉鸡的负面影响（Hady 和 Zaki，2012）。

2.4　降低舍内氨气浓度

在肉鸡饲粮中添加 250～350 mg/kg 樟科植物提取物可以提高肉鸡对氮的利用率，减少体内尿酸、尿素氮、氨态氮的产生；进而减少了排泄物中总氮、尿酸、尿素氮、氨态氮的排出量；且在 12～96 h 时间段减缓了排泄物中氨气的排放，降低氨气对环境的污染（许金新，2004）。在改善饲养环境、降低鸡舍中的氨气浓度方面，肉鸡饲粮中添加一串红、桂花植物提取物可以达到甚至超过樟科、丝兰植物提取物的作用效果（周霞等，2012）。

3　在反刍动物饲养中的应用及研究进展

3.1　提高采食量和饲料消化率

Laswai 等（2007）给一种非洲阉牛饲喂五叶银莲花提取物 10 d，干物质采食量提高了

5.4%，干物质、有机物和中性洗涤纤维的消化率分别显著提高 13.2%、10.8% 和 19.8%。Salema 等（2011）将垂柳和银百合的提取物以 30 mL/d 的剂量添加到羔羊的全混合日粮中 63 d，垂柳组的干物质、有机物和平均日采食量、消化率以及粗蛋白质和粗脂肪的采食量和消化率也显著提高。植物提取物能提高反刍动物的采食量和消化率，可能是因为提取物的添加改善了饲粮的适口性，改变了瘤胃微生物菌群，使得降解粗饲料的微生物数量增多，从而改善了其发酵类型。植物提取物的作用效果与饲粮类型有关。Chaves 等（2005）和 Kruegera 等（2010）将洋蓟素和葫芦巴提取物添加到高精料的荷斯坦奶牛饲粮中，对采食量没有显著影响。Molero 等（2004）将植物精油添加到小母牛的饲粮中，在高粗料饲喂条件下，粗蛋白质的消化率低于对照组。造成采食量变化不显著或消化率下降的原因可能是由于高精料或高粗料的饲喂影响了瘤胃的正常发酵。

3.2 抑制甲烷的生成

植物提取物单宁、植物挥发油和皂苷均具有降低瘤胃甲烷生成的作用。①Carulla 等（2005）分别以三叶草和苜蓿为发酵底物，显示富含缩合单宁的黑荆树提取物使甲烷的生成量较对照组平均下降 13%。Puchala 等（2005）分别用胡枝子和牛毛草代替部分饲粮饲喂安哥拉羊，结果表明胡枝子（含缩合单宁 17.7%）组较牛毛草（含缩合单宁 0.5%）组甲烷生成量极显著降低。单宁降低甲烷产量的可能机制为：一是直接抑制产甲烷菌和原虫的活性；二是单宁与纤维形成复合物，降低了纤维的降解率，从而减少了用于甲烷合成的氢气的产生，间接抑制了甲烷的生成。②植物挥发油也具有降低瘤胃甲烷产量的作用。Bodas 等（2008）筛选的样品中有 35 种提取物使甲烷产量平均降低 15%，其中 6 种富含植物挥发油的提取物降低 25% 以上，对瘤胃发酵的其他指标无显著影响。其作用机制可能是脂类的挥发油通过与细菌的细胞膜相互作用，尤其对革兰氏阳性菌，破坏其细胞结构而影响产甲烷菌和原虫的繁殖，从而减少甲烷的生成。③皂苷能改变瘤胃微生物发酵模式，对瘤胃细菌、产甲烷菌和原虫等有不同的作用。Hu 等（2005）以玉米面和干草粉为发酵底物发酵 24h 后，添加 1%、2%、3% 和 4% 的茶皂苷后甲烷含量分别降低了 13%、22%、25% 和 26%，且原虫数量相应地降低了 19%、25%、45% 和 79%。Mao 等（2010）将茶皂苷以 3 g/d 的剂量添加到 50 日龄的羔羊饲粮中 2 个月，平均日产甲烷量显著降低了 27.7%，原虫数量减少了 41%，但产甲烷菌数量没有变化。推测皂苷的抗原虫作用是减少甲烷生成的一种潜在机制，可能是由于皂苷与原虫细胞膜中的胆固醇结合，改变了原虫细胞膜的通透性，使原虫细胞膜破裂而最终减少瘤胃原虫数量。因产甲烷菌和原虫存在共生关系，原虫数量的减少降低了产甲烷菌赖以生存的底物氢的浓度，间接抑制了甲烷的产生。

3.3 提高过瘤胃蛋白数量

植物提取物可与蛋白质结合形成不易被瘤胃微生物降解的复合物，提高过瘤胃蛋白数量。单宁是一种天然的过瘤胃蛋白保护剂，在瘤胃发酵过程中，pH 值在 5~7 时单宁和蛋白质结合成稳定的复合物，不易被瘤胃微生物降解，当复合物流经真胃（pH 值 2.5）和小肠（pH 值 8~9）时，蛋白质与单宁分离，被胃蛋白酶和胰蛋白酶分解成容易被机体吸收的小分子物质，起到过瘤胃保护的作用（Ellen 等，2008）。张晓庆等（2006）证明随着单宁含量（红豆草）的增加，绵羊瘤胃蛋白质的降解率逐渐降低，当单宁含量为 3.4 g/kg 时，氮存留率提高 40.7%，对氮消化率和瘤胃细菌蛋白质合成无负面影响。植物提取物可增加瘤胃微生物对氨态氮的利用，即提高微生物蛋白质合成效率，从而提高过瘤胃蛋白数量。Alexander 等（2008）将辣木籽（皂苷含量 40.9 g/kg DM）以 2 mg/mL 添加到白三叶底物中进行发酵 24h 后，氨态氮浓度降低了 13.6%，微生物蛋白质合成量提高了 44%。Abarghuei 等（2013）证明给荷斯坦奶牛饲料中每天每头添加 800 mL 的石榴皮提取物可降低总的原虫数量和氨氮浓度，增加微生物蛋白含量，进而增加牛奶的产量和品质。

3.4　调控瘤胃发酵模式

乙酸/丙酸值在一定程度上反映了瘤胃发酵类型，常被用于饲粮的比较和相对营养价值的评定，在生产实践中也常作为调节精粗料饲喂比例的参考。植物提取物的添加可降低乙酸/丙酸值，提高丁酸的含量，可以在一定程度上维持反刍动物葡萄糖代谢平衡，特别是高粗料饲粮，可以缓解葡萄糖合成不足而导致的一些问题（Castillejos 等，2007）。Holt-shausen 等（2009）研究证明随着丝兰皂苷和皂树皂苷体外添加水平（15、30、45 g/kg）的提高，增加了甲烷浓度和丙酸比例，降低了氨氮、乙酸及乙酸/丙酸，然而两种皂苷对体内试验的瘤胃发酵和甲烷产生量无影响。Alexander 等（2008）将辣木籽（皂苷含量 40.9 g/kg DM）以 2 mg/mL 添加到白三叶底物中进行发酵 24 h 后，乙酸产量降低了 14%，丙酸产量无显著变化。Devant 等（2007）给高精料饲喂的荷斯坦公牛饲喂适量的洋蓟、刺五加和葫芦巴混合物的提取物，显著提高了瘤胃丙酸的比例。Zhou 等（2011）将茶皂苷以 3 g/d 添加到湖羊饲粮中，丙酸含量显著增加，乙酸/丙酸值降低，产甲烷菌数量也显著降低。植物提取物对瘤胃挥发性脂肪酸的调控不仅和提取物的种类有关，还和瘤胃内环境及提取物添加量有着密切的联系。Spanghero 等（2008）证明挥发油主要在酸性环境（高精料）中对瘤胃发酵的挥发性脂肪酸组成产生影响。

3.5　改善畜产品品质

植物提取物作为一种天然的添加剂，已被广泛用于改善畜产品品质。Rituparna 等（2012）证明添加 1.5% 和 2.0% 的椰菜粉提取物可使羔羊肉 pH 值降低的速度、硫代巴比妥酸反应物含量显著降低。Gema 等（2010）试验证明母羊饲粮中添加百里香叶提取物可使羔羊肉颜色变暗的时间延长，脂肪的氧化和有害菌的数量显著降低，获得较好的感官品质。植物提取物发挥其抗氧化作用与其含的酚类物质有关，酚类物质可能通过在油脂氧化的不同阶段，减少脂肪氧化第一步产生过氧化物基团的氢供体-羟基基团，从而终止油脂氧化链反应过程中的某个环节。Rana 等（2012）给羔羊饲喂富含多酚的诃子提取物（3.18 g/kg 体重）后，背最长肌的 MUFA 和 PUFA 含量分别增加 25% 和 35%，SFA 降低 20%，且由于 Δ^9 脱氢酶活性增加 47% 使 CLA 含量增加了 58.73%。在贮存销售条件下，植物提取物也具有改善肉品质的作用。Sancho 等（2012）在新生羔羊饲粮中添加 600 mg/kg 的迷迭香提取物，2 月龄屠宰，经 21 d 储存后，硫代巴比妥酸反应物显著降低，嗜寒性细菌总数显著降低。

4　在水产养殖中的应用及研究进展

4.1　增进食欲、促进生长

多项研究表明，添加不同种类的植物提取物或其混合物可增进养殖鱼类的食欲、促进生长、提高增重。大蒜可增加罗非鱼的生长速度和饲料转化率（Shalaby 等，2006；

Jegede，2012）。10mg/kg 的罗勒提取物可增加鲤鱼的增重（Pavaraj 等，2011）。1% 或 2% 的白桦茸提取物可显著增加褐石斑鱼的增重（Harikrishnan 等，2012a）。0. 25 或 0. 5 g/kg 的紫锥菊可显著增加虹鳟鱼的末重（Oskoii 等，2012）。1% 的守宫木乙醇提取物可显著增加斜带石斑鱼的食欲、生长和饲料转化率（Putra 等，2013）。牙鲆日粮中添加比例为 2：2：1：1 的六神曲、山楂、臭蒿和川芎混合物，其增重显著高于对照组（Ji 等，2007）。石斑鱼日粮中添加狗牙草、荜茇、珍珠草和生姜的混合甲醇提取物，其体重比对照组增加 41%（Punitha 等，2008）。此外，植物提取物还可以通过改善养分的消化率和利用率，进而提高饲料的转化率和蛋白质的合成（Citarasu，2010；Nya 和 Austin，2009；Talpur 等，2013）。

4.2 提高免疫功能

植物提取物对养殖鱼类的免疫增强作用成为近十年来的研究热点（Vaseeharan 和 Thaya，2014）。给不同种类的鱼口服或腹腔内注射植物提取物均可提高其免疫功能，表现为增加溶菌酶活性、吞噬活性、补体活性、吞噬细胞的氧化杀菌能力以及血液球蛋白、白蛋白含量（Dügenci 等，2003；Yuan 等，2007；Wu 等，2010）；提高鱼类的健康水平，显著增加血液红细胞、淋巴细胞、单核细胞和血红蛋白的比例（Shalaby 等，2006；Harikrishnan 等，2012a）；从而提高水产养殖业感染疾病后鱼类的存活率，Park 和 Choi（2012）给尼罗罗非鱼饲料中添加槲寄生 80 d，可显著增强其免疫功能（溶菌酶活性、吞噬细胞的氧化杀菌能力、补体活性等），在嗜水气单胞菌感染后，比对照组的存活率增加 42%。饲喂含猴头菇的饲料后，褐牙鲆感染 *Philasterides dicentrarchi* 的死亡率从 90% 降至 30% ~45%（Harikrishnan 等，2011）。Kim 和 Lee（2008）认为饲料中添加深海褐藻可增强褐牙鲆的非特异免疫功能，是由于深海褐藻含有多酚，且具有较强的抗氧化能力。目前关于植物提取物提高养殖鱼类免疫功能的具体机制尚不清楚。

4.3 抗病

4.3.1 抗菌活性

植物提取物在水产养殖中的体外抗菌特性研究报道较多，且有较好的效果。Castro 等（2008）发现了 31 种巴西植物的甲醇提取物具有抑制多种鱼类病原菌的活性；Wei 和 Musa（2008）检测证明大蒜提取物对 2 种革兰氏阳性菌、4 种革兰氏阴性菌和 18 种爱德华氏菌均具有抑菌活性。此外，近期的一些研究报道表明藻类也具有抑菌活性（Alghazeer 等，2013；Mendes 等，2013；Al－Saif 等，2014）。例如，Dubber 和 Harder（2008）证明三叉仙菜的甲醇提取物和褐藻的己烷提取物对 16 种不同种类的海洋细菌和鱼类病原菌均具有很强的抗菌活性。芦笋藻的乙醇提取物对 9 种鱼类病原菌具有广谱抗菌活性，尤其是对溶藻弧菌、创伤弧菌和杀鲑气单胞菌抗菌能力较强（Genovese 等，2012）。

植物提取物的抑菌活性在鱼类饲养上的研究多为感染病原菌后对其死亡率的影响报道。饲料中添加 0.2% 的土牛膝或 0.5% 的睡茄可使南亚野鲮感染嗜水气单胞菌后的死亡率分别降低 41% 和 49%（Vasudeva Rao 等，2006；Sharma 等，2010）。罗非鱼腹腔内注射 400 mg/kg 的 *Solanum rilobatum* 茄子水提物或 8 mg/kg 的香椿水提物可使其感染嗜水气单胞菌后的死亡率分别降低 27 % 和 57 %（Divyagnaneswari 等，2007；Wu 等，2010）。Harikrishnan 等（2012a）给感染哈氏弧菌的褐带石斑鱼饲喂含 1% 或 2% 的白桦茸乙醇提取物 30 d 后，其死亡率降低，分别为 20% 和 15%。Divyagnaneswari 等（2007）证明一次

注射高剂量的 *Solanum rilobatum* 茄子水提物（400 mg/kg）对病菌感染的保护效果最好，而低剂量的 *Solanum rilobatum* 茄子水提物（4 mg/kg）注射 2 次，可使罗非鱼的死亡率最低（16.7%）。

4.3.2　驱虫效果

单殖吸虫中的指环虫、三代虫和新贝尼登虫种属等寄生虫在养殖鱼类中感染面广，造成巨大的经济损失，迄今没有有效的解决办法。近期植物提取物的驱虫效果研究报道较多。在饲养金鱼的水中，添加柴胡的甲醇提取物、肉桂的水和甲醇提取物、乌药的甲醇提取物、金钱松的甲醇和乙酸乙酯提取物，其对指环虫的抑制率达 100%（Wu 等，2011；Ji 等，2012）。Tu 等（2013）研究了印度白檀的几种提取物对金鱼感染中型指环虫和雅致三代虫的作用效果，结果证明氯仿提取物效果最佳、最安全。Hutson 等（2012）研究发现金目鲈感染新贝尼登虫的感染率，饲喂芦笋藻（51%）、石莼藻（54%）提取物组比对照组（71%）降低；此外，饲喂芦笋藻提取物可抑制新贝尼登虫的胚胎发育，使其孵化率从对照组的 99% 降至 3%。Militz 等（2013a，b）发现饲喂大蒜提取物的尖吻鲈可使感染新本尼登虫的感染率降低 70%。

4.3.3　其他抗病活性

关于植物提取物在水产养殖中的抗病毒、抗真菌和抗原虫活性研究报道较少。Balasubramanian 等（2007，2008a，b）研究发现饲喂狗牙草的水提物后，斑节对虾感染白斑综合征病毒的死亡率为 0（对照组为 100%），且无白斑症状。Hu 等（2013）研究发现作为中药使用的 10 种植物具有很强的抗水霉和异丝绵霉的活性，其中，蛇床子、厚朴和木香石油醚提取物的抗真菌活性最强。Harikrishnan 等（2012b）证明饲喂含碱蓬提取物的饲料可使褐牙鲆感染纤毛贪食迈阿密虫的死亡率从 80% 降至 40%。

此外，虽然天然植物提取物在水产养殖中的应用成为近期的研究热点，但极少有人研究长期添加植物提取物对鱼类生理机能的影响。一些报道表明有些植物提取物在水产饲料中若添加剂量不合适会具有毒性作用（Sambasivam 等，2003；Ekanem 等，2007；Kavitha 等，2012）。所以，今后植物提取物产品在水产养殖中的应用需要对其进行进一步的规范和标准化。规范化的提取程序需要鉴定生活活性分子，确定应用程序，并根据不同类型的病菌确定使用剂量及治疗周期。

二、微生物提取物

酵母是一类单细胞微生物，属于真菌类。中华人民共和国农业部公告（第 2038 号）公布《饲料添加剂品种目录（2013）》，将酿酒酵母培养物、酿酒酵母提取物、酵母水解物及酿酒酵母细胞壁 4 个品种补充至《饲料原料目录》。

酵母细胞壁（yeast cell wall，YCW）是将啤酒酵母提取内容物后，经过音波震碎，多次清洗过滤，并在高温和酸、碱处理后离心分离提取，且在特定的温度和压强下进行喷雾干燥而得。YCW 占整个细胞干重的 20%～30%，其主要成分有：β - 葡聚糖、甘露寡糖、糖蛋白和几丁质。YCW 及其成分不仅能促进动物胃肠道中有益微生物的增殖和吸附病原菌，而且能通过提高动物机体先天性或获得性免疫及增强疫苗效价等途径来改善动物的生长性能（Kogan 等，2007；Ryan 等，2012）。酵母细胞壁多糖对肠道病原菌有很好的吸附能力，可维持肠道微生态平衡，其对沙门氏菌（60 种）和大肠杆菌（20 种）的体外吸附率分别高达 91.66% 和 90.00%（聂琴，2014）；同时酵母细胞壁还能发挥免疫增强剂的作用，提高血清总蛋白和球蛋白含量，血清特异性新城疫抗体水平（李春松等，2013）。母猪妊娠期和哺乳期饲粮中添加 YCW 能显著降低母猪死胎数和宫内生长迟缓仔猪发生率，这可能与 YCW 改善母猪胎儿胎盘先天性免疫力有关；同时，妊娠期和哺乳期饲粮中添加 YCW 还能通过改善母猪乳成分，提高哺乳期仔猪生长性能（骆光波等，2014）。家禽上的研究也发现，饲粮中添加 YCW 能有效促进肉鸡早期肠黏膜生长，提高肉鸡体增重和饲料报酬（Santin 等，2001），且能改善肉鸡免疫器官发育（Morales－Lopez 等，2009），并降低肉鸡大肠杆菌和沙门氏菌数量，缓解球虫感染后的炎症反应（Shanmugasundaram 等，2013）。此外，酵母细胞壁多糖和硅铝酸盐复合物作为常用的霉菌毒素吸附剂，具有提高动物生产性能和机体免疫的功能（张勇等，2012；温子瑜等，2013）。

酵母水解物是酵母细胞的水解产物，可通过自溶（细胞内的自溶酶）或外加酶水解得到。酵母水解物含有大量的氨基酸、小肽、丰富的 B 族维生素、谷胱甘肽及核苷酸类物质。水产饲料中使用酵母水解物部分替代鱼粉的报道较多。鲤鱼饲料中使用酒精酵母降低50% 鱼粉的使用量对肝功能和肠道结构没有影响且表现出最好的饵料系数（Omar 等，2012）。对虾饲料中酵母水解物的使用可提高饲料干物质和粗蛋白表观消化率，增加对虾消化酶活性，降低 30% 鱼粉用量是可行的（王武刚，2012）。10% 酵母水解物替代80% 鱼粉对斑点叉尾鮰生长性能、感染爱德华氏菌后存活率无影响（Peterson 等，2012）。仔猪饲料中添加 2g/kg 的水解酵母可激活仔猪的免疫系统，提高抗病力；连续添加 28 d 可提高饲料转化率（Molist 等，2014）。

目前，酵母类生物饲料发展迅速，但相关行业与国家标准缺乏或版本老化。由于缺乏标准的规范与制约，酵母类生物饲料在市场存在虚构或炒作现象，亟须相关行业标准颁布加以规范。

参考文献

[1] 易文凯，黄兴国，江志钢，等. 植物提取物的特性及其在仔猪生产中的应用 [J]. 动物营养学报，2010，22（6）：1 501－1 508.

[2] 杨侃侃，边连全，刘显军，等. 刺五加多糖对断奶仔猪生长性能、血清免疫指标及粪便微生物菌群的影响 [J]. 动物营养学报，2013，25（3）：628－634.

[3] Kong X F, Yin F G, He Q H, et al. Acanthopanax senticosus extract as a dietary additive enhances the apparent ileal digestibility of amino acids in weaned piglets [J]. Livestock Science, 2009, 123: 261－267.

[4] Fang J, Yan F Y, Kong X F, et al. Dietary supplementation with Acanthopanax senticosus extract enhances gut health in weaning piglets [J]. Livestock Science, 2009, 123: 268－275.

[5] 乔家运，李海花，王文杰. 芦荟多糖对断奶仔猪生长性能的影响 [J]. 饲料研究，2012，9：29－30.

[6] 张超，单安山，刘天阳，等. 女贞子提取物对断奶仔猪生长性能、抗氧化功能及血清生化指标的影响 [J]. 中国饲料，2012，7：16－19.

[7] 黄其春，郑新添，钟升平，等. 银杏叶提取物对断奶仔猪生长性能、血清生化指标和激素水平的影响 [J]. 西北农林科技大学（自然科学版），2011，39（8）：51－55.

[8] 王志祥，王自恒，刘岭，等. 三颗针提取物对仔猪生长及肠道菌群和挥发性脂肪酸的影响 [J]. 西北

农林科技大学学报（自然科学版），2008，36（6）：34－38.

［9］Shi Y H, Wang J, Guo R, et al. Effects of alfalfa saponin extract on growth performance and some antioxidant indices of weaned piglets［J］. Livestock Science, 2014, 167：257－262.

［10］李玉，陈亮，孟庆娟，等. 复方中药制剂对仔猪生长性能及免疫机能的影响［J］. 中国畜牧兽医，2011，39（3）：280－282.

［11］韩杰，边连全，张一然，等. 刺五加多糖对脂多糖免疫应激断奶仔猪生长性能和血液生理生化指标的影响［J］. 动物营养学报，2013，25（5）：1 054－1 061.

［12］宋志学，杜天玺，孙红国，等. 红芪粗多糖对免疫应激断奶仔猪生长性能、血清生化指标和抗氧化能力的影响［J］. 动物营养学报，2013，25（5）：1 062－1 068.

［13］Qiao J, Li H H, Zheng C J, et al. Dietary supplementation with Aloe vera polysaccharide enhances the growth performance and immune function of weaned piglets［J］. Journal of Animal and Feed Sciences, 2013, 22：329－334.

［14］刘金海，张嘉保. 红酒香菇多糖对断奶仔猪免疫机能和生长性状的影响［J］. 黑龙江畜牧兽医，2012，8：63－64.

［15］田允波，周家荣，李绮华，等. 白术多糖对仔猪生长性能和血清生化参数的影响［J］. 中国畜牧杂志，2009，45（9）：45－48.

［16］满意，张春勇，李美荃，等. 博落回提取物对早期断奶仔猪生长性能和血清免疫参数的影响［J］. 动物营养学报，2013，25（1）：126－132.

［17］Zhang J, Wang J, Zhang L, et al. The effects of bamboo leaf extract on growth performance, antioxidant traits, immune function and lipid metabolism of weaning piglets［J］. Journal of Animal and Feed Sciences, 2013, 22（3）：238－246.

［18］Guo K J, Xu S F, Yin P, et al. Active components of common traditional Chinese medicine decoctions have antioxidant functions［J］. Journal of Animal Sciences, 2011, 89（10）：3 107－3 115.

［19］潘倩，洪奇华，杨彩梅，等. 樟科植物提取物对断奶仔猪粪尿氮排放的影响［J］. 浙江大学学报（农业与生命科学版），2007，33（6）：656－662.

［20］周延州. 微囊化对樟科提取物脲酶抑制活力及仔猪应用效果的影响［D］. 杭州：浙江大学，2006.

［21］Colina J J, Lewis A J, Miller P S, et al. Dietary manipulation to reduce aerial ammonia concentrations in nursery pig facilities［J］. Journal of Animal Science, 2001, 79（12）：3 096－3 103.

［22］王建彬，张会萍. 丝兰属植物提取物降低猪舍氨气浓度的试验［J］. 猪业科学，2010，8：72－75.

［23］梁国旗，王旭平，王现盟，等. 樟科、丝兰属植物提取物对仔猪排泄物中氨和硫化氢散发的影响［J］. 中国畜牧杂志，2009，45（13）：22－26.

［24］武进，石蕊，贺喜，等. 复合植物提取物对生长育肥猪生长性能的影响［J］. 饲料工业.2013，（8）：12－15.

［25］李成洪，王孝友，杨睿，等. 植物提取物饲料添加剂对生长猪生产性能的影响［J］. 饲料工业，2012，33（17）：14－16.

［26］张海棠，王顺来，王自良，等. 中草药替代抗生素对肥育猪生产性能和免疫功能的影响［J］. 贵州农业科学，2011，39（7）：137－139.

［27］姜卫星，袁文军，李伟，等. 中草药添加剂对肥育猪生长性能和免疫功能的影响［J］. 中国畜牧兽医，2011，38（5）：15－19.

［28］彭晓青，刘凤华，颜培实. 中草药复合制剂对热应激条件下猪生产性能和血液生化指标的影响［J］. 畜牧与兽医.2011，43（6）：22－27.

［29］Rossi R, Pastorelli G, Cannata S, et al. Effect of long term dietary supplementation with plant extract on carcass characteristics meat quality and oxidative stability in pork［J］. Meat Science, 2013, 95：542－548.

［30］ Moroney N C，O'Grady M N，Robertson R C，*et al*. Influence of level and duration of feeding polysaccharide （*laminarin and fucoidan*）extracts from brown seaweed （Laminaria digitata）on quality indices of fresh pork ［J］. Meat Science，doi：10. 1016/j. meatsci. 2014. 08. 016.

［31］ 朱碧泉，曹璐，车炼强，等. 植物提取物对肥育猪生长性能、胴体性状、猪肉品质及抗氧化能力的影响［J］. 中国饲料，2011，14：15 – 18.

［32］ 李勇. 红茶提取物对猪肉品质及生化指标的影响［J］. 中国饲料，2011，6：22 – 24.

［33］ 王建华，戈新，张宝珣，等. 茶多酚复合添加剂对肉猪肥育性能、胴体性状和肌肉品质的影响［J］. 畜牧和兽医，2011，43（1）：46 – 48.

［34］ 杜改梅，张玉红，蒋加进，等. 中草药复方剂对猪生长性能和胴体品质的影响［J］. 金陵科技学院学报，2012，28（1）：84 – 87.

［35］ Biswasr A K，Chatli M K，Sahoo J. Antioxidant potential of curry （*Murraya koenigii L.*）and mint （*Mentha spicata*）leaf extracts and their effect on colour and oxidative stability of raw ground pork meat during refrigeration storage ［J］. Food Chemistry，2012，133，467 – 472.

［36］ 严迪华，常争艳，李锐，等. 中草药复方制剂对公猪精液品质和生殖激素的影响［J］. 经济动物学报，2012，16（4）：218 – 225.

［37］ 范觉鑫，张彬，袁晓雪，等. 大豆异黄酮对雄性香猪生殖器官发育及组织生化指标的影响［J］. 浙江大学学报，2012，38（4）：477 – 484.

［38］ 张彩云，高天增，李忠建，等. 酶解中草药对母猪泌乳性能和激素水平的影响［J］. 粮食与饲料工业，2009，10：34 – 35.

［39］ Allan P，Bilkei G. Oregano improves reproductive performance of sows ［J］. Theriogenology，2005，63（3）：716 – 721.

［40］ 曹国文，张邑凡，陈春林，等. "复方女贞子散"对繁殖母猪生产性能与哺乳仔猪生长性能的影响［J］. 饲料工业，2008，29（10）：4 – 5.

［41］ Lee S D，Kim J H，Jung H J，*et al*. The effect of ginger extracts on the antioxidant capacity and IgG concentrations in the colostrums and plasma of neo – born piglets and sows ［J］. Livestock Science，2013，154：117 – 122.

［42］ Lambert R J W，Skandamis P N，Cootel P J，*et al*. Nychas A study of the minimum inhibitory concentration and mode of action of oregano essential oil，thymol and carvacr ol ［J］. Journal of Applied Microbiology，2001，91：453 – 462.

［43］ 许金新. 饲料源樟科植物提取物对肉鸡氮代谢及排泄物氨逸失的影响［D］. 杭州：浙江大学，2004.

［44］ Marcincak S，Cabada J R，Popelka P，*et al*. Antioxidative effect of oregano supplemented to broilers on oxidatve stability of poultry meet ［J］. Slovenian Veterinary Research，2008，45（2）：61 – 66.

［45］ 刘涛，刘来亭，张勇，等. 葎草提取物对 AA 肉鸡生长性能、屠宰性状和肉品质的影响［J］. 中国饲料，2011，12：27 – 30.

［46］ 谢君，潘存霞，范中胜. 紫苏籽提取物在肉仔鸡日粮中使用效果研究［J］. 饲料工业，2011，32（5）：10 – 12.

［47］ 邱殿锐，郭建军，刘洋，等. 肉桂醛对肉鸡生产性能及营养物质消化率的影响［J］. 中国家禽，2013，35（7）：27 – 30.

［48］ 刘洋，臧素敏，李同洲，等. 肉桂醛对肉鸡肠道菌群、肠道结构及营养物质消化率的影响［J］. 中国畜牧杂志，2013，49（13）：65 – 68.

［49］ 宋扬，毛薇，王亚锴，等. 泡桐花活性物质对肉鸡生长性能、屠宰性能及肉品质的影响［J］. 饲料工业，2013，34（15）：14 – 17.

［50］ Hossain M E，Yang C J. Effect of fermented water plantain on growth performance，meat composition，oxidative stability, and fatty acid composition of broiler [J]. Livestock Science, 2014, 162: 168 – 177.

[51] Park J H, Kang S N, Chu G M, et al. Growth performance, blood cell profiles, and meat quality properties of broilers fed with *Saposhnikovi adivaricata*, *Lonicera japonica*, and *Chelidonium majus* extracts [J]. Livestock Science, 2014, 165: 87 – 94.

[52] 刘惠芳, 周安国. 天然植物提取物对肉鸭生长性能和屠宰性能的影响 [J]. 天然产物研究与开发, 2008, 20: 491 – 496.

[53] 魏建东. 天然植物提取物对肉鸡生产性能、代谢性能和肠道健康影响的研究 [D]. 泰安: 山东农业大学. 2012.

[54] 周霞, 张海滨, 周明东, 等. 4 种植物提取物对肉鸡氨气散发、生长性能及血液生化指标的影响 [J]. 中国兽医学报, 2012, 32 (5): 793 – 797, 804.

[55] 金芳, 李立, 刘红南, 等. 槲皮素对 39 周龄蛋鸡生产性能的影响 [J]. 中国兽医杂志, 2013, 49 (5): 62 – 65.

[56] 吴滴峰, 周汉林, 荣光, 等. 柱花草粉对蛋鸡生产性能及蛋品质的影响 [J]. 家畜生态学报, 2012, 33 (3): 33 – 36.

[57] 张旭, 蒋桂韬, 王向荣, 等. 茶多酚对蛋鸡生产性能、蛋品质和蛋黄胆固醇含量的影响 [J]. 动物营养学报, 2011, 23 (5): 869 – 874.

[58] Abdel – Wareth A A A, Lohakare J D. Effect of dietary supplementation of peppermint on performance, egg quality, and serum metabolic profile of Hy – Line Brown hens during the late laying period [J]. Animal Feed Science and Technology, http: //dx. doi. org/10. 1016/j. anifeedsci. 2014. 07. 007.

[59] Marcincak S, Cabada J R, Popelka P, et al. Antioxidative effect of oregano supplemented to broilers on oxidatve stability of poultry meet [J]. Slovenian Veterinary Research, 2008, 45 (2): 61 – 66.

[60] 史东辉, 陈俊锋, 王佳丽. 唇形科植物提取物对肉鸡生长性能、屠宰性能和肉品质的影响研究 [J]. 中国家禽, 2013, 35 (16): 33 – 37.

[61] Hu C H, Wang D G, Pan H Y, et al. Effects of broccoli stem and leaf meal on broiler performance, skin pigmentation, antioxidant function, and meat quality [J]. Poultry Science, 2012, 91: 2 229 – 2 234.

[62] 王劼, 陈俊鹏, 陈鹏, 等. 日粮添加荷叶提取物对黄羽肉鸡抗氧化功能及肌肉品质的影响 [J]. 中国畜牧兽医, 2011, 38 (2): 17 – 20.

[63] Dong X F, Gao W W, Su J L, et al. Effects of dietary polysavone (Alfalfa extract) and chlortetracycline supplementation on antioxidation and meat quality in broiler chichens [J]. British Poultry Science, 2011, 52 (3): 302 – 309.

[64] 徐良梅, 陈志辉, 李忠玉, 等. 五味子提取物对高脂系肉仔鸡肉质的影响 [J]. 中国饲料, 2011, 2: 21 – 23.

[65] Hossain M E, Yang C J. Effect of fermented water plantain on growth performance, meat composition, oxidative stability, and fatty acid composition of broiler [J]. Livestock Science, 2014, 162: 168 – 177.

[66] 卢建, 王克华, 曲亮, 等. 万寿菊提取物对苏禽青壳蛋鸡产蛋性能、蛋品质和蛋黄胆固醇含量的影响 [J]. 动物营养学报, 2013, 25 (9): 2067 – 2071.

[67] 安立龙, 唐攀喜, 蔡燕婷, 等. 叶黄素和维生素 C 对高温环境中蛋鸡生产性能及蛋品质的影响 [J]. 家畜生态学报, 2013, 34 (5): 25 – 31.

[68] 张琳, 李垚, 刘红南, 等. 槲皮素对蛋黄卵磷脂含量的影响 [J]. 中国饲料, 2012, 19: 25 – 27.

[69] 刘莹, 李垚, 索艳丽, 等. 槲皮素对蛋鸡产蛋后期蛋品质的影响 [J]. 中国饲料, 2012, 16: 17 – 20.

[70] 胡如久, 王影, 王潇, 等. 葡萄籽提取物对蛋鸡生产性能和蛋黄胆固醇含量的影响 [J]. 动物营养学报, 2013, 25 (9): 2 074 – 2 081.

[71] 孙亚波, 革边, 孙宝成, 等. 苜蓿草粉比例对鹚鹅蛋黄不饱和脂肪酸含量的影响 [J]. 饲料工业,

2011, 32 (21): 56 - 59.

[72] Shang H M, HU T M, LU Y J, et al. Effects of inulin on performance, egg quality, gut microflora and serum and yolk cholesterol in laying hens [J]. British Poultry Science, 2010, 51 (6): 791 - 796.

[73] 兰翠英, 董国忠, 黄先智. 桑叶粉对蛋鸡生产性能和蛋品质的影响 [J]. 中国饲料, 2011, 19: 40 - 44.

[74] Zhao L G, Zhang X H, Cao F L, et al. Effect of dietary supplementation with fermented Ginkgo - leaves on performance, egg quality, lipid metabolism and egg - yolk fatty acids composition in laying hens [J]. Livestock Science, 2013, 155: 77 - 85.

[75] Wang L, Piao X L, Kim S W, et al. Effects of Forsythia suspense extract on growth performance, nutrient digestibility, and antioxidant activities in broiler chickens under high ambient temperature [J]. Poultry Science, 2008, 87 (6): 1 287 - 1 294.

[76] Zhang H Y, Piao X S, Zhang Q, et al. The effects of Forsythia suspensa extract and berberine on growth performance, immunity, antioxidant activities, and intestinal microbiota in broilers under high stocking density [J]. Poultry Science, 2013, 92: 1 981 - 1 988.

[77] 李东红, 赵三元, 宋金祥, 等. 大蒜素对急性热应激肉鸡物质代谢的影响 [J]. 河南农业科学, 2013, 42 (7): 118 - 120.

[78] 车传燕, 宋海青, 蔡治华. 大蒜素对天长三黄鸡部分血液生化指标的影响 [J]. 安徽科技学院学报, 2013, 27 (3): 11 - 14.

[79] 胡文举, 宋艳画, 吴伶俐. 黄连素与黄芪多糖对 AA 肉鸡生长性能及免疫功能的影响 [J]. 江苏农业科学, 2013, 41 (4): 197 - 199.

[80] Cho J H, Kim H J, Kim I H. Effects of phytogenic feed additive on growth performance, digestibility, blood metabolites, intestinal microbiota, meat color and relative organ weight after oral challenge with Clostridium perfringens in broilers [J]. Livestock Science, 2014, 160: 82 - 88.

[81] Al - MufarreJ SI. Immune - responsiveness and performance of broiler chickens fed black cumin (Nigella Sativa L.) powder [J]. Journal of the Saudi Society of Agricultural Sciences, 2014, 13: 75 - 80.

[82] Ghasemi H A, Kasani N, Taherouur K. Effects of black cumin seed (Nigella sativa L.), aprobiotic, a prebiotic and a symbiotic on growth performance, immune response and blood characteristics of male broilers [J]. Livestock Science, 2014, 164: 128 - 134.

[83] Hady M M, Zaki M M. Efficacy of some herbal feed additives on performance and control of cecal coccidiosis in broilers [J]. APCBEE Procedia, 2012, 4: 163 - 168.

[84] Laswai G H, Mtamakaya J D, Kimambo A E, et al. Dry matter intake, in vivo nutrient digestibility and concentration of minerals in the blood and urine of steers fed rice straw treated with wood ash extract [J]. Animal Feed Science and Technology, 2007, 137: 25 - 34.

[85] Salema Z M, Olivares M, Lopez S, et al. Effect of natural extracts of Salix babylonica and Leucaena leucocephala on nutrient digestibility and growth performance of lambs [J]. Animal Feed Science and Technology, 2011, 170: 27 - 34.

[86] Chaves A V, Stanford K, Gibson L L, et al. Effects of carvacrol and cinnamaldehyde on intake, rumen fermentation, growth performance, and carcass characteristics of growing lambs [J]. Animal Feed Science and Technology, 2005, 145: 396 - 408.

[87] Kruegera W K, Min B R, Pinchak W E, et al. Effects of dietary tannin source on performance, feed efficiency, ruminal fermentation, and carcass and noncarcass traits in steers fed a high - grain diet [J]. Animal Feed Science and Technology, 2010, 159: 1 - 9.

[88] Molero R, Ibars M, Calsamiglia S, et al. Effects of aspecific blend of essential oil compounds on dry matter

and crude protein degradability in heifers fed diets with different forage to concentrate ratios [J]. Animal Feed Science and Technology, 2004, 114: 91 – 104.

[89] Carulla J E, Kreuzer M, Hess H D, et al. Supplementation of Acacia mearnsii tannins decreases methanogenesis and urinary nitrogen in foraged – fed sheep [J]. Australian Journal of Agriculture Research, 2005, 56 (9): 961 – 970.

[90] Puchala R, Min B R, Goetsch A L, et al. The effect of a condensed tannin – containing forage on methane emission by goats [J]. Journal of Animal Science, 2005, 83 (1): 182 – 186.

[91] Bodas R, Lopez S, Fernandez M, et al. In vitro screening of the potential of numerous plant species as antimethanogenic feed additives for ruminants [J]. Animal Feed Science and Technology, 2008, 145: 245 – 258.

[92] Hu W L, Liu J X, Ye J A, et al. Effect of tea saponin on rumen fermentation in vitro [J]. Animal Feed Science and Technology, 2005, 120: 333 – 339.

[93] Mao H L, Wang J K, Zhou Y Y, et al. Effects of addition of tea saponins and soybean oil on methane production, fermentation and microbial population in the rumen of growing lambs [J]. Livestock Science, 2010, 129: 56 – 62.

[94] Ellen M H, Selje – Assmann N, Becker K. Dose studies on anti – proteolytic effects of a methanol extract from Knautia arvensis on in vitro ruminal fermentation [J]. Animal Feed Science and Technology, 2008, 145: 285 – 301.

[95] 张晓庆, 郝正里, 李发弟. 植物单宁对反刍动物养分利用的影 [J]. 饲料工业, 2006 (13): 44 – 46.

[96] Alexander G, Singh B, Sahoo A, et al. In vitro screening of plant extracts to enhance the efficiency of utilization of energy and nitrogen in ruminant diets [J]. Animal Feed Science and Technology, 2008, 145: 229 – 244.

[97] Abarghuei M J, Rouzbehan Y, Salem A Z M, et al. Nutrient digestion, ruminal fermentation and performance of dairy cows fed pomegranate peel extract [J]. Livestock Science, 2013, 157: 452 – 461.

[98] Castillejos S, Busquet M, Cardozo P W, et al. Invited review: essential oils as modifiers of rumen microbial fermentation [J]. Journal of Dairy Science, 2007, 90 (6): 2 580 – 2 595.

[99] Holtshausen L, Chaves A V, Beauchemin K A, et al. Feeding saponin – containing Yucca schidigera and Quillaja saponaria to decrease enteric methane production in dairy cows [J]. Journal of dairy science, 2009, 92 (6): 2 809 – 2 821.

[100] Devant M, Anglada A, Bach A, et al. Effects of plant extract supplementation on rumen fermentation and metabolism in young Holstein bulls consuming high levels of concentrate [J]. Animal Feed Science and Technology, 2007, 137: 46 – 57.

[101] Zhou Y Y, Mao H L, Jiang F, et al. Inhibition of rumen methanogenesis by tea saponins with reference to fermentation pattern and microbial communities in Hu sheep [J]. Animal Feed Science and Technology, 2011, 166: 93 – 100.

[102] Spanghero M, Zanfi C, Fabbro E, et al. Effects of a blend of essential oils on some end products of in vitro rumen fermentation [J]. Animal Feed Science and Technology, 2008, 145: 364 – 374.

[103] Rituparna B, Verma A K, Das A K, et al. Antioxidant effects of broccoli powder extract in goat meat nuggets [J]. Meat Science, 2012, 91 (2): 179 – 184.

[104] Gema N, Pedro D, Sancho B, et al. Effect on lamb meat quality of including thyme (Thymus zygisssp. gracilis) leaves in ewes' diet [J]. Meat Science, 2010, 85 (1): 82 – 88.

[105] Rana M S, Tyagi A, Hossain S A, et al. Effect of tanniniferous Terminalia chebula extract on rumen biohydrogenation, Δ^9 – desaturase activity, CIA content and fatty acid composition in longissimus dorsi muscle

of kids [J]. Meat Science, 2012, 90 (3): 558 – 563.

[106] Sancho B, Lorena M, Elisabet A. Effects of dietary rosemary extract on lamb spoilage under retail display conditions [J]. Meat Science, 2012, 90 (3): 579 – 583.

[107] Shalaby A M, Khattba Y A, Abdel Rahman A M. Effects of garlic (*Allium sativum*) and chloramphenicol on growth performance, physiological parameters and survival of Nile tilapia (*Oreochromis niloticus*) [J]. Journal of Venomous Animals and Toxins including Tropical Diseases, 2006, 12: 172 – 201.

[108] Jegede T. Effect of garlic (*Allium sativum*) on growth, nutrient utilization, resistance and survival of *Tilapia zillii* (Gervais 1852) fingerlings [J]. Journal of Agricultural Science, 2012, 4: 269 – 274.

[109] Pavaraj M, Balasubrammanian V, Baskaran S, Ramasamy P. Development of immunity by extract of medicinal plant *Ocimum sanctum* on common carp *Cyprinus carpio* (L.) [J]. Research Journal of Immunology, 2011, 4: 12 – 18.

[110] Harikrishnan R, Balasundaram C, Heo M S. Effect of *Inonotus obliquus* enriched diet on hematology, immune response, and disease protection in kelp grouper, *Epinephelus bruneus* against *Vibrio harveyi* [J]. Aquaculture, 2012a, 344 – 349: 48 – 53.

[111] Oskoii S B, Kohyani A T, Parseh A, Salati A P, Sadeghi E. Effects of dietary administration of *Echinacea purpurea* on growth indices and biochemical and hematological indices in rainbowtrout (*Oncorhynchus mykiss*) fingerlings [J]. Fish Physiology and Biochemistry, 2012, 38: 1 029 – 1 034.

[112] Putra A, Santoso U, Lee M C, Nan F H. Effects of dietary katuk leaf extract on growth performance, feeding behavior and water quality of grouper *Epinephelus coioides* [J]. Aceh International Journal of Science and Technology, 2013, 2: 17 – 25.

[113] Ji S C, Jeong GS, Gwang – Soon I, *et al*. Dietary medicinal herbs improve growth performance, fatty acid utilization, and stress recovery of Japanese flounder [J]. Fisheries Science, 2007, 73: 70 – 76.

[114] Punitha S M J, Babu M M, Sivaram V, *et al*. Immunostimulating influence of herbal biomedicines on nonspecific immunity in Grouper Epinephelus tauvina juvenile against *Vibrio harveyi* infection [J]. Aquaculture International, 2008, 16: 511 – 523.

[115] Citarasu T. Herbal biomedicines: a new opportunity for aquaculture industry [J]. Aquaculture International, 2010, 18: 403 – 414.

[116] Nya E J, Austin B. Use of garlic, *Allium sativum*, to control *Aeromonas hydrophila* infection in rainbow trout, *Oncorhynchus mykiss* (Walbaum) [J]. Journal of Fish Diseases, 2009, 32: 963 – 970.

[117] Talpur A D, Ikhwanuddin M, Ambok Bolong A M. Nutritional effects of ginger (*Zingiber officinale Roscoe*) on immune response of Asian sea bass, *Lates calcarifer* (Bloch) and disease resistance against *Vibrio harveyi* [J]. Aquaculture, 2013, 400 – 401: 46 – 52.

[118] Vaseeharan B, Thaya R. Medicinal plant derivatives as immunostimulants: an alternative to chemotherapeutics and antibiotics in aquaculture [J]. Aquaculture International, 2014, 22 (3): 1 079 – 1 091.

[119] Dügenci S K, Arda N, Candan A. Some medicinal plants as immunostimulant for fish [J]. Journal of Ethnopharmacology, 2003, 88: 99 – 106.

[120] Yuan C, Li D, Chen W, *et al*. Administration of a herbal immunoregulation mixture enhances some immune parameters in carp (*Cyprinus carpio*) [J]. Fish Physiology and Biochemistry, 2007, 33: 93 – 101.

[121] Wu C C, Liu C H, Chang Y P, *et al*. Effects of hot – water extract of *Toona sinensis* on immune response and resistance to *Aeromonas hydrophila* in *Oreochromis mossambicus* [J]. Fish and Shellfish Immunology, 2010 29, 258 – 263.

[122] Park K H, Choi S H. The effect of mistletoe, Viscum album coloratum, extract on innate immune response of Nile tilapia (*Oreochromis niloticus*) [J]. Fish and Shellfish Immunology, 2012, 32: 1 016 – 1 021.

[123] Harikrishnan R, Kim J S, Kim M C, et al. *Hericium erinaceum* enriched diets enhance the immune response in *Paralichthys olivaceus* and protect from *Philasterides dicentrarchi* infection [J]. Aquaculture, 2011, 318: 48 – 53.

[124] Kim S S, Lee K J. Effects of dietary kelp (*Ecklonia cava*) on growth and innate immunity in juvenile olive flounder *Paralichthys olivaceus* (Temminck and Schlegel) [J]. Aquaculture Research, 2008, 39: 1 687 – 1 690.

[125] Castro S B R, Leal C A G, Freire F R, et al. Antibacterial activity of plant extracts from Brazil against fish pathogenic bacteria [J]. Brazilian Journal of Microbiology, 2008, 39: 756 – 760.

[126] Wei L, Musa N. Inhibition of *Edwardsiella tarda* and other fish pathogens by *Allium sativum* L. (Alliaceae) extract [J]. American – Europe Journal of Agriculture Environment Science, 2008, 3: 692 – 696.

[127] Alghazeer R, Whida F, Abduelrhman E, et al. *In vitro* antibacterial activity of alkaloid extracts from green, red and brown macroalgae from western coast of Libya [J]. African Journal of Biotechnology, 2013, 12: 7 086 – 7 091.

[128] Al – Saif S S A, Abdel – Raouf N, El – Wazanani H A, et al. Antibacterial substances from marine algae isolated from Jeddah coast of Red Sea, Saudi Arabia [J]. Saudi Journal of Biological Science, 2014, 21: 57 – 64.

[129] Mendes M, Pereira r, Sousa – Pinto I, et al. Antimicrobial activity and lipid profile of seaweed extracts from the North Portuguese Coast [J]. International Food Research Journal, 2013, 20: 3 337 – 3 345.

[130] Dubber D, Harder T. Extracts of *Ceramium rubrum*, *Mastocarpus stellatus* and *Laminaria digitata* inhibit growth of marine fish pathogenic bacteria at ecologically realistic concentrations [J]. Aquaculture, 2008, 274: 196 – 200.

[131] Genovese G, Faggio C, Gugliandolo C, et al. *In vitro* evaluation of antibacterial activity of *Asparagopsis taxiformis* from the Straits of Messina against pathogens relevant in aquaculture [J]. Marine Environmental Research, 2012, 73: 1 – 6.

[132] Sharma A, Deo A D, Tandel Riteshkumar S, et al. Effect of *Withania somnifera* (L. Dunal) root as a feed additive on immunological parameters and disease resistance to *Aeromonas hydrophila* in *Labeo rohita* (Hamilton) fingerlings [J]. Fish and Shellfish Immunology, 2010, 29: 508 – 512.

[133] Vasudeva Rao Y, Das B K, Jyotyrmayee P, et al. Effect of *Achyranthes aspera* on the immunity and survival of *Labeo rohita* infected with *Aeromonas hydrophila* [J]. Fish and Shellfish Immunology, 2006, 20: 263 – 273.

[134] Divyagnaneswari M, Christybapita D, Michael R D. Enhancement of nonspecific immunity and disease resistance in *Oreochromis mossambicus* by *Solanum trilobatum* leaf fractions [J]. Fish & Shellfish Immunology, 2007, 23: 249 – 259.

[135] Wu Z F, Zhu B, Wang Y, et al. *In vivo* evaluation of anthelmintic potential of medicinal plant extracts against *Dactylogyrus intermedius* (Monogenea) in goldfish (*Carassius auratus*) [J]. Parasitology Research, 2011, 108: 1 557 – 1 563.

[136] Ji J, Lu C, Kang Y, et al. Screening of 42 medicinal plants for *in vivo* anthelmintic activity against *Dactylogyrus intermedius* (Monogenea) in goldfish (*Carassius auratus*) [J]. Parasitology Research, 2012, 111: 97 – 104.

[137] Tu X, Ling F, Huang A, et al. Anthelmintic efficacy of *Santalum album* (Santalaceae) against monogenean infections in goldfish [J]. Parasitology Research, 2013, 112: 2 839 – 2 845.

[138] Hutson K S, Mata L, Paul N A, et al. Seaweed extracts as a natural control against the monogenean ectoparasite, Neobenedenia sp. , infecting farmed barramundi (*Lates calcarifer*) [J]. International Journal for

Parasitology, 2012, 42: 1 135 - 1 141.

[139] Militz T A, Southgate P C, Carton A G, et al. Efficacy of garlic (*Allium sativum*) extract applied as a therapeutic immersion treatment for *Neobenedenia* sp. management in aquaculture [J]. Journal of Fish Diseases, 2013a, 1: 1 - 11.

[140] Militz T A, Southgate P C, Carton A G, et al. Dietary supplementation of garlic (*Allium sativum*) to prevent monogenean infection in aquaculture [J]. Aquaculture, 2013b, 408 - 409: 95 - 99.

[141] Balasubramanian G, Sarathi M, Kumar S R, et al. Screening the antiviral activity of Indian medicinal plants against white spot syndrome virus in shrimp [J]. Aquaculture, 2007, 263: 15 - 19.

[142] Balasubramanian G, Sarathi M, Venkatesan C, et al. Oral administration of antiviral plant extract of *Cynodon dactylon* on a large scale production against white spot syndrome virus (WSSV) in *Penaeus monodon* [J]. Aquaculture, 2008a, 279: 2 - 5.

[143] Balasubramanian G, Sarathi M, Venkatesan C, et al. Studies on the immunomodulatory effect of extract of *Cynodon dactylon* in shrimp, *Penaeus monodon*, and its efficacy to protect the shrimp from white spot syndrome virus (WSSV) [J]. Fish and Shellfish Immunology, 2008b, 25: 820 - 828.

[144] Hu X G, Liu L, Chi C, et al. *In Vitro* Screening of Chinese Medicinal Plants for Antifungal Activity against *Saprolegnia* sp and *Achlya klebsiana* [J]. North American Journal of Aquaculture, 2013, 75 (4): 468 - 473.

[145] Harikrishnan R, Kim J S, Kim M C, et al. Effect of dietary supplementation with *Suaeda maritima* on blood physiology, innate immune response, and disease resistance in olive flounder against *Miamiensis avidus* [J]. Experimental Parasitology, 2012b, 131: 195 - 203.

[146] Ekanem A P, Ekpo I A, Morah F, et al. Acute toxicity of ethanol extracts from two ichthyotoxic plants *Adenia cissampeloides* (Passifloraceae) and *Blighia sapida* (Sapindaceae) to one week old *Heterobranchus longifilis* juveniles [J]. Nigerian Journal of Botany, 2007, 20: 157 - 161.

[147] Kavitha C, Ramesh M, Kumaran S S, et al. Toxicity of *Moringa oleifera* seed extract on some hematological and biochemical profiles in a freshwater fish, *Cyprinus carpio* [J]. Experimental and Toxicologic Pathology, 2012, 64: 681 - 687.

[148] Sambasivam S, Karpagam G, Chandran R, et al. Toxicity of leaf extract of yellow oleander *Thevetia nerifolia* on tilapia [J]. Journal of Environmental Biology, 2003, 24: 201 - 204.

[149] Kogan G, Koche R A. Role of yeast cell wall poly - saccharides in pig nutrition and health protection [J]. Livestock Science, 2007, 109 (1): 161 - 165.

[150] Ryan M T, Collins C B, O' Doherty J V, et al. Effects of dietary beta - glucans supplementation on cytokine expression in porcine liver [J]. Journal of Animal Science, 2012, 90 (Suppl. 4): 40 - 42.

[151] 聂琴. 酵母源生物饲料在饲料中的应用 [J]. 养殖与饲料, 2014, 4: 42 - 44.

[152] 李春松, 戴晋军, 李彪, 等. 日粮中添加禽免疫增强剂对肉鸡免疫功能的影响 [J]. 饲料研究, 2013, 2: 28 - 30.

[153] 骆光波, 苏国旗, 胡亮, 等. 饲粮中添加酵母细胞壁对母猪繁殖性能、乳成分和免疫指标的影响 [J]. 动物营养学报, 2014, 26 (5): 1 353 - 1 361.

[154] Santin E, Maiorka A, Macari M, et al. Performance and intestinal mucosa development of broiler chickens fed diets containing saccharomyces cerevisiae cell wall [J]. The Journal of Applied Poultry Research, 2001, 10: 236 - 244.

[155] Morales - lopez R, Auclair E, Garcia F, et al. Use of yeast cell walls; beta - 1, 3/1, 6 - glucans; and mannoproteins in broiler chicken diets [J]. Poultry Science, 2009, 88 (3): 601 - 607.

[156] Shanmugasundaram R, Sifri M, Selvaraj R K. Effect of yeast cell product (CitriStim) supplementation on

broiler performance and intestinal immune cell parameters during an experimental coccidial infection [J]. Poultry Science, 2013, 92: 358 – 363.

[157] 张勇, 郑丽莉, 朱宇旌, 等. 酵母细胞壁多糖与铝硅酸盐复合物对猪生长性能、免疫指标及养分消化率的影响 [J]. 动物营养学报, 2012, 24 (9): 1 799 – 1 804.

[158] 温子瑜, 郑萍, 张克英, 等. 黄曲霉毒素污染的玉米及吸附剂对樱桃谷肉鸭生产性能、血清生化指标及器官指数的影响 [J]. 中国畜牧杂志, 2013, 49 (3): 49 – 55.

[159] Omar S S, Merrifield D L, Kuhlwein H, et al. Biofuel derived yeast protein concentrate (YPC) as a novel feed ingredient in carp diets [J]. Aquaculture, 2012, 330: 54 – 62.

[160] 王武刚. 酵母提取物替代鱼粉在凡纳滨对虾饲料中的应用研究 [D]. 上海: 上海海洋大学, 2012.

[161] Peterson B C, Boooth N J, Manning B B. Replacement of fish meal in juvenile channel catfish, *Ictalurus punctatus*, diets using a yeast – derived protein source: the effects on weight gain, food conversion ratio, body composition and survival of catfish challenged with [J]. Aquaculture Nutrition, 2012, 18 (2): 132 – 137.

[162] Molist F, Van Eerden E, Parmentier H K, et al. Effects of inclusion of hydrolyzed yeast on the immune response and performance of piglets after weaning [J]. Animal Feed Science and Technology, 2014, 195: 136 – 141.

植物提取物在动物生产中的应用技术

金立志　袁保京

（广州美瑞泰科生物工程技术有限公司，广州　510080）

摘　要：植物提取物饲料添加剂具有提高动物生产性能、改善饲料利用率的作用，因其具有无毒、无残留和无耐药性等特点，能够为畜禽和水产的健康养殖提供支持，可为高效生产安全的动物产品提供保障。本文综述了植物提取物添加剂的抗菌和抗氧化作用，并总结了其在猪鸡上的应用研究。

关键词：植物提取物饲料添加剂；抗菌；抗氧化；止痢草

近 20 年来，随着抗生素耐药性和残留问题日益凸显，作为抗生素重要替代物之一的植物提取物饲料添加剂，在动物饲料生产和畜禽养殖中越来越受到重视。发达国家对植物提取物在动物营养领域应用和作用机制的研究在科技杂志上发表了数百篇论文。研究显示，植物提取物添加剂可以提高采食量，促进消化液分泌，改善动物免疫机能，抗菌杀菌，以及抗氧化改善肉质等作用。本章将主要对植物提取物的定义、发展历程、抗菌、抗氧化等方面进行阐述，并对其在畜禽（尤其猪、鸡）生产中的应用研究技术进行综述和评估。

1　植物提取物饲料添加剂的定义和研究历史

植物有种类丰富的次生代谢产物，人们发现，除了少数有毒的化合物以外，一些药用植物的次生代谢产物对畜禽具有积极作用。这些次生代谢产物就是植物提取物饲料添加剂的主要有效成分。目前，有关植物提取物添加剂的名称和定义非常混乱，本文采用"植物提取物饲料添加剂（Plant extract feed additive）"一词，定义为：从植物中提取，活性成分明确、含量稳定并且可以测定，对动物和人类没有毒副作用，通过动物试验证明可以提高动物生产性能，并经有关部门批准允许使用的饲料添加剂。

中国对药用植物的应用有悠久的历史（如《黄帝内经》），西方使用植物作为香料和药物也始于两千多年前的罗马和希腊时期（Bauer 等，2001）。但直到 13 世纪，才出现有文字记载的通过蒸馏法提取的植物提取物（Guenther，1948），到 16 世纪植物提取物才开始在欧洲普遍作为药物使用。从 1881 年 De la Croix 第一次测定植物提取物的抗菌杀菌效果（Burt，2004）以后，科学界对植物提取物的活性成分及其抗菌杀菌机制进行了大量的研究。随着近 40 年来化学分析手段和分析仪器的发展和改进，对植物提取物及其活性成分准确分析成为现实。植物提取物的主要活性成分是通过气相或液相色谱仪和质谱仪的分析而得到（Burt，2004）。研究发现，植物提取物可以包含有多达 60 多种化学成分。有趣的是，尽管植物名称相同，但其主要活性成分的含量可以从高达整个提取物的 85% 到接近于零（Bauer 等，2001；金立志，2007）。其主要原因是植物品种不同，产地不同，收获时间不同，从而导致其活性物质含量差异很大（Burt，2004）。举例来说，希腊亚里斯多得大学从 1986 年开始，经过 10 年的杂交育种和分子育种，最后培育成功的止痢草新品种（*Origanum heracleoticum L.*（*Origanum vulgare ssp. hirtum*）），其活性物质的产量就是普通品种的 20～30 倍，并可以在种植条件下保持相对一致的活性物质产量（Gill，1999）。

尽管植物提取物的主要活性成分是酚类物质（Burt，2004），但有研究显示，存在于原提取物中比活性成分单体抗病原微生物效果更好且毒性更小（Astani *et al.*，2010）。这是因为，提取物中的一些少量物质在抗病原微生物方面也起到非常重要的作用，并可能与主要活性物质起协同作用。这种协同作用已经在鼠尾草（Marino 等，2001），百里香的一些品种（Marino 等，1999）和牛至草/止痢草（Paster 等，1995）等植物提取物中被证明。

2　植物提取物的抗菌作用及其作用机制的研究

2.1　植物提取添加剂抗菌作用研究

迄今为止已经研究的植物提取物种类包括蔬菜、水果、绿茶、丁香、黄连、鼠尾草、止痢草/牛至他及其他类植物的提取物。澳大利亚科学家 Hammer 等（1999）比较了茶树、柠檬、百里香、生姜、芫荽、马郁兰、兰草莓、艾灌、三叶草、止痢草/牛至草等 10 种植物提取物对大肠杆菌、沙门氏菌和金黄色葡萄球菌的抑菌效果。结果表明，芫荽、马郁兰和止痢草/牛至草的提取物对 3 种致病性细菌表现出较强的抑菌能力，尤其是止痢草/牛至草提取物的抑菌性最强（表 1）。近年来，有研究表明，止痢草提取物还对新生隐球菌，红色青霉菌和白色念珠菌有很强的抗菌杀菌能力（Adams，2008；Manohar 等，2001）。

表 1　几种常见植物提取物的活性成分及其最小抑菌浓度（MIC）

植物名称	病菌名称	MIC（μL/mL）
	大肠杆菌	4.5～10
	沙门氏菌	>20
迷迭香	蜡状芽孢杆菌	0.2
	金黄色葡萄球菌	0.4～10
	李斯特菌	0.2
	大肠杆菌	0.5～1.2
止痢草/牛至草	沙门氏菌	1.2
	金黄色葡萄球菌	0.5～1.2
	大肠杆菌	0.6
柠檬香茅草	沙门氏菌	2.5
	金黄色葡萄球菌	0.6
	大肠杆菌	3.5～5
鼠尾草	沙门氏菌	10～20
	金黄色葡萄球菌	0.75～10
	李斯特菌	0.2

（续表）

植物名称	病菌名称	MIC（μL/mL）
丁香	大肠杆菌	0.4～2.5
	沙门氏菌	＞20
	金黄色葡萄球菌	0.4～2.5
	李斯特菌	0.3
百里香	大肠杆菌	0.45～1.25
	沙门氏菌	0.45～20
	金黄色葡萄球菌	0.2～2.5
	李斯特菌	0.156～0.45
茶树	大肠杆菌	2.5～80
	痢疾志贺氏菌	5～80
	金黄色葡萄球菌	0.6～40
	蜡状芽孢杆菌	5～10

资料来源：Hammer，1999；金立志，2007

2.2 植物提取物添加剂抗菌作用机制的研究

尽管植物提取物添加剂抗菌作用机制已经进行了很多研究，但是其详尽的作用机制仍没彻底阐明。由于植物提取物种类繁多，其活性成份也复杂多样。因此，植物提取物添加剂抗菌机制可能有多种（Burt，2004）。这些作用机制包括：①破坏和降解细胞壁。②破坏细胞质膜。③破坏细胞膜蛋白质结构。④使细胞内容物泄露。⑤使细胞质凝聚。⑥减弱质子运动力（proton – motive force，PMF）。需要说明的是，由于植物提取物可能含有多种抑菌成分，因而每种植物提取物很可能具有多种抗菌机制。

研究发现，肉桂提取精油及其活性成分可以抑制产气肠杆菌的氨基酸脱羧酶的活性（Wendakoon 和 Sakaguchi，1995）。牛至草/止痢草提取物及其活性成分（香芹酚和百里香酚）可以增强细胞膜通透性，导致细菌细胞膜渗透性提高及胞内生命物质外泄，从而损害细菌酶系统，导致微生物死亡（Farag 等，1989）。除抑制细菌自身细胞的生长之外，香芹酚也可以抑制细菌内毒素的分泌（Ultee 和 Smid，2001）。研究证实止痢草/牛至草提取物中的两种主要活性成分，香芹酚和百里香酚在杀灭金黄色葡萄球菌和绿脓杆菌方面有叠加效应（Lambert，2001）。另有研究证明，香芹酚和它的合成前体 p – 百里香素在抗菌方面也有协同作用（Ultee 等，2000）。

3 植物提取物的抗氧化作用及其抗氧化机制

自由基是生物体氧化过程中产生的中间代谢产物，机体在产生自由基的同时也在及时地清除着自由基。但动物在患病、应激、或特殊生理条件下，机体内会大量产生自由基，过多的自由基会作用于脂肪、蛋白质、多糖与核酸等大分子物质，导致动物疾病的发生，免疫力减弱，生产力下降，产品质量降低等。Youdim 和 Deans（1999，2000）发现，麝香草精油及其主要成分百里香酚可有效的清除自由基，从而影响体内的抗氧化防御系统。史东辉等（2010）的研究表明，止痢草提取物提高了仔猪血清总抗氧化能力（T – AOC），超氧化物歧化酶（SOD）、谷胱甘肽过氧化物酶（GSH – Px）和过氧化氢酶（CAT）活性。

目前发现植物提取物抗氧化作用的机制主要有4种：植物提取物通过提供活性基团，作为供氢体与自由基反应，通过抑制自由基产生和淬灭自由基而发挥抗氧化作用；也可以以单电子转移的方式直接清除超氧阴离子、羟基和单线态氧等；唇形科植物提取物也对自由基生成的氧化酶有抑制作用，同时提高抗氧化酶如过氧化氢酶（CAT）、超氧化物歧化酶（SOD）、谷胱甘肽过氧化物酶（GSH－Px）等的活性，从而防止产生过量的自由基；植物提取物还可以与脂类、蛋白质等螯合，从而使这些重要分子免受氧化损伤。植物提取物还能通过与过渡金属离子螯合从而发挥抗氧化作用。另外，大量研究显示，植物提取物还具有抗炎症、改善肠道健康和抗应激作用，并可以改善动物免疫机能，改善肉蛋品质等等。

4 植物提取物在畜禽生产上的应用研究

4.1 对猪生产性能的应用研究

4.1.1 仔猪

综合发表的植物提取物添加剂在仔猪上的研究表明，不同植物提取物添加剂之间的差异很大，平均而言，平均增重的提高平均约为2%，幅度从－5%～9%；对饲料报酬的改善平均约为3%，幅度从－10%～4%（表2）。这些平均值，与其他促生长添加剂如抗生素、酸化剂添加剂等相近。不同研究者甚至同一个研究者对茴香，肉桂，丁香，香茅等提取物的研究发现，对饲料转化率多数有改善，但对增重和采食量并无一致的正面效果。然而，使用牛至提取物添加剂的研究表明，对增重和饲料转化率有明确的改善，并在大部分试验中可提高采食量。英国艾伯丁大学的研究结果表明，饲料中添加植物提取物 Orego－Stim，28 d 后能有效促进断奶仔猪的生长和提高断奶仔猪的日增重。与对照组相比，添加组断奶仔猪增重提高12%，采食量提高4%，饲料报酬改善6.7%，并降低了腹泻率（Veligratli E，2002）。有趣的是，研究发现，一些植物提取物组合并没有表现出积极的效果（Manazanilla et al.，2006）。

表2 植物提取物作为饲料添加剂对仔猪生长性能的影响

植物提取物添加剂	使用剂量（g/kg）	采食量（%，与对照组的差值）	体重（%，与对照组比较）	饲料转化率（%，与对照组比较）	资料来源
藏茴香 Caraway	0.1	－9/－2	－/0	－3/－2	Schöne 等
L 茴香 Fenne	0.1	＋3/＋3	－/＋6	－2/－3	Schöne 等
肉桂 Cinnamon	0.1	＋5	＋2	＋3	Gollnisch 等
肉桂 Cinnamon	0.1	－5	0	－5	Wald 等
丁香 Clove	（5mL）	－5		－5	Tartrakoon 等
丁香 Clove	0.1	＋1	0	＋3	Gollnisch 等
丁香 Clove	0.1	＋3	＋7	－4	Wald 等
香茅 Lemongrass	（5mL）	－3		－5	Tartrakoon 等

（续表）

植物提取物添加剂	使用剂量（g/kg）	采食量（%，与对照组的差值）	体重（%，与对照组比较）	饲料转化率（%，与对照组比较）	资料来源
香茅 Lemongrass	0.1	−2	+2	−4	Wald 等
牛至草 Oregano	0.1	+3	+2	0	Gollnisch 等
牛至草 Oregano	0.1	0	+5	−5	Wald 等
牛至草 Oregano	0.5	−3	+7	−9	Günther 和 Bossow
止痢草 Oreganum vulgare hirtum	0.5	+12	+23	−9	Kyriakis 等
止痢草 Oreganum vulgare hirtum	0.25	+4	+12	−6.7	Abeedeen
止痢草 Oreganum vulgare hirtum	0.25	+3	+2.9	−3.8	Ariza neito
薄荷 Peppermint	(5mL)	−4		−2	Tartrakoon 等
薄荷 Peppermint	0.1	−9	−3	−7	Wald 等
玉桂 Pimento	0.1	−8	−4	−5	Wald 等

资料来源：Franz 等，2010

4.1.2 生长肥育猪

植物提取物对生长肥育猪生产性能的影响也有研究，美国明尼苏达大学的研究发现，牛至提取物可以改善生产肥育猪的生长速度，减少出栏时间。Beghelli 等（2011）研究发现，无论室外还是室内养殖，牛至提取物添加剂均可显著提高生长肥育猪活重，但对血液指标没有显著影响。不过，有研究显示，牛至提取物与欧洲栗子提取物联合使用没有发现更好地促生长效果（Beghelli 等，2011）。

4.1.3 母猪

综合很多研究结果发现牛至/止痢草提取物对猪生产性能的改善作用比较一致，所以大多数植物提取物添加剂在母猪方便的研究就集中在这两种植物提取物上。大群母猪（多数千头以上）试验研究发现，牛至提取物添加剂可以使母猪窝产仔数平均提高0.5头（幅度从0.3头到1.1头），提高母猪分娩率，平均每日自由采食量比对照组高4%～10%。美国明尼苏达大学 Baidoo 团队也发现，母猪日粮中添加止痢草提取物（Orego – stim）不仅可以提高母猪的繁育性能，而且添加组仔猪的增重和饲料报酬也显著优于对照组（Ariza，2006）。有趣的是，其中一个试验结果表明，牛至提取物对改善经产母猪采食量效果更显著，可达10%，而改善初产母猪采食量效果不显著（Allan 等，2005）。最近的一项大型研究利用5000头母猪的研究表明，饲料中添加250 g/kg 止痢草提取物（Orego – stim）可显著提高母猪怀孕率、窝产子数和仔猪日增重（Justin，2009）。

4.2 对家禽生产性能的应用研究

4.2.1 肉鸡

植物提取物添加剂在家禽上的研究报道较多。大多数研究表明，植物提取物添加剂对家禽的采食量没有显著影响，而对增重与饲料报酬则有显著改善。丁香、茴香、牛至/止痢草、薄荷、迷迭香等的提取物都能够提高肉鸡的增重和改善饲料报酬。

近年来，胡文琴等（2010）的研究结果表明，添加止痢草提取物（好力高）可以改善饲料利用率，降低死亡率，提高养鸡利润。刘旭晨等（2008）报道，添加植物提取物饲料添加剂可以显著降低黄羽肉鸡的死亡率（40%），该研究结果与美国、瑞典和菲律宾等国的 6 个研究结果的平均值（44%）接近（Saini 等，2000；Waldenstedt 等，1999；Batungbacal，2006）。

最近荷兰 SFR（Sthorthost）饲料研究所的研究发现，肉鸡日粮中通过减少脂肪（3.3kg/t 饲料；6.6 kg/t 饲料；10 kg/t 饲料）而降低代谢能后，肉鸡的采食量增加，饲料报酬变差；但添加植物提取物添加剂（好力高）150g/t 饲料的肉鸡，其增重和饲料报酬与对照组相比没有差异；整个试验中，添加好力高组的死亡率比对照组降低 27%。如果在肉鸡早期（0～15 d）直接添加植物提取物添加剂（好力高），不调整日粮代谢能，添加组肉鸡的增重和饲料报酬显著好于对照组；好力高组增重比对照高 2.4%（$P = 0.006$），饲料报酬改善 1.1%（$P = 0.011$）。

4.2.2 其他肉禽

其他家禽的研究表明，在鹌鹑的饲料中添加 60 mg/kg 含香芹酚量较高的百里香提取物，显著提高了体增重和改善了饲料报酬，降低了腹部脂肪含量（Denli，2004）。朱建平（2010）进行的肉鸭试验中应用植物提取物添加剂替代对照组中一种常用的抗菌药物，并分 3 个水平适当降低油脂用量，研究植物提取物对肉鸭肠道菌群的改善（以粪便的水便率和软便率作为评估指标），以及生产性能的影响。试验选用 1 日龄 5040 羽樱桃谷肉鸭，试验期 42 d。结果表明：相比于对照组，植物提取物（好力高）试验组肉鸭水便率与软便率显著降低（$P < 0.01$），饲料转化效率显著改善（$P < 0.01$），同时明显提高了生产性能和经济效益（$P < 0.01$）。

4.2.3 蛋禽/种禽

植物提取物饲料添加剂对蛋鸡/种鸡生产性能的影响也有很多报道。Botsoglou（2005）发现，添加牛至提取物可以提高母鸡的产蛋率（2%）和饲料报酬（3%）。德国最大的散养蛋/种鸡公司（Eifrisch）的实验结果表明，在第 26 周到 56 周的蛋鸡饲料中添加止痢草提取物饲料添加剂可以提高产蛋量和降低母/种鸡死亡率与淘汰率（金立志等，2005）。Semerdjiev 等（2008）报道，香芹酚、肉桂醛和辣椒素也可显著提高蛋鸡的生产性能。在日粮中额外添加添加植物提取物（XTRACT，主要成分为香芹酚、肉桂醛和辣椒素）0.01% 和 0.02%，产蛋率分别可以提高 6.2% 和 9.7%。

4.3 影响植物提取物添加剂应用效果的因素分析

近 20 年来发表了大量的有关植物提取物添加剂使用的研究报告，但结果并不完全一致。原因很多，主要有：所用植物提取物的类型、品种、来源、有效成分含量及比例等不同；添加剂添加量、饲料配方组成、动物饲养环境等因素的差异。

4.3.1 不同的植物种类、品种间，有效成分差异巨大

不同种类的植物提取物的抗菌活性成分不同，一般其抗菌活性的大小顺序为：酚 > 醛 > 酮 > 醇 > 醚 > 烃基。活性最强的是酚类，因此，含有酚类的植物提取物往往具有最高的抗微生物活性，同时它们的抗菌谱也是最广的（Alma 等，2003）。植物的来源、部位、生长阶段、植物所处气候和生长环境、植物材料的提取和储藏条件等都会影响植物有效成分的组成和含量，因此，不仅不同植物间抗菌能力不同，即使是同一种植物，不同品种和

亚种间也有很大差异，比如欧洲就有多达 60 多种不同植物都称之为"牛至（oregano）"（Lawrence，1984），这些不同牛至的提取物，其抗菌成分、活性物质含量及比例，都有很大的差异。

4.3.2　植物提取物添加剂与单一成分的不同

植物提取物通常有 30 多种以上的组分组成，主要有效活性成分通常有 4～6 种。利用其中一种或几种的纯化工合成的主效成分进行研究，发现虽然大多数有体外抑菌效果，但对动物生产性能没有影响。Haselmeyer 等（2007）利用化工合成的百里香酚，在肉鸡日粮中添加 4 个不同浓度（0.1% 到 1.0%），饲喂 35 d，结果发现，百里香酚对生产性能没有任何影响；Lee 等（2003）在 1 日龄科宝肉鸡日粮中分别添加 200mg/kg 的香芹酚和百里香酚，试验期 28 d，结果发现，百里香酚对肉鸡生产性能没有任何影响。香芹酚甚至降低了采食量、增重和饲料利用率。

4.3.3　试验动物的生长阶段，日粮组成与养殖环境卫生

通常来讲，幼小动物，如断奶期间动物、刚孵化的雏鸡等，易发生肠炎、免疫力低下、受球虫感染等，与其他促生长剂相似，在此期间使用植物提取物效果比较明显。在卫生条件好的小型试验基地试验结果表明，不论添加抗生素还是几种不同的植物提取物添加剂，对动物生产性能都没有显著影响（Gollnisch 等，2001）；而通常在大型实际生产条件下，植物提取物添加剂的应用效果比较好。

4.3.4　产品不够规范，无法制定产品标准

目前市场上有很多宣称为"植物提取物（中草药）饲料添加剂"的产品，由于不清楚其有效成分种类与含量，产品质量也不稳定，所以不论是政府有关部门还是产品使用者（饲料生产商或养殖企业），都无法对其进行有效监测，造成该类产品质量参差不齐，效果不稳定。

4.4　总结与展望

近年来，欧洲、美国、日本等发达国家对植物提取物投入了大量研究经费进行基础和应用研究，从禽流感到 SARS 病毒，再到艾滋病等疾病的预防与治疗，科学家们都试图从植物提取物中寻求解决方案。世界各国对植物提取饲料添加剂的研究开发也越来越重视。

加强基础研究是植物提取物饲料添加剂将来的发展方向。一方面，应该甄别、筛选出高效、安全的植物，并对其主要有效成分进行提取、分离、鉴定和和药理毒理的研究，然后可对植物进行育种改造，提高活性物质的产量，以确保植物提取物的植物资源；另一方面，利用现代营养学、免疫学、分子生物学等现代研究手段，从体内营养物质的代谢利用途径，免疫调节机理和激素的分泌调控等方面，加强植物提取物饲料添加剂作用机理的深入研究，推动植物提取物在动物营养生产实践中的应用。

总之，效果显著、机理科学、成分明确可控的植物提取物及其相关产品已经逐步得到大众的认同，尤其是在欧美、日本等发达国家的应用也越来越普遍，同样对于发展中国家如中国，植物提取物饲料添加剂不仅可以杀灭和抑制那些对抗生素有耐药性的菌株，减少动物下痢，保障肠道健康，提高动物的生产性能，而且无残留，无耐药性问题，可为动物养殖与饲料业的安全与高效生产提供有力保证。

参考文献

［1］巩霞，程学慧．饲用抗生素抗药性研究：现在与未来［J］．中国畜牧杂志，2007，43（22）：26－32.

［2］刘梦元，吴斌，刘建杰，等．规模化猪场大肠杆菌的耐药性监测及血清流行病学调查［J］．中国兽医学报，2004，24：16－18.

［3］王红宁，刘书亮．规模化猪场致病性大肠杆菌、沙门氏菌药敏区系调查［J］．西南农业大学学报，2000，13：84－90.

［4］金立志，植物提取物研究专辑［J］．新饲料，2012（增刊）．

［5］Ariza – Nieto C. Evaluation of oregano（*Origanum vulgare*）essential oils in swine production system［D］. Ph. D. Thesis. Waseca, USA：University of Minnesota, 2006.

［6］Franz C, Baser K H C, Windisch W. Essential oils and aromatic plants in animal feeding – a European perspective［J］. Flavour and Fragrance Journal, 2010, 25：327－340.

［7］Burt S. Essential oils：their antibacterial properties and potential applications in foods – a review［J］. International Journal of Food Microbiology, 2004, 94（3）：223－253.

［8］金立志．植物提取物在动物生产中的应用研究及发展前景［J］．中国畜牧杂志，2007，43（20）：7－12.

［9］Guenther E. The essential oils［J］. Analytic Chemistry, 1959, 31（4）：679－687.

［10］Boyle W. Spices and essential oils as preservatives［J］. The American Perfumer and Essential Oil Review, 1955, 66：25－28.

［11］Gill C. Herbs and plant extracts as growth promoter［J］. Feed International, 1999, 4：20－23.

［12］Astani, A., Reichling, J. and Schnitzler, P. Comparative study on the antiviral activity of selected monoterpenes derived from essential oils. Phytother. Res., 2010, 24：673－679.

［13］Tan J Y W. Coccidiosis control with oregano extract［J］. Asian Poultry, 2007, 3：45－48.

［14］Waldenstedt L. Effect of vaccination against coccidiosis in combination with an antibacterial Oregano（*Origanum vulgare*）in broiler production［J］. Acta Agriculture Scandinavia Section A – Animal Science, 2003, 53：101－109.

［15］Hammer K A, Carson C F, Riley T V. Antimicrobial activity of essential oils and other plant extracts［J］. Journal of Applied Microbiology, 1999, 86：985－990.

［16］Zakaria Z, Mutalib A R, Bejo S K. Antifungal Activities of Oregano（*Oreganum vulgare*）Essential Oil［M］. Serdang：University Putra Malaysia Research Report, 2010.

［17］Manohar V, Ingram C, Gray C. Antifungal activities of origanum oil against *Candida albicans*［J］. Molecular and Cellular Biochemistry, 2001, 222：111－117.

［18］Wendakoon C N, Sakaguchi M. Inhibition of amino acid decarboxylase activity of *Enterobacter aerogenes* by active components in spices［J］. Journal of Food Protection, 1995, 58（3）：280－283.

［19］Stiles J C, Sparks W, Ronzio R A. The inhibition of *Candida albicans* by oregano［J］. Journal of Applied Nutrition, 1995, 47：96－102.

［20］Ultee A, Smid EJ. Influence of carvacrol on growth and toxin production by Bacillus cereus. International J of Food Microbiol. 2001, 64：373－378

［21］Lambert R J W, Skandamis P N, Coote P, et al. A study of the minimum inhibitory concentration and mode of action of oregano essential oil, thymol and carvacrol［J］. Journal of Applied Microbiology, 2001, 91：453－462.

［22］Ultee A, Kets E P W, Alberda M, et al. Adaptation of the food – borne pathogen *Bacillus cereus* to carvacrol［J］. Archives of Microbiology, 2000, 174（4）：233－238.

［23］Wenk C. Herbs and botanicals as feed additives in monogastric animals ［J］. Asian – Australasian Journal of Animal Science, 2003, 16 （2）: 282 – 289.

［24］Deans S G, Simpson E, Noble R C, *et al.* Natural antioxidants from *Thymus vulgaris* （thyme） volatile oil: the beneficial effects upon mammalian lipid metabolism ［J］. Acta Horticulture, 1993, 332: 177 – 182.

［25］E. van Eerden, L Star, P van der Aar, *et al.* Effect of dietary oregano （Origanum vulgare L. ） essential oil on growth performance of broiler chickens fed with diets of different metabolizable energy levels ［J］. Journal of Animal Science （supple 1）, 2012;

［26］Marcincak S, Cabadaj R, Popelka P. Antioxidative effect of oregano supplemented to broilers on oxidatve stability of poultry meet ［J］. Slov Veterinary Research, 2008, 45 （2）: 61 – 66.

［27］Botsoglou N A P, Florou – Paneri E, Christaki D. Effect of dietary oregano essential oil on performance of chickens and on iron – induced lipid oxidation of breast, thigh and abdominal fat tissues ［J］. British Poultry Science, 2002, 43: 223 – 230.

［28］Youdim K A, Deans S G. Effect of thyme oil and thymol dietary supplementation on the antioxidant status and fatty acid composition of the ageing rat brain ［J］. British Journal of Nutrition, 2000, 83: 87 – 93.

［29］郑宗林，向磊，金立志，等. 植物提取物饲料添加剂在水产养殖上的应用 ［J］. 饲料工业，2010，31 （1）: 78 – 82.

［30］Tsinas A C. The art of oregano ［J］. Grain Feed and Milling Technology, 1999, 10: 25 – 26.

［31］Veligratli E. The effect of Orego – Stim on growth, development and enteric health of weaned piglets ［D］. Master Thesis. Aberdeen, UK: Aberdeen University, 2002.

［32］Manzanilla EG, Nofrarias M, Anguita M, *et al.* Effects of butyrate, avilamycin, and a plant extract combination on the intestinal equilibrium of early – weaned pigs ［J］. J Anim Sci, 2006, 84 （10）: 2 743 – 2 751.

［33］Lee K W. Essential oils in broiler nutrition ［J］. International Journal of Poultry Science, 2004, 3: 738 – 752.

［34］Ariza – Nieto C, Baidoo S K, Walker R D. Dietary supplementation of oregano essential oils （OEO） on the performance of nursery pigs ［J］. Journal of Animal Science, 2006, 84 （Suppl ）: 18.

［35］Jin L Z, Tan T. The influence of a phytogenic feed additive on the reproductive performance of sows during a heat – stress period ［C］.: Li D F. Proceedings of Inaugural ASAS – CAAV Asia Pacific Rim Conference, 2009.

［36］Allan P, Bilkei G. Oregano improves reproductive performance of sows ［J］. Theriogenology, 2005, 63: 716 – 721.

［37］Amrik B, Bilkei G. Influence of farm application of oregano on performances of sows ［J］. Canadian Veterinary Journal, 2004, 45: 674 – 677.

［38］Khajarern J. , Khajarern S. The efficacy of origanum essential oils in sow feed ［J］. International Pig Topics, 2002, 17: 17.

［39］Ariza – Nieto C, Baidoo S K, Bandrick M, *et al.* Oregano essential oils （OEO） supplementation and its effect on reproductive performance of sows, growth pattern of piglets and their immune measurements ［J］. Journal of Animal Science, 2006, 84 （Suppl. 1/J）: 69.

［40］Mauch C, Bilkei G. Strategic application of oregano feed supplements reduces sow mortality and improves reproductive performance – a case study ［J］. Journal of Veterinary Pharmacology Therapy, 2004, 27: 61 – 63.

［41］Kis R K, Bilkei G. Effect of a phytogenic feed additive on weaning – to – estrus interval and farrowing rate in sows ［J］. Journal of Swine Health Production, 2003, 11 （5）: 296 – 299.

［42］Pearce M, L Z Jin. Practical use of phytogenic feed additives in monogastric animal nutrition ［C］. Proceedings of 4th International Conference on Animal Nutritoin. Malaysia, 2010; 125 – 129.

［43］李国胜. 好力高添加剂饲养黄羽肉鸡的效果试验［J］. 养禽与禽病防治, 2001, 12: 20 – 21.

［44］刘旭晨, 孙亚男, 李和平. 植物提取物饲料添加剂对黄羽肉鸡生产性能的影响研究［J］. 中国畜牧杂志, 2008, 44（6）: 56 – 58.

［45］Akhtar M, Rifat S. Anticoccidial screening of *Melia azedarach*, Linn. （Bakain）in naturally infected chickens［J］. Pakistan Journal of Agricultural Science, 1987, 24: 95 – 96.

［46］Allen P C, Lydon J, Danforth H D. Effects of components of *Artemisia annua* on coccidian infections in chickens［J］. Poultry Science, 1997, 76: 1 156 – 1 163.

［47］Youn H J, Noh J W. Screening of the anticoccidial effects of herb extracts against Eimeria tenella［J］. Veterinary Parasitology, 2001, 96（4）: 257 – 263.

［48］Giannenas I, Florou – Paneri P, Christaki M E, *et al*. Effect of dietary supplementation with oregano essential oil on performance of broilers after experimental infection with eimeria tenella［J］. Archives of Animal Nutrition, 2003, 57: 99 – 106.

［49］Koscova J, Nemcova R, Gancarcikova S. Effect of two plant extracts and Lactobacillus fermentum on colonization of gastrointestinal tract by *Salmonella enterica var. Düsseldorf* in chicks［J］. Biologia, Section Cellular and Molecular Biology, 2006, 61: 775 – 778.

［50］Lawrence B M. The botanical and chemical aspects of oregano［J］. Perfumer and Flavorist, 1984, 9: 41 – 51.

［51］Lee K W, Everts H, Kappert H J, *et al*. Effects of dietary essential oil components on growth performance, digestive enzymes and lipid metabolism in female broiler chickens［J］. British Poultry Science, 2003, 44: 450 – 457.

［52］Westendarp H, Klaus P, Halle I, *et al*. Effect of carvacrol, r – terpinene and p – cymene – 7 – ol in broiler feed on growth traits and N – metabolism［J］. Landdbauforschung Volkenrode, 2006, 3（56）: 149 – 157.

［53］Pearce M and L. Z. Jin（2010）Phytogenic feed additives: theory and practice in swine production. Pork World special edition sep/oct: 138 – 145.

［54］金立志. 植物提取物添加剂在单胃动物营养及抗菌机制研究进展［J］. 动物营养学报, 2010, 22（5）: 1 154 – 1 164.

［55］金立志. 植物提取物添加剂在单胃动物营养的研究进展［C］. 张宏福. 饲料营养研究进展. 中国农业科学技术出版社, 323 – 344。

［56］Farag R. Antioxidant activity of some spice essential oils on linoleic acid oxidation in aqueous media［J］. Journal of the American Oil Chemists' Society, 1989. 66（6）: 792 – 799.

（其余参考文献可来函索取: service@ meriden. com. cn）

微生物发酵及酶解饲料研究进展

白雪晶[1,2]　郭雪娜[1]　何秀萍[1]　张博润[1,2]*

（1. 中国科学院微生物研究所，北京　100101；

2. 生物饲料开发国家工程研究中心，北京　100081）

摘　要： 微生物发酵和酶解在生物饲料生产和产品开发中具有重要作用。本文介绍了饲用发酵微生物的种类及优良菌种的选育、发酵饲料产品的开发、种类、功能和应用，对生物发酵饲料研究的国内外发展现状进行了综述，并对微生物发酵及酶解饲料存在的问题及发展前景作了简要概述。

关键词： 饲用微生物；生物饲料；发酵

发展绿色无公害饲料是 21 世纪饲料工业的重要研究方向，微生物发酵及酶解饲料是实现这一目的的主要途径。饲用微生物及其代谢产物在饲料工业中扮演着重要角色，微生物代谢产生的各种消化酶，如植酸酶、蛋白酶、淀粉酶、脂肪酶和糖苷酶等，能显著提高饲料利用率；有机酸，如乳酸、乙酸、甲酸等，能够抑制病原菌促进益生菌滋生，也可作为能量物质被动物利用；抗菌物质如细菌素、过氧化氢等；有益微生物粘附占位作用可防止病原微生物定植；刺激免疫反应，增加免疫系统活力；减少毒胺的产生，中和内毒素；此外，双歧杆菌产生 DNA 聚合酶可修复动物机体损伤的细胞等。我国是农业大国，是微生物发酵及酶解饲料、微生物（酶制剂）饲料添加剂的消费大国。我国农业部 2013 年第 2045 号公告明确规定了可以应用的饲料级微生物添加剂 34 种，美国生产和使用的微生物饲料添加剂约有数十种，日本生产和使用的微生物饲料添加剂约 100 余种，欧共体约 80 余种。本文对饲用发酵微生物的种类及优良菌种的选育及微生物饲料添加剂和微生物发酵饲料及酶解饲料的功能与应用前景进行了阐述。

1　饲用发酵微生物的种类及优良菌种的选育

微生物发酵及酶解饲料是生物饲料的重要组成部分，是指以植物性农副产品或常规传统饲料为主要原料，利用有益微生物发酵与代谢作用，将淀粉，纤维素，碳水化合物，蛋白质，脂肪等生物大分子降解生成有机酸、可溶性多肽等小分子物质，形成营养丰富、适口性好、活菌含量高的生物饲料。微生物发酵为饲料的开源节流提供一种新的有效途径，在食品领域具有悠久的应用历史，在生物饲料生产和产品开发中也具有重要作用。有益微生物的细胞及细胞内容物（含蛋白、氨基酸、多糖、有机酸、核酸、维生素等活性物质）

---

* 通讯作者简介：张博润，博士，研究员，主要从事微生物发酵方面的研究。E-mail：zhangbr@ sun. im. ac. cn

可参与生物饲料生产，有些可直接用于饲料添加。已开发的微生物发酵饲料产品已达数十个品种，已成为一个较大的产业，并随着人们对生物饲料认识和研究的深入，以及现代生物技术、微生物育种技术、酶工程和发酵工程技术的发展，微生物发酵饲料的开发和应用也在不断充实和拓展，呈现出良好的发展趋势。

1.1　饲用发酵微生物的种类

微生物发酵可改变饲料原料的理化性状，或增加适口性、提高消化吸收率及营养价值，或解毒、脱毒，或积累有用的代谢产物。用于微生物发酵饲料生产的微生物主要有细菌、酵母菌及单细胞藻类等。目前，最常见的饲用发酵微生物为乳酸菌、芽孢杆菌和酵母菌。

乳酸菌是指一类可发酵碳水化合物产乳酸的革兰氏阳性球菌或杆菌的统称，为化能异养型微生物，经发酵作用将单糖（如葡萄糖）转变为低分子的乳酸和其他有机酸。乳酸菌的发酵作用分为同型乳酸发酵和异型乳酸发酵两种类型。其中，链球菌、片球菌和部分乳杆菌可利用葡萄糖经糖酵解途径全部转变为乳酸，即同型乳酸发酵。而另一些乳酸菌对葡萄糖的分解完全依赖磷酸戊糖途径转变为乳酸和其他产物，即异型乳酸发酵。如明串珠菌和部分乳杆菌将葡萄糖转变为乳酸、乙醇和一氧化碳；双歧杆菌可将 1 mol 葡萄糖转变成 1 mol 乳酸和 1.5 mol 乙酸。乳酸菌具有一些特殊的生物学功能，发酵可产生有机酸、多糖、生长因子、维生素等，并能分解亚硝胺、降低胆固醇、控制内毒素、分解脂肪等，显著提高食物消化率和生物价。乳酸菌发酵产生的蛋白酶类把结构复杂、分子量较大的蛋白质部分降解为小分子肽和游离氨基酸，利于胃肠消化吸收。乳糖酶将乳糖分解成葡萄糖和半乳糖，葡萄糖经发酵作用转变为乳酸等小分子化合物，半乳糖部分吸收进入机体，成为脑苷脂和神经物质的合成原料，促进动物脑组织发育。乳酸菌发酵产生的脂肪酶使部分脂肪降解，增加乳中游离脂肪酸和挥发性脂肪酸含量。乳酸菌在代谢过程中合成叶酸等 B 族维生素。乳酸菌代谢产生的细菌素是一类具有抑菌活性的多肽，对多种革兰氏阳性细菌有很强的抑制作用，可维持肠道微生态平衡。乳酸杆菌和双歧杆菌能激活巨噬细胞的吞噬作用，具有增强机体的非特异性和特异性免疫的作用。

芽孢杆菌由于其抗逆性强、耐高温高压、易贮存等优良特性，且具有调节肠道菌群平衡、增强动物免疫力、提高生产性能等诸多营养功能，因此，近年来被开发应用作为动物微生物饲料添加剂。据统计，国内外用于畜禽生产的芽杆孢菌种类有枯草芽孢杆菌、凝结芽孢杆菌、缓慢芽孢杆菌、地衣芽孢杆菌、短小芽孢杆菌、蜡样芽孢杆菌、环状芽孢杆菌、巨大芽孢杆菌、坚强芽孢杆菌、东洋芽孢杆菌、纳豆芽孢杆菌、芽孢乳杆菌和丁酸梭菌等。芽孢杆菌在发酵过程中能产生多种消化酶，提高动物生产性能。枯草芽孢杆菌具有较强的蛋白酶、淀粉酶、脂肪酶、卵磷脂酶和植酸酶活性，同时还具有降解饲料中复杂糖类的酶，如果胶、葡聚糖和纤维素酶。芽孢杆菌在动物肠道内生长繁殖，能产生多种营养物质，如：维生素、氨基酸、有机酸和促生长因子等，参与动物机体新陈代谢，为机体提供营养物质。芽孢杆菌是动物体内维生素 B_1 和维生素 B_6 的主要生产者。饲用芽孢杆菌发酵产赖氨酸可达 70 mg/L 以上。

酵母菌不但是传统的食品和饮料酿造工业的主要生产菌株，是药用多肽、工业酶制剂、维生素、甾体化合物、医药化工原料的重要产生者，而且是现代生物饲料发酵技术领域的重要菌种，是生产具有饲用价值生物制品的最具吸引力的微生物细胞工厂。酵母菌相关发酵饲料产品的研究和开发受到国内外广泛的关注。在我国，相关大专院校、研究所和企业共同致力于酵母菌单一发酵，以及酵母菌与乳酸菌、芽孢杆菌混合发酵相关饲料产品的研发，并取得了显著的成果。主要集中在以酵母菌为研究对象，利用传统诱变杂交育种、新的代谢工程技术和微生物育种新技术和新方法，发掘新的菌种资源，选育具有重大饲用价值的优良酵母菌株，如富有机微量元素，耐高温、耐酸，高产酶、氨基酸、核酸、维生素、甾体化合物、肽的酵母菌等；并借助先进的高通量筛选平台和过程优化平台，实现从优良菌株到重要生物酶制剂、益生素和活性寡肽等的绿色高效制造；利用酵母菌生物饲料高效发酵工程技术平台，开发安全、高效、稳定、高产的饲料产品，加快了生物饲料产业化步伐。目前国内外开发的酵母生物饲料产品有数十个品种，代表产品涉及单细胞蛋白、活性酵母、饲用酶制剂、氨基酸、维生素、核酸、有机酸、生物活性寡肽、功能寡糖、酵母提取物、有机微量元素、微生态制剂、发酵粕类、生物色素和其他饲用生物制品等。

1.2　优良饲用菌种资源的发掘和选育

饲用微生物菌种资源是微生物发酵及酶解饲料产业可持续发展的关键，发掘优良饲用微生物新菌种对于推动生物饲料产业的进步具有重要意义。布拉氏酵母菌（从印尼荔枝中分离），属酿酒酵母的亚种。国外已被广泛应用于人类抗击腹泻的药物中。其制剂应用于畜牧业，可有效降低病原菌和有关毒素的质量浓度，加强微生物平衡，刺激免疫系统，作为饲料添加剂的应用已得到世界上许多国家的认可，我国尚未开展其应用。研究表明，布拉酵母菌能拮抗肠道病原菌、抑制毒素及细菌毒素的产生、降解毒素及毒素受体、中和毒素、增强肠道黏膜的免疫功能等。主要用于预防和治疗梭酸菌感染、抗生素引起的肠炎、霍乱弧菌感染、旅行者腹泻轮状病毒感染所致的腹泻等。虾青素是一种酮式类胡萝卜素，最初被用做水产业的饲料添加剂，具有极强的抗氧化和淬灭自由基的功能，并能促进抗体的产生，增强机体免疫功能，具有很高的经济价值。红法夫酵母是唯一天然可产虾青素的酵母菌，其反式虾青素已于 2000 年获得 FDA 批准，用于食品添加剂。红法夫酵母可利用多种糖进行快速异养代谢，培养时间短，不需光照就可以实现高密度培养，因此其作为虾青素的生产菌具有许多优势和良好的应用前景。目前的研究主要集中在高产菌株的筛选和培养条件的优化等方面。

国内外在选育具有重大应用价值的优良饲用发酵菌种方面也开始了有益的探索，采用常规筛选技术、代谢工程技术和分子育种技术等微生物育种新技术新方法，选育具有重大生产应用价值的优良饲用微生物，为生物饲料产品的开发提供了菌种保障。以性状优良的野生型芽孢杆菌或酵母菌为出发菌株，通过分子育种技术构建具有特定强化功能的转化体，如高产酶、氨基酸、维生素、肽或疫苗的优良菌种等，也受到了国内外的广泛关注。酵母表达系统（酿酒酵母、毕赤酵母、多型汉逊酵母）在提高饲用酶的比活力和改善酶学性质（如耐碱、低温下高活性）等研究工作方面具有很多独特优点。经过改良的酵母菌表达体系所生产的饲用酶制剂可在一定程度上解决天然酶在酶的 pH 性质、热稳定性、抗胃蛋白酶能力等方面的不足，使酶活性得到充分发挥，并创造新的具有优良特性的酶蛋白质分子。目前，我国在利用优良饲用酵母菌株生产饲用酶制剂、氨基酸、抗菌肽等的研究方面取得了良好进展。此外，具有抗逆性、耐受性、高生物量的酵母益生菌菌剂，以及可用于生产高含量活性肽（如乳链菌肽、细菌防御素等）的相关酵母菌的开发也在不断推进。

2 微生物发酵饲料

我国饲料蛋白的结构性短缺压力是制约畜牧业发展的主要瓶颈，利用生物发酵技术等手段挖掘新的饲料蛋白资源、提高现有饲料资源的蛋白含量和营养价值，对于缓解饲料蛋白总量短缺和改善其品质具有重要意义。

2.1 微生物与粕类、渣类发酵

乳酸菌、芽孢杆菌、酵母菌（主要是酿酒酵母和产朊假丝酵母）与霉菌等微生物配伍，发酵饼粕能分解有害因子，去除饼粕中抗原蛋白等抗营养因子，通过发酵产生的消化酶类分解一些难消化的多糖和蛋白，提高饲料成分的生物转化率。国内关于发酵豆粕的研究较为活跃，且具有鲜明的中国特色。发酵后豆粕中粗蛋白、可溶性氨基酸、抗氧化物质等的含量都明显提高，同时有效消除了主要抗原蛋白如大豆球蛋白、β-伴球蛋白、胰蛋白酶抑制因子及胰蛋白酶抑制因子等。

用固态发酵技术处理菜籽粕、棉籽粕和其他杂粕的植物性蛋白，能显著提升其氨基酸平衡性和蛋白质利用率，降低抗营养因子，改善其饲用价值，使其成为较好的饲料蛋白来源。这不仅能缓解我国蛋白饲料资源紧张局面，还能改善农业生态环境，实现资源的充分利用。此外，马铃薯渣、苹果渣、酒糟等粗纤维原料来源广、成本低，经生物发酵转化，也能适当增加微生物蛋白等活性物质，可以用于反刍动物饲料、水产饲料的开发。

2.2 微生物与农产品废弃物发酵

我国农作物秸秆年产量达 7~9 亿吨，大部分未得到合理利用，浪费严重，也造成环境污染。以饲料资源开发为目标，将其作为固态发酵的低成本原料，通过微生物发酵增值转化是实现可再生资源循环利用的有效途径，既可以缓解粮食危机、饲料短缺、能源危机和环境污染等问题，还能调整农业产业结构，实现资源综合利用，促进农业的可持续发展。目前，利用农副产品下脚料及食品工业废渣废液，通过酵母等微生物发酵生产单细胞蛋白饲料及相关产品的研究已取得了一系列成果，促进了农业、工业和生活废弃物无害化、减量化和资源化处理的推进。

目前，我国对于利用饲料微生物等发酵农产品废弃物生产饲料蛋白研究方面取得了良好的进展，用于生产的乳酸菌、芽孢杆菌、酵母菌和霉菌具备碳源利用广谱性强、耐酸、耐高温、生长速度快、繁殖力强、蛋白质合成能力强、抗污染能力强、分散性好的优良特性。有关学者采用糖化酵母、绿色木霉、米曲霉为生产菌株，高密度种子扩培技术、酵母单一菌种或混株固态发酵工艺优化控制组合生物技术，先后对农作物秸秆等饲料原料进行了较为深入的小试研究或中试生产放大研究。发酵产物中 B 族维生素含量均比鱼粉和豆粕有了显著提高。用发酵产物进行养殖试验，在小麦、玉米、米糠、麸皮和豆粕配伍的饲粮中添加 7% 发酵产物，猪育肥期日增重为 1 000 克。

2.3 微生物与青贮饲料

用于饲料青贮的微生物添加剂，由 1 种或多种乳酸菌、酶和一些活化剂组成，主要作用是有目的地调节青贮料内微生物区系，调控青贮发酵过程，促进乳酸菌大量繁殖，更快地产生乳酸，促进多糖与粗纤维的转化，从而有效提高青贮饲料的质量。用于青贮的乳酸菌有植物乳杆菌、肠球菌属、片球菌属等，其特点是能够在一个比较宽的温度范围内快速繁殖、生长；同质型乳酸发酵，能利用青贮作物中的主要糖（葡萄糖、果糖、蔗糖）生成乳酸。乳酸菌发酵产生的乳酸导致 pH 值快速下降，有助于限制植物酶的活性，抑制粗蛋白降解成非蛋白氨，减少蛋白质的损失。且发酵产物的转换可以提高青贮饲料的消化率。此外，酵母菌能利用青饲料中的糖分进行繁殖，可增加青贮饲料的蛋白质含量，同时生成乙醇，使青贮饲料有一种清香味。欧洲的一些畜牧场普遍采用丙酸菌类酵母，以防止青贮饲料过酸。这种酵母能促进饲料的丙酸发酵，并能充分利用游离的碳水化合物和乳酸。经丙酸类酵母菌处理的青贮饲料，pH 值稳定在 4.1 ~ 4.3 的水平，在贮存时也能维持适宜酸度。

3 酶解饲料

饲用微生物及其代谢产物在饲用酶制剂的开发与应用中扮演着重要角色，其代谢产生的各种酶类，如植酸酶、蛋白酶、淀粉酶、脂肪酶和糖苷酶等，能显著提高饲料利用率。微生物饲用酶制剂作为一种新型高效饲料添加剂，为开辟新的饲料资源、降低饲料生产成本、减少养殖排泄物对环境的污染提供了有效的途径。根据酶的催化功能，微生物饲用酶制剂可分为降解多糖和生物大分子物质的饲用酶制剂，包括蛋白酶、淀粉酶、纤维素酶、木聚糖酶、甘露聚糖酶、脂肪酶、糖化酶等，其主要功能是降解植物细胞壁，使细胞内容物充分释放；降抗营养因子的饲用酶制剂，包括植酸酶、β - 葡聚糖酶、果胶酶等，能降解植酸以及细胞壁木聚糖和细胞间质的果胶，提高饲料的利用率。

微生物代谢产生的天然酶在催化效率、抗蛋白酶水解、热稳定性及价格方面均存在很大局限。经过对产酶菌种的改良，可在一定程度上解决天然酶在酶的 pH 性质、热稳定性、抗胃蛋白酶能力等方面的不足，使酶活性得到充分发挥，并创造新的具有优良特性的酶蛋白质分子。美国 FDA 现已审批了来自酿酒酵母、毕赤酵母表达系统的若干基因工程产品，证明了其安全性。目前世界上饲料用酶近 20 余种，其中生产规模最大的两种酶——β - 葡聚糖酶和植酸酶皆运用了基因工程技术得以改造。我国研究者筛选出以高比活植酸酶为代表的优良的饲用酶，克隆到具有自主知识产权的饲用酶新基因，构建了毕赤酵母高效表达工程菌。迄今为止，饲料用木聚糖酶、β - 葡聚糖酶和 β - 甘露聚糖酶等都在毕赤酵母中得到了高效表达。其中高比活植酸酶是我国农业微生物领域第一个进入商业化生产的生物技术产品，占据了国内植酸酶市场的 40%。

4 展望

生物饲料的应用量大、作用广泛、效果明显，因此其研究与应用非常活跃，发展空间很大。尽管国内已有不少生产微生物发酵及酶解饲料、微生物（酶制剂）饲料添加剂的厂家，但规模大的厂家不多，生产总量低。目前，我国使用的不少微生物（酶制剂）饲料添加剂依靠进口，有的包括原料均需要进口。未来微生物发酵及酶解饲料研究开发的趋势主要集中在以下几个方面：第一，建立和发展饲用微生物育种的新方法和新技术，开展饲用微生物资源发掘领域，获得一批有自主知识产权、有应用价值的饲用微生物新菌种资源；第二，针对动物种类、生长发育阶段及益生功能的不同，研制差异化、个性化混菌配伍技术和制剂产品；第三，发展和完善饲用微生物发酵工程技术，开发安全、高效、稳定的新型微生物蛋白质和能量饲料；第四，突破目前存在于无菌模式动物和多种标记示踪等技术中存在的瓶颈，推进饲用微生物对宿主微生态和生命活动的微观影响研究，探索其对畜禽的内分泌及免疫机能产生影响的作用机制。同时，要在积极促进技术发展的同时要高度重视具有应用潜力的新的饲用微生物对人类健康和生态环境可能存在的风险，严格按照国家生物安全相关管理条例和国务院颁布的"饲料和饲料添加剂管理条例"要求，认真开展饲用微生物的生物安全性评价研究；根据饲用微生物的特点，尤要注意研究建立准确、灵敏的饲用微生物及生物饲料有效成分的检测方法，加强饲用微生物在体内与环境中定殖、存活、扩散能力以及与非靶标生物种群相互关系的监测等。

参考文献

［1］ Awad W A, Ghareeb K, Dakak A, et al. Single and combined effects of deoxynivalenol mycotoxin and a microbial feed additive on lymphocyte DNA damage and oxidative stress in broiler chickens ［J］. PloS one, 2014, 9 （1）: e88028.

［2］ Canibe N, Kristensen N B, Jensen B B, et al. Impact of silage additives on aerobic stability and characteristics of high – moisture maize during exposure to air, and on fermented liquid feed ［J］. Journal of applied microbiology, 2014, 116 （4）: 747 – 760.

［3］ Grilli E, Vitari F, Domeneghini C, et al. Development of a feed additive to reduce caecal Campylobacter jejuni in broilers at slaughter age: from in vitro to in vivo, a proof of concept ［J］. Journal of applied microbiology, 2013, 114 （2）: 308 – 317.

［4］ Jimenez G, Blanch A R, Tamames J, et al. Complete Genome Sequence of Bacillus toyonensis BCT – 7112T, the Active Ingredient of the Feed Additive Preparation Toyocerin ［J］. Genome announcements, 2013, 1 （6）.

［5］ Kantas D, Papatsiros V G, Tassis P D, et al. The effect of a natural feed additive (Macleaya cordata), containing sanguinarine, on the performance and health status of weaning pigs ［J］. Animal science journal, 2014.

［6］ Lee J, Park I, Cho J. Immobilization of the Antarctic Bacillus sp. LX – 1 alpha – Galactosidase on Eudragit L – 100 for the Production of a Functional Feed Additive ［J］. Asian – Australasian journal of animal sciences, 2013, 26 （4）: 552 – 557.

［7］ Li Z, Huang H, Zhao H, et al. Genetic diversity and expression profiles of cysteine phytases in the sheep rumen during a feeding cycle ［J］. Letters in applied microbiology, 2014.

［8］ Londero A, Leon Pelaez M A, Diosma G, et al. Fermented whey as poultry feed additive to prevent fungal contamination ［J］. Journal of the science of food and agriculture, 2014.

［9］ Miyamoto H, Shimada E, Satoh T, et al. Thermophile – fermented compost as a possible scavenging feed additive to prevent peroxidation ［J］. Journal of bioscience and bioengineering, 2013, 116 （2）: 203 – 208.

［10］ Ohno A, Kataoka S, Ishii Y, et al. Evaluation of Camellia sinensis catechins as a swine antimicrobial feed additive that does not cause antibiotic resistance ［J］. Microbes and environments, 2013, 28 （1）: 81 – 86.

［11］ RaY K. Gut microbiota: microbial metabolites feed into the gut – brain – gut circuit during host metabolism ［J］. Nature reviews Gastroenterology & hepatology, 2014, 11 （2）: 76.

［12］ Robles R, Lozano A B, Sevlla A, et al. Effect of partially protected butyrate used as feed additive on growth and intestinal metabolism in sea bream (*Sparus aurata*) [J]. Fish physiology and biochemistry, 2013, 39 (6): 1 567 – 1 580.

[13] Ruiu L, Satta A, Floris I. Administration of *Brevibacillus laterosporus* spores as a poultry feed additive to inhibit house fly development in feces: a new eco – sustainable concept [J]. Poultry science, 2014, 93 (3): 519 – 526.

[14] Wu D, Teng D, Wang X, *et al*. *Saccharomyces boulardii* prevention of the hepatic injury induced by Salmonella Enteritidis infection [J]. Canadian journal of microbiology, 2014, 60 (10): 681 – 686.

[15] Yao C, Spurlock D M, Armentano L E, *et al*. Random Forests approach for identifying additive and epistatic single nucleotide polymorphisms associated with residual feed intake in dairy cattle [J]. Journal of dairy science, 2013, 96 (10): 6 716 – 6 729.

[16] Zeitz J O, Guertler P, Pfaffl M W, *et al*. Effect of non – starch – polysaccharide – degrading enzymes as feed additive on the rumen bacterial population in non – lactating cows quantified by real – time PCR [J]. Journal of animal physiology and animal nutrition, 2013, 97 (6): 1 104 – 1 113.

[17] Zhao Z, Ramachandran P, Kim T S, *et al*. Characterization of an acid – tolerant beta – 1, 4 – glucosidase from Fusarium oxysporum and its potential as an animal feed additive [J]. Applied microbiology and biotechnology, 2013, 97 (23): 10 003 – 10 011.

[18] 蔡辉益. 生物饲料将成为未来发展趋势 [J]. 中国畜牧业, 2014 (02): 29.

[19] 崔黎, 郭雪娜, 王肇悦, 等. 乳酸酵母菌的研究现状及其在饲料添加剂中的功能 [J]. 食品与发酵工业, 2009 (05): 118 – 121.

[20] 丁强, 杨培龙, 黄火清, 等. 植酸酶发展现状和研究趋势 [J]. 中国农业科技导报, 2010 (03): 27 – 33.

[21] 郭雪娜, 崔黎, 王肇悦, 等. 富集微量元素的功能酵母研究概况及应用前景 [J]. 食品与发酵工业, 2009 (04): 124 – 127.

[22] 郭雪娜, 付秀辉, 何秀萍, 等. 高生物量富铬酵母的选育研究 [J]. 食品与发酵工业, 2009 (07): 28 – 31.

[23] 苏晓鸥. 饲料质量安全风险评估与预警 [M]. 食品、饲料安全与风险评估学术会议, 中国江西婺源, 2010.

[24] 王绍杰, 郭雪娜, 何秀萍, 等. 酵母菌利用糖蜜发酵产麦角甾醇的工艺条件优化 [J]. 生物工程学报, 2013 (11): 1 676 – 1 680.

发酵及霉解饲料应用技术

王文博

（青岛根源生物集团，青岛　266061）

摘　要：发酵饲料具有成本低、适口性好、预防部分肠道疾病等功效，逐渐得到较多养殖户的认可，本文就发酵饲料的形式、发酵菌种及其在畜禽养殖中的应用技术进行综述。

关键词：发酵饲料；功能；应用技术

发酵饲料属于固体发酵范畴，起源较早，早期的泔水养猪就是一种借助自然菌株对部分原料进行处理的发酵饲料，新中国的发酵饲料经过 3 个发展时期，第一发展时期是 20 世纪 80 年代的糖化饲料，将含淀粉较多的饲料，通过转化糖酶的作用，将部分淀粉转化为糖分，可促进动物消化吸收，由于过度炒作，超过其使用价值而衰退；第二个发展时期是 20 世纪 90 年代的"酵母粉"，以前苏联的"石油酵母"为主，以廉价的蛋白原料为卖点，由于技术线路问题及"蛋白精"的出现而销声匿迹；第三现阶段的发酵饲料技术，与以前相比有了更好的菌种选育过程，工艺上采用了固体浅层发酵和固体厚层通风发酵以及液体深层发酵。现阶段的发酵企业由于投资力度及产品设计方向不一，其产品质量相差很大。

1　原料类型

1.1　发酵全价饲料

将全价料包括能量原料、蛋白原料、微量元素等全部饲料成分作为底物，或者直接用市售全价饲料作为底物在适当的温度下经厌氧或好氧，进行短时间发酵，改善饲料的适口性，提高采食量，该类饲料不仅能全面满足动物的营养需要，还能增加多种消化酶有机酸、维生素、多肽、小肽、氨基酸的含量，富含大量的益生菌。具有明显的促生长、防治疾病等生物学效应，对肠道疾病的控制效果好，通过产品中的水分降低整体成本，一般不做烘干处理，水分在 30% ~ 50%，pH 值 4.5 左右，有酸香味道，可替代部分全价料，建议添加量不超过 10%。

1.2　纤维素类原料发酵

将麸皮、玉米皮、稻壳粉等粗纤维类物质作为底物，利用纤维素分解菌、产酶菌、产酸菌和饲料酵母通过长时间发酵获得较多的益生菌代谢物，筛选菌种在厌氧条件下，繁殖速度快、产乳酸和分解纤维素能力强，并能代谢产生纤维素酶、淀粉酶、解脂酶、蛋白酶等多种酶类及丁二酮、乙二酰等芳香物质，还能合成烟酸、吡哆酸、丙酸、及多种维生素。并通过长时间发酵过程软化部分纤维，能提高瘤胃微生物区系的纤维素酶和解脂酶的活性，从几个方面都提高了粗纤维的消化率。起到改善粗纤维品质的作用，一般做烘干处理，干燥后 pH 值 5.0 左右，可以作为添加剂载体使用，亦可以单独作为原料添加在饲料内添加，能在一定范围内改善动物肠道菌群平衡。

1.3　粕类发酵

粕类物质一般是植物种子经过物理或者化学办法取出其中油脂的剩余部分，富含蛋白质，提取过程中抗营养因子及单宁类物质的浓度相对上升，影响使用。通过益生菌的发酵处理，可以将原料中抗营养因子或单宁类物质减少，变成富含小肽的高档饲料蛋白质。起到改善原料品质的作用，由于小肽营养机理研究的深入、益生菌发酵粕类在饲料中应用的优良效果以及全球鱼粉产量减少价格走高等原因，益生菌发酵粕类目前成为饲料行业中的热点。发酵粕类中小肽含量的高低和抗营养因子的消除程度与发酵所使用的微生物菌种及发酵工艺息息相关，在生产中一般采用多种益生菌搭配使用，促进酶解，分解抗原和抗营养因子，经过多种益生菌分阶段发酵酶解，使蛋白质得到充分降解，产品富含多种活性小肽、益生菌、生物活性酶等。发酵粕类在我国许多地方已大批量生产，常见的有发酵豆粕、发酵棉粕、发酵菜粕等，一般做烘干处理，作为常规原料在饲料中添加，由于成本较高常用于幼畜禽饲料，常以蛋白含量作为标示单位，在高档饲料中作为优质饲料蛋白的植物蛋白源。

1.4　糟渣发酵

糟渣一般是植物种子或者块状茎生产酒类、食品的剩余部分，其中的淀粉类物质被利用剩余油脂、纤维素、蛋白等，有较高的利用价值，因其在生产过程中已经进行一次发酵或者糖化处理，所以只需简单发酵改善风味或者延长保质时间即可使用，也有直接烘干使用。一般有白酒糟、啤酒糟、柠檬酸渣等，该类物质含有酒精、有机酸及酸败物质，在其发酵过程中产生果胶酸和甲醛，这些对畜禽有一定的副作用，同时新鲜的糟渣含有大量水分如不能及时处理易滋生有害菌。通过发酵处理可以降低糟渣 pH 值，改善其适口性，为饲料生产提供便宜的蛋白、能量原料。

1.5　霉变原料处理

发霉饲料对畜禽有毒害作用，轻则造成生长停滞，生产性能降低，重则造成中毒死亡。霉变的饲料，不能直接用来饲喂畜禽。因微生物有分解霉菌毒素的能力，部分霉变原料可以通过微生物发酵的方式变废为宝，通常用于处理回机饲料、霉变牧草。通常有酶解法和微生物发酵法。酶解法主要是选用某些酶，降解或破坏毒素。但由于霉菌毒素种类较多，此类方法要求酶系复杂完整，并且成本较高，也难以在实际生产中推广使用。采用微生物发酵来去除霉菌毒素有许多报道，如我国南方酿造米酒所产的德氏根瘤菌素对 AF 有很强的解毒作用。国外利用红色棒状杆菌的生物转化功能，对饲料中 AFB_1 的降解率达 99%。米根霉、橙色黄杆菌、亮菌都有转化降解霉菌的作用，但这种转化通常是缓慢的，而且是不完全的。能否在实际生产中发挥作用还需作进一步的研究。一般认为酵母及曲霉的发酵过程不能破坏 AFB_1、ZEA、FB_1，作为饲料的发酵过后的粮食毒素将有可能增加；微生态制剂、乳酸菌和丙酸菌可以减少 AF 的生物活性。

2 发酵菌种

2.1 乳酸杆菌类

乳酸杆菌属乳酸杆菌科，因发酵糖产生大量乳酸而命名。其存在广泛，嗜酸性，在无芽胞杆菌中是耐酸力最强，pH 值 3.0～4.5 的环境中仍然能生存。是动物肠道重要的生理性菌群之一，负担着动物体内重要的生理功能。该菌在固体培养时繁殖较慢，产生大量代谢物，包括乳酸、抗菌肽、生物素等，研究发现，代谢产物和活菌液对革兰氏阳性菌、革兰氏阴性菌都有很强的抑菌效果，随着 pH 值的降低抑菌作用逐渐变强，活菌和代谢产物中含有较高的超氧化物歧化酶（SOD），能增强动物的体液免疫和细胞免疫。一般的饲料发酵都离不开乳酸杆菌，乳酸菌是应用最早、最广泛的益生菌。

2.2 酵母类

酵母是一类非丝状真核微生物单细胞微生物，属于高等微生物的真菌类，有氧气或者无氧条件下都能繁殖。一般泛指能发酵糖类的各种单细胞真菌，酵母菌体中含有非常丰富的蛋白质、B 族维生素、脂肪、糖、酶等多种营养成分。可分解糖变成水、酒精、二氧化碳，是固体发酵中产气的主要部分，一般用来提高发酵饲料的风味，通过破壁等方式处理酵母细胞也可以作为一种益生元来使用。大量的应用研究试验证明，酵母在提高动物免疫力、提高动物生产性能和减少应激等方面均起到一定的作用。饲用酵母的主要种类有啤酒酵母和产朊假丝酵母。酵母一般用于粕类发酵。

2.3 芽孢类

芽孢杆菌是一种能够产生芽孢的好氧菌。耐受高温、高压和酸碱，生命力强。常用的有枯草芽孢杆菌、地衣芽孢杆菌等，属于兼性需细菌。可利用蛋白质、多种糖及淀粉，分解色氨酸形成吲哚。在氧气充分的情况下可以产生大量热，代谢产物多为酶，其中枯草芽孢杆菌以木聚糖酶为主，地衣芽孢杆菌以蛋白酶为主。一般用作纤维原料处理应用。

2.4 曲霉类

黑曲霉、米曲霉等是重要的发酵工业菌种，可生产淀粉酶、酸性蛋白酶、纤维素酶、果胶酶、葡萄糖氧化酶、柠檬酸、葡糖酸和没食子酸等。而且可以使辅料中粗纤维、植酸等难吸收的物质降解，提高营养价值、保健功效和消化率等。黑曲霉菌的功效与其生物学性能有关。黑曲霉菌是需氧微生物，在不利于生存的环境中可以形成孢子。黑曲霉菌可以分泌多种消化酶，因能促进饲料中的养分消化和吸收利用，成为美国 FAD 批准允许直接添加到饲料中的添加剂之一。黑曲霉菌产生的纤维素酶和半纤维素酶及果胶酶可以分解植物来源饲料中的纤维素和果胶质，释放其中的营养物质，使较为复杂的化合物变为相对简单的化合物，充分发挥饲料的营养价值并利于动物吸收。黑曲霉菌产生的蛋白酶可以分解饲料中的蛋白质，辅助动物消化，以够弥补动物内源消化酶的不足，刺激内源酶分泌，加速营养物质消化和吸收，提高饲料利用率。饲料中的一些物质，如阿拉伯木聚糖和葡聚糖，在寻常状态下没有营养价值，影响日粮中其他关键性营养物质的消化利用，甚至加剧小肠内有害微生物的增殖。研究表明，减少饲料中这些成分能降低结肠炎发病率、利于减轻和防止仔猪的消化疾病，并提升抗生素类药物的治疗效果。用黑曲霉菌生产的酶和黑曲霉菌发酵物在作为饲料添加剂使用时，必须注意要与动物消化道的生理条件相适应。幼龄的单胃动物，消化道的蛋白酶分泌不足，而目前使用的饲料，为保证幼畜的快速生长，蛋白质的比例比较高，因此幼容易引起腹泻。此时若在饲料中添加酸性蛋白酶和黑曲霉菌，可以通过分泌柠檬酸等的有机酸来调节胃内酸度，使蛋白酶更好地发挥作用。在提高饲料消化率的同时，抑制大肠杆菌等有害菌的滋生，有效防治仔畜产生腹泻。此外，黑曲霉菌发酵物对育肥猪和鸡等动物的机体代谢调节、成活率、免疫球蛋白含量的提高、抗病能力增强等具有正面作用。日本和美国正逐步把纤维素酶加到人用和兽用多酶片中，预防和治疗消化不良。发酵饲料的应用常用的霉菌有根霉、黑曲霉、米曲霉等，一般用作处理纤维原料，或者直接作为添加剂使用。

3　实际具备功能

发酵饲料成本较低，适口性好，较易被养殖户接受，造成很多企业和个人参与，存在较多的问题，片面的夸大发酵的功效，影响正常地使用，常见的误区有：

3.1　提高蛋白质含量

现有的发酵工艺对原料蛋白质总量的改变较少，除固氮菌外，很少有微生物能将空气中氮气转化为蛋白，现有的发酵过程中所谓的蛋白质含量的提高，实际上是蛋白的浓缩过程，通过发酵产热损失部分原料或者烘干过程水分损失，导致蛋白质百分比的上升，这种蛋白质含量的变化是相对的，不是菌体蛋白带来的。

3.2　替代全部全价饲料

一般在发酵全价饲料产品体现较多，发酵全价饲料的本质是通过水分的添加来降低整体的成本，通过发酵过程改善饲料的消化吸收率，但是这部分水分是不产生营养价值的，所以其添加量有一定的限制，过多添加会稀释饲料的营养浓度，添加量超过15%会出现生长缓慢、脂肪沉积不足等现象。

在生产企业中也会存在各式各样的问题，影响该类产品的质量：

一是专业人员缺乏。由于大多数发酵饲料企业投入较少，缺乏发酵专业人员，对微生物和发酵工艺了解甚少，对菌种筛选不严格，菌种老化、变异严重，很多生产企业1个菌株打天下，不注重各菌种间的协同作用，片面夸大某一菌种发酵的作用，导致发酵质量批次间变化较大，质量不稳定。

二是没有严格评估体系。仅仅靠时间、温度、pH值几个简单指标来评定发酵是否成功，没有完整卫生指标、代谢产物含量、益生菌含量的检测评估系统，更多是凭靠经验、眼观指标的变化来判定产品质量，导致产品的均一性较差，卫生指标不可控。

就实际应用效果而言，发酵类产品是富含益生菌、益生菌代谢产物的饲料原料的复合体，该类物质通过动物的肠道，经过消化吸收后排在养殖环境中，能够起到明显作用的区域也就限制在动物肠道和养殖环境中，通过对该类产品的实际使用效果调查反映在以下几个方面：

一是营养性、细菌性腹泻。由于发酵饲料中益生菌及益生元的含量较高，大剂量添加后可迅速改善动物肠道菌群结构，提高饲料消化率，降低肠道营养物质浓度，增加后肠微生物多样性，所以能减少或在一定程度上治疗营养性、细菌性腹泻，且效果明显，一般3~4 d可见。

二是母猪便秘。发酵饲料适口性好、富含有机酸，可提高母猪采食量，同时降低肠道pH值，刺激肠道蠕动，加快排便速度，通过调查数据发现使用不烘干的发酵饲料可在1周内明显改善妊娠、哺乳期母猪便秘情况。

三是反刍动物消化率。反刍动物瘤胃中存在大量微生物，酵母类发酵饲料可改善瘤胃微生物区系，提高纤维类饲料的消化吸收，国内外大量研究数据表明，添加酵母类发酵饲料可在 10～15 d 内提高 5%～10% 的纤维消化能力。

四是蛋壳品质。蛋壳质量与禽类泄殖腔类微生物含量密切相关，发酵饲料中大量益生菌可显著降低肠道类大肠杆菌的总量，对泄殖腔类微生物总量降低有明显作用，因此可在 7～15 d 内观察到蛋壳质量的变化。

五是环境改善。通过添加发酵类饲料可提高畜禽整体的消化吸收率，降低粪便中营养物质浓度，从而减少氨、硫的排放，一般添加 2～3 d 可观察到养殖环境中异味减少。

发酵饲料通过改善动物肠道、提高消化率、减少环境异味几个方面来影响动物生产性能，我们应当重视其作用，但不能夸大其功效。

4 发展趋势

目前国内畜牧业的话语权在饲料厂，养殖属于弱势群体，只能被动接受饲料厂的产品，随着行业整合力度加大，这种平衡会发生变化，单一靠原料的简单物理混合的纯商业饲料厂的生存空间越来越小，原料的深度加工是其必走之路，而发酵饲料是原料深度加工的一个备选方案。

随着规模养殖巨头的出现，疾病的压力会越来越大，常规的药物治疗逐渐变为应急方案，不再是日常管理的要点，预防疾病发生的技术越来越重要，发酵饲料可以在肠道功能改善上提供较好的方案。

目前养殖污染已经超过汽车尾气污染，成为我国第一大污染源，养殖环境异味、粪便剩余营养物质是污染的重头戏，而发酵饲料可显著降低这两个污染源，也是日后规模养殖场环保考虑的要素之一。

第二部分

相关产业生物饲料应用现状

猪日粮中生物饲料应用现状

张中岳

（深圳市金新农饲料股份有限公司，深圳　518106）

摘　要：近年来，生物饲料发展迅猛，其在降低饲料成本、新原料开发利用和替代抗生素方面取得了一定的进展。生物饲料是以微生物发酵技术为核心生产的动物饲料或饲料原料，包括酶制剂、微生态制剂、功能性蛋白肽、植物及微生物提取物、发酵及酶解饲料等。本文简述了生物饲料在猪日粮中的应用现状。

关键词：生物饲料；猪日粮；应用

抗生素自从发现以来，就被人类大量使用，抗生素在提高动物生产性能及抗病治病方面具有积极的作用，但抗生素的大量使用是一把双刃剑，大量使用抗生素在杀灭致病细菌的同时，也破坏了养殖动物体内的正常细菌，引起动物体内的微生态环境失去平衡，同时抗生素的大量使用也造成了菌株对其的耐药性，由此引起动物内源性感染或二重感染以及动物免疫功能的下降，甚至造成肉制品中抗生素的残留。随着人们生活水平的提高，对食品安全日益重视，严格控制并减少抗生素的使用是大势所趋，自 2006 年 1 月起，欧盟已全面禁止在动物饲料中添加抗生素。随后，日本和韩国等亚洲发达国家也相继制定了畜禽无抗生素饲养规范。

1　酶制剂

目前在猪日粮中应用的饲用酶制剂包括内源酶（蛋白酶、脂肪酶和淀粉酶）和外源酶（植酸酶、非淀粉多糖酶）两种。植酸酶（来自细菌或真菌）在猪日粮配方中的广泛使用已超过 10 年，植酸酶的经济效益和生产价值不仅体现在它能释放磷，还体现在它在某种程度上提高氨基酸的利用率（Almeida，2013；Rutherfurd，2014）。非淀粉多糖酶在猪上的应用效果已得到了较好的效果验证，如木聚糖酶（O'shea，2014）、β - 葡聚糖酶（Prandini，2014）、纤维素酶（Omogbenigun，2004）、α - 半乳糖苷酶（徐尧兴等，2008）、β - 甘露聚糖酶（Pettery，2002）都能不同程度提高营养物质的消化率。近年来，内源酶（蛋白酶、脂肪酶和淀粉酶）发展势头迅猛，特别是蛋白酶。在仔猪方面，由于仔猪早期阶段消化酶发育不健全，内源酶的推广一方面可以弥补仔猪内源酶的不足，另一方面，内源酶可有效提高非常规原料的消化率，对于缓解目前饲料资源的短缺具有重要的社会意义和经济价值。

由于猪用饲料原料越来越多样性，酶制剂公司纷纷推出专用复合酶，如小麦专用复合酶、大麦专用复合酶、高粱专用复合酶等。因此，针对特殊性饲料原料的专用复合酶将成为饲用复合酶发展的主流。

2 微生态制剂

微生态制剂是一种根据微生态原理，利用对宿主有益的生理活性菌群或其代谢产物以及能促进这些生理菌群生长繁殖的物质制成的制剂，通过对微生态的调节，保持微生态平衡，提高宿主健康水平和增进健康水平。微生态制剂可分为益生菌、益生元、合生元三种类型。微生态制剂在猪日粮中的应用主要为乳酸杆菌、芽孢杆菌、酵母菌和功能性寡糖。

2.1 益生素在猪日粮中的应用现状

益生素（乳酸杆菌、芽孢杆菌和酵母菌）在猪日粮中的应用主要在仔猪阶段。大肠杆菌和肠球菌是仔猪肠道内的过路菌，乳酸杆菌、双歧杆菌、产气荚膜梭菌为仔猪肠道常驻菌群，当肠道内过路菌聚集到一定数量，就会抑制常驻菌群的发展，进而导致消化吸收障碍，仔猪出现拉稀现象。窦茂鑫等（2013）研究发现益生素（芽孢杆菌和乳酸杆菌）的添加能够改善仔猪的肠道微生物菌群，降低肠道蛋白质的腐败变质，进而降低腹泻率、增强机体免疫力、提高生产性能。张海棠等在猪日粮中添加益生素（枯草芽孢杆菌、酵母菌和乳酸菌等），和对照组相比，能提高免疫球蛋白 IgG、IgM、IgA 及补体 C3、C4 水平 25.92%、8.39%、4.91%、6.17% 和 5.50%。杨旭辉等（2011）同样发现在仔猪日粮中添加乳酸杆菌能够显著提高仔猪 IgG、IL-2、IL-5 和 IFN-γ 的含量，由此可以表明益生素能够显著增强仔猪的免疫功能。

张治家（2011）研究发现，生长肥育猪（24kg 左右）日粮中添加益生菌能够明显提高其平均日采食量、平均日增重和饲料转化率，腹泻率比对照组降低 73.5%，差异极显著。丁文强等（2012）研究发现生长肥育猪（10～110kg）日粮中添加 200g/t 的益生素能够提高其平均日采食量 4.2%，提高其平均日增重 5.5%，料肉比降低 1.3%。冯敏山（2012）研究同样发现益生素的添加可显著提高 30～60kg、60～100kg 阶段生长肥育猪的平均日增重，并可显著提高饲料转化率，但对采食量无显著影响。以上 3 个试验可表明益生素能够提高生长肥育猪的平均日增重和平均日采食量，提高饲料利用率和经济效益。

益生素在母猪日粮中添加可以改善母猪消化道内菌群结构，促进母猪排便通畅，减少母猪便秘的发生。王学东等（2006）、李彪等（2009）研究结果显示，在母猪日粮中添加活性酵母，具有改善母猪胃内菌群结构的作用，可明显促进胃内容物中厌氧菌和双歧杆菌的增殖。Yannig（2009）研究结果发现，活酵母可以减少应激对母猪消化机能的影响，饲喂布拉氏酵母添加剂的母猪排便通畅，且排便类型有较好的均一性。益生菌在母猪日粮中添加还可提高母猪的生产性能。Alexopoulos（2004）、Taras（2005）在母猪日粮中添加地衣芽孢杆菌、枯草芽孢杆菌和 Toyoi 芽孢杆菌，均可增加断奶仔猪数及断奶仔猪体重。Stamati（2006）研究发现，在母猪日粮中添加 Toyoi 芽孢杆菌可明显改善母猪乳汁中脂肪和蛋白质的水平，并提高仔猪的平均断奶重 0.5kg。

2.2 功能性寡糖在猪日粮中的使用现状

功能性寡糖又称为功能性低聚糖，是指具有特殊生物学功能的由 2～10 个单糖分子以糖苷键连接而成的小聚合物。功能性寡糖不能被动物本身的消化酶所消化，但到达肠道后可作为有益微生物的底物，而不被病原微生物利用，从而促进有益微生物的繁殖和抑制有害微生物生长。目前，已经发现的具有特殊生理功能的功能性寡糖有十多种，其中在猪日粮中应用的主要有大豆寡糖、果寡糖和甘露寡糖等。

功能性寡糖主要应用于仔猪日粮中，且取得了较好的效果。Savage（1996）体外试验表明，功能性寡糖可以提升血清中 IgG 和 IgA。陈代文等（2006）研究发现，在断奶仔猪基础日粮中添加 0.1% 的寡糖能够极显著的提高血液中 IgG 水平和淋巴细胞，并能有效提高仔猪粪便中双歧杆菌和乳酸杆菌的数量，降低大肠杆菌数量。尹小平等（2006）在 28 日龄断奶仔猪日粮中添加 0.1% 的甘露寡糖，其可显著抑制结肠、盲肠和直肠中大肠杆菌的增殖，并提高盲肠中乳酸杆菌的浓度。杭苏琴等（2009）在断奶仔猪日粮中添加 0.4% 的甘露寡糖，结果发现甘露寡糖可有效降低仔猪的腹泻率。由此可推断，在仔猪日粮中使用甘露寡糖，能够调节机体的免疫水平，并可有效结合吸附内外源致病菌，从而减少仔猪腹泻的发生。刘雪兰等研究发现，在仔猪日粮中添加 0.4% 和 0.8% 的功能性寡糖，仔猪十二指肠、空肠、回肠绒毛高度比对照组显著升高，隐窝深度比对照组显著降低。黄俊文研究发现，仔猪日粮中 1% 甘露寡糖的添加可显著提高仔猪肠道绒毛高度和隐窝深度的比值，绒毛高度比对照组提高 12%。由此可见，功能性寡糖在仔猪日粮中使用可有效促进仔猪肠道健康发育，从而促进营养物质的消化和吸收。大量研究结果表明，在断奶仔猪日粮中添加功能性寡糖可显著提高仔猪的平均日增重和饲料转化率，提高生产性能。Castillo（2008）研究发现，在仔猪日粮中添加 0.2% 甘露寡糖，仔猪全期的料重比显著降低 7.9%。李梅等（2010）研究显示，在仔猪基础日粮中分别添加 0.75% 异麦芽寡糖、甘露寡糖和果寡糖，与对照组相比，各试验组的平均日增重分别提高 63.3%、142.4% 和 29.7%，料重比分别降低 8.5%、17.8% 和 9.3%。

功能性寡糖应用于肥育猪上多与其他物质配合使用，可以提高其生长性能，改善肉质。王彬等（2006）研究表明，54kg 的生长肥育猪日粮中添加 0.1% 的半乳甘露寡糖和添加 50mg/kg 的金霉素相比，平均日增重提高 10.2%，平均日采食量降低 25.2%，料重比下降 13.2%，瘦肉率提高 2.94%，猪肉系水力增加，肉中吲哚的含量下降 6.7%。金加明等（2005）研究发现，在肥育猪日粮中添加 0.05% 的甘露寡糖和 0.2% 的酵母培养物，能够明显增强肥育猪的免疫力，提高日增重，降低料重比。

功能性寡糖在母猪日粮中的应用研究较少，王彬（2006）研究结果显示，母猪哺乳料添加 0.1% 的半乳甘露寡糖，与对照组相比，泌乳量提高 44.6%，料乳比降低 26.8%；与添加吉他霉素 20mg/kg 组相比，采食量和泌乳量也有不同程度的提高。王彬（2006）研究结果发现，在母猪哺乳料中分别添加吉他霉素 20mg/kg、维吉尼亚霉素 20mg/kg 和 0.1% 的半乳甘露寡糖，各试验组与对照组相比，母猪 26 d 总泌乳量分别提高 38.2%、52.4% 和 44.7%；乳脂率分别提高 27.5%、22.7% 和 6%；甘露寡糖组的乳蛋白质比对照组提高 14.9%。由此可以推断，功能性寡糖在母猪日粮中的添加可有效提高母猪的泌乳力。

3　抗菌肽

抗菌肽是由基因编码在核糖体内合成的多肽，不同种类的抗菌肽通常有共同的特点：短肽（30～60 个氨基酸）、强阳离子型（等电点范围为 8.9～0.7），热稳定好（100℃，

15min），分子质量约为4ku，无药物屏蔽且不影响真核细胞。抗菌肽根据其来源的不同通常可以分为4大类，分别为来源于昆虫、动物、微生物基因工程菌以及人工合成。抗菌肽具有独特的杀菌机制和抗菌的广谱性，且病原菌不易对抗菌肽产生耐药性。研究表明，在动物日粮中添加抗菌肽能够抑制病原菌的繁殖，改善动物肠道菌群结构，提高动物的生产性能。侯振平、Tang、潘行正等发现在仔猪日粮中添加抗菌肽能够增加肠道有益菌的数量，控制腹泻率，提高仔猪的生长性能，从而提高仔猪成活率。孙友德（2013）研究表明，母猪日粮中添加天蚕素抗菌肽，母猪所产活仔数比对照组高5.57%，差异极显著，健仔率比对照组高4%，差异极显著，窝产仔猪和总产仔数两实验组无显著差异。可见抗菌肽的添加在一定程度上可提高母猪的繁殖性能。

4 植物与微生物提取物

植物提取物是从植物中提取的活性成分，可以对其进行测定，且含量稳定，对动物和人类没有任何毒性，并通过动物试验证明可以提高动物生产性能的饲料添加剂。国内外研究证明，植物提取物可以有效抑制病原菌、调控畜禽肠道微生态区系、增强免疫功能，从而替代抗生素作为畜禽促生长剂。仔猪日粮中添加能够提高营养物质的消化率，并能改善其生产性能（Stoni，2006；Cho，2006）。Sads（2003）和Molnar（2005）研究显示，仔猪日粮中添加60～180mg/kg的肉桂醛和55～165mg/kg百里香酚可改善仔猪的生产性能，但添加量较低时效果不明显。Kroismayr（2005）研究结果显示，仔猪日粮中添加止痢草、大茴香和柑橘皮提取物的生长性能、采食量、肠道微生物活性和营养物质消化率与日粮中添加阿维拉霉素的仔猪相近。Manzanilla（2004）和Castillo（2006）研究发现，在仔猪日粮中添加香芹酚、肉桂醛和辣椒提取物可提高乳酸菌、乳酸菌和肠道有害菌的比例；高剂量的百里香酚也可改善仔猪肠道微生物菌群（Janczyk，2008）。刘荣珍等（2007）的研究表明，在仔猪日粮中添加0.3%的植物提取物可提高仔猪盲肠内的双歧杆菌、乳酸杆菌数69.65%和29.69%，降低了盲肠内大肠杆菌和梭菌数目84.38%和58.07%。王志祥等（2008）发现仔猪日粮中添加三颗针提取物，能显著提高仔猪空肠、回肠和结肠中乳酸杆菌数目14.7%、15.9%和28.8%。由此提示，仔猪日粮中植物提取物的添加可有效地降低肠道中有害菌的数量，促进肠道微生物的生态平衡，改善肠道内环境，使仔猪远离毒素或有害代谢产物的影响，保证仔猪健康、快速生长。研究证实，在生长肥育猪日粮中添加植物提取物，能够提高养分的消化吸收率，并进一步提高其生产性能。田允波等（2003）在20kg三元杂交猪日粮中添加天然植物中草药提取物（黄芪、白芍、茯苓、合欢和大黄等），结果显示试验组育肥猪的平均日增重和饲料转化率比对照组提高1.32%和3.95%。Chen等（2008）研究发现植物提取物能够显著提高育肥猪对养分的消化率，0.1%和1.0%的大蒜植物提取物添加组在试验的35d和70d，其干物质的消化率分别比对照组提高3.42%、3.04%、4.78%、2.59%；蛋白质消化率分别提高了3.25%、2.99%、4.55%、4.68%。康红军等（2009）研究了两种不同的中草药提取物作为饲料添加剂饲喂生长猪，结果发现：与对照组相比，两组中草药提取物试验组平均日增重分别提高了3.57%和15.38%，平均日采食量分别提高了8.84%和1.14%，料肉比分别下降了3.79%和4.55%。李成洪等（2012）研究发现，在21kg长荣杂交猪日粮中添加植物提取物，和对照组相比，可提高平高日增重 8.87%，料重比降低 3.42%，腹泻率下降了 73.3%。

植物提取物不仅可以作为母猪的抗菌、促生长剂，而且可以提高母猪的繁殖能力。Il-sley 等（2003）研究显示，在母猪日粮中添加皂素、辣椒素、香芹酚和肉桂醛，可显著提高母猪日粮中粗蛋白的消化率，提高母猪的产奶量，但并未提高母猪的采食量。张鹤亮等（2009）用黄芪、白术、当归、王不留行、木通等中草药与维生素组成的添加剂，在哺乳母猪日粮中添加 0.5%，哺乳母猪 0~20 日龄及全期的泌乳量提高了 21.2%，哺乳母猪的断奶发情间隔缩短了 15.6%，下一胎窝产仔数提高了 27.27%，且哺乳期采食量有所提高。

5　发酵与酶解饲料

发酵饲料是指在人工控制条件下，微生物通过自身的代谢活动，将植物性、动物性和矿物性物质中的抗营养因子分解或转化，产生更能被畜禽采食、消化、吸收的养分并且无毒害的饲料原料。通过发酵处理的饲料不仅具有改善饲料营养吸收水平，降解饲料原料中可能存在的毒素的作用，还能大大减少抗生素等药物类添加剂的使用，改善了动物健康水平，从而提高食品安全。发酵饲料在猪日粮中应用最为普遍的为发酵豆粕，下面以发酵豆粕为例说明发酵饲料在猪日粮中的应用进展。

发酵豆粕是经现代生物工程发酵技术生产的无抗原优质蛋白质，微生物将大豆蛋白降解为小分子蛋白、小肽，并将抗营养因子彻底降解，同时生成大量的益生菌、乳酸、未知生长因子等物质。近年来，发酵豆粕被广泛应用于断奶仔猪，并取得了较好的效果。闻爱友等（2009）研究发酵豆粕对早期断奶仔猪生长、肠道微生物菌群及腹泻的影响。结果表明，早期断乳仔猪日粮中使用不同比例的发酵豆粕可一定程度调节肠道微生物菌群结构，减少早期断乳仔猪的腹泻发生，改善了早期断乳仔猪的生产性能，以发酵豆粕添加 10% 以上效果较明显。邓双义（2013）用低水分固体发酵豆粕完全替代普通豆粕的基础日粮饲喂（杜×长×大）三元杂交仔猪，试验共进行 31d，结果表明：试验组仔猪平均日增重比对照组显著增加了 25.37%，料肉比对照组的 2.36 降低到试验组的 1.88，效果非常明显。单达聪等（2013）报道，发酵豆粕替代普通豆粕可有效提高仔猪的平均日增重（14.5%），降低料重比（9.5%）、腹泻率（29.1%）和病死率（50%），同时也可以提高血清白蛋白和球蛋白比例（18.73 和 11.11%）。

研究发现，在断奶仔猪日粮中发酵豆粕可替代一部分鱼粉、乳清粉、大豆浓缩蛋白等高档蛋白质原料。Kim（2010）通过研究指出，在断奶日粮中添加 3%~10% 发酵豆粕替代部分脱脂奶粉对仔猪生产性能无任何负面影响。冯剑美（2012）研究指出，当添加不同水平的发酵豆粕替代同等蛋白质含量的脱脂奶粉，除在断奶初期仔猪日采食量稍有下降外，对断奶仔猪生产性能并没有明显的负面作用。

6　小　结

近年来，生物饲料在猪日粮中应用发展迅速，目前我国生物饲料产值以年均 20% 的速度递增，发展潜力巨大，预计到 2025 年，生物饲料的市场额将达到 200 亿美元/年。虽然我国生物饲料发展迅速，但生物饲料在猪料使用上目前还存在一定的问题亟待解决：①生物饲料的产品品种比较单一。②产品行业标准制定落后。③菌种改良等基础性研发比较滞后。④生物饲料产品稳定性需进一步提升。

参考文献

[1] Alexopoulos C, Georgoulakis I E, Taivara A, et al. Field evaluation of the efficacy of a probiotic containing Bacillus Licheniformis and Bacillus subtilis spores on the health status and performance of sows and their litters [J]. J Anim Physiol Anim Nutr, 2004, 88: 381 – 392.

[2] Almeida F N A A Pahm, G I Petersen, et al. Effect of phytase on amino acid and energy digestibility in corn – soybean meal diets fed to growing pigs [J]. Professional Animal Scientist, 2013, 29 (6): 693 – 700.

[3] Castillo M, Martin – Orue S M, Rosa M, et al. The response of gastrointestinal microbiota to avilamycin, butyrate and plant extracts in early – weaned pigs [J]. Journal of Animal Science, 2006, 84: 2 725 – 2 734.

[4] Castillo M, Taylor – Pickard J A, et al. Use of mannanoligosaccharides and zinc chelate as growth promoters and diarrhea preventative in weaning pigs: Effects on microbiota and gut function [J]. Journal of Animal Science, 2008, 86 (1): 94 – 101.

[5] Chen Y L, Kim I H, Cho J H, et al. Evaluation of dietary L – carnitin or garlic powder on growth performance, dry matter and nitrogen digestibilities, blood profiles and meat quality in finishing pigs [J]. Animal Feed Science Technology, 2008, 141 – 152.

[6] Cho J H, Chen Y J, Min B J, et al. Effects of essential oils supplementation on growth performance, IgG concentration and fecal noxious gas concentration of weaned pigs [J]. Asian – Australasian Journal of Animal Science, 2006, 19 (1): 80 – 85.

[7] Ilsley S E, Miller H M, et al. Plant extracts as supplements for lactating sows: effects on piglet performance, sow food intake and diet digestibility [J]. Animal Science, 2003, 77: 247 – 254.

[8] Janczy K P, R Pieper, Urubschurov V, et al. Investigations on the effects of dietary essential oils and different husbandry conditions on the gut ecology in piglets after weaning [J]. Int J of Micro – biol, 2009, 9 – 14.

[9] Kim S W, Van heugten E, Ji F, et al. Fermented soybean meal as a vegetable protein source for nursery pigs: I Effects on growth performance of nursery pigs [J]. Animal Science, 2010, 88: 214 – 224.

[10] Kroismayr A, Sehm J, Pfaffl M W, et al. Effect of essential oils or avilamycin on gut physiology and blood parameters of weaned piglets [J]. Journal of Animal Physiology and Animal Nutrition, 2005.

[11] Manzanilla E G, Perez J F, Martin M C, et al. Effect of plant extracts and formic acid on the intestinal equilibrium of early weaned pigs. Journal of Animal Science, 2004, 82 (11): 3210 – 3218.

[12] Molnar C, Bilkei G. The influence of an oregano feed additive on production parameters and mortality of weaned piglets [J]. Tierarztliche Pracxis Ausgabe G, 2005, 33 (1): 42 – 47.

[13] Omogbenigun F O, Nyachoti C M, Slominski B A. et al. Dietary supplementation with multienzyme preparations improves nutrient utilization and growth performance in weaned pigs [J]. Journal of Animal Science, 2004, 82: 1 053 – 1 061.

[14] O'shea, P O Mc Alpine, P Solan, et al. The effect of protease and xylanase enzymes on growth performance, nutrient digestibility, and manura odour in grower – finisher pigs [J]. Animal Feed Science and Technology, 2014, 189: 88 – 97.

[15] Pettey L A, S D Carter, B W Senne, et al. Effects of beta – mammanase addition to corn – soybean meal diets on growth performance, carcass traits, and nutrient digestibility of weaning and growing – finishing pigs [J]. Journal of Animal Science, 2002, 80 (4): 1 012 – 1 019.

[16] Prandini A, S Sigolo, M Morlacchini, *et al.* Addition of nonstarch polysaccharides degrading enzymes to two hulless barley varieties fed in diets for weaned pigs [J]. Journal of Animal Science, 2014, 92 (5): 2 080 – 2 086.

[17] Rutherfurd S M, T K Chung, P J Moughan. The effect of dietary microbial phytase on mineral digestibility determined throughout the gastrointestinal tract of the growing pig fed a low – P, low – Ca corn – soybean meal diet [J]. Animal Feed Science and Technology, 2014, 189: 130 – 133.

[18] Sads P R, Bilkei G. The effect of oregano and vaccination against glosser's disease and pathogenic Escherichia coli on post – weaning performance of pigs [J]. Irish Veterinary J, 2003, 56 (12): 611 – 615.

[19] Savage T F, Zakezewska E, Andreasen J R. The effect of feeding mannanoligosaccharide on immunoglobulins, plasma IgG and bile IgA of worlstad MW male turkeys [J]. Poultry Science, 1996, 76: 139.

[20] Stamati S, Alexopoulos C, Siochu A, *et al.* Probiosis in sows by administration of Bacillus toyoi spores during late pregnancy and lactation: effect on their healthy status/performance and on litter characteristics [J]. Inter J Probiotics and Prebiotics. 2006, 1: 33 – 40.

[21] Stoni A K, Zitterl – Egelseer A, Kroismayr W, *et al.* Tissue recovery of essential oils used as feed additive in piglet feeding and impact on nutrient digestibility. In Proceedings of the 60th Conference of the Society for Nutritional Physiology, Glttingen, Germany, 2006.

[22] Tang Z R, Yin Y L, Zhang Y M, *et al.* Effect of dietary supplementation with an expressed fusion peptide bovine lactoferricin – lactoferrampin on performance, immune function and intestinal mucosal morphology in piglets weaned at age 21d [J]. British Journal of Nutrition, 2009, 101 (7): 998 – 1 005.

[23] Taras D, Vahjen W, Macha M, *et al.* Response of performance characteristics and fecal consistency to long – lasting supplementation with the probiotic strain Bacillus cereus var. toyoi to sows and piglets [J]. Arch Anim Nutr, 2005, 59 (6): 405 – 417.

[24] Yannig L T, *et al.* How farrowing impacts a sow's digestive transit [J]. Pig Progress, 2009, 25 (1): 7 – 9.

[25] 陈代文, 张克英, 王万祥, 等. 酸化益生素和寡糖对断奶仔猪粪中微生物菌群和免疫功能的影响及其互作效应的研究 [J]. 动物营养学报, 2006, 18 (3): 172 – 178.

[26] 单达聪, 王四新, 季海峰, 等. 固态发酵豆粕蛋白质品质评价指标的研究 [J]. 饲料工业, 2012, 33 (21): 13 – 16.

[27] 邓双义. 低水分固体发酵豆粕对仔猪生长性能及消化率的影响 [J]. 饲料研究, 2013 (5): 56 – 57.

[28] 丁文强, 贾刚, 王康宁. 银耳孢子发酵物与益生素对生长肥育猪生长性能及肉品质的影响 [J]. 动物营养学报, 2012, 24 (10): 1 912 – 1 919.

[29] 窦茂鑫, 吴涛. 不同类型益生素对断奶仔猪微生物区系、pH 和挥发性盐基氮的影响 [J]. 中国畜牧兽医, 2013, 40 (2): 84 – 87.

[30] 冯敏山, 刘谢荣, 马增军, 等. 寡糖和益生素对生长肥育猪生产性能的影响 [J]. 中国畜牧兽医, 2012, 39 (4): 99 – 101.

[31] 杭苏琴, 黄瑞华, 朱伟云. 甘露寡糖对断奶仔猪生产性能和血液生化指标的影响 [J]. 中国兽医学报, 2009, 29 (2): 220 – 223.

[32] 侯振平, 印遇龙, 王文杰, 等. 乳铁蛋白素 B 和天蚕素 P1 对投喂大肠杆菌断奶仔猪生长及肠道微生物区系的影响 [J]. 动物营养学报, 2011, 23 (9): 1 536 – 1 544.

[33] 黄俊文, 林映才, 冯定远, 等. 益生菌甘露寡糖对早期断奶仔猪生长、免疫和抗氧化机能的影响 [J]. 动物营养学报, 2005, 17 (4): 16 – 20.

[34] 金加明, 吴宝霞. 酵母培养物和半乳甘露寡糖对肥育猪生长性能的影响 [J]. 养猪, 2005, 6:

7 - 8.

[35] 康红军，王永雄，周群，等．中草药提取物作为饲料添加剂对生长猪生产性能的影响 ［J］．现代农业科学，2009，4：185 - 187.

[36] 李彪，杨乃欢．活性酵母对经产母猪生产性能的影响 ［J］．饲料研究，2009，7：25 - 27.

[37] 李成洪，王孝友，杨睿，等．植物提取物饲料添加剂对生长猪生产性能的影响 ［J］．饲料工业，2012，33 （17）：14 - 16.

[38] 李梅，刘文利，赵桂英．不同寡糖对仔猪免疫力和生产性能的影响研究 ［J］．安徽农业科学，2010，38 （28）：15 655 - 15 657.

[39] 刘雪兰，谢幼梅，韩绍忠，等．异麦芽低聚糖对断奶仔猪肠道菌群及腹泻的影响 ［J］．中国畜牧杂志，2003，39 （5）：24 - 26.

[40] 潘行正，黄正明，李永新．抗菌肽制剂对母猪死产率和仔猪成活率的影响 ［J］．现代农业科技，2010，12：285 - 286.

[41] 孙友德，王志军．抗菌肽对母猪繁殖性能的影响 ［J］．国外畜牧学 - 猪与禽，2013，33 （9）：63 - 64.

[42] 田允波，葛长荣，高士争．天然植物中草药对生长育肥猪生长性能和肉质特征的影响 ［J］．中国畜牧杂志，2003，39：22 - 23.

[43] 王彬，黄瑞林，何子双．半乳甘露寡糖取代抗生素对泌乳母猪的应用效果 ［J］．安徽农业科学，2006，34 （3）：483 - 484.

[44] 王彬，邢芳芳，印遇龙．寡糖取代抗生素对母猪泌乳量和乳成分的影响 ［J］．饲料工业，2006，27 （20）：42 - 44.

[45] 王彬，张军，黄瑞林，等．半乳甘露寡糖和金霉素在生长肥育猪上效果对比试验 ［J］．饲料研究，2005，9：7 - 9.

[46] 王学东，呙于明．活性干酵母对生产母猪生产性能的影响 ［J］．中国饲料，2006，17：17 - 19.

[47] 闻爱友，柳卫国，何邦国，等．发酵豆粕对早期断奶仔猪生长、肠道微生物菌群及腹泻的影响 ［J］．安徽科技学院学报，2009，2 （5）：1 - 6.

[48] 徐尧兴，许少春，李艳丽，等．在玉米—豆粕型日粮中添加 α - 半乳糖苷酶对生长猪生产性能的影响 ［J］．饲料工业，2008，4：9 - 11.

[49] 杨旭辉，王开功，殷俊磊，等．复合益生素对仔猪免疫功能的影响 ［J］．中国畜牧兽医，2011，38 （12）：18 - 21.

[50] 尹小平．甘露寡糖对断奶仔猪肠道菌群的影响 ［J］．当代畜牧，2006，6：31 - 31.

[51] 张海棠，王艳荣，王自良，等．中草药、益生素和抗生素对猪生长性能和免疫功能的影响比较试验 ［J］．中国饲料，2011 （15）：26 - 27.

[52] 张鹤亮，胡满．乳泉 1 号添加剂提高母猪泌乳性能的研究 ［J］．中兽医医药杂志，1995 （1）：9 - 10.

[53] 张治家．微生态制剂对生长肥育猪生产性能的影响 ［J］．猪业科学，2011 （12）：78 - 80.

家禽日粮中生物饲料应用现状

孙作为[1] 祝玉洪[2]

（1. 山东玖瑞农业集团有限公司，青岛 266061；

2. 山东和实集团有限公司，青岛 266061）

摘 要：生物技术作为 21 世纪最具发展前景的高新技术，已被应用于各种领域，其在饲料领域的应用成为了近年来研究的热点。本文从酶制剂、微生态制剂、发酵饲料、酶解饲料、功能性氨基酸和有机微量元素六个方面对生物饲料在家禽饲粮中的应用进行了概述。

关键词：家禽饲粮；生物饲料；应用

改革开放以来，我国家禽养殖业得到快速发展，综合生产能力显著增强，成为畜牧业的支柱产业，规模化集约化程度很高，接近国际先进水平。随着人们生活水平和质量的提高，肉类生产和消费都有了显著提高，禽类产品消费需求也在持续快速增长，而且健康意识的增强使人们意识到禽肉的营养价值。因此，禽肉的消费量在肉类总量中所占的比例也逐年增加，我国人均禽蛋和禽肉消费量在过去 10 年里分别增长了 51% 和 60%。

然而，家禽养殖业蓬勃发展的形势背后也存在着很多挑战和问题。一方面，饲料成本占生产成本的 70% 以上，是养殖利润的决定因素，但由于近年来原料资源短缺等自身供求关系以及物流成本等外界因素的影响，玉米和豆粕等主要饲料原料价格持续上涨，微量元素、氨基酸等添加剂价格也持续升高，大幅提高了养殖业的饲养原料成本和运营成本。而且，我国的饲料原料产量特别是蛋白原料产量难以满足国内需求，高度依赖国外进口，受国际市场行情影响较大。另一方面，抗生素等药物的滥用在控制动物疾病的同时也使致病菌产生了抗药性，而且动物对药物产生依赖性，自身免疫力下降，最终增加了疾病控制的难度，禽流感等重大畜禽疫病在全球范围内的暴发对家禽养殖业造成了严重的打击，并且药物在动物产品中的残留也危及了消费者的安全。另外，传统饲料添加剂对动物产品品质造成的影响，以及所引起的环境污染也成为困扰养殖业的问题。因此，政府和消费者对食品安全越来越关注和重视，对家禽养殖业提出了更高的要求。

生物技术是近 20 年发展最为迅猛的高新技术，在基础研究和应用开发方面都取得了巨大的成就，越来越广泛地应用于农业、医药、工业、食品、环境等诸多领域，对提升传统产业技术水平和可持续发展能力具有重要影响。作为畜牧业发展基础的饲料工业，同样也因生物技术的发展而受益，饲料生物技术的发展水平是饲料发展水平的重要标志。目前饲用酶制剂、微生态制剂、发酵酶解饲料、有机微量元素等在饲料中已经得到广泛的应用，这些技术不仅能够促进饲料营养成分的消化和吸收，消除饲料中的抗营养因子，改善适口性，提高消化利用率；而且通过微生物及其代谢产物的作用还能够改善动物肠道平衡，提高机体免疫力，减少动物的发病率；同时使粗饲料、杂粕等难利用的非常规原料的大量使用成为可能，减少对玉米和豆粕的依赖，缓解了饲料资源短缺问题，降低了饲料成本。生物技术在家禽饲粮中的应用，促进了家禽养殖业的持续稳定发展，具有重要的社会效益和经济效益。

1 饲用酶制剂

家禽的消化道短，肠道微生物菌群相对较少，在正常情况下消化能力有限，不能充分吸收饲料养分，并且肠道食糜粘度的存在也影响营养物质的消化吸收，降低了家禽饲粮的消化利用率。家禽消化系统的生理结构，以及抗营养因子对饲粮中营养物质消化利用的影响，添加酶制剂就成为家禽饲粮的必要选择。研究表明，家禽饲粮中添加酶制剂除了能够使饲料配方设计得更加精确合理，提高动物的生产性能和饲料的消化利用率，还可以减少饲料原料的地区间差异，降低养殖成本（朱旺生等，2006）。

玉米—豆粕型饲粮是我国主要的家禽饲粮类型，与麦麸型饲粮相比非淀粉多糖含量较低，但其细胞壁的纤维性结构及其包含的木聚糖、果胶、甘露聚糖等抗营养因子仍是影响养分利用的重要因素，从而降低家禽对饲料的消化利用率（田大鹏等，2009）。报道表明，在低能量玉米—豆粕型饲粮中添加 NSP 复合酶可显著提高肉鸡前期的生产性能，对肉鸡肠道形态具有改善作用，而且添加不同的 NSP 复合酶添可不同程度的提高经济效益（王冬群等，2013）。

酶制剂在麦类饲粮中的使用效果更加显著，麦类饲粮在动物肠道会形成极高的粘度，严重影响营养物质的消化吸收，而且麦类饲粮中可溶性 NSP 能够对内源酶的活性产生抑制作用（刘莉君等，2007）。牛竹叶等在蛋鸭小麦型饲粮中添加 0.10% 的小麦专用复合酶制剂，产蛋率提高了 3.59%，降低了料蛋比，能量利用率提高 5.945%，蛋白质表观消化率提高了 7.19%。（牛竹叶等，2005）

植酸通过螯合作用降低了植物原料中磷等矿物元素和蛋白质的利用率，通过添植酸酶可以将营养成分充分释放和利用，减少饲料的环境污染。邱梅平等在蛋鸡的低磷饲粮中添加多种植酸酶，结果表明，植酸酶显著改善了蛋鸡的产蛋性能，产蛋量和产蛋率显著提高，而且钙磷和蛋白质的利用率也得到了显著提高，提高了饲料养分的利用率（邱梅平等，2011）。

2 微生态制剂

微生态制剂在家禽产业的应用已经有 50 年的历史，在现在高度集约化的家禽产业中，动物健康状况、生产性能和饲料转化率在很大程度上取决于肠道菌群平衡和免疫活性。微生态制剂具有无毒、无污染、无残留、无抗药性和低成本等特点。

在正常情况下，动物消化道内菌群处于平衡状态，能够促进动物生长和饲料消化吸收，但当动物发病用药或发生应激反应时就会造成消化道微生物区系紊乱，致病菌大量增殖，引起动物消化机能失调，通过饲喂微生态制剂，可使肠道有益菌在较短时间内恢复其种群优势，从而维持肠道平衡。而且微生态制剂可以刺激免疫系统，提高机体免疫力，提高抗病能力（郝艳霜等，2009）。研究表明，在肉鸡饮水中饲喂 0.20% 微生态制剂能够显著改善其生长性能，肉鸡盲肠内乳酸菌数量显著增加，大肠杆菌数量显著降低（胡顺珍等，2012）。张磊等在肉仔鸡饮水中添加0.4%微生态制剂，49日龄时增重比对照组高出16.56%，料重比降低8.96%，胸腺指数、脾脏指数、法氏囊指数分别提高了41.18%、22.31%和6.62%，发病率和死亡率降低了66.70%和50.0%（张磊等，2009）。

微生态制剂在动物肠道内生长繁殖，能够产生纤维素酶、蛋白酶、脂肪酶等多种消化酶，以及维生素、氨基酸和促生长因子等营养物质，提高了内源酶的活性，促进消化液的分泌，同时，乳酸菌等产酸益生菌，能提高机体对钙磷铁等元素的吸收率。陈静等在肉鸡饮水中添加0.1%、0.2%、0.4%植物乳杆菌，在不同的生长阶段测定肠内蛋白酶和淀粉酶的活性均显著高于对照组（陈静等，2012）。

另外，微生态制剂还能够净化肠道内环境，改善禽舍环境卫生。益生菌可减少氨等腐败产物的产生量，吸附大肠杆菌内毒素等有毒成分，形成有益菌群屏障。同时家禽粪便中含有大量的活菌，可降解残余的氨，减少粪便臭味，改善舍内空气质量，减少应激反应和环境污染。

3　发酵饲料和酶解饲料

3.1　发酵饲料

发酵饲料分为液体发酵饲料和固体发酵饲料。液体发酵饲料在国外的研究和使用较多，普遍采用饲料中天然存在的乳酸菌、酵母发酵；而国内普通使用益生菌发酵剂或菌种进行固体发酵饲料技术。固体发酵饲料的种类包括全价发酵饲料、发酵浓缩料、发酵豆粕、发酵血粉和其他发酵产品。发酵饲料通过微生物的作用能够产生醇、酯、酸等物质，使其具有天然发酵香味，提高饲料品质和适口性；豆粕、棉粕等植物性原料含有多种抗营养因子和有毒成分，影响动物的消化吸收并产生毒害作用，通过微生物的发酵作用降解或转化起到脱毒的作用，消除对动物的危害；饲料中的淀粉、蛋白质等营养成分以及粗饲料中的木质素、纤维素等难以利用的碳水化合物能够被微生物降解为容易消化吸收的低聚糖和氨基酸、小肽等小分子物质，促进养分的消化吸收，拓宽了原料选择范围；饲料发酵过程中产生和积累了大量的微生物细胞及有机酸、维生素、激素、特殊糖类等丰富的有益代谢产物，提高了饲料的营养价值；发酵饲料中的微生物能够竞争性抑制有害菌在肠黏膜的附着和繁殖，维持动物肠道菌群平衡，乳酸链球菌、嗜酸乳杆菌等多种益生菌通过产生有机酸、细菌素等代谢产物抑制埃希氏大肠杆菌和沙门氏寒菌等多种致病菌肠道上繁殖，有效消除吲哚、酚、硫化氢等有害产物在肠内积累；发酵饲料中的有益微生物影响机体免疫系统的应答能力，可以非特异性地激活宿主免疫细胞，增强吞噬细胞免疫活力，或者特异性地促进B细胞产生抗体（祝玉洪等，2013）。

朱立国用全价固体发酵饲料做肉鸭生产性能试验，试验组成活率为99.20%，比对照组提高了3%；在耗料量相同的情况下，试验组肉鸭平均每只重量为2863g，比对照组提高了7.23%。其总体料重比为2.49∶1，低于对照组的2.67∶1，表明发酵饲料具有较高的饲料转化率（朱立国，2007）。杨卫兵等用2%发酵豆粕替代基础饲粮中豆粕饲喂樱桃谷肉鸭，结果表明添加发酵豆粕使肉鸭日采食量、日增重分别提高1.65%和1.44%，料重比下降1.44%；肉鸭胸肌和腿肌粗蛋白质增加1.17%；腿肌pH显著降低，胸肌48h滴水损失 8.21%；血氨含量降低 11.36%，血糖含量增加 1.96%，白球比升高 4.22%（杨卫兵等，2012）。考桂兰等用 5% 和 6% 微生物发酵血粉代替进口鱼粉研究其饲喂蛋鸡效果，试验结果表明，试验组产蛋率、平均蛋重与对照组差异不显著，饲料成本比对照组降低 2.5% 和 3.75%，蛋鸡饲粮添加微生物发酵血粉完全可以代替进口优质鱼粉（考桂兰等，2002）。于向春等在文昌鸡饲粮中添加不同比例的发酵木薯渣粉代替等比例的饲料原料，结果表明，廉价的发酵木薯渣粉能够达到和对照组相同的增重效果，从而降低了饲养成本。用 40% 米曲霉、20% 枯草芽孢杆菌和 40% 酿酒酵母组成的复合菌剂发酵得到的木薯渣粉，添加比例为 15%，替代 9% 的玉米粉、3% 的花生粉和 3% 的麸皮是可行的，能够得到相对较好的增重效果（于向春等，2011）。

3.2　酶解饲料

目前主要的酶解饲料包括酶解豆粕、酶解血粉、酶解羽毛粉等蛋白饲料，另外还有酶解甘薯干茎叶粉、酶解秸秆等粗饲料，但这些酶解粗饲料大多用于猪和反刍动物，没有在家禽上应用的报道。

酶解蛋白饲料在酶的作用下，将大分子物质降解为小分子物质，从而更加容易被动物摄取消化和吸收利用，特别适用于幼龄动物。刘宁等在科宝母雏的基础饲粮中分别以 5%、10% 和 15% 酶解豆粕替代对照组中等量的普通豆粕。试验结果表明，试验组肉鸡采食量提高了 12%～21%，增重提高了 8%～16%，料重比降低了 3%～7%；试验组对干物质、粗蛋白质、能量、钙和磷的消化率也具有显著的提高作用（刘宁等，2009）。周学文用木瓜蛋白酶对猪血进行酶解后替代鱼粉加入肉鸡饲料中，结果表明，酶解猪血粉饲喂效果优于秘鲁鱼粉，用于肉鸡生产能够降低饲料成本（周学文等，1998）。试验结果表明，饲粮中添加 2.5% 和 5% 酶解羽毛粉对蛋鸡日只耗料量、产蛋率、日只产蛋量、平均蛋重、料蛋比 5 项指标均无显著影响，因此在蛋鸡饲粮中用酶解羽毛粉代替部分植物蛋白饲料原料是经济可行的，可明显降低饲料成本，提高经济效益（栗晓霞等，2007）。而且在蛋鸡饲粮中添加酶解羽毛粉能有效防治蛋鸡各阶段的啄肛、啄羽现象（胡介卿等，1998）。

4　功能性氨基酸

功能性氨基酸不仅对动物的正常生长和维持是必需的，而且影响多种生物活性物质的合成。亮氨酸、谷氨酰胺和精氨酸通过调节细胞内蛋白质周转和细胞增殖对胚胎形成和着床、胎盘生长、胎儿发育等发挥重要作用。谷氨酰胺、精氨酸和半胱胺酸等能促进肠道细胞增殖和黏膜发育，合成 NO 和多胺等活性物质，增强肠道免疫屏障，维护肠道正常形态结构和生理功能。精氨酸还能够促进胰岛素、生长激素、泌乳素和 IGF-1 等激素的分泌，生成多胺和 NO 等活性分子，从而影响免疫功能（周琳等，2014）。路静等考察谷氨酰胺对肉鸡小肠结构和吸收能力影响时发现，生长前期添加 2.0% 的谷氨酰胺能够极显著提高十二指肠和空肠绒毛高度、回肠绒毛高度，提高了小肠吸收能力；生长后期添加 1.2% 的谷氨酰胺能够极显著降低十二指肠绒毛宽度和隐窝深度，同时提高了十二指肠绒毛高度、空肠绒毛高度和回肠绒毛高度，降低了绒毛宽度和空肠、回肠固有层厚度，小肠吸收能力显著高于对照组（路静等，2012）。

功能性氨基酸还能够调节营养物质的代谢。支链氨基酸、精氨酸和色氨酸等对蛋白质合成有重要作用。精氨酸、谷氨酸、丙氨酸、蛋氨酸能够通过控制关键酶的表达和激活或抑制酶活性，调节细胞内糖异生和糖酵解过程和氧化还原状态，减少动物脂肪的沉积，调节能量的代谢途径。姚元枝等通过雪峰乌骨鸡的饲养试验表明，适宜的蛋氨酸水平能够改善生长性能，提高饲料利用率和屠宰产量，降低腹脂沉积，提高胸肌和腿肌沉积，明显改善鸡肉品质（姚元枝等，2004）。

5　有机微量元素

无机微量元素的生物学利用率较低，通常只有 5% ~ 20%，大部分都随粪便排出，而有机微量元素是金属元素与蛋白质、小肽等配位体通过共价键或离子键结合形成的络合物或螯合物，与无机微量元素相比，具有吸收率高、稳定性好、毒性低、生物学效价高、适口性好、易消化、无污染等特点（王文君等，2001）。

有机微量元素应用于肉禽，能够提高肉禽的生产性能，降低饲料消耗，增强免疫力，提高饲料转化率，显著改善禽肉质量。将有机微量元素应用于蛋禽，可增加蛋重，提高产蛋率，延长产蛋期，提升蛋的品质。杨小燕等在白羽肉鸡饲料中全程添加有机锌、有机锰的对比饲养试验，试验结果显示，有机微量元素对白羽肉鸡生长有促进作用，能显著降低料肉比（杨小燕等，2004）。胡登峰在种鸡饲粮中添加含有锌、锰、铜、硒四种小肽螯合微量元素的复合物，发现种鸡的生产性能指标有了明显改善，入舍母鸡种蛋数、种蛋合格率和料蛋比有显著差异，种蛋合格率提高 1.2%，破软蛋率降低 0.4%；提高种鸡的受精率，并降低种鸡的饲料成本（胡登峰等，2013）。成廷水等研究饲粮中添加氨基酸锌、铜、锰对蛋鸡产蛋性能的影响，结果表明氨基酸锌、铜、锰在饲粮中的添加能提高蛋鸡的存活率和鸡蛋品质，同时增强了免疫能力，增强肝脏和脾脏组织抗氧化能力（成廷水等，2004）。

6　结　语

生物饲料已经在养殖业中占据了重要位置，虽然与发达国家的养殖业相比我国目前生物技术在饲料上的应用还有一定差距，但随着生物技术和动物营养等相关学科的飞速进步，为生物饲料的发展提供了良好条件和发展空间。而且，随着人们对食品安全的日益关注，饲料必然向低药低残留发展，肉蛋品质也必然发生质的提升。因此，生物饲料已成为饲料工作发展的必然趋势，将来在家禽饲粮中的应用会越来越科学化、普遍化，为广大养殖者们带来巨大的经济效益。

参考文献

[1] 朱旺生，陈双梅. 酶制剂在家禽生产中的应用 [J]. 中国禽业导刊，2006，23（2）：28 - 29.

[2] 由大鹏，杨晓虹，王乃凤，等. 酶制剂在家禽不同类型饲粮中的应用研究进展 [J]. 养禽与禽病防治，2009（4）：7 - 9.

[3] 王冬群，丁雪梅，白世平，等. 不同非淀粉多糖复合酶在肉鸡玉米—豆粕型饲粮中的应用效果 [J].

动物营养学报，2013，25（10）：2 459 - 2 473.

［4］刘莉君，程茂基. 酶制剂在家禽麦类饲料中的应用［J］. 饲料工业，2007，28（4）：23 - 24.

［5］牛竹叶，刘福柱，刘亚力，等. 复合酶制剂在蛋鸡小麦型饲粮中的应用［J］. 中国农学通报，2005，21（11）：29 - 32.

［6］邱梅平，温超，张旭晖，等. 低磷饲粮中添加植酸酶对蛋鸡产蛋性能，内源消化酶及养分消化率的影响［J］. 江苏农业学报，2011，27（2）：347 - 353.

［7］郝艳霜，陈文英，墨峰涛，等. 微生态制剂在家禽生产中的应用现状及发展前景［J］. 中国家禽，2009，03.

［8］胡顺珍，张建梅，谢全喜，等. 复合微生态制剂对肉鸡生产性能，肠道菌群，抗氧化指标和免疫功能的影响［J］. 动物营养学报，2012，24（2）：334 - 341.

［9］张磊，李佳，张涛，等. 微生态制剂对肉仔鸡生产性能和免疫功能的影响［J］. 北京农学院学报，2009，23（4）：41 - 45.

［10］陈静，刘乃芝，崔诗法，等. 植物乳杆菌对肉鸡生产性能，免疫性能和肠道酶活性的影响［J］. 青岛农业大学学报：自然科学版，2012，29（2）：106 - 110.

［11］祝玉洪，马立周. 发酵技术在饲料行业中的应用［J］. 饲料工业，2013，34（18）：49 - 54.

［12］朱立国. 肉鸭微生物发酵饲料的工艺研究及应用［D］. 西北大学，2007.

［13］杨卫兵，章竹岩，祝溢锴，等. 发酵豆粕对肉鸭生产性能，肌肉成分，肉品质及血清指标的影响［J］. 中国粮油学报，2012，27（2）：71 - 75.

［14］考桂兰，禹旺盛. 用微生物发酵血粉代替进口鱼粉饲喂蛋鸡效果试验［J］. 内蒙古畜牧科学，2002，23（3）：5 - 6.

［15］于向春，刘易均，杨志斌，等. 发酵木薯渣粉在文昌鸡饲粮中的应用［J］. 中国农学通报，2011，27（1）：394 - 397.

［16］刘宁，张权益，徐廷生，等. 酶解豆粕对肉鸡生产性能和养分消化率的影响［J］. 中国畜牧兽医，2009（11）：9 - 11.

［17］周学文，朱煜兰，谢萍，等. 酶解猪血粉对肉鸡饲养效果观察［J］. 云南畜牧兽医，1998，3.

［18］栗晓霞，高建新. 酶解羽毛粉对蛋鸡生产性能的影响［J］. 饲料广角，2007（2）：32 - 33.

［19］胡介卿，刘新平. 酶解羽毛粉饲喂啄羽癖蛋鸡效应试验［J］. 江西畜牧兽医杂志，1998，2：005.

［20］周琳，王蜀金，马晓迪. 功能性氨基酸在动物健康和营养中的作用［J］. 国外畜牧学，2014，06.

［21］路静，李文立，姜建阳，等. 谷氨酰胺对肉鸡小肠组织结构和吸收能力的影响［J］. 动物营养学报，2012（2）.

［22］姚元枝，贺建华，简友全，等. 雪峰乌骨鸡蛋氨酸需要量的研究［J］. 湖南农业大学学报：自然科学版，2004，30（2）：148 - 152.

［23］王文君，欧阳克蕙. 微量元素氨基酸螯合物的生理功能及其在畜禽生产中的应用［J］. 江西饲料，2001（2）：13 - 16.

［24］杨小燕，刘佃章，王记友，等. 有机微量元素在白羽肉鸡中的应用［J］. 福建畜牧兽医，2004，26（5）：9 - 9.

［25］胡登峰，刘苑青. 有机微量元素对肉种鸡生产性能和受精率的影响［J］. 饲料工业，2013，34（18）：35 - 37.

［26］成廷水，呙于明，袁建敏. 饲粮中添加氨基酸络合锌、铜、锰对蛋鸡产蛋性能，免疫及组织抗氧化机能的影响［J］. 中国家禽，2004，26（19）：15 - 18.

反刍动物日粮中生物饲料应用现状

李宗付

（中粮营养健康研究院，北京 102209）

摘 要：生物技术被广泛应用于饲料领域，其在反刍动物日粮中的应用也成为近阶段研究的热点。本文从饲用酶制剂、饲用微生态制剂、功能性蛋白肽、功能性氨基酸、有机微量元素、植物与微生物提取物、酶解及发酵饲料等方面对生物饲料在反刍动物日粮中的应用进行了综述。

关键词：生物饲料；反刍日粮；应用

1 饲用酶制剂

以前，在反刍动物饲养中应用酶制荆的研究很少，其原因是人们认为瘤胃内的微生物活动很活跃，可分泌大量的酶，而且认为外源酶会被瘤胃中的蛋白酶所水解或受小肠蛋白酶的作用而失活。最近研究发现纤维素酶、半纤维素酶在蛋白酶中温育的过程中相当稳定；木聚糖酶可抵抗数种蛋白酶的水解（Fontes 等，1995）。这再次引起了动物营养学家在反刍动物日粮中添加复合酶的兴趣。另外，随着生物工程技术的发展，给酶制剂生产领域带来了新的发展机遇，一些酶制剂的活力和产量有所提高，酶制剂的稳定性和可用性随之提高，这使得酶制剂在反刍动物日粮中的应用成为可能。

Nsereko 等（2002）研究发现，在饲料中添加分解纤维素酶制剂可以显著增加瘤胃微生物数量，分解纤维素糖的细菌数猛增；分解木聚糖酶的细菌数量也剧增；不过，分解纤维素的瘤胃细菌数量变化不大。纤维素酶能与半纤维素酶、果胶酶，葡聚糖酶等其他内源酶酶协同作用改善瘤胃内环境。刘文杰等（2012）分别在精料补充料中添加 250 g/t、500 g/t 和 750 g/t 的酶制剂，酶制剂含木聚糖酶$\geqslant$25 000 U/g，葡聚糖酶$\geqslant$2 000 U/g，纤维素酶$\geqslant$3 000 U/g，研究其对奶牛产奶量和乳成分的影响。结果显示，添加酶制剂的 3 组与对照组相比，奶牛产奶量分别提高了 0.38，1.14 和 0.63 kg/d，差异不显著（$P > 0.05$）；乳脂率分别提高了 0.09，0.19 和 0.21 个百分点，乳蛋白分别提高了 0.05，0.08 和 0.07 个百分点，乳酮含量下降了 0.8，0.65 和 0.67 mg/dL，但差异均不显著（$P > 0.05$）。刘建昌等（2001）在荷斯坦奶牛产奶日粮的配合精饲料中添加 0.1% 的纤维酶制剂，结果表明添加纤维酶的试验组与没加纤维酶的对照组每头牛日平均产奶量分别为 16.36kg 和 4.24kg，试验组比对照组提高了 14.89%（$P < 0.05$）。乳脂率试验组为 4.02%，对照组为 3.98%（$P > 0.05$），在试验期内，试验组每头牛每日比对照组多收入 5.41 元，经济效益显著。刘华等（2001）在新疆呼图壁种牛场把胎次、泌乳月、产奶量相近的 60 头牛分为 6 组，进行复合酶添加试验，试验组在常规精料中添加 0.188% 复合酶（纤维素酶、木聚糖酶、淀粉酶、β-葡聚糖酶、果胶酶等），其他草料喂量与对照组相同，对照组用常规饲料。结果表明，2 个月后其中三个试验组均比对照组平均产奶量和总产量有所增加，奶牛的产奶量在复合酶的作用下增量明显且较稳定，复合酶对泌乳前、中、后期奶牛均有增产效果，尤其对泌乳中期奶牛增产显著，且持续稳定，显著延长了产奶高峰期。韩兆玉等（2008）在奶牛精料补充料中添加 0、500 和 1 000 g/t 反刍动物专用酶制剂（主要含有木聚糖酶、纤维素酶、β-葡聚精酶、果胶酶和甘露糖酶等有效成分）。结果表明：添加酶制剂能够显著提高泌乳中期奶牛的产奶量（$P < 0.05$），提高乳脂率，并起到降低牛奶中的体细胞数的作用（$P < 0.05$）。

2 饲用微生态制剂

2.1 酵母培养物

许多研究表明反刍动物日粮中添加活性酵母培养物能增加总挥发性脂肪酸、乙酸、丙酸的比例，调控瘤胃 pH 值，增加纤维水解酶的活性，稳定瘤胃内环境，提高动物生产性能。刘相玉等（2009）研究结果发现，添加有酵母培养物的发酵系统的 pH 高于未添加组，乳酸浓度、乙酸/丙酸、氨氮浓度低于未添加组。可见在高精料日粮条件下添加酵母培养物可改善瘤胃环境和瘤胃发酵类型。Thrune 等（2009）在处于泌乳末期的瘘管牛日粮中添加活性干酵母，结果发现，与未添加组相比，瘤胃 pH 升高，处于 SARA 阈值的时间减少，而总挥发性脂肪酸浓度有降低的趋势，对瘤胃氨氮浓度无影响。王丽娟等（2009）在发生 SARA 的瘤胃瘘管奶山羊日粮中添加酵母培养物与延胡索酸二钠组合添加剂后，结果发现，瘤胃 pH、乙酸、丁酸和 TVFA 浓度显著升高（$P < 0.05$），丙酸浓度和乙酸/丙酸没有显著变化（$P > 0.05$），氨氮浓度显著降低（$P < 0.05$）。淀粉分解菌、反刍兽新月单胞菌、埃氏巨型球菌及 3 种主要纤维分解菌的数量显著增高（$P < 0.05$），乳酸杆菌、牛链球菌的数量湿著降低（$P < 0.05$）。可见活性酵母和酵母培养物均可缓解瘤胃酸中毒。Lascano 等（2009）在限制给青年奶牛饲喂 3 种不同精料浓度的日粮，饲喂 21 d 后，再在饲料中添加酵母菌饲喂 14 d，结果表明，添加酵母菌后对奶牛瘤胃 pH 无影响，但提高了 TVFA、丙酸、乙酸和异位酸浓度，氨氮浓度降低。

2.2 芽孢杆菌

邓露芳等（2009）向 36 头泌乳早期奶牛日粮中添加不同剂量 BSN2 纳豆芽孢杆菌 0（对照），0.5×10^{11}（处理 I），1.0×10^{11} CFU/d（处理 II）），饲喂 70 d，结果发现，与对照组相比，处理 II 显著提高奶牛产奶量 14.7%，4% 乳脂校正乳产奶量 17.0% 和能量校正乳产奶量 17.4%，显著提高乳蛋白 18.8% 和乳糖含量 15.1%。乳中体细胞数降低 5.5%。丁洪涛等（2012）研究结果表明，枯草芽孢杆菌不影响瘤胃 pH，会不同程度提高瘤胃氨态氮，显著提高总挥发性脂肪酸、丙酸及丁酸含量，能显著降低乙酸：丙酸，显著提高产气量及干物质、中性洗涤纤维和酸性洗涤纤维的消化率；表明枯草芽孢杆菌能促使瘤胃发酵类型向丙酸型转变，提高日粮利用率，促进瘤胃纤维降解。

2.3 丙酸杆菌

夏冬华等（2012）采用体外法将丙酸杆菌以 5 个添加水平（0、3.0×10^4、3×10^5、3×10^6、3.0×10^7 cfu/mL）分别添加到 1.5 g（干物质）日粮（玉米秸秆 50% + 混合精料

50%）中，在体外混合荷斯坦奶牛瘤胃液和磷酸缓冲液（1：2）共 90 mL，在 39 ℃厌氧培养 24 h。结果表明：丙酸杆菌对瘤胃 pH、瘤胃氨态氮浓度、体外干物质、粗蛋白、酸性洗涤纤维、纤维素和半纤维素消化率影响不显著，但有降低中性洗涤纤维消化率的趋势；3×10^5、3×10^6 cfu/mL 有降低产气量的趋势；显著提高瘤胃总挥发性脂肪酸量、乙酸、丙酸和丁酸浓度，并显著降低乙酸：丙酸值。Stein 等（2006）在经产奶牛产后上使用丙酸杆菌 P169 提高 7% ~ 8% 的标准乳产量，同时也提高瘤胃丙酸浓度，但在初产奶牛上没有显著作用。Ondarza 等（2008）统计 115 头饲喂丙酸杆菌奶牛发现能提高产奶量，但在乳脂率上有负面作用。从目前丙酸杆菌的研究报道来看，多数结果显示能增加瘤胃丙酸含量，有使瘤胃发酵类型向丙酸型转变的趋势。丙酸对反刍动物的营养具有重要的意义，它是唯一能净生成葡萄糖的挥发性脂肪酸。

2.4　复合微生态制剂及其他

张克梅等（2002）利用枯草芽孢杆菌、乳酸杆菌和链球菌复合微生态制剂饲喂奶牛，发现微生态制剂组比对照组提高奶牛日产奶量 1.76 kg，两组奶牛日产奶量差异显著。臧长江等通过奶牛日粮中添加适量复合微生物，显著提高了奶牛产奶量和血液中超氧化物歧化含量。岳寿松等（2003）报道用芽孢杆菌、乳酸菌和酵母菌复合微生态制剂饲喂奶牛，平均日产奶量比对照组相对增加了 1.4 kg，提高了 7.26%，奶比重增加 0.048%。犊牛添加米曲霉提取物，能提早断奶，提高瘤胃微生物活力。微生态制剂可以增强幼龄反刍动物的抗病能力，提高生产性能。犊牛肠道内微生物菌群平衡容易受到破坏，添加乳酸菌类产酸微生态制剂，可以使肠道正常菌群得以尽快恢复，减少新生犊牛下痢的发生。在法国，犊牛出生后马上投喂粪链球菌和嗜酸杆菌，可使其腹泻发病率由 82% 降低至 35%，死亡率由 10.2% 降至 2.8%。

3　功能性蛋白肽

在反刍动物饲粮中添加肽制品，可以提高氨基酸利用率，减少疾病发生，充分发挥动物生产性能，提高经济效益。Pocius 等（1981）报道，荷斯坦牛吸收的谷胱甘肽在乳腺三磷酸鸟苷环化酶（GTPase）的作用下降解为甘氨酸（Gly），Gly 可作为乳蛋白合成原料，促进乳蛋白合成。原因可能与肽链的结构及氨基酸残基序列有关，某些肽在消化酶的作用下降解产生具有特殊生理活性的小肽，能够直接被动物吸收利用，参与机体生理活动和代谢调节，从而提高其生产性能。

肽是蛋白质营养生理作用的一种重要形式。曹志军等（2004）试验结果表明，荷斯坦奶牛日粮中添加小肽组比对照组较明显提高乳蛋白率（$P < 0.05$），同时添加保护性小肽比添加普通小肽产奶量提高 10.91%。王恬等（2004）试验结果表明，添加小肽营养素后，试验组乳蛋白率和乳脂率均比对照组有所提高。随小肽营养素添加浓度的增加有提高的趋势，小肽营养素对乳品质的提高也具有一定的促进作用。饲料蛋白质经过适当处理，可使大分子蛋白质分解释放出分子质量不等的肽。细胞体外培养试验发现，培养基中应用大豆分解蛋白肽混合物，可促进动物细胞的生长发育，说明大豆水解可产生生物活性肽。赵芳芳和张日俊（2004）认为，大豆蛋白的水解产物——大豆肽，具有促进微生物发酵，促进脂肪代谢，促进矿物质吸收，抗氧化，低过敏原性等优点。

动物日粮中蛋白质水平的高低和品质优劣直接或间接影响其他营养物质的消化和吸收代谢过程。Nielsen（1994）认为，小肽的迅速吸收及其对内分泌的作用可能进一步影响动物的氮沉积和组织蛋白质周转代谢。通过绵羊日粮中添加不同水平的小肽蛋白替代植物蛋白（各处理组总蛋白水平相同）发现，动物对能量的利用率有显著的提高。Boza（1995）也证明了这一结果。李丽立等（2004）试验结果表明，通过给山羊灌注或饲喂小肽能显著提高钙的表观消化率。

科学家进行了大量免疫活性肽方面的研究，具有不同生物学功能的免疫活性肽相继被报道（王洪荣等，2006），如抗血栓转化酶抑制肽、酪蛋白磷酸肽、抗菌肽等。根反刍动物由于特殊的消化系统，对于其肽营养的研究还未非常深入。应用系统整体的观念及动态思维的方法对肽的吸收代谢机制及规律，肽对瘤胃微生物的调控等内容进行更深入的研究。同时在肽理论的指导下，可着手开发与研究肽制品，并应用于动物生产实际。肽营养理论的研究与应用对于有效利用蛋白质，节约蛋白质资源、提高动物生产性能具有重大意义。

4 功能性氨基酸

4.1 蛋氨酸

在奶牛生产过程中，蛋氨酸是乳蛋白合成的第一或第二限制性氨基酸。未经过瘤胃保护处理的蛋氨酸极易在瘤胃中发生脱氨基作用。采用对 pH 敏感的物质对其进行包被处理后可以提高其过瘤胃率，但产品效果受加工工艺影响，而且成本较高，因此选用作用效果好、成本低的氨基酸类似物作为蛋氨酸的替代添加剂是目前奶牛养殖业的发展趋势。2 - 羟基 4 - 甲硫基丁酸（HMB）和 2 - 羟基 4 - 甲硫基丁酸异丙酯（HMBi）是两种蛋氨酸衍生物。在反刍动物饲料中添加 HMBi 能够增加反刍动物的生产性能，主要表现为提高产奶量，乳蛋白、乳脂、乳糖含量等方面。添加 HMBi 一方面可以提高奶牛日粮的氨基酸平衡和蛋白质的利用率，另一方面 HMBi 本身不含氨基，且能利用瘤胃和血液中的游离氨，因此可降低反刍动物排放到环境中的氮，减轻环境污染（Rulquin 等，2006）。

4.2 γ—氨基丁酸（GABA）

Wang 等（2010）研究结果发现，日粮中添加 300 mg/d 的 GABA，可显著提高奶牛牧草干物质采食量，增加乳产量和乳蛋白率，并可改善奶牛健康状况，有效降低单位奶产量对环境的污染。Matsumoto 等（2009）研究发现，在日本黑犊牛的自动喂奶机中添加 5 g/d 的 GABA 制剂（GABA 量为 50mg/d），可明显改善犊牛的健康状况，显著降低群养黑犊牛的医药治疗时间。以上研究提示，GABA 在反刍动物营养中有着广泛的应用前景。

4.3 精氨酸

Fligger 等（1997）研究表明，在犊牛日粮中添加 500mg/[kg（BW）·d]的 L - 精氨酸可提高奶牛血液精氨酸和尿素浓度，提高犊牛日增重，但对血液中生长激素浓度未见显著影响；以静脉注射方式给泌乳奶牛补充精氨酸可提高精氨酸、鸟氨酸、生长激素和胰岛素在血液中的浓度，提高奶牛生产性能（Vicini 等，1988）。而 Chew 等（1984）研究了静脉灌注 0.19/kg（BW）的 L - 精氨酸对围产期奶牛血液生长激素和产后泌乳性能的影响，发现灌注精氨酸提高血液泌乳素、生长激素、胰岛素和尿素氮的浓度，且在灌注后维持较长时间，同时在产后 22 周的时间内有提高奶牛乳产量的趋势。

4.4 亮氨酸

在动物体内，亮氨酸是唯一的生酮氨基酸，可在支链氨基酸转氨酶的作用下生成 α-酮戊己酸。亮氨酸及其代谢产物 α-酮戊己酸可通过调节细胞 mTOR 的活性有效提高机体蛋白质合成效率。体外试验发现，α-酮戊己酸具有降低蛋白分解率、提高蛋白合成效率、改善机体免疫水平的功能（Tischler 等，1982）。而另一些学者报道，α-酮戊己酸可抑制胰高血糖素分泌、刺激胰岛素分泌，进而降低蛋白分解率（Sener 等，1982）。Flakoll 等（1991）发现，给羔羊腹膜内注射 α-酮异己酸钠盐或饲喂瘤胃保护或不保护 α-酮戊己酸均可提高日增重、促进肌肉生长、提高饲料利用率，降低脂肪沉积。

4.5 谷氨酰胺

补充谷氨酰胺能促进反刍动物肌蛋白和乳蛋白的合成。处于快速生长期的牛，限制日粮蛋白质含量其生长速度会降低，但在相同日粮条件下添加酪蛋白或者谷氨酰胺均能不同程度地提高生长牛的氮沉积比例。研究表明，静脉注入谷氨酰胺后，奶牛的产奶量以及乳蛋白含量均明显增加（Jafari 等，2006）。但是也有研究发现在泌乳 29~99 d 奶牛日粮中添加谷氨酰胺，奶产量和乳成分并没有变化（Plaizier，2001）。

4.6 色氨酸

Nolte 等（2008）研究发现，色氨酸是生长羔羊的第三限制性氨基酸，其缺乏可导致羔羊生长迟滞、采食量低下、抗逆力差、被毛粗乱等。Kasuya 等（2010）研究证明，给牛注射 L-精氨酸可以刺激 5-羟色胺分泌进而提高生长激素的分泌。

5 有机微量元素

5.1 金属氨基酸蛋白盐类

赵洪亮等（1992）试验表明，在奶牛的日粮中添加蛋白锌，可提高牛乳的含锌量，增加奶牛的产奶量，蛋白锌可能是生产高锌牛奶的理想添加剂。王安等（2003）研究发现，定期补蛋白锌可减少母牛乳房的内感染。Kellogg 等（2004）在奶牛饲粮中补充 180~360 mg/kg 蛋氨酸锌，奶中体细胞数从 29.4×10^4 个/mL 降到 19.6×10^4 个/mL，平均下降 33.3%，其中 360 mg/kg 组降低了 42.6%。吴志广等（2005）在泌乳早期奶牛日粮中分别添加 100、250、400 mg/kg 蛋氨酸锌，奶牛乳中体细胞数分别比对照组降低了 10.43%、17.88%（$P<0.05$）和 19.49%（$P<0.05$），各试验组乳锌含量极显著提高（$P<0.01$）。有效地改善了泌乳奶牛乳房的健康状况。李成会等（2004）在奶牛日粮中用氨基酸螯合铁、锌、锰、铜代替无机微量元素饲喂奶牛 28 d，可提高产奶量 10.34%（$P<0.05$），提高乳蛋白含量 3.4%（$P<0.05$），对乳脂率、非脂固形物含量和奶料比无影响。禹爱兵等（2006）在热应激期奶牛日粮中添加适量的赖氨酸铬，可以改善奶牛生产性能和生理状态，增强抗热应激能力，铬的补充量以 9~12 mg/d·头为宜。热应激条件下奶牛补充赖氨酸铬对干物质采食量、乳蛋白率、血清胰岛素和胆固醇素含量及乳中铬含量没有显著影响。Saiady 等（2004）研究报道，蛋氨酸螯合铬增加干物质采食量，提高乳脂率和乳糖含量，增强产后葡萄糖耐受度。Nayeri 等（2014）研究了氨基酸螯合锌与无机锌的饲喂比例对荷斯坦奶牛生产性能的影响。结果表明，氨基酸螯合锌提高了初乳中 IgG 浓度，提高了

产奶量和饲料转换效率，减少了妊娠期的配种次数。但本试验中，氨基酸螯合锌减少了产前和产后的干物质采食量。另外一些研究发现，氨基酸螯合锌、镁、铜对单饲（Hackbart 等，2010）和群饲（Nocek 等，2006；DeFrain 等，2009）的奶牛干物质采食量没有影响。这些差异的原因可能与饲料组分、生产阶段、微量元素水平及来源、试验期等有关。

5.2 金属有机酸类

张敏红（2000）对产犊后 10～15 d 的高产乳牛每天每头分别饲喂 600 μgCr/kg 精料（吡啶羧酸铬）、6 mgCr/kg（$CrCl_3 \cdot 6H_2O$）和维生素的复合物，给奶牛日粮中补充吡啶羧酸铬，在 8 周测试期中日产奶量比对照组提高 10.3 %（$P < 0.05$），奶料比提高 11.1%（$P < 0.05$），而对精料采食量和乳中脂肪、糖、蛋白质和固形物含量没有显著影响。郝钢等（2005）研究发现，在奶牛日粮中添加吡啶羧酸铬 0.3 mg/kg，可缓解奶牛热应激，提高产奶量 16.1%，料奶转化率改善 2.5%。赖安强（2010）在泌乳前期奶牛日粮中分别添加吡啶羧酸铬 3.6、7.2 和 10.8 mg/（头·d），结果显示，吡啶羧酸铬可以显著提高热应激下奶牛的干物质采食量（$P < 0.05$）；显著提高泌乳量、血糖浓度、胰岛素样生长因子-I（IGF-I）及胰岛素的活性（$P < 0.05$）；缩短奶牛产后发情天数，改善奶牛第一情期受胎率。王芳（2011）研究报道，日粮中添加葡萄糖酸锌能显著提高奶牛的产奶量（$P < 0.05$）、乳锌含量和血浆锌含量（$P < 0.05$），对奶牛的乳蛋白、乳脂、乳糖和总固形物含量均无显著影响（$P > 0.05$）；结果表明，在奶牛日粮中添加葡萄糖酸锌是生产富锌奶的一种有效方法。王侃（2013）研究结果表明，添加丙酸铬对奶牛采食量的没有显著变化，但随着丙酸铬添加量的增加奶牛产奶量显著提高（$P < 0.05$），可以降低乳中体细胞数（$P < 0.05$），降低血清中皮质醇浓度（$P < 0.05$）。本结果显示，添加丙酸铬可以提高奶牛产奶量，提高机体免疫力，也可使奶牛的能量负平衡状态得到改善。

6 植物与微生物提取物

6.1 植物挥发油

Soliva 等（2011）使用人工瘤胃模拟装置研究了大蒜精油对瘤胃发酵的影响，结果表明，大蒜精油可降低 91% 的日甲烷产生量，也降低了原虫数量，增加了总细菌数，而对挥发性脂肪酸产生量无影响。陆燕等（2010）采用体外培养法评价了大蒜油和脱臭大蒜油对瘤胃发酵、甲烷生成和微生物区系的影响，研究发现适宜浓度的大蒜油可以改变瘤胃发酵类型，增加丙酸摩尔浓度百分比，显著抑制甲烷生成，但对消化无影响。可见大蒜精油在不削弱瘤胃营养发酵的情况下，能够降低甲烷产生量。Lin 等（2011）研究了 4 组植物精油混合物（丁香酚、麝香草酚、柠檬醛和肉桂醛按照不同比例混合而成）对体外培养的瘤胃发酵和甲烷产生量进行了研究，发现 4 组植物精油混合物均降低了甲烷产生量和氨氮浓度，同时也降低了总产气和总挥发性脂肪酸产生量。然而，Tager 等（2011）研究了添加肉桂醛与丁香酚混合物及辣椒素对泌乳奶牛瘤胃发酵的影响，结果表明这些植物精油对总挥发性脂肪酸及其组成、氨态氮均无影响。Giannenas 等（2011）在母羊日粮中添加不同水平的植物精油（50、100、150 mg/kg 精料）以研究植物精油对母羊瘤胃发酵和瘤胃菌群的影响，研究表明植物精油对总活菌、纤维分解菌和原虫无影响，但是两个最高水平的植物精油组显著降低了瘤胃高效氨产生菌，最高水平的植物精油组降低瘤胃氨氮浓度，随着植物精油添加水平的提高，乙酸倾向于降低，而丙酸倾向于增加。

6.2 皂　苷

王洪荣等（2011）在体外培养中添加茶皂素和丝兰皂苷混合物，研究其对瘤胃发酵和瘤胃内纤维降解菌变化的影响，结果表明，添加皂苷有降低瘤胃液中原虫总数和 pH 值的趋势，并能够降低原虫真蛋白产量而提高细菌真蛋白产量。王新峰等（2011）利用体外产气量法研究添加不同水平（0、5、10、20 和 40 mg/kg）绞股蓝皂甙对山羊瘤胃微生物体外甲烷产量及发酵特性的影响，研究发现绞股蓝皂甙剂量与甲烷浓度之间有极显著的线性效应（$P < 0.01$），即随着皂苷添加水平的提高，甲烷产生量逐渐降低，原虫数量也随皂苷添加量的升高而下降，高剂量绞股蓝皂甙降低产气量。Nasri 等（2011）研究发现，羔羊日粮中添加皂树皂苷可减少瘤胃中原虫的数量。

6.3 单　宁

金龙（2011）评价了紫色达利菊提取缩合单宁对瘤胃发酵及瘤胃微生物的影响，研究发现这种缩合单宁可提高真干物质消化率，也能够降低瘤胃氨态氮（$NH_3 - N$）浓度，同时可降低混合苜蓿中的氮转化为 $NH_3 - N$，进而减少苜蓿中的含氮物质转化为 $NH_3 - N$ 而损失掉。薛树媛等（2011）评价了植物单宁酸对绵羊采食的饲料的降解、生产性能及瘤胃微生物的影响。其体外试验发现，单宁酸的添加能够显著降低日粮的消化率，除对 VFA 和干物质消失率有影响外，对其他发酵参数无影响；饲料中添加不同水平的单宁酸（1%、2% 和 3.5%）会引起绵羊瘤胃内微生物区系的变化，低水平的单宁酸有利于瘤胃微生物区系向提高日粮消化率趋势发展。Patra 等（2011）研究发现单宁对瘤胃发酵有积极的效果，其可减少饲料蛋白质在瘤胃中的降解、预防瘤胃膨气、抑制甲烷生产及增加瘤胃共轭亚油酸浓度。吕忠蕾等（2014）研究报道在饲粮中添加不同分子量的缩合单宁提高了延边黄牛瘤胃内的 pH 值，降低了氨氮、微生物蛋白产量、产甲烷量和挥发性脂肪酸浓度。

7　发酵及酶解饲料

利用微生物发酵作用可改变粕类原料的理化性状，减少抗营养因子，产生促动物生长有益成分，提高消化吸收率，增加动物适口性，延长贮存时间；可解毒脱毒，将有毒饼粕转变为无毒、低毒的优质饲料。微生物发酵作用可将粕类饲料原料转化为优质蛋白质饲料。郭春华等（2009）利用黑曲霉和米曲霉组合发酵豆粕、棉粕和菜粕等农副产品生产发酵蛋白质饲料。在四川、陕西、新疆等 6 个规范化奶牛场，共选择 339 头的中后期泌乳奶牛，进行对比饲养试验。结果表明，发酵后的蛋白质饲料具有提高奶牛抗病力、防治乳房炎的效果；可提高产奶量达 1.08 kg/（头·d）；降低饲料成本，提高经济效益，对照组奶牛每头每天多收益 6.50 元。郭书贤（2008）研究了复合微生物固态发酵棉籽饼的脱毒及奶牛中的饲喂效果。结果表明，发酵处理后脱毒率平均为 82.74%，游离棉酚含量下降至0.02%（200 mg/kg）以下，脱毒效果显著。而且发酵后棉籽饼底物的营养价值得到提高，其中粗蛋白含量提高为 42.86%，增加 13.93%，总氨基酸含量提高为 41.93%，增加12.90%，粗纤维降解为 8.45%，降低 24.35%，可作为养殖业优质蛋白饲料。结果还表明，脱毒棉籽饼可全部替代奶牛日粮精料中豆粕饼（占精料 25%），奶牛产奶量和乳质与饲喂豆饼组比较差异不显著，没有出现中毒症状，安全可靠。而且每头奶牛日可节约精饲料成本 2.25 元，可显著降低饲料成本，提高饲养经济效益。王福慧等（2013）研究结果显示，使用发酵豆粕能够使犊牛平均日增重提高 0.1 kg/头，饲料转化率提高 0.04，降低配方成本 3.60 元/吨，试验表明，发酵豆粕使用效果优于膨化大豆，能够提高犊牛生产性能、降低养殖投入和生产成本。

利用微生物发酵技术开发非常规饲料资源，是解决反刍动物饲料特别是蛋白质饲料资源匮乏的有效途径之一。湿态发酵蛋白饲料是玉米经酵母发酵、提取酒精后，又经益生菌发酵、密封包装的产物，其可溶性好、易消化、易吸收、蛋白质含量高。何梦奇等（2012）通过在奶牛饮水中添加该饲料的饲喂试验可知，奶牛日添加 4 kg 该饲料，单产可提高 2.18 kg，每头牛日增利润 2.03 元。增产效果好，经济效益显著；另外，研究还发现，日添加 4 kg 该饲料对乳成分无显著影响。苏锡云等（2008）用除盐味精废液和玉米秸秆经微生物发酵，进行高蛋白秸秆生物饲料的研制，并研究其对奶牛生产性能的影响。检测结果表明，用该方法生产的秸秆饲料的粗蛋白含量高达 34.42%，粗纤维含量为17.46%；奶牛饲养试验表明，与常规饲料相比，奶牛产奶量和乳品质差异均不显著，而饲料成本降低 7.3%。张庆等（2013）利用分别晾晒 4、8、12 h 和 24 h 后调制的紫花苜蓿青贮为主要原料，添加 8% 豆粕和 22% 玉米粉后进行二次青贮，室温贮藏 45 d 后取样分析。结果表明：添加豆粕和玉米粉能显著改善晾晒 4 h、8 h 后青贮的紫花苜蓿青贮饲料再次青贮的发酵品质，而对于晾晒 12 h、24 h 后青贮的紫花苜蓿青贮饲料，添加组的发酵品质普遍较差；第二次青贮后，氨态氮占总氮的百分含量随着晾晒时间增加而显著降低。晾晒 4 h、8 h 后青贮的紫花苜蓿青贮饲料再添加玉米粉和豆粕调制混合发酵饲料是可行的，其中以晾晒 4 h 后青贮的紫花苜蓿青贮饲料为原料效果最佳。卫洋洋等（2014）用发酵油茶饼粕分别代替 15%、30% 和 45% 的豆粕。结果表明，发酵油茶饼粕代替部分豆粕饲喂泌乳期荷斯坦牛，对其产奶量、乳蛋白和乳脂率有一定的提升作用，且发酵油茶饼粕价格相对于豆粕有很大的优势；采用发酵油茶饼粕饲喂荷斯坦牛，能够有效降低饲养成本。王曙阳等（2014）利用复合微生物菌剂发酵甜高粱渣生物饲料饲喂奶牛，结果表明，试验组提高了奶牛采食量和产奶量，试验组奶牛与青贮玉米秸秆组奶牛相比，采食量提高了11.4%，产奶量提高了 14.2%，试验组的奶料比和对照组相比减低了 20.8%。此外，试验组与对照组相比牛奶中的乳蛋白含量提高了 14.0%，牛奶中的乳脂率含量提高了16.3%，试验组牛奶体细胞数与对照组相比下降了 5.2%。

参考文献

［1］曹志军，李胜利，丁志民. 日粮中添加小肽对奶牛产奶性能影响的研究 ［J］. 饲料工业，2004，25
（4）：35 - 37.

［2］邓露芳. 日粮添加纳豆枯草芽孢杆菌对奶牛生产性能、瘤胃发酵及功能微生物的影响 ［D］. 北京：
中国农业科学院，2009.

［3］丁洪涛，夏冬华，秦珊珊，等. 枯草芽孢杆菌对奶牛体外瘤胃发酵的影响 ［J］. 饲料研究，2012，
（1）：57 - 59.

［4］高峰，江芸，黄献林. 不同锌源对奶牛产奶量和乳品质的影响 ［J］. 食品科学，2005，26（9）：
184 - 185.

［5］郭春华，魏荣禄，陶文清，等. 微生物发酵蛋白饲料在奶牛饲养中的应用研究. 西南民族大学学报，

2009，35（4）：759－763.

[6] 郭书贤. 复合微生物固体发酵对棉籽饼脱毒及其营养价值的影响 [M]. 武汉：华中农业大学，2008.

[7] 韩兆玉，段智勇，丁立人，等. 酶制剂对奶牛产奶量和乳品质的影响 [J]. 粮食与饲料工业，2008，（8）：39－40.

[8] 郝钢，许丽. 有机铬在反刍动物营养中的研究与应用 [J]. 饲料研究，2005，（7）：27－30.

[9] 何梦奇，张光勤，赵振升，等. 饮水中添加湿态发酵蛋白饲料提高奶牛产奶量试验. 畜牧与饲料科学，2012，33（8）：11－13.

[10] 洪亮，王玉华，刘宝胜，等. 蛋白锌饲喂奶牛生产高锌奶试验 [J]. 饲料工业，1992，13（10）：44.

[11] 金龙. 紫色达利菊提取缩合单宁对大肠杆菌和瘤胃氮代谢以及瘤胃微生物的影响 [D]. 哈尔滨：东北农业大学，2011.

[12] 赖安强，王之盛，刘建华，等. 吡啶羧酸铬对热应激下泌乳前期奶牛生产性能、血液生化指标和激素浓度的影响 [J]. 动物营养学报，2010，22（2）：380－385.

[13] 李成会，贾久满，朱莲英. 氨基酸螯合物对奶牛生产性能影响的研究 [J]. 中国奶牛，2004（3）：16－17.

[14] 李丽立，陈宇光，谭支良，等. 小肽对山羊氮平衡和营养物质消化率的影响 [J]. 草业学报，2004，13（2）：73－78.

[15] 刘华，张桂芬，等. 复合酶制剂对奶牛产奶性能的影响 [J]. 草食家畜，2001，（3）：39－41.

[16] 刘建昌，林洁荣，苏水金，等. 添加纤维酶制剂对奶牛生产性能的影响 [J]. 中国畜牧杂志，2001，37（3）：31－32.

[17] 刘文杰，孙龙曙，王军. 酶制剂对奶牛产奶量和乳成分的影响 [J]. 畜牧与兽医，2012，44（1）：32－33.

[18] 刘相玉，毛胜勇，朱伟云. 高精料日粮条件下酵母培养物对瘤胃细菌体外发酵的影响 [J]. 动物营养学报，2009，21：199－204.

[19] 陆燕，林波，王恬，等. 大蒜油对体外瘤胃发酵，甲烷生成和微生物区系的影响 [J]. 动物营养学报，2010，22（2）：386－392.

[20] 吕忠蕾，李成云. 饲粮中添加不同分子量缩合单宁对延边黄牛瘤胃内环境的影响. 饲料工业，2014，35（7）：43－47.

[21] 宋慧亭，黄根新，范占炼，等. CYC－100、蛋氨酸锌及超级蛋氨酸锌饲喂奶牛试验 [J]. 乳业科学与技术，2000，（4）：36－38.

[22] 苏锡云，李振田，焦喜兰，等. 味精废液发酵秸饲料对奶牛生产性能的影响 [J]. 饲料研究，2008，（9）：56－58.

[23] 王安，单安山. 微量元素与动物生产 [M]. 哈尔滨：黑龙江科学技术出版社，2003.

[24] 王芳. 通过营养调控手段提高牛奶中共轭亚油酸、硒、维生素 E 和锌含量的研究 [M]. 重庆：西南大学，2011.

[25] 王福慧，李颖丽，杨晓东，等. 发酵豆粕对犊牛生长性能的影响 [J]. 中国奶牛，2013，（2）：31－33.

[26] 王洪荣，陈旭伟，王梦芝. 茶皂素和丝兰皂苷对山羊人工瘤胃发酵和瘤胃微生物的影响 [J]. 中国农业科学，2011，44（08）：1710－1719.

[27] 王洪荣，孙桂芬. 饲料源活性肽混合物的提取及其对绵羊瘤胃微生物生长的影响 [J]. 动物营养学报，2006，18（4）：252－260.

[28] 王侃. 丙酸铬对奶牛瘤胃发酵及生产性能的影响 [M]. 杭州：浙江大学，2013.

[29] 王丽娟，刘大程，卢德勋，等. 日粮同时添加酵母培养物与延胡索酸二钠与对慢性酸中毒奶山羊瘤

胃发酵和细菌数量的影响［J］. 动物营养学报，2009，21（1）：67－71.

［30］王曙阳，张向阳，苏宏，等. 复合微生物菌剂袋装发酵甜高粱渣对奶牛产奶量及奶成分的影响［J］. 甘肃农业大学学报，2014，49（2）：21－24.

［31］王恬，贝水荣，傅永明，等. 小肽营养素对奶牛泌乳性能的影响［J］. 中国奶牛，2004，（2）：12－14.

［32］王新峰，毛胜勇，朱伟云. 绞股蓝皂甙对体外瘤胃微生物甲烷产量及发酵特性的影响［J］. 草业学报，2011，20（2）：52－59.

［33］卫洋洋，蔡海莹，张放，等. 发酵油茶饼粕饲喂荷斯坦牛的试验研究［J］. 中国奶牛，2014，（1）：8－10.

［34］夏冬华，丁洪涛，杨新艳，等. 丙酸杆菌对奶牛体外瘤胃发酵及日粮营养物质消化率的影响［J］. 畜牧与兽医，2012，44（11）：45－48.

［35］薛树媛. 灌木类植物单宁对绵羊瘤胃发酵影响及其对瘤胃微生物区系、免疫和生产指标影响的研究［D］. 呼和浩特：内蒙古农业大学，2011.

［36］禹爱兵，刘亮，王加启，等. 应激条件下日粮补充赖氨酸铬对泌乳期奶牛生产性能及血液参数的影响［J］. 中国奶牛，2006，（5）：7－12.

［37］岳寿松，龙升波. 微生态制剂对奶牛增奶的实验研究［J］. 中国奶牛，2003，（3）：20－21.

［38］张克梅，李豫红，宋兴民，等. 应用活菌制剂增奶的效果观察［J］. 黑龙江畜牧兽医，2002，（8）：16－17.

［39］张敏红. 吡啶羧酸铬对畜禽抗高温、高产生理性应激效果的研究［J］. 饲料博览，2000，（12）：31－33.

［40］张庆，钟梦莹，玉柱，等. 紫花苜蓿青贮为主的混合发酵饲料研究. 中国奶牛，2013，（20）：5－8.

［41］赵芳芳，张日俊. 大豆肽研究进展［J］. 中国饲料，2004，（1），22－23.

［42］赵洪亮，王玉华，刘宝胜，等. 蛋白锌饲喂奶牛生产高锌奶试验［J］. 饲料工业，1992，13（10）：44.

［43］Boza J. Protein V enzymic protein hydrolysates. Nitrogen utilization in starved rats［J］. British Journal Nutrition，1995，73：65－71.

［44］Chew B P，Eisenman J R，Tanaka T S. Argine infusion stimulates prolactin，growth hormone，insulin，and subsequent lactation in pregnant dairy cows［J］. Journal of Dairy Science，1984，67：2 507－2 518.

［45］DeFrain J M，Socha M T，Tomlinson D J，et al. Effect of complexed trace minerals on the performance of lactating dairy cows on a commercial dairy［J］. Professional Animal Science，2009，25：709－715.

［46］Deng L F，Wang J Q，Bu D P. Effect of Bacillus subtilis natto on milk performance，ruminal fermentation，and microbial profile of dairy cows［J］. Animal，2013，7（2）：216－222.

［47］Flakoll P J，Vandehaar M J，Kuhlman K，et al. Influence of alpha－ketoisocaproate on lame growth，feed conversion，and carcass composition［J］. Journal of Animal Science，1991，69：1 461－1 467.

［48］Fligger J M，Gibson C A，Sordillo L M，et al. Arginine supplementation increases weight gain，depresses antibody production，and alters circulating leukocyte profiles in preruminant calves without affecting plasma growth hormone concentrations［J］. Journal of Animal Science，1997，75：3 019－3 025.

［49］Fontes C M，G. A.，Hazlewood G P，et al. Evidence for a general role for non－catalytic thermostabilizing domains in xylanases from thermophilic bacteria［J］. Biochemistry，1995，307（Pt 1）：151－158.

［50］Gianneuas I，Skoufos J，Giannakopoulos C，et al. Effects of essential oils on milk Iproduction，milk composition，and rumen microbiota in Chios dairy ewes［J］. Journal of Dairy Science，2011，94（11）：5 569－5 577.

［51］Hackbart K S，Ferreira R M，Dietsche A A，et al，Wiltbank M C，Fricke P M. Effect of dietaryorganic zinc， manganese, copper, and cobalt supplementation on milk production, follicular growth, embryo quality, and tissue mineral concentrations in dairy cows [J]. Journal of Animal Science, 2010, 88: 3 856 – 3 870.

[52] Jafari A, Emmanuel D G V, Chfistopherson R J, et al. Parenteral administration of glutamine modulates a-cute phase response in postparturient dairy cows [J]. Journal of Dairy Science, 2006, 89: 4 660 – 4 668.

[53] Kasuya E, Yayou K, Hashizume T, et al. A possible role of central serotonin in L – tryptophan – induced GH secretion in cattle [J]. Animal Science Journal, 2010, 81: 345 – 351.

[54] Kellogg D W, Tomlinson D J, Socha M T, et al, Effects of zinc methionine complex on milk production and somatic cell count of dairy cows: Twelve – trial summary [J]. Professional Animal Science, 2004, 20: 295 – 301.

[55] Lascano G J, Heinrichs A J. Rumen fermentation pattern of dairy heifers fed restricted amounts of low, medium, and high concentrate diets without and with yeast culture star [J]. Livestock Science, 2009, 124: 48 – 57.

[56] Lin B, Wang J H, Lu Y, et al. In vitro rumen fermentation and methane production are influenced by active components of essential oils combined with fumarate [J]. Journal Animal Physical Animal Nutrition, 2011, 97: 1 – 9.

[57] Matsumoto D, Takagi M, Fushimi M, et al. Effects of gamma – aminobutyric acid administration on health and growth rate of group – housed Japanese Black Calves fed using an automatic controlled milk feeder [J]. Journal of Veterinary Medical Science, 2009, 71 (5): 651 – 656.

[58] Nasri S, BenSalem H, Vasta V, et al. Effeet of increasing levels of Quillaja saponaria on digestion, growth and meat quality of Barbarine lamb [J]. Animal Feed Science and Technology, 2011, 164 (1 – 2), 71 – 78.

[59] Nayeri A, Upah N C, Sucu E, et al. Effect of the ratio of zinc amino acid complex to zinc sulfate on the performance of Holstein cows [J]. Journal Dairy Science, 2014, 97: 4 392 – 4 404.

[60] Nielsen P E, Egholm M, Buchardt O. Sequence – specific transcription arrest by peptide nucleic acid bound to the DNA template strand [J]. Gene, 1994, 149: 139 – 145.

[61] Nocek J E, Socha M T, Tomlinson D J. The effect of trace mineral fortification level and source on performance of dairy cattle [J]. Journal Dairy Science, 2006, 89: 2 679 – 2 693.

[62] Nsereko V L, Beuuchemin K A, Morgavi D P, et al. Effect of a fibrolytic enzyme preparation from Trichoderman lougibrachiatum on the rumen microbial population of dairy cow [J]. Canadian Journal Microbial, 2002, 48: 14 – 20.

[63] Ondarza M B and Seymour W M. Effect of propionibacteria supplementation on yield of milk and milk components of dairy cows [J]. Journal Professional Animal Scientist, 2008, 24: 254 – 259.

[64] Patra A K, Saxena J. Exploitation of dietary tannins to improve rumnen metabolism and ruminant nutrition [J]. Journal Science Food Agriculture, 2011, 91 (1): 24 – 37.

[65] Plaizier J C, Walton J P, McBride B W. Effect of post – ruminal infusion of glutamine on plasma milk amino acids, milk yield and composition in lactating dairy cows [J]. Canadian Journal of Animal Science, 2001, 81: 229 – 235.

[66] Pocius P A, Clark J H, Baumrucker C R. Glutathione in Bovine Blood: Possible Source of Amino Acids for Milk Protein Synthesis [J]. Journal Dairy Science, 1981, 64 (7): 1 551 – 1 554.

[67] Rulquin H, Graulet B, Delaby L, et al. Effect of different forms of methionine on lactational performance of dairy cows [J]. Journal of Dairy Science, 2006, 89: 4 387 – 4 394.

[68] Saiady M Y, Shaikh M A, Mufarrejs I, et al. Effect of chelated chromium supplementation on lactation performance and blood parameters of Holstein cows under heat stress [J]. Animal Feed Science and Technolo-

gy, 2004, 117 (3 – 4): 223 – 233.

[69] Saiady M Y, Shaikh M A, Mufarrejs I, et al. Effect of chelated chromium supplementation on lactation performance and blood parameters of Holstein cows under heat stress [J]. Animal Feed Science and Technology, 2004, 117 (3 – 4): 223 – 233.

[70] Sener A, Owen A, Malaisse – lagae F, et al. The stimulus – secretion coupling of amino acid – induced insulin release XI. Kinetics of deamination and transamination reactions [J]. Hormone and Metabolic Research, 1982, 14 (8): 405 – 409.

[71] Siddons R C, Jacob F. VitaminB$_{12}$ nutrition and metabolism in the baboon (Papiocynocephalus) [J]. British Journal of Nutrition, 1975, 33 (3): 415 – 424.

[72] Soliva C R, Amelchanka S L, Duval S M, et al. Ruminal methane inhibition potential of various pure compounds in comparison with garlic oil as deternfined with a rumen simulation technique (Rusitec) [J]. British Journal of Nutrition, 2011, 106 (1): 114.

[73] Stein D R, Allen D T, Perry E B. Effects of feeding propionibacteria to dairy cows on milk yield, milk components, and reproduction [J]. Journal Dairy Science, 2006, 89: 111 – 125.

[74] Tager L R, Krause K M. Effects of essential oils on rumen fermentation, milk production, and feeding behavior in lactating dairy cows [J]. Journal Dairy Science, 2011, 94 (5): 2 455 – 2 464.

[75] Thrune M, Bachb A, Ruiz – Morenoa M, et al. Effects of Saccha – romyces cerevisiae on ruminal pH and microbial fermentation in dairy cows: Yeast supplementation on rumen fermentation [J]. Livestock Science, 2009, 124: 261 – 265.

[76] Tischler M E, Desautels M, Goldberg A. Does leueine, leucyl – tRNA, or some metabolite of leucine regulate protein synthesis and degradation in skeletal and cardiac muscle [J]. The Journal of Biological Chemistry, 1982, 257 (4): 1 613 – 1 621.

[77] Vicini J L, Clark J H, Hurley W L, et al. Effects of abomasal or intravenous administration of arginine oil milk production, milk composition, and concentrations of somatotropin and insulin in plasma of dairy cows [J]. Journal of Dairy Science, 1988, 71: 658 – 665.

[78] Wang D M, Liu Z, Yang F, et al. Effect of Fumen protected γ – aminobutyric acid on performance and health status of early lactating dairy cows [C]. ADSA – CSAS – ASAS Joint Annum Meeting Proceedings, July, 2010, Denver, American.

水产饲料中生物饲料应用现状

张志勇

（中粮营养健康研究院，北京 102209）

摘　要：随着生物技术的不断发展，对水产动物而言，生物饲料相比于传统饲料表现出更高的生长性能及经济价值，其在水产饲料中的应用也越来越广泛。本文以饲用酶制剂、益生元、植物提取物、抗菌肽、有机微量元素及发酵饲料在水产动物上应用为重点，进行综述，以期为生物饲料在水产动物饲料中的进一步研究提供科学依据。

关键词：生物饲料；水产饲料；研究进展

近年来，随着生物技术不断革新及普及，其在饲料行业中应用越来越广泛，极大地促进了我国饲料行业的发展，"生物饲料"这一名词逐渐显现。所谓的生物饲料是指采用现代生物技术生产的饲料、原料和饲料添加剂，其主要产品包括酶制剂、微生态制剂与益生元、功能性蛋白肽、功能性氨基酸、有机微量元素、植物与微生物提取物和发酵及酶解饲料。

水产饲料主要发展阶段始于20世纪90年代初，虽然起步较晚，但发展速度惊人，已经连续增涨30年，2013年产量已达到1 900万吨，同比增涨0.4%，约占整个饲料产量的10%；其迅猛发展得益于生物饲料发展，但同时反过来进一步促进生物饲料的发展。

1　饲用酶制剂

20世纪末以来，饲用酶制剂作为一种新型、高效、无毒副作用和环保型的饲料添加剂，已被广泛应用于畜禽饲料，并取得了良好的经济与社会效益。但对于水产饲料而言，由于其特殊的加工工艺（高温、高压以及高湿）易导致酶制剂的失活，直接限制酶制剂在水产饲料中的使用。目前，主要通过以下两种途径解决：第一，筛选特定菌株，生产耐高温酶制剂，例如：乌兰等（2007）在罗非鱼饲料中添加0.1%的耐高温酶制剂后，罗非鱼的相对增重率提高了28.2%，饲料系数降低了0.34，且对其肌肉营养成分无显著影响。第二，随着水产加工工艺中后喷涂工艺越来越普及，采用后喷涂工艺添加液体酶制剂效果更佳（吴建军等，2013），水产饲料中添加液态酶制剂也是未来发展的一种趋势。

根据饲料中所含酶的种类，饲料用酶制剂分为消化性酶和非消化性酶。消化性酶制剂主要辅助动物消化道酶系作用，降解淀粉和蛋白质成为易被吸收的小分子物质（李静静，2010）；例如，刘鼎云等（2007）在鲤鱼饲料中添加蛋白酶后发现，鲤鱼肠道组织蛋白酶活力提高了39.66%，肠道内容物蛋白酶活力提高了76.42%，增重率提高了6.4%，饲料系数降低了5.4%，但对鱼体的肌肉组成成分影响不显著。非消化性酶主要包括木聚糖酶、果胶酶、纤维素酶等非淀粉多糖酶和植酸酶等（李静静等，2010）；例如：高春生等（2006）研究发现，在基础饲料中添加0.05%、0.10%及0.20%木聚糖酶饲喂草鱼，其增重率均得到提高，饲料系数大大降低，干物质、粗蛋白、粗脂肪和粗纤维的消化率均得到提高，最适宜添加水平为0.10%。张璐等（2006）在大黄鱼饲料的研究中发现，添加植酸酶和非淀粉多糖酶后，大黄鱼胃和肠道蛋白酶和淀粉酶活性均有上升趋势，并且添加非淀粉多糖酶能显著提高大黄鱼胃和肠道淀粉酶活性，添加植酸酶能显著提高大黄鱼胃和肠道蛋白酶活性，且大黄鱼的生长性能显著提高。

研究发现，添加外源酶制剂不仅可以提高鱼类的生长性能，而且能够提高鱼体自身免疫抵抗能力。黄锋等（2008）研究发现，在异育银鲫饲料中添加含木聚糖酶和β-葡聚糖酶的复合酶制剂，其生长显著加快，且免疫力增强。钟国防等（2005）研究发现，尼罗罗非鱼摄食添加酶制剂的饲料后，SOD和溶菌酶的活性增强，非特异性免疫力增高。

综述所述，酶制剂不仅大幅提高水产养殖业生产效益，而且节约大量的饲料资源（提高动物对营养物质利用率），同时可以有效降低养殖水环境的污染。

2 饲用微生态制剂与益生元

近年来，随着动物和人体内耐药菌的产生，抗生素残留问题不断凸显，抗生素对人类的危害越来越大，寻找合适替代物成为亟待解决的问题。益生元作为一种免疫增强剂，在陆生和水产动物中已取得很好的效果；其本质为不可消化的碳水化合物，含有大量的寡糖成分。目前，在饲料中作为添加剂使用的寡糖主要有甘露寡糖（MOS）、果寡糖（FOS）、低聚木糖（XOS）、糖萜素（SHP）与β-葡聚糖等，其中甘露寡糖被广泛地应用于水产养殖的研究中，下面以甘露寡糖为例，介绍益生元在水产饲料中的应用。

甘露寡糖主要是通过采用生物或化学方法降解得到的。它广泛存在于魔芋粉、田菁胶、瓜儿豆胶以及多种微生物的细胞壁内。目前，商品用的甘露寡糖主要是通过酶解法进行生产，从富含甘露寡糖的酵母细胞壁中通过发酵法提取出来的葡甘露聚糖蛋白复合体。到现在已经提出了60多种不同的甘露糖蛋白复合物，而作为饲料添加剂用的甘露寡糖多为二糖、三糖和四糖的混合物。

对于水产动物而言，甘露寡糖具有多项生理功能。首先，可促进其消化吸收，提高生长性能，主要通过改善小肠黏膜的形态，提高绒毛高度和绒毛密度，从而扩大了小肠绒毛的吸收面积，有利于肠道内营养物质消化和吸收。刘爱君等（2009）在研究甘露寡糖对奥尼罗非鱼肠道结构功能的影响时发现，添加0.50%甘露寡糖能显著提高其肠绒毛高度、宽度和密度，有利于肠道吸收面积的增加和营养物质消化利用率的提高，饲料系数降低13.4%，增重率提高了19.2%，干物质消化率和蛋白质消化率分别提高12.9%和3.4%。其次，可促进肠道有益菌的增殖，抑制病原微生物，优化肠道微生物区系。甘露寡糖可以作为一种生长代谢的营养物质，能被乳酸杆菌和双歧杆菌等有益菌选择性地发酵利用，并促进其生长繁殖。而乳酸杆菌和双歧杆菌的增殖又会促使肠道内容物发酵产生乳酸等酸性物质，导致肠道pH下降，从而抑制大肠杆菌和志贺氏痢疾杆菌等有害菌的生长繁殖。马相杰等（2010）研究了甘露寡糖对罗非鱼幼鱼肠道微生物的影响，结果发现三个水平（0.25%、0.50%、0.75%）的自制酵母甘露寡糖添加量分别使乳酸杆菌增加了9.37%、

10.77%、10.52%，而大肠杆菌减少了7.12%、14.80%、16.36%。乳酸杆菌与大肠杆菌的比值也明显高于对照组。随着自制酵母甘露寡糖添加量的增加，大肠杆菌的数量出现明显减少的趋势。最后，可调节机体的免疫系统，提高宿主免疫力。研究发现，甘露寡糖不仅能连接到细菌上，也能连接到病毒、毒素和真核生物上，结合后其可以充当这些外源性抗原的助剂，缓解抗原的吸收，增强机体的体液免疫和细胞免疫。另外，甘露寡糖可通过刺激肝脏分泌甘露寡糖结合蛋白而影响免疫系统，这类蛋白质与细菌荚膜相连，能触发一系列的补体反应。于艳梅等（2010）以健康黄颡鱼为试验鱼，在基础饲料中分别添0.1%、0.2%、0.3%的魔芋甘露寡糖及0.3%的酵母甘露寡糖，研究在饲料中添加不同含量甘露寡糖对黄颡鱼非特异性免疫功能及生长性能的影响。结果表明：投喂0.2%魔芋甘露寡糖14~28 d，血液中白细胞的吞噬活性显著高于对照组，在第14 d时，吞噬指数、吞噬百分率达到最大值，分别为5.24、66.00%。

此外，随着研究的深入，益生菌类产品、益生菌与益生元混合的合生素类产品均广泛用于水产饲料中。

3　植物与微生物提取物

除了益生元类产品可作为抗生素的替代物质外，植物与微生物提取物亦可作为替代物之一。研究发现，中草药发酵物产物可有效杀灭细菌、提高水产动物免疫力，促进其生长及提高饲料利用效率，是一种可替代抗生素的绿色环保安全高效的饲料添加剂。

我国中草药品种繁多，已经知道的具有免疫活性的中草药已达200多种，能抗菌的中草药有130多种，对病毒有灭活或抑制作用的中草药有50多种，有杀菌抑菌作用的中草药达400多种。这些中草药的有效成分主要包括多糖、甙类、生物碱、有机酸、挥发油，此外还有充当营养成分的脂类、糖类、蛋白质、氨基酸、维生素、常量元素和微量元素以及未知促生长活性物质。但中草药产品药效慢、用量偏大，近几年中草药价格一路攀升，给中草药产品的应用发展带来了极大的阻碍。如何提高中草药利用能力，解决中草药作为水产添加剂产品发展的瓶颈是目前亟待解决的问题。目前，主要通过中草药发酵技术来解决，研究发现，中草药发酵制药有以下特点（谷巍，2013）：

第一，提高中药有效成分。通过微生物的降解作用，使药物的有效成分、活性物质能最大限度地得以提取。

第二，提高药物疗效。有些中草药的有效成分进入机体后不能被直接利用，但经体外发酵后则较容易被机体吸收，从而迅速发挥药物效能。

第三，产生新物质。中草药在发酵过程中，能产生新的有效活性物质，改变了药物原有的性能，从而形成新的应用价值，扩大治疗范围，扩大了药物品种。

第四，降低毒副作用。中草药经发酵后，可降低药物的毒副作用。

第五，益生菌的辅助作用。用于发酵的微生物都是经过筛选的对动物体有益的菌种，本身就具有一定的药用价值，如促进机体的生长发育，提高机体免疫力等。

第六，减少用量降低成本。发酵后的中草药，因疗效增强，故可以减少用量，从而降低原料药的成本。另外，也能间接地保护中药资源，降低由于过度采摘而导致灭绝的危险。

目前，中草药作为饲料添加剂广泛应用于水产动物饲料中，提高了水产动物生长性能及免疫力，对水产肉质均有一定改善作用（孔江红等，2010）；中草药发酵产物在水产动物中的应用未见报道，但由于其有诸多有点，其应用前景必将更加广阔。

4 抗菌肽

除了上述两类物质可替代抗生素外，研究发现抗菌肽亦可作为替代物之一。抗菌肽是广泛参与抵抗病原菌感染的一类具有阳离子微粒的生物活性肽，其本质为一类小分子多肽（Chongsiriwantana, et al, 2008）。天然生物抗菌肽抗菌谱广，具有热稳定性和较好的水溶性，对高等动物正常细胞几乎无毒害作用，且不易产生耐药性。因此，作为一种绿色、高效、低毒抗菌的饲料添加剂广泛用于水产养殖中。由于抗菌肽的天然来源有限、生产成本昂贵，因此，利用基因工程生产抗菌肽和通过免疫水产动物诱导抗菌肽基因的表达成为目前研究的热点。

抗菌肽不仅具有多种抗菌活性，而且还具有不同的功能，抗菌肽可以通过对细胞膜黏附、转移以及呼吸爆发活性的调整，提高动物的免疫水平和抗病力。大量研究表明，在健康水产动物体内，抗菌肽除了具有直接杀菌作用外，还能与宿主免疫系统相互作用，表现出广泛的免疫调节功能（周子甲等，2012）。例如，Marel 等（2012）研究发现，在饲料中添加 β – 葡聚糖可显著提高鲤鱼皮肤中 β – defensinl 和 β – defensin2 以及鳃中 β – defensin 的表达量，说明 β – 葡聚糖是通过影响鲤鱼的黏膜系统提高抗菌肽基因的表达，进而提高鱼体的先天性免疫能力。另外，研究表明，抗菌肽作为饲料添加剂还可以提高水产动物的生产性能；王四新等（2011）研究发现，饲料中添加 100 ~ 150mg/kg 抗菌肽能显著提高草鱼的生长速度和相对增重率；黄沧海等（2009）研究表明，抗菌肽和黄霉素均能显著提高罗非鱼幼鱼生长性能和抑菌作用。

抗菌肽具有良好的应用前景，但目前大多数关于抗菌肽基础与临床应用的研究还处于实验阶段，真正将抗菌肽推向市场还存在许多问题需要进一步研究。

5 有机微量元素

相比于无机微量元素，有机微量元素有以下优点：化学性质稳定；吸收利用率高，有较高的生物学效价；适口性好，对机体不良作用少；提高免疫力，减少病害；减少对环境的污染等，是一种集安全、高效和环保为一体的绿色饲料添加剂。有机微量元素可通过微生物中提取获得，如有机硒主要有蛋氨酸硒和酵母硒等。下面以有机硒为例，介绍有机微量元素在水产动物中的应用。

对于水产动物而言，有机硒可显著提高其生长性能。华雪铭等（2001）在基础饲料中分别添加 0.1%、0.2% 和 0.4% 的芽孢杆菌，0.3%、0.6% 和 1.2% 的硒酵母，0.2% + 0.3%、0.3% + 0.6% 和 0.2% + 1.2% 的芽孢杆菌和硒酵母混合物，投喂异育银鲫 2 个月。结果表明：添加不同质量浓度的硒酵母均可不同程度地促进异育银鲫的生长，其相对增重率比对照组增加 16% ~ 31%。胡先勤等（2010）在鲫鱼的饲料中添加一定量的酵母硒后发现，鲫鱼的增重率显著提高，饲料系数显著降低，最适添加水平为 0.3mg/kg；对鱼体组成成分无显著影响，鲫鱼血液和肝中硒的含量随着酵母硒的添加量增加而升高。此外，研究发现有机硒可提高水产动物的抗氧化能力，杨丽坤等（2010）在研究亚硝酸钠胁迫下，饲料中添加适量的有机硒（富硒酵母）对日本沼虾抗氧化酶活性的影响中发现，SOD活性随着亚硝酸钠质量浓度的增加先升高后降低，试验组沼虾的 SOD 活性高于无机硒对照组。在饲料中添加适量质量浓度的有机硒后能够增强 SOD 活性，而且有助于增强日本沼虾机体的抗氧化能力。

有机微量元素在水产动物的应用前景非常广阔，但由于价格昂贵，水产动物品种较多，缺乏系统研究，对其应用推广有一定限制，但随着研究慢慢深入，其应用必将越来越广泛。

6　发酵饲料

对于水产动物而言，由于其利用碳水化合物的能力有限，主要通过分解蛋白质供能。因此，其对蛋白质的需求量远远高于猪、鸡等动物。鱼粉作为传统的优质的水产饲料蛋白源，近年来，由于供求紧张，其价格一路飙升，寻求廉价的动植物蛋白源替代鱼粉势在必行，但植物蛋白源由于其含有大量的抗营养因子、有毒物质限制其在水产饲料中的大量应用；如豆粕中含有胰蛋白酶抑制剂、脲酶、大豆凝集素等抗营养因子；棉粕中含有有毒物质棉酚等。微生物发酵是降低豆粕及棉粕等抗营养毒害作用提高其营养价值的主要技术手段之一。发酵产物应用于水产饲料中，不仅能降低饲料生产成本，而且对水产动物的生长、消化吸收、免疫机能具有一定的改善作用。

动植物蛋白源通过微生物发酵后，首先，可以消除或降低其抗营养因子；其次，提高其营养价值；再次，增加有益微生物或未知促生长因子，促进机体免疫功能；最后，改善其物理性能，提高其适口性。Refstie 等（2005）研究发现用发酵豆粕替代大鳞大麻哈鱼饲料中鱼粉达 20.24% 时，对鱼体增重和饲料系数均无显著影响。Fagbenro 等（1995）以罗非杂鱼分别与豆粕、水解羽毛粉、家禽粉、肉骨粉混合发酵（按蛋白比 1∶1），所得四种产物分别替代饲料中 65% 鱼粉饲养鲶鱼。结果表明，发酵家禽粉组的鱼体生长性能与全鱼粉对照组基本一致，优于其他三种发酵产物。发酵产物替代鱼粉后，其微量物质的含量可能有所改变，需额外补充才能满足动物机体的需要，王亚军等（2013）研究发现用发酵豆粕替代日本鳗鲡饲料中的鱼粉（其对照组鱼粉含量为 60%）15% 后，其特定生长率和增重率高于对照组，但肌肉中和皮肤中某些矿物元素含量发生变化。因此，发酵豆粕替代鱼粉后应对饲料中矿物元素添加量适当进行调整。

水产动物相比于猪、鸡、牛、羊等动物而言，其消化能力较弱，对非鱼粉类蛋白源利用率均较低，但通过运用发酵技术，可大大提高了鱼类对其的利用率，同时扩宽了其利用范围并提高其使用限量。

7　结　语

未来，随着生物技术的不断发展，生物饲料在水产饲料中的应用必将越来越广泛，但同时生物饲料存在各种各样问题，需要研究学者不断地努力解决才能更好地服务水产养殖行业，促使水产行业可持续健康稳定的发展。

参考文献

[1] 乌兰，谢骏，王广军，等. 耐高温酶制剂对罗非鱼生长和肌肉营养成分的影响 [J]. 水利渔业，2007，27（4）：106－108.

[2] 吴建军，周樱，詹志春. 液体酶制剂在水产饲料中的应用 [J]. 当代水产，2013，7：64－65.

[3] 李静静. 饲用酶制剂在渔业中的应用探讨 [J]. 湖南饲料，2010，3：15－17.

[4] 刘鼎云，冷向军，卢永红，等. 饲料中添加蛋白酶 Aquagrow 对鲤生长和蛋白质消化酶活性的影响 [J]. 淡水渔业，2007，37（5）：50－52.

[5] 高春生，刘忠虎，肖传斌. 木聚糖酶对草鱼生长性能和消化率的影响 [J]. 饲料研究，2006，8：8－49.

[6] 张璐，麦康森，艾庆辉，等. 饲料中添加植酸酶和非淀粉多糖酶对大黄鱼生长和消化酶活性的影响 [J]. 中国海洋大学学报，2006，36（6）：923－928.

[7] 黄锋，张丽，周艳萍，等. 外源木聚糖酶对异育银鲫生长、超氧化物歧化酶及溶菌酶活性的影 [J]. 淡水渔业，2008，38（1）：44－48.

[8] 钟国防，周洪琪. 木聚糖酶和复合酶制剂 PS 对尼罗罗非鱼生长性能、消化率以及肌肉营养成分的影响 [J]. 浙江海洋学院学报：自然科学版，2005，24（4）：324－329.

[9] 刘爱君，冷向军，李小勤，等. 甘露寡糖对奥尼罗非鱼（Oreochromis niloticus × O. aureus）生长、肠道结构和非特异性免疫的影响 [J]. 浙江大学学报（农业与生命科学版），2009，35（3）：329－336.

[10] 马相杰，汪立平，赵勇，等. 甘露寡糖对罗非鱼幼鱼肠道微生物的影响 [J]. 微生物学通报，2010，37（5）：708－713.

[11] 于艳梅，吴志新，陈孝煊，等. 魔芋甘露寡糖对黄颡鱼非特异性免疫功能及生长的影响 [J]. 华中农业大学学报，2010，29（3）：351－355.

[12] 谷巍. 微生物发酵药用植物在水产养殖中的研究与应用 [C]. 中部地区水产饲料实用技术论坛，2013，166－168.

[13] 孔江红，刘襄河. 中草药在水产养殖病害防治的研究与应用 [J]. 2010 年植物提取物与应用及应用技术交流研讨会，33－36.

[14] Chongsiriwantana N P, Patch J A, Czyzewski A M, et al. Peptoids that mimic the structure, function, and mechanism of helical antimicrobial peptides [J]. Proc Nad Acad Sci USA, 2008, 105: 2 794－2 799.

[15] 周子甲，卢舜尧，刘广，等. 抗菌肽的作用机理及其在水产养殖中的应用 [J]. 中国饲料，2012，11：39－42.

[16] Marel M, Adamek M, Gonzalez S E. Molecular cloning and expression of two β－defensin and two mucin genes in common carp（Cyprinus carpio L）and their up－regulation after β－glucan feeding [J]. Fish & Shellfish Immunology, 2012, 32: 494－501.

[17] 王四新，李海峰，刘辉，等. 抗菌肽对草鱼生长性能的影响 [J]. 饲料研究，2011，4：29－31.

[18] 黄沧海，李建，王冬冬，等. 抗菌肽对罗非生幼鱼生长性能的影响 [J]. 中国畜牧杂志，2009，45（23）：53－56.

[19] 华雪铭，周洪琪，邱小珠，等. 饲料中添加芽抱杆菌和硒酵母对异育银鲫的生长及抗病力的影响 [J]. 水产学报，2001，25（5）：448－453.

[20] 胡先勤，刘立鹤，陈见，等. 酵母硒在鲫鱼饲料中的应用 [J]. 中国牧业通讯，2010，1：33－34.

[21] 杨丽坤，蔡端波，黄增瑞，等. 硒对日本沼虾耐受亚硝酸钠胁迫的作用 [J]. 安徽农业科学，2010，38（34）：19547.

[22] Refstie S, SahlstromS, Brathen E, et al. Lactic acid fermentation eliminates indigestible carbohydrates and

anti – nutritional factors in soybean meal for Atlantic salmon（Salmo salar）［J］. Aquaculture, 2005, 46（4）: 331 – 345.

［23］ Fagbenro O A, Janncoy K. Growth and protein utilization by juvenile catfish（Clarias gariepinus）fed dry diets containing codried lactic – acid fermented fish – silage and protein feedstuffs［J］. Bioresource Technology, 1995, 51（1）: 29 – 35.

［24］ 王亚军, 林文辉, 杨智慧, 等. 发酵豆粕部分替代鱼粉对日本鳗鲡生长性能和体内矿物元素的影响［J］. 南方水产科学, 2013, 9（3）: 39 – 43.

第三部分

新技术与新产品

复合酶制剂对商品蛋鸡生产性能的影响

李铁军

（辽宁众友饲料有限公司，沈阳 110326）

摘 要：本试验针对蛋禽专用复合酶制剂，采用玉米豆粕型日粮饲喂产蛋鸡。对照组不加酶，试验一组在对照组基础上直接加酶，试验二组在对照组基础上调整配方，代谢能比对照组降低 96.14 J/kg，降低饲料成本 21.83 元/吨。在商品蛋鸡产蛋高峰期进行为期 70 d 试验。结果表明：试验组鸡只平均采食量下降，试验一组和试验二组比对照组平均日采食量分别降低 4.49g/只和 2.15g/只，日平均产蛋率和平均蛋重比对照组略有下降，但各组间统计差异不显著（P > 0.05）。料蛋比以不加酶的对照组最高，但各组间差异不显著（P > 0.05）；千只鸡日利润以试验一组最高，试验二组次之，对照组最低。

关键词：复合酶制剂；蛋鸡；玉米—豆粕日粮

酶的作用毋庸置疑，市面上各种酶制剂产品种类繁多，进口的国产的、单一的复合的不一而论。那么在商品蛋鸡配合饲料中选用何种酶制剂、添加量多少、加入酶制剂后如何调整配方、对生产成绩有什么影响？下面本文在养殖试验基础上，对酶制剂的应用有一些体会与大家分享。

在辽宁省养殖蛋鸡所使用的饲料原料除玉米、豆粕外，大多数都得使用杂粕（棉粕、菜粕、葵花粕、芝麻粕等）及玉米加工副产物如玉米 DDGS、玉米胚芽粕、喷浆玉米皮、玉米蛋白粉、脱脂米糠等，本试验是在商品蛋鸡产蛋高峰期配合饲料中加入复合酶制剂，来验证其对产蛋率、蛋重、采食量、料蛋比、经济效益等方面的影响。

蛋鸡配合饲料中非淀粉多糖抗营养因子主要来源于玉米、豆粕、DDGS、棉粕、糠粕和玉米皮等原料，根据酶制剂生产厂家提供的底物计算器分析可知饲料中的抗营养因子含量如表1。

表1　蛋鸡配合饲料抗营养因子含量

原料名称	在饲料中含量（%）	抗营养因子	含量
玉米	60 ~ 63	可溶性木聚糖（%）	1.59 ~ 1.60
豆粕	14 ~ 17	非可溶性木聚糖（%）	2.78 ~ 2.98
棉粕	3	总木聚糖（%）	4.37 ~ 4.58
玉米 DDGS	7	β - 葡聚糖（%）	2.63
脱脂米糠	1.5 ~ 2	β - 甘露聚糖（%）	0.39 ~ 0.40
喷浆玉米皮	1.5 ~ 2	潜在能值（kcal/kg）	55.20 ~ 57.95

除饲料中非淀粉多糖类抗营养因子影响日粮消化利用率外，由于家禽消化道较短，饲料在肠道内停留时间一般仅 3 ~ 4 h，也难以充分消化。同时，高生产状态下的成禽内源消

化酶如蛋白酶、淀粉酶也会出现分泌量不足、活性较低等情况。针对上述情况，试验采用的复合酶制剂含有如下酶谱见表2。

表2　蛋鸡专用复合酶制剂酶谱

主要酶谱					兼有酶谱	
木聚糖酶	β-葡聚糖酶	β-甘露聚糖酶	中性蛋白酶	淀粉酶	纤维素酶	果胶酶
8 200 IU/g	2 000 IU/g	3 2000 U/g	2 000 U/g	2 500 U/g	√	√

酶制剂生产厂家提供的酶活定义如下：

木聚糖酶（IU）：在37 ℃、pH为5.5的条件下，每分钟从浓度为5 mg/mL的木聚糖溶液中降解释放1 μmol还原糖所需要的酶量为一个酶活力单位（IU）。

β-葡聚糖酶（IU）：在37 ℃、pH为5.5的条件下，每分钟从浓度为4 mg/mL的β-葡聚糖溶液中降解释放1 μmol还原糖所需要的酶量为一个酶活力单位（IU）。

β-甘露聚糖酶（U）：在55 ℃、pH值为5.5的条件下，每分钟从浓度为4 mg/mL的甘露聚糖溶液中降解释放1 μg还原糖所需要的酶量为一个酶活力单位（U）。

中性蛋白酶（U）：1g固体酶粉（或1 mL液体酶）在pH 7.5条件下，1分钟水解酪素产生1 μg酪氨酸为一个酶活力单位（U）。

淀粉酶（U）：1g固体酶粉（或1 mL液体酶）于60 ℃、pH6.0条件下，1 h液化1g可溶性淀粉即为1个酶活力单位（U）。

1　试验材料与方法

1.1　试验用复合酶

由国内某酶制剂生产厂家研制生产，酶活标示为：木聚糖酶8 200 000 IU/kg、β-葡聚糖酶2 000 000 IU/kg、β-甘露聚糖酶32 000 000 U/kg、蛋白酶2 000 000 U/kg、淀粉酶2 500 000 U/kg、纤维素酶2 000 000 U/kg、果胶酶1 000 000 U/kg。价格60元/公斤，推荐添加量100克/吨。

1.2　试验蛋鸡及分组

试验采用单因子试验设计，选取品种相同、健康、体重近似、30周龄海兰褐壳蛋鸡4 032只，分为3个处理组，每个处理组再分为4个重复组，每个重复组336只蛋鸡。预试期2周，各处理的测试指标平均值基本一致，各指标差异不显著。试验采用半开放式鸡舍，蛋鸡分上中下三层阶梯式笼养，各个重复组均匀分布于鸡舍，以消除位置效应。自由采食与饮水，自然光照与人工光照相结合，光照时间为16 h，自然通风。每天早晨8：30和下午14：30记录鸡舍的温度和湿度，定期打扫卫生。专人管理，每天上午11：00捡蛋1次，每三天清理鸡粪一次。其他饲养管理同该鸡场日常管理。

1.3　试验日粮

对照组日粮，无复合酶制剂；试验1组日粮为在对照组日粮基础上添加复合酶制剂100g/t，配方成本比对照组高6元/吨；试验2组日粮中的复合酶制剂添加量也为100g/t，日粮配方参照对照组的饲料配方营养指标，通过原料调整使其代谢能降低96.14 J/kg，其他营养水平不变，配方成本比对照组降低21.83元/吨。各处理组配方见表3。

表3　试验日粮及营养水平

原料组成	对照组	试验1组	试验2组
玉米［8%］	61.92	61.92	60
豆粕［43.5%］	15.5	15.5	15
玉米DDG［28%］	7	7	7
脱脂米糠［15%］	1.5	1.5	3
喷浆玉米皮［18%］	1.5	1.5	2.41
棉粕［45%］	3	3	3
磷酸氢钙	0.8	0.8	0.8
石粉	7.87	7.86	7.86
食盐	0.25	0.25	0.25
1%复合预混料	1	1	1
蛋鸡专用复合酶制剂	0	0.01	0.01
合计	100	100	100
成本	2422.41	2428.41	2399.45
营养水平			
禽代谢能 MC/kg	2.630	2.630	2.607
粗蛋白%	15.80	15.80	15.81
赖氨酸%	0.815	0.815	0.816
蛋+胱氨酸%	0.684	0.684	0.685
苏氨酸%	0.572	0.572	0.571
色氨酸%	0.152	0.152	0.152
精氨酸%	0.943	0.943	0.943
异亮氨酸%	0.612	0.612	0.610
缬氨酸%	0.747	0.747	0.747
钙%	3.3	3.3	3.3
总磷 %	0.47	0.47	0.47
非植酸磷%	0.23	0.23	0.23
氯化钠	0.35	0.35	0.35

注：1%蛋鸡复合预混料中含有蛋鸡产蛋所需维生素、微量元素、蛋氨酸、赖氨酸、胆碱、植酸酶

1.4　饲养管理

试验期为12周，前2周为预试期，即2012年4月3日至4月16日，预试期间3个处理的鸡都饲喂对照组日粮。4月17日正式试验，至6月26日结束共10周时间。试验鸡自由采食和自由饮水，日常饲养管理按鸡场现有规定执行。

1.5　测定指标

1.5.1　产蛋性能

试验开始后，以重复组为单位每天记录产蛋个数、总蛋重，计算日产蛋率、平均蛋重。

1.5.2　耗料

以重复组为单位，每天记录加料量，周末称剩余饲料的重量，计算每周总耗量和平均耗料量。以周为单位，计算各重复组的料蛋比。

1.5.3 死亡和健康状况

试验期间，以重复组为单位每日记录试验鸡的死亡数，试验结束时统计总死亡数。

1.5.4 蛋壳颜色

以各重复组为单位每周肉眼观察一次蛋壳颜色变化，探讨饲料中添加酶制剂对蛋壳颜色是否有改善作用，但不做数据统计。

1.5.5 环境条件

每日记录鸡舍室内温湿度、异常气候等。

1.5.6 生产性能指标计算公式

平均蛋重 = 总蛋重/总产蛋数

产蛋率 = 总产蛋数/试验期鸡只累加数×100%

平均采食量 = 总采食量/试验期鸡只累加数

料蛋比 = 总采食量/总蛋重

蛋成本 = 饲料单价×料蛋比

各试验处理组中的数据均以平均数±标准差表示，试验数据采用 SPSS 16.0 统计软件单因素方差分析程序进行分析，LSD 法作多重比较。

2 试验结果

2.1 主要指标累计统计

结果见表4。

表4 试验全期主要指标统计数据

组别	存栏数（只）	死亡数（只）	总耗料（千克）	产蛋数（枚）	产蛋量（千克）	饲料成本（元）	总产值（元）	毛收入（元）
对照组	1 344	4	11 922	86 920	5 462.95	32 191.45	34 962.91	2 771.46
试验一	1 344	3	11 500	87 089	5 468.37	31 119.92	34 997.58	3 877.66
试验二	1 344	3	11 712	86 534	5 359.96	31 493.62	34 303.77	2 810.15

注：毛收入 = 鸡蛋收入 – 饲料支出；饲料单价对照组 2 700 元/吨，试验一组按 2 706 元/吨，试验二组按 2 678 元/吨计算；鸡蛋价格 6.4 元/千克计算

2.2 主要性能指标试验期平均值

结果见表5。

表5 主要性能指标平均值

组别	日采食量（克/只）	产蛋率 %	蛋重（克/只）	料蛋比	日产蛋量（克/只）	产蛋成本（元/千克）	日毛收入（元/千只）
对照组	126.73 ± 0.036	92.39 ± 0.562	62.85 ± 0.008	2.017 ± 0.012：	158.07 ± 0.031	5.46 ± 0.03	29.45
试验 1 组	122.24 ± 0.043	92.57 ± 0.353	62.79 ± 0.064	1.947 ± 0.021：	158.06 ± .0029	5.27 ± .005	41.21
试验 2 组	124.49 ± 0.064	91.98 ± 0.484	61.94 ± 0.023	2.009 ± 0.023：	156.97 ± 0.044	5.38 ± 0.06	29.87

注：毛收入 = 鸡蛋收入 – 饲料支出

2.3 结果分析

从采食量看，加酶组的采食量低于对照组，试验 1 组低于试验 2 组，各组差异不

显著。

从产蛋率看，试验 1 组高于对照组，试验 2 组低于对照组，各组差异不显著。

从蛋重比较，试验组都比对照组低，试验 2 组低于试验 1 组，各组差异不显著。

从料蛋比分析，试验 1 组料蛋比最低，其次是试验 2 组，再次是对照组，各组差异不显著。

整个试验期鸡只死淘很少，各组无显著差异。

从试验全期观察，试验组与对照组相比蛋壳颜色未得到明显的改善。

试验期间各处理利润情况，饲料价格：试验 1 组在对照组基础上增加 6 元/吨，试验 2 组在对照组基础上降低 21.83 元/t；鸡蛋价格当时 6.4 元/kg，1 344 只产蛋高峰期蛋鸡饲养 70 d，对照组收益 2 773.48 元，试验 1 组收益 3 878.57 元，试验 2 组收益 2 939.01 元。2.38 千只鸡日毛利情况：对照组每天 29.48 元，试验 1 组每天 41.22 元，试验 2 组每天 31.24 元。

3　结论与分析

本试验结果表明，产蛋鸡日粮添加复合酶制剂产品能够降低蛋鸡的采食量、料蛋比，产蛋率与蛋重无明显变化，但是加入复合酶制剂后可提高蛋鸡的饲养经济效益，不论是直接加入酶制剂还是调整配方降低代谢能基础上加入酶制剂均能增加经济效益。进一步分析发现，复合酶制剂改善蛋鸡生产性能的原因在于：复合酶制剂有效提高了日粮干物质、粗蛋白质、氨基酸、能量利用率。对于加入酶制剂后对蛋重与产蛋率无提高甚至低于对照组的现象，可能是加入酶制剂后采食量下降，导致能量之外的营养素进食量降低。在产蛋鸡日粮中酶制剂的酶谱组成及最佳添加量还需要在以后试验中进一步研究。

高的美产品体外抑菌、产酸试验及其在仔猪上的应用效果试验研究

汤海鸥[1,2]　姚斌[1]　高秀华[1]　张广民[1,2]　李学军[2]

（1. 中国农业科学院饲料研究所，北京　100081；

2. 北京挑战生物技术有限公司，北京　100081）

摘　要：试验主要研究高的美体外抑菌和产酸效果及在日粮中添加不同剂量高的美对仔猪生长性能和经济效益的影响。抑菌和产酸试验都采用牛津杯抑菌试验方法，考察对大肠杆菌和沙门氏菌的抑菌效果；动物试验选用健康的 35 日龄仔猪 320 头，随机分为 4 个处理组，每个处理 4 个重复，每个重复 20 头猪。第 I 组为对照组，饲喂基础饲粮；第 II、III、IV 组分别在基础饲粮基础上添加高的美 100、200、400 g/t 饲料，试验期 20 d。结果表明：高的美对大肠杆菌和沙门氏菌的抑菌效果明显，随着高的美浓度的逐倍降低，对大肠杆菌和沙门氏菌的抑菌效果逐渐降低（$P<0.05$）；在高于 65 ℃条件下抑菌圈结果出现逐步降低，且有显著性差异（$P<0.05$）。随着时间的变长，高的美产酸效果越明显，pH 逐渐降低。高的美添加量 100 g/t 和 200 g/t 组，相对于对照组日增重和日采食量出现显著性提高（$P<0.05$）；添加量 400 g/t 组，相对于对照组日增重和日采食量出现显著性降低（$P<0.05$）；100 g/t 和 200 g/t 添加量组相对于对照组料肉比出现显著性降低（$P<0.05$）；400 g/t 添加量组相对于对照组腹泻率出现显著性降低（$P<0.05$）；当高的美添加量在 100 g/t 和 200 g/t 时，相对于对照组利润都出现显著性提高（$P<0.05$）。试验说明高的美在乳仔猪饲料中添加可有效改善日均增重、采食量和料肉比，添加量在 100 g/t 时能产生最佳的经济效益。

关键词：高的美；抑菌产酸试验；仔猪；生产性能；经济效益

高的美产品是中国农业科学院饲料研究所和北京挑战生物技术有限公司利用基因工程技术经过真菌液体深层发酵制得的酶制剂，产品中以高活性的葡萄糖氧化酶为主，复合其他单酶及生物活性物质。高的美是一种能够催化葡萄糖被分子氧或原子氧氧化为葡萄糖酸内酯和过氧化氢的氧化还原酶，其中葡萄糖酸内酯可以自发水解成为葡萄糖酸，具有酸化剂的作用；过氧化氢可以直接抑制大肠杆菌、沙门氏菌等致病微生物的生长繁殖（温刘发等，2001；汤海鸥等，2011；范一文等，2007；Choct，2006）。高的美产品在动物上应用可以改善动物肠道微生态平衡和肠道形态健康，提高动物的生产性能。本试验使用高的美产品为材料，在实验室进行了高的美的体外产酸、抑菌试验，同时通过在常规仔猪饲粮添加不同剂量的高的美产品，以生产性能以及经济效益为指标，研究高的美在仔猪养殖上的应用效果，为高的美在实际养殖生产上应用提供试验依据。

1 材料与方法

1.1 主要材料与菌株

高的美产品由北京挑战生物技术有限公司提供，葡萄糖氧化酶酶活含量大于 1 000 U/g；大肠杆菌、沙门氏菌购自中国兽医药品监察所；酵母提取物、胰蛋白胨购自 OXOID（England）；琼脂粉购自 Solarbio（Japan）；供试仔猪和试验场地由河南省黄泛区鑫欣牧业有限公司提供。

1.2 主要仪器、设备

752N 紫外可见分光光度计，上海仪电分析仪器有限公司；HH-2 型数显恒温水浴锅，常州国华电器有限公司；FE20 型实验 pH 计，梅特勒-托利多仪器（上海）有限公司；BCL-1360A 型洁净工作台，北京亚泰科隆仪器技术有限公司；LDZX-50 型高压蒸气灭菌锅，上海申安医疗器械厂；DNP-9052 型电热恒温培养箱，上海精宏实验设备有限公司；DGP-9057B-2 型培养箱/干燥箱，上海福玛实验设备有限公司；HZQ-X100 型振荡培养箱，太仓市实验设备厂；150 mm 型游标卡尺，上海力成五金工具有限公司。

1.3 溶液、培养基及配制方法

本方法中所用试剂，在没有注明其他要求时，均指分析纯试剂，水均为符合 GB/T 6682 中规定的蒸馏水或去离子水或相当纯度的水（二级水）。

1.3.1 营养琼脂琼脂平板

蛋白胨 1.0 g，酵母粉 0.5 g，NaCl 0.9 g，琼脂粉 1.5 g，加蒸馏水 100 mL，混匀并充分溶解，121 ℃高压蒸汽灭菌 20 分钟，冷却到 55 ℃左右倾注平皿，待培养基凝固后倒置，置 37 ℃培养箱过夜进行无菌检验，合格后置 4 ℃冰箱保存备用。营养肉汤成分相同，只是不加琼脂粉，分装到试管后再行灭菌。

1.3.2 底物葡萄糖溶液（GS）

根据需要，取不同量葡萄糖，溶于去离子水，定容至 100 mL，摇匀后即可使用。

1.3.3 乙酸-乙酸钠缓冲溶液，浓度为 0.1 mol/L，pH 值 5.5

0.1 mol/L 乙酸溶液：吸取冰乙酸 0.60 mL。加水溶解，定容至 100 mL；0.1 mol/L 乙酸钠溶液：称取三水乙酸钠 1.36 g。加水溶解，定容至 100 mL。称取三水乙酸钠 11.57 g，加入冰乙酸 0.85 mL。再加水溶解，定容至 1 000 mL，测定溶液的 pH。如果 pH 值偏离 5.5，再用乙酸溶液或乙酸钠溶液调节至 5.5。

1.3.4 生理盐水

取 NaCl 9.0 g，加蒸馏水 1 000 mL，121 ℃高压蒸汽灭菌 20 分钟后冷却待用。

1.4 抑菌、产酸试验操作方法

1.4.1 不同浓度葡萄糖溶液和高的美溶液抑菌试验方法

用灭菌水配制成含有葡萄糖 0 g/mL、0.0625 g/mL、0.125 g/mL、0.25 g/mL 的溶液，用灭菌乙酸盐缓冲液（pH = 5.5）配制成含高的美 0 U/mL、12.5 U/mL、25 U/mL、50 U/mL 的溶液，分别采用牛津杯抑菌试验方法，在牛津杯中加入试验溶液 270 μL，置于 37 ℃恒温培养箱培养 18～24 h，以抑菌圈清晰为好，测定抑菌圈直径，以毫米（mm）为单位。每个样品做 3 平行板。下同。

1.4.2 牛津杯大肠杆菌抑菌试验操作方法

将培养好的大肠杆菌用无菌生理盐水稀释成浓度约为 10^7 CFU/mL 的菌液，吸取 100 uL 涂布于制备好的营养琼脂平板上，然后再等距离地放置上灭菌好的牛津杯，静置 5 min。取配制好的 50 U/mL 高的美产品 1.0 mL 与 0.1 g/mL（10%）GS 1.0 mL 等体积混合，混合液再用灭菌乙酸缓冲液（pH = 5.5）稀释成含高的美 25 U/mL、12.5 U/mL、6.25 U/mL、3.125 U/mL 的溶液，37 ℃反应 10 min 后，取混合溶液 270 μL 加入牛津杯。

1.4.3 不同温度处理下高的美产品抑大肠杆菌试验方法

分别取 10.0 g 高的美样品置于不同温度干热处理 10 min，然后将处理过的高的美取适量全部配制成高的美浓度为 50 U/mL 的溶液，将 50 U/mL 的高的美 1.0 mL 与 0.09 g/mL（0.5 mol/L）GS 1.0 mL 等体积混合，混合液含高的美 25 U/mL，37 ℃反应 10 min 后，采用"1.4.2"牛津杯抑菌试验方法，取混合溶液 270 μL 加入牛津杯。

1.4.4 牛津杯沙门氏菌抑菌试验操作方法

将培养好的沙门氏菌用无菌生理盐水稀释成浓度约为 10^7 CFU/mL 的菌液，吸取 100 uL 涂布于制备好的营养琼脂平板上，然后再等距离地放置上灭菌好的牛津杯，静置 5 min。取粉末型高的美 1.0 g 溶解于 100 mL 灭菌乙酸盐缓冲液中，高的美浓度为 10 U/mL，然后用灭菌乙酸缓冲液分别稀释成含高的美 5 U/mL、2.5 U/mL、1.25 U/mL、0.625 U/m、0.3125 U/mL 的溶液，6 种浓度的酶液分别取 1.0 mL 酶液与 0.1 g/mL（10%）GS 1.0 mL 等体积混合，混合液高的美浓度则相应稀释为 5 U/mL、2.5 U/mL、1.25 U/mL、0.625 U/mL、0.3125 U/mL、0.156 U/mL，37 ℃反应 10 min 后，取混合溶液 270 μL 加入牛津杯，置于 37 ℃恒温培养箱培养 18～24 h，以抑菌圈清晰为好，测定抑菌圈直径。每个样品做 3 平行板。

1.4.5 高的美体外产酸试验操作方法

用 FE20 型实验 pH 计测定初始配制好的葡萄糖溶液 pH，记为起始值。加入适量高的美样品后，置于恒温振荡箱 39 ℃、150 rpm 震荡。0.2 g 高的美加入 100 mL 20%（0.2 g/mL）GS 溶液中，溶液中高的美酶活为 1.0 U/mL。每隔一 h 测量溶液 pH 值。每个样品做 3 个平行。

1.5 动物试验

1.5.1 试验设计

试验采用单因素完全随机设计，选择健康的 35 日龄仔猪 320 头，随机分为 4 个处理组，每个处理 4 个重复，每个重复 20 头猪。第Ⅰ组为对照组，饲喂基础饲粮；第Ⅱ组、第Ⅲ组和第Ⅳ组分别在基础饲粮基础上添加高的美 100、200、400 g/t 饲料。基础饲粮组成及营养水平见表 1。各组仔猪初始体重无显著差异。仔猪饲喂从 35～55 日龄，试验期 20 d。

表 1　试验基础日粮组成与营养水平

项目	组成（%）
玉米	25.00
膨化玉米	20.00

（续表）

项目	组成（%）
面粉	15.00
豆粕	10.00
大豆浓缩蛋白	5.00
膨化大豆	7.00
鱼粉	3.00
乳清粉	5.00
植物油	2.00
蔗糖	2.00
葡萄糖	2.00
预混料	4.00
营养指标	
代谢能（MJ/kg）	13.59
CP（%）	18.00

1.5.2　饲养管理

各组试验猪只每天定时喂料，自由采食，饮水器提供充足清洁饮水。其他免疫、消毒、卫生等饲养管理按常规进行。

1.5.3　生长性能指标检测

分别于正式试验始、末空腹称重，准确记录饲料消耗量，计算出平均日增重、平均日采食量以及料重比。其中：平均日增重 =（试验末平均体重 - 初期平均体重）/试验天数；平均日采食量 = 试验期总耗料量/试验天数；料重比 = 平均日采食量/日增重。

1.5.4　腹泻率、发病率和死亡率指标

在整个饲养试验阶段，每天上午 9：00 和下午 17：00 分别 2 次观察猪粪便情况、发病情况和是否有死亡猪只，记录猪的腹泻、发病和死亡头数，分别统计。其中：腹泻率 = 试验全期腹泻头次/（试验头数 × 试验天数）×100%；发病率 = 观察期间内发生的新病例数/同期平均猪只头数 ×100%；死亡率 = 死亡头数/总数 ×100%。

1.5.5　经济效益比较

其中断奶后仔猪以 25.0 元/kg 的平均价格，饲料成本以 6.0 元/kg 进行经济效益分析。性价比 = 利润/耗料成本。

1.5.6　数据统计与分析

采用 SPSS 17.0 统计软件，应用单因素方差分析（one - way ANOVA）进行差异显著性分析，采用 LSD 法进行多重比较，结果以平均值 ± 标准差表示。

2　结果

2.1　高的美产品抑菌效果和体外产酸对 pH 值的影响

分别加入不同浓度葡萄糖和高的美溶液的结果表明所有试验样品都未见抑菌圈；不同浓度和温度处理下，高的美混合液抑制大肠杆菌和沙门氏菌试验结果及体外产酸试验结果如表2、3、4、5。随着高的美浓度的逐倍降低，对大肠杆菌和沙门氏菌的抑菌圈直径相对应也逐渐变小，且出现显著性差异（$P < 0.05$）；在65 ℃以下温度处理后的高的美产品抑菌圈没有出现显著性差异，但在高于65 ℃条件下抑菌圈结果出现逐步降低，且有显著性差异（$P < 0.05$）。随着时间的变长，高的美产酸效果越明显，pH 值逐渐降低，且部分结果之间有显著性差异（$P < 0.05$）。

表 2　不同浓度高的美混合液大肠杆菌抑菌试验结果

高的美混合液浓度（U/mL）	25	12.5	6.25	3.125
抑菌圈直径（mm）	24.10 ± 0.47[a]	21.96 ± 0.61[b]	20.90 ± 0.29[b]	18.36 ± 0.36[c]

注：同行（或同列）数据肩标不同小写字母表示差异显著（$P < 0.05$），不同大写字母表示差异极显著（$P < 0.01$），相同字母或无字母表示差异不显著（$P > 0.05$）。下表同。

表 3　不同温度处理高的美大肠杆菌抑菌试验结果

温度处理（℃）	65	75	85	25（常温对照）
抑菌圈直径（mm）	20.60 ± 0.90[a]	18.14 ± 0.51[b]	18.60 ± 0.42[b]	19.60 ± 0.63[ab]

表 4　不同浓度高的美混合液沙门氏菌抑菌试验结果

高的美混合液浓度（U/mL）	5	2.5	1.25	0.625	0.3125	0.156
抑菌圈直径（mm）	23.13 ± 0.81[a]	22.26 ± 0.78[a]	19.18 ± 0.59[b]	17.02 ± 0.52[c]	13.93 ± 0.86[d]	13.66 ± 0.70[d]

表 5　高的美混合液随时间 pH 值变化结果

时间（h）	pH 值
0	5.61 ± 0.05[a]
1	4.14 ± 0.04[b]
2	3.70 ± 0.02[c]
3	3.49 ± 0.05[c]
4	3.34 ± 0.01[cd]
5	3.24 ± 0.03[cd]
6	3.17 ± 0.03[d]
7	3.10 ± 0.02[d]

（续表）

时间（h）	pH 值
8	3.11 ± 0.05^{d}
9	3.03 ± 0.03^{d}

2.2 不同添加量高的美对仔猪生产性能的影响

由表 6 可知，仔猪初重和末重各组之间无显著性差异。当高的美添加量在 100 g/t 和 200 g/t 时，相对于对照组日增重出现显著性提高（$P < 0.05$），分别提高 11.94% 和 10.32%；但是添加量达到 400 g/t 时，相对于对照组日增重却出现显著性降低（$P < 0.05$），降低了 6.48%。当高的美添加量在 100 g/t 和 200 g/t 时，相对于对照组日均采食量也出现显著性提高（$P < 0.05$），分别提高 7.91% 和 3.84%；但是添加量达到 400 g/t 时，相对于对照组日均采食量降低了 12.33%，但差异并不显著（$P > 0.05$）。100 g/t 添加量组相对于对照组料肉比出现显著性降低（$P < 0.05$），200 g/t 添加量组相对于对照组出现极显著性降低（$P < 0.01$），分别降低了 3.62% 和 5.92%；400 g/t 添加量组相对于对照组料肉比虽然也出现极显著性降低（$P < 0.01$），但日增重和日均采食量指标都不是很好。

400 g/t 添加量组相对于对照组腹泻率出现显著性降低（$P < 0.05$），降低了 44.8%，其他各组之间腹泻率无显著差异（$P > 0.05$）。试验全期无猪只死亡、发病。

表 6　不同剂量高的美对仔猪生产性能的影响

项目	I	II	III	IV
初重/（kg/头）	10.225 ± 0.495	9.763 ± 0.477	9.738 ± 0.265	10.350 ± 1.061
末重/（kg/头）	20.103 ± 0.375	20.822 ± 0.134	20.641 ± 0.278	19.585 ± 1.918
日均增重/（kg/头/d）	0.494 ± 0.006^{a}	0.553 ± 0.007^{b}	0.545 ± 0.001^{b}	0.462 ± 0.043^{c}
日均采食量/（kg/头/d）	0.860 ± 0.012^{a}	0.928 ± 0.048^{b}	0.893 ± 0.002^{b}	0.754 ± 0.071^{c}
料重比	1.741 ± 0.002^{Aa}	1.678 ± 0.035^{ABb}	1.638 ± 0.002^{Bb}	1.633 ± 0.003^{Bb}
腹泻率/（%）	1.250 ± 0.177^{a}	1.313 ± 0.265^{a}	1.50 ± 0.177^{a}	0.688 ± 0.265^{b}

2.3 不同添加量高的美对仔猪经济效益的影响

从表 7 可知，当高的美添加量在 100 g/t 和 200 g/t 时，相对于对照组利润都出现显著性提高（$P < 0.05$），分别提高 1.076 元/头和 1.077 元/头，全期 20 d 获得利润分别获得了 21.52 元和 21.54 元。而高的美的价格如果按照 1000 元/kg 计算，全期 20 d 添加量为 100 g/t 饲料时，添加成本不到 2 元。饲料中添加高的美的养殖利润相当可观。当饲料中高的美添加量达到 400 g/t 时，利润反而却出现显著性降低（$P < 0.05$），这主要是因为日增重出现了显著性降低。计算结果表明，提高高的美添加量到 200 g/t 时，相对于 100 g/t 添加量组更具有优势，但经济效益上并不是最理想。

表 7 不同剂量高的美对仔猪生产经济效益的影响

项目	对照组	加酶组（100g/t）	加酶组（200g/t）	加酶组（400g/t）
收入（元/头/天）	12.338 ± 0.159[ab]	13.825 ± 0.024[a]	13.613 ± 0.018[a]	11.538 ± 1.078[b]
耗料成本（元/头/天）	5.157 ± 0.072[ab]	5.568 ± 0.289[a]	5.355 ± 0.013[a]	4.521 ± 0.429[b]
利润（元/头/天）	7.181 ± 0.087[a]	8.257 ± 0.136[b]	8.258 ± 0.005[b]	7.017 ± 0.650[b]
性价比	1.392 ± 0.003[Aa]	1.484 ± 0.015[ABb]	1.542 ± 0.003[Bb]	1.552 ± 0.003[Bb]

3 讨 论

3.1 高的美产品抑菌效果和体外产酸对 pH 的影响

从高的美抑菌产酸试验结果可知，高的美产品对大肠杆菌和沙门氏菌抑菌圈直径都大于抑菌效果最低值（10 mm），这说明高的美对动物肠道内常见的大肠杆菌和沙门氏菌有较好的抑菌效果，同时产酸对 pH 值也起到了很大降低作用。大肠杆菌和沙门氏菌都是动物肠道中常见的有害菌，高的美在有葡萄糖为底物进行反应的过程中，一方面通过与葡萄糖作用而产生的葡萄糖酸来发挥降低 pH 值作用，另一方面，高的美在反应过程中消耗氧气，更易形成厌氧环境。葡萄糖酸产生的酸性环境有利于乳酸杆菌等有益菌的生长繁殖，对大肠杆菌、沙门氏菌等有害菌有抑制作；而大多数的有益菌是厌氧菌，有害菌是需氧菌，厌氧环境的形成更利于抑制肠道有害菌，促进有益菌的生长。黄建华等（2013）研究了二甲酸钾对断奶仔猪大肠杆菌和乳酸杆菌的影响，结果表明二甲酸钾添加降低了断奶仔猪新鲜粪样中大肠杆菌数。杨久仙等（2011）研究 GOD 对断奶仔猪胃肠道微生物区系以及生产性能的影响，结果显示与对照相比，饲粮中添加 GOD 提高了仔猪日增重，降低了消化道内大肠杆菌数量。

3.2 高的美产品对仔猪生产性能的影响

高的美在动物胃肠道在有氧分子存在的条件下，可以利用葡萄糖产生葡萄糖酸和过氧化氢。因此从理论上分析，葡萄糖酸可以降低动物胃内食糜的 pH 值，提供胃酸性环境，同时酸激活胃蛋白酶活性，具有酸化剂的作用，胃肠道内 pH 降低能有效抑制其有害菌、促进有益菌的生长，提高饲料蛋白质的消化率；过氧化氢相当于一种广谱抗生素，酶解产生的少量过氧化氢可以起到替代部分抗生素的作用；而反应时消耗肠道中的氧气，能有效抑制有害菌促进有益菌生长、改善动物肠道微生态平衡和肠道形态；从而改善动物肠道健康和消化能力，提高饲料营养物质消化和吸收，促进动物生长（Sandip，2009）。本试验结果表明，饲料中添加低剂量的高的美显著的提高了仔猪的日增重和料肉比。杨久仙（2011）等研究了高的美对断奶仔猪生长性能及肠道健康方面的影响，结果表明高的美降低了断奶仔猪胃肠道 pH，改善肠道形态结构，提高营养物质消化率和饲料转化效率，提高断奶仔猪生产性能。本试验发现当添加剂量过高（达到 400 g/t 饲料时），仔猪的日增重却出现了显著的降低。分析其原因，高的美在反应的过程中会产生 H_2O_2，而 H_2O_2 在医药用途上主要起到杀菌作用，当饲料中高的美添加量在 100～200 g/t 时，反应产生少量的 H_2O_2 能起到类似广谱抗生素的作用，而添加量达到 400 g/t 时，过量的 H_2O_2 反而可能对动物的生产性能产生不利的影响。从试验结果中也可以看出，400 g/t 加酶组的日均增重和采食量各组之间标准偏差系数变异比较大，仔猪生产性能不太稳定。

实际生产中，产品发挥最佳效果的量并不一定是其最佳添加量，有时更多要考虑到实际生产效益。从整个试验得到的料肉比和腹泻率可以看出，高的美 200 g/t 添加量试验组优于 100 g/t 添加量试验组，但产生的经济效益并没有高出很多，如果减去酶添加成本，100 g/t 添加量试验组产生的经济效益却高于 200 g/t 添加量试验组，实际生产上 100 g/t 添加量试验组更适合应用。

4　结　论

（1）不同浓度和温度处理下，高的美混合液大肠杆菌和沙门氏菌有较好的抑制效果，且随着时间的变长，高的美产酸效果越明显。

（2）高的美在乳仔猪生产上应用，可有效提高日均增重和采食量，显著降低料肉比，饲料中添加量在 100 g/t 较为适宜。

（3）添加量变大虽然在料肉比指标上也有显著性降低，但经济效益并不是很理想，尤其是过量添加的情况下，对仔猪生长和产生的经济效益反而会出现相反的效果。

参考文献

［1］温刘发，张常明，付林，等. 抗菌肽制剂代替抗生素在断奶仔猪饲粮中的应用效果［J］. 中国饲料，2001，18：13－14.

［2］汤海鸥，黄辉，高秀华，等. 复合酶在肉鸡饲养中的应用效果研究［J］. 中国饲料，2011，5：24－27.

［3］范一文，吴晓英. 葡萄糖氧化酶的应用研究［J］. 饲料工业，2007，28（20）：15－16.

［4］Choct M. Enzymes for the feed industry：past，present and future［J］. World Poultry Sci J，2006，62（1）：5－15.

［5］黄建华，李春莲，杨凤梅，等. 二甲酸钾对断奶仔猪大肠杆菌和乳酸杆菌的影响［J］. 湖北农业科学，2013，52（1）：124－126.

［6］杨久仙，张荣飞，马秋刚，等. 葡萄糖氧化酶对断奶仔猪生长性能及肠道健康的影响［J］. 中国畜牧兽医，2011，38（6）：18－22.

［7］Sandip B B，Mahesh V B，Rekha S S，*et al.* Glucose oxidase－An overview［J］. Biotechnol Adv，2009，27：489－501.

群体感应淬灭酶及其在水产养殖上的应用

汤海鸥[1,2]　姚斌[1]　周志刚[1]　张广民[1,2]　李学军[2]

（1. 中国农业科学院饲料研究所，北京　100081；
2. 北京挑战生物技术有限公司，北京　100081）

摘　要：本文主要介绍了饲料工业上最新应用技术群体感应淬灭酶的概念、开发及其功效。全文系统论述了群体感应淬灭酶分类、来源、特点和作用机理，及其在水产生产上应用效果，并就本单位最新开发的群体感应淬灭酶在水产养殖上的饲养试验进行了简要的介绍，最后小结了其在饲料工业上的应用前景。

关键词：群体感应淬灭酶；饲料工业；水产养殖

近些年的研究发现，单个细菌之间存在着信息交流，并且通过这种信息交流对外界环境变化进行群体性应答，这种细菌与细菌之间的信息交流称为群体感应（Quorum Sensing，简称 QS）（Dong, et al, 2005）。许多细菌通过 QS 介导的群体活动提高其在自然环境中的致病力。近几年，人们已经从一些原核生物和真核生物中鉴定出一种群体感应淬灭酶（Quorum-quenching Enzymes），可以降解细菌 QS 系统的信号分子，减轻和消除病原菌的致病性。其中 N-酰基高丝氨酸内酯（N-acylhomoserine lactone，AHL）是许多细菌调控群体感应系统的关键信号分子，群体感应淬灭酶可以降解决定动植物病原细菌致病因子产生的 AHL，所以群体感应淬灭酶又可称为 AHL 酶（宋水山等，2004）。目前，基于 AHL 的群体感应淬灭酶已经在许多行业上得到应用，本文就其开发、功能及其在水产动物生产上的应用效果进行了介绍，以便为群体感应淬灭酶在饲料工业上的广泛推广提供理论基础。

1　群体感应淬灭酶的分类和来源

通过构建系统进化树分析，来源于原核生物的 AHL 酶编码序列可分为 AiiA 和 AttM 两大类。AiiA 簇的序列来自 Bacillus species，AttM 簇的序列来自 A. tumefaciens、Klebsiella pneumoniae 或 Arthrobacter sp.，两簇之间的序列相似性为 25%（Zhang, et al, 2002）。虽然两簇之间的序列相似性低，但所有编码 AHL 酶的序列均具有 "HXDH~H~D" 保守区，且是群体感应淬灭酶发挥活性所必需的位点。通过序列比对，群体感应淬灭酶和金属水解酶具有高度相似的 "HXDH~H~D" 保守区，所以将群体感应淬灭酶归为金属水解酶家族（Wang, et al, 2004）。

群体感应淬灭酶主要来源于原核生物，真核生物中也有少量报道。首先报道的编码群体感应淬灭酶的基因是从革兰氏阳性菌芽孢杆菌（Bacillus sp.）240B$_1$ 中克隆得到的 AiiA

编码的一个 AHL 内酯水解酶（Dong, et al, 2001）。Leadbetter 和 Greenberg（2000）报道 Variovorax paradoxus（VAI-C）利用 AHL 作为能源和氮源的细胞培养液中检测到高丝氨酸内酯（Leadbetter, et al, 2000）。目前，已经从土壤、植物组织和生物膜等环境中分离出分布在芽孢杆菌（Bacillus sp.）、节杆菌（Arthrobacter sp.）、根癌农杆菌（Agrobacterium. tumefaciens）、绿脓杆菌（P. aeruginosa）或青枯菌（Rastonia sp.）等 10 多个不同种属的产 AHL 内酯酶菌株，并克隆得到编码序列（Huang, et al, 2003；Lin, et al, 2003；Ulrich, 2003；Uroz, et al, 2004）。本单位实验室对苍白芽孢杆菌来源 AHL 酶基因进行原核表达，在大肠杆菌中纯化后得到了两种群体感应淬灭酶 AiiO-AIO6 和 AiiO-AI96（张美超等，2011；Cao, et al, 2012）。

2　群体感应淬灭酶的特点和作用机理

AiiA 簇的群体感应淬灭酶具有极强的底物特异性，不管 AHL 碳链的长短，均可被 AiiA 簇的群体感应淬灭酶特异性降解（Dong, et al, 2001）。AiiA 簇的群体感应淬灭酶对其他的酯类物质（如对硝基苯乙酸，苯基乙酸）等均没有降解活性（Wang, et al, 2004）。这说明 AiiA 簇来源的群体感应淬灭酶是一种特异性很强的水解酶类，但未看到关于 AttM 簇的 N-酰基高丝氨酸内酯酶底物特异性的报道。通过晶体结构分析发现群体感应淬灭酶具有典型的 αβ/βα 三明治式的结构（Kim, et al, 2005）。群体感应淬灭酶的三维结构与来源于金属-β-内酰胺蛋白酶家族的醛酮变位酶和核糖核酸酶 Z 的三维结构高度相似并且在该酶的活性区域结合两个金属锌离子（图 1）。

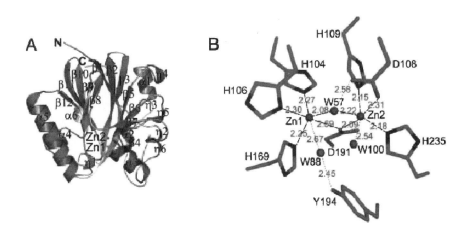

图 1　AiiA 群体感应淬灭酶的三维结构和 Zn²⁺ 结合部位（示意图）

2005 年，Kim 等通过使用 AHL 天然类似物 L-HSL 和 BTK-AiiA 的相互作用研究群体感应淬灭酶与底物的结合过程，预测了 BTK-AiiA 的催化机制。不同微生物产生的 AHL 信号分子有着高度的保守性，它们都含有相同的高丝氨酸内酯环状结构，不同之处是碳链长短不一，酰基侧链上的取代基不一样。在这些群体感应淬灭酶中，内酯酶和脱羧酶可以在标有 1 和 2 的位置上水解内酯环使之成为酰化高丝氨酸，而酰基转移酶和脱氨酶可以在 3 和 4 位置作用使高丝氨酸内酯环与酰基侧链分离生成脂肪酸和高丝氨酸内酯（图 2）（邱健等，2006）。

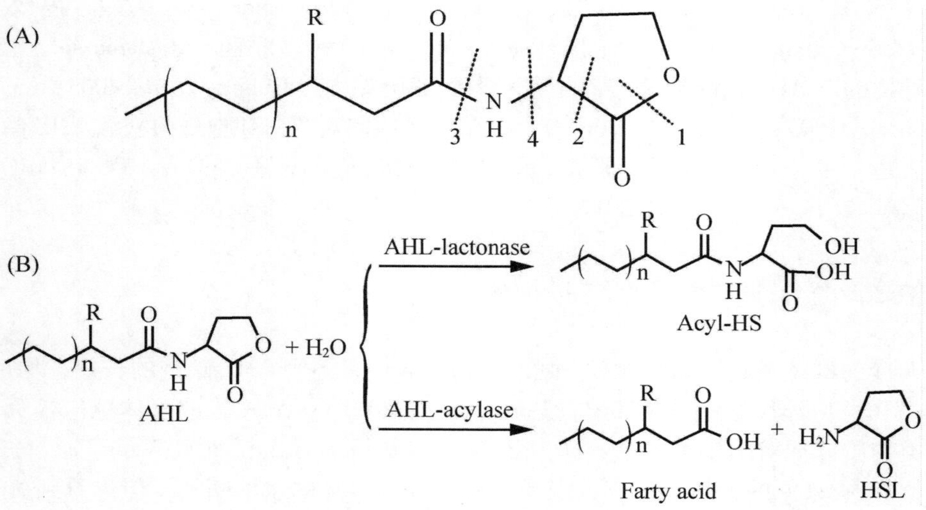

图 2   AHL 结构及其被酶降解的途径

3   群体感应淬灭酶在水产动物生产上的应用

细菌疾病是危害我国水产养殖动物最严重的疾病，其病原种类多，流行地区广，危害养殖水域类别多，给养殖业造成巨大的经济损失。近年来研究表明，许多淡水鱼流行病致病菌的致病性与其所产生的血溶素、气溶素、基质金属蛋白酶、生物膜形成、S 层蛋白、胞外酶等多种毒力因子有关，而这些毒力因子（或部分）受到其分泌信号分子 AHL、HSL 等的调控（如表 1）。信号分子积累到一定浓度时，会诱发细菌产生控制细菌的分子和细胞的群体感应（Swift，*et al*，1999；Bi，*et al*，2007）。群体感应对于维持细菌的正常功能、调控基因表达等具有重要作用，群体感应淬灭酶可以降解革兰氏阴性菌群体感应信号分子，影响细菌定植、破坏生物膜形成、调控基因表达降低外毒素产生等，达到控制、预防水产动物细菌性疾病，提高水产动物抗病力，改善水产动物健康的作用。

表 1   主要水产致病菌及危害

病原菌名称	危害	生理功能	信号分子
鲁克氏耶尔森氏菌 （Yersinia ruckeri）	红口病	产生蛋白酶	C8 – HSL
迟缓爱德华氏菌 （Edwardsiella tarda）	败血症和肝肾坏死病等	调控毒力因子表达	C6 – HSL、C7 – HSL

（续表）

病原菌名称	危害	生理功能	信号分子
创伤弧菌 （Vibrio vulnificus）	脓毒血症	调控蛋白酶、溶血素表达	C4 – HSL
副溶血弧 （Vibrio parahaemolyticus）	胃肠炎	分泌蛋白	C6 – HSL
鳗弧菌 （Vibrio anguillarum）	败血病	产生蛋白酶、参与侵染	C10 – HSL、C6 – HSL
荧光假单胞菌 （Pseudomonas fluorescens）	赤皮病	生物膜形成、菌株定植	C6 – HSL、C10 – HSL
嗜水气单胞菌 （Aeromonas hydrophila）	暴发性流行病	毒力因子调控	C6 – HSL、C4 – HSL
杀鲑气单胞菌 （Aeromonas salmonicida）	鱼类疖病	毒力因子调控	C6 – HSL、H – C4

4 群体感应淬灭酶在水产动物上的试验研究

试验1：群体感应淬灭酶对嗜水气单胞菌浸浴攻毒斑马鱼保护效应试验

为评价群体感应淬灭酶 AiiO – AI96（以下简称 AI96）对嗜水气单胞菌 NJ – 1 浸浴攻毒的保护效应，试验以斑马鱼为对象进行口服饲喂。实验设置基础料与实验料两组饲料，实验料是在基础料中按 3 U/g 饲料添加 AI96，通过高浓度（2.5×10^8 cfu/mL）及低浓度（0.7×10^8 cfu/mL）两组剂量的嗜水气单胞菌 NJ – 1（以下简称 NJ – 1）分别浸浴攻毒斑马鱼，在 12 h、24 h、3 d、7 d 和 14 d 取鳃丝、肠道壁、肝和肾样，采用实时荧光定量 PCR 法检测取样器官中 NJ – 1 量，并统计攻毒周期内的死亡率，来评价 AI96 的保护力。结果显示：在攻毒周期内所取组织内均检测到 NJ – 1，按菌数肠 > 鳃 > 肝 > 肾，其中高 NJ – 1 剂量未加酶组各组织 NJ – 1 数量均分别明显高于低剂量处理组。在高剂量攻毒条件下，加酶组各组织 NJ – 1 数量均显著低于未加酶处理组（$P < 0.05$），鳃除外；在低剂量攻毒条件下，未加酶组的 NJ – 1 数量在鳃（3 d）、肠（0.5、1、3、7 及 14 d）、肝（3 d）和肾（7 d）显著高于加酶组（$P < 0.05$），其余差异不显著（$P > 0.05$）。此外无论在高、低剂量攻毒条件下，加酶组的死亡率均低于未加酶组，其中低剂量攻毒 7 d 及以后其死亡率显著低于对照（$P < 0.05$）（如图3、图4）。结果表明，口服 AI96 可以有效预防 NJ – 1 $\leq 0.7 \times 10^8$ cfu/mL 范围内的侵袭。

试验2：群体感应淬灭酶在草鱼上的应用试验总结（如表2）

表2 群体感应淬灭酶在防治草鱼细菌性疾病中的应用试验

种类	1号水体	2号水体	3号水体	4号水体
基本情况	4个草鱼养殖塘，捕捞随机捞取患病草鱼，体重（40~100）g； 普遍呈现花肝、绿肝且有少量出血症状			

（续表）

种类	1 号水体	2 号水体	3 号水体	4 号水体
鱼苗数量和日死亡数量	鱼苗 5 万尾，死亡约 400 尾	鱼苗 8 万尾，死亡约 60 尾	鱼苗 30 万尾，死亡约 500 尾	鱼苗 16 万尾，零星死亡
群体感应淬灭酶使用方法	按 1∶80 添加，每天 3 次，连续投喂 7 d；	按 1∶400 添加，每天 4 次，连续投喂 6 d	按 1∶400 添加，每天 3 次，连续投喂 3 d	按 1∶400 添加，每天 2 次，连续投喂 5 d
使用效果（死亡数量）	使用第 2 d 减少到 100 尾，5 d 后减少到七八尾	使用第 6 d 后减少到 20 尾，以后持续减少	使用 3 d 后死亡数量减少到 200 尾	使用 5 d 后，未见死亡

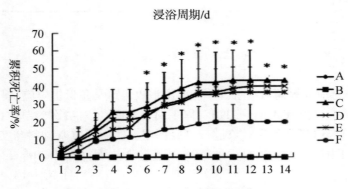

图3　斑马鱼各处理组浸浴攻毒累积死亡率

注：① * 表示 E 与 F 处理组在取样点内差异显著；② A：饲喂基础饲料，B：饲喂含淬灭酶基础料，C：饲喂基础饲料 + 2.5 × 10^8 cfu/mL NJ-1 浸浴攻毒，D：饲喂含淬灭酶基础料 + 2.5 × 10^8 cfu/mL NJ-1 浸浴攻毒，E：饲喂基础饲料 + 0.7 × 10^8 cfu/mL NJ-1 浸浴攻毒，F：饲喂含淬灭酶基础料 + 0.7 × 10^8 cfu/mL NJ-1 浸浴攻毒。下图同。

5　小　结

群体感应淬灭策略是一种新型的抗菌策略，在对抗群体感应依赖的病原菌方面具有巨大的应用潜力，利用群体感应淬灭酶降解致病菌产生的 AHL 是一种重要的治病手段。群体感应淬灭酶广泛存在于多种环境的微生物中，其在动植物病害的防治上也得到了初步的应用。本单位研发的两种群体感应淬灭酶在淡水养殖上防治细菌病的效果已经得到了验证，并已经开始在实际生产中进行推广，但基于群体感应淬灭酶在饲料工业上对其他动物的应用及其在水产上替代抗生素的抗菌策略，需待进一步研究。

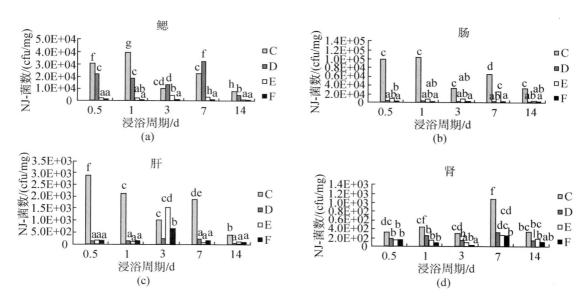

图4 NJ-1浸浴攻毒斑马鱼实时荧光定量PCR检测各组织嗜水气单胞菌丰度

注：肩标不同字母的表示差异显著（$P < 0.05$）。

参考文献

[1] Dong Y H, Zhang L H. Quorum sensing and quorum - quenching enzymes [J]. Journal of Microbiology, 2005, 43: 101 - 109.

[2] 宋水山，贾振华，高振贤，等. 植物伴生细菌数量应答系统的研究进展 [J]. 微生物学通报，2004，31 (2): 117 - 120.

[3] Zhang H B, Wang L H, Zhang L H. Genetic control of quorum - sensing signal turnover in Agrobacterium tumefaciens [J]. Proceedings of Natational Academy of Sciences USA, 2002, 99 (7): 4 638 - 4 643.

[4] Wang L H, Weng L X, Dong Y H, et al. Specificity and enzyme kinetics of the quorum - quenching N - Acyl homoserine lactone lactonase (AHL - lactonase) [J]. Journal of Biological Chemistry, 2004, 279: 13 645 - 13 651.

[5] Dong Y H, Wang L H, Xu J L, et al. Quenching quorum - sensing - dependent bacterial infection by an N - acyl homoserine lactonase [J]. Nature, 2001, 411: 813 - 817.

[6] Leabbetter J R, Greenberg E P. Metabolism of acyl - homoserine lactone quorum - sensing signals by Variovorax paradoxus [J]. Journal of Bacteriology, 2000, 182: 6 921 - 6 926.

[7] Huang J J, HAN J I, Zhang L H, et al. Utilization of acyl - homoserine lactone quorum signals for growth by a soil pseudomonad and Pseudomonas aeruginosa PAO1. Applied Environmental Microbiology, 2003, 69 (10): 5 941 - 5 949.

[8] Lin Y H, Xu J L, Hu J, et al. Acyl - homoserine lactone acylase from Ralstonia strain XJ12B represents a novel and potent class of quorum - quenching enzymes [J]. Molecular Microbiology, 2003, 47 (3): 849 - 860.

[9] Ulrich R L. Quorum quenching: enzymatic disruption of N - Acylhomoserine lactone - mediated bacterial com-

munication in Burkholderia thailandensis. Applied Environment and Microbiology, 2003, 70: 6 173 – 6 180.

[10] Uroz S D, Angelo – Picard C, Carlier A, *et al*. Novel bacteria degrading N – acylhomoserine lactones and their use as quenchers of quorum – sensing – regulated functions of plant – pathogenic bacteria [J]. Microbiology, 2004, 149: 1 981 – 1 989.

[11] 张美超, 曹雅男, 姚斌, 等. 淬灭酶 AiiO – AIO6 酶学性质及对嗜水气单胞菌毒力因子表达调控的研究 [J]. 水产学报, 2011, 35 (11): 145 – 153.

[12] Cao Y N, He S X, Zhou Z G, *et al*. Orally administered thermostable N – acyl homoserine lactonase from bacillus sp. Strain AI96 attenuates aeromonas hydrophila infection in zebrafish. Applied and Environmental Microbiology, 2012, 78 (6): 1 899 – 1 908.

[13] Kim M H, Choi W C, Kang H O, *et al*. The molecular structure and catalytic mechanism of a quorum – quenching Nacyl – L – homoserine lactone hydrolase [J]. Proceedings of National Academy of Sciences USA, 2005, 102: 17 606 – 17 611.

[14] 邱健, 贾振华, 李承光, 等. 细菌群体感应淬灭酶的研究进展 [J]. 微生物学通报, 2006, 33 (4): 139 – 143.

[15] Swift S, Lynch M J, Fish L, *et al*. Quorum sensing dependent regulation and blockade of exoprotease production in Aeromonas hydrophila [J]. Infection and Immunity, 1999, 67 (10): 5 192 – 5 199.

[16] Bi Z X, Liu Y J, Lu C P. Contribution of AhyR to virulence of Aeromonas hydrophila J – 1 [J]. Research in Veterinary Science, 2007, 83 (2): 150 – 156.

新耐高温植酸酶在草鱼和黑鲷上的应用研究

徐树德[1,2,3] 卢玉标[1] 张 涛[1] 唐启峰[1] 史宝军[1] 杜红方[1]

（1. 广东溢多利生物科技股份有限公司，珠海 519060；2. 汕头大学广东省海洋生物重点实验室，广东汕头 515063；3. 中国农业科学院饲料研究所，北京 100081）

摘 要：草鱼以鱼粉、豆粕、棉菜粕、米糠粕等蛋白原料，用磷酸二氢钙调制出 4 个饲料磷梯度水平（2.0%、1.5%、1.0% 和 0.5%，对应的饲料组为 CP2.0、CPP1.5、CPP1.0 和 CPP0.5 组），其中 CPP1.5、CPP1.0 和 CPP0.5 组中均添加 0.03% 的新耐高温植酸酶；黑鲷以鱼粉、豆粕、菜粕等蛋白原料，同样用磷酸二氢钙调制出 4 个饲料磷梯度水平（1.5%、1.0%、0.5% 和 0%，对应的饲料组为 AP1.5、APP1.0、APP0.5 和 APP0 组），其中 APP1.0、APP0.5 和 APP0 组中均添加 0.02% 的新耐高温植酸酶，分别开展为期 10 周的草鱼（Ctenopharyngodon idella）养殖实验和 8 周的黑鲷（Acanthopagrus schlegelii）养殖实验。结果显示，两个养殖实验的各组成活率均为 100%；草鱼饲料中 CPP1.0 组与对照组（CP2.0）在增重率、特定生长率、成活率、蛋白质效率都没有显著性差异（$P > 0.05$）；CPP0.5 组的生长、饲料系数及蛋白质效率等参数均不及对照组（$P < 0.05$）；其中 CPP1.5 组的增重、饲料系数及蛋白质效率最好，且显著性优于对照组（$P < 0.05$）；各组间肝体指数没有显著性差异（$P > 0.05$），除添加磷酸二氢钙较少的 CPP0.5 组外，其余各组在肥满度、脏体指数、全鱼蛋白质、脂肪、灰分及磷含量与对照组没有显著性差异（$P > 0.05$）；CPP1.5 组蛋白质和干物质的表观消化率要显著性高于其他各组（$P < 0.05$），CPP1.0 和 CPP0.5 组与对照组的蛋白质和干物质的表观消化率无显著性差异（$P > 0.05$）。黑鲷实验中 APP1.0、APP0.5 与对照组（AP1.5 组）的增重率无显著差异（$P > 0.05$），但均显著高于 APP0 组（$P < 0.05$）；黑鲷全鱼中蛋白质、脂肪、灰分及钙磷含量在不同组间均无显著差异（$P > 0.05$）。两个养殖实验中，添加了植酸酶的各组磷的表观消化率均显著高于对照组（$P < 0.05$），且粪便中磷的含量显著性降低（$P < 0.05$）。以上结果表明，在文中所述配方下，植酸酶添加量为 0.03% 时，与草鱼饲料中添加 1.0% 的磷酸二氢钙相当；植酸酶添加量为 0.02% 时，与黑鲷饲料中添加 1.0% 的磷酸二氢钙相当；在不影响草鱼和黑鲷生长、体型及鱼体营养成分的情况下，植酸酶部分替代磷酸二氢钙不仅可降低无机磷的添加，同时可提高饲料中磷的利用率、降低磷排放。

关键词：新耐高温植酸酶；磷酸二氢钙；草鱼；黑鲷；生长；磷利用率

1 引 言

随着全球鱼粉资源的减少，植物性原料在饲料中使用比例将会越来越大，而植物性原料中的磷 50% 以上是以植酸的形式存在，水生动物肠道自身却缺乏植酸酶，因此以植酸形式存在的这部分磷将无法利用（Jackson，1996）。通常在水产饲料中补充磷酸二氢钙以满足动物对磷的需求。然而磷酸二氢钙为矿物磷源、不可再生，加上矿物磷源的价格越来越高，因此业界对植酸酶的呼声也越来越高。植酸酶能够水解植酸，释放有效磷，从而改善提高植酸中的磷利用。因此，外源植酸酶的添加既可减少磷酸二氢钙的使用量而降低饲料的成本，同时又可减少因磷排放而引起的污染问题，同时植酸螯合的蛋白质、氨基酸、矿物质、维生素等也随着植酸的分解而释放（Liebert & Portz，2005；Liu et al.，2012）。目前已有大量关于在鱼类饲料中添加植酸酶部分替代矿物磷酸盐的报道（Li & Robinson，1997；Edwin et al.，2002；Portz & Liebert，2004；Phromkunthong & Gabaudan，2006；Liu et al.，2012），在水产饲料中使用植酸酶会随着饲料成本和环境保护意识的提升而增加。然而，目前植酸酶并未在水产饲料行业中得到广泛推广，业界对植酸酶在水产饲料中的应用效果还持有疑虑，其中主要原因是产品本身受到如耐温性不佳、在偏中性 pH 和低温下水解效率不高等因素而制约了植酸酶在水产饲料中的应用。

广东溢多利生物科技股份有限公司（以下简称溢多利）2014 年推出了全新耐高温植酸酶，经多次水产饲料高温制粒的实践测试和体外模拟消化实验证明，该新产品在耐温性能和水解效率方面均达到了在水产饲料中推广应用的要求。因此，结合该新产品的室内研究结果，开展常见淡水养殖鱼类——草鱼和海水养殖鱼类——黑鲷的养殖实验，以期评价草鱼和黑鲷饲料中添加该新耐高温植酸酶后这两种鱼类对于植物蛋白源的利用及其生长情况，探讨饲料中添加该新耐高温植酸酶对于改善鱼类利用植物蛋白源、减少磷酸二氢钙使用的可行性和实用性。

2 材料和方法

2.1 实验饲料和饲料制作

草鱼实验饲料以鱼粉、豆粕、棉菜粕、米糠粕等为基础蛋白原料，用磷酸二氢钙调制出 4 个饲料磷梯度水平（2.0%、1.5%、1.0% 和 0.5%，对应的饲料组为 CP2.0、CPP1.5、CPP1.0 和 CPP0.5 组），其中含 2.0% 磷酸二氢钙、无植酸酶的饲料为对照饲料，另外三种饲料分别添加 0.03% 的新耐高温植酸酶。黑鲷实验饲料以鱼粉、豆粕、棉粕等为基础蛋白原料，用磷酸二氢钙调制出 4 个饲料磷梯度水平（1.5%、1.0%、0.5% 和 0%，对应的饲料组为 AP1.5、APP1.0、APP0.5 和 APP0 组），其中含 1.5% 磷酸二氢钙、无植酸酶的饲料为对照饲料，另外三种饲料分别添加 0.02% 的新耐高温植酸酶。

两个养殖实验中每种饲料均投喂一个处理组。饲料配方的原料和营养组成分别见表 1 和表 2。所有饲料原料先经粉碎，过 60 目筛后按配方表准确称料，用搅拌机中混匀 30 分钟，然后边搅拌边加油，同时加水，最后用双螺旋挤压机挤压膨化制成粒径为 1.5 mm 的饲料（挤压温度 80 ~ 85 ℃），自然风干至 8% ~ 10% 水分含量，密封置于 -20 ℃冰箱中保存备用。新耐高温植酸酶由溢多利提供，粉剂剂型，pH 值 6.5、温度 25 ℃下植酸酶酶活 >2 000 U/g。

表 1　草鱼实验饲料配方及营养组成（%，以干物质为基础）

原料	饲料组			
	CP2.0（对照组）	CPP1.5	CPP1.0	CPP0.5
面粉	23.8	24.27	24.77	25.27
鱼粉	2	2	2	2
棉粕	15	15	15	15
豆粕	18	18	18	18
菜粕	25	25	25	25
米糠粕	11	11	11	11
磷脂	1	1	1	1
玉米油	1	1	1	1
磷酸二氢钙	2	1.5	1.0	0.5
草鱼预混料	1	1	1	1
氯化胆碱	0.2	0.2	0.2	0.2
植酸酶	0	0.03	0.03	0.03
营养组成				
粗蛋白	28.74	28.81	28.87	28.94
粗脂肪	3.41	3.41	3.41	.3.41
粗灰分	7.67	7.21	6.84	6.34
水分	9.01	8.73	8.89	9.28
饲料中总植酸磷	0.54	0.54	0.53	0.53
饲料中总磷	1.33	1.28	1.17	1.07

表 2　黑鲷实验饲料配方及营养组成（%，以干物质为基础）

原料	饲料组			
	AP1.5（对照组）	APP1	APP0.5	APP0
鱼粉	20	20	20	20
菜粕	12	12	12	12
豆粕	32	32	32	32
血粉	8	8	8	8
鱼油	3	3	3	3
豆油	7	7	7	7
面粉	12.3	12.3	12.3	12.3
羧甲基纤维素	2	2.48	2.98	3.48
混合矿物质	1	1	1	1

（续表）

原料	饲料组			
	AP1.5（对照组）	APP1	APP0.5	APP0
混合维生素	1	1	1	1
氯化胆碱	0.2	0.2	0.2	0.2
磷酸二氢钙	1.5	1	0.5	0
植酸酶	0	0.02	0.02	0.02
营养组成				
粗蛋白	40.67	40.64	40.55	40.78
粗脂肪	12.34	12.47	12.41	12.52
粗灰分	10.22	10.21	10.13	9.92
水分	8.71	8.55	8.63	8.67
饲料中总植酸磷	0.23	0.23	0.23	0.23
饲料中总磷	1.24	1.13	1.05	0.94

2.2 实验鱼和饲喂实验

实验用草鱼和黑鲷均在进行正式实验之前，先在室内水族箱驯化 2 周以适应实验条件。实验用水（草鱼为淡水、黑鲷为海水）经砂滤后，采用低压鼓风机提供氧气。驯化结束后，挑选规格一致的实验鱼重新分配到水族箱中，每箱放置 20 尾。每组设立 3 个平行缸，循环水养殖。实验期间每天投喂 2 次（时间分别为 8：30 ~ 9：00 和 16：30 ~ 17：00），投喂量约为体重的 4% ~ 5%，每周根据鱼苗的生长及摄食量相应略微调整投喂量。草鱼养殖实验周期为 10 周，黑鲷养殖实验周期为 8 周，养殖时间为 2013 年 9 ~ 11 月。

2.3 样品的收集与测定

实验养殖期间对鱼体抢食、死亡包括其他一切鱼体特征变化如脊椎有无异常等进行记录。实验结束后，将实验鱼禁食 24 h，然后计算每个实验缸实验鱼的数量并称取总重量，用于计算实验鱼成活率、末重、增重率和饲料效率。

每个实验缸选取 6 尾鱼进行分别进行体重和体长的测定，用于计算平均体长和肥满度；并对其进行体成分分析。饲料、肌肉和全鱼样品的水分、粗蛋白、粗脂肪、粗灰分含量均按国标方法测定。饲料用湿处理法、肌肉和全鱼用干法预处理后，用钒钼酸铵法测定磷含量。

2.4 计算方法

增重率（%）= 100 ×（末体重 − 初体重）/初体重

特定生长率（%）= 100 ×［ln（末体重）− ln（初体重）］/养殖天数

摄食量 = 每尾鱼饲料消耗量（g）

饵料系数 = 饲料消耗量（g，干重）/增重率（g，湿重）

蛋白质效率 = 鱼体增重（g）/蛋白质摄入量（g）

成活率（%）= 100 × 最终鱼尾数/初始鱼总尾数

肥满度 = 体重（g）/体长（cm）

肝体指数（％） = 100 × 肝脏重（g）/总体重（g）

脏体指数（％） = 100 × 内脏重量（g）/总体重（g）

2.5 统计分析

养殖原始数据首先采用 Microsoft Excel 2000 统计处理，计算平均值和标准误。数据以同一饲料处理的 3 个平行的平均值 ± 标准误（Mean ± SE）表示，用 Origin 7.0 软件（USA）对实验数据进行统计分析，采用单因素方差分析（ANOVA）和 Tukey 多重比较法比较各实验组间的差异性，差异显著水平为 $P < 0.05$。

3 结果与分析

3.1 饲料中添加植酸酶对草鱼和黑鲷生长、饲料利用率及部分生理指标的影响

结果见表 3。

表 3 饲料中添加植酸酶对草鱼生长、饲料利用率及部分生理指标的影响

项目	饲料组			
	CP2.0（对照组）	CPP1.5	CPP1.0	CPP0.5
初平均重 /g	3.40 ± 0.03	3.49 ± 0.0	3.49 ± 0.0	3.49 ± 0.0
末平均重 /g	18.88 ± 1.37[b]	21.46 ± 1.32[a]	18.60 ± 1.17[bc]	16.12 ± 0.56[c]
增重率 /%	442.1 ± 21.1[b]	514.3 ± 26.5[a]	432.8 ± 33.9[bc]	382.5 ± 25.1[c]
特定生长率 /%	2.80 ± 0.23[ab]	2.95 ± 0.29[b]	2.70 ± 0.26[ab]	2.45 ± 0.30[a]
饵料系数	1.66 ± 0.18[a]	1.50 ± 0.13[a]	1.76 ± 0.26[ab]	2.04 ± 0.30[b]
蛋白质效率	1.90 ± 0.09[b]	2.11 ± 0.18[b]	1.82 ± 0.17[ab]	1.54 ± 0.14[a]
成活率 /%	100	100	100	100
肥满度	1.89 ± 0.05[a]	1.94 ± 0.04[a]	1.99 ± 0.06[ab]	2.08 ± 0.01[b]
肝体指数	1.81 ± 0.11	1.88 ± 0.05	1.68 ± 0.07	1.86 ± 0.32
脏体指数	8.47 ± 0.06[a]	8.28 ± 0.67[a]	8.56 ± 0.62[a]	9.86 ± 0.39[b]

注：同行数据标有不同小写字母者表示组间差异显著（$P < 0.05$）；标有相同字母者表示组间差异不显著（$P > 0.05$）；n = 3.

10 周实验结束后草鱼生长性能见表 3。CPP1.5 和 CPP1.0 组，即减少 0.5% 或 1.0% 的磷酸二氢钙并添加植酸酶的实验组与对照组在增重率、特定生长率、成活率、蛋白质效率都没有显著性差异（$P > 0.05$）。CPP0.5 组的生长、饵料系数及蛋白质效率等参数均不及对照组（$P < 0.05$）。其中 CPP1.5 组的增重、饵料系数及蛋白质效率最好，显著性优于对照组（$P < 0.05$），即 1.5% 的磷酸二氢钙加 0.03% 的植酸酶生长性能和饲料利用率最好。从表 3 可知各组肝体指数没有显著性差异（$P > 0.05$）。除添加磷酸二氢钙较少的 CPP0.5 组外，其余各组在肥满度、脏体指数与对照组没有显著性差异（$P > 0.05$）。这说明，在本研究的草鱼料配方下，结合生长性能、饲料利用率以及生理指标等综合考虑，添加 0.03% 的植酸酶，至少可以减少 1% 的磷酸二氢钙；且减少 0.5% 的磷酸二氢钙添加

0.03%的植酸酶可起到显著促进生长的作用。由表4可见，黑鲷摄食4种实验饲料8周后，鱼体成活率无显著差异；摄食饲料 APP1.0 和饲料 APP0.5 和对照组（摄食饲料 AP1.5）的实验鱼的增重率无显著差异（$P > 0.05$），但均显著高于APP0处理组，而饵料系数则较低（$P < 0.05$）。不同处理组间黑鲷的肝体指数和脏体指数无显著差异（$P > 0.05$）。

表4 饲料中添加植酸酶对黑鲷生长、饲料利用率及部分生理指标的影响

项目	饲料组			
	AP1.5（对照组）	APP1.0	APP0.5	APP0
初体重	11.52 ± 0.11	11.65 ± 0.12	11.47 ± 0.12	11.46 ± 0.13
末体重	37.54 ± 1.27b	38.79 ± 1.02b	37.05 ± 1.56b	31.07 ± 1.74a
增重率/%	225.77 ± 10.34b	232.90 ± 5.35b	222.88 ± 11.31b	170.90 ± 13.19a
特定生长率	2.11 ± 0.06b	2.15 ± 0.03b	2.09 ± 0.06b	1.78 ± 0.09a
摄食量	33.73 ± 1.51b	34.99 ± 0.61b	33.43 ± 2.13b	27.10 ± 2.01a
饵料系数	1.30 ± 0.01a	1.29 ± 0.02a	1.31 ± 0.02a	1.38 ± 0.02b
蛋白质效率	1.86 ± 0.02b	1.88 ± 0.03b	1.86 ± 0.02b	1.75 ± 0.02a
成活率/%	100	98.04 ± 2.39	100	97.08 ± 1.39
肥满度	3.16 ± 0.05a	3.17 ± 0.06a	3.19 ± 0.04a	3.36 ± 0.03b
肝脏指数	1.32 ± 0.06	1.37 ± 0.07	1.38 ± 0.12	1.37 ± 0.07
脏体指数	8.06 ± 0.71	8.44 ± 0.74	8.49 ± 1.32	8.4 ± 0.84

注：同行数据标有不同小写字母者表示组间差异显著（$P < 0.05$）；标有相同字母者表示组间差异不显著（$P > 0.05$）；n = 3

3.2 饲料中不同水平植酸酶水平对草鱼和黑鲷体成分的影响

结果见表5

表5 不同处理组草鱼的全鱼生化成分（% 湿重为基础）

项目	饲料组			
	CP2.0（对照组）	CPP1.5	CPP1.0	CPP0.5
蛋白质	15.49 ± 0.58	15.42 ± 0.15	15.66 ± 0.47	15.41 ± 0.24
脂肪	6.88 ± 0.42[a]	6.97 ± 0.73[a]	7.28 ± 0.82[a]	8.55 ± 0.83[b]
灰分	2.66 ± 0.09[ab]	2.81 ± 0.19[b]	2.65 ± 0.04[ab]	2.51 ± 0.03[a]
水分	74.64 ± 0.80[b]	74.48 ± 0.79[b]	73.96 ± 0.57[ab]	73.15 ± 0.83[a]
钙	0.95 ± 0.08	0.92 ± 0.06	0.89 ± 0.04	0.83 ± 0.05
磷	0.60 ± 0.02[ab]	0.63 ± 0.03[b]	0.53 ± 0.03[ab]	0.51 ± 0.02[a]

注：同行数据标有不同小写字母者表示组间差异显著（$P < 0.05$）；标有相同字母者表示组间差异不显著（$P > 0.05$）；n = 3

从表5可以看出，在草鱼全鱼的体组成方面，CPP0.5组的水分、粗脂肪和粗灰分含量与对照组均有显著性差异（$P < 0.05$），即饲料中磷酸二氢钙减少1.5%时，会影响草鱼的鱼体成分。CPP1.5组和CPP1.0组的全鱼成分与对照组无显著性差异（$P > 0.05$）。这表明，在本研究的配方下，0.03%的植酸酶分解植酸产生的有效磷可达0.2%（1.0%的磷酸二氢钙的有效磷当量约为0.2%），磷酸二氢钙减少过多会影响鱼体营养成分。

由表6可知，摄食不同实验饲料的黑鲷全鱼中蛋白质、脂肪、灰分以及钙磷含量在不同组间均无显著差异（$P > 0.05$）。这表明，在本研究的配方下，添加0.02%的植酸酶即使不添加磷酸二氢钙也不会影响黑鲷的鱼体营养成分。

表6　不同处理组黑鲷的全鱼生化成分（% 湿重为基础）

项目	饲料组			
	AP1.5（对照组）	APP1.0	APP0.5	APP0
蛋白质	18.24 ± 0.22	18.31 ± 0.51	18.29 ± 0.23	18.26 ± 0.91
脂肪	9.91 ± 0.24	9.86 ± 0.32	9.99 ± 0.13	10.23 ± 0.41
灰分	4.92 ± 0.16	4.81 ± 0.23	4.87 ± 0.14	4.78 ± 0.18
水分	65.47 ± 1.51	65.82 ± 1.42	65.15 ± 1.33	65.49 ± 1.16
钙	2.75 ± 0.13	2.62 ± 0.19	2.56 ± 0.10	2.53 ± 0.16
磷	1.42 ± 0.10	1.46 ± 0.09	1.43 ± 0.08	1.41 ± 0.09

3.3　草鱼和黑鲷对饲料蛋白质、磷和干物质的表观消化率

从表7可以看出，草鱼饲料中添加了植酸酶的3个处理组（CPP1.5、CPP1.0和CPP0.5组）磷的表观消化率均显著高于无植酸酶的对照组（$P < 0.05$）。CPP1.5组的蛋白质和干物质消化率均显著性高于其他三组（$P < 0.05$）。这也从侧面很好的解释了CPP1.5组生长性能最好的原因。从表8可以看出，黑鲷饲料中添加了植酸酶的3个处理组（APP1.0、APP0.5和APP0组）磷的表观消化率同样均显著高于无植酸酶的对照组（$P < 0.05$）。随着磷酸二氢钙的减少，黑鲷对干物质和蛋白质的表观消化率有升高的趋势，当饲料中磷酸二氢钙的添加量降到0时，黑鲷对干物质和蛋白质的表观消化率显著高于对照组（$P < 0.05$）。无论是草鱼实验还是黑鲷实验，添加了植酸酶的各组磷表观消化率均要显著高于对照组（$P < 0.05$）。这表明，植酸酶的添加可显著提高鱼体对磷的消化利用。

表7　不同处理组草鱼对饲料中蛋白质、磷和干物质的表观消化率（%）

项目	饲料组			
	CP2.0（对照组）	CPP1.5	CPP1.0	CPP0.5
干物质	75.62 ± 0.25[a]	76.67 ± 0.63[b]	75.54 ± 0.68[a]	75.40 ± 1.04[a]
蛋白质	80.90 ± 0.46[a]	84.40 ± 0.80[b]	81.80 ± 1.06[a]	79.51 ± 0.83[a]
磷	55.88 ± 1.62[a]	71.43 ± 0.53[b]	71.20 ± 0.36[b]	71.04 ± 0.65[b]

注：数据标有不同小写字母者表示组间差异显著（$P < 0.05$）；标有相同字母者表示组间差异不显著（$P > 0.05$）；n = 3

表 8　不同处理组黑鲷对饲料中蛋白质、磷和干物质的表观消化率（%）

项目	饲料组			
	AP1.5（对照组）	APP1.0	APP0.5	APP0
干物质	87.47 ± 1.79[a]	89.17 ± 1.23[ab]	89.43 ± 1.17[ab]	92.37 ± 1.57[b]
蛋白质	90.17 ± 0.78[a]	92.30 ± 1.51[ab]	92.40 ± 1.57[ab]	93.33 ± 0.64[b]
磷	41.50 ± 0.66[a]	49.03 ± 1.18[b]	48.17 ± 0.95[b]	46.93 ± 1.21[b]

注：数据标有不同小写字母者表示组间差异显著（$P < 0.05$）；标有相同字母者表示组间差异不显著（$P > 0.05$）；n = 3

3.4　饲料中不同水平植酸酶水平对草鱼和黑鲷粪便中磷含量的影响

从表 9 可以看出，随着饲料中磷酸二氢钙的降低，草鱼和黑鲷粪便中的磷含量均显著性降低（$P < 0.05$）。当粪便中磷酸二氢钙降低到一定程度（草鱼实验：1.0%，黑鲷实验：0.5%）时，草鱼和黑鲷粪便中磷的含量保持在一定水平。这些结果表明，植酸酶部分代替磷酸二氢钙可显著减少因磷排放引起的污染。

表 9　不同处理组草鱼和黑鲷粪便中磷含量的比较（%）

项目	饲料组（草鱼/黑鲷）			
	CP2.0/AP1.5（对照组）	CPP1.5/APP1.0	CPP1.0/APP0.5	CPP0.5/APP0
草鱼	1.63 ± 0.05[c]	1.23 ± 0.05[a]	0.90 ± 0.03[a]	0.91 ± 0.03[b]
黑鲷	1.47 ± 0.06[a]	1.06 ± 0.03[ab]	0.70 ± 0.03[ab]	0.69 ± 0.03[b]

4　小　结

文中所述配方下，在保证草鱼幼鱼的正常生长，体型、体成分等均不受显著性影响下，草鱼幼鱼饲料中添加0.03%的新耐高温植酸酶与饲料中添加1%的磷酸二氢钙相当。新耐高温植酸的添加，不仅可以减少磷酸二氢钙的使用、降低磷排放，而且可起到促进草鱼生长的作用。

当黑鲷饲料中新耐高温植酸酶添加量为0.02%时，与饲料中添加1%的磷酸二氢钙相当；在不影响黑鲷生长的情况下，新耐高温植酸酶部分替代磷酸二氢钙不仅可降低无机磷的添加，同时可提高饲料中磷的利用率、降低磷排放。

参考文献

[1] Jackson L, Li M H, Robinson E H. Use of neutral phytase in channel catfish Ictalurus punctatus diets to improve utilization of phytate phosphorus [J]. J. World Aquac Soc, 1996, 27 (3): 309 – 313.

[2] Liu L W, Luo Y L, Hou H L, et al. Partial replacement of monocalcium phosphate with neutral phytase in diets for grass carp, Ctenopharyngodon idellus [J]. J. Appl Ichthyol, 2012, 1, 1 – 6.

[3] Liebert F, Portz L. Nutrient utilization of Nile tilapia Oreochromis niloticus fed plant based low phosphorus diets supplemented with graded levels of different sources of neutral phytase [J]. Aquaculture, 2005, 248:

111 – 119.

[4] Li M H, Robinson E H. Neutral phytase can replace inorganic phosphorus supplements in channel catfish Ictalurus punctatus [J]. J. World. Aqua. Soc, 1997, 28: 402 – 406.

[5] Edwin H R, Menghe H L, Bruce B M. Comparison of Neutral phytase and Dicalcium Phosphate for Growth and Bone Mineralization of Pond – Raised Channel Catfish, Ictalurus punctatus [J]. J. Appl Aquac, 2002, 12 (3): 81 – 88.

[6] Portz L, Liebert F. Growth, nutrient utilization and parameters of mineral metabolism in Nile tilapia Oreochromis niloticus (Linneaus, 1758) fed plant based with graded levels of neutral phytase [J]. J. Anim Physiol Anim Nutr, 2004, 88: 311 – 320.

[7] Phromkunthong W, Gabaudan J. Used of neutral phytase to replace inorganic phosphorus in sex – reversed red tilapia: 1 dose response [J]. Songklanakarin J. Sci. Technol, 2006, 28 (4): 731 – 743.

抗感染微生态制剂—肽菌素与饲用抗生素对
肉鸡生产性能和免疫功能影响的比较研究

谷　巍

（山东宝来利来生物工程股份有限公司，泰安　271000）

摘　要： 为了探讨日粮中添加微生态制剂肽菌素和抗生素对肉鸡生产性能、免疫性能的影响，选取1日龄健康的肉鸡180只，随机分成4个处理组，每个组2个重复，试验为对照D组、抗生素K组、肽菌素T组和抗生素和肽菌素联合使用TK组，试验期为42 d。研究各试验组日增重、料肉比、免疫器官指数、血清中新城疫（ND）血凝抑制（HI）抗体效价、血清中IgG的含量和肠内容物sIgA的含量。结果表明：与其余组相比，肽菌素T组能提高日增重（$P<0.05$），降低料肉比。肽菌素T组能显著提高40日龄ND抗体效价水平和血清中IgG的含量，且均与对照D组和抗生素K组存在显著性差异（$P<0.05$）。长期添加肽菌素能显著提高肉鸡的生长性能和免疫功能。

关键词： 肽菌素；抗生素；生长性能；免疫功能

随着抗生素的广泛应用，包括添加于畜禽日粮中促进其生长以及作为"开口药"应用于幼畜禽，抗生素滥用引起的耐药性问题和畜产品药物残留问题日益严重。微生态制剂因其安全、无毒副作用、不污染环境等优点受到人们的关注，其中有益菌能刺激肠道免疫器官生长发育，提高抗体水平，促进动物的生长，增加养殖效益。肽菌素作为一种微生态制剂，由高活性抑菌型芽孢杆菌、乳酸菌及其抑菌代谢产物、载体组成。肽菌素可以预防消化道疾病、增强机体免疫机能、提高饲料利用率、提高生产性能，是绿色、安全、高效的抗生素替代品。

本研究的目的旨在探讨使用饲用肽菌素与抗生素对肉鸡生产性能和免疫功能的影响，针对抗生素复配使用和肽菌素使用效果做以比较，以期为肽菌素替代抗生素提供理论指导。

1　材料与方法

1.1　试验材料

AA肉鸡：泰安大宇种禽厂。

试验日粮为玉米—豆粕型日粮，参照AA鸡营养标准进行配制，分为两个阶段饲养，即0~14d和15~42d。

抗感染微生态制剂肽菌素：山东宝来利来生物工程股份有限公司生产。活菌总数≥$3×10^9$ CFU/g。

鸡新城疫弱毒苗和传染性法氏囊疫苗均购自扬州威克生物工程有限公司；鸡免疫球蛋

白 G（IgG）酶联免疫分析（ELISA）试剂盒和鸡分泌性免疫球蛋白 A（sIgA）酶联分析（ELISA）试剂盒均为美国 RD 进口分装。

1.2 试验动物与分组

180 只 1 日龄肉雏鸡随机分为 4 个组，每组 2 个重复，分别为 D 组（对照组），饲喂不含抗菌药物的全价日粮；K 组（复合抗生素组），从预饲结束后到 14 d 添加复合抗生素 A（莫能霉素 90 mg/kg + 阿维拉素 5 mg/kg + 阿散酸 100 mg/kg）；15 ~ 35 d 添加复合抗生素 B（马杜拉霉素 5 mg/kg + 维吉尼亚霉素 15 mg/kg）；36 ~ 42 d，不用药；TK 组（1‰肽菌素 + 复合抗生素组），从预饲结束后到 14 d 添加复合抗生素 A（莫能霉素 90 mg/kg + 阿维拉素 5 mg/kg + 阿散酸 100 mg/kg）；15 ~ 35 d 添加复合抗生素 B（马杜拉霉素 5 mg/kg + 维吉尼亚霉素 15 mg/kg）；36 ~ 42 d，不用药，饲喂周期中持续添加 1‰肽菌素；T 组（肽菌素组），饲喂含 1‰肽菌素的全价日粮。

1.3 饲养管理

常规日常管理，采用笼养，自由采食和饮水。试验全期准确记录每组的投料量、死淘鸡数，并观察鸡群的变化。

免疫程序：7 日龄用鸡新城疫弱毒苗滴鼻，14 日龄用传染性法氏囊疫苗饮水，21 日龄用新城疫弱毒苗第二次加强免疫。

1.4 测定指标与方法

1.4.1 生产指标的测定

在 12 日龄、19 龄、26 龄、33 日龄和 40 日龄时进行空腹称重，称余料，计算耗料量、料肉比和日增重。

1.4.2 免疫指标的测定

于 12 日龄、19 龄、26 龄、33 日龄和 40 日龄时，每个试验组随机选取 3 只体重相近的鸡空腹称重、采集血液 2 mL 左右，3000 r/min 离心 10 min，分离血清，分装于 EP 管中，于 − 20 ℃冰箱中保存，用于 ND 血凝抑制抗体效价的测定和血液免疫球蛋白 IgG 的测定。然后屠宰和解剖，采集脾脏和法氏囊，并剔除脂肪组织，迅速称其鲜重，用于免疫器官指数的计算；取出空肠、回肠和盲肠，各截取 10 cm 左右的肠段，挤出 1 g 左右的肠内容物，加入 2 mL 的生理盐水稀释，低速离心 2 000 r/min，离心 15 min，取上清用于 sIgA 的检测。

免疫器官指数的测定：免疫器官指数计算公式如下：免疫器官指数 = 免疫器官鲜重（g）/活体重（kg）。

ND 血凝抑制抗体效价的测定：采用红细胞凝集试验和红细胞凝集抑制试验 96 孔 V 型板反应方法检测血清中的 ND 血凝抑制（HI）抗体效价。

免疫球蛋白（IgG）的测定：采用鸡免疫球蛋白 G（IgG）酶联免疫分析（ELISA）试剂盒，按照说明书进行操作。

分泌性免疫球蛋白 A（sIgA）的测定：采用鸡分泌性免疫球蛋白 A（sIgA）酶联分析（ELISA）试剂盒，按照说明书进行操作。

1.5 数据统计分析

数据统计分析：试验结果均以平均数 ± 标准差表示，应用 SPSS 13.0 统计分析软件进行单因素方差分析和多重比较，差异显著水平为 $P < 0.05$。

2 结果与分析

2.1 生产性能

由表1可知，在各时间段内，各试验组增重情况不是很稳定，但K组增重情况始终最差；T、D两组较好，平均增重表现出 T > D > TK > K。20～26日龄、27～33日龄和34～40日龄三个阶段的日增重，T组与K之间存显著性差异（$P < 0.05$）。从全程来看，日粮中添加肽菌素的T组能显著提高肉鸡的日增重。

表1 日增重（g/只/d）

组别	12～19日龄	20～26日龄	27～33日龄	34～40日龄	12～40日龄
D	38.69 ± 4.34	56.22 ± 1.63[a]	72.84 ± 2.44[a]	76.19 ± 4.74[ab]	60.98 ± 3.29[a]
T	39.76 ± 2.82	53.96 ± 5.39[a]	74.70 ± 7.93[a]	87.21 ± 7.12[a]	63.88 ± 2.34[a]
K	36.28 ± 5.22	40.0 ± 0.96[b]	50.42 ± 22.07[b]	63.02 ± 13.02[b]	47.44 ± 7.23[b]
TK	40.63 ± 2.03	55.17 ± 1.57[a]	75.51 ± 3.25[a]	72.95 ± 4.72[ab]	61.07 ± 0.53[a]

注：表中同一竖行肩注字母相同或没有标准字母表示差异不显著（$P > 0.05$），不同字母表示差异显著（$P < 0.05$），下同

在各时间段内，除27～33日龄外，T组的料肉比均低于其余各组，且平均料肉比也是最低；其次是D、K和TK组。

表2 料肉比

组别	12～19日龄	20～26日龄	27～33日龄	34～40日龄	12～40日龄
D	1.549 ± 0.128	1.580 ± 0.034[a]	1.597 ± 0.001[a]	2.085 ± 0.041	1.703 ± 0.013
T	1.374 ± 0.247	1.576 ± 0.146[a]	1.790 ± 0.184[ab]	1.710 ± 0.152	1.613 ± 0.109
K	1.660 ± 0.340	1.809 ± 0.146[a]	2.139 ± 0.307[b]	1.906 ± 0.236	1.879 ± 0.087
TK	1.572 ± 0.059	2.165 ± 0.115[b]	2.171 ± 0.016[b]	2.037 ± 0.363	1.986 ± 0.043

2.2 免疫功能

2.2.1 免疫器官指数

由表3、表4可知，26日龄肽菌素T组的脾脏指数均高于其他试验组，T组和K组与对照D组和TK组存在显著性差异（$P < 0.05$），其余各组的脾脏指数不存在显著性差异。不同日龄不同试验组的法氏囊指数之间不存在显著性差异。从各不同阶段来看，T组和TK组的脾脏指数和法氏囊指数的数值比D组和K组较高。

表3 不同试验组的脾脏指数（g/kg）

组别	12日龄	19日龄	26日龄	33日龄	40日龄
D	0.926 ± 0.451	0.885 ± 0.233	0.974 ± 0.163[b]	0.825 ± 0.121	1.353 ± 0.192
T	0.524 ± 0.394	1.034 ± 0.600	1.522 ± 0.046[a]	1.395 ± 0.085	1.798 ± 0.296
K	0.781 ± 0.328	0.868 ± 0.058	1.257 ± 0.203[b]	0.942 ± 0.218	1.283 ± 1.218
TK	0.660 ± 0.0384	1.016 ± 0.089	0.962 ± 0.044[b]	1.450 ± 0.705	1.640 ± 0.427

表 4 不同试验组的法氏囊指数（g/kg）

组别	12 日龄	19 日龄	26 日龄	33 日龄	40 日龄
D	1.937 ± 0.164	2.519 ± 1.155	2.097 ± 0.280	2.357 ± 0.463	2.052 ± 0.499
T	2.007 ± 0.122	2.503 ± 0.183	2.057 ± 0.282	2.552 ± 0.332	2.596 ± 0.562
K	2.150 ± 0.327	2.044 ± 0.520	2.111 ± 0.398	1.714 ± 0.574	1.827 ± 0.557
TK	2.353 ± 0.752	2.484 ± 0.810	2.248 ± 0.413	2.038 ± 0.472	2.069 ± 1.063

2.2.2 ND 血凝抑制抗体效价

由表 5 可知，在 40 日龄，T 组与 D、K 组之间存在显著性差异（$P < 0.05$），T 组比 D、K、TK 组分别高出了 2、2.17、1.67 个滴度，T 组和 TK 组从 19 日龄开始，ND 血凝抑制抗体效价始终高于 K 组。

表 5 ND 血凝抑制效价（log2）

组别	12 日龄	19 日龄	26 日龄	33 日龄	40 日龄
D	4.33 ± 0.58	3.33 ± 0.58	3.75 ± 1.30	3.83 ± 1.04	3.67 ± 0.58[b]
T	5.00 ± 1.00	3.75 ± 1.30	4.00 ± 0.00	3.83 ± 1.44	5.67 ± 1.53[a]
K	5.00 ± 0.00	3.67 ± 1.53	3.67 ± 0.58	3.17 ± 0.76	3.50 ± 0.50[b]
TK	4.00 ± 1.00	4.50 ± 1.50	4.23 ± 0.29	4.00 ± 1.00	4.00 ± 0.50[ab]

2.2.3 血清中免疫球蛋白

在 12 日龄，TK 组与 D 组之间存在显著性差异（$P < 0.05$），19、26 和 33 日龄，各组之间没有显著性差异，40 日龄时，各组之间均存在显著性差异（$P < 0.05$），从 26 日龄起，T 组血清中免疫球蛋白均高于其他各组。

表 6 血清中免疫球蛋白 G（ng/mL）

IgG	12 日龄	19 日龄	26 日龄	33 日龄	40 日龄
D	906.81.31 ± 38.72[b]	808.80 ± 106.01	824.27 ± 87.90	746.89 ± 120.46	624.81 ± 25.79[c]
T	783.00 ± 92.61[ab]	779.57 ± 89.35	830.78 ± 77.43	813.96 ± 68.11	924.00 ± 13.65[a]
K	813.96 ± 7.88[ab]	779.57 ± 67.65	770.97 ± 64.91	807.08 ± 76.05	831.15 ± 31.38[b]
TK	702.18 ± 60.82[a]	810.52 ± 79.41	772.69 ± 137.00	795.04 ± 72.77	740.02 ± 41.70[d]

2.2.4 盲肠、回肠和空肠内容物分泌性免疫球蛋白 A

由表 7、表 8 和表 9 知，盲肠内容物的分泌性免疫球蛋白 A（sIgA）高于回肠和空肠。由表 7 可知，在 12 日龄时，T 和 TK 之间存在显著性差异（$P < 0.05$），T 和 K 与 D 组之间存在显著性差异（$P < 0.05$），在 19 日龄时，T 和 K 与 TK 和 D 之间存在显著性差异（$P < 0.05$），在 26 日龄时，T 和 K 与 D 之间存在显著性差异（$P < 0.05$），33 日龄和 40 日龄，各组之间差异不显著，但是 T 组的值均高于 K 组。

表 7　盲肠中分泌性免疫球蛋白 A（ng/mL）

组别	12 日龄	19 日龄	26 日龄	33 日龄	40 日龄
T	1408.01 ± 29.44[a]	827.38 ± 34.42[b]	990.99 ± 85.67[a]	1356.76 ± 309.00	822.4 ± 193.44
K	1306.58 ± 137.75[ab]	1117.65 ± 43.43[a]	1025.209 ± 238.53[a]	1260.31 ± 398.64	630.01 ± 114.57
TK	1137.98 ± 77.88[bc]	725.32 ± 10.88[c]	796.37 ± 10.41[ab]	829.51 ± 27.18	686.97 ± 99.37
D	956.84 ± 124.01[c]	722.05 ± 6.88[c]	703.30 ± 21.27[b]	1446.36 ± 386.74	739.98 ± 34.92

表 8 可知，在 12 和 19 日龄，T 组回肠 sIgA 高于 K 组，且两者之间存在显著性差异（$P < 0.05$）；40 日龄，T 组回肠 sIgA 稍高于 K 组。

表 8　回肠中分泌性免疫球蛋白 A（ng/mL）

组别	12 日龄	19 日龄	26 日龄	33 日龄	40 日龄
T	466.49 ± 20.31[a]	481.74 ± 15.13[a]	193.17 ± 18.51[a]	222.99 ± 17.94	670.22 ± 23.44[a]
K	352.10 ± 29.53[b]	312.46 ± 16.23[b]	347.19 ± 22.59[b]	228.03 ± 10.81	630.32 ± 38.26[a]
TK	237.97 ± 10.62[c]	282.64 ± 16.80[b]	327.31 ± 22.97[b]	217.95 ± 25.06	640.26 ± 38.07[a]
D	178.32 ± 11.76[d]	476.43 ± 20.12[a]	347.19 ± 22.59[b]	205.67 ± 21.02	386.69 ± 49.95[b]

表 9 可知，在 19 日龄时，D 组与 T、K 和 TK 三组存在显著性差异（$P < 0.05$），33 日龄和 40 日龄，T 组的 sIgA 均高于 K 组；TK 组的 sIgA 也高于 K 组。

表 9　空肠中分泌性免疫球蛋白 A（ng/mL）

组别	12 日龄	19 日龄	26 日龄	33 日龄	40 日龄
T	287.41 ± 37.79	247.64 ± 38.55[b]	282.51 ± 30.86	242.74 ± 31.62	337.43 ± 19.07
K	317.50 ± 9.10	242.74 ± 31.62[b]	267.53 ± 38.17	242.47 ± 59.74	272.43 ± 45.11
TK	227.76 ± 38.93	272.56 ± 331.05[b]	277.47 ± 37.98	312.43 ± 16.27	312.33 ± 30.29
D	242.60 ± 45.68	367.08 ± 22.21[a]	316.96 ± 65.34	267.53 ± 38.17	311.87 ± 30.93

3　讨论与结论

3.1　饲用抗生素和肽菌素对肉鸡生产性能的影响

许多研究表明，日粮中添加微生态制剂可有效改善玉米—豆粕型日粮的能量利用率，提高动物的生产性能（李洪龙等，2008；温建新，2008；曲湘勇，2005）。本试验结果表明 12 ～ 40 日龄阶段中，T 组的日增重最高，料肉比最低，生产性能优于其余试验组。说明日粮中添加肽菌素能显著提高肉鸡的日增重，而添加抗生素反而起到抑制生长的作用。抗生素与肽菌素联合使用，效果优于抗生素的单独使用。抗生素长期使用，破坏了机体的微生态平衡，胃肠道的黏膜免疫功能下降，通透性加大，在短时期内可能使得营养物质吸收率提高，但是同时使得病原微生物有机可乘，最终使得机体的免疫防御机制处在瘫痪状态。肽菌素中添加的高活性抑菌型芽孢杆菌、乳酸菌及其抑菌代谢产物，修复了机体的微生态平衡，增强了机体的黏膜免疫功能，机体处在健康状态，所以肽菌素以一定比例添加到肉鸡日粮中，可以改善其生产性能，效果优于抗生素的使用效果。

3.2 饲用抗生素和肽菌素对肉鸡免疫性能的影响

3.2.1 饲用抗生素和肽菌素对肉鸡免疫器官指数的影响

法氏囊和脾脏是禽类最重要的免疫器官，禽类的许多传染病往往会侵害这三个免疫器官，使其肿大或萎缩，其中法氏囊是禽类特有的体液免疫器官，脾脏是禽类最大的外周免疫器官，参与全身的细胞免疫和体液免疫。法氏囊指数是法氏囊生长发育程度的一个指标，代表了机体免疫状态，脾脏指数也是反映机体免疫器官发育的指标（崔治中等，2004）。有益菌在肠道内大量繁殖，并不断合成有益物质，可促进免疫器官的生长发育，有益菌可作为抗原物质促进免疫器官的发育（李晓卉，2008；杭柏林等，2008；易力等，2004；程郁昕等，2007）本试验测定 40 日龄肉鸡的法氏囊指数，其中添加肽菌素的 T 组和 TK 组高于 D 组和 K 组，说明长期添加有益菌能促进免疫器官法氏囊的生长。

3.2.2 饲用抗生素和肽菌素对肉鸡 ND 血凝抑制抗体效价价的影响

动物体血清中的抗体水平高低为评估其免疫状况的重要指标之一，目前通常选用 ND 血凝抑制抗体水平来评价肉鸡的体液免疫情况，抗体水平高表明机体对疫病有较高的抵抗力，许多研究表明有益菌能明显提高机体的体液免疫水平，这可能是有益菌作为一种抗原物质，促进了免疫器官的综合发育，从而有更多的淋巴细胞分化称浆细胞产生抗体（张凯等，2010；张春杨，2002）本试验研究表明：T 组与 TK 组从 19 日龄开始，ND 血凝抑制抗体效价始终高于 D 组和 K 组，说明长期连续添加的肽菌素在不同阶段对肉鸡的特异性免疫起着连续的加强作用，提高疫苗的免疫力，促进动物的抗病毒能力。

3.2.3 饲用抗生素和肽菌素对血清中 IgG 的影响

IgG 占血清中抗体总量的 75% 以上，是血清中主要的一类抗体，在体液免疫中起着主力免疫作用，IgG 具有中和毒素和病毒、凝集颗粒抗原（如细菌和病毒）以便于吞噬、激活补体等功能（杨承建等，2006）。本试验测定从 26 日龄起，T 组血清中免疫球蛋白均高于其他各组，这与 ND 抗体效价测定结果一致，表明长期饲喂肽菌素对肉鸡起到免疫增强的作用。

3.2.4 饲用抗生素和肽菌素对肠内容物 SIgA 的影响

SIgA 分为血清型（主要以单体形式存在于血液中）和分泌型（主要以二聚体形式存在于粘膜中）两种形式。IgA 在动物血清中含量较少，但它是外分泌液中的主要免疫球蛋白，分泌液中的 IgA 称为分泌型 IgA（SIgA），对于保护肠道、呼吸道、泌尿生殖道和眼睛抵抗微生物入侵具有重要作用。肠道不仅是消化吸收的重要场所，也是生物体最大的免疫器官，肠道黏膜面积庞大，它的结构和功能构成了强大的黏膜免疫系统，加之在肠道中生存在大量的微生物菌群，致使外源细菌和病毒很难突破这道防线而对生物体产生危害，所以人们认识到肠粘膜与健康至关重要。微生态制剂是一类能在肠道定植，维护肠道菌群平衡，并刺激肠道黏膜免疫组织，对肠道黏膜免疫有重要影响的有益微生物群落。大量实验证明，添加微生态制剂后能明显提高抗体水平，产生干扰素，提高免疫球蛋白浓度和巨噬细胞活性，增强机体免疫功能和抗病力（杨汉春，2003；李亚杰等，2006）。

目前认为，动物口服益生菌后，调整肠道菌群，使肠道微生物系统处于最佳的平衡状态，活化肠粘膜内的相关淋巴组织，使 SIgA 抗体分泌增强（胡东兴等，2001；徐晶等，2001）。本实验测定盲肠内容物的分泌性免疫球蛋白 A（sIgA）高于回肠和空肠，且 T 组的 sIgA 在各个测定阶段处在较高的水平，说明日粮中长期添加肽菌素能增强黏膜免疫的作用，提高机体免疫功能和抗病力。

参考文献

[1] 李洪龙，王智航，胡闯. 乳酸菌制剂对肉鸡生产性能的影响 [J]. 饲料工业，2008，29（9）：20－22.

[2] 温建新，邵峰，单虎. 乳酸 L－68 型粪肠球菌对肉鸡生产性能和免疫功能的影响 [J]. 中国微生态学，2008，20（2）：161－165.

[3] 曲湘勇，李凤刚，彭书富. 乳酸菌剂对黄羽肉鸡中期生长性能的影响 [J]. 中国畜牧兽医，2005，32（12）：17－19.

[4] 崔治中，崔保安. 兽医免疫学 [M]. 北京：中国农业出版社，2004：13－20.

[5] 李晓卉. 益生菌与益生协同剂协同效应的研究 [J]. 粮食与饲料工业，2008（3），35－37.

[6] 杭柏林，胡建和，刘丽艳，等. 乳酸菌株植物乳杆菌和粪链球菌对肉鸡免疫性能的影响 [J]. 广东农业科学，2008（11）：80－83.

[7] 易力，倪学勤，潘康成，等. 微生态制剂对仔鸡生产性能和免疫功能的影响 [J]. 中国家禽，2004，26（23）：10－13.

[8] 程郁昕，徐红艳，宗超. 0～42 日龄肉杂鸡免疫器官重与活重的相关分析 [J]. 当代畜牧，2007（6）：35－36.

[9] 张凯，周帆，方热军. 乳酸菌及其制剂在猪肠道疾病防治中的作用研究 [J]. 饲料博览，2010（6）：9－11.

[10] 张春杨，牛钟相，常维山，等. 益生菌对肉用仔鸡的营养、免疫促进作用 [J]. 中国预防兽医学报，2002，24（1）：51－54.

[11] 杨承建，黄兴国. 微生态制剂及其在畜牧生产中的应用 [J]. 饲料博览，2006（2）：9－12.

[12] 杨汉春. 动物免疫学 [M]. 第 2 版. 北京：中国农业大学出版社，2003：32－52.

[13] 李亚杰，赵献军. 益生菌对肠道黏膜免疫的影响 [J]. 动物医学进展，2006，27（7）：38－41.

[14] 胡东兴，潘康成. 微生态制剂及其作用机理 [J]. 中国饲料，2001，1（3）：14－16.

[15] 徐晶，金征宇. 益生素的作用机理及其在饲料中的应用 [J]. 中国饲料，2001，1（1）：37－38.

屎肠球菌复合制剂在母猪生产中的应用研究

张秀敏[1]　华均超[2]

（1. 宁波天邦股份有限公司，宁波　315000；

2. 安徽天邦生物技术有限公司，巢湖　238000）

摘　要：为研究添加屎肠球菌复合制剂对母猪采食量、仔猪出生重及断奶重等指标的影响。选择胎次和产期相近的经产母猪 14 头（怀孕 85 d 左右），分试验组和对照组两组，对照组不添加，试验组添加 5%。每组 7 个重复，每个重复 1 头，试验期为 48 d，每天饲喂 2 次，自由饮水。结果表明：试验组母猪产后 7 d 的采食量显著提高；显著提高仔猪的断奶均重；试验组粪样菌落总数极显著提高，乳酸菌的数量显著提高，大肠杆菌的数量则显著降低。

关键词：屎肠球菌；母猪；采食量；粪样菌落

自青霉素、氯霉素等出现后，对提高动物的生长性能和成活率，发挥了积极的作用，也带来了良好的经济效益。随着科学技术的进步，抗生素的弊端也逐渐显现，对人类的健康和生态环境易造成严重的危害。从此，无毒、无害、无残留的益生菌制剂应运而生，而且在养殖生产中取得了显著的应用效果，使微生态益生菌制剂备受关注。

屎肠球菌（Enterococcus Faecium）属于肠球菌中的一种，亦是人和动物肠道中的正常菌种（姜艳美等，2008），在环境中广泛存在，属于肠道共生菌。该菌是兼性厌氧的乳酸菌，便于生产和应用。由于它生长速度快，有较好的黏附能力，在发酵过程中能产生乳酸、细菌素等抗菌代谢物质，抑菌效果明显，对大肠杆菌等有害菌群具有较强抑制作用，广泛应用于食品发酵、医药行业、饲料工业。

屎肠球菌的研究大多是采用单菌形式应用在断奶仔猪上，由于单菌株在使用过程中的作用和效果有限，存在一定的弊端。屎肠球菌复合制剂是由屎肠球菌、枯草芽孢杆菌和酵母菌组合而成的益生菌复合制剂。本研究以经产母猪为研究对象，研究了屎肠球菌复合制剂对母猪生产性能、粪便微生物等影响，旨在为该复合制剂在生猪生产中的应用奠定基础。

1　材料与方法

1.1　试验材料

屎肠球菌复合制剂由安徽天邦生物技术有限公司生产，活菌总数为：3.7×10^9 个/g。饲料由湖北天邦饲料科技有限公司和安徽天邦饲料科技有限公司提供。

1.2　试验动物及分组

选择胎次和产期相近的（长×大）二元经产母猪 14 头（怀孕 85 d 左右），分试验组和对照组两组，对照组不添加，以全价颗粒料为基础日粮，试验组饲喂时在基础日粮中添加5%复合制剂。每组7个重复，每个重复1头。

1.3 试验期日粮及饲养管理

参照 NRC（1998）配制基础日粮，日粮组成及营养成分见表1，试验期为48 d，至仔猪断奶（仔猪23日龄左右）。在湖北富池猪场进行，乳头式饮水器，铁制料槽，圈舍两侧窗户敞开式，舍内温度一般为25 ℃~32 ℃。每天饲喂2次，自由采食和饮水，按猪场常规管理程序进行清扫、免疫和驱虫。

表1　基础日粮及营养成分（风干基础）

项目	含量
原料	
玉米	63.0
膨化大豆	6.0
豆粕	20.0
麦麸	5.0
鱼粉	2.0
预混料[1]	4.0
合计	100.0
营养水平[2]	
消化能（MJ/kg）	13.5
粗蛋白质	19.0
钙	0.75
有效磷	0.65
赖氨酸	0.75
蛋氨酸+胱氨酸	0.65

注：[1]预混料为每千克基础日粮提供 The premix provides the following per kg of diet：Cu 200mg, Fe 180mg, Zn 70mg, Mn 50mg, Co 1.0mg, Se 0.4mg, I 0.4mg, 维生素 A 8330IU, 维生素 D 1440IU, 维生素 E 30IU, 维生素 B12.0mg, 维生素 B28.0mg, 维生素 B61.2mg, 维生素 B120.03mg, 叶酸 Folic acid 2.0mg, 生物素 biotin 0.2mg, 烟酸 nicotinic acid 40mg, 泛酸 pantothenic acid 20mg.

[2]消化能为计算值。DE is a caculated value, and the other nutrient levels are measured values.

1.4 指标测定和计算方法

生长性能的测定：称重法。

粗蛋白质、粗脂肪、粗灰分、粗纤维、钙和磷的测定：GBT 6432 – 1994、GBT 6433 – 2006、GBT 6438 – 2007、GBT 6434 – 2006、GBT 6436 – 2002 和 GBT 6437 – 2002。

pH 值测定方法：用 PHS – 3C 型雷磁酸度计测定。

大肠杆菌和乳酸菌计数：平板涂布法

1.5 粪样采集与处理

试验结束前2 d连续采集粪样，鲜粪装入无菌三角瓶中立即放入冰箱保存。检测时取10 g粪样于无菌三角瓶内，加入90 mL无菌生理盐水，用磁力振荡器振荡3 min，即为10^{-1}稀释液，吸取1 mL此液于盛有9 mL无菌蒸馏水试管中进行10^{-2}稀释，振荡3 min，并依次进行10^{-3}到10^{-5}倍稀释。

1.6　数据统计与分析

全部试验数据使用 Excel 2007 进行初步的分析整理，数据处理与分析使用 SAS 9.1.3 数据包中的 ANOVA 程序，并以邓肯氏新复极差法进行多重比较，试验结果以（平均数 ± 标准差）表示，并且以 $P < 0.05$ 和 $P < 0.01$ 分别作为差异显著和差异极显著判断标准。

2　结果与分析

2.1　屎肠球菌复合制剂对采食量的影响

复合制剂对母猪采食量的影响见表 2。从表中可以看出试验组母猪料中添加 5% 屎肠球菌复合制剂后，每头母猪的总采食量和全期日均采食量有所提高，但是结果差异不显著 （$P > 0.05$）。在产后的 7 d 内，试验组母猪的采食量较对照组显著增加（$P < 0.05$）。

表 2　屎肠球菌复合制剂对采食量的影响

项目	平均总采食量（kg/头）	产后 7 d 均采食量（kg/头）	全期日均采食量（kg/头）
试验组	232.57 ± 12.90	4.25 ± 0.59a	4.84 ± 0.27
对照组	220.43 ± 14.43	3.24 ± 0.72b	4.59 ± 0.30

注：同行数据肩标不同小写字母表示差异显著（$P < 0.05$），同行肩标不同大写字母表示差异极显著（$P < 0.01$），无字母或相同字母表示差异不显著（$P < 0.05$）。下表同

2.2　屎肠球菌复合制剂对仔猪初生重和断奶重的影响

复合制剂对初生仔猪的影响见表 3。试验组母猪所产的乳猪初生重较对照组无显著性差异（$P > 0.05$），在仔猪断奶时试验组仔猪的均重则显著高于对照组（$P < 0.05$），但是对新生仔猪的成活率无显著影响（$P > 0.05$）。

表 3　屎肠球菌复合制剂对初生仔猪的影响

项目	初生均重/Kg	断奶均重/Kg	仔猪成活率/%
试验组	1.52 ± 0.13	6.29 ± 0.50[a]	94.00 ± 1.41
对照组	1.40 ± 0.11	5.63 ± 0.57[b]	94.42 ± 3.60

2.3　屎肠球菌复合制剂对母猪粪样微生物的影响

复合制剂对母猪粪样中微生物菌群的影响见表 4。试验组添加 5% 屎肠球菌复合制剂对母猪粪样微生物产生了较为显著的影响。试验组粪样中的菌落总数极显著的高于对照组（$P < 0.01$），乳酸菌数量显著高于对照组，大肠杆菌的数量则显著的低于对照组（$P < 0.05$）。

表 4　屎肠球菌复合制剂对母猪粪中微生物的影响

项目	菌落总数	乳酸菌	大肠杆菌
试验组	8.05 ± 0.08[Aa]	6.05 ± 0.06[a]	5.50 ± 0.18[a]
对照组	7.73 ± 0.07[Bb]	5.84 ± 0.11[b]	5.80 ± 0.11[b]

3 讨 论

3.1 屎肠球菌复合制剂对采食量的影响

母猪在生猪养殖中占有很重要的地位，尤其是经产母猪处于特殊时期，日粮的采食情况对母猪和新生乳猪都会产生重要的影响。哺乳母猪要分泌大量的乳汁，因而，哺乳期的母猪对营养的需要量大（侯成立等，2011）。Alexopoulos 等（2004）在母猪日粮中添加益生菌，结果表明可以提高饲料的利用率，能够显著降低母猪在哺乳期的体重下降幅度。从本试验结果中可以看出试验组母猪料中添加 5% 屎肠球菌复合制剂后，每头母猪的总采食量和全期日均采食量有所提高，但是结果差异不显著，而在产后的 7 d 内，试验组母猪的采食量较对照组显著增加（$P < 0.05$）。这与 Bohmer 等（2005）和 Stamati 等（2006）报道的在母猪料中添加芽孢杆菌和屎肠球菌可以增加母猪采食量，减少母猪的体重损失的结果是一致的。试验结果说明饲用益生菌在母猪日粮中的应用可以增加母猪的日采食量，对母猪分泌乳汁等生产性能有促进作用。

3.2 屎肠球菌复合制剂对仔猪初生重和断奶重的影响

仔猪的初生重和断奶重是后期生猪养殖的基础，健康、较大的仔猪断奶后应对应激的抵抗能力较强一点。本次试验结果表明在试验组母猪料中添加复合制剂对乳猪初生重没有产生显著性差异，但仔猪断奶时试验组仔猪的均重则显著高于对照组（$P < 0.05$）。这与 Taras 等（2005）在母猪料中加入芽孢杆菌能增加断奶仔猪体重的报道是一致的。初生重没有显著的差异，断奶重则出现显著差异，这说明母猪饲料中加入屎肠球菌复合制剂，对哺乳期母猪的泌乳力、乳汁品质以及仔猪断奶重等有促进作用。

3.3 屎肠球菌复合制剂对母猪粪样微生物的影响

大量的研究表明，添加益生菌能够增强母猪的免疫力，减少肠道有害菌的数量。Demeckova 等（2002）表明乳酸菌液态饲料能显著降低母猪粪便中大肠杆菌的数量。Scharek 等（2005）在母猪日粮中使用 E. faecium SF68 制剂可以减少肠道中的致病菌。Pollmann 等（2005），Simonl 等（2010）研究表明在母猪及其仔猪料中使用屎肠球菌可减少致病菌的定植，降低大肠杆菌的感染，降低腹泻率。这与本试验的结果也是相符的。试验组添加添加 5% 屎肠球菌复合制剂对母猪粪样微生物产生了较为显著的影响。其中试验组粪样中的菌落总数极显著的高于对照组（$P < 0.01$），乳酸菌数量显著高于对照组，大肠杆菌的数量则显著的低于对照组（$P < 0.05$）。试验结果表明，屎肠球菌复合制剂能够改善母猪肠道微生态环境，降低大肠杆菌等有害微生物的数量，增加乳酸菌的数量，对肠道的健康发挥重要的作用。

4 结 论

① 屎肠球菌复合制剂可提高母猪产后采食量，增加仔猪的断奶均重，改善母猪肠道环境。

② 屎肠球菌复合制剂可以降低断奶仔猪的腹泻率，改善断奶仔猪的肠道环境和生长性能，促进断奶仔猪的健康生长。

参考文献

［1］姜艳美，王加启，邓露芳，等. 人工瘤胃评价屎肠球菌对瘤胃发酵的影响［J］. 西北农林科技大学学报，2008，36（6）：29－33.

［2］侯成立，季海峰，周雨霞，等. 益生菌的作用机制及其在母猪生产中的应用［J］. 中国畜牧兽医，2011，38（7）：20－22.

［3］Alexopoulos C，Georgoulakis IE，Tzivara A，et al. Field evaluation of the efficacy of a probiotic containing Bacillus licheniformis and Bacillus subtilis spores on the health status and performance of sows and their litters［J］. Journal of Animal Physiology Animal Nutrion，2004，88：381－392.

［4］Bohmer BM，Kramer W，Roth Maier DA，Dietary probiotic supplementation and resulting effects on performance，health status，and microbial characteristics of primiparous sows［J］. Journal of Animal Physiology and Animal Nutrition. 2005，90：309－315.

［5］Stamati S，Alexopoulos C，Siochu A，et al. Probiosis in sows by administration of Bacillustoyoi spores during late pregnancy and lactation：effect on their health status/performance and on litter characteristics［J］. International Journal of Probiotics and Prebiotics，2006，1（1）：33－40.

［6］Taras D，Vahjen W，Macha M，et al. Performance，diarrhea incidence，and occurrence of Escherichia coli virulence genes during long－term administration of a probiotic Enterococcus faecium strain to sows and piglets［J］. Journal of Animal Science，2006，84（3）：608－617.

［7］Demeckova V，Kelly D，Coutts AGP，et al. The effect of fermented liquid feeding on the faecal microbiology and colostrums quality of farrowing sows［J］. International Journal of Food Microbiology，2002，79（1－2）：85－97.

［8］Scharek L，Guth J，Reiter K，et al. Influence of a probiotic Enterococcus faecium strain on development of the immune system of sows and piglets［J］. Veterinary Immunology and Immunopathology，2005，105（1－2）：151－161.

［9］Pollmann M，Nordhoff M，Pospischil A，et al. Effects of a probiotic strain of Enterococcus faecium on the rate of natural Chlamydia infection in swine［J］. Infection and Immunity，2005，73（7）：4 346－4 353.

［10］Simonl O. An interdisciplinary study on the mode of action of probiotics in pigs［J］. Journal of Animal and Feed Sciences，2010，19：230－243.

一种枯草芽孢杆菌分泌的抗菌物质的
特性、分离纯化和分子量的鉴定

郑云峰　戴　超　郑　锐

（上海邦成生物科技有限公司，上海　201615）

摘　要：本文介绍一株从自然界分离的枯草芽孢杆菌 BCSW－20120712 分泌的抗菌物质 TLS，研究抗菌物质 TLS 的特性、分离纯化和分子量鉴定，旨在开发其作为一种新型饲料添加剂的可能。

关键词：抗菌物质；新型饲料添加剂；特性

近 40 年来，抗生素在动物上作为促进动物生长和提高肠道健康上发挥着巨大的作用，但其在饲料中过度使用也造成了种种问题和危害，如耐药性、残留性等。随着食品安全要求的越来越高，减少或禁止抗生素在饲料中已经迫在眉睫。目前，各种减少或替代抗生素的物质被陆续开发，如益生菌、酸化剂、植物提取物等。细菌分泌的抗菌物质也是一种具有替代抗生素的物质，这些物质大部分是细菌的初级代谢产物，如细菌素、抗菌肽等，很多可以被细菌利用掉或在体内能被动物降解掉，没有残留和危害，并且很难产生耐药性。

1　材料与方法

1.1　试验材料

枯草芽孢杆菌 BCSW－20120712 通过液体发酵后，离心、膜过滤而得抗菌物质 TLS。

1.2　试验设计

1.2.1　抗菌物质 TLS 的特性研究

将抗菌物质 TLS 在不同条件下处理不同时间，每个处理设 2 个重复，测定其抗菌能力是否有影响，具体试验设计如下。

A 温度：设置 40 ℃、60 ℃、80 ℃、100 ℃、121 ℃，处理 20 min。

B pH：调节 pH 为 2、4、6、8、10、12，处理 3 h。

C 紫外：照射时间分别为 0、4、6、8、10、12 h。

D 蛋白酶：加入终浓度为 1 mg/mL 的胰蛋白酶、胃蛋白酶、蛋白酶 K，37 ℃酶解 5 h后沸水浴终止反应。

1.2.2　抗菌物质 TLS 的分离纯化和分子量鉴定

采用 Sephadex G－50 层析分离纯化后，凝胶电泳测定其分子量，技术路线如图 1。

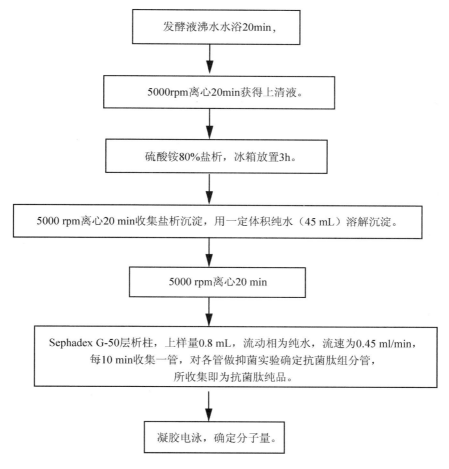

图 1　分子量测定的技术路线

1.2.3　抗菌物质 TLS 抗菌活性测定方法

以大肠杆菌 K_12D_31 为指示菌，测定每个条件处理下抗菌物质 TLS 的抑菌直径，具体方法参见上海邦成生物科技有限公司提供的"抗菌物质 TLS 抗菌活性检测方法"。

2　结果

2.1　抗菌物质 TLS 的特性研究

2.1.1　温度对抗菌物质 TSL 抑菌效力的影响

结果见表 1。

表 1　温度对抗菌物质 TLS 抑菌效力的影响

温度	40℃	60℃	80℃	100℃	121℃	发酵液
1	11.0/10.2	11.5/11.0	12.0/10.5	12.0/12.0	10.5/10.0	10.0/10.5

（续表）

温度	40℃	60℃	80℃	100℃	121℃	发酵液
2	9.2/9.0	9.4/9.6	9.7/9.2	8.5/8.7	9.5/10.0	9.5/9.4
3	8.6/8.8	10.0/10.2	10.2/10.2	9.2/9.5	10.0/10.0	9.5/9.5
平均直径	9.47	10.28	10.30	9.98	10.00	9.73

由表1可知，温度对抗菌物质 TLS 抑菌效力没有产生显著影响，在 40～121 ℃，20 min 处理下抗菌物质 TLS 抑菌效力稳定，和对照组抑菌效力基本一致。

2.1.2　pH 值对抗菌物质 TLS 抑菌效力的影响

结果见表2。

表2　pH 对抗菌物质 TLS 抑菌效力的影响

pH 值	2	4	6	8	10	12
1	10.5/10.0	8.2/8.8	8.5/8.2	6.6/7.4	–	–
2	10.5/10.5	7.4/8.0	8.5/8.0	7.5/7.8	–	–
3	9.5/10.0	7.5/7.0	7.4/8.0	9.0/9.0	–	–
平均直径	10.17	7.82	8.10	7.88	–	–

由表2可见，在 pH 值为2的条件下抑菌效力最高，在 pH 值为 4～8 之间抑菌效力稳定。pH 为10和12均无抑菌效力。

2.1.3　紫外对抗菌物质 TLS 抑菌效力的影响

结果见表3。

表3　紫外照射对抗菌物质 TLS 抑菌效力的影响

紫外	0h	4h	6h	8h	10h	12h
1	10.5/10.0	11.5/10.0	11.0/11.0	10.8/11.0	11.0/11.0	11.0/11.0
2	9.5/9.8	8.4/8.5	9.0/8.8	8.5/8.7	8.2/8.5	8.4/8.6
3	9.7/9.5	9.5/9.6	9.4/9.6	9.3/9.5	9.2/9.8	9.0/9.6
平均直径	9.82	9.58	9.80	9.63	9.62	9.60

由表3可见，紫外处理 2～12 h 后，对大肠杆菌的抑菌效力与未照射处理的对照组并没有显著差异。可见，抗菌肽的抑菌活性经紫外照射后能够保持较好的稳定性。

2.1.4　蛋白酶对抗菌物质 TLS 抑菌效力的影响

表4　蛋白酶对抗菌物质 TLS 抑菌效力的影响

蛋白酶种类	胰蛋白酶	胃蛋白酶	蛋白酶 K	发酵液
1	9.2/9.5	9.5/9.2	9.0/9.5	9.5/10.5
2	9.9/9.5	10.0/9.0	9.0/9.5	10.0/10.5
3	9.5/8.4	9.0/10.0	9.5/9.4	8.5/10.0
平均直径	9.27	9.45	9.32	9.83

由表4可知，这3种蛋白酶对发酵液的抗菌抑菌效力有一定的抑制作用，对发酵液样品抑菌效力影响大小为胰蛋白酶＞蛋白酶 K＞胃蛋白酶，但是这种抑制并不显著，说明主要的抑菌活性物质并未被蛋白酶分解，活性物质不会是大分子蛋白，可能是小分子肽类或

者非蛋白类物质。

2.2 抗菌物质 TLS 的分离纯化及分子量鉴定

分子量鉴定结果见图 2、图 3。

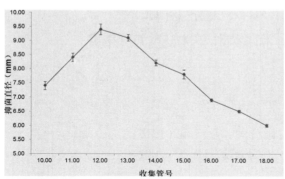

图 2 发酵液 Sephadex G – 50 分离结果　　　图 3 抗菌物质 TLS 的蛋白电泳图

由图 2 可知，在第 10 ~ 18 管均有抑菌物质流出，其中第 11 ~ 14 管含量最高。将第 10 ~ 16 管收集到的样品分别真空浓缩除去甲醇和水分，再用 1 mL 纯水将其复溶，即为电泳样品。由图 3 的凝胶蛋白电泳图可以看到，抗菌物质 TLS 的分子量大概在 12 KD 左右。

3 结 论

由本次结果表明，温度对抗菌物质 TLS 没有影响，在动物的胃肠道 pH 值范围内对抗菌物质 TLS 没有影响，但 pH 值超过 8 时，对其抗菌活性有很大影响，其中在酸性条件下，其抗菌活性有所提高。蛋白酶对抗菌物质 TLS 没有什么影响，说明其抗菌稳定性很好。综上所述，抗菌物质 TLS 对环境的耐受性很强，饲料的制粒、动物胃酸和胆汁、消化酶对其抗菌效价几乎没有影响，可以在饲料中添加作为减少和替代抗生素的潜在物质来使用。

嗜酸乳杆菌活菌体和热灭活菌体对
IPEC – J2 细胞的黏附和黏附拮抗效应研究

俞涵丽[1]   方　华[1]   蔡　旋[2]   徐建雄[2]*

（1. 上海源耀生物股份有限公司，上海　201316；

2. 上海交通大学农业与生物学院，上海　200240）

摘　要：本实验旨在研究嗜酸乳杆菌活菌体和热灭活菌体在体外模拟条件下，对仔猪空肠上皮细胞系 IPEC – J2 的黏附性，以及拮抗致泄性大肠杆菌 C83907 对 IPEC – J2 的黏附作用。将嗜酸乳杆菌活菌体和热灭活菌体处理 IPEC – J2 细胞，染色后观察细菌对细胞的黏附性能。另外嗜酸乳杆菌活菌体和热灭活菌体通过竞争，排阻和替换三种不同的处理方式抑制大肠杆菌在 IPEC – J2 细胞上的黏附，利用伊红美蓝鉴别培养基，检测嗜酸乳杆菌对大肠杆菌黏附的抑制率。嗜酸乳杆菌活菌体和热灭活菌体都能很好的黏附到 IPEC – J2 细胞上，且热灭活菌体的黏附性为 40 cfu/cell 显著（$P < 0.05$）高于活菌体的黏附性能 20 cfu/cell。同时两种状态的嗜酸乳杆菌都可以很好的抑制大肠杆菌在 IPEC – J2 细胞上的黏附。在竞争试验中，活菌体对大肠杆菌在 IPEC – J2 细胞上黏附的抑制率为 49.12%，热灭活菌体对大肠杆菌黏附的抑制率为 42.33%；在替换试验中，活菌对大肠杆菌黏附的抑制率（46.53%）显著高于（$P < 0.05$）高于热灭活菌体对大肠杆菌黏附的抑制率（39.50%）；在排阻试验中，热灭活菌体对大肠杆菌黏附的抑制率为 49.27%，而活菌体对大肠杆菌黏附的抑制率为 39.50%。由此可见，嗜酸乳杆菌的活菌体和热灭活菌体都能很好的黏附到 IPEC – J2 细胞上，抑制大肠杆菌对细胞的黏附和入侵，热灭活菌体可能主要通过竞争黏附位点抑制大肠杆菌的黏附，而活菌体可能不只这一机制，还会在代谢过程中产生一些抑菌物质，抑制大肠杆菌的生长繁殖。

关键词：热灭活菌体；黏附性；抑制黏附；抑菌性

　　益生菌是指一类活的微生物，当摄入充足量时对宿主起到一定的有益作用。益生菌在代谢过程中产生一些抑菌物质，代谢产物以及各种酶，可以维持动物肠道菌群平衡，提高动物免疫，促进生长。很多研究报道乳杆菌、双歧杆菌等益生菌能改善肠道生物屏障功能，减少致病菌引起的肠道疾病（Nanda, et al, 2008；Tukuda, et al, 2011；Jones, et al, 2009）。致泄性大肠杆菌是引起人和动物肠道疾病的重要致病菌，该菌也是多种猪肉制品的污染源。而抗生素的使用使动物机体产生药物依懒性、免疫力下降、胃肠道内菌群失调等问题，益生菌在一定程度上能防治致病菌引起的肠道疾病（Gionchetti, et al, 2003）。

　　益生菌进入肠道中后，黏附于肠上皮细胞，通过与致病菌竞争黏附位点和营养物质而抑制致病菌在肠道中的黏附，维持肠道菌群平衡，缓解致病菌引起的肠道混乱，减少抗生素的使用，减少耐药菌的增加以及动物体内抗生素的残留。但是益生菌在通过胃肠道时，

---

*通信作者

由于胃酸胆盐的作用，到达肠道的活菌数量极少（孝辉等，2009）。如果采用包埋、冷冻干燥等方法来维持益生菌的活性，成本将大大提高，限制了益生菌产品作为饲料添加剂在畜禽饲养中的应用。最近一些研究表明灭活菌体也具有益生作用，从粪便中分离得到的乳杆菌可以抑制沙门氏菌和大肠杆菌在 Caco - 2 细胞上的黏附（Ostad, et al, 2009）。W - H Lin 等（2007）发现混合乳杆菌的热灭活菌体可以通过激活巨噬细胞进行免疫调节从而抑制沙门氏菌的入侵。乳酸菌的细胞表面结构如肽聚糖，磷壁酸，胞外多糖，表面蛋白等物质在益生菌发挥益生作用过程中起到了重要的作用（Lebeer, et al, 2008）。Jin Sun 等（2005）研究发现乳杆菌属细菌的肽聚糖可以通过激活巨噬细胞来提高宿主免疫作用。Maaike 等（2013）发现 Lactobacillus plantarum WCFS1 的磷壁酸可以使健康小鼠产生调节性 T 细胞，从而增强小鼠的免疫功能。

本文研究嗜酸乳杆菌的热灭活菌体和活菌对猪肠上皮细胞 IPEC - J2 的黏附性能，对大肠杆菌 C83907 在 IPEC - J2 的黏附的抑制作用，以及对大肠杆菌生长的抑制作用，为灭活益生菌在微生态制剂开发中的价值提供依据。

1 材料和方法

1.1 实验材料

Escherichia coli C83907，购自国家兽医微生物菌种保藏中心，保藏号：CVCC 200；猪小肠上皮细胞 IPEC - J2，由河南农业大学魏占勇博士转赠；嗜酸乳杆菌从小猪粪便中分离得到，Lactobacillus acidophilus yy13002，保存于中国微生物菌种保藏中心，保藏号：CGM-CC 8043。

1.2 实验方法

1.2.1 嗜酸乳杆菌热灭活菌体和活菌体对 IPEC - J2 细胞的黏附性

IPEC - J2 细胞的培养：IPEC - J2 细胞采用 DMEM/F12（Dulbecco's modified Eagle's minimal essential medium）培养，并添加 10%（v/v）的热灭活（30 min, 56 ℃）的胎牛血清，1%（v/v）青 - 链霉素。细胞于 CO_2 培养箱（5% CO_2 和 95% 空气）中，37 ℃ 培养，1~2 d 换液一次（Liu, et al, 2010）。

菌体准备：嗜酸乳杆菌在 MRS 培养液中活化 3 代，10 000 g 离心 5 min，收集菌体，用无菌 PBS（pH 7.2）洗涤 2 次，用无菌 PBS 重悬菌体。

热灭活菌体的准备：嗜酸乳杆菌在 MRS 培养液中活化 3 代，10 000 g 离心 5 min，收集菌体，用无菌 PBS（pH 7.2）洗涤 2 次，重悬在无菌 PBS 中，重悬菌体在 80 ℃ 下加热 20 min，制备热灭活菌体。梯度稀释热灭活菌悬液和活菌菌悬液，倾注于 MRS 固体平板中计数。活菌菌悬液样品为 1.1×10^9 cfu/mL，热灭活菌悬液样品则没有菌落。

黏附性试验：IPEC - J2 细胞长成单层细胞后，胰酶消化，将细胞以 2×10^5 cell/mL 的量加入到 6 孔组织细胞培养板中，37 ℃ 条件下于 CO_2 培养箱恒温培养至长成单层细胞后进行黏附实验。将 IPEC - J2 细胞培养板用无菌 PBS 清洗 2 次，加入 1 mL 上述制备好的菌悬液样品（10^8 cfu/mL），每个样品重复三孔，在 CO_2 培养箱中 37 ℃ 培养 2 h。之后移去细菌悬液，用无菌 PBS 洗涤 4 次，以除去未黏附的乳杆菌，然后每孔用无水乙醇固定 30 min，清洗后，进行革兰氏染色，干燥后计数。随机观察 20 个 400 × 视野，记录 100 个细胞上黏附的乳杆菌数。

1.2.2 嗜酸乳杆菌热灭活菌体和活菌体对大肠杆菌黏附的抑制实验

1.2.2.1 嗜酸乳杆菌热灭活菌体和活菌体竞争性抑制大肠杆菌对细胞的黏附

细胞和菌体的制备如上所述。IPEC－J2 单层细胞用无菌的 PBS 洗涤 2 次，将等量的 *E. coli* C83907 和嗜酸乳杆菌活菌体（或热灭活菌体）加入到单层细胞中，在 CO_2 培养箱中 37 ℃ 培养 2 h，用无菌 PBS 清洗 4 次，移去未黏附的细菌，加入 1 mL 1%（v/v）Triton 100，吹打混匀，将从细胞上解析下来的菌体梯度稀释，用伊红美蓝培养基平板计 *E. coli* C83907 的菌落数，其中对照组，只加 *E. coli* C83907 [12]。

竞争率 =（A_e － A）/ A_e ×100%，A_e 表示对照组中大肠杆菌 C83907 在 IPEC－J2 细胞上的黏附数，A 则表示实验组中大肠杆菌 C83907 在 IPEC－J2 细胞上的黏附数。

1.2.2.2 嗜酸乳杆菌热灭活菌体和活菌体排阻抑制大肠杆菌在细胞上的黏附

1 mL 嗜酸乳杆菌活菌体或热灭活菌体（10^8 cfu/mL）加入到 IPEC－J2 细胞中，在 CO_2 培养箱中 37 ℃ 培养 2 h。然后用无菌 PBS 洗涤 3 次，移去未黏附的乳杆菌，加入 1 mL *E. coli* C83907（10^8 cfu/mL），CO_2 培养箱中 37 ℃ 培养 2 h。然后用无菌 PBS 清洗细胞 4 次，除去未黏附的菌体，加入 1 mL 1%（v/v）的 Triton 100，吹打混匀，梯度稀释用伊红美蓝培养基平板计实验组和对照组中 *E. coli* C83907 的菌落数。对照组不经乳杆菌预先处理，只加 *E. coli* C83907（Campana，*et al*，2012）。

排阻率 =（A_e － A）/ A_e ×100%，A_e 表示对照组中大肠杆菌 C83907 在 IPEC－J2 细胞上的黏附数，A 则表示实验组中大肠杆菌 C83907 在 IPEC－J2 细胞上的黏附数。

1.2.2.3 嗜酸乳杆菌热灭活菌体和活菌体替换大肠杆菌在细胞上的黏附

1 mL *E. coli* c83907（10^8 cfu/mL）加入到 IPEC－J2 单层细胞中培养 2 h，然后用无菌 PBS 洗涤 3 次，除去未黏附的 E. coli C83907，然后加入 1 mL 活菌体悬液或热灭活菌体悬液，在 CO_2 培养箱中 37 ℃ 培养 2 h，然后用无菌 PBS 洗涤 4 次，除去未黏附的细菌，然后加入 1 mL 1% 的（v/v）Triton 100，吹打混匀，梯度稀释后用伊红美蓝培养基平板计实验组和对照组中 E. coli C83907 的菌落数。对照组只加 E. coli C83907（Campana，*et al*，2012）。

替换率 =（A_e － A）/ A_e ×100%，A_e 表示对照组中大肠杆菌 C83907 在 IPEC－J2 细胞上的黏附数，A 则表示实验组中大肠杆菌 C83907 在 IPEC－J2 细胞上的黏附数。

1.2.3 嗜酸乳杆菌发酵上清对大肠杆菌的抑菌实验

采用琼脂扩散法进行嗜酸乳杆菌对大肠杆菌的抑制生长实验。乳杆菌上清液的制备：将嗜酸乳杆菌活化 2 代，10 000 g 离心收集上清。指示菌的制备：将大肠杆菌活化 2 代，将菌液浓度调整至 10^7 cfu/mL，取 1 mL 菌液加入培养皿中，用 LB 培养基倾注平板，待完全凝固，每个平板打 5 个直径 5 mm 的小孔，在每孔中加入 100 μL 的发酵上清，同时将发酵上清 pH 调整至 7.0 测其抑菌能力，并且以 MRS（pH 3.94）为对照。

1.2.4 嗜酸乳杆菌发酵上清与大肠杆菌的共培养实验

将嗜酸乳杆菌活化 2 代，以 3% 的接种量接种至 MRS 培养液中培养 20 h，离心收集上清，测定上清 pH 值为 3.94，将上清液过滤除菌备用，同时将发酵上清 pH 调整至 7.0，过滤除菌备用。嗜酸乳杆菌发酵上清和 LB 培养液 1∶1 混合，将活化 2 代的大肠杆菌以 3% 的接种量接种至混合培养液中。以 MRS（pH 值 3.94）与 LB 培养液的混合液为对照。分别在 2 h、4 h、6 h、8 h、10h 和 12h 取样，测定混合培养液的吸光值 OD600。

1.2.5 数据统计分析

所有实验重复 3 次。数据分析采用 SPSS 16.0 中 One – Way ANOVA 进行统计和显著性分析。结果用平均值 ± 标准差（means ± SD）表示。

2 结 果

2.1 嗜酸乳杆菌活菌和热灭活菌体对 IPEC – J2 细胞的黏附性

本文用 IPEC – J2 细胞模型，测定嗜酸乳杆菌活菌以及热灭活菌体的体外黏附性。通过镜检观察 20 个随机视野，共 100 个细胞上黏附的乳杆菌，计算平均每细胞上黏附的乳杆菌个数。结果如图 1，（a）为活菌体对细胞的黏附能力，每个细胞上黏附的活菌数为 20 ± 2 cfu，（b）为热灭活菌体对细胞的黏附能力，每个细胞上黏附的热灭活细菌为 40 ± 2 cfu，热灭活菌体的黏附能力显著（$P < 0.05$）高于活菌体的黏附能力。

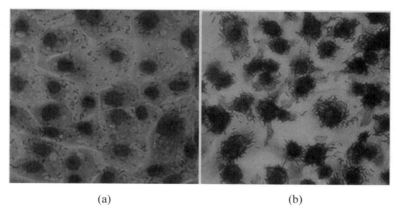

（a） （b）

（a）活菌体对细胞的黏附能力 （b）热灭活菌体对细胞的黏附能力

图 1 嗜酸乳杆菌对 IPEC – J2 细胞的黏附能力

2.2 嗜酸乳杆菌抑制大肠杆菌 c83907 在 IPEC – J2 上的黏附

竞争性抑制试验：如表 1 所示，嗜酸乳杆菌活菌体和热灭活菌体与大肠杆菌同时处理 IPEC – J2 细胞时，实验组中大肠杆菌对细胞的黏附数与对照组相比，显著减少。表明活菌体和热灭活菌体都可以抑制 E. coli c83907 对 IPEC – J2 的黏附，其中活菌体对大肠杆菌黏附的竞争率（49.12 ± 1.50%）显著高于（$P < 0.05$）热灭活菌体对大肠杆菌黏附的竞争率（42.33 ± 1.02%）。

表 1 嗜酸乳杆菌对大肠杆菌在 IPEC – J2 细胞上黏附的抑制率

菌株	竞争率（%）	排阻率（%）	替换率（%）
活菌体	49.12 ± 1.50% [a]	39.5 ± 1.29% [b]	46.53 ± 1.43% [a]
热灭活菌体	42.33 ± 1.02% [b]	49.27 ± 0.94% [a]	39.50 ± 1.61% [b]

排阻抑制试验：IPEC – J2 细胞经嗜酸乳杆菌活菌体和热灭活菌体预先处理后，大肠

杆菌在细胞上的黏附数与对照组相比，显著减少（$P < 0.05$），结果见表1，热灭活菌体对大肠杆菌黏附的排阻率为 $49.27 \pm 0.94\%$，活菌体对大肠杆菌黏附的排阻率则为 $39.5 \pm 1.29\%$，两者差异显著（$P < 0.05$）。

替换抑制试验：嗜酸乳杆菌活菌体和热灭活菌体都可以替换下已黏附到细胞上的大肠杆菌。结果见表1，活菌体对大肠的替换率为（$46.53 \pm 1.43\%$）显著（$P < 0.05$）高于热灭活菌体对大肠的替换率（$39.50 \pm 1.61\%$）。

2.3 嗜酸乳杆菌上清的抑菌实验

本实验通过琼脂扩散法，观察嗜酸乳杆菌发酵上清对 E. coli C83907 的抑菌圈的大小，将 pH 值为 3.94 的 MRS 培养基作为对照，结果见表2。同时将发酵上清 pH 值调整至 7.0，观察抑菌圈的大小。结果发现嗜酸乳杆菌的发酵上清能很好的抑制大肠杆菌的生长，发酵上清调整至中性后，其抑菌圈显著减小，基本不能抑制大肠杆菌的生长，而将 MRS 调整至 pH 值 3.94 后也能抑制大肠杆菌的生长，其抑菌圈显著（$P < 0.05$）小于嗜酸乳杆菌发酵上清的抑菌圈。

表 2 嗜酸乳杆菌发酵上清抑制 E. coli C83907 的生长

样品	抑菌圈（mm）
CFCS	11.01 ± 0.52 [a]
CFCS（pH 7.0）	6.50 ± 0.36 [c]
MRS（pH 3.94）	9.36 ± 0.11 [b]

注：CFCS 表示嗜酸乳杆菌发酵上清，CFCS（pH 7.0）表示将嗜酸乳杆菌发酵上清 pH 调整至 7.0，MRS（pH 3.94）表示将 MRS 的 pH 调整至 3.94，不同字母 abc 表示纵向比较 $P < 0.05$。

2.4 嗜酸乳杆菌发酵上清与大肠杆菌的共培养实验

嗜酸乳杆菌的发酵上清与大肠杆菌共培养时，可以抑制大肠杆菌 C83907 的生长。结果如图2。从图中可发现嗜酸乳杆菌发酵上清能很好的抑制大肠杆菌的生长繁殖，pH 值 3.94 的 MRS 也可以抑制大肠杆菌的生长，嗜酸乳杆菌发酵上清调整至 pH 值 7.0 后，大肠杆菌能在其中正常生长。

3 讨 论

益生菌保护致病菌入侵肠道的机制不仅仅是通过产生一些有机酸和细菌素杀死致病菌，更重要的是干扰致病菌在肠上皮细胞上的黏附和入侵（Bernet, et al, 1994）。另外，最新研究表明，益生菌可以诱导肠粘膜表层上皮细胞分泌分泌型 IgA，从而清除致病菌，维持肠道菌群平衡（Medici, et al, 2005）。Hiroki Ishikawa（2010）等研究表明热灭活的 L. plantarum strain b240 可以通过抑制致病菌黏附和入侵，以及调节肠道粘膜细胞产生分泌型 IgA，从而减少鼠伤寒沙门氏菌 Salmonella enteric Serovar Typhimurium 对小鼠肠道的损伤。

黏附是细菌和宿主相互作用的第一步，益生菌黏附在肠粘膜上后形成一层保护层，阻止致病菌和宿主细胞间的接触和入侵，同时益生菌还可以通过空间位阻以及与致病菌竞争黏附位点和营养物质抑制致病菌在肠上皮细胞上的黏附，从而维持肠道菌群平衡（Liu，

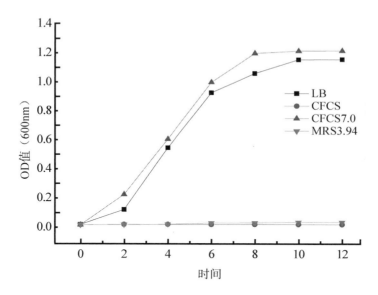

图 2 嗜酸乳杆菌发酵上清与 E. coli C83907 共培养情况下 E. coli C83907 的生长情况

注：CFCS 表示嗜酸乳杆菌发酵上清，CFCS（pH 值 7.0）表示将嗜酸乳杆菌发酵上清 pH 值调整至 7.0，MRS（pH 3.94）表示将 MRS 的 pH 值调整至 3.94。

et al, 2010)，对维护仔猪肠粘膜屏障功能及免受侵害具有重要意义。Schierack 等（2006）研究表明猪肠道上皮细胞 IPEC - J2 能很好的反应猪消化道的感染和反应过程，是目前模拟猪体内实验的最佳体外模型之一。本文采用 IPEC - J2 细胞模型，研究嗜酸乳杆菌的活菌体以及热灭活菌体对猪肠上皮细胞 IPEC - J2 的黏附性，结果表明热灭活菌体对细胞的黏附能力显著高于活菌体的黏附能力。这一结果与一些文献报道类似，孙建之等（2006）发现乳杆菌在热灭活状态下对 Hela 细胞的黏附能力高于活菌体的黏附能力，同样的邢咏梅等（2004）人研究发现德氏乳杆菌和肠球菌的灭活状态较活菌状态黏附性显著增高，这一结果为深入研究灭活状态益生菌对细胞的免疫调节作用奠定了基础。目前对于热灭活菌体的黏附能力高于活菌体的机制还不明确，推测可能益生菌在加热过程中经热胁迫作用激活了相关黏附素和黏附物质的高表达，从而使更多的热灭活菌体黏附到细胞上（孙建文等，2006）。

致病菌黏附到肠上皮细胞后引起进一步的感染和侵袭。文献报道致病菌和宿主细胞的直接接触是致病菌表达毒力因子和入侵宿主细胞的必要条件（Parsot, *et al*, 1996）。致病菌在肠上皮细胞上的黏附和入侵会使致病菌大量繁殖，破坏肠道菌群平衡，同时引起细胞死亡，破坏粘膜屏障功能（Kalischuk, *et al*, 2007；Wine, *et al*, 2009）。抑制致病菌在肠上皮细胞上的黏附可以有效缓解致病菌引起的肠道疾病。益生菌可以通过竞争、排阻以及替换机制，与致病菌竞争黏附位点和营养物质，阻止致病菌对肠上皮细胞的黏附和入侵，增强宿主屏障功能，预防肠道损伤。

益生菌可以通过竞争黏附位点和营养物质抑制致病菌在肠上皮细胞上的黏附，同时在代谢过程中产生一些有机酸或抑菌物质杀死致病菌（Searle, *et al*, 2009）。本研究发现活菌体和热灭活菌体都可以通过竞争、排阻以及替换方式抑制致病菌在肠上皮细胞上的黏附，这一结果与 OSTAD 等研究类似，即从粪便中分离的乳杆菌的活菌和热灭活菌体都可以抑制大肠杆菌和沙门氏菌对 Caco-2 细胞的黏附（Ostad, et al, 2009）。其中在排阻情况下，细胞预先经嗜酸乳杆菌处理，形成一层微生物屏障，阻断了致病菌与细胞的进一步接触，因此具有一定的预防作用，排阻率越高说明菌体具有更好的预防作用。热灭活菌体对大肠杆菌的排阻抑制效果显著高于活菌体对大肠杆菌的排阻抑制效果。推测可能是因为热灭活菌体能更好的黏附到 IPEC-J2 细胞上，与大肠杆菌竞争黏附位点，从而减少大肠杆菌在细胞上的黏附，在这过程中主要是通过竞争黏附位点来抑制大肠杆菌对细胞的黏附。研究发现在竞争和替换过程中，活菌体的效果高于热灭活菌体，这提示嗜酸乳杆菌活菌在抑制大肠杆菌黏附的过程中不只是通过竞争黏附位点这一作用，还有可能会产生一些抑菌物质抑制致病菌的黏附和入侵。研究报道 L. plantarum WS4 174 和 LB279 与 E. coli 和 L. monocytogenes 共同培养时，代谢产生短链脂肪酸和细菌素，使病原菌的生长显著受到抑制（Aguilar, et al, 2010）。因此嗜酸乳杆菌活菌体在抑制大肠杆菌对 IPEC-J2 细胞黏附的过程中可能还会产生一些抑菌物质，抑制致病菌的生长繁殖及入侵。

益生菌在代谢过程中会产生一些有机酸，如乙酸、丙酸和丁酸，它们可以降低动物肠道 pH，有效抑制致病菌的生长。同时益生菌还能产生一些抗菌肽、细菌素，对致病菌起杀菌作用。在研究嗜酸乳杆菌发酵上清抑制大肠杆菌生长的过程中，发现嗜酸乳杆菌发酵上能抑制大肠杆菌的生长，而将发酵上清的 pH 值调整到 7.0 后，其抑菌能力消失，同时将 MRS 的 pH 值调整到 3.94 后同样能抑制大肠杆菌的生长，但是其抑菌圈显著小于发酵上清的抑菌圈，因此初步推测嗜酸乳杆菌在发酵过程中产生的有机酸抑制了大肠杆菌的生长，同时可能还有细菌素类抑菌物质在起作用。

4 结 论

（1）嗜酸乳杆菌 CGMCC 8043 的活菌体和热灭活菌体都能很好的黏附在 IPEC-J2 细胞上，且热灭活菌体对细胞的黏附性能高于活菌体对细胞的黏附性能。

（2）嗜酸乳杆菌 CGMCC 8043 的活菌体和热灭活菌体都能很好的抑制大肠杆菌在细胞上的黏附，且对细胞的处理方式不同，抑制大肠杆菌在细胞上的黏附效率不同，其中热灭活菌体在预防过程中效果显著，而活菌体在竞争和替换过程中能更好的抑制大肠杆菌在细胞上的黏附。

（3）同时嗜酸乳杆菌发酵上清液能抑制大肠杆菌的生长繁殖。

参考文献

[1] Nanda Kumar N S, Balamurugan R, Jayakanthan K, et al. Probiotic administration alters the gut flora and attenuates colitis in mice administered dextran sodium sulfate [J]. Journal of gastroenterology and hepatology, 2008, 23 (12): 1834-9.

[2] Fukuda S, Toh H, Hase K, et al. Bifidobacteria can protect from enteropathogenic infection through production of acetate [J]. Nature, 2011, 469 (7331): 543-7.

［3］ Jones S, Versalovic J. Probiotic Lactobacillus reuteri biofilms produce antimicrobial and anti – inflammatory factors ［J］. BMC microbiology, 2009, 9 (1): 35.

［4］ Gionchetti P, Rizzello F, Helwig U, et al. Prophylaxis of pouchitis onset with probiotic therapy: a double – blind, placebo – controlled trial ［J］. Gastroenterology, 2003, 124 (5): 1202 – 1209.

［5］ 孝辉, 皮雄鹅, 许尧兴. 热灭活嗜酸乳杆菌培养物在饲料工业中的应用 ［J］. 饲料与畜牧, 2009, 12: 14 – 18.

［6］ Ostad S, Salarian A, Ghahramani M, et al. Live and heat – inactivated Lactobacilli from feces inhibit Salmonella typhimurium and Escherichia coli adherence to Caco – 2 cells ［J］. Folia microbiologi ., 2009, 54 (2): 157 – 60.

［7］ Lin W H, Yu B, Lin C K, et al. Immune effect of heat – killed multistrain of Lactobacillus acidophilus against Salmonella typhimurium invasion to mice ［J］. Journal of applied microbiology, 2007, 102 (1): 22 – 31.

［8］ Lebeer S, Vanderleyden J, De Keersmaecker S C. Genes and molecules of lactobacilli supporting probiotic action ［J］. Microbiology and Molecular Biology Reviews, 2008, 72 (4): 728 – 64.

［9］ Shi Y H, Le G W, Sun J, et al. Distinct immune response induced by peptidoglycan derived from Lactobacillus sp ［J］. 2005, 11 (40): 6330 – 6337.

［10］ Smelt M J, De Haan B J, Bron P A, et al. The impact of Lactobacillus plantarum WCFS1 teichoic acid d – alanylation on the generation of effector and regulatory T – cells in healthy mice ［J］. PloS one, 2013, 8 (4): e63099.

［11］ Liu Y, Fatheree N Y, Mangalat N, et al. Human – derived probiotic Lactobacillus reuteri strains differentially reduce intestinal inflammation ［J］. American Journal of Physiology – Gastrointestinal and Liver Physiology, 2010, 299 (5): G1087 – G96.

［12］ Campana R, Federici S, Ciandrini E, et al. Antagonistic activity of Lactobacillus acidophilus ATCC 4356 on the growth and adhesion/invasion characteristics of human Campylobacter jejuni ［J］. Current microbiology, 2012, 64 (4): 371 – 8.

［13］ Bernet M, Brassart D, Neeser J, et al. Lactobacillus acidophilus LA 1 binds to cultured human intestinal cell lines and inhibits cell attachment and cell invasion by enterovirulent bacteria ［J］. Gut, 1994, 35 (4): 483 – 9.

［14］ Medici M, Vinderola C G, Weill R, et al. Effect of fermented milk containing probiotic bacteria in the prevention of an enteroinvasive Escherichia coli infection in mice ［J］. Journal of dairy research, 2005, 72 (2): 243 – 9.

［15］ Ishikawa H, Kutsukake E, Fukui T, et al. Oral administration of heat – killed Lactobacillus plantarum strain b240 protected mice against Salmonella enterica Serovar Typhimurium ［J］. Bioscience, biotechnology, and biochemistry, 2010, 74 (7): 1 338 – 42.

［16］ Liu C, Zhang Z Y, Dong K, et al. Adhesion and immunomodulatory effects of Bifidobacterium lactis HN019 on intestinal epithelial cells INT – 407 ［J］. World journal of gastroenterology: WJG, 2010, 16 (18): 2283.

［17］ Schierack P, Nordhoff M, Pollmann M, et al. Characterization of a porcine intestinal epithelial cell line for in vitro studies of microbial pathogenesis in swine ［J］. Histochemistry and cell biology, 2006, 125 (3): 293 – 305.

［18］ 孙建之, 贾继辉, 曲伟, 等. 多种乳酸杆菌黏附活性的研究 ［J］. 医学检验与临床, 2006, 5 (17): 38 – 41. ［19］邢咏梅, 贾继辉, 王红艳, 等. 两种生物状态肠道益生菌的黏附和黏附拮抗效应的对比研究 ［J］. 中国微生态学, 2004, 2 (16): 69 – 74.

［20］ Parsot C, Sansonetti P. Invasion and the pathogenesis of Shigella infections ［J］. Current topics in microbiology and immunology，1996，209：25 – 42.

［21］Kalischuk L D，Inglis G D，Buret A G. Strain – dependent induction of epithelial cell oncosis by Campylobacter jejuni is correlated with invasion ability and is independent of cytolethal distending toxin ［J］. Microbiology，2007，153（9）：2 952 – 63.

［22］Wine E，Gareau M G，Johnson - Henry K，*et al.* Strain - specific probiotic（Lactobacillus helveticus）inhibition of Campylobacter jejuni invasion of human intestinal epithelial cells ［J］. FEMS microbiology letters，2009，300（1）：146 – 52.

［23］Searle L E J，Best A，Nunez A，*et al.* A mixture containing galactooligosaccharide，produced by the enzymic activity of Bifidobacterium bifidum，reduces Salmonella enterica serovar Typhimurium infection in mice ［J］. Journal of medical microbiology，2009，58（1）：37 – 48.

［24］Aguilar C，Vanegas C，Klotz B. Antagonistic effect of Lactobacillus strains against Escherichia coli and Listeria monocytogenes in milk ［J］. J. Dairy Res，2010，1 – 8.

新型免疫增强剂—芽孢杆菌对肉鸡生长、免疫和肠道发育的影响

鲍淑青　马向东　彭虹旎　王允超　马俊效　刘明超　林　琳

（蔚蓝生物集团青岛研发中心，山东青岛　266000）

摘　要：本研究旨在日粮中添加具有免疫增强作用的芽孢杆菌对肉鸡生产性能、免疫指标、血液抗体以及肠道发育的影响。试验选用 1 200 羽罗斯 308 肉公鸡，随机分为 4 个处理，对照组（基础日粮）、试验 1 组（阿维拉霉素）、试验 2 组（芽孢杆菌 HB1）和试验 3 组（市售芽孢杆菌），每个处理 10 个重复，每重复 30 羽鸡。试验期为 35 d。结果表明：1）与对照组相比，试验 2 组和 3 组日增重分别提高 3.24% 和 2.91%（$P>0.05$），料肉比均降低 2.40%（$P>0.05$）。2）试验 2 组 IgG 含量高出对照组 2.26 倍（$P<0.01$），试验 3 组 IgG 含量是对照组的 2.19 倍（$P<0.05$）。3）试验 2 组和 3 组对免疫器官组织结构发育具有明显促进作用。4）与对照组和试验 1 组相比，试验 2 组显著提高十二指肠和回肠绒毛长度与隐窝深度的比值。本试验研究结果表明，饲粮中添加芽孢杆菌可以提高肉鸡生产性能，增加血液 IgG 含量，有利于肉鸡免疫器官和肠道的发育。

关键词：芽孢杆菌；生产性能；免疫指标；肠道发育

　　长期使用抗生素会使动物产生耐药性及内源性感染，近年来，抗生素的替代品的研究开发受到国内外养殖者的广泛关注。芽孢杆菌作为益生菌的一种，属于国家允许使用的饲料微生物菌种制剂，具有防治疾病，促进生长等功效，且无毒、无残留，耐高温制粒等特点（潘康成等，2009）。本试验对具有免疫增强功能的芽孢杆菌产品（康地恩产品）和市售的国外同类产品与抗生素作比较，研究其对肉鸡生产性能、免疫指标、血液抗体以及肠道发育等的影响，旨在为芽孢杆菌替代饲用抗生素在肉鸡生产中的推广应用提供科学依据。

1　材料与方法

1.1　芽孢杆菌及抗生素样品

　　枯草芽孢杆菌 HB1（100 亿 cfu/g）由康地恩生物研发中心微生态项目研发组提供；市售芽孢杆菌及阿维拉霉素由市场购得。

1.2　试验设计

　　试验选用 1 200 羽罗斯 308 肉公鸡，随机分为 4 个处理，对照组（基础日粮）、试验 1 组（阿维拉霉素）、试验 2 组（芽孢杆菌 HB1）和试验 3 组（市售芽孢杆菌），每个处理 10 个重复，每重复 30 羽鸡。具体分组情况见表 1，日粮组成和营养水平见表 2。

表 1　试验设计与分组

组别	日粮组成
对照组	普通商品日粮（无抗生素）
试验 1 组	对照组 + 阿维拉霉素（100 g/t）
试验 2 组	对照组 + 芽孢杆菌 HB1（300 g/t）
试验 3 组	对照组 + 国外产品（100 g/t）

表 2　基础日粮组成及营养水平

组成	0～21 日龄育雏期（kg）	22～35 日龄生长期（kg）
玉米 8.2%	342.7	394.27
豆粕 46%	203	119
硬质小麦	300	300
棉粕 46%	30	40
美国 DDGS	40	50
玉米蛋白粉 60%	30	40
大豆油	10.5	14.9
食盐	3.1	3.1
石粉	11.9	11.9
磷酸氢钙	16	12.3
赖氨酸 65%	5.7	7.3
蛋氨酸 98%	1.7	1.5
苏氨酸 98%	1.1	1.4
色氨酸 98%	0	0.03
康地恩小麦酶	0.3	0.3
LV62	1	1
M－P	2	2
氯化胆碱 60%	1	1
Total Batch	1 000	1 000
营养成分		
水分%	12.26	12.25
粗蛋白%	21.0	19.0
禽代谢能 kcal/kg	2800	2900
钙%	0.90	0.80
有效磷%	0.42	0.36

1.3　饲养管理

　　试验鸡采用地面平养，自由采食和饮水。采用整舍育雏，暖风炉水暖控温，最初进雏时舍温为 34 ℃，以后每周降低 2 ℃。试验期间免疫程序为：7 日龄新城疫－传支二联苗滴鼻，同时新城疫－流感二联油苗皮下注射；14 日龄法氏囊饮水；21 日龄新城疫饮水。

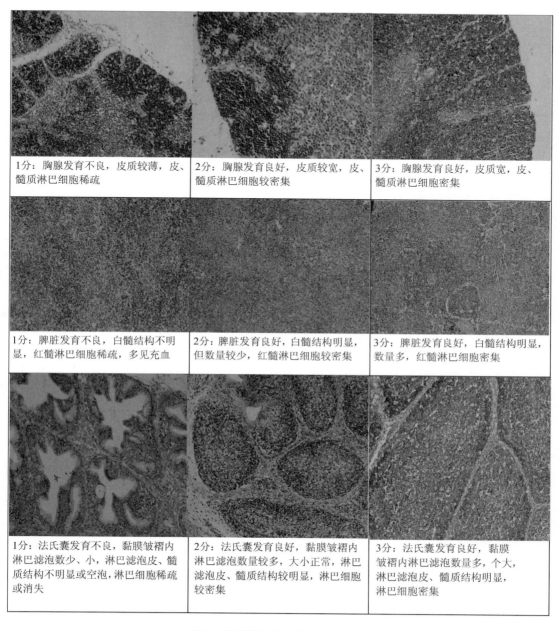

图 1 免疫器官发育指数判定标准

1.4 测定指标

1.4.1 生产性能

分别在肉鸡 0、7、21、35 日龄时，对整栏的鸡全部进行空腹称重并统计采食量，以计算均只日增重（ADG）、均只日采食量（ADFI）、料肉比（FCR）、出栏体重和成活率等指标。

1.4.2 免疫水平检测

36 日龄时每组随机取 12 只鸡采血，分离血清，检测血清球蛋白含量及新城疫抗体水平。

1.4.3 免疫器官指数检测

36 日龄时每组随机取 12 只鸡宰杀，取法氏囊、脾脏、胸腺称重，计算免疫器官重量指数（免疫器官鲜重 g/肉鸡活体重 kg）；取免疫器官 10% 福尔马林固定，石蜡切片，HE 染色，镜检观察各免疫器官的发育状况，根据图 1 标准进行打分，然后进行统计分析。

1.4.4 肠道形态结构及发育状况

36 日龄时每组随机取 5 只鸡的十二指肠、空肠、回肠，10% 福尔马林固定，石蜡切片，十二指肠、空肠、回肠取特定部位，每个病料分别取 5 个连续切片，HE 染色，镜检观察各段肠管发育及健康状况，每个切片上的所有绒毛和隐窝都会测量记录、打分，最后用方差分析，选用邓肯式多重比较方法，做统计分析。

1.5 统计分析

试验数据采用 SPSS 16.0 统计软件中 ANOVA 方法进行分析，所有指标以每个重复为试验单位，用 Duncan's 多重比较进行检验。结果用均值及平均标准差表示，$P < 0.05$ 为差异显著。

2 结果与分析

2.1 芽孢杆菌与抗生素对肉鸡各阶段生产性能影响

结果见表 3。

表 3 芽孢杆菌与抗生素对肉鸡各阶段生产性能的影响

阶段	项目	对照组	试验 1 组	试验 2 组	试验 3 组
0~7 日龄	初始重（g）	46.32 ± 0.41	46.36 ± 0.39	46.31 ± 0.34	46.49 ± 0.51
	末重（g）	211.31 ± 7.98	208.69 ± 14.94	212.47 ± 8.66	212.97 ± 8.92
	ADG（g）	23.57 ± 1.11	23.19 ± 2.14	23.74 ± 1.24	23.78 ± 1.29
	ADFI（g）	25.70 ± 1.10 [ab]	25.01 ± 2.40 [a]	26.07 ± 1.52 [ab]	26.22 ± 1.41 [b]
	FCR	1.09 ± 0.03	1.08 ± 0.03	1.10 ± 0.03	1.10 ± 0.04
	成活率（%）	99.06 ± 3.47	98.13 ± 4.40	98.44 ± 4.69	98.75 ± 3.47
8~21 日龄	末重（g）	975.43 ± 53.62	970.50 ± 63.82	998.10 ± 47.26	985.37 ± 44.67
	ADG（g）	54.58 ± 3.35	54.42 ± 4.00	56.12 ± 3.33	55.17 ± 2.85
	ADFI（g）	81.70 ± 4.51	80.88 ± 4.88	82.38 ± 5.57	82.50 ± 5.58
	FCR	1.50 ± 0.04	1.49 ± 0.05	1.47 ± 0.06	1.49 ± 0.05
	成活率（%）	99.06 ± 3.72	100	99.38 ± 4.58	99.06 ± 3.83
22~35 日龄	末重（g）	2 164.15 ± 166.61	2 216.73 ± 126.90	2 232.83 ± 215.82	2 226.04 ± 158.04
	ADG（g）	84.91 ± 10.49	89.02 ± 8.06	88.20 ± 12.73	88.62 ± 9.61
	ADFI（g）	158.99 ± 18.62	160.90 ± 12.49	161.49 ± 20.50	159.38 ± 17.16
	FCR	1.88 ± 0.15 [b]	1.81 ± 0.13 [a]	1.83 ± 0.15 [ab]	1.80 ± 0.15 [a]
	成活率（%）	98.13 ± 5.36	99.06 ± 4.22	99.06 ± 4.72	98.75 ± 4.31

（续表）

阶段	项目	对照组	试验 1 组	试验 2 组	试验 3 组
全期	ADG（g）	60. 51 ±4. 76	62. 01 ±3. 63	62. 47 ±6. 17	62. 27 ±4. 52
	ADFI（g）	100. 95 ±8. 26	101. 16 ±6. 41	102. 01 ±9. 29	101. 46 ±7. 87
	FCR	1. 67 ±0. 08	1. 63 ±0. 07	1. 63 ±0. 08	1. 63 ±0. 08
	成活率（%）	95. 88 ±5. 02	97. 19 ±4. 69	96. 87 ±4. 82	96. 25 ±4. 26

注：表中数字右上角字母有相同字母或没有标注者表示差异不显著（$P > 0.05$），字母不同表示差异显著（$P < 0.05$），字母间隔的表示差异极显著（$P < 0.01$）。（下同）

由表 3 肉鸡 0～7 日龄阶段试验结果可知，试验 1 组、2 组和 3 组肉鸡 ADG 均高于对照组。ADFI 试验 3 组最高且与试验 1 组差异显著（$P < 0.05$）。由肉鸡 8～21 日龄试验结果可知，试验 2 组、3 组肉鸡 ADG 优于试验 1 组和对照组，试验 2 组 FCR 最低，分别比对照组、试验 1 组和试验 3 组降低 0. 03、0. 02、0. 02（$P > 0.05$）。试验 2 组和试验 3 组此阶段仍然保持增重速度快的明显优势。对照组在 0～7 日龄和 8～21 日龄未表现出明显的劣势。

由表 3 肉鸡 22～35 日龄试验结果可知，试验 1 组无论增长速度还是 FCR 均表现出明显的优势，试验 1 组 FCR 与负对照差异显著（$P < 0.05$）。试验 2 组和 3 组 ADG 分别比对照组高 3. 84% 和 4. 37%，FCR 分别比对照组降低 0. 05 和 0. 08。试验 3 组肉鸡 FCR 最好，与对照组差异显著（$P < 0.05$）。

全期来看试验 1 组、2 组和 3 组在生产性能各方面表现出明显的优势。其中试验 2 组、3 组 ADG 超过试验 1 组。试验 2 组和 3 组 ADG 分别比对照组高 3. 24% 和 2. 91%，FCR 均比对照组降低 0. 04。对照组在 ADG、FCR 和成活率方面均不如其他组。

2.2 芽孢杆菌与抗生素对 36 日龄肉鸡免疫水平的影响

由图 2 ND（新城疫）抗体结果可知，试验 1 组和试验 3 组抗体水平高于对照组（$P > 0.05$），试验 3 组在促进机体 ND 抗体水平方面作用效果较好。由图 2 IgG 含量可以看出，试验 2 组和试验 3 组肉鸡血液 IgG 含量显著提高。其中，试验 2 组 IgG 含量极显著高于对照组（$P < 0.01$），其 IgG 含量分别是对照组的 2. 26 倍，是试验 1 组的 1. 75 倍。

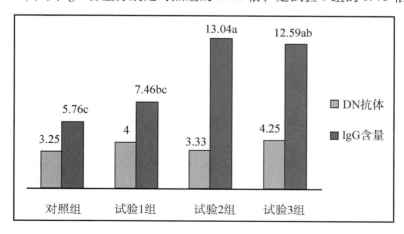

图 2 芽孢杆菌与抗生素对肉鸡新城疫抗体（$\log_2^x$）和 IgG（mg/mL）含量的影响

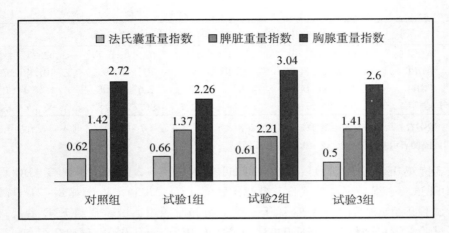

图 3 芽孢杆菌与抗生素对免疫器官重量指数（g/kg）的影响

2.3 芽孢杆菌与抗生素对肉鸡免疫器官重量指数的影响

由图 3 可以看出，本次试验数据各组免疫器官重量指数无显著差异。其原因可能是影响肉鸡免疫器官的重量的因素较多且组间鸡只个体间差异较大所致。

2.4 芽孢杆菌与抗生素对肉鸡免疫器官发育指数的影响

由表 4 可以看出，显微镜下观察免疫器官发育状况打分结果显示，各试验组都优于对照组。其中试验 2 组和 3 组法氏囊发育指数分别是对照组的 1.44 倍（$P < 0.05$）和 1.53 倍（$P < 0.01$）。试验 2 组和 3 组的脾脏发育指数分别是对照组的 1.18 倍和 1.27 倍（$P < 0.05$）。试验 2 组和 3 组胸腺发育指数分别是对照组的 1.61 倍（$P < 0.01$）和 1.67 倍（$P < 0.01$）。试验 2 组和 3 组胸腺发育指数分别是试验 1 组的 1.21 倍（$P < 0.05$）和 1.25 倍（$P < 0.05$）。因此虽然各组免疫器官在重量上差异不明显，但是试验 2 组和试验 3 组对免疫器官组织结构发育具有明显的促进作用。

表 4 芽孢杆菌与抗生素对肉鸡免疫器官发育指数的影响

组别	法氏囊发育指数	脾脏发育指数	胸腺发育指数
对照组	1.58 ± 0.67^a	2.17 ± 0.58^a	1.75 ± 0.62^a
试验 1 组	1.92 ± 0.67^{abc}	2.17 ± 0.72^a	2.33 ± 0.78^b
试验 2 组	2.27 ± 0.47^b	2.55 ± 0.69^{ab}	2.82 ± 0.41^c
试验 3 组	2.42 ± 0.67^c	2.75 ± 0.45^b	2.92 ± 0.29^c

2.5 芽孢杆菌与抗生素对肉鸡肠道发育指标的影响

表 5 是肉鸡 36 日龄时绒毛长度与隐窝深度比值（V/C）结果，可以看出，试验组均高于对照组；十二指肠的绒毛长度与隐窝深度比值中，试验 2 组明显高于其他各组（$P < 0.05$）；回肠的绒毛长度与隐窝深度比值中，试验 2 组极显著高于对照组（$P < 0.01$），明显高于试验 1 组（$P < 0.05$）。从表 5 可以看出，试验组的鸡十二指肠、空肠和回肠的 V/C 均高于对照组，从而可以看出抗生素和芽孢杆菌可增强十二指肠、空肠和回肠的消化吸收功能。

表5 芽孢杆菌与抗生素对肉鸡肠道发育的影响

组别	绒毛长度/隐窝深度		
	十二指肠	空肠	回肠
对照组	3.80 ± 1.15^b	2.45 ± 0.43	1.92 ± 0.73^c
试验1组	5.13 ± 1.35^b	3.68 ± 1.02	3.66 ± 1.16^b
试验2组	6.86 ± 1.30^a	4.27 ± 0.65	5.33 ± 1.91^a
试验3组	4.14 ± 0.51^b	3.16 ± 1.61	3.46 ± 0.68^{bc}

3 讨 论

3.1 芽孢杆菌与抗生素对肉鸡生产性能的影响

许多研究表明，芽孢杆菌能增加肉鸡日增重，降低料肉比。闫凤兰等（1996）研究表明，添加枯草芽孢杆菌可使三周龄仔鸡体重略高于对照组，并且显著降低肉鸡料肉比。刘磊等（2011）研究结果得出：芽孢杆菌能够降低料肉比和死淘率。本试验结果与以上研究报道结论相同，芽孢杆菌组与抗生素组均有提高肉鸡日增重降低料肉比的趋势。另外本实验室长期研究发现，抗生素在肉鸡生长前期的作用并不如预期明显，有时甚至起到生长抑制作用，21日龄以后生长促进作用明显，料肉比降低。有研究资料显示，肉鸡早期添加抗生素会抑制肠道正常菌群的建立，影响内脏器官的正常发育，导致鸡群生产性能下降。而芽孢乳杆菌能产生多种酶类，如细胞裂解酶、透明质酸酶、果酸果胶裂解酶、蛋白酶、脂肪酶、淀粉酶和半纤维素酶，这些酶能促进肠道有机物的消化吸收，有利于提高饲料的利用率。肉鸡生长前期添加微生态制剂能够起到良好的效果。

3.2 芽孢杆菌与抗生素对肉鸡免疫器官的影响

法氏囊是禽类特有的体液免疫器官，脾脏则是禽类最大的外周免疫器官，是体内产生抗体的主要器官，参与全身的细胞免疫和体液免疫（顾金等，2010）。免疫器官的发育状态及机能强弱直接决定着禽类的免疫水平（程相朝等，2002）。本试验中各组免疫器官在重量上差异不明显，但是通过显微镜下观察显示试验组对免疫器官组织结构发育具有明显的促进作用，而抗生素对免疫系统起抑制作用，这点早已引起广大学者的关注（肖振铎等，2002）。禽类IgG具有抗细菌、病毒、外毒素等多种活性作用，在体液免疫中最为重要。IgG含量的高低是衡量机体总体体液免疫水平高低的一个重要指标。本试验中试验组肉鸡血清IgG明显高于对照组，说明芽孢杆菌可以提高机体总体体液免疫水平。

3.3 芽孢杆菌与抗生素对肉鸡肠道发育的影响

芽孢杆菌是生物活性制剂，芽孢乳杆菌在代谢过程中产生一些多肽物质，如伊短菌素、杆菌肽、多黏菌素等，均能抑制有害菌促进肠道生长；芽孢乳杆菌还可发酵糖类产生有机酸，为耐酸性细菌（如乳酸菌）的生长创造条件，抑制有害菌，改善消化道菌群平衡。郭元晟等（2011）发现乳杆菌可显著提高肠道的绒毛长度和宽度，降低隐窝深度，提高绒毛长度与隐窝深度比值。肠绒毛的形态直接与机体的生长发育有关，V/C值可综合反映小肠的功能状况，比值增大表明消化吸收功能增强（韩正康等，1991）本研究发现在饲粮中添加芽孢乳杆菌可以在一定程度上增加小肠绒毛的长度和隐窝深度的比值。绒毛长度的增加会增加小肠接触营养物质的面积，从而增强小肠对营养物质的吸收（Caspary，

1992）。因此饲粮添加芽孢乳杆菌可加强肉仔鸡早期肠道发育，增加消化吸收功能，提高生产性能。

4 结 论

本试验研究结果表明，饲粮中添加芽孢杆菌可以提高肉鸡生产性能，有利于免疫器官的发育，增加血液 IgG 含量，促进肉鸡早期肠道发育，可以完全替代抗生素在肉鸡饲料中的使用。

参考文献

[1] 潘康成，古丛伟，吴敏峰，等. 饲用芽孢杆菌作用机理研究新进展 [J]. 饲料与畜牧，2009，12：19－23.

[2] 闫凤兰，卢峥，朱玉琴. 肉仔鸡饲喂枯草芽孢杆菌（Bacillus stubtilis）效果的研究 [J]. 动物营养学报，1996，8（4）：34－38.

[3] 刘磊，朱立贤. 芽孢杆菌对肉仔鸡生产性能、肠道发育和微生物菌群的影响 [J]. 动物营养学报，2011，23（12）：2 136－2 142.

[4] 顾金，周维仁，闫俊书，等. 微生态制剂对鸡肠道菌群调控的研究 [J]. 饲料研究，2010（1）：22－24.

[5] 程相朝，张春杰. 中药免疫增强剂对肉仔鸡免疫器官生长发育及免疫活性细胞影响的研究 [J]. 中兽医学杂志，2002，3：6－8.

[6] 肖振铎. 饲用益生素与抗生素的比较研究 [J]. 吉林农业大报，2002（3）：1－6.

[7] 郭元晟，闫素梅，史彬林，等. 发酵乳酸杆菌对肉鸡小肠绒毛形态的影响 [J]. 动物营养学报，2011，23（7）：1 194－1 200.

[8] 韩正康. 家畜营养生理学 [M]. 北京：农业出版社，1991：16－17.

[9] CASPARY W F. Physiology and pathophysiology of intestinal absorption [J]. The American Journal ofClinical Nutrition，1992，55（1）：229－308.

几种抗生素替代性饲料添加剂对感染球
虫肉鸡的抗炎作用研究

袁保京　黎先伟　金立志

（广州美瑞泰科生物工程有限公司，广州　510080）

摘　要：本研究旨在探明几种抗生素替代性饲料添加剂对接种高剂量艾美尔球虫活疫苗肉鸡的生长性能及炎症基因表达的影响。试验动物随机分成6组，每组8个重复。试验组分别为：不添加抗生素及其替代品的空白对照组（NC）、盐霉素阳性对照组（PC）、好力高试验组（Orego–Stim®）、酵母细胞壁试验组（AlphamuneTM）、直接饲喂微生物（Avicorr®）试验组和粗制酵母试验组。研究结果显示，整个试验期间（0~42日龄），盐霉素组与各种替代物在增重，采食量和饲料报酬之间没有差异，但高于负对照组。从0~21日期间，好力高组增重最高，好力高组和盐霉素组在增重/饲料比方面最好。而商品酵母试验组肉鸡的采食量有所下降。在第21日，好力高组和盐霉素组肉鸡的能量和干物质的消化率显著高于商品酵母组和对照组。在第42日，好力高组与直接饲喂微生物组肉鸡磷的消化率显著高于对照组。通过 PCR 测定各组试验动物的免疫相关因子，如白介素–6（IL–6）和白介素–10（IL–10）、脂多糖诱导的肿瘤坏死因子–α（LITAF）、toll样受体–4（TLR4）和干扰素γ（IFNγ）后发现，在第21日，相较于对照组和粗制酵母组，盐霉素组、直接饲喂微生物组、酵母细胞壁组和力高组动物 IL–6 的表达水平有所下降（$P<0.05$）。在第42日，好力高组动物 LITAF 的表达水平低于空白对照组。而与好力高组相比，粗制酵母组动物 IL–10、IFNγ 和 TLR4 等炎症因子要更高（$P<0.05$），不过这与空白对照组动物的表达水平相似。总的来说，这些研究结果证明，抗生素（盐霉素）对动物的生产性能可达到预期的改善效果，而且进一步证实好力高可有效降低肉鸡盲肠的炎症反应。

关键词：抗生素替代品；肉鸡；炎症反应；好力高；酵母；活菌制剂

球虫病是家禽业中普遍发生的一种疾病，每年对全球的家禽业造成约300亿美元的损失（Dalloul and Lillehoj，2006）。它可导致家禽出现临床和亚临床症状，如饲料转化率下降、鸡群均匀度差、生长性能降低（Brake 等，1997）。而且，球虫病也是肠炎和腹泻病的诱因，可能会导致鸡群的死亡率显著升高。目前，在饲料中添加抗球虫药是控制球虫病的主要途径。然而，耐药菌株对人类健康存在潜在的风险（Chapman，1984；Peek and Landman，2003）。虽然目前市面上出售的一些预防性药物，如植物提取物添加剂，必需脂肪酸、微生物及其提取物等可作为离子载体抗生素的替代品，用以预防和控制球虫病及其并发症的发生，但是它们在促进肠道健康方面的作用机理至今仍不是很清楚。因此，更全面地了解这些替代方法对肠道健康的影响，将有助于研发出新的治疗措施，以更好地治疗肉鸡和其他品种家禽的肠道疾病。

炎症的发生情况是决定胃肠道损伤严重程度的一个主要和一致的终点（Borrmann, *et*

al. , 2007；Brisbin, *et al.* , 2008；Van Deun , *et al.* , 2008；Teirlynck , *et al.* , 2009）。炎症反应可直接损伤肠道的完整性（Olkowski, *et al.* , 2006），影响营养物质的消化和吸收。此外，肠道的炎症和损伤将会引起营养物质的重新分配，从而抑制炎症状态和修复肠道。这一连串的反应将会降低动物的生产性能，造成严重的经济损失。因此，炎症的状态和肠道的完整性决定各种替代抗生素的饲料添加剂的效果，这对确定这些替代品的效果和益处具有更可测量、可重复和现实意义。Coccivac - B 球虫疫苗已成功用于作为诱导轻度球虫感染的一种模型，而且它可诱发机体的免疫反应，以及使鸡群的生长性能下降（Danforth, 1998；Williams, 2002；Walk 等，2011）。因此，本研究的主要目的是，研究抗生素替代性添加剂对高剂量接种艾美尔球虫疫苗肉鸡的肠道炎症和完整性的影响，并确定替代品对肉鸡生长性能和营养利用率的影响。

1 材料与方法

1.1 试验动物

动物实验由美国普渡大学（Purdue）动物饲养和使用委员会所批准。整个试验共使用672 只 1 日龄雄性雏肉鸡（平均体重 45.0 ± 6.7 g），为期 42d。试验肉鸡在第 0 日称重，并在铺有回收木屑的平地栏上把肉鸡随机地分成 6 个试验组（每组 14 只动物，每个处理 8 个重复），所有肉鸡均自由饮水和采食。试验肉鸡在第 0d 被分成各试验组。在第 21d，肉鸡改用生长饲料。所有肉鸡分别在第 14d 和第 35d 口服接种艾美尔球虫活疫苗（Coccivac - B 疫苗），10 倍剂量/只（0.5 mL/只）。在预实验中（未发表），我们发现 10 倍剂量的 Coccivac - B 疫苗可通过增加肠道 IL - 6、IL - 10、IFN - γ、LITAF 和 TLR4 的表达来诱发炎症反应，而且它也可降低家禽的生长性能和营养消化率，并对肠道完整性造成负面的影响。因此，本试验对所有肉鸡使用这个剂量的疫苗，以确定抗生素替代品在疫苗对肉鸡的炎症和生长性能造成负面影响时所产生的作用。在第 21d 和第 42d 记录肉鸡的体重和采食量，并在校正肉鸡死亡率的基础上计算其饲料转化率。此外，在第 21d 和第 42d，每组取 5 只肉鸡转入笼养，在饲料中用二氧化铬作为难消化的标记物，用以测量营养物质的利用率（Adeola *et al.* , 2010）。

1.2 试验分组

本试验共分成 6 个处理组：不添加抗生素及其替代品的空白对照组（NC）、盐霉素（60 g/吨饲料）阳性对照组、好力高组（Orego - Stim ®，300 g/吨饲料，含 81.89% 香芹酚、5.1% *x* - 萜品醇、3.76% 伞花烃和 2.42% 百里香酚）、酵母细胞壁组（Alphamune ®，500 g/吨 kg 饲料）、直接饲喂微生物制剂组（Avicorr，500 g/吨饲料）和粗制酵母组（500 g/吨饲料）。根据 NRC（1994）的标准，依照肉鸡的营养需求制备所有的试验饲料见表 1。

表1　试验肉鸡的配合饲料的组成和营养成分

项目	前期（0~21日）	后期料（22~42日）
成分（g/kg）		
玉米	500.3	570.3
豆粕	380.0	310.0
豆油	42.0	42.0
磷酸二氢钙	16.0	16.0
石粉	17.0	17.0
DL-蛋氨酸	2.0	2.0
盐酸赖氨酸	0.7	0.7
氧化铬标记物[1]	25.0	25.0
维生素-矿物质混合物[2]	3.0	3.0
试验材料[3]	10.0	10.0
盐	4.0	4.0
总计	1000.0	1000.0
营养成分及能量计算值 g/kg		
蛋白质	229.4	201.4
ME（MJ/kg）	13.1	13.4
Ca	10.2	10.0
P	7.2	7.0
非植酸磷	4.6	4.5
Ca：总P	1.4	1.4

注：①以 1 g 氧化铬添加 4 g 玉米制备而成；

②每 kg 饲料补充以下成分：维生素 A 5，484 IU、维生素 D3 2，643 IU、维生素 E 11 IU、维生素 K2 4.38 mg、维生素 B_2 5，49 mg、维生素 B_5 11mg、烟酸 44.1 mg、胆碱 771 mg、维生素 B_{12} 13.2ug、维生素 H 55.2 ug、硝酸硫胺 2.2 mg、叶酸 990 ug、盐酸吡哆醇 3.3 mg、碘 1.11 mg、锰 66.06 mg、铜 4.44 mg 铁 44.1 mg 锌 44.1 mg、硒 300 ug；

③是本研究所使用不同试验材料。

1.3　样品采集

在第 21d 和第 42d，每组通过二氧化碳窒息法处死 8 只试验肉鸡，并在第 21d（回肠中段）和第 42d（回肠中段和盲肠扁桃体），从 1 只平均体重接近全群平均体重的鸡中采集粘膜样品（从大约 5 cm 处）。样品的切面先用冷蒸馏水冲洗，随后用干净的载玻片刮入含有 RNA later ® 试剂的微型离心管内，－80 ℃保存直至需要进行下一步处理。

1.4　RNA 提取、cDNA 合成和定量实时 PCR

按照 Trizol 试剂说明从样品中提取 RNA（Invitrogen，Grand Island，NY）。以 2 μg 的总 RNA 样品为模板，反转录（RT）反应体系按 Promega 公司提供的 M-MLV 反转录酶的使用方法操作。用 Bio-Rad iCycler 荧光定量 PCR 仪进行 PCR 反应。20 μl PCR 反应混合物包括：0.5 μg cDNA；上、下游引物各 0.075 nmol 以及 Faststart SYBR Green Master（Roche，Basel，Switzerland）；随后补加无 RNA 酶水（Ambion，Austin，TX）至 20 μl 体系。循环参数为 95 ℃预变性 5 min，95 ℃ 10 s，51~59 ℃（详见表2）20 s，72 ℃ 30 s，50 个循环。用甘油醛-3-磷酸脱氢酶作为内源性管家基因，分析白介素-6（IL-6）、白介素-10（IL-10）、脂多糖诱导的肿瘤坏死因子-α（LITAF）、干扰素-γ（IFN-γ）和

TOLL 样受体 - 4（TLR4）的基因表达水平。实时定量荧光 PCR 的引物见表2。

表2　RT - PCR 所使用的引物

基因	基因库 ID	退火温度（℃）	引物序列（5′-3′）
GAPDH（上游）	NM_ 204305. 1	59	ATGACCACTGTCCATGCCATCCA
GAPDH（下游）			AGGGATGACTTTCCCTACAGCGTT
IL6（上游）	NM_ 204628. 1	53	CCCTCACGGTCTTCTCCATA
IL6（下游）			CTCCTCGCCAATCTGAAGTC
LITAF（上游）	AY765397	56	AGATGGGAAGGGAATGAACC
LITAF（下游）			ACTGGGCGGTCATAGAACAG
TLR - 4（上游）	NM_ 001030693	56	GTTCCTGCTGAAATCCCAAA
TLR - 4（下游）			TATGGATGTGGCACCTTGAA
IFN - γ（上游）	NM_ 205149. 1	51	AGCCGCACATCAAACACATA
IFN - γ（下游）			CGCTGGATTCTCAAGTCGTT
IL10（上游）	NM_ 001004414. 2	59	GGAGCTGAGGGTGAAGTTTG
IL10（下游）			TAGAAGCGCAGCATCTCTGA

1.5　组织学检测

每组采集 2 只肉鸡的空肠中段（5 cm），用蒸馏水冲洗，并在 10% 的中性福尔马林缓冲液（Sigma Chemical Co.，St，Louis，MO）进行固定。按常规方法制作石蜡组织切片，光学显微镜观察组织学变化，并从每个切片的 6 个绒毛中测量和计算绒毛高度、隐窝深度以及杯状细胞的数量。

1.6　化学分析

每组采集 5 只肉鸡的回肠消化物样品，各样品相互混合、冻干、磨碎，并于 105 ℃ 烘箱内干燥 24 h，以测定干物质的含量。用弹式量热器（Parr 1261 弹式热量器，Parr Instruments Co.，Moline，IL，USA）测定其总能量。此外，样品在浓硝酸和 70% 高氯酸溶液中消化后测定其铬的浓度，并用分光光度计（Spectronic 21D，Milton Roy Co.，Rochester，NY）测量样品在 440 nm 处的吸收值。而对于钙和磷的测定，首先把样品于浓硝酸和 70% 高氯酸溶液中进行消化，随后用分光光度计在 620 nm 吸收值处测定总磷的浓度；用火焰原子吸收光谱法（Varian FS240 AA Varian Inc.，Palo Alto，CA，USA）测定血清钙浓度。而氮浓度则用燃烧法（model FP - 2000 nitrogen analyzer，Leco Corp.，St. Joseph，MI）来进行测定。表观回肠消化率（AID）的计算公式如下所示：

$$AID（\%）= [1 - (Cri / Cro) × (Yo / Yi)] ×100$$

其中，Cri 和 Cro 分别为饲料和回肠排出物的铬浓度（mg/kg DM）；而 Yo 和 Yi 则分别为回肠排出物和饲料的营养成分含量（mg/kg DM）。

1.7　统计学分析

数据采用完全随机区组设计（SAS 的 PROC GLM）进行分析，并用可能差异（Pdiff）选项分离最小平方。数值间的差异显著性按照 $P < 0.05$ 进行。

2 结　果

2.1 生长性能

结果如表3所示，从第0～21d以及整个试验期间（第0～42d），各试验组肉鸡的增重和饲料报酬没有显著的差异。从0～21d期间，好力高组增重最高，好力高组和盐霉素组在增重/饲料比方面最好。而酵母细胞壁试验组肉鸡的采食量有所下降。表4结果表明，在第21d，好力高组和盐霉素组肉鸡的能量和干物质的消化率显著高于酵母细胞壁组，盐霉素组和好力高组比直接饲喂微生物和酵母细胞壁组肉鸡的氮和磷消化率也显著高。在第42d，好力高组与直接饲喂微生物组肉鸡磷的消化率显著高于对照组。

表3　试验第0～21日、第21～42日和第0～42日动物生长性能的结果

项目		空白对照（NC）	盐霉素	直接饲喂微生物	酵母细胞壁	好力高	粗制酵母	平均数标准误差（SEM）
第0～21日	BWG（g）	731	736	759	716	785	761	22.81
	FI（g）	1024 ab	984 ab	1051 a	970 b	1051 a	1050 a	22.25
	G∶F（g/kg）	717	748	721	734	748	726	21.46
第21～42日	BWG（g）	1965 ab	2058 a	1919 b	1947 ab	1933 b	1955 ab	40.45
	FI（g）	3405	3408	3268	3299	3357	3305	81.00
	G∶F（g/kg）	578 b	605 a	589 ab	592 ab	578 b	592 ab	7.80
第0～42日	BWG（g）	2693	2806	2690	2670	2723	2729	56.71
	FI（g）	4397	4372	4315	4261	4396	4340	86.58
	G∶F（g/kg）	612 b	642 a	623 ab	628 ab	620 b	629 ab	6.74

注：表中数据是8次重复的平均值，并以最小均方平均值来表示。数值上的不同标示表示差异显著（$P < 0.05$）。BWG表示增重；FI表示采食量。

表4　试验第21～42d，表观回肠消化率（%）的结果

项目		空白对照（NC）	盐霉素	直接饲喂微生物	酵母细胞壁	好力高	粗制酵母	平均数标准误差（SEM）
第21d	DM	58.3 ab	65.2 a	56.9 ab	52.1 b	63.7 a	66.4 a	3.39
	能量	62.6 ab	69.3 a	61.6 ab	57.5 b	68.6 a	70.6 a	3.19
	Ca	74.3	81.7	77.9	71.0	79.6	81.8	3.50
	N	81.7 ab	83.8 a	73.2 d	77.2 c	79.3 bc	82.5 a	0.96
	P	32.3 bc	41.5 a	19.3 d	27.8 c	33.8 b	44.5 a	1.71
第42d	DM	64.5	59.1	64.7	64.0	64.2	65.1	2.42
	能量	66.7	62.4	66.0	69.6	65.0	72.4	2.79
	Ca	77.0	77.3	79.4	79.0	78.9	80.0	1.04
	N	79.3	74.0	78.0	74.4	77.8	78.0	2.28
	P	29.8 c	34.7 bc	42.2 ab	39.3 bc	42.1 ab	51.2 a	3.55

注：表中数据是8次重复的平均值，并以最小均方平均值来表示。数值上的不同标示表示差异显著（$P < 0.05$）。

2.2 基因表达

研究证实，艾美尔球虫可诱导 LITAF、IL－6、IFN、IFN－γ 和 IL－10 的表达（Min，*et al.*，2003；Hong，*et al.*，2006；Sumners，*et al.*，2011）。在第 42d，好力高试验组肉鸡盲肠扁桃体 LITAF 的表达水平最低。同样，在第 42d，好力高试验组肉鸡盲肠扁桃体 IFN－γ 和 TLR－4 的表达水平较低。在第 42d，好力高试验组肉鸡 IL－10 的表达水平也较低。这些结果表明了，好力高可以显著降低肠道炎症的程度。在第 21 日盐霉素、直接饲喂微生物以及酵母细胞壁组肉鸡 IL－6 的表达水平显著降低，而在第 42 日酵母细胞壁组肉鸡 IL－6 的表达水平也显著降低。

3　讨　论

盐霉素与其他替代品饲料添加剂组在日增重和饲料转化率没有显著差异，但在 42 日龄优于负对照组。在本研究中，添加好力高提高了 3 周龄肉鸡的增重，好力高组和盐霉素组在增重/饲料比方面最好，这与 Giannenas 等（2003）和 Waldenstedt 等（2001）研究者发现，好力高可以提高肉鸡增重，改善饲料报酬的结果一致，尤其是肉鸡前期（前 3 周）更为明显。本研究中直接饲喂微生物（Avicorr）并没有改善试验肉鸡的生产性能。这可能主要因为 Avicorr 是多种不同菌株的组合物，而且在本实验条件下没有达到促进这些菌株生长的最佳环境，以发挥其最佳的功效。Alphamune 是一种含有甘露寡糖和 β－葡聚糖的酵母细胞壁产品。Van Immerseel 等人（2000）的研究报告表明，Alphamune 可使动物的体重、饲料转化率以及免疫反应得到明显地改善。而在本研究中，Alphamune 对肉鸡的生长性能缺乏明显的作用，这可能是本研究所使用的试验动物处于最佳健康状况的指标。

本研究结果证实了好力高的抗炎作用。添加好力高显著下调回肠 IL－6 和扁桃体 LITAF、IFN－γ 和 IL－10 的表达。相关研究已证实，艾美尔球虫可诱导 LITAF、IL－6、IFN、IFN－γ 和 IL－10 的表达（Min，*et al.*，2003；Hong，*et al.*，2006，Sumners，*et al.*，2011）。而好力高正好可下调这些基因的表达，意味着其对肉鸡具有一定的抗炎作用。Yoon 等人（2009）的研究也得到了相似的发现，植物提取物在体外系统中可显著减低 IL－6 和 TNF－α 的表达水平。干扰素－γ（IFN－γ）是一种由自然杀伤细胞产生的细胞因子。在感染柔嫩艾美尔球虫 7 d 后，IFN－γ 在鸡群盲肠和空肠的表达水平明显增加（Laurent 等，2001）。在本研究中，好力高可有效降低 IFN－γ 的表达水平，表明好力高可特定地下调 T 细胞介导的免疫反应。白介素－10（IL－10）是一种抗炎性细胞因子和抗炎反应标记物。当发生球虫感染时，通常会诱发 IL－10 的表达（Hong 等，2006；Collier 等，2008）。而好力高在本研究中可降低动物 IL－10 的表达，意味着植物提取物（好力高）和 IL－10 均具有一种防护作用，因此，在含有植物提取物的情况，鸡体内不必要产生 IL－10，这使得更多的营养物质可用于满足机体的生长需求，而不需要用来参与 IL－10 的抗炎反应。Toll 样受体－4（TLR4）是好力高的另一个目标基因。TLR4 与 CD4 受体共同调节对细菌脂多糖（LPS）的先天性免疫反应，激活 NF－κB、分泌细胞因子以及产生炎症反应。大多数动物感染细菌后，通常会增加 TLR4 的表达（Mackinnon 等，2009；Abasht 等，2008）。同样，好力高在本研究中也可下调 TLR4 的表达，表明好力高可抑制盲肠扁桃体内 TLR4 介导的炎症通路。植物提取物通过降低 pH 促进蛋白水解作用，并使胃蛋白酶的活性处于最佳的状态（Kamel，2001）。此外，Lee 等（2003）研究表明，植物提取物混合物可提高 21 日龄肉鸡回肠食糜内的淀粉酶活性，但对 40 日龄肉鸡则没有明显效果。相似地，在本研究中，好力高在第 21 日可改善干物质（DM）和能量消化率，这可能是因为好力高提高了回肠食糜内的淀粉酶活性。另一方面，好力高在第 42 日对干物质（DM）和能量消化率没有明显的效果，这可能说明较大日龄肉鸡的淀粉酶活性降低，与 Lee 等（2003）的报道相符。总的来说，这项研究表明，好力高表现出显著的抗炎作用，是肉鸡生产中具有潜力的一种抗生素替代品。此外，在第 21 日，盐霉素和直接饲喂微生物（Avicorr）显著降低了肉鸡回肠 IL-6 的表达水平，在第 21 至 42 日，Alphamune 可显著降低回肠 IL-6 的表达水平，这意味着其具有一些的抗炎作用。

编译者致谢：本文原文由美国普渡大学（Purdue）的 H. Lu，Sunday A.，L. Adeola & K. M. Ajuwon 发表在 2013 年《Journal of Poultry Science》，谨致谢意。

参考文献（共 36 篇，略；如需请联系 service@ meritech. com. cn）

中草药制剂对奶牛生产性能及牛奶体细胞的影响

杜建文　韩继福　王　岗　赵　军　周　航

（北京九州大地生物技术集团股份有限公司，北京　100070）

摘　要： 本试验旨在验证中草药制剂对奶牛生产性能及牛奶体细胞数的影响。选用 40 头体型和泌乳阶段相近中国荷斯坦奶牛平均分为对照组（饲喂基础饲粮）和试验组（饲喂基础饲粮 + 2 kg/t 中草药制剂），测定奶牛生产性能和牛奶体细胞数（Somatic Cell Count，SCC）。结果发现：在乳成分无显著差异的前提下，饲粮添加中草药能达到降低 SCC 和催乳的效果。

关键词： 中草药制剂；生产性能；牛奶体细胞

　　奶牛乳房炎的发生是一个世界性的难题，也是造成奶牛业经济损失最严重的一种疾病，也使乳品安全面临着严峻的考研。美国国家奶牛乳房炎委员会根据乳房和乳汁有无肉眼可见变化，将乳房炎分为临床型和隐性型两类。据国际奶业联合会统计，临床型乳房炎占奶牛总发病率的 21% ~ 23%，隐性乳房炎的发病率更高（丁伯良等，2011）。因此，寻找一种既无抗生素又可以防治乳房炎的绿色饲料具有重要的意义。研究发现，中草药具有抗菌消炎、不易产生耐药性、低毒、无残留或低残留等特点，并兼有"药食同源"的特殊优点，可从根本上治疗乳房炎（张少华等，2010）。本试验旨在前期研究的基础上，在奶牛生产实践中验证中草药制剂对中国荷斯坦奶牛生产性能和牛奶 SCC 的影响，对该产品的实际效果进行科学评价，为开发和使用绿色奶牛饲料提供依据。

1　材料与方法

1.1　试验动物及饲养管理

　　选用 40 头体况良好、体型和泌乳阶段相近、2 ~ 4 胎次中国荷斯坦奶牛，分为对照组和试验组 2 组，每组 20 头，采用 TMR 饲喂方式，自由采食。

　　试验牛经 7 d 预试期后进入正试期，正试期 28 d。每天挤奶 2 次（3：00，15：00），饲喂 2 次（3：30，15：30）。

1.2　试验饲粮

　　对照组饲喂基础饲粮（表 1），试验组饲喂基础饲粮 + 2 kg/t 中草药制剂。该制剂由北京九州大地生物技术集团股份有限公司生产。

表1　试验基础饲粮组成及营养水平（干物质基础，%）

项　目	含　量
原料	
玉米青贮	21.53
羊草	12.92
苜蓿	8.61
啤酒糟	4.31
玉米	22.59
DDGS	13.26
喷浆玉米皮	5.89
棉粕	5.26
棕榈粕	2.63
磷酸氢钙	0.45
石粉	0.88
稻壳粉	0.53
食盐	0.53
脱霉剂	0.05
防霉剂	0.03
预混料 Premix*	0.53
合计	100.00
营养水平 Nutrient levels**	
泌乳净能	6.89
粗蛋白	16.42
中性洗涤纤维	41.28
酸性洗涤纤维	21.08
钙	0.82
磷	0.46

*每千克预混料中含：VA 600 000IU，VD 100 000IU，VE 4 000IU，Fe 3 000mg，Cu 2 000mg，Zn 8 000mg，Mn 2 500mg，Se 60mg，Co 20mg。

**泌乳净能为计算值，其他营业水平均为实测值

1.3　检测指标

1.3.1　产奶量

试验期内每5 d测定1次产奶量。

1.3.2　乳成分

乳成分采用 Lactoscan SL 牛奶分析仪，每5 d采集早晚奶样，按1∶1混合，测定牛奶的乳脂肪、乳蛋白质、乳糖、非脂乳固体。

1.3.3　体细胞（SCC）

SCC采用牛奶体细胞计数仪 KD-400，每5 d采集早晚奶样，按1∶1混合，测定。

1.4　数据处理

试验数据采用 SAS 9.0 软件统计处理。

2 结 果

2.1 中草药制剂对产奶量的影响

表2可以看出试验奶牛产奶量都呈现上升趋势，对照组提高 1.13 kg/d 和 4.69%，试验组提高 3.06 kg/d 和 12.72%。整个试验期内，仅有第30、35试验日试验组显著高于对照组（$P \leqslant 0.05$）。

表2　中草药制剂对奶牛产奶量的影响（kg/d）

试验日	5	10	15	20	25	30	35	平 均
对照组	24.10	24.19	24.52	25.02	25.14	25.18[b]	25.20[b]	24.76
试验组	24.06	24.41	25.02	25.93	26.31	27.06[a]	27.10[a]	25.70

注：肩上有小写字母代表组间比较，相邻为差异显著（$P \leqslant 0.05$）

2.2 中草药制剂对乳成分的影响

统计分析结果显示（表3），两组奶牛的乳成分在整个试验期内均无显著性差异。对照组与试验组牛奶的脂肪、蛋白质、乳糖和非乳脂固体变化区间分别为（%）：3.93 ~ 4.01、3.17 ~ 3.25、4.71 ~ 4.85、8.50 ~ 8.79；3.91 ~ 3.99、3.14 ~ 3.23、4.72 ~ 4.81、8.39 ~ 8.68。由于试验奶牛产奶量增加，奶牛乳腺分泌产生的各乳成分量也就会增加，由表4可知：乳脂肪第10天后，试验组就高于对照组，乳蛋白质和乳糖在第15 d后试验组高于对照组，非脂乳固体在第20 d后试验组高于对照组。

表3　中草药制剂对牛奶乳成分的影响（%）

试验日	对照组				试验组			
	乳脂肪	乳蛋白质	乳糖	非脂乳固体	乳脂肪	乳蛋白质	乳糖	非脂乳固体
5	4.01	3.19	4.74	8.45	3.99	3.17	4.72	8.51
10	3.99	3.18	4.73	8.54	3.98	3.14	4.66	8.39
15	3.96	3.23	4.79	8.68	3.96	3.20	4.79	8.64
20	3.96	3.17	4.71	8.50	3.95	3.18	4.73	8.53
25	3.96	3.20	4.75	8.57	3.95	3.23	4.81	8.67
30	3.94	3.22	4.78	8.63	3.94	3.23	4.81	8.68
35	3.93	3.25	4.85	8.79	3.91	3.21	4.78	8.66
平 均	3.96	3.21	4.76	8.59	3.95	3.19	4.76	8.58

表4　中草药制剂对牛奶乳成分的影响（%）

试验日	对照组				试验组			
	乳脂肪	乳蛋白质	乳糖	非脂乳固体	乳脂肪	乳蛋白质	乳糖	非脂乳固体
5	0.966	0.769	1.142	2.036	0.960	0.763	1.136	2.048
10	0.965	0.769	1.144	2.066	0.972	0.766	1.138	2.048
15	0.971	0.792	1.175	2.172	0.991	0.801	1.198	2.162
20	0.991	0.793	1.178	2.127	1.024	0.825	1.226	2.212
25	0.996	0.804	1.194	2.154	1.039	0.850	1.266	2.281

（续表）

试验日	对照组				试验组			
	乳脂肪	乳蛋白质	乳糖	非脂乳固体	乳脂肪	乳蛋白质	乳糖	非脂乳固体
30	0.992	0.811	1.204	2.173	1.066	0.874	1.302	2.349
35	0.992	0.820	1.224	2.218	1.060	0.871	1.302	2.349
平 均	0.982	0.794	1.180	2.135	1.016	0.821	1.224	2.207

2.3 中草药制剂对牛奶中体细胞数的影响

牛奶 SCC 是对奶牛乳腺内感染状态的重要指示参数，在临床上可用作判定隐性乳房炎的参考指标（雷晓薇等，2003）。两组试验用牛奶样 SCC 均呈现下降趋势，对照组下降 10.8 万个/mL 和 27.34%，试验组下降 16.3 万个/mL 和 42.45%。整个试验期内，试验组 15～25 d 和 SCC 均值显著低于对照组（$P \leqslant 0.05$），30 和 35d 极显著低于对照组（$P \leqslant 0.01$）（表5）。

表5　中草药制剂对牛奶体细胞的影响（10^4 个/mL）

试验日	5	10	15	20	25	30	35	平 均
对照组	39.5	37.4	35.6 [a]	33.6 [a]	30.1 [a]	29.9 [a]	28.7 [a]	33.5 [a]
试验组	38.4	34.0	30.3 [b]	27.5 [b]	24.4 [b]	22.6 [c]	21.5 [c]	28.4 [b]

注：肩上有小写字母代表组间比较，相邻为差异显著（$P \leqslant 0.05$），相间为差异极显著（$P \leqslant 0.01$）

3 讨 论

牛奶 SCC 作为评价牛奶质量和奶牛乳腺健康状况的双重指标已被广泛认可，也被用来估计奶牛产奶量损失情况（陈新，2008）。随着国际乳制品贸易增加，世界各国都制定了严格的 SCC 标准，推动了奶牛管理水平的提高和奶牛健康状况的改善。

本研究从奶牛产奶性能和 SCC 方面验证了该制剂对催奶和乳房炎控制的作用，结果发现通过在奶牛饲粮中添加该制剂不但能提高试验奶牛产奶量（在乳成分无显著变化的基础上），而且能降低牛奶 SCC 和提高乳品质，对预防隐性乳房炎具有一定效果。牛奶体细胞数与奶牛产奶量呈明显负相关，与乳脂率及乳蛋白含量无明显关系（毛永江等，2002），本试验也证明上述结果。同时，试验组 SCC 比对照组降低幅度大，奶牛产奶量增加比例也大，说明饲料添加中草药制剂可提高奶牛机体免疫力，促进乳腺上皮细胞增殖，加强乳腺代谢活动，从而达到行气活血、散结消肿、通经下乳，最终提高奶牛生产性能和乳汁质量（张乃峰等，2007）。

牛奶 SCC 升高将导致乳房血管扩张，引起乳腺组织渗透压改变，血液中的白细胞、$NaHCO_3$、蛋白等进入乳腺胞，使乳成分发生改变，于是牛奶中人们不需要（如蛋白水解酶、盐分和酸度）的成分增加，有益成分（乳脂、乳蛋白质、乳糖）减少（郑国卫等，2006；William，et al，2001）。本试验结果与上述论点吻合，随着牛奶 SCC 降低，奶牛乳腺组织进入牛奶的有益成分不断增加，尤其是添加了中草药制剂，各乳成分增量较大，乳品质也得到改善。

4 结 论

在综合考虑牛奶 SCC 对奶牛产奶量的提高、乳成分的改善的情况下，通过饲粮中添加中草药制剂可以激发中国荷斯坦奶牛机体的免疫潜力，为进一步研发绿色、环保、安全"抗生素替代品"提供依据。

参考文献

[1] 丁伯良，冯建忠，张国伟. 奶牛乳房炎 [M]. 北京：中国农业出版社，2011：4-14.

[2] 张少华. 治疗奶牛乳房炎中药透皮剂的研制与临床药效研究 [R]. 保定：河北农业大学，2010.

[3] 雷晓薇，王根林. 应用体细胞计数监测奶牛隐性乳房炎 [J]. 畜牧与兽医，2003，12：35.

[4] 陈新. 降低体细胞数对于成就高品质鲜乳的意义 [J]. 中国食品卫生杂志，2008，20（1）：6-8.

[5] 毛永江，杨章乎，王杏龙，等. 南方地区荷斯坦牛乳中体细胞数及乳房性状与泌乳性能相关性的研究 [J]. 中国奶牛，2002，12：12-13.

[6] 张乃峰，刁其玉，张丛娥，等. 中草药添加剂对奶牛乳房炎及生产性能的影响 [J]. 2007，2：2-5.

[7] 郑国卫，潘鸿飞. 牛奶质量与体细胞数 [J]. 中国奶牛，2006，12：43-45.

[8] William J M，David M，Alan K. Influence of somatic cell count and storage interval on composition And processing characteristics of milk from cows in late lactation [J]. Aust J Dairy Technol，2001，56：213-218.

黄芪多糖促进罗非鱼生长的试验研究

陈佳铭[1]　　黄顺捷[1]　　陈学敏[1]　　黄玉章[2]　　吴德峰[2]*

（1. 上海朝翔生物技术有限公司，上海松江　201609；

2. 福建农林大学动物科学学院，福建福州　350002）

摘　要：黄芪多糖是一味药用历史悠久的传统补益类中药，对于动物疾病预防和促进生长也有着显著的作用。本试验研究采用上海朝翔生物技术有限公司生产的黄芪多糖进行奥尼罗非鱼促生长和增强免疫功能试验研究。试验结果表明，饲料中添加黄芪多糖在一定程度上不仅可以促进奥尼罗非鱼体重的增长，提高生长性能，而且能够增加肠道内肥大细胞、粘液细胞及上皮内淋巴细胞的数量，改善奥尼罗非鱼肠黏膜形态结构。同时还能提高奥尼罗非鱼血浆内 ACP、AKP、T‐SOD、CAT 及 LSZ 等相关酶活力，增强奥尼罗非鱼机体的免疫功能。

关键词：黄芪；黄芪多糖；饲料添加剂；促生长；增强免疫功能

黄芪多糖是一味药用历史悠久、临床应用广泛的传统补益类中药，具有补气固表、利尿脱毒、排脓、敛疮生肌之功效。随着养殖的集约化规模化，疾病越来越多，而且一经发病，经济必遭严重损失。当前国内外对于开发毒副作用小，疗效显著的药物的开发极为重视，而黄芪多糖不仅有增强机体的免疫、抗肿瘤、抗病毒、抗氧化、抗衰老等多种功能，对于预防疾病的发生有着显著的作用。因此黄芪多糖应该越来越多的被应用到畜禽养殖中。本试验研究在奥尼罗非鱼基础饲料中分别添加上海朝翔生物技术有限公司生产的黄芪多糖，通过不同剂量的黄芪多糖作为试验饲料，目的为探讨黄芪多糖对奥尼罗非鱼生长性能和免疫功能的影响。试验结果表明，饲料中添加黄芪多糖不仅可以促进奥尼罗非鱼体重的增长，提高生长性能，而且能够增加肠道内肥大细胞、粘液细胞及上皮内淋巴细胞的数量，改善奥尼罗非鱼肠黏膜形态结构。同时还能提高奥尼罗非鱼血浆内 ACP、AKP、T‐SOD、CAT 及 LSZ 等相关酶活力，增强奥尼罗非鱼机体的免疫功能。现将试验过程汇报如下，供同道指教。

1　材料与方法

1.1　奥尼罗非鱼饲料配方

饲料配方见表1。

表1 基础饲料的原料组成和营养成分（风干基础）

原料	百分比（%）	营养成分	含量（%）
菜籽粕	30.5	粗蛋白质	≥30.0
米糠	25.7	粗灰分	≤14.0
次粉	18.0	粗纤维	≤12.0
红鱼粉	10.0	钙	1.2
大豆粕	13.0	总磷	1.1
矿物质	1.0	食盐	0.8
磷酸二氢钙	1.0	赖氨酸	≥1.5
氯化胆碱	0.3	水分	≤13.0
多维	0.5		
总计	100		

1.2 试验设计

试验所用的奥尼罗非鱼鱼苗由福建省淡水水产研究所提供。选用体长 9 cm 左右、平均体重为 47 g 的健康奥尼罗非鱼 150 尾，随机分为 5 组，每组设 3 个重复共 30 尾。在每 1 kg 基础饲料中分别添加 500 mg、1 000 mg、1 500 mg、2 000 mg 的黄芪多糖作为试验组，以不添加黄芪多糖的基础饲料作为对照组。黄芪多糖由上海朝翔生物技术有限公司提供。

1.3 奥尼罗非鱼饲养管理

试验开始之前所有奥尼罗非鱼先集中驯养两周。试验开始时，鱼体称重分组，注意将鱼的体重调整至各组间的差异不显著（$P > 0.05$），饲养在 15 L 水族箱里。试验前用金益优碘液消毒水族箱 1 次，各组水质一致均为脱氯自来水，昼夜 24 h 用增氧机充气。试验采用饱食的方式，每天早上 8：00 和下午 16：00 分别饲喂和换水一次，每次换水量约为水族箱的 50%，喂料量分别为各组鱼体总重的 2% ~4%，3 d 调整一次喂量，试验期间用加热棒控制水温保持在 28 ℃。试验时间为期 40 d，每隔 10 d 对各组奥尼罗非鱼体重进行测定，第 40 d 体重和体长一起测定，每次测体重之前都对各组奥尼罗非鱼饥饿 24 h 后进行测定。

1.4 试验测定指标和方法

试验结束时测定每尾奥尼罗非鱼体重和体长，并按下列公式计算试验期间各组奥尼罗非鱼的绝对增重量、绝对增长量、饲料系数以及经济效益。

绝对增重量 = 平均每尾终末体重 – 平均每尾初始体重

绝对增长量 = 平均每尾终末体长 – 平均每尾初始体长

增重率（%）=（绝对增重量/初始体重）×100%

增长率（%）=（绝对增长量/初始体长）×100%

饲料系数 = 饲料用量/鱼体增重

增加的成本 = 饲料投喂量×黄芪多糖添加量×黄芪多糖价格

增加的收益 = 鱼体增重×鱼的价格

利润 = 增加的收益 – 增加的成本

1.5 数据处理

试验数据应用 SPSS 11.0 统计软件的单因素方差分析进行生物学统计，试验各组之间的差异显著性采用两组间独立样本双尾 T 检验分析，结果用平均值 ± 标准差表示。

2 结果与分析

2.1 黄芪多糖对奥尼罗非鱼体重的影响

由表 2 可知，饲养 10 d 后添加黄芪多糖的四个试验组的平均增重率比对照组分别增加了 0.11%、1.85%、7.84% 和 3.32%，其中添加量为 1500 mg/kg 试验组绝对增重量显著高于对照组（$P < 0.05$），其余三个试验组与对照组均差异不显著（$P > 0.05$）。

表 2 饲养 10 天后各组奥尼罗非鱼的绝对增重量

组别	尾数（尾）	平均初重（g）	平均末重（g）	绝对增重量（g）	平均增重率（%）
对照组	30	46.85 ± 1.85	51.37 ± 4.84	4.52 ± 4.31[a]	9.65
500 mg/kg	30	46.94 ± 1.93	51.52 ± 4.26	4.58 ± 4.28[a]	9.76
1000 mg/kg	30	47.21 ± 1.88	52.64 ± 3.98	5.43 ± 5.11[ab]	11.50
1500 mg/kg	30	47.52 ± 1.79	55.83 ± 3.67	8.31 ± 7.54[b]	17.49
2000 mg/kg	30	47.56 ± 1.74	53.73 ± 4.23	6.17 ± 5.89[ab]	12.97

注：同列数据肩注字母小写字母不同表示差异显著（$P < 0.05$）

由表 3 可知，饲养 20 d 后四个黄芪多糖添加组的平均增重率比对照组分别增加了 2.30%、7.25%、8.98% 和 2.46%，其中添加量为 1 000 mg/kg 和 1 500 mg/kg 试验组的绝对增重量显著高于对照组（$P < 0.05$）。而其余两组与对照组相比虽有增加但差异不显著（$P > 0.05$）。

表 3 饲养 20 天后各组奥尼罗非鱼的绝对增重量

组别	尾数（尾）	平均初重（g）	平均末重（g）	绝对增重量（g）	平均增重率（%）
对照组	30	46.85 ± 1.85	55.37 ± 5.77	8.52 ± 5.16[a]	18.19
500 mg/kg	30	46.94 ± 1.93	56.56 ± 5.29	9.62 ± 5.25[ab]	20.49
1000 mg/kg	30	47.21 ± 1.88	59.22 ± 4.97	12.01 ± 6.05[b]	25.44
1500 mg/kg	30	47.52 ± 1.79	60.42 ± 4.96	12.90 ± 7.45[b]	27.17
2000 mg/kg	30	47.56 ± 1.74	57.38 ± 4.61	9.82 ± 6.09[ab]	20.65

注：同列数据肩注字母小写字母不同表示差异显著（$P < 0.05$）

由表 4 可知，饲养 30 d 后 4 个黄芪多糖添加组的平均增重率比对照组分别增加了 2.03%、9.65%、12.49% 和 0.61%，其中添加量为 1 000 mg/kg 和 1 500 mg/kg 两个试验组绝对增重量均极显著高于对照组（$P < 0.01$）。但添加量为 2 000 mg/kg 试验组平均增重率相比其他 3 个添加组却增加最小，说明黄芪多糖作为饲料添加剂的添加量要控制在适度水平，不是添加量越多效果越好。

表 4 饲养 30 天后各组奥尼罗非鱼的绝对增重量

组别	尾数（尾）	平均初重（g）	平均末重（g）	绝对增重量（g）	平均增重率（%）
对照组	30	46.85 ± 1.85	62.05 ± 6.86	15.20 ± 5.08[aa]	32.44

（续表）

组别	尾数（尾）	平均初重（g）	平均末重（g）	绝对增重量（g）	平均增重率（%）
500 mg/kg	30	46.94 ± 1.93	63.12 ± 6.88	16.18 ± 5.36[aa]	34.47
1000 mg/kg	30	47.21 ± 1.88	67.08 ± 6.56	19.87 ± 6.18[bb]	42.09
1500 mg/kg	30	47.52 ± 1.79	68.87 ± 7.49	21.35 ± 6.63[bb]	44.93
2000 mg/kg	30	47.56 ± 1.74	63.28 ± 7.16	15.72 ± 5.75[aa]	33.05

注：同列数据肩注小写字母不同表示差异显著（$P < 0.05$），大写字母不同表示差异极显著（$P < 0.01$）

由表 5 可知，饲养 40 d 后 4 个黄芪多糖添加组的平均增重率比对照组分别增加了 1.80%、6.88%、14.75% 和 1.22%，其中 1000（mg/kg）和 1500 mg/kg 两个试验组绝对增重量均极显著高于对照组（$P < 0.01$）。而 2000 mg/kg 试验组平均增重率相比其他 3 个添加组增幅还是最小，再次说明黄芪多糖添加量超过一定的限度并不能促进奥尼罗非鱼体重的增加，反而有点抑制的趋势。

表5 饲养 40 d 后各组奥尼罗非鱼的绝对增重量

组别	尾数（尾）	平均初重（g）	平均末重（g）	绝对增重量（g）	平均增重率（%）
对照组	30	46.85 ± 1.85	70.73 ± 8.17	23.88 ± 6.57[aa]	50.97
500 mg/kg	30	46.94 ± 1.93	71.71 ± 7.22	24.77 ± 6.33[aa]	52.77
1000 mg/kg	30	47.21 ± 1.88	74.52 ± 6.01	27.31 ± 6.59[bb]	57.85
1500 mg/kg	30	47.52 ± 1.79	78.75 ± 7.44	31.23 ± 7.35[bc]	65.72
2000 mg/kg	30	47.56 ± 1.74	72.38 ± 6.55	24.82 ± 6.12[aa]	52.19

注：同列数据肩注小写字母不同表示差异显著（$P < 0.05$），大写字母不同表示差异极显著（$P < 0.01$）

2.2 黄芪多糖对奥尼罗非鱼体长的影响

由表 6 可知，饲养 40 d 后 4 个黄芪多糖添加组奥尼罗非鱼的绝对增长量和平均增长率与对照组相比均差异不显著（$P > 0.05$），说明在体重显著性升高而体长无显著性变化的情况下，奥尼罗非鱼的绝对增重量主要体现在鱼鳔的厚度增加和重量升高。

表6 饲养 40 天后各组奥尼罗非鱼的绝对增长量

组别	尾数（尾）	平均初体长（cm）	平均末体长（cm）	绝对增长量（cm）	平均增长率（%）
对照组	30	8.89 ± 0.72	13.22 ± 0.53	4.33 ± 0.79[a]	48.71
500 mg/kg	30	8.95 ± 0.68	13.29 ± 0.51	4.34 ± 0.82[a]	48.49
1000 mg/kg	30	9.03 ± 0.59	13.39 ± 0.56	4.36 ± 0.68[a]	48.28
1500 mg/kg	30	9.07 ± 0.55	13.46 ± 0.48	4.39 ± 0.77[a]	48.40
2000 mg/kg	30	9.09 ± 0.54	13.52 ± 0.52	4.43 ± 0.73[a]	48.73

注：同列数据肩注字母小写字母不同表示差异显著（$P < 0.05$）

2.3 各组奥尼罗非鱼饲料系数与经济效益分析

由表 7 可知，在为期 40 d 的饲养期间内，各组奥尼罗非鱼饲料用量约为每尾 50 g。结果表明，与对照组相比，4 个添加黄芪多糖的试验组相比对照组饲料系数都有不同程度的降低。由上表可知，每天投喂 500 mg/kg 黄芪多糖，1000 mg/kg 黄芪多糖，1500 mg/kg 黄芪多糖和 2000 mg/kg 黄芪多糖的饲料系数比对照组分别降低了 3.35%、12.44%、23.45% 和 3.83%。

表7　饲养40 d后各组奥尼罗非鱼饲料系数与经济效益

组别	尾数（尾）	饲料系数	尾增成本（元）	尾增收益（元）	尾利润（元）	尾增加利润收益（元）
对照组	30	2.09	0	0.2388	0.2388	0
500 mg/kg	30	2.02	$2.00 \times 10-3$	0.2477	0.2457	0.0069
1000 mg/kg	30	1.83	$4.00 \times 10-3$	0.2731	0.2691	0.0303
1500 mg/kg	30	1.60	$6.00 \times 10-3$	0.3123	0.3063	0.0675
2000 mg/kg	30	2.01	$8.00 \times 10-3$	0.2482	0.2402	0.0014

经济效益分析表明，添加黄芪多糖的4个试验组均比对照组有增加一定的收益，特别是1 000（mg/kg）组和1 500 mg/kg组比对照组分别每尾增加0.0303元和0.0675元。如果以每亩放养2 000尾计算，1 000 mg/kg组和1 500 mg/kg组比对照组分别增加约60.6元和135.0元。可见添加适量的黄芪多糖能够显著的增加奥尼罗非鱼的收益。（黄芪多糖的价格80元/kg，奥尼罗非鱼按市场价10元/kg计算）。

3　讨　论

黄芪是一味药用历史悠久、临床应用广泛的传统补益类中药，最早记载于《神农本草经》，位列上品，为补药类之长。其性微温，味甘，归肺、脾二经。黄芪多糖是黄芪中含量最多、免疫活性较强的一类物质，是黄芪发挥免疫增强作用的主要成分。近年来黄芪多糖的应用已到人畜上面，从试验结果来看，促生长效果明显。下面就其作用机理进行阐述。

3.1　对免疫系统的作用

免疫系统包括免疫器官、免疫细胞和免疫分子，可特异性地或非特异性地清除侵入机体的异体。黄芪多糖具有免疫增强作用，对特异性免疫和非特异性免疫均有促进作用。

3.2　对免疫器官的作用

黄芪多糖对动物机体的免疫器官促进作用主要体现在对动物胸腺、脾脏、法氏囊等免疫器官重量的增加及对创伤动物免疫器官重量减轻的颉颃作用。

据报道，黄芪多糖250、100、19 mg/kg腹腔注射，能增强小鼠的脾脏重量及脾细胞数。黄芪多糖能明显增强小鼠脾脏、胸腺重量，并且能对免疫抑制剂（泼尼松龙、强的松龙）对脾、胸腺、肠淋巴结等免疫器官所造成的萎缩作用。梁华平曾报道，黄芪多糖对创伤性小鼠脾脏、胸腺重量的减轻均有拮抗作用。龚国华报道黄芪多糖能促进鸡法氏囊、脾脏的发育，并能增加其重量。陈剑杰采用免疫功能尚未发育完善的新生雏鸡作为模型，研究黄芪多糖对免疫功能的影响，结果表明，一定浓度的黄芪多糖能显著降低传染性法氏囊的发病率与死亡率。张训海等的研究结果显示，加入不同剂量的黄芪多糖的油苗组在一些时间点均能显著提高抗体效价，其中中等剂量组效果最好，加入黄芪多糖0.375mg/只而疫苗减半的抗体效价与单纯油苗组相当；黄芪多糖添加量在300mg/L时能显著促进鸡脾脏淋巴细胞的增值。

3.3　黄芪多糖促进奥尼罗非鱼生长的作用原理

根据试验结果可知，添加黄芪多糖的4个试验组和空白对照组相比，都有不同程度的促进了奥尼罗非鱼体重的增加，而且在体长没有显著变化的情况下，奥尼罗非鱼体重的增加主要源自鱼体膘重量的升高，这可能是因为黄芪多糖能够改善奥尼罗非鱼的消化系统，提高奥尼罗非鱼肌肉的营养成分。从表中可以看出随着饲养时间的延长，每天投喂 1 000 mg/kg 黄芪多糖组的饲料和每天投喂 1 500 mg/kg 黄芪多糖组的饲料，奥尼罗非鱼的绝对增重量均极显著高于对照组的绝对增重量（$P < 0.01$），同时也极显著高于其他两个添加组（$P < 0.01$）；而每天投喂 500 mg/kg 黄芪多糖组和 2 000 mg/kg 黄芪多糖组的饲料，奥尼罗非鱼的绝对增重量虽然高于对照组，但差异不显著（$P > 0.05$），说明黄芪多糖的添加量要控制在一定的范围之内，不是添加越多奥尼罗非鱼增长越快。

3.4 黄芪多糖在动物养殖中的应用

近年来，黄芪作为扶本固正类中草药饲料添加剂已广泛应用于畜牧行业生产。张德刚等采用以黄芪为主并以其他中草药为辅组方原则制成的增蛋宝 1 号和 2 号，使蛋鸡产蛋率分别提高了 7.14% 和 14.39%，饲料报酬提高了 15.05% 和 28.76%。在 1 周龄雏鸡饲料中添加 1% 黄芪干粉饲喂，雏鸡食欲旺盛，消化力增强，抗病力提高，成活率达 100%。有人用含黄芪的复合中草药制剂在夏季蛋鸡日粮中添加，发现产蛋率、蛋质量和饲料报酬均有提高，蛋品质大为改观。根据报道黄芪和首乌等中药组方粉碎后以 0.4% ~ 0.6% 的比例添加于饲料中，发现对感冒和肠炎等普通病有显著的预防作用，发病率实验组比对照组下降 50% 多。王树华等报道，用含黄芪的八味中草药配方测仔猪的体重增加效果，结果发现黄芪对仔猪生长有促进作用。王令研究表明，在生产鹅肥肝的填食饲料中添加 2% 黄芪粉，可提高肝肥育重量 5.5% ~ 8%，而且肝中维生素 A、叶酸、人体必需氨基酸等营养物质含量均有不同程度地高于对照组。阮国良在黄鳝的饲料中添加黄芪，结果表明，黄芪添加组在黄鳝的增重比率比对照组提高了 41.7%，显著促进了黄鳝的增重。王永玲研究了黄芪多糖对鲫鱼的增重率比空白对照组高 7.36%，而饲料系数也低于空白对照组，二者存在显著差异，证明黄芪多糖有促生长的作用。

3.5 黄芪多糖在水产养殖业的应用前景

3.5.1 黄芪多糖在实际生产应用中的不足之处

以黄芪及其多糖提取物作为饲料添加剂在畜牧业上已有部分研究取得了较好的成果，但其作为水产饲料添加剂来研究还处于起步阶段。目前实际生产应用中存在许多问题，如添加量的确定、作用机理不清楚等。此外，在实际生产应用中，由于黄芪多糖极易潮解，所以黄芪多糖应封闭装在磨口瓶里并避光保存，或者也可以预先把黄芪多糖混合些饲料进行保存，这些都是黄芪多糖作为饲料添加剂的不足之处。

3.5.2 黄芪多糖必须从以下几个方面进行探讨研究

尽管黄芪多糖作为饲料添加剂商品开发有一些不足，但由于其无种属特异性，不需以注射等方式添加，生产成本相对低廉，且应用效果明显等优点，决定了黄芪多糖作为一种新型促生长添加剂必将得到市场的认可，促进养殖业的发展。今后可着重开展以下几个方面的研究工作：①利用现代生物化学分析手段，改进提取、分离、纯化黄芪多糖的技术以提高黄芪多糖的获得率，提高资源利用率。②对黄芪多糖的免疫增强作用机理进行深入研究。③加强黄芪多糖的成品和原料的质量控制，进行产品的毒理安全研究和使用技术，如针对不同的试验对象，研究最适的饲料添加量、注射的最佳剂量、用药时间、用药程序等。④与其他饲料添加剂配伍，如与其他有益菌配伍复合为合生元，最大程度的发挥它们的协同互相作用。

4 结束语

我国是养殖大国，随着养殖的集约化规模化，疾病越来越多，而且一经发病，经济必遭严重损失。当前国内外对于开发毒副作用小，疗效显著的药物的开发极为重视，而黄芪多糖不仅有增强机体的免疫、抗肿瘤、抗病毒、抗氧化、抗衰老等多种功能，对于预防疾病的发生有着显著的作用。因此黄芪多糖将越来越多的被应用到畜禽和水产养殖中，并不断得到完善。

参考文献

[1] 梁华平. 王正国等创伤小鼠血清、巨噬细胞、Ts 细胞对反抑制 T 细胞的影响 [J] 细胞生物学杂志，1999，(21)：85 – 89.

[2] 龚国华. 黄芪多糖对鸡法氏囊、脾脏的影响 [J]. 中国兽药杂志，2001，35：16 – 18.

[3] 陈剑杰. 黄芪多糖增强雏鸡对传染性支气管炎抵抗力的研究 [J]. 中国兽医学杂志，2005，6：5 – 6.

[4] 王德云，胡元亮，等. 中成药对培养的鸡脾脏淋巴细胞增值的影响 [J]. 畜牧兽医学报，2005.

[5] 金光明，林小东，等. 黄芪多糖对雏鸡传染性法氏囊病预防效果的观察 [J]. 安徽技术师范学院学报，2005，19：1 – 4.

[6] 刘润珍，等. 黄芪多糖注射液毒理试验研究 [J]. 黑龙江畜牧兽医，1996，12.

[7] 张德刚，张学政. 增蛋宝添加剂的应用试验 [J]. 中国兽医药杂志，1999，1.

[8] 王令，张延涛. 黄芪在养禽业中的应用 [J]. 养禽与禽病防治，2004，03.

[9] 阮国良，杨代勤，等. 几种中药饲料添加剂对黄鳝免疫功能和生长功能的影响 [J]. 饲料工业，2005.

[10] 王永玲. 黄芪多糖饲料添加剂对黄鳝生长功能的影响 [J]. 饲料工业，2005.

[11] 于清泉. 罗非鱼池塘养殖高产技术 [J]. 内陆水产，2005 (6)：44 – 45.

[12] 刘孝华. 罗非鱼的生物学特性及养殖技术 [J]. 湖北农业科学，2007，46 (1)：116.

[13] 黄桢. 黄芪多糖的药理研究进展 [J]. 中国临床药学杂志，2002，11 (5)：315.

[14] 张小梅. 黄芪多糖的生长免疫调节作用及抗肿瘤作用研究进展 [J]. 大连大学学报，2003，24 (6)：101 – 104.

[15] Li HQ，Duan XP，Ma HL，*et al.* Effect of Astragalus Polysaccharides on immunization potencies of both newcastle disease vaccine and infectious bursal disease vaccine [J]. Chinese Journal of veterinary Science and Technology，2001，31 (9)：12 – 14.

[16] 康懋琴，潘求真. 黄芪多糖对雏鸡增重及抗 IBV 感染试验 [J]. 中兽医学杂志，1996，82 (1)：6 – 8.

[17] 王树华，赵晓勇. 猪饲料中草药添加剂的研究 [J]. 河北畜牧兽医，1999，15 (5)：42.

[18] 隆雪明，刘湘新，文利新. 黄芪多糖及其应用 [J]. 中兽医医药杂志，2007，2：51 – 55.

[19] 聂小华，史宝军，敖宗华，等. 黄芪活性成分的提取及其对淋巴细胞增殖的影响 [J]. 无锡轻工大学学报，2003，22 (4)：49 – 51.

[20] 聂小华，史宝军，敖宗华，等. 黄芪多糖的提取及其对淋巴细胞增殖的影响 [J]. 安徽农业大学学报，2004，31 (1)：34 – 36.

[21] 储岳峰，李祥瑞，胡元亮. 九种中药成分对小鼠免疫细胞活性的影响 [J]. 南京农业大学学报，

2004，27（1）：97－100.

[22] 储岳峰，颜新敏，胡元亮，等. 几种中药成分的免疫增强活性及其作用效果 ［J］. 中国兽医科技，2005，35（1）：67－70.

[23] 王德云，胡元亮. 孙峻岭，等. 复方中药成分对新城疫疫苗免疫雏鸡外周血 T 淋巴细胞转化和血清抗体效价的影响 ［J］. 中国兽医学报，2006，26（2）：194－196.

[24] 单俊杰，王易，翁颖琦，等. 黄芪毛状根与黄芪多糖化学组成及免疫活性的比较 ［J］. 中草药，2002，33（12）：1 096－1 099.

前花青素饲料添加剂促进断奶仔猪生长研究

陈佳铭[1]　黄顺捷[1]　陈学敏[1]　吴德峰[2]*

（1. 上海朝翔生物技术有限公司，上海松江　201609；

2. 福建农林大学动物科学学院，福建福州　350002）

摘　要：前花青素是一种纯植物提取物免疫增强剂，为了验证前花青素饲料添加剂对断奶仔猪的增重作用效果，本试验选取63头35日龄的断奶仔猪，进行为期30天的比较试验。试验结果表明：前花青素试验组的仔猪无论是在促进生长、增重、增强免疫力、减少发病率和死亡率方面，都显示出很好的功效。由此证明前花青素饲料添加剂在生猪的育成过程中对促进猪的生长和提高免疫功能起重要的作用，从而为生猪的抗菌素替代开辟了一条新途径。

关键词：前花青素；断奶仔猪；增重；血液生理生化指标；免疫功能

随着人民生活水平的提高，消费者对动物性食品也提出了许多更高的要求。对于养猪业，当今人们关心的不仅仅是猪日增重，而且也关心其质量和风味，所以，生产品质风味好、无药物残留、优质、营养、安全的绿色动物食品是当今人心所向。关于中草药饲料添加剂的试验研究已经有了大量报道，至今为止，可以用作猪的饲料添加剂的中草药已达300 种左右，前花青素是松科植物的提取物，近年来日益普遍地被作为健康食品辅助剂，广泛应用于各种慢性病和疑难疾病的辅助性治疗或试验性治疗，取得了许多意想不到的疗效。本试验首次用松树前花青素作为饲料添加剂在断奶仔猪促进生长和增强免疫的作用进行了探索，收到了很好的试验效果，现将试验过程报告如下。

1　材料与方法

1.1　试验材料

1.1.1　试验药物

前花青素饲料添加剂，是上海朝翔生物技术有限公司生产，商品名为静长；北里霉素，由海利来企业有限公司生产。

1.1.2　试验动物

选健康35 日龄杜×大×斯断奶仔猪63 头，体格健壮，发育良好。

1.1.3　基础日粮

基础日粮为玉米—豆粕型，定期配料，如表1 所示。

---

* 通讯作者

表1　基础日粮组成及营养水平

组成	含量（%）	营养水平	含量
玉米	63	消化能（MJ．kg−1）	13.97
豆粕	25	粗蛋白（%）	18.3
麸皮	8	赖氨酸（%）	0.56
预混料	4	蛋氨酸＋胱氨酸（%）	0.61
		钙	0.87
		磷	0.60

1.2　试验方法

1.2.1　试验设计

根据胎次一致，品种相同、体重相近的原则，将试验猪随机分为3组，每组各21头，每个组3个重复，每个重复7头猪。分别饲养于3个猪栏中，其中组1为对照组，饲喂基础日粮；除了常规免疫以外不给药。组2为基础日粮＋抗菌类药物（北里霉素100 mg/kg）；组3为基础日粮＋前花青素静长，每吨全价饲料添加300 g。试验设计如表2。

表2　试验设计

组　　别	日粮处理
试验1组	基础日粮
试验2组	基础日粮＋灵格络8805A 300g/t

1.2.2　试验环境和管理水平

仔猪全部饲养于同栋一猪舍的分栏，采取相同的饲养管理方式，由专人饲养管理。试验前按常规饲养，自由采食，饲养环境、温度、湿度、饲料和饮水相同。仔猪进栏前3 d对栏舍和食槽进行清洗、消毒，选猪、打耳号。预试期7 d，进行驱虫和防疫注射，预试结束后，早晨空腹逐头称重，各组平均体重无差异（$P > 0.05$），作为起始体重。试验采用群饲，每天喂料3次，饲料计量不限量，进食以吃饱，食槽无剩余料为原则，保证充足清洁饮水，每天打扫猪舍2次（上午、下午各1次），每2 d冲洗1次。并观察猪的生长发育，拉稀、采食等健康情况。

试验期间各试验组疾病按常规治疗。各组饲养环境和饲养管理方式一致。20日龄肌内注射猪瘟活疫苗I，剂量为1头份，45日龄肌肉注射口蹄疫灭活苗，剂量为2 mL。

1.3　试验时间

试验从2007年3月21日到4月22日在福建省厦门同安凤梨山猪场进行，实验室常规试验在福建农林大学动物科学学院进行；7 d的预饲期，30 d的正式试验期。

1.4　测定指标

1.4.1　仔猪增重与饲料转化率

预备试验第一天，正式试验第30 d分别称取每个试验组每头重复试验猪重量，统计耗料量，检测前花青素试验组、抗菌素组和空白对照组对增重和料肉比的影响。

1.4.2　仔猪腹泻率与发病率检测

在试验和饲养过程中，认真记录仔猪腹泻情况，腹泻率检测的方法为：

腹泻率＝腹泻日头数总和／（试验仔猪头数×试验天数）×100％。

1.4.3　不同饲料添加剂对仔猪增重影响与经济效益

按照饲料报酬和添加剂的成本，统计不同处理组对仔猪增重影响与经济效益情况。

1.5　数据分析

试验所有数据均以日粮为处理单位，进行单因素方差分析，采用 SPSS 11.5 版对所有数据进行处理与分析。

2　结果与分析

2.1　不同饲料添加剂对仔猪成活率的影响

从表3可以看出，抗生素和前花青素添加剂对仔猪成活率（％）的影响差异都不显著（$P > 0.05$）。

表3　不同的饲料添加剂对仔猪成活率的影响

组别	试验仔猪头数	试验天数	成活数	成活率（％）
试验1组	21	30	21	100
试验2组	21	30	21	100
试验3组	21	30	21	100

2.2　不同的饲料添加剂对仔猪增重与饲料转化率的影响

结果见表4。

表4　不同的饲料添加剂对仔猪增重与饲料转化率的影响

组别	头数	重（kg）	期末重（kg）	增重（kg）	日增重（g）	耗料（kg）	料肉比
试验1组	21	10.15 ± 0.52	22.92 ± 0.92	12.77 ± 0.71	426 ± 23.64	26.69	2.09
试验2组	21	10.02 ± 0.80	24.02 ± 1.19	14.00 ± 0.84	467 ± 28.49	27.58	1.97
试验3组	21	10.26 ± 0.54	24.67 ± 1.02	14.41 ± 0.87	480 ± 29.05	27.14	1.88

试验结果经方差分析：初重，各组均差异不显著；期末重，前花青素组最重，依次抗菌素组和空白组，前花青素组高于空白组 1.75 kg 差异显著（$P < 0.05$），抗菌素组与空白组相比差异不显著（$P > 0.05$）；增重，依次为前花青素组、抗菌素组和空白组，分别高于空白组 1.64 kg/头和 1.23 kg/头差异显著（$P < 0.05$），其余均差异不显著（$P > 0.05$）；日增重，前花青素组和抗菌素组分别高于空白组 54 g·头$^{-1}$和 41 g·头$^{-1}$差异显著（$P < 0.05$），其余均差异不显著（$P > 0.05$）；料肉比，前花青素组最低，依次抗菌素组和空白组，分别降低 0.2 和 0.12。

2.3　猪群状况

试验过程中猪群状况基本正常，前花青素组和抗生素组食欲明显好于空白对照组，前花青素组无发病，空白组和抗菌素组有个别发病。

从表 5 可以看出，在试验过程中，前花青素试验组、抗菌素组的腹泻率均小于空白对照组，与对照组相比差异显著（$P < 0.05$）

表 5　不同的试验组仔猪腹泻率

项目	试验 1 组	试验 2 组	试验 3 组
腹泻率	9.16	3.36	2.82

2.4 试验各组经济效益情况

结果见表6。

表 6　试验各组经济效益分析表

组别	饲料成本					增重/（kg）	毛猪收入	毛利
	耗料/（kg）	价值	北里霉素	灵格络 8805A/（kg）	小计			
试验 1 组	26.69	56.05			56.05	12.77	268.17	212.11
试验 2 组	27.58	57.92	1.10		59.02	14.00	294.00	234.98
试验 3 组	27.14	56.99		3.26	60.25	14.41	302.61	242.36

配合料价格为 2 100 元/t，25 kg 小猪价格为 21 元/kg，抗菌药物按 0.04 元/kg 饲料计价，灵格络 8805A 按 0.12 元/kg 饲料计价。经济效益分析表明前花青素组效益最好，依次为抗菌素组和空白组，毛利分别比空白组提高 30.25 元/头和 22.87 元/头。

3　讨　论

中草药促进仔猪生长的机理在于开胃健脾、行气消导、旺盛血行、促进新陈代谢，增强巨噬细胞的吞噬活性，提高机体的免疫力，增强正气、抗御外邪。中草药饲料添加剂富含多种营养元素和有效活性成分，能兴奋动物胃肠道、促进消化腺分泌、稳定消化道内微生态环境的平衡、促进仔猪生长、提高饲料利用率；能促进血红蛋白、血清蛋白的合成，既可以抗贫血和改善蛋白质代谢，提高营养物质利用效率，还可以提高血清中胆固醇的含量，对机体的再生能力、促进新陈代谢有很好的作用。前花青素摄入动物体内后能够参与肠内微生态平衡，可直接通过增强动物机体来达到对肠内有害微生物的抑制作用，或者通过增强非特异性免疫功能来预防疾病，从而间接地促进动物生长和提高饲料转化率。具有增强动物抗病力、促进生长以及提高饲料利用率、无残留、无污染和无毒副作用等优点。

3.1　断奶仔猪的生理特点与防御系统

仔猪断奶时，肠绒毛萎缩，天然黏膜保护屏障作用降低，黏膜抵御能力下降，使得致病性大肠杆菌在断奶仔猪肠中大量繁殖，产生胺和毒素等，从而刺激肠道分泌，引起渗透性腹泻的发生。另外，仔猪断奶后随着母源抗体的逐渐消失，受外界诸多不良因素的影响，易感染各种疾病，尤其容易腹泻，因此在这阶段提高机体抗病力显得尤为重要。前花青素添加剂能提高机体免疫能力，还可以通过吸附结合细菌蛋白质中的氮而抑制肠道有害菌的繁殖。试验结果表明，前花青素对腹泻有防治作用，并且优于对照组和抗生素组，但是否对仔猪肠黏膜、肠绒毛、粘膜屏障、有害微生物等有影响，尚待进一步研究。

3.2　当前养猪业中断奶仔猪疾病与现状常规处理

早期断奶对仔猪有很强的应激性，特别是其营养、环境条件改变的应激，可使仔猪免疫功能下降，同时引起畜体内血液、内分泌、神经系统等一系列变化。造成疾病增加、生产性能下降，是目前各个猪场最普遍存在的问题，常用和最为普遍的方法也就是使用各种药物和抗菌素，目前各地猪场长期大量使用抗生素，使得耐药菌株增加。所以临床上对于断奶仔猪保育不得不频繁地更换抗菌素，不但贻误了治疗，而药物残留也影响着消费者的健康。

3.3　抗生素的作用与利弊

抗生素所发挥的积极作用主要体现在防治动物疾病、促进生长、节约营养成分等方面。它刺激有益微生物群体的优先繁殖，特别是能合成动物必需的某些营养物质的微生物如酵母、大肠杆菌的繁殖；同时抑制有害生物，减少寄主对营养物质的竞争，并降低消化系统类疾病的发生。抗生素的作用还在于，可刺激肠壁使之变薄，使肠壁血液供应更加充分。此外，抗生素还可以在缺乏脂溶性维生素或某些矿物质不足导致一些不良的情况下，起到改善和控制的作用（杨大进等，2003）。抗生素主要采用作为促进生长的添加剂的方式喂给猪，而且主要应用对象是小猪。抗生素的应用有效控制了许多猪病的发生，促进了养猪业的发展。但是，由于抗生素的不断使用容易产生耐药菌株、存在药物残留以及容易破坏动物体内的微生态平衡，一方面使得猪病越来越难治；另一方面猪肉质量安全得不到保证。因此，为了人类的健康和畜牧业的可持续发展，必须充分认识到抗生素所带来的副作用。

3.4　前花青素的作用原理

前花青素是松针的提取物，是以松针、松树皮为原料，采用溶剂浸出法、生物酶解技术、超声波提取技术，提取出主要有效成分前花青素（Procyaidins，PCA），试验结果表明，用前花青素饲料添加剂（静长）不仅能代替，而且优于传统的抗生素类生长促进剂，其功效和传统的中草药一样，有如下作用原理。

3.4.1　具有营养和药物的双重性

中草药兼有营养和药物的双重性，既具有多种营养成分及活性物质，又可防病治病，提高生产性能。经测定结果表明，有619种常用中草药具有固定的20种元素，如钾1 000～3 000 mg/kg，钠100～1 000 mg/kg，钙1 000～2 000 mg/kg，镁500～4 000 mg/kg，1～20 mg/kg，铁100～l 000 mg/kg，锌10～200 mg/kg，钴0.1～1.0 mg/kg，硒0.001～0.4 mg/kg，钼0.1～2mg/kg。前花青素经浙江中医学院分析是一类黄酮化合物，主要成分为黄烷-3-苯儿茶酚和表儿茶精的"转块"连接而成的二聚体至六聚物、树胶、树脂以及烯酮、有机酸、酚等。该提取物经河南科技大学医学院的毒理安全试验．证实了其无毒副作用。经浙江省疾病预防中心检测，该松树提取物中含33%～39%前花青素。

3.4.2　对营养物质的代谢调节作用

前花青素添加剂能有效兴奋胃肠道和促进消化腺酶的分泌；促进血红蛋白、血清蛋白的合成，即具有抗贫血和改善蛋白代谢的作用，从而提高营养物质的利用效率；还可提高血清胆固醇的含量，对机体的再生能力，促进新陈代谢有很好的作用。还含有丰富的氨基酸、矿物质和维生素等营养物质，有利于平衡和完善畜禽日粮，提高饲料利用效率，从而达到节约和降低成本的目的。结果表明，此添加剂按300 g/t全价料的量加于仔、中猪饲料中饲喂，能明显提高仔、中猪的增重和饲料报酬。中科院种子研究所选用前花青素对猪进行实验，其增重、成活率高于对照组（$P < 0.05$），具有防病促生长作用。

3.4.3 前花青素的药理作用

目前常用的中草药添加剂按功能和药理分类，一般具有理气消食，益脾健胃，驱虫除积，活血化瘀、扶正祛邪、清热解毒、抗菌消炎、镇静安神、清凉度夏、增膘越冬等药理作用。其中前花青素（OPCS）是自然界广泛存在的聚多酚类混合物，主要由儿茶素的单体、二聚体至十聚体组合而成。具有高效去除动物机体自由基和抗氧化等作用，在对由乙醇、酸、碱所致胃黏膜损伤及多种实验性胃溃疡均有较好的保护作用，具有明显的抗溃疡作用。从前花青素发现的黄酮化合物具有多种药理活性，如抗肿瘤、抗菌、抗炎、镇静、降压的作用，还能调节前列腺素的代谢（卢杏通等，2003）。经初步的药理学研究也证明，黄酮化合物对乙醇造成的胃黏膜损伤有很好的保护作用，为胃黏膜保护作用的活性成分。其药物特点是高效、低毒和高生物利用率，而且该物质的抗氧化能力是常用抗氧化剂 VitE 的 50 倍，VitC 的 20 倍。该类物质最初是从海岸松树皮中被提取出，后发现葡萄籽中含量更高，在沙棘、花生、玫瑰果、蓝浆果等植物中也大量存在。

3.4.4 前花青素饲料添加剂对猪体日增重和料肉比的作用

研究表明，中药的生理活性物质不但能提高机体免疫机能，维持动物体内环境平衡协调，保护动物体的整体健康，而且能够提高营养物质的消化率和利用率，增强新陈代谢，促进动物生长，降低料重比。本试验的中药饲料添加剂具有扶正祛邪之功效，因此，可以保护猪体免受外界病邪的侵扰，保证其内环境的稳定，使机体集中更多的营养物质促进生长，这可能是前花青素组作用效果优于对照组的原因所在，特别在生长断奶猪的中后期，前花青素对其生长速度和饲料转化率的影响效果较为显著。在生长肥育猪生长过程中，10~40 日龄的仔猪贪吃，喜欢静卧，易造成胃内积食、胃肠消化不良等。本试验前花青素的消积食、助消化、健脾和胃功能确保了仔猪良好的消化机能，从而改善肠道环境，有利于营养物质的消化吸收，这可能是本试验前花青素组促进生长优于其他组的原因之一。

3.4.5 前花青素和抗生素的作用对比

根据试验结果可见，若按照饲料报酬、添加剂和疾病治疗的成本，统计不同饲料处理对仔猪增重影响与经济效益情况，前花青素试验组（料肉比 1.88）、抗生素组（料肉比 1.97）；预防仔猪腹泻方面，前花青素组为 2.82，小于抗生素组的 3.36；经济效益分析表明前花青素组效益最好，依次为抗菌素组和空白组，毛利分别比空白组每头提高 30.25 元和 22.87 元。以一年出栏 1 万头的中小型猪场来计算，就可节省 7.38 万元以上。

3.5 前花青素作为仔猪饲料添加剂的应用前景

目前由于我国人民生活水平的提高，对纯天然、绿色食品的追求日益强烈，中草药防治动物疾病以其天然，无公害、无残留的优势受到消费者和畜牧专家的广泛关注（吴德峰，2001）。中草药作为饲料添加剂成为断奶仔猪保健和促生长的一个新尝试。以上试验结果也表明，在试验过程中，前花青素组的腹泻率与发病率均小于对照组，与对照组相比差异显著，增重、料肉比，前花青素饲料添加剂组（静长）均优于其他组。从经济效益分析可以看出，试验组的效益远好于空白组；试验组和抗生素组比较，虽然添加了前花青素饲料添加剂（静长），每千克饲料成本增加 0.08 元，但因饲料利用效率提高，每头猪毛利却提高 7.38 元，这一点在实际生产中具有重要的意义。

第三部分 新技术与新产品 | 273

参考文献

[1] 定明谦. 浅谈松树的用途 [J]. 甘肃林业.2004, (4)：8－9.

[2] 王争光, 俞颂东. 中草药添加剂在养猪生产中的应用 [J]. 养猪, 2004, (4)：4－6. 猪, 2004, (4)：4－6.

[3] 江立方, 金笑敏, 宁云稀, 等. "申江1号"中草药制剂的研制与应用 [J]. 家畜生态, 2004 (1)：18－20.

[4] 张孝清, 曹文斌. 中草药添加剂的抗菌及促生长效果研究 [J]. 中国畜牧兽医, 2006, (9)：18－19.

[5] 杨再, 吴德峰. 天然植物添加剂的研发动态 [J]. 兽药与饲料添加剂, 2006, (11)：12－13.

[6] 杨大进, 方从容. 保健食品中前花青素的高效液相色谱测 [J]. 中国卫生检疫杂志, 2003, (13)：448－449

[7] 林德科. 浅谈早期断奶仔猪的饲养管理 [J]. 福建畜牧兽医, 2003, (5)：36－37.

[8] 李苗云, 葛长荣. 中草药添加剂应用于畜禽的研究 [J]. 兽药与饲料添加剂, 2003, 8 (2)：27－29.

[9] 陈奇. 中草药药理研究方法学 [M] 北京：人民卫生出版社, 1993：315－322.

[10] G. P. Vyas. 左旋咪唑对新城疫疫苗接种鸡的免疫调节作用 [J]. 国外兽医学－畜禽传染病, 1988, (2)：59.

[11] 卢杏通, 戴镜红, 廖明. 多糖类免疫调节剂研究概况 [J]. 动物医学进展, 2003, 24 (1)：10－12.

[12] 陈群, 刘家昌. 人参多糖、黄芪多糖、枸杞多糖的研究进展 [J]. 淮南师范学院学报, 2001, 3 (10)：39－41.

[13] 谢仲权, 牛树琦. 天然物中草药饲料添加剂大全 [M]. 学苑出版社, 1996, 97.

[14] 聂丹平, 李吉爽. 中药提取有效成分在促进畜禽免疫方面的功用 [J]. 湖北畜牧兽医, 2003, 1：36－38.

[15] 吴德峰, 中草药饲料添加剂现状及前景 [J]. 中国中医药信息杂志, 2001, 1－4.

酵天乐酵母硒对肉仔鸡抗氧化性能的研究

吕济敏　　张锁林　　吴劲锋

（上海杰康诺生物科技有限公司，上海　201210）

摘　要：本试验通过对日粮中添加不同水平的酵天乐酵母硒，研究其对肉仔鸡的抗氧化性能的影响。试验选用 1 日龄的肉仔公雏鸡 540 只，随机分为 5 个处理组，每个组 6 个重复，每随机含 18 只鸡，试验分为 1~21 日龄和 22~42 日龄两个阶段，共 42 天。对照组饲喂玉米—豆粕型基础日粮（贫硒），试验组分别饲喂添加了 0.1、0.2、0.3、0.4 mg/kg 酵天乐酵母硒（以硒计）的日粮。结果表明，综合考虑血清、胸肌、肝脏的血清谷胱甘肽（GSH）、总抗氧化能力（T－AOC）、谷胱甘肽过氧化物酶（GSH—Px）、丙二醛（MDA）等各项抗氧化指标，肉仔鸡的抗氧化能力随着日粮中酵天乐酵母硒添加水平的增高而增强，当添加量达到 0.2 mg/kg 时，综合抗氧化性能显著提升，在添加量为 0.2~0.4 mg/kg 时，综合抗氧化性能较好。肉仔鸡日粮中酵天乐酵母硒的推荐添加量为 0.2~0.4 mg/kg。

关键词：酵天乐酵母硒；肉仔鸡；抗氧化性能

硒是动物生长发育、代谢和繁殖不可缺少微量元素之一，在机体抗氧化、抗应激、提高免疫力等方面发挥着重要的作用（Brennan *et al*，2011；文贵辉等，2004）。我国是一个硒比较缺乏的国家，约有近 60% 以上地区缺硒，这对于畜禽的养殖是一个极大的挑战。目前采用较多的补硒方法是在日粮中添加无机硒——亚硒酸钠。亚硒酸钠等无机硒虽然价格比较低廉，但毒性大且利用率低，会对环境造成潜在的污染，一些国家如日本和瑞典等已经开始限制或禁止亚硒酸钠作为动物硒的添加剂，因而无机硒在饲粮中的应用前景不大（胡华锋等，2013；Derks *et al*，1992）。研究发现，动物机体内的硒主要是以有机形式发挥作用的。而酵母硒是硒元素被酵母自主吸收和转化，并与酵母蛋白质和多糖结合形成的有机硒，与无机硒相比，酵母硒活性高、毒性低，具有较高安全性，是目前比较理想的有机硒添加剂（王亮等，2011）。因此，有机硒源的开发与应用越来越受到国内外学者的重视。目前国内外已经发表了许多有关酵母硒对畜禽生长性能影响的报道，在家禽饲粮中添加酵母硒有助于提高蛋鸡生产性能、抗氧化能力和蛋品质的作用（张建刚等，2012）。但酵母硒对肉鸡生产性能的影响尤其在血清及组织抗氧化指标上的数据尚缺完善，本实验通过在日龄中添加不同比例的酵母硒，探讨酵母硒对肉仔鸡抗氧化性能的影响，确定最适添加比例，为酵母硒在肉鸡生产中的应用提供非常必要的依据。

1　材料与方法

1.1　试验材料

酵天乐酵母硒为上海杰康诺酵母科技有限公司生产。其主要检测指标：水分 5.78%，

粗灰分 7%，粗蛋白 60.73%，总硒（以 Se 计）≥2000 mg/kg（胞内硒含量为 99.97%），
细菌总数 3.1×10^2 CFU/g。

1.2　试验动物及试验设计

本试验选用 540 只健康的 1 日龄肉仔公雏鸡，平均体重为 42.42 g，随机分为 5 个处理
组，每个组 6 个重复，每个重复 18 只鸡。试验分为 1～21 d 和 22～42 d 两个阶段。

1.3　试验日粮

对照组饲喂玉米—豆粕型基础日粮（贫硒），试验组分别饲喂添加中添加 0.1、0.2、
0.3 和 0.4 mg/kg 的酵天乐酵母硒（以硒计）的日粮。基础日粮营养水平参考《中华人民
共和国农业行业标准—鸡饲养标准》（2004 版），试验基础日粮的组成及营养水平见表 1。
在配合日粮时，用石粉对酵天乐酵母硒进行稀释放大，混匀后与其他成分进行充分混合。

1.4　饲养方法

试验采用 3 层笼养，饲喂干粉料，自由采食与饮水。采用自然光照和人工补照相结合
的方式，每日 24 h 光照。试验第 1 周温度控制在 34～35 ℃，以后每周下降 2 ℃，最终温
度控制在 20～26 ℃。相对湿度保持在 45%～55%。按照肉仔鸡常规程序进行免疫和饲养
管理，每日观察鸡群的健康与精神情况。

1.5　测定指标及其方法

分别于试验每个试验阶段结束前 12 h 断食，自由饮水，第二天从每个处理中随机抽
取 1 只（共 6 只），用真空采血管心脏采血，屠宰并摘取肝脏、胸肌样品，进行抗氧化指
标测定。

1.5.1　血清抗氧化指标

离心血液样品，制备血清，测定谷胱甘肽过氧化物酶（GSH—Px）活性、谷胱甘肽
（GSH）含量、总抗氧化能力（T—AOC）和丙二醛（MDA）含量。

1.5.2　组织抗氧化指标

将肝脏、胸肌匀浆后，分别测定肝脏和胸肌中的 GSH—Px 活性、GSH、T—AOC 和
MDA 含量。

1.6　数据分析

试验数据分析采用 SAS8.0 软件，分别进行单因素方差分析和邓肯氏多重比较，$P < 0.05$ 为差异显著，$P < 0.01$ 为差异极显著。

表 1　基础日粮组成及营养水平

项目	肉小鸡（0～21 天）	肉中鸡（22～42 天）
日粮组成（%）		
玉米	60.13	61.53
豆粕	32.50	31.70
鱼粉	2.00	–
豆油	1.50	3.00
磷酸氢钙	1.50	1.70
石粉	1.34	1.15
98% DL – 蛋氨酸	0.23	0.12
食盐	0.30	0.30

（续表）

日粮组分	肉小鸡（0～21 天）	肉中鸡（22～42 天）
0.5% 预混料[1]	0.50	0.50
总计	100.00	100.00
营养水平[2]		
代谢能（MJ/kg）	12.58	13.21
粗蛋白	21.60	21.15
钙	1.02	1.03
总磷	0.69	0.71
蛋氨酸	0.52	0.43
赖氨酸	1.16	1.10

注：①每千克配合饲料提供：维生素 A 9000 IU，维生素 D3 3000 IU，维生素 E 24 mg，维生素 K3 1.8 mg，维生素 B1 2 mg，核黄素 5 mg，维生素 B6 3 mg，维生素 B12 0.1 mg，烟酸 40 mg，泛酸 15 mg，叶酸 1 mg，生物素 0.05 mg，氯化胆碱 500 mg，铁 80 mg，铜 20 mg，锰 80 mg，锌 80 mg，碘 0.35 mg。②营养水平为计算值

2 试验结果

2.1 血清抗氧化性能

日粮中添加不同水平酵天乐酵母硒对肉仔鸡血清抗氧化性能的影响如表 2 所示。

表 2　不同水平酵天乐酵母硒对肉仔鸡血清抗氧化性能的影响

项目	对照组	酵天乐酵母硒添加水平（mg/kg）				SEM	P 值
		0.1	0.2	0.3	0.4		
21 d							
GSH（mg/L）	1.55	1.54	1.53	1.58	1.54	0.05	0.61
GSH – Px（U/mL）	713.53[C]	747.86[BC]	808.47[AB]	836.61[A]	863.63[A]	65.30	<0.01
T – AOC（U/mL）	6.94	7.22	7.08	6.91	7.34	0.61	0.69
MDA（nmol/mL）	6.16	5.78	5.74	5.51	5.43	0.43	0.06
42 d							
GSH（mg/L）	1.28[D]	1.41[CD]	1.53[BC]	1.66[AB]	1.74[A]	0.12	<0.01
GSH – Px（U/mL）	774.46	794.15	754.42	813.61	790.90	63.95	0.58
T – AOC（U/mL）	6.72[C]	7.05[BC]	7.08[BC]	7.52[AB]	7.83[A]	0.51	<0.01
MDA（nmol/mL）	6.66[A]	6.04[AB]	5.92[B]	5.24[C]	5.21[C]	0.27	0.01

注：同行数据中，肩标不同大写字母之间差异显著（$P < 0.05$）或极显著（$P < 0.01$）；未标明字母或相同字母表示差异不显著（$P > 0.05$），下同。

由表 2 可知，21 d 时，肉仔鸡血清 GSH 和 T – AOC 各处理组之间无显著差异（$P > 0.05$）。0.3 mg/kg 和 0.4 mg/kg 处理组的 GSH – Px 极显著高于对照组和 0.1 mg/kg 处理组（$P < 0.01$），与 0.2 mg/kg 处理组差异不显著（$P > 0.05$）。各组间 MDA 浓度差异不显著，但 0.3 mg/kg 和 0.4 mg/kg 处理组的 MDA 浓度有低于对照组的趋势（$P = 0.06$）。

42 d 时，0.4mg/kg 处理组的 GSH、T – AOC 浓度极显著高于对照组、0.1 mg/kg 和 0.2 mg/kg 处理组（$P < 0.01$），与 0.3 mg/kg 处理组差异不显著（$P > 0.05$）；0.3 和 0.4 mg/kg 处理组的 MDA 极显著低于空白对照组、0.1 mg/kg 和 0.2 mg/kg 处理组（$P <$

0.01）；GSH – Px 浓度各组之间差异不显著（$P > 0.05$）。

2.2 胸肌抗氧化性能

日粮中添加不同水平酵天乐酵母硒对肉仔鸡胸肌抗氧化性能的影响如表3所示。

表3 不同水平酵天乐酵母硒对肉仔鸡胸肌抗氧化性能的影响

| 项目 | 对照组 | 酵天乐酵母硒添加水平（mg/kg） | | | | SEM | P 值 |
		0.1	0.2	0.3	0.4		
21 d							
GSH – Px（U/mL）	4.64^C	5.58^B	5.63^B	6.55^A	6.52^A	0.54	< 0.01
T – AOC（U/mL）	0.56	0.59	0.57	0.59	0.62	0.04	0.18
MDA（nmol/mL）	2.42	2.35	2.19	2.40	2.46	0.37	0.75
42 d							
GSH – Px（U/mL）	5.69	5.68	5.76	6.37	6.38	0.54	0.05
T – AOC（U/mL）	0.53^C	0.59^{BC}	0.62^B	0.66^{AB}	0.70^A	0.06	< 0.01
MDA（nmol/mL）	2.87^A	2.52^{AB}	2.48^{AB}	2.20^{BC}	1.98^C	0.32	< 0.01

由表3可知，21 d时，肉仔鸡胸肌 T – AOC 和 MDA 浓度各处理组之间无显著差异（$P > 0.05$）。0.3 mg/kg 和 0.4 mg/kg 处理组的 GSH – Px 浓度极显著高于对照组、0.1 mg/kg 和 0.2 mg/kg 处理组（$P < 0.01$），0.1 mg/kg 处理组和 0.2 mg/kg 处理组极显著高于对照组（$P < 0.01$）。

42 d时，对照组、各处理组的 GSH – Px 浓度差异不显著，但 0.3 mg/kg 和 0.4 mg/kg 处理组有高于对照组的趋势（$P = 0.05$）；0.4 mg/kg 处理组的 T – AOC 浓度极显著高于空白对照组、0.1 mg/kg 和 0.2 mg/kg 处理组（$P < 0.01$），与 0.3 mg/kg 处理组差异不显著（$P > 0.05$），0.1 mg/kg、0.2 mg/kg 和 0.3 mg/kg 处理组之间 T – AOC 浓度差异不显著（$P > 0.05$）；0.4 mg/kg 处理组的 MDA 浓度极显著的低于空白对照组、0.1 mg/kg 和 0.2mg/kg 处理组（$P < 0.01$），与 0.3 mg/kg 处理组差异不显著（$P > 0.05$）。

2.3 肝脏抗氧化性能

日粮中添加不同水平酵天乐酵母硒对肉仔鸡肝脏抗氧化性能的影响如表4所示。

表4 不同水平酵天乐酵母硒对肉仔鸡肝脏抗氧化性能的影响

| 项目 | 对照组 | 酵天乐酵母硒添加水平（mg/kg） | | | | SEM | P 值 |
		0.1	0.2	0.3	0.4		
21 d							
GSH – Px（U/mL）	16.97	18.44	19.10	19.18	19.91	1.61	0.05
T – AOC（U/mL）	1.57^C	1.58^C	1.63^{BC}	1.73^B	1.85^A	0.09	< 0.01
MDA（nmol/mL）	4.56	4.04	3.92	4.26	3.81	0.54	0.15
42 d							
GSH – Px（U/mL）	16.62^D	18.57^C	19.50^C	21.30^B	23.21^A	1.46	< 0.01
T – AOC（U/mL）	1.64^B	1.85^B	1.72^B	1.85^B	2.15^A	0.19	< 0.01
MDA（nmol/mL）	5.27^A	4.10^B	4.51^B	4.45^B	3.17^C	0.50	< 0.01

注：同行数据中，肩标不同大写字母之间差异显著（$P < 0.05$）或极显著（$P < 0.01$）；未标明字母或相同字母表示差异不显著（$P > 0.05$），下同。

由表 4 可知，肉仔鸡肝脏中，21 d 时，0.4 mg/kg 处理组的 T – AOC 浓度极显著高于其他各组（$P < 0.01$），0.3 mg/kg 处理组的 T – AOC 浓度极显著高于对照组和 0.1 mg/kg 处理组（$P < 0.01$），与 0.2 mg/kg 处理组差异不显著（$P > 0.05$）；各处理组之间的 GSH – Px 和 MDA 浓度差异不显著（$P > 0.05$）。

42 d 时，0.4 mg/kg 处理组的 GSH – Px 浓度极显著高于其他各组（$P < 0.01$），0.3 mg/kg 处理组的 GSH – Px 浓度极显著高于空白对照组、0.1 mg/kg 和 0.2 mg/kg 处理组（$P < 0.01$），0.1 mg/kg 和 0.2 mg/kg 处理组的 GSH – Px 浓度极显著高于对照组（$P < 0.01$）；0.4 mg/kg 处理组的 T – AOC 浓度极显著高于其他各组（$P < 0.01$）；0.4 mg/kg 处理组的 MDA 极显著的低于其他各组，0.1 mg/kg、0.2 mg/kg 和 0.3 mg/kg 处理组的 MDA 浓度极显著的低于空白对照组（$P < 0.01$）。

3 讨 论

肝脏是机体内重要的代谢器官，在各类物质的代谢中发挥着重要的作用，是脂质过氧化容易发生，氧自由基容易生成的场所。

丙二醛（MDA）是氧自由基攻击细胞导致脂质过氧化反应的产物，它在血清和组织中的含量可以反映机体受氧自由基攻击的程度，可以作为评价脂质过氧化反应强弱的指标，间接反映细胞膜的损伤程度。抗氧化剂能够阻断脂质过氧化反应，降低 MDA 含量（Wang et al，1999）。试验结果显示，添加 0.4 mg/kg 酵母硒处理组的 MDA 浓度极显著低于空白对照组。因此，添加一定比例的酵母硒能显著降低血清和肝脏中 MDA 含量，抑制脂质过氧化反应，减少细胞损伤。

总抗氧化能力（T – AOC）是用于衡量机体抗氧化系统功能状况的综合性指标，由酶促和非酶促反应两部分物质活性组成，其作用主要是维持内环境活性氧的动态平衡，分解过高的自由基和活性氧，提高机体抗自由基能力、减少脂质过氧化，使机体处于氧化还原相对稳定的状态，保护和改善细胞膜的完整性和流动性，起到调节组织细胞功能的作用（康民良等，2001）。谷胱甘肽过氧化物酶（GSH – Px）可以迅速消除 H_2O_2，减轻甚至阻断脂质过氧化作用的一级引发作用，使机体避免受到 H_2O_2 的侵害。它在机体内进行细胞内的抗氧化作用，保持机体内自由基的平衡，维持细胞膜的结构，确保细胞功能的完整。因此根据此试验结果可推论在肉鸡日粮中添加 0.2 ~ 0.4 mg/kg 酵母硒可以通过提高鸡体内 T – AOC 和 GSH – Px 的活性来增强抗自由基反应酶系统的能力。

4 小 结

综合考虑血清、胸肌、肝脏的血清中谷胱甘肽（GSH）、总抗氧化能力（T – AOC）、谷胱甘肽过氧化物酶（GSH – Px）、丙二醛（MDA）等各项抗氧化指标，肉仔鸡的抗氧化能力随着日粮中酵天乐酵母硒添加水平的增高而增强，当添加量达到 0.2 mg/kg 时，综合抗氧化性能显著提升，在添加量为 0.2 ~ 0.4 mg/kg 时，综合抗氧化性能最佳。因此，肉仔鸡日粮中酵天乐酵母硒的推荐添加量为 0.2 ~ 0.4 mg/kg。

参考文献

［1］Brennan K, Crowdus C, Cantor A, *et al*. Effects of organic and inorganic dietary selenium supplementation on gene expression profiles in oviduct tissue from broiler – breeder hens［J］. Animal Reproduction Science, 2011, 125（1）：180 – 188.

［2］文贵辉, 张彬. 微量元素硒在动物中的研究与应用［J］. 中国饲料, 2004（11）：9 – 11.

［3］胡华锋, 黄炎坤, 介晓磊, 等. 3 种硒源对蛋鸡生产性能, 蛋硒含量及转化率的影响［J］. 动物营养学报, 2013, 25（7）：1603 – 1609.

［4］Derks A, Lemmers M, Van Gemen B. Lily mottle virus in lilies：Characterization, strains and its differentiation from tulip breaking virus in tulips［C］. Proceedings of the VIII International Symposium on Virus Diseases of Ornamental Plants, 1992.

［5］王亮, 单安山. 纳米硒在动物营养中的研究进展［J］. 中国畜牧兽医, 2011, 38（4）：38 – 42.

［6］张建刚, 李文婷, 侯玉洁, 等. 酵母硒在鸡生产中的应用［J］. 中国饲料, 2012, 17：2.

［7］Wang H, Joseph J A. Structure – activity relationships of quercetin in antagonizing hydrogen peroxide – induced calcium dysregulation in pc12 cells［J］. Free Radical Biology and Medicine, 1999, 27（5）：683 – 694.

［8］康民良, 刘国艳. 氟对鸡体内总抗氧化能力的影响［J］. 中国兽医杂志, 2001：15 – 16.

裂殖壶菌高密度发酵产 DHA 的研究

李卫娟　王计伟　刘春雪

（安佑生物科技集团有限公司，太仓　215400）

摘　要： 裂殖壶菌是一种极具商业价值的海洋真菌，具有生长速度快、易于培养、菌株使用安全等优点，因而使其成为最具发展潜力的工业化生产 DHA 的菌株，本文对其营养成分、DHA 合成机制、DHA 消化机制、国内外研究进展及应用等进行了介绍。

关键词： 裂殖壶菌；DHA；应用

DHA（Docosahexaenoic acid，全名二十二碳六烯酸）是一种重要的长链多不饱和脂肪酸（polyunsaturated fatty acid，简称 PUFA），属于 ω–3 系列（分子结构式中第一个双键位于 –COOH 基团反侧的第三个键上，即 ω–3 系列）。人和其他哺乳动物缺乏 △9 以上的去饱和酶，即自身无法自身合成 DHA，因此其 DHA 来源多由摄食获得。

目前除了少数植物茎叶内含有少量 DHA 外，DHA 主要来源于海洋生物中，以深海鱼及鱼油为主。传统上人们习惯于通过进食深海鱼或鱼油来满足人体内对 DHA 的需要。鱼油主要是从含脂肪较高的海鱼中提取所得，鱼油中含有较多的 DHA，而且价格相对便宜。但是鱼油中有 EPA 与 DHA 共存而无法分离。EPA（二十碳五烯酸）对婴幼儿生长发育有不良的副作用。

由于以鱼油为 DHA 的主要来源，受到诸多限制，因而使得微生物发酵成为获取 DHA 的重要途径。与鱼油作为 DHA 来源相比，微生物发酵生产 DHA 具有诸多好处，例如对生产季节、原料无要求；生产条件易控制、可通过基因工程手段选育高产菌株、减少大肆捕捞带来的环境破坏等。合成 DHA 的微生物包括海洋细菌、真菌及微藻，常用的产 DHA 的海洋真菌主要为破囊壶菌和裂殖壶菌，其 DHA 存在形式与天然鱼油相同。

1　裂殖壶菌简介

裂殖壶菌又称裂壶藻，是一种海洋真菌，单细胞、球形，在分类学上隶属于真菌门、卵菌纲、水霉目、破囊壶菌科。该菌株安全无毒（Abril, et al, 2003），其细胞中不仅富含高不饱和脂肪酸，还含有蛋白质、维生素、氨基酸、微量元素及其他生物活性物质。其油脂含量占细胞干重的比例可高达 70% 以上，DHA 含量占脂肪酸的比例可则高达 35% ~ 45%（Nakahara, et al, 1996；黄和等，2009）。其含量常与培养基种类、培养条件及菌株性能有关。详见表 1、表 2、表 3。

表 1 裂殖壶菌粉营养成分

成分	含量（%，以干基质计）
粗蛋白	≥8
脂肪	≥45
DHA	≥18
水分	≤5

表 2 脂肪酸组成

脂肪酸	含量（%，占脂肪酸比例）
12：0	0.08
14：0	3.20
16：0	54.23
16：1	0.042
18：0	1.55
18：1	0.60
18：3n－6	0.04
20：4n－6	0.06
20：5n－3	0.29
22：6n－3	37.60

表 3 氨基酸组成

氨基酸	含量（%，以干基质计）
苏氨酸	0.42
色氨酸	0.15
蛋氨酸	0.17
亮氨酸	0.64
异亮氨酸	0.38
甘氨酸	0.44
精氨酸	0.47
丙氨酸	0.58
天冬氨酸	0.97
谷氨酸	1.21
胱氨酸	0.11
组氨酸	0.22
苯丙氨酸	0.38
脯氨酸	0.45
丝氨酸	0.44
酪氨酸	0.28
缬氨酸	0.59

注：表1、表2、表3数据来自于厦门汇盛生物公司生产的裂殖壶菌粉

2 裂殖壶菌 DHA 合成机制

研究表明裂殖壶菌很可能是通过 PKS 途径合成 DHA 的，在该途径中，乙酰辅酶 A 和丙二酰辅酶 A 首先转化成酯类，经缩合酶 KS 作用合成 3 - 酮丁酰中间物，然后在酮乙基还原酶 KR、脱水酶 DH 及烯酰还原酶 ER 的作用下形成丁酰 - ACP。之后丙二酰辅酶 A 按照上述方式每次以 2 个碳原子继续连接至脂肪链上，并通过脱水酶的作用，增加不饱和键的数量。在该合成途径下合成的双键为反式构型，在异构酶的作用下最终转换为顺式构型（Ratledge，2003；Cao，*et al*，2012）。见图 1。

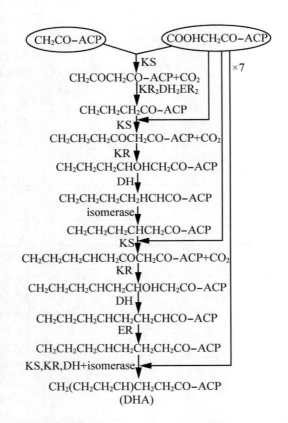

图 1 裂殖壶菌 DHA PKS 合成途径（Ratledge，2004）

注：缩合酶 KS、酮乙基还原酶 KR、脱水酶 DH、烯酰还原酶 ER

3 DHA 消化吸收机制

DHA 在体内的消化吸收与其他脂肪酸相比，差异很大。在小肠中，以甘油三酯形式存在的 DHA 被肝脏分泌的胆盐乳化后，在胰脂肪酶和肠脂肪酶共同作用下，分解成甘油二酯、甘油一酯、脂肪酸及极少量甘油。这些分解产物与胆固醇、溶血磷脂和胆盐共同形成一种水溶性的混合微粒，穿过小肠绒毛表面到达微绒毛膜，并以被动扩散的方式被吸收（许友卿等，2007）。

4 利用裂殖壶菌生产 DHA 研究进展

国外对发酵产 DHA 的研究较早，在日本和一些欧美国家已经入工业化生产阶段。最早将裂殖壶菌应用于生产的美国 Omega 生物技术公司其生物量在 20 g/L 左右。10 多年前美国 Martek 公司成功收购 Omega 生物技术公司，并在其基础上将 DHA 产量提高至 40～45 g/L 左右（魏萍等，2010）。

近年来随着消费者健康意识的提高和生活水平的提升，国外品牌 DHA 在我国的市场份额逐年增大。面对高额的利润与不断增长的潜在市场，国内企业也不甘示弱，厦门金达威、广东润科生物、吉林希玛等食品、制药及生物企业突破重重壁垒，纷纷扩大生产进军 DHA 产业。见表4。一些研究机构也对裂殖壶菌产 DHA 进行了研究，如南京工业大学、华中科技大学等。由于国内在产量及质量方面逊于国外，故很多食品、医药 DHA 仍为进口 DHA。见表5。

表4 生产厂家及产品类型

生产厂家	产品类型
润科生物	DHA 微藻精软胶囊、微藻 DHA 食用油、DHA 脑发育膳食伴侣、DHA 软胶囊
厦门金达威集团股份有限公司	DHA 微藻油（食品级，含量40%、50%）、DHA 微藻粉（食品级，含量7%、10%、15%）、裂壶藻粉（饲料级，20% DHA 含量）
厦门汇盛生物有限公司	DHA 藻油、DHA 微胶囊粉（7%、10%）、微藻粉（DHA 高于18%、粗蛋白高于8%）
吉林希玛生物科技公司	新成立的公司，目前土建及配套工程已基本完成
湖南佳格生物技术有限公司	DHA 精油（含量高于35%）、DHA 冬化油（含量高于35%）、裂壶藻粉（DHA 含量35%）
湖北福星生物科技有限公司	福来泰 DHA 微藻粉末（含量7%、10%）、福来泰 DHA 微藻油脂（含量35%～40%）

表5 国内相关学术研究机构裂殖壶菌发酵生产 DHA 水平

机构	菌株	生物量（g/L）	DHA（g/L）
华中科技大学	Schizochytrium sp. RBB28	42.1	7.16（谢辰，2012）
南京工业大学	Schizochytrium sp. HX－308	60	11.4（Ren, et al, 2009）
厦门大学	Schizochytrium sp.	42.9	13.8（Zhou, et al, 2007）
中国海洋大学	Schizochytrium OUC88	24.1	4.8（宋晓金，2008）
浙江大学	Schizochytrium limacium SR21	55.64	12.61（陈诚，2007）
福建师范大学	Schizochytrium sp. FJU－512	32.68	2.1（张娟梅等，2007）
江南大学	Schizochytrium limacium SR21	50.71	15.43（王申强，2013）

5 应 用

当前，因裂殖壶菌的大规模培养技术还不够成熟，加上主要是围绕其 DHA 而开发产品，因此主要应用于食品、保健品和医药领域。例如，在医药领域 DHA 能够益智健脑、提高记忆力，预防及治疗心血管疾病。在食品领域 DHA 主要作为功能性营养强化剂，日本开发的 DHA 乳酸菌饮料、DHA 鱼丸、DHA 豆腐、DHA 保健蛋等。美国 Martek 公司生产的 life DHA 藻油，可用于婴儿食品的营养强化剂。目前我国也出现了各种 DHA 营养强化产品，如湖南大旺食品有限公司生产的旺仔牛奶（400 μg DHA/100 mL）、蒙草堂企业集团的孕幼 α - 亚麻酸鸡蛋等。

然而，裂殖壶菌也是很好饲料添加剂，尤其是作为高经济价值的动物的饲料，可以提高肉质或蛋类的不饱和脂肪酸的含量。有研究表明在蛋鸡饲料中添加鱼油后，可使蛋黄中 DHA 的含量升高，使蛋黄的颜色更加鲜亮（陈秀丽等，2014）。在水产养殖中，使用添加 DHA 的饲料可以促进动物发育与繁殖，提高其成活率、孵化率及生长率（王英际等，2013）。应用于宠物饲料时，可提高饲料的适口性，增加宠物的采食量及毛色光泽。将裂壶藻粉添加至猪饲料中，可以提高猪仔成活率、提高猪肉中 DHA 的含量，饲喂公猪时还可以改善公猪精液品质（徐彬等，2007；司马盼盼等，2012）。

正鉴于此，一直致力于做高端科技饲料的安佑集团才得以投资大量的精力去开发此类产品，为提高动物的食用价值，提高肉蛋类食品的营养水平而不断的努力。

6 存在的问题

微生物发酵生产 DHA 的研究已经取得一定的进展，但还存在以下的问题：

一是缺乏高产 DHA 的优质菌种，在发酵过程中菌体生长速率低，生长不稳定，脂质含量和 DHA 含量不高。相关研究大多停留在实验室阶段，尚未实现规模化应用；

二是探索适合应用于工业的 DHA 提取方法，以尽可能实现本高效率；

三是发酵底物成本，尚需探索微生物可利用的廉价底物，以降低其生产成本，提高产出比；

四是 DHA 是多不饱和脂肪酸，极易被氧化，氧化后其营养价值丢失，且会带来一定的危害。因此如何防止 DHA 在提取、精制、贮藏过程中氧化成为将其成功应用的一项关键技术。

7 展 望

利用裂殖壶菌发酵生产 DHA 具有广阔的发展及应用空间。虽然国内对这方面有深入研究，但是在实现规模化工业生产之前依然有很长的路要走。如何针对研究及生产过程中出现的问题，采取适当的方案去解决这些问题成为其发展的瓶颈。目前出现的各种研究手段，高密度发酵（Ganuza, et al, 2008；钟惠昌，2009）、遗传育种（许永等，2012）、代谢调控等也必将促进该产业的健康、持续发展。

8　研究成果展示

安佑集团围绕裂殖壶菌也做了大量的研究工作，开发了一种富含 DHA 的饲料添加剂产品。经发酵培养基优化和发酵工艺优化后，裂殖壶菌的生物量在 20 g/L 以上，油脂含量占细胞干重 45% 以上，DHA 占总脂肪酸 25% 左右，与文献报道的相同菌株的生物量及 DHA 产率相比有较大的提高（Wu, *et al*, 2005；赖雅琪，2013；Singh, *et al*, 1996）。

为更大程度地提高生产效率，今后将会对菌株进行诱变和驯化，进一步研究提高发酵所得生物量和产 DHA 的能力方法（图2，图3）。

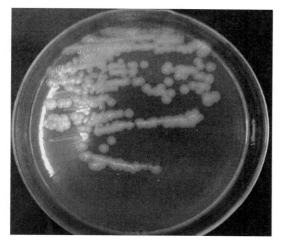

图2　裂壶藻菌落形态

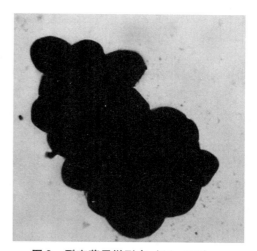

图3　裂壶藻显微形态（16 × 100）

表6　安佑裂壶藻粉脂肪酸分析

脂肪酸种类	脂肪酸组成（%）
肉豆蔻酸 C14：0	10.32
棕榈酸 C16：0	47.14
棕榈油酸 C16：1	0.43
硬酯酸 C18：0	0.70
油酸 C18：1	0.22
十七酸 C17：0	1.14
花生四烯酸 C20：4n6	0.35
花生酸 C20：0	0.14
二十二碳六烯酸 C22：6n3	24.30
二十碳五烯酸（EPA）C20：5n3	0.23

表7　安佑裂壶藻粉与某市售产品的比较

项目（以干基质计）	金达威	安佑
DHA（%）	≥18	≥9
粗脂肪（%）	≥40	≥45
粗蛋白（%）	≥10	−

参考文献

［1］Abril R，Garrett J，Zeller S G，*et al*，Safety assessment of DHA－rich microalgae from Schizochytrium sp－Part V：target animal safety/toxicity study in growing swine ［J］. Regulatory Toxicology and Pharmacology，2003，37（1）：73－82.

［2］Nakahara T，Yokoehi T，Higashihara T. Production of docosahexaenoic and docosapentaenoic by Schizochytrium sp. isolated from YaP islands ［J］. JAOCS，1996，73（11）：1 421－1 426.

［3］黄和，任路静，肖爱华，等. 一种裂殖弧菌及其生产 DHA 油脂的方法 ［P］. 中国专利，200910033869.

［4］Ratledge C. Fatty acid biosynthesis in microorganisms being used for Single Cell Oil production ［J］. Biochimie，2004，86（11）：807－815.

［5］Cao Y，Cao Y，Zhao M. Biotechnological production of eicosapentaenoic acid：From a metabolic engineering point of view ［J］. Process Biochemistry，2012，47（9）：1 320－1 326.

［6］许友卿，张海柱，丁兆坤. 二十二碳六烯酸和二十碳五烯酸研究进展（1）［J］. 生物学通报，2007（11）：13－15.

［7］魏萍，马小琛，任路静，等. 裂殖壶菌发酵生产 DHA 研究进展 ［J］. 食品工业科技，2010（10）：398－401，404.

［8］谢辰. 裂殖壶菌高产 DHA 的发酵技术研究 ［D］. 硕士学位论文. 武汉：华中科技大学，2012.

［9］Ren L，Huang H，Xiao A，*et al*. Enhanced docosahexaenoic acid production by reinforcing acetyl－CoA and NADPH supply in Schizochytrium sp. HX－308. Bioprocess and biosystems engineering 2009；32：837－843.

［10］Zhou L，Lu Y H，Zhou MH. Enhanced production of docosahexaenoic acid using Schizochytrium sp. by optimization of medium components ［J］. J Chem eng JPN，2007，40（12）：1093－1100.

［11］宋晓金. 富含 DHA 的裂殖壶菌的工业化生产试验、脂肪酸提取及应用研究 ［D］. 硕士学位论文. 青岛：中国海洋大学，2008.

［12］陈诚. 裂殖壶菌（Schizochytrium limacium SR21）发酵制备二十二碳六烯酸（DHA）过程的初步研究 ［D］. 硕士学位论文. 浙江：浙江大学，2007.

［13］张娟梅，江贤章，黄建忠. 裂殖壶菌 Schizochytrium sp. FJU－512 细胞油脂的研究 ［J］. 福建师范大学学报，2007（02）：75－80.

［14］王申强. 裂殖壶菌产 DHA 的发酵工艺研究及高产菌株选育 ［D］. 硕士学位论文. 无锡：江南大学，2013.

［15］陈秀丽，岳洪源，李连彬，等. 裂殖壶菌粉对蛋鸡生产性能、蛋品质、血清生化指标和蛋黄二十二碳六烯酸含量的影响 ［J］. 动物营养学报，2014（03）：701－709.

［16］王际英，乔洪金，黄炳山，等. 一种以微藻粉作为脂肪源的海水鱼配合饲料及加工方法 ［P］. 中国，CN 103156092 A. 2013.

［17］徐彬，崔佳，李绍钰，等. 日粮中不同来源多不饱和脂肪酸对育肥猪生长性能和猪肉脂肪酸组成的影响 ［J］. 中国饲料，2007（9）：27－30.

［18］司马盼盼，张艳. 富含 n－3 多不饱和脂肪酸保健猪肉的生产 ［J］. 养猪，2012（04）：71－72.

［19］Ganuza E，Anderson A J，Raledge C. High－cell－density cultivation of Schizochytrium sp. in an ammonium/pH－auxostat fed－batch system ［J］. Biotechnology letters，2008，30（9）：1559－1564.

［20］钟惠昌. 高密度培养裂殖壶菌发酵生产 DHA 的方法 ［P］. 中国，CN 101812484 A. 2009.

［21］许永，臧晓南，徐涤，等. 裂殖壶菌诱变筛选的研究 ［J］. 中国海洋大学学报，2012，42（12）：54－58.

［22］Wu S T，Yu S T，Lin L P. Effect of culture conditions on docosahexaenoic acid production by Schizochytrium sp. S31 ［J］. Process Biochemistry，2005（40）：3103 –3108.

［23］赖雅琦. 控制溶氧分阶段培养提高裂殖壶菌 DHA 产率的研究［D］. 硕士学位论文. 浙江：浙江大学，2013.

［24］Singh A，Wilson S，Ward O P. Docosahexaenoic acid（DHA）production by Thraustochytrium sp. ATCC 20892［J］. World J Microbiol Biotechnol，1996（12）：76 –81.

微生物发酵技术在我国饲料资源开发中的应用

宋增廷　　王华朗

（广东恒兴饲料实业股份有限公司，广东湛江　524094）

摘　要： 非常规饲料资源的开发和利用对于缓解当前常规饲料资源不足的现状以及降低饲料成本具有重要意义。本文综述了微生物发酵技术在饲料资源开发中的作用及其在我国猪、禽、反刍动物和水产动物饲料资源开发中的应用效果，并简要阐述了该领域存在的问题及今后的工作重点，以期为我国饲料资源开发和饲料生产提供参考。

关键词： 微生物发酵技术；饲料资源；开发

随着饲料工业的发展，我国饲料原料短缺的问题越来越明显。我国70%以上的豆粕和鱼粉等优质蛋白质饲料资源依赖进口，常规能量饲料玉米也远达不到自给水平。我国饲料的总产量已由2008年的1.37亿吨增加到2012年的1.94亿吨，增加了41.6%。与之相比，我国粮食产量增长幅度相对较低，2008—2012年间仅增加11.5%。然而，随着我国经济发展和城镇化推进，我国的耕地面积正在逐年减少。2012年我国的耕地面积为18.26亿亩，已接近2007年国家规定的18亿亩这一耕地红线。耕地和草原面积等方面的制约因素以及畜禽养殖业今后的发展趋势决定了我国饲料短缺的局面将继续存在并有可能成为今后发展的瓶颈。可喜的是，非常规饲料资源的开发和利用一直受到政府、科研工作者和饲料生产者的重视。近年来，我国常规饲料资源的开发和研究也比较活跃。

微生物发酵技术是生物技术的重要组成部分，在现代饲料工业生产中发挥着越来越重要的作用。目前畜禽配合饲料中广泛使用的诸如氨基酸、维生素、酶制剂、益生菌等添加剂多数是通过微生物的发酵过程获得的。随着生物工程技术的迅速发展、动物营养学理论的逐步完善以及相关技术的不断进步，微生物发酵技术已经与饲料生产紧密结合并表现出强劲的发展势头。除了添加剂的生产，近年来微生物发酵技术也逐步用于提高非常规饲料的饲用价值，这为非常规饲料资源的开发利用提供了有力的技术支持和新的思路。本文拟对近年来微生物发酵技术在我国饲料资源开发中的应用状况进行简要综述，旨在为饲料生产者提供参考和借鉴。

1　微生物发酵技术概况

微生物发酵技术其实具有悠久的历史，我国的酿酒、酿醋即是微生物发酵技术应用的范例。然而，按照化学工程的模式来处理发酵工业生产的问题也是近几十年的事情。发酵工程，也称微生物工程，它采用现代工程技术手段，利用微生物的特性，生产各种产品的生物工程技术。目前，发酵工程在食品领域、工业生产和医药研发等领域中都发挥着极其重要的作用。在饲料工业领域，目前畜禽配合饲料中广泛使用的氨基酸、维生素、酶制剂、益生菌多数是现代发酵工程的产物。

2 微生物发酵技术在饲料资源开发中的作用

2.1 改善原料的适口性

饲料适口性是饲料的滋味、香味和质地特性的总和，是动物在觅食、定位和采食过程中视觉、嗅觉、触觉和味觉等感觉器官对饲料的综合反应，它通过影响动物的食欲来影响采食量（刘绍伟等，2006）。而采食量又是影响动物生产性能和生产效率的重要因素。因此，饲料适口性的相关研究日益受到人们的重视。影响饲料适口性的主要因素有（刘绍伟等，2006）：①单宁、硫葡萄糖苷、芥子碱、植物凝集素、水溶性非淀粉多糖等抗营养因子含量；②呈味物质含量；③颗粒大小、质地等物理性状。研究表明，微生物发酵具有以下作用：①有效降低菜籽粕中的单宁（王晓凡，2012）、硫苷（刘永萍，2012；王启为等，2010；罗振福，2010；付敏，2013）、异硫氰酸酯（付敏，2013；Xu，et al，2011；Chiang，et al，2010）、棉籽粕中的游离棉酚（乔晓艳等，2013；秦金胜等，2010；Tang，et al，2012；Sun，et al，2013）、豆粕中的抗原蛋白和胰蛋白酶抑制因子（Zhang，et al，2013）等抗营养因子；②提高饲料原料中有机酸、游离氨基酸等呈味物质（乔晓艳等，2013；任雅萍等，2011；聂存喜等，2012；张博等，2011）、降低原料中的异味（负建民等，2010）、增加芳香气味（黄和等，2010；任克宁等，2010）；③改善原料的质地（张博等，2011）。因此，微生物发酵后饲料原料的适口性增强，添加于日粮中提高了动物的采食量（Xu，et al，2011；Tang，et al，2012；Sun，et al，2013）。

2.2 部分降解动物难于消化的营养成分

对于猪、禽等非反刍动物而言，作物秸秆、糟渣等植物性饲料中纤维素尤其是木质化的纤维素的可消化性很有限。而在动物加工副产品中，羽毛粉中的角蛋白化学结构很稳定，很难被一般的蛋白酶水解。若用理化方法对羽毛粉进行处理，易导致氨基酸破坏、耗能高、污染高等问题。近期研究表明，经复合微生物的作用后玉米秸秆、醋糟和棉粕中的纤维素分别可以降低30%、25%和15%以上（乔晓艳等，2013；郭乐乐等，2013；徐秀梅等，2013）。聂康康（2009）筛选了一株高降解活性的短小芽孢杆菌（WHK4），发酵条件经优化后可使羽毛粉的降解率达到74.4%（聂康康，2009）。

2.3 降低抗营养因子和毒素的含量

饼粕类饲料中的抗营养因子和毒素一直是人们关注的焦点。菜籽粕中的硫苷、异硫氰酸酯、单宁、植酸以及棉籽粕中的游离棉酚等抗营养因子或有毒成分限制了其在畜禽饲料中的使用量。即使是配合饲料中常用的豆粕所含的大豆抗原、胰蛋白酶抑制因子、植物凝集素、单宁等抗营养因子也限制了其在仔猪和水产动物饲料中的使用。近期研究发现，微生物发酵是降低上述饼粕类饲料中抗营养因子和毒素的有效措施。在菜籽粕的诸多抗营养因子和毒素中经微生物发酵作用后硫苷、异硫氰酸酯、单宁和植酸的降解率分别可达65.0%~93.4%、63.3%~100%、85.7%和79.0%（刘永萍，2012；王启为等，2010；罗振福，2010；付敏，2013；Xu，et al，2011；Chiang，et al，2010），发酵中使用的微生物包括枯草芽孢杆菌、发酵乳杆菌、植物乳杆菌、粪肠球菌、酿酒酵母、假丝酵母、啤酒酵母、米曲霉、白地霉和黑曲霉等，只是作用效果随混合菌种中各菌种的组成和比例不同而异。在棉籽粕的抗营养因子和毒素中经微生物发酵作用后游离棉酚和植酸的降解率分别可达 48.1% ~ 74.4% 和 84.2%（乔晓艳等，2013；秦金胜等，2010；Tang, *et al*, 2012；Sun, *et al*, 2013），发酵中使用的微生物包括枯草芽孢杆菌、干酪乳杆菌和假丝酵母等，作用效果也是随菌种不同而异。Zhang 等（2013）报道，豆粕经枯草芽孢杆菌发酵后显著降低了大豆球蛋白、β－伴大豆球蛋白以及胰蛋白酶抑制因子等抗营养物质，其含量分别由 38.78 mg/kg、16.42 mg/kg 和 6.85 TIU/mg 降低到 16.26 mg/kg、24.35 mg/kg 和 1.15 TIU/mg（Zhang, *et al*, 2013）。

2.4 提高蛋白质的含量

在用微生物处理非常规饲料原料的过程中，随着发酵的进行所接种微生物不断代谢和增值，物料中的无机氮便以菌体蛋白的形式转化为有机氮，从而提高了发酵体系中真蛋白的含量。据报道，糟渣类和杂粕类非常规饲料原料在发酵后其真蛋白质或粗蛋白质含量都有不同程度的提高，因此其饲用价值也随之提高。

糟渣类饲料中一般蛋白质和淀粉含量较低，而粗纤维含量较高，若直接作为畜禽饲料营养价值低。资料显示，啤酒糟和马铃薯淀粉渣经微生物发酵后真蛋白含量分别可达 39.13%（王颖等，2010）和 16.52%（负建民等，2010），醋糟的真蛋白含量和木薯渣的粗蛋白质含量发酵后也分别提高了 15%（徐秀梅，2013）和 230%（艾必燕等，2012）。苹果渣和菠萝皮渣分别是苹果和菠萝两种水果加工的下脚料，发酵后水溶性蛋白质和粗蛋白质含量分别提高了 6.1 倍（任雅萍等，2011）和 4.7 倍（张健，2013）。对于棉籽粕和菜籽粕这两种杂粕来说，发酵后粗蛋白质也有一定程度的提高，增加量分别为 2.52%（乔晓艳等，2013）和 7.23%（罗振福，2010）。

此外，微生物发酵过程除能增加原料中蛋白质的含量外还能改变其品质并赋予其一定的功能。王晓凡（2012）采用复合菌种对菜籽粕进行固态发酵的研究中发现，经植物乳杆菌、枯草芽孢杆菌和米曲霉发酵的菜籽粕中蛋白质对超氧阴离子、1，1－二苯基－2－三硝基苯肼和羟自由基的清除作用以及总抗氧化活性明显优于发酵前的菜籽蛋白。

2.5 提供有益微生物及有益代谢产物

用于发酵的菌种对畜禽来说多数是有益微生物，且诸如枯草芽孢杆菌及酵母等也常作为益生菌添加于畜禽饲料中用于调节动物胃肠道的微生态平衡和提高动物机体的免疫力等。只要处理和使用得当，发酵产物中的这些有益微生物可以保持较高的活性（任克宁等，2010），饲喂动物后可发挥有益菌的生理作用。目前对发酵过程中营养成分变化方面报道较多的是在苹果渣（任雅萍等，2011）、棉籽粕（乔晓艳等，2013；Chang, *et al*, 2012）、菜籽粕（罗振福，2010；付敏，2013）等发酵产物中小肽和游离氨基酸量的显著提高，而且产生的某些肽类还具有生物活性（任雅萍等，2011）。

实际上，目前对发酵过程中原料各种营养成分变化规律的研究还远远不够，为更好地开发和利用非常规饲料资源并充分发挥微生物发酵技术在饲料资源开发中的作用应加强该方面的工作。代谢组学作为一种高通量、高灵敏度、高精确度的分析技术已广泛应用于微生物学、食品学、影像学、毒理学以及环境科学等领域的研究中，在动物营养、饲料添加剂和微生物发酵农副产品等饲料资源的开发利用方面具有很大的潜力和应用价值（聂存喜等，2011）。在此方面，聂存喜等（2012）通过液相色谱串联质谱代谢组学分析平台对棉籽粕发酵蛋白质饲料中的代谢产物进行了研究，发现发酵产物中含有大量小分子代谢产物，其中，糖类代谢产物有甘露醇、琥珀酸等，脂类代谢产物有磷酸胆碱、L-肉碱、甘油磷酸、磷脂酰乙醇胺和磷脂酰胆碱，蛋白质与氨基酸的代谢产物有二肽、三肽、甜菜醛、同型半胱氨酸等，其他途径代谢产物有烟酸、阿魏酸、尿嘧啶和乙醇醛等，且发现发酵产物中这些小分子代谢物的含量因发酵菌种的不同而异。

3 微生物发酵技术在非常规饲料资源开发中的应用效果

3.1 微生物发酵非常规饲料在家禽中的应用效果

近年来，人们对微生物发酵后的杂粕和糟渣类等饲料在家禽中的应用效果进行了很多验证性试验。研究结果表明，这些非常规饲料原料经发酵处理后对提高家禽的养分消化率和生产性能具有一定作用，而且对家禽肠道组织形态、微生物区系、消化酶活性和某些生理机能也有一定有益影响。聂存喜等（2011）在黄羽肉鸡日粮中添加6%的发酵棉籽粕发现，添加该发酵饲料可显著提高黄羽肉鸡对日粮干物质、粗蛋白质的表观消化率。夏素银等（2010）将棉籽饼、血粉和羽毛粉等发酵制备的蛋白饲料在替代肉仔鸡日粮中30%豆粕的情况下对肉鸡的生长性能和养分消化率仍没有负面影响。在生产性能的相关研究中，张伟伟等（2011）发现发酵的马铃薯渣替代20%的基础日粮可使白羽肉鸡的平均日增重由181 g/d增加到204.9 g/d，料重比由5.31降低到4.19，而在朱元召等（2010）的研究中，以棉籽粕、菜籽粕为底物发酵生产的发酵蛋白饲料等比例替代日粮中4%的豆粕可明显提高海兰褐蛋鸡的产蛋率。研究发现，日粮中使用10%的发酵菜籽粕后肉仔鸡回肠和空肠绒毛高度以及绒毛高度与隐窝深度之比显著升高，且盲肠和结肠中乳酸杆菌的数量显著增加（Chiang, et al, 2010），而发酵棉籽饼、血粉和羽毛粉等底物产生的发酵蛋白饲料替代肉仔鸡日粮中30%的豆粕能显著降低肉仔鸡直肠内大肠杆菌数量和腹泻率（夏素银等，2010）。Sun（2013）的研究结果表明，发酵棉籽粕替代日粮中8%的豆粕除能改善肠道微生物续期和组织形态外还提高了消化道中淀粉酶和蛋白酶等消化酶的活性。此外，相关研究还发现，发酵菜籽粕全部替代日粮中的豆粕提高了肉鸭血清中的IgG、IgM、磷和钙的含量（Xu, et al, 2011），发酵棉籽粕替代日粮中8%的豆粕提高了21~42日龄黄羽肉鸡血清中IgM、IgG、C4的水平（Tang, et al, 2012）。

3.2 微生物发酵非常规饲料在猪中的应用效果

断奶应激是对仔猪的一个严重考验，母子分离、营养从母乳转向配合饲料以及生存环境的巨大改变等因素综合作用常使仔猪断奶后出现采食量和饲料利用率下降、消化不良等不良反应。为减少断奶应激，实际生产中一般在断奶仔猪日粮中限制使用豆粕的用量并尽量避免使用菜籽粕、棉籽粕等杂粕。由于微生物的发酵作用能有效降低饼粕类饲料的抗营养因子或毒素含量，因此近年来人们在断奶仔猪日粮中不断尝试部分使用发酵豆粕甚至发酵棉籽粕并观察其使用效果。相关研究结果显示，断奶仔猪日粮中使用适当比例的发酵豆粕能提高其某些必需氨基酸的消化率（Zhang, et al, 2013）、增重速度（Zhang, et al, 2013；Wang, et al, 2014）、饲料转化率（Zhang, et al, 2013）并降低腹泻率（Zhang, et al, 2013），断奶日粮中适量添加棉籽粕、血粉和羽毛粉等原料的发酵产物也显著提高了断奶仔猪粗蛋白质、粗脂肪、钙和磷等养分的消化率和平均日增重（Zhang, et al, 2012）。

发酵菜籽粕和发酵棉籽粕在生长育肥猪中也有很好的使用效果。罗振福（2010）研究发现，用25%的混菌发酵后菜粕等氮替代生长猪日粮中的豆粕可提高其生长性能，改善粗蛋白质、干物质、磷和蛋氨酸的表观消化率，因此可提高经济效益。秦金胜等（2010）报道，棉籽粕发酵后因游离棉酚含量降低、品质得到改善故可以提高其在生长育肥猪饲料中的用量，发酵棉籽粕替代占日粮15%的豆粕时对生长育肥猪的生长性能无显著不良影响。

3.3 微生物发酵非常规饲料在其他动物中的应用效果

除了在猪、禽饲料中发挥多种作用外，微生物发酵饲料在反刍动物和水产动物中也具有一定应用效果。在反刍动物方面，吴道义等（2012）将鲜酒糟混菌发酵生产的酒糟生物饲料应用于肉牛日粮中，发现酒糟通过复合微生物发酵处理可以提高肉牛的增重速度，提高经济效益。余淼等（2013）将以玉米黄浆液、喷浆玉米纤维、酱糟等食品工业副产品为主要原料经复合微生物发酵得到的发酵饲料替代肉牛的精料补充料显著提高了肉牛血清总蛋白、白蛋白、IgA、IgG、IgM 的浓度以及总抗氧化能力和总超氧化物歧化酶的活性，这说明该发酵饲料具有提高肉牛免疫力和抗氧化能力的作用。

随着鱼粉价格的攀升以及总量的局限性，低鱼粉水产饲料逐渐成为水产行业一个备受关注的焦点。发酵豆粕以其相对较低的抗营养因子和毒素含量被当作鱼粉的潜在替代品。李小梅和张家学（2012）研究发现，用发酵豆粕适量替代日粮中的鱼粉可以提高凡纳滨对虾的成活率、饵料利用率和增重率。刘兴旺等（2010）研究发现，用发酵豆粕替代卵形鲳鲹日粮中17.6%和31.4%的鱼粉对其成活率和摄食无显著影响。赵丽梅等（2011）在饲料中用发酵豆粕替代23%的进口鱼粉后金鲳鱼的增重率、特定生长率、饲料系数无显著变化。

4 影响微生物发酵饲料质量的主要因素

4.1 菌 种

菌种是发酵过程的灵魂，是促成发酵产品各种优良性状和特定作用功能的基础和关键因素。因此，提高微生物发酵技术在饲料资源开发中的应用效果首要解决的问题是选择合适的菌种。选用菌种的基本原则有两个（陆文清等，2008）：一个是安全，即菌体本身不能产生有毒有害物质且使用过程中不会危害环境固有的生态平衡；另一个是有效，即菌体本身具有很好的生长代谢活力，能有效地降解大分子和抗营养因子或能保护和加强动物微生物区系的正平衡。

目前在饲料资源的开发中所使用的菌种主要包括乳酸菌、芽孢杆菌、酵母菌和霉菌四大类。不同种类微生物以及同类微生物中不同菌株之间的特性都会存在很大差异，例如，从对氧气的需求特性来说，芽孢杆菌好氧，酵母菌兼性厌氧，而乳酸菌专性厌氧，这些区别使得它们分别会成为不同固态发酵阶段的优势菌种。这提示我们：除了选择和开发安全有效的单一菌种外我们还应充分利用不同种类微生物间的协同效应，以更好地发挥多菌种发酵的优势。很多研究表明，合理比例的多菌种发酵效果均优于单一菌种（肖健等，2010；李娟等，2013；王丽媛，2010）。

4.2 生产工艺

生产工艺决定着产品的质量和生产的效率，因此是决定微生物发酵技术成败的要素

（陆文清等，2008）。选择合适的菌种配合适当的发酵条件和生产工艺才能达到良好的效果。目前人们已对菌种配比、接种量、氮源、碳源、料水比、发酵时间、通气量等工艺参数进行了的大量的研究，但微生物发酵饲料的生产工艺远不止这些，走规模化和产业化之路还必须注重原料处理、生产设备研发、成品处理和检测等多方面的研究。

5　小　结

目前微生物发酵技术在我国饲料资源的开发方面的应用仍处于初级阶段，存在的问题主要有：①设备简陋、技术落后，卫生条件差，尚没有形成生产技术标准。②发酵菌种来源繁杂，产品质量不稳定，尚缺乏产品的质量评价标准。③多数研究只停留在使用效果的验证上，缺乏发酵饲料产品产生积极作用的机理研究。④多数研究主要处于实验室阶段，把微生物发酵饲料真正应用于实际生产中还需要解决贮存、运输、使用方式、方法等若干问题，比如贮存和运输方法不当可能会由于杂菌污染造成腐败变质，而某些发酵饲料若经过干燥处理或高温制粒过程可能会因功能性物质的损耗而导致降低或失去利用价值。

为更好地发挥微生物发酵技术在我国饲料资源开发中的作用，今后一个阶段需要做的工作有：①加强发酵菌种的筛选，规范菌种的使用过程。②生产过程应更注重标准化、规模化和自动化，这有利于提高产品质量，也有利于降低生产成本和提高经济效益。③更加注重发酵过程及其发酵产品性能等方面的机理研究。④更加注重饲料资源开发和发酵饲料的产业化。微生物发酵技术充分利用了微生物的代谢动力对饲料原料进行生物深加工且具有多方面的有益作用，因此该项技术在我国饲料资源开发和饲料生产中必定会发挥越来越重要的作用。

参考文献

[1] 刘绍伟，罗仕欢．影响饲料适口性的主要因素及改善措施［J］．饲料与畜牧，2006（3）：34 – 37.

[2] 王晓凡．固态发酵菜籽粕及蛋白质改良的研究［D］．武汉：武汉工业学院，2012：20 – 52.

[3] 刘永萍．菜粕固态发酵及微生物降解硫苷的研究［D］．广州：暨南大学，2012：30 – 51.

[4] 王启为，史秀红，马志强，等．菜籽粕在马铃薯渣发酵生产蛋白饲料的研究［J］．粮食与饲料工业，2010（11）：49 – 51.

[5] 罗振福．菜粕的固态发酵工艺参数研究及在生长猪上应用效果评估［D］．长沙：湖南农业大学，2010：20 – 40.

[6] 付敏．菜籽饼混菌固态发酵工艺及发酵产品在生长猪上的营养价值评定［D］．雅安：四川农业大学，2013：19 – 39.

[7] Xu F Z, Li L M, Xu J P, et al. Effects of fermented rapeseed meal on growth performance and serum parameters in ducks［J］. Asian Australasian Journal of Animal Sciences, 2011, 24（5）：678 – 684.

[8] Chiang G, Lu W Q, Piao X S, et al. Effects of feeding solid – state fermented rapeseed meal on performance, nutrient digestibility, intestinal ecology and intestinal morphology of broiler chickens［J］. Asian Australasian Journal of Animal Sciences, 2010, 23（2）：263 – 271.

[9] 乔晓艳，蔡国林，陆健．微生物发酵改善棉粕饲用品质的研究［J］．中国油脂，2013，38（5）：30 – 34.

[10] 秦金胜，禚梅，许衡，等．发酵棉粕和普通棉粕替代豆粕对猪生长性能的影响［J］．新疆农业大学学报，2010，33（6）：496 – 501.

［11］Tang J W, Sun H, Yao X H, et al. Effects of replacement of soybean meal by fermented cottonseed meal on growth performance, serum biochemical parameters and immune function of yellow – feathered broilers ［J］. Asian Australasian Journal of Animal Sciences, 2012, 25 （3）: 393 – 400.

［12］Sun H, Tang J W, Yao X H, et al. Effects of dietary inclusion of fermented cottonseed meal on growth, cecal microbial population, small intestinal morphology, and digestive enzyme activity of broilers ［J］. Tropical Animal Health and Production, 2013 （45）: 987 – 993.

［13］Zhang H Y, Yi J Q, Piao X S, et al. The metabolizable energy value, standardized ileal digestibility of amino acids in soybean meal, soy protein concentrate and fermented soybean meal, and the application of these products in early – weaned piglets ［J］. Asian Australasian Journal of Animal Sciences, 2013, 26 （5）: 691 – 699.

［14］任雅萍, 薛泉宏, 来航线. 苹果渣发酵饲料活性物质含量及影响因素研究 ［J］. 饲料工业, 2011, 32 （12）: 5 – 39.

［15］聂存喜, 张文举, 闫理东, 等. 棉籽粕源发酵蛋白质饲料的代谢产物研究 ［J］. 动物营养学报, 2012, 24 （8）: 1 602 – 1 609.

［16］张博, 李钢平, 何焱. 微生物发酵原料部分替代饲料原料在商品猪上的应用效果研究 ［J］. 饲料工业, 2011, 32 （20）: 53 – 55.

［17］贠建民, 刘陇生, 安志刚, 等. 马铃薯淀粉渣生料多菌种固态发酵生产蛋白饲料工艺 ［J］. 农业工程学报, 2010, 26 （增刊2）: 399 – 404.

［18］黄和, 王玲, 陈仰真. 菠萝皮发酵生产饲料蛋白优良菌种的筛选 ［J］. 中国饲料, 2010 （9）: 36 – 39.

［19］任克宁, 张福元, 牛岚, 等. 混菌固态发酵苹果渣生产生物饲料的研究 ［J］. 饲料博览, 2010 （2）: 1 – 4.

［20］郭乐乐. 发酵玉米秸秆营养成分分析及其对鸡饲喂效果的研究 ［D］. 保定: 河北农业大学, 2013.

［21］徐秀梅. 利用醋渣生产微生物发酵饲料的研究 ［J］. 中国调味品, 2013, 38 （8）: 93 – 101.

［22］聂康康. 一株高效羽毛角蛋白降解菌的分离鉴定、发酵试验及其角蛋白酶酶学性质研究 ［D］. 南京: 南京农业大学, 2009: 31 – 42.

［23］王颖, 马海乐. 混菌固态发酵啤酒糟生产蛋白饲料的研究 ［J］. 饲料工业, 2010, 31 （17）: 26 – 28.

［24］艾必燕, 刘长忠, 陈建康, 等. 木薯渣发酵饲料的工艺筛选 ［J］. 饲料工业, 2012: 3 （7）: 57 – 60.

［25］张健. 利用菠萝皮渣混菌发酵生产高蛋白质生物饲料的研究 ［J］. 中国饲料, 2013 （7）: 41 – 42.

［26］Chang J, Yin Q Q, Wang P P, et al. Effect of fermented protein feedstuffs on pig production performance, nutrient digestibility, and fecal microbes ［J］. Turkish Journal of Veterinary and Animal Sciences, 2012, 36 （2）: 143 – 151.

［27］聂存喜, 冯莉, 张文举. 微生物代谢组学及其在饲料产品开发中的作用 ［J］. 动物营养学报, 2011, 23 （4）: 563 – 570.

［28］聂存喜, 张文举, 闫理东, 等. 棉粕源生物发酵饲料对黄鱼肉鸡表观消化率、血液生化指标、免疫指标的影响 ［J］. 中国家禽, 2011, 33 （23）: 23 – 27.

［29］夏素银, 王成章, 严学兵, 等. 发酵蛋白饲料替代豆粕对肉仔鸡生长性能、养分消化率及肠道菌群的影响 ［J］. 动物营养学报, 2010, 22 （2）: 352 – 357.

［30］张伟伟, 邵淑丽, 徐兴军. 马铃薯渣发酵饲料饲喂肉鸡效果的研究 ［J］. 中国家禽, 2011, 33 （16）: 64 – 65.

［31］朱元召, 葛金山, 姚宝强, 等. 发酵植物蛋白质饲料替代豆粕对蛋鸡产蛋性能和蛋品质的影响 ［J］. 饲料博览, 2010 （10）: 1 – 5.

［32］Wang Y, Lu W Q, Li D F, et al. Energy and ileal digestible amino acid concentrations for growing pigs and performance of weanling pigs fed fermented or conventional soybean meal ［J］. Asian Australasian Journal of Animal Sciences, 2014, 27 （5）: 706 – 716.

［33］吴道义，刘翠娥，周理扬. 酒糟生物饲料对肉牛育肥效果研究［J］. 饲料博览，2012（1）：1－4.

［34］余淼，严锦绣，彭忠利. 微生物发酵饲料对肉牛免疫机能的影响［J］. 中国畜牧兽医，2013，40（4）：114－117.

［35］李小梅，张家学. 不同发酵豆粕产品替代鱼粉对凡纳滨对虾生长影响的研究［J］. 饲料工业，2012，33（12）：10－13.

［36］刘兴旺，王华朗，张海涛，等. 豆粕和发酵豆粕替代鱼粉对卵形鲳鲹摄食生长的影响［J］. 中国饲料，2010（18）：27－36.

［37］赵丽梅，王喜波，张海涛，等. 金鲳鱼饲料中发酵豆粕替代鱼粉的研究［J］. 中国饲料，2011（11）：20－22.

［38］陆文清，胡起源. 微生物发酵饲料的生产与应用［J］. 饲料与畜牧，2008（7）：5－9.

［39］肖健，来航线，姜林，等. 不同菌株对苹果渣青贮饲料发酵效果的影响［J］. 西北农林科技大学学报，2010，38（3）：83－88.

［40］李娟，王文丽，赵旭. 马铃薯渣和玉米秸秆混合发酵产蛋白质饲料研究［J］. 中国饲料，2013（11）：40－42.

［41］王丽媛. 苹果渣固态发酵饲料蛋白的研究［D］. 西安：陕西师范大学，2010：49－50.

生物饲料及其添加剂的研究进展

张俊平　彭　祥　卢红卫　唐守营

（北京挑战牧业科技股份有限公司，北京　100081）

摘　要：随着畜牧业和饲料工业的发展，生物饲料及其添加剂越来越备受瞩目。本文旨在就生物饲料及其添加剂的研究进展进行综述，为其今后在畜牧业生产上的科学应用及相关研究提供参考。

关键词：生物饲料；畜牧业生产；应用

随着人民生活水平的提高和人口的迅速增长，对粮食和畜产品的需求迅猛增长，进而对饲料的需求量越来越大，畜牧业的发展与饲料短缺的矛盾十分突出。因此饲料资源开发与饲料添加剂的开发及其产业化已成当务之急。

生物饲料主要是利用微生物发酵等高新技术生产的饲料或饲料添加剂，它是一种安全、高效、新型的饲料产品，其在动物生产中应用对促进动物肠道健康、增强消化吸收、提高免疫力和改善生产性能等发挥了重要作用，已越来越受到畜牧养殖业的青睐（杨丽英等，2010）。使用生物饲料产品可降低畜禽氮、磷的排放量，改善畜禽圈舍环境，从而减轻养殖业造成的环境污染，并且能减少饲用抗生素的使用，为提供优质、安全的动物产品具有重要的意义，同时还有利于节约粮食，减缓人畜争粮的问题，为饲料资源的开发利用提供一种新的有效途径。

1　生物饲料

生物饲料是指以饲料和饲料添加剂为对象，以基因工程、蛋白质工程、发酵工程等高新技术为手段，利用微生物发酵工程开发的新型饲料资源和饲料添加剂，主要包括饲料酶制剂、益生素、抗菌蛋白、天然生物活性提取物等（蔡辉益，2014）。其作用机理如下：

1.1　提高生产性能

生物饲料中的有益微生物产生的蛋白酶、脂肪酶、纤维素酶和半纤维素酶，可以促进畜禽的消化和吸收，显著提高饲料的利用率。饲料经微生物发酵后能产生多种不饱和脂肪酸和芳香酸，具有特殊的芳香味和良好的适口性，可明显刺激畜禽的食欲，增加采食量（杨丽英等，2010）。

1.2　改善肠道微生态环境

生物饲料含有乳酸菌、酵母菌、芽胞菌等各种有益菌，动物采食后，会使有益菌占到绝对优势，从而抑制有害菌和致病菌的数量，进而改善动物的肠道微生态环境（陈立华，2014）。Mountzouris 等（Mountzouris, et al, 2010）研究了不同水平的混合益生菌（主要是乳酸菌和双歧杆菌）对肉鸡粪中菌群组成的影响，结果显示，益生菌提高了粪中乳酸杆菌和双歧杆菌的浓度，降低了粪中大肠杆菌的浓度。Choi 等（2011）试验比较了液体深层发酵和固体底物发酵产生的由多菌株组成的益生菌和抗生素对断奶仔猪的影响，结果显示，固体底物发酵产生的益生菌改善了粪中的菌群结构，提高了粪中乳酸杆菌的含量并且减少了粪中梭菌和大肠杆菌的数量。Bon 等（2010）用混合益生菌（布拉酿酒酵母菌和乳酸片球菌）饲喂仔猪，增加了小肠黏膜高度和隐窝深度，并且显著降低了大肠杆菌数量。

1.3 提高机体免疫功能

生物饲料中的有益菌群是良好的免疫激活剂。通过产生抗体和提高噬菌活性等作用刺激免疫系统，有效地提高巨噬细胞的活性，激发机体体液免疫和细胞免疫，导致机体免疫力和抗病能力的增强。

1.4 降低氨气，改善环境

随着畜禽业规模化、集约化的发展，养殖过程中产生的有害气体已是环境污染的一个重要来源。畜舍中有害气体达到一定浓度会降低了动物对疾病的抵抗力和生产性能，通常会采用通风换气、放置气体吸附剂或喷洒化学除臭剂和在饲料中加入添加剂等方法来降低畜舍中有害气体含量。动物体内和体外试验的研究结果表明，微生物饲料添加剂可以减少有害气体的产生（徐鹏等，2012）。

Chang 等（2003）报道在肉鸡饲粮中添加乳酸菌可以显著降低鸡舍中的氨气水平、粪便 pH 值和水分含量都明显降低，还可以降低一些挥发性有机物质（如 1 - 丙醇、1 - 丁醇、3 - 甲基己烷和 2 - 甲苯等）和气体（如丁酮、己醛和二甲基二硫醚等）的含量，说明乳酸菌可以减少肉鸡舍中有害气体的产生，显著改善畜舍环境。Chu 等（2011）报道，益生菌减少有害气体产生是由于其改变了粪便中挥发性脂肪酸组成，显著降低了粪便中丙酸盐含量。畜舍中恶臭气体的产生和粪便的残留是由于粪便中没有足够使之降解的微生物（Daris, et al, 2008）。

2 生物饲料添加剂

2.1 饲用酶制剂

饲用酶制剂是一种以酶为主要功能因子、通过特定生产工艺加工而成的饲料添加剂（赵燕飞等，2004），是利用生物工程技术生产的生物活性物质，可将难以消化吸收的蛋白质、脂肪、碳水化合物等分解为葡萄糖、氨基酸、游离脂肪酸等动物易吸收成份，而提高饲料转化率、减少动物排泄物中有害物质含量、降低环境污染。

饲料中所添加的酶制剂通常是由细菌和真菌发酵产生的酶，即微生物体内合成的高效能生物活性物质，主要通过降解饲料中各种营养成分或者改变动物胃肠道内的酶系组成，促进动物消化吸收，从而发挥作用（宋琳琳，2009）。其主要作用机理如下。

2.1.1 补充内源消化酶的不足，提高内源酶的活性和分泌

外源酶可刺激内源酶活，幼龄动物或应激状态下的动物，酶的分泌能力较弱，在饲料中添加可分解纤维素、蛋白质、淀粉的酶制剂，在补充内源消化酶的不足，提高内源酶的活性的同时，还能水解 SNSP（可溶性非淀粉多糖），有利于提高内源酶的分泌，从而促进畜禽对养分的消化吸收，促进畜禽生长，提高饲料转化率（常文环等，2014）。

2.1.2 破坏植物细胞壁，提高营养物质的利用率

酶制剂通过分解非淀粉多糖构成的物质（这些物质通过共价键或氢键相互交联，共同构成细胞壁结构，保护和支持细胞内容物），有效破坏植物细胞壁结构，暴露细胞壁保护的蛋白质等养分，将不可吸收的多糖分解为可以吸收的小分子糖。

2.1.3 降低消化道食糜黏度，减少疾病发生

SNSP 可溶于水成为粘性的凝胶，增加肠道内容物的黏稠度，降低营养物质的吸收率，添加酶制剂，可有效降低因黏度引起的营养物质在动物肠道的蓄积，从而改善营养吸收，减少肠道致病菌群，降低胃肠道疾病的发生。

2.1.4 消除抗营养因子

饲料中存在着多种诸如植物凝血素、蛋白酶抑制因子等不能被内源酶水解的抗营养因子，影响营养物质的消化吸收，不同饲料成分含有不同的抗营养因子。抗营养因子具有抗营养作用。抗营养因子产生作用的方式包括抗营养因子在畜禽胃肠道内与养分结合形成复合物，从而阻止养分的吸收；另外抗营养因子直接抑制对养分消化吸收具有促进作用的内源酶活性，饲料中的半纤维素和果胶溶于水后会产生黏性溶液，增加了消化道内容物的黏稠度，使营养物质和内源酶难以扩散，缩短了饲料通过肠道的时间，影响了动物的消化吸收。在复合酶的协同作用下，可将纤维素、果胶以及糖蛋白降解为单糖和寡糖，降低了肠道内容物的黏稠度，减少了此类物质对消化利用的阻碍，增加了养分的消化吸收（张开磊等，2014）。

2.2 益生素

益生素是指摄入动物体内参与肠内微生物平衡的具有直接通过增强动物对肠内有害微生物群落的抑制作用，或者通过增强非特异性免疫功能来预防疾病，而间接起到促进动物生长作用和提高饲料转化率的活性微生物培养物。

2.2.1 提高饲料转化率

有益菌在动物肠道内生长繁殖可以产生多种消化酶，如水解酶、发酵酶和呼吸酶等，有利于降解饲料中的蛋白质、脂肪和复杂的碳水化合物，并能促进消化道内多种氨基酸、B 族维生素等营养成分的有效合成和吸收利用，促进铁、钙等元素的吸收，补充机体营养素，促进畜禽生长（陶家树，2002）。另外，许多微生物本身富含营养物质，添加到饲料中可作为营养物质被动物摄取吸收，从而促进动物的生长发育。

2.2.2 增高动物机体免疫功能

益生素中的有益菌可以成为宿主的非特异性免疫调节因子，能够增强吞噬细胞、嗜中性粒细胞、NK 细胞的活力，促使机体细胞产生干扰素；同时益生素也可以作为佐剂刺激特异性免疫应答，增强血清中 IgA、IgM 和 IgG 水平。乳酸杆菌能够以某种免疫调节因子的形式发挥作用，刺激肠道局部免疫反应。另外，有研究发现，乳酸双歧杆菌和约氏乳杆菌能在体外增强吞噬细胞对大肠杆菌的吞噬作用，而当沙门氏菌和嗜热链球菌一起使用时可显著提高血清中的 IgA 含量（Mountzouris, et al, 2007）。

2.2.3 改善肠道微生物菌群

动物的肠道内存在着很多种的细菌，这些细菌与宿主保持着动态平衡，肠道内细菌多数以厌氧菌（优势菌群）为主，因此，优势菌群即厌氧菌对整个菌群起决定作用。动物在受到应激时，肠道菌群也会随之发生变化（胡彦卿等，2013）。当应激超过一定生理范围

时，这些肠道菌群就会失去平衡，兼性厌氧菌及需氧菌大量繁殖，专性厌氧菌减少，肠道菌群失调，引起机体消化机能的紊乱，抑制动物生长发育，严重的可导致疾病发生。益生素为动物提供活的有益微生物进入到肠道后定植、占位、生长和繁殖，与肠道内的有害菌竞争营养物质，从而有效抑制了有害菌的生长；并且益生素提供的有益菌在肠道内生长和繁殖需要消耗大量的氧气，夺取其他需氧菌（有害菌）的生存条件，使有害菌分解、排出体外。研究还发现，益生素能够有秩序地定植于黏膜、皮肤等表面或细胞之间，形成生物屏障，这些屏障可以阻止病原微生物的定植，起到占位、争夺营养、互利共生或颉颃作用（罗晓花等，2007）。

2.2.4　改善肠道内环境

益生素在生长代谢过程中，会产生二氧化碳、过氧化氢、细菌素及有机酸等一些抗微生物活性的代谢产物，降低肠道 pH 值，同时改变黏膜层及肠道内环境，创造不利于有害菌生长的环境，从而抑制病原菌生长，净化肠道内环境（胡彦卿等，2013）。另外，某些细菌如双歧杆菌和乳酸杆菌还能减少内毒素等有害物质，还能产生一些抑制酶，抑制肠道内氨、生物胺、吲哚和酚及腐败物等物质的产生，使有害产物得到控制，进一步净化肠道内环境。

2.3　天然生物活性提取物

天然生物活性提取物又称植物提取物，因其具有良好的抗菌和促生长作用，并且无药物残留，被认为是一种"安全、高效、稳定、环保、可控"的绿色添加剂。目前研究较多的有效成分为香芹酚、百里香酚和肉桂醛等。

2.3.1　香芹酚

香芹酚又称香荆芥酚，存在于唇形科植物牛至全草的挥发油中，石香薷等全草植物中也含有香芹酚。香芹酚抗菌活性主要是通过其强大的表面活性和脂溶性，使细菌细胞壁结构蛋白的变性和凝固，迅速穿透致病微生物的细胞膜，使细胞内容物流失并组织线粒体吸取氧气，导致细胞内关键过程受阻，从而使细胞成分渗漏，水分失去平衡，最终使细菌死亡（Lambert, et al, 2001）。香芹酚可预防和治疗动物胃肠道内的感染。如大肠杆菌、沙门氏菌、巴氏杆菌、葡萄球菌、链球菌、球虫等引起的疾病。具有抗微生物生长、抗黄曲霉毒素、抗氧化功效，防止饲料变质，并且无残留，无污染，微生物对其不产生耐药性，与抗生素无配伍禁忌（刘猛等，2011）。

2.3.2　百里香酚

百里香酚又称麝香草酚，最初是从百里草中分离得到而得名的。百里香酚是一种单萜酚，是衍伞花烃的生物，麝香草酚是百里香等芳香植物精油的主要成分，是 FDA 批准使用的天然食品添加剂和药物成分，在制药、食品和饮料生产中有广泛应用（Pramila, et al, 2004）。

大量研究表明，百里香酚具有抗菌性，对细菌和真菌都有明显的抑制作用。Osman（2003）对 16 种不同的土耳其香料水溶胶的抗菌活性进行了研究，百里香具有抑制大部分细菌生长的作用；闭兴明等（2009）研究结果表明，麝香草酚（THY）有较好的抗真菌活性和两性霉素 B（AMB）联合应用具有协同抗真菌作用；Iraj 等（2004）以两种百里香精油为试验对象，都对寄生霉菌黄曲霉有明显的抑制作用；张静等（2009）在离体条件下研究百里香酚对植物病原真菌的抑制作用，结果表明百里香酚对供试的 10 种真菌的菌丝生长均有一定的抑制作用；还有研究表明百里香酚还具有抗氧化作用（Seung – Joo, et al, 2005）和抗血栓作用（Junichiro, et al, 2005）。

2.3.3 肉桂醛

肉桂醛一般是由肉桂树的叶和梗经过水蒸汽蒸馏并重蒸精制而成，含量达 75% ~ 80%，并含少量乙酸桂皮酯、桂皮酸、乙酸苯丙酯等（刘猛等，2011）。

肉桂醛细菌和真菌有很强的抑制作用（Cutierrez, et al, 2010），其作用机理是对病原菌主要表现在提高宿主的防御性，抑制分生孢子萌发和形成，致使分生孢子发生消解，导致菌丝体形态产生异常，长时间干扰菌体生长（王雨琼等，2014）。肉桂醛能够抑制细胞壁 ATPases 的形成（Sherikh, et al, 2010），在电镜扫描下观察到细胞形态发生变化，细胞表面损伤，大量内容物外泄（Sherikh, et al, 2011），导致细胞死亡。

Michiels 等（2007）通过建立体外模拟小肠环境研究发现，4 种植物添加剂对肠道大肠杆菌的抗菌性依次为：肉桂 > 香芹酚 > 麝香草酚 > 丁香酚。王改琴等（2014）采用琼脂平板孔洞法分别对不同来源的肉桂醛、香芹酚等植物精油及其混合物进行体外抑菌效果筛选和评估。结果表明，香芹酚、肉桂醛、百里香酚和丁香酚对大肠杆菌、沙门氏菌、金黄色葡萄球菌等常见动物消化道内有害菌有很好的抑菌效果，其抑菌顺序为肉桂醛 > 香芹酚 > 丁香酚 > 百里香酚，结果和 Michiels 报道的一致。王新伟等（2011）采用纸片扩散法以及双倍稀释法研究牛至油、香芹酚、柠檬醛和肉桂醛对面包酵母和黑曲霉的抑菌效果、最小抑菌浓度（CMIC）和最小杀菌浓度（CMFC），结果表明，肉桂醛对黑曲霉的最小抑制浓度和最低杀菌浓度均为 0.125 μg/mL。Mehmet 等（2010）采用扩散法和最低抑制浓度方法证明，肉桂醛对 21 种菌株和 4 种念珠菌均具有较好的抑制作用，并且对耐药的念珠菌也具有抗性（Khan, et al, 2012）。Andrew 等（2009）研究表明，肉桂醛对引起奶牛乳房炎的几种菌群有明显的抑制效果，其抗菌活性可以持续 14 h。日粮中添加 100 ~ 150 mg/kg 肉桂醛可改善断奶仔猪的生产性能，降低仔猪腹泻率达到 50%，减少粪便中大肠杆菌数量（Li, et al, 2012）。

3 结　语

生物饲料是一种新型、高效、安全的饲料原料或饲料添加剂，对改善饲料消化吸收、提高畜禽的生长性能和改善环境具有重要作用，随着分子生物学等先进技术手段的发展和应用，生物饲料添加剂的研发与应用必将不断焕发出新的活力，在替代抗生素方面也将会发挥更大的作用，同时也是符合我国绿色饲料产业的发展方向。

参考文献

[1] 杨丽英，周小燕. 生物饲料的现状及发展前景 [J]. 畜牧与饲料科学，2010，31（1）：34 – 36.

[2] 蔡辉益. 生物饲料将成为未来发展趋势 [J]. 中国畜牧业，2014，（2）：29 – 29.

[3] 陈立华. 生物饲料在畜牧业生产中的应用 [J]. 畜牧与饲料科学，2014，35（7 – 8）：28 – 31.

[4] Mountzouris K C, Tsitrsikos P, Palamidi, et al. Effects of probiotic inclusion levels in broiler nutrition on growth performance, nutrient digestibility, plasma immunoglobulins, and cecal microflora composition [J].

Poultry Science, 2010, 89 (1): 58 – 67.

［5］Choi J Y, Shinde P L, Ingale S L, et al. Evaluation of multi – microbe probiotics prepared by submerged liquid or solid substrate fermentation and antibiotics in weaning pigs ［J］. Livestock Science, 2011, 138 (1 – 3): 144 – 151.

［6］Bon M L, Davies H E, Glynn C, et al. Influence of probiotics on gut health in the weaned pig ［J］. Livestock Science, 2010, 133 (1 – 3): 179 – 181.

［7］徐鹏, 董晓芳, 佟建明. 微生物饲料添加剂的主要功能及其研究进展 ［J］. 动物营养学报. 2012, 24 (8): 1397 – 1403.

［8］Chang M H, Chen T C. Reduction of broiler house malodor by direct feeding of a Lactobacilli containing probiotic ［J］. International Journal of Poultry Science, 2003, 2 (5): 313 – 317.

［9］Chu G M, Lee S J, Jeong H S, et al. Efficacy of probiotics from anaerobic microflora with prebiotics on growth performance and noxious gas emission in growing pigs ［J］. Journal of Animal Science, 2011, 82 (2): 282 – 290.

［10］Davis M E, Parrott T, Brown D C, et al. Effect of a Bacillus – based direct – fed microbial feed supplement on growth performance and pen cleaning characteristics of growing – finishing pigs ［J］. Journalof Animal Science 2008 86 (6): 1459 – 1467.

［11］赵燕飞, 汪以真. 饲用酶制剂及其应用中应该注意的问题 ［J］. 饲料研, 2004, (2): 25 – 26.

［12］宋琳琳. 新型微生物饲料添加剂的研究及在育肥猪上的应用 ［D］. 西安: 西北大学, 2009.

［13］常文环, 马建爽. 饲料酶制剂的研究现状与发展趋势 (一) ［J］. 饲料与畜牧: 新饲料, 2014, (2): 5 – 8.

［14］张开磊, 王宝维. 酶制剂在饲料中应用的现状及展望 ［J］. 饲料博览, 2014, (2): 26 – 30.

［15］陶家树. 益生素的研究与应用 ［J］. 中国禽业导刊, 2002, 19 (20): 35 – 36.

［16］Mountzouris K C, Tsirtsikos P, Kalamara E, et al. Evaluation of the efficacy of a probiotic containing Lactobacillus, Bifidobacterium, Enterococcus, and Pediococcus strains in promoting broiler performance and modulating cecal microflora composition and metabolic activities ［J］. Poultry Science, 2007, 86 (2): 309 – 317.

［17］胡彦卿, 杨英. 益生素 (菌) 的研究进展 ［J］. 饲料研究, 2013 (8): 20 – 23.

［18］罗晓花, 孙新文. 益生素作用机理及目前应用情况 ［J］. 饲料博览 (技术版), 2007 (5): 16 – 19.

［19］胡彦卿, 杨英. 益生素 (菌) 的研究进展 ［J］. 饲料研究, 2013, 28 (8): 20 – 23.

［20］Lambert R J W, Skandamis P N, Coote P J, et al. A study of the minimum inhibitory concentration and mode of action of oregano essential oil, thymol and carvacrol ［J］. Journal of Applied Microbiology, 2001, 91 (3): 453 – 622.

［21］刘猛, 李绍钰. 植物精油的研究进展 ［J］. 中国畜牧兽医, 2011, 38 (6): 252 – 254.

［22］Pramila T, Dubey N K. Exploitation of natural products as an alternative strategy to control post harvest fungal rotting of fruit and vegetables ［J］. Post harvest Biology and Technology, 2004 (32): 235 – 245.

［23］Osman Sagdic, Musa Ozcan. Antibacterial activity of Turkish spice hydrosols ［J］. Food Control, 2003 (14): 141 – 143.

［24］闵兴明, 曾范利, 邓旭明, 等. 麝香草酚体外抗真菌活性研究 ［J］. 中国农学通报, 2009, 25 (1): 21 – 24.

［25］Iraj R, Mehdi R A. Inhibitory effects of Thyme oils on growth and aflatoxin production by Aspergillus parasiticus. Food Control, 2004 (15): 479 – 483.

［26］张静, 冯岗, 等. 百里香酚抑菌活性初探 ［J］. 中国农学通报, 2009, 25 (21): 277 – 280.

［27］Seung – Joo, Katumi U, Takayuki S, et al. Identification of volatilecomponents in basil (Ocimum basilicumL.) and thyme leaves（Thymus vulgarisL.) and their antioxidant properties. FoodChemistry, 2005（91）：131 – 137.

[28] Junichiro Y, *et al.* Testing various herbs for antithrombotic effect. Nutrition, 2005（21）：580 – 587.

[29] Gutierrez L, Batlle R, Sanchez C, *et al.* New approach to study the mechanism of antimicrobial protection of an active packaging［J］. Foodborne Pathogens and Disease, 2010, 7：1063 – 1069.

[30] 王雨琼，勾长龙，付莹莹，等. 植物提取物肉桂醛的抗菌作用及其在动物生产中的应用［J］. 中国兽医杂志，2014，（3）：53 – 54.

[31] Sherikh S, Rimple B, Neelofar K, *et al.* Cinnamic aldehydes affect hydrolytic enzyme secretion and morphogenesis in oral Candida isolates［J］. Microbial Pathogenesis, 2010, 52（5）：251 – 258.

[32] Sherikh S, Rimple B, Neelofar K, *et al.* Spice oil cinnamaldehyde exhibits potent anticandidal activity against fluconazole resistant clinical isolates［J］. Fitoterapia, 2011, 82（7）：1012 – 1020.

[33] Michiels J, Missotten J, Fremaut D, *et al.* In vitro dose – response of carvacrol, thymol, eugenol and trans – cinnamaldehyde and interaction of combinations for the antimicrobial activity against the pig gut flora［J］. Livestock Science, 2007, 109（1 – 3）：157 – 160.

[34] 王改琴，邬本成，王宇霄，等. 不同植物精油体外抑菌效果的研究［J］. 国外畜牧学 – 猪与禽，2014，34（4）：50 – 52.

[35] 王新伟，杜会云，宋玉函，等. 牛至油、香芹酚、柠檬醛和肉桂醛抗真菌研究［J］. 食品科技，2011，36（2）：193 – 196.

[36] Mehment U, Emel E, Gulhan V U, *et al.* Composition, antimicrobial activity and in vitro cytotoxicity of essential oil from Cinnamomum zeylanicum Blume（Lauraceae）［J］. Food and Chemical Toxicology, 2010, 48（11）：3 274 – 3 280.

[37] Khan N, Sheikh S, Bhantia R, *et al.* Anticandidal activity of curcumin and methyl cinnamaldehyde［J］. Fitoterapia, 2012, 83（3）：434 – 440.

[38] Andrew S M, Kazmer G W, Hinckley L, *et al.* Antibacterial effect of plant – derived antimicrobials on major bacterial mastitis pathogens in vitro［J］. Dairy Sci, 2009, 92（4）：1 423 – 1 429.

[39] Li S Y, Ru Y J, Liu M, et al . The effect of essential oils on performance, immunity and gut microbial population in weaner pigs［J］. Livestock Science, 2012, 145（1 – 3）：119 – 123.

棉粕发酵前后营养成分的变化

樊　振　马贵军　姚　峻　马　燕　刘建成　蒋粒薪[*]

（新疆天康畜牧生物技术股份有限公司生物添加剂分公司，乌鲁木齐　830011）

摘　要： 使用发酵法处理棉籽粕，除了可以最大限度地消除棉粕原料中的抗营养因子，对氨基酸不均衡等限制因素有一定的改善效果外，还可以对原料本身的品质有显著的提高。经发酵后，原料中所含有机酸可达到 3.5%，酸溶蛋白含量在 10% 以上，活菌含量在 10^7 cfu/g。

关键词： 棉粕；发酵；营养成分

1　前　言

随着国内畜牧业的快速发展，蛋白质原料的紧缺状况也日趋严重（Li，2004）。近年来，国内大豆种植面积的逐年减少，我国每年需从国外订购大豆量在逐年增加，2013 年预计在 5 500 万吨左右，预计 2014 年将达到 6 000 万吨。而国内的蛋白质原料，如棉粕、菜粕等因含有抗营养因子，且氨基酸平衡度不高，消化利用率较低等原因，使得幼畜及中高档饲料配方中不敢使用，中低档饲料配方中使用后饲料消化利用率降低，畜禽生产性能受限，污染环境。

新疆是国内产棉主产区，同样也是养殖大省。独特的地理条件造就了棉粕的产量和质量在国内都是首屈一指。然而，原料中由于高含量的游离棉酚和棉子糖等抗营养因子的存在（Farrell，*et al*，1999），在高档配合饲料中很难见到棉粕的身影。但随着微生物发酵技术的发展与成熟，为我们提供了一种除物理和化学方法外的另一种思路（吴小月等，1989）。通过选择合适的菌种对棉粕进行发酵处理，游离棉酚和寡糖含量可大幅度降低，完全可以达到幼龄动物的耐受范围（贾晓峰等，2009）。而难以消化利用的大分子蛋白质分子经发酵处理后，小分子蛋白质含量显著增多，动物对蛋白原料的消化利用率提高。

排泄物中含氮含硫成分含量降低，改善了养殖环境（Wu，*et al*，1999）。并且发酵类产品由于含有多种风味物质，动物的采食量提高明显，其中的活菌成分在改善肠道菌群平衡的同时，也会利用丰富的产酶性能，分泌复合酶，在提高原料吸收利用率的同时，发挥了额外的保健作用。

棉粕在经过发酵后，无论从品质还是成本方面，相对于其他蛋白原料都有很大的优势。在蛋白原料选择范围少，价格居高不下的大背景下，发酵棉粕的使用前景巨大。

---

[*] 通信作者

2 发酵对棉粕原料品质的改善

2.1 对抗营养因子的改善效果

结果见图1、表1。

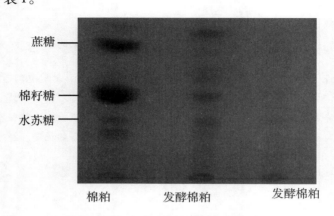

图1 发酵对棉粕中寡糖的降解效果比较

表1 不同菌种及组合发酵对棉粕原料中游离棉酚的降解作用比较

	原料	脱酚枯草	脱酚酵母	混合菌种
游离棉酚含量 ppm	840	390	310	240

由图1可以看出，棉粕原料中的寡糖，在经过微生物发酵后，大部分都被降解。尤其是二号菌种发酵过的棉粕，其中的寡糖条带基本消失，可能是由于添加的外源微生物能以棉粕原料中的寡糖为底物进行增殖。并且表1数据显示，混合菌种的脱酚效果要优于单菌发酵，其降解率最高可达250%。

2.2 发酵前后棉粕有机酸含量变化

结果见表2。

表2 有机酸含量发酵前后对比

有机酸种类	发酵前棉粕中含量（%）	发酵后棉粕中含量（%）
乳酸	0.06	1.78
乙酸	0.00	0.73
柠檬酸	0.10	0.44
琥珀酸	0.08	0.27
苹果酸	0.07	0.32
丙酸	0.02	0.16
丁酸	0.04	0.13
总酸	0.37	3.83

　　由于在发酵时添加了包括乳酸菌在内的混合菌种，所以其有机酸产物的种类和含量均有了一定程度的提高。其总酸含量更是从开始的 0.37% 提高到发酵后的 3.83%，而这一部分物质可以在饲料配方中替代部分的酸化剂，同时也延长了原料的保存时间，提高了使用的安全性。

2.3　发酵对棉粕中大分子蛋白的降解效果

　　结果见表3、表4。

表3　混菌发酵前后及培养基优化对棉粕各指标的影响

	小肽含量（%）	平均肽链长度	体外消化率（%）
原棉粕	2.95	138.47	44.56
基础培养基	15.36	5.16	78.61
优化培养基	18.27	4.23	88.59

　　由于添加的混合菌种有丰富的酶系，可以产多种无拮抗作用的复合酶，从而能够更加高效的降解原料中的大分子物质，等同于饲喂前的预处理。从表3可以看出，棉粕经过发酵后，小肽含量上升明显，并且伴随着体外消化率从 44.56% 到近 88.59% 的提高。

表4　发酵前后氨基酸和游离氨基酸的变化　　　　　　（单位:%）

氨基酸	游离氨基酸		总氨基酸	
	棉粕	发酵棉粕	棉粕	发酵棉粕
天门冬氨酸	0.15	0.742	3.459	3.649
谷氨酸	0.134	3.441	7.943	8.578
丝氨酸	0.006	0.1719	1.737	1.728
组氨酸	0.004	0.656	0.977	0.934
甘氨酸	0.093	0.434	1.549	1.615
苏氨酸	0.025	0.413	1.216	1.4
精氨酸	0.089	3.145	4.177	3.464
丙氨酸	0.017	0.938	1.491	1.871
酪氨酸	0.018	1.182	0.895	1.182
胱氨酸	0.003	0.137	0.379	0.403
缬氨酸	0.012	0.963	1.485	1.851
蛋氨酸	0.002	1.703	0.517	0.616
苯丙氨酸	0.027	2.343	1.938	2.295
异亮氨酸	0.009	0.5	0.97	1.219
亮氨酸	0.006	1.383	2.072	2.51
赖氨酸	0.009	0.939	1.482	2.753
脯氨酸	0.044	0.7	2.476	3.107
氨基酸总量	0.65	19.79	34.767	39.185

　　游离氨基酸发酵前后提升将近30倍，并且氨基酸总量提升了 12.7%。关于氨基酸总量的提升可能有两种途径，一是发酵是一个浓缩的过程，必然会产生一定损耗，导致氨基酸含量的相对上升；二是发酵产生的菌体蛋白。

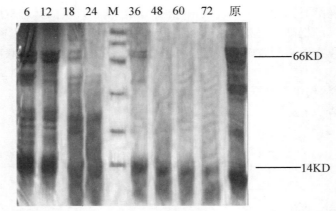

M: Protein markers 原：发酵前棉粕 其他各泳道代表经相应时间（h）发酵后棉粕蛋白分子量分布

图2　发酵前后棉粕中蛋白分子量分布图

从电泳图（图2）可以看出，随着发酵过程的延长，棉粕中大分子蛋白质的降解程度是逐渐加深的，在一定范围内，时间越长，降解程度越彻底，小分子蛋白质含量越高。

2.4　发酵前后其他营养成分的变化

结果见表5。

表5　发酵前后棉粕其他营养成分的变化

营养成分	发酵前棉粕	发酵后棉粕
VC（mg/g）	0.90	1.35
VB2（mg/g）	0.46	1.46
烟酸（mg/g）	1.60	7.29
烟酸胺（mg/g）	0.15	1.27
粗纤维（%）	12.56	8.34

棉粕发酵前后 VC，VB2，烟酸，烟酸胺都有一定程度的提高，而粗纤维的含量下降了33.6%，可能是由于菌种代谢过程中产生的纤维素酶起的作用。

3　结　论

棉粕是新疆的一种优势资源，但由于其抗营养因子含量高，消化率低，一直以来只是当作一种相对较为廉价的蛋白原料来使用，重视程度始终不够。然而，由于微生物技术的快速发展，生物发酵饲料的概念慢慢被养殖从业人员接受，养殖所用原料的范围也从单一向元转变。甚至有的原料经过发酵改良后，其营养应用价值完全可以和现有常规原料相媲美。

本文从几个简单的角度对比了发酵前后棉粕各项指标的变化，从结果来看，其营养成分和应用价值都有质的改变，相信随着发酵技术的成熟，和相关研究的细化，发酵棉粕在不远的将来必定会成为一种性价比高，实用效果好的优质蛋白原料。

参考文献

［1］Li A K. Technology of resources development and utilization of Chinese main cakes and meals feedstuff［C］. The symposium of research advance of animal nutrition. Beijing：China Agriculture Technology Press，2004：285 - 289.

［2］Farrell D J, Mabbion P F, Perezmaldonado R A. A comparison of total and digestible amino acids in diets for broilers and layers［J］. Animal Feed Science and Technology，1999，83：131 - 142.

［3］吴小月，陈金湘. 利用微生物降解棉仁饼粕中游离棉酚的研究［J］. 中国农业科学，1989，22（2）：82 - 86.

［4］贾晓峰，李爱科，姚军虎，等. 固态发酵对棉籽粕棉酚脱毒及蛋白质降解的影响［J］. 西北农林科技大学学报，2009，37（3）：49 - 54.

［5］Wu G. Conti B. Leroux A A high performance biofilter for VOC emission eontzol［J］Joural of the Air and Waste Man. agement Association，1999. 49，（2）：185 - 192.

水产专用 DL－蛋氨酸在鱼虾饲料中的应用

乐贻荣　高　俊　董　延　吕雪骄　王龙昌　章文明　张英惠

（赢创德固赛（中国）有限公司，北京　100026）

摘　要：蛋氨酸是鱼类正常生长所必需的氨基酸之一，与生物体内各种含硫化合物的代谢密切相关。豆粕等植物蛋白源中蛋氨酸含量相对于鱼粉而言较低，当鱼虾饲料中植物蛋白源含量较高时，蛋氨酸往往是第一限制性氨基酸。缺乏蛋氨酸会降低饲料转化效率和生长性能。本文综述了几种鲤科鱼类以及南美白对虾饲料中补充水产专用 DL－蛋氨酸在平衡饲料氨基酸模式、替代鱼粉以及降低饲料蛋白水平上的研究，研究结果表明水产专用 DL－蛋氨酸可以被草鱼、罗非鱼、鲤鱼以及南美白对虾高效利用，且利用效率并不低于蛋白原料中的蛋氨酸。因此，饲料的氨基酸模式可以通过外源补充水产专用 DL－蛋氨酸到达精确优化，在保证鱼类生长的情况下降低饲料成本、增加盈利、减少对养殖水体的污染。水产专用 DL－蛋氨酸作为水产饲料添加剂符合我国水产养殖环保和可持续发展的迫切需要。

关键词：草鱼；罗非鱼；鲤鱼；南美白对虾；水产专用 DL－蛋氨酸

由于需求的增加和资源的枯竭，鱼粉等优质蛋白源价格日益上涨，其在草鱼、鲤鱼、罗非鱼以及南美白对虾等饲料中占的比例越来越小，相反廉价的棉粕、菜粕等植物蛋白源在所占的比例越来越高。然而棉粕和菜粕等植物蛋白源的蛋氨酸含量比较低，大量使用会导致饲料中蛋氨酸出现缺乏、饲料氨基酸不平衡。氨基酸是构成鱼体蛋白以及功能性蛋白的基本营养素，任何一种必需氨基酸的缺乏都会导致生长减缓和饲料转化率降低。

近年来，随着鱼虾氨基酸营养研究工作的不断进展，越来越多的营养学家和饲料配方师已认识到了水产动物是可以利用外源补充的晶体氨基酸的，也就是说鱼类饲料所缺乏的必需氨基酸可以来自于饲料原料中结合态蛋白质或者是外源补充的单体氨基酸。尽管如此，晶体 DL－蛋氨酸在水产动物饲料中的应用还不是很普及。赢创水产专用 DL－蛋氨酸是通过综合考虑水产动物的摄食行为、养殖环境以及饲料加工工艺等而开发出的一款适合水产动物生理需求的蛋氨酸产品。水产专用 DL－蛋氨酸相对于其他蛋氨酸源，在水溶性、产品粒径、热稳定性以及生物效价等方面都具有明显的优势。本文主要针对国内最为常见鲤科鱼类和虾，对饲料中补充水产专用 DL－蛋氨酸的应用效果进行综述。

1　水产专用 DL－蛋氨酸的理化特性

1.1　水产专用 DL－蛋氨酸的产品粒径

饲料被水产动物食入后，在肠胃蠕动等作用下破碎并和消化液搅拌混合。消化液浸润并水解饲料，使其中的蛋白质、淀粉、脂肪等大分子营养物质成为可吸收利用的小分子。饲料粉碎越细，粒度越小，表面积越大，和消化液接触面越大，从而消化液浸透饲料所需的时间就越短也越充分。虾和部分鱼的消化道很短，增加粒子表面积可以有效缩短饲料消化所需的时间，提高饲料中营养物质的利用率。经特殊的工艺生产的水产专用 DL – 蛋氨酸，其粒径非常适用于水产饲料的需求，相对于目前市场上其他普通 DL – 蛋氨酸以及蛋氨酸钙盐，水产专用蛋氨酸在粒径上明显较细。市场上的 3 种蛋氨酸源的粒径差异在 100 倍光学显微下差异非常显著（图 1）。

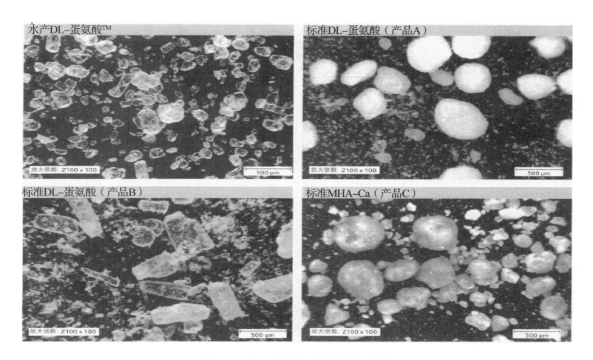

图 1　3 种不同蛋氨酸源的粒径比较

　　水产饲料外源蛋氨酸的最佳粒径为小于 300 μm 但不小于 63 μm（灰尘）。因此，水产专用 DL – 蛋氨酸的粒径分布经过调整并得到了明显的改善。大约 80% 的颗粒大小在 63 ~ 300 μm 之间，与市场上其他蛋氨酸产品相比，水产专用 DL – 蛋氨酸几乎不含有 1 000 μm 的大颗粒，且灰尘较少（图 2，图 3）。

1.2　水产专用 DL – 蛋氨酸的水溶性
　　水产专用 DL – 蛋氨酸和蛋氨酸钙盐的饱和浓度分别为 33 g/L 和 85 g/L，水产专用 DL – 蛋氨酸的水溶性相对较低，把浸出的可能性降到最低（图 4）。

1.3　水产专用 DL – 蛋氨酸在水产饲料挤压及制粒过程中的热稳定性
　　沉水和浮水饲料的生产通常有加热处理的工艺，如膨化和制粒。在水产饲料加工过程中，饲料原料以及饲料添加剂（维生素和氨基酸）都会经历苛刻的条件，包括高温、高压、高蒸汽以及高剪切力。这些苛刻的条件可能是有害的，饲料中的营养物质可能会被破

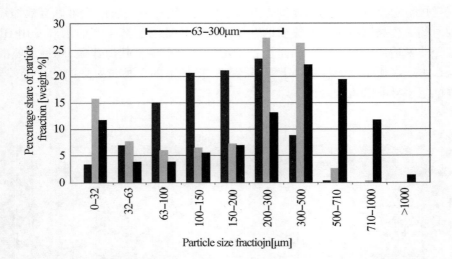

图 2 水产专用 DL - 蛋氨酸与标准 DL - 蛋氨酸（产品 A 和 B）平均粒径分布比较，紫色的为水产专用 DL - 蛋氨酸；灰色和黑色分别为标准 DL - 蛋氨酸（产品 A 和 B）

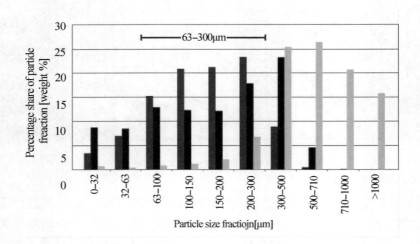

图 3 水产专用 DL - 蛋氨酸与标准 MHA - Ca（产品 C）和粉碎 MHA - Ca（产品 D）平均粒径分布比较。紫色的为水产专用 DL - 蛋氨酸；灰色和黑色分别为 MHA - Ca（产品 C）和粉碎 MHA - Ca（产品 D）

坏掉。然而，研究证实水产专用 DL - 蛋氨酸在饲料的挤压和制粒过程中具有非常高的热稳定性。

当 0.3% 的水产专用 DL - 蛋氨酸补充到一个标准的罗非鱼饲料中，在经过原料混合、粉碎、预处理、挤压、气力输送、干燥以及冷却七个处理过程，对每个处理过程进行取样分析并与标准饲料混合物中的蛋氨酸进行比较。结果如图 5 所示，在整个生产过程中，所有样本的 DL - 蛋氨酸的回收率都高于 99% 。该挤压实验表明，水产专用 DL - 蛋氨酸在罗非鱼饲料的挤压过程中具有非常好的热稳定性。为进一步验证水产专用 DL - 蛋氨酸的热稳定性，在挤压的过程中三个不同的位置（挤压、气力输送以及干燥）设置了三个温度梯

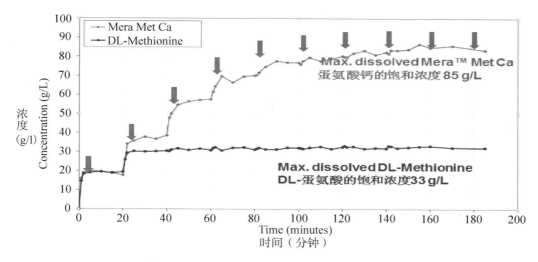

图4 水产专用 DL-蛋氨酸和蛋氨酸钙的水中溶解度比较

度（分别为 130 ℃、160 ℃ 以及 190 ℃）。实验结果表明，三个位置下不同温度条件下水产专用 DL-蛋氨酸的回收率也均高于 99%（图6，图7），再一次证明了水产蛋氨酸在罗非鱼饲料的整个生产过程中不同的挤压温度条件下（130～190℃）都具有较高的热稳定性。

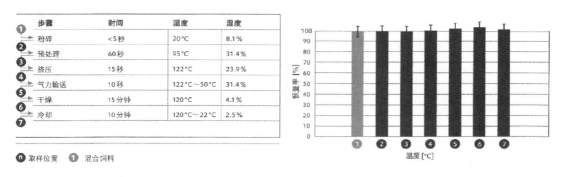

图5 挤压过程中的7个取样位置的水产专用 DL-蛋氨酸的回收率

2 水产专用 DL-蛋氨酸的应用背景

2.1 罗非鱼蛋氨酸需求量以及商业饲料蛋氨酸水平调查分析

关于罗非鱼的蛋氨酸的营养需求量已经有大量的报道（表1），NRC（2011）推荐的罗非鱼幼鱼蛋氨酸的最低需求量为 0.7%（2.41% 饲料蛋白）。为了解目前中国市场上罗非鱼的商业配方蛋氨酸水平，开展了调研分析，取样时间从 2012 年持续到 2014 年，取样目标主要针对我国罗非鱼主养区以及主要罗非鱼饲料生产厂家，取样调查分析得出，饲料蛋白水平在 27%～37% 之间，几乎 97.2% 的罗非鱼商业配方的蛋氨酸都低于 0.7%，其中 91.7% 饲料蛋白水平是低于 0.6%，蛋氨酸水平低于 0.5% 的占比为 40.3%（表2）。由此表明，罗非鱼商业饲料配方的蛋氨酸是比较缺乏的（图8）。

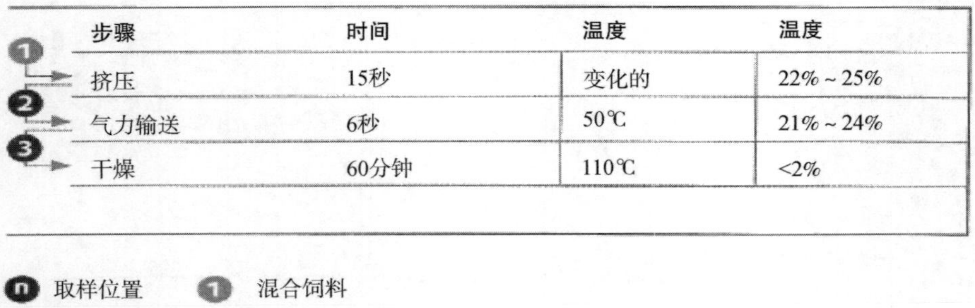

步骤	时间	温度	温度
① 挤压	15秒	变化的	22%~25%
② 气力输送	6秒	50℃	21%~24%
③ 干燥	60分钟	110℃	<2%

ⓝ 取样位置　　**①** 混合饲料

图6　不同的取样位置

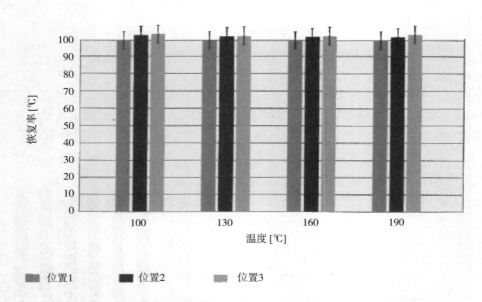

位置1　　位置2　　位置3

图7　不同取样位置不同温度梯度条件下水产专用 DL – 蛋氨酸的回收率

表1　罗非鱼对蛋氨酸的需求量

规格大小（g）	蛋白水平（%）	需求量（%）	蛋氨酸/蛋白（%）	参考文献
0.06	28	0.80	2.86	Santiago and Lovell，1988
1.3	30.6	1.10	3.59	Furuya *et al.*，2001
1.28	28	0.85	3.04	Nguyen and Davis，2009
幼鱼	29	0.70	2.41	NRC，2011

表 2 2012—2014 年中国罗非鱼饲料蛋氨酸含量调查

品种	样本数	蛋白水平（%）	蛋氨酸含量（%）		蛋氨酸/蛋白（%）
罗非鱼	72	27~37	0.44~0.86		1.44~2.2
			<0.7	97.2	
			<0.6	91.7	
			<0.5	40.3	

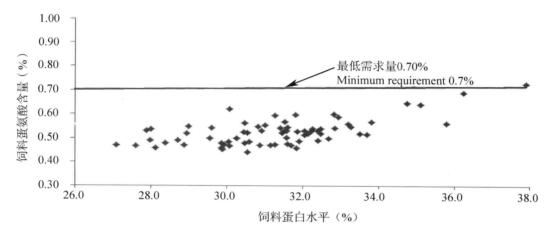

图 8 2012—2014 年 4 中国罗非鱼饲料蛋氨酸含量调查

2.2 草鱼蛋氨酸需求量以及商业饲料蛋氨酸水平调查分析

草鱼是中国最主要的淡水养殖鱼类之一，草鱼的产量大约为 370 万吨，是我国最大宗的淡水养殖品种。王胜（2006）和唐炳荣等（2012）分别针对不同规格的草鱼开展了蛋氨酸的营养需求量研究，得出了蛋氨酸的最低需求量分别为 1.10% 和 1.04%（占饲料蛋白水平分别为 2.97% 和 3.47%）（表 3）。为了解目前中国市场上草鱼的商业配方蛋氨酸水平，开展了调研分析，取样时间从 2012 年持续到 2014 年，调查分析得出，草鱼饲料蛋白水平在 23%~36% 之间，几乎所调查的草鱼商业饲料配方的蛋氨酸都低于最低需求量1.04%（唐炳荣等，2012），其中 96.39% 饲料蛋白水平是低于 0.75%，蛋氨酸水平低于0.6% 的占比为 93.44%（表 4）。由此表明，草鱼商业饲料配方的蛋氨酸是非常缺乏的（图 8）。

表 3 草鱼对蛋氨酸的需求量

规格大小（g）	蛋白水平（%）	需求量（%）	蛋氨酸/蛋白（%）	参考文献
3.15	37	1.10	2.97	王胜，2006
259	30	1.04	3.47%	唐炳荣，2012

表4　2012—2014 年中国草鱼饲料蛋氨酸含量调查

品种	样本数	蛋白水平（%）	蛋氨酸含量（%）		蛋氨酸/蛋白（%）
草鱼	305	23～36	0.36～0.89	0.50	1.38～2.77
			96.39	<0.75	
			93.44	<0.60	

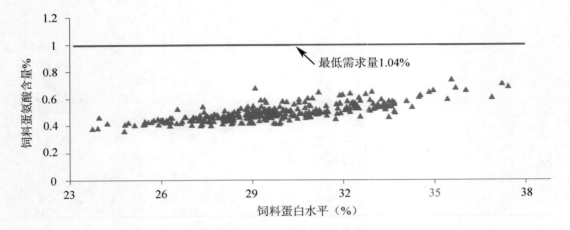

图9　2012—2014 年中国草鱼饲料蛋氨酸含量调查

2.3　鲤鱼蛋氨酸需求量以及商业饲料蛋氨酸水平调查分析

Schwarz（1988）针对大规格的鲤鱼开展了蛋氨酸的营养需求量研究，得出了蛋氨酸的最低需求量分别为 1.19%（占饲料蛋白水平为 2.98%）（表5）。NRC（2011）的鲤鱼蛋氨酸推荐量维 0.70%（占饲料蛋白水平分别为 2.19%）。为了解目前中国市场上鲤鱼的商业配方蛋氨酸水平，开展了调研分析，取样时间从 2012 年持续到 2014 年，调查分析得出，鲤鱼饲料蛋白水平在 27%～37%，87.96% 的鲤鱼商业饲料配方的蛋氨酸低于最低需求量 0.7%，其中蛋氨酸水平低于 0.6% 的占比为 59.69%（表7）。由此表明，鲤鱼商业饲料配方的蛋氨酸同样也是非常缺乏的（图10）。

表5　鲤鱼对蛋氨酸的需求量

规格大小（g）	蛋白水平（%）	需求量（%）	蛋氨酸/蛋白（%）	参考文献
—	32.0	0.70	2.19	NRC，2011
552.0	40.0	1.19	2.98	Schwarz *et al.* 1988

表6　2012—2014 年中国鲤鱼饲料蛋氨酸含量调查

品种	调查时间	样本数	蛋白水平（%）	蛋氨酸含量（%）		蛋氨酸/蛋白%
鲤鱼	2012～2014	192	27～37	0.44～1.08	0.62	1.48～2.94
				87.96	<0.7	
				59.69	<0.6	

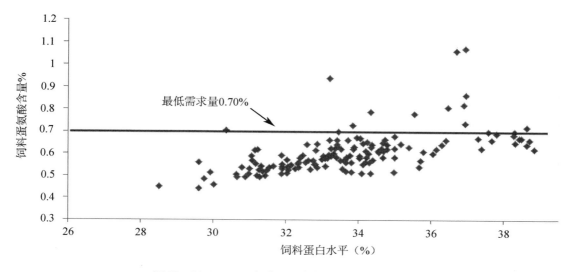

图 10 2012—2014 年中国鲤鱼饲料蛋氨酸含量调查

2.4 南美白对虾蛋氨酸需求量以及商业饲料蛋氨酸水平调查分析

关于南美白对虾对蛋氨酸的营养需求量尚未报道，NRC（2011）也并未对南美白对虾饲料中的蛋氨酸需求量给出一个推荐值。然而关于其他种类对虾的蛋氨酸需求量一般在0.9%～1.10%（占饲料蛋白水平分别为 2.04%，2.90%）（NRC，2011；Richard *et al.* 2010）（表 7）。目前中国市场上南美白对虾商业饲料配方的蛋氨酸调研结果表明，南美白对虾饲料蛋白水平在 31%～46%之间，46.19 的南美白对虾商业饲料配方的蛋氨酸低于0.8%，其中蛋氨酸水平低于 0.7%的占比为 19.73%（表 8）。由此表明，大部分南美白对虾商业饲料配方也存在蛋氨酸缺乏状态，然而相对上述其他几种鱼类的饲料配方而言，蛋氨酸的缺乏程度相对较轻，这可能是由于南美白对虾饲料中鱼粉含量相对较高造成的。尽管如此，由于饲料蛋氨酸水平低于 0.8%的比例具有 46.19%以上，因此南美白对虾饲料的氨基酸平衡问题也应引起关注（图 11）。

表 7 南美白对虾对蛋氨酸的需求量

品种	蛋白水平（%）	需求量（%）	蛋氨酸/蛋白（%）	参考文献
White Shrimp（南美白对虾）	30	NT	NT	NRC，2011
Atlantic ditch Shrimp（大西洋沟虾）	45	0.9～1.10	2.0～2.4	NRC，2011
Tiger Shrimp（虎纹虾）	34	0.90	2.90	Richard *et al.*，2010

表 8 南美白对虾饲料蛋氨酸水平调查报告

品种	样本数	蛋白水平（%）	蛋氨酸含量（%）		蛋氨酸/蛋白（%）
南美白对虾	223	31～46	0.47～1.23	0.80	1.48～2.94
			46.19	<0.80	
			19.73	<0.70	

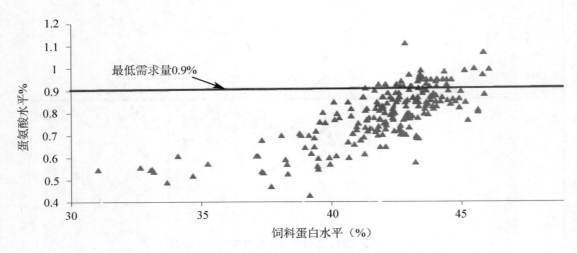

图 11 2012—2014 年中国南美白对虾饲料蛋氨酸含量调查

3 水产专用 DL－蛋氨酸在鱼虾饲料中的应用

3.1 水产专用 DL－蛋氨酸在鱼类上的相对生物利用率

为正确且精确地配制水产饲料，首先，营养学家需要了解水产经济动物的营养需要量。这已经是一个难题，因为"需要量"通常随生产条件而改变。其次，他们需要了解配合饲料中要使用的原料的营养价值。在这方面了解诸如氨基酸等单个养分的利用率将会大有帮助。

氨基酸利用率指的是最终保留并用于生产的氨基酸占原料总摄入氨基酸的比例。总的来说，利用率一词是消化的产物和对消化或者吸收的氨基酸的利用。当讨论饲料添加剂时，有必要了解不同形式产品的相对营养价值问题。为深入了解，来自某个特定产品的养分生物利用率，可以确定为相对另一个产品同一养分的生物利用率。适当的方法学为斜率法，其中采用两种或更多的产品来开展剂量反应试验。由于所有产品的基础日粮相同，因此一个产品剂量反应的坡度相对其他产品剂量反应的坡度代表相对生物利用率。可以根据剂量反应试验数据描述的剂量反应曲线而采用线性或者非线性回归模型来计算（Littell *et al*，1997；Ammerman *et al*，1995）。

关于不同蛋氨酸源的相对利用率的比较研究，德克萨斯 A & M 大学开展了系统的研究，具体实验结果见表 9。结果显示 DL－蛋氨酸在利用率上相对于 MHA－Ca 和液体蛋氨酸羟基类似物（MHA－FA）具有明显的优越性，而且在不同鱼种上都得到了验证。DL－蛋氨酸比蛋氨酸羟基类似物的生物利用率更高，这不仅在表现在增重和饲料转化方面，而且还表现在鱼体蛋白质沉积方面。

表9　MHA – Ca 和 MHA – FA 相对 DL—蛋氨酸的生物利用率的研究结果

参考文献	品种	MHA – Ca			MHA – FA		
		增重（%）	饲料效率（%）	净蛋白利用（%）	增重（%）	饲料效率（%）	净蛋白利用（%）
Keembiyehetty 和 Gatlin，1995	阳光鲈	53	62	55			
Goff 和 Gatlin，2004	红鼓	62	69		47	59	
Kelly 等，2006	杂交条纹鲈				38	37	
Li 等，2009	杂交条纹鲈				86	76	69
平均值		58	66	55	57	57	69

3.2　鱼类能够高效利用外源补充的水产专用 DL – 蛋氨酸

在鱼类上所进行的许多基于纯化、半纯化或实用日粮基础上梯度添加外源晶体水产专用 DL – 氨基酸的试验都得到了显著的剂量效应曲线，并已经成功地测定了相对应的氨基酸需要量。这些证据表明鱼类能够有效利用水产专用 DL – 蛋氨酸，否则，所有的试验将得不到明显的剂量效应曲线。

外源补充的水产专用 DL – 氨基酸的利用率可以采用所摄入的 DL – 蛋氨酸的沉积率来表示（Lemme，2011）。以大豆浓缩蛋白和豌豆浓缩蛋白作为主要蛋白源配制粗蛋白含量 31.4% 的基础饲料，除了蛋氨酸和蛋氨酸 + 胱氨酸之外，其他营养素均满足鲤鱼的需要量，在此基础上梯度添加 DL – 蛋氨酸，试验共分 4 个处理，每个处理 3 个重复（缸），每个重复 15 尾（130 升/缸），试验鱼平均初重 57 克/尾，按干物质占鱼体体重 2.5%，每天投饲 5 次进行。结果汇总于表10。

表10　鲤鱼摄食粗蛋白含量 31.4% 并梯度添加 DL – 蛋氨酸饲料的生长性能以及对蛋白质、蛋氨酸和蛋 + 胱的利用

饲料	饲料1	饲料2	饲料3	饲料4	SEM
DL – 蛋氨酸添加量（%）	0	0.05	0.15	0.25	
初始体重（克/尾）	57.2	56.9	58.1	57.0	0.50
末体重（克/尾）	191.3[b]	195.7[b]	207.2[a]	200.2[ab]	2.12
体增重（克/尾）	134.1[c]	138.8[bc]	149.1[a]	143.2[ab]	1.69
特定生长率（%/天）	2.082[c]	2.130[b]	2.192[a]	2.167[a]	0.0079
饲料系数	1.088[c]	1.035[b]	0.969[a]	1.004[ab]	0.0116
蛋白质沉积率（占摄入的%）	35.77[b]	39.31[b]	45.08[a]	42.76[ab]	0.94
蛋氨酸沉积率（占摄入的%）	76.24[a]	74.71[a]	69.3[a]	56.15[b]	1.58
蛋 + 胱 沉积率（占摄入的%）	51.25[ab]	53.41[a]	54.49[a]	47.22[b]	1.18

研究结果表明，补充水产专用 DL – 蛋氨酸的不仅提高增重，而且还能促进鱼体蛋白质沉积。就补充的 DL – 蛋氨酸边际利用效率而言，第一个添加水平（0.05%）中 DL – 蛋氨酸的 61% 可作为体组成蛋氨酸沉积，如果考虑蛋 + 胱的沉积，蛋 + 胱摄入增加量中有98% 作为体组成形式沉积（图12），这表明补充蛋氨酸不仅以蛋氨酸的形式利用和沉积，而且也以胱氨酸的形式利用和沉积。因此，所补充 DL – 蛋氨酸具有高度的可利用性，可

以有效沉积为蛋白质，值得注意的是，表 10 中的含硫氨基酸沉积效率（占摄入的%）与在肉仔鸡上报道的结果非常接近。（肉仔鸡上，蛋氨酸为 68%，蛋 + 胱为 52%，Edwards 和 Baker，1999）。

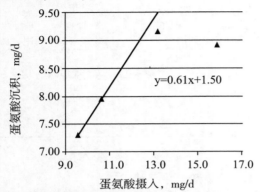 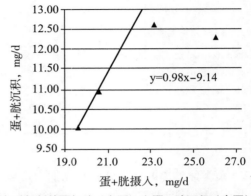

图 12　鲤鱼摄食粗蛋白含量 31.4%并梯度添加 DL – 蛋氨酸饲料的蛋氨酸（左图）和蛋 + 胱沉积（右图）

注：线性回归的斜率代表补充第一个 DL – 蛋氨酸添加水平时，蛋氨酸或者蛋 + 胱用作沉积为体组成时的边际效率（Lemme 等，2011）

外源添加的游离氨基酸之所以能显著提高鱼的生长性能和饲料质量，其原因在于所补充氨基酸能够有效用于鱼体蛋白质的合成。Murai 等（1986）在以豆粕替代 75% 鱼粉的饲料中补充必需氨基酸（EAA）混合物，和未补充 EAA 的饲料相比，可以显著提高鲤鱼的生长，摄食补充 EAA 饲料的鲤鱼在 6 h 后，血清中游离蛋氨酸水平几乎是摄食未补充 EAA 饲料鲤鱼的 3 倍，这表明补充 EAA 没有被氧化或者排泄。补充 DL – 蛋氨酸很可能是报道的促进生长的主要因素，Murai 等在 1989 年进行的一项证实了该假设。他发现鲤鱼饲料中补充 0.25% DL – 蛋氨酸在 6 周的饲养研究中显著提高鲤鱼的生长、蛋白质沉积和饲料效率，此外，随着饲料蛋氨酸浓度的增加，摄食 6 h 后的游离蛋氨酸水平在肠道中下降，在血浆和肌肉中升高。同时，补充 DL – 蛋氨酸饲料的氨基酸指数 EAA% 及总必需氨基酸（TEAA）／总非必需氨基酸 TNEAA，见表 11）与肠道、血浆和肌肉中的高度相关，表明补充 DL – 蛋氨酸没有被氧化或者排出，而是在饲喂 6 h 食物的消化基本完成后仍然为鱼所利用。

表 11　补充氨基酸对鲤鱼食后 6 h 的生产性能和不同组织中的氨基酸浓度的影响（Murai 等，1989）

% TEAA	EAA – Met	EAA +0.25% Met	NEAA [*] – Met	NEAA +0.25% Met
饲料	56.93	57.27	48.33	48.73
内脏	37.1	36.2	34.7	34.2
血浆	56.0	58.8	52.0	52.5
肌肉	65.9	68.3	46.9	43.8
TEAA／NEAA [**]				
饲料	1.32	1.34	0.94	0.95
内脏	0.59	0.57	0.53	0.52
血浆	1.27	1.43	1.08	1.11

（续表）

% TEAA	EAA－Met	EAA＋0.25% Met	NEAA*－Met	NEAA＋0.25% Met
肌肉	1.93	2.16	0.88	0.78
生长指标				
采食量（占体重的%）	3.95a	4.25ab	4.46b	4.25ab
增重（克/尾）	8.1[ab]	11.0[c]	7.5[a]	10.1[bc]
蛋白质沉积	24.2[a]	33.0[c]	23.2[a]	31.2b[c]
饲料效率（%）	67.7[ab]	81.0[c]	65.4[a]	78.3[bc]

　　NEAA：非必需氨基酸；TEAA，总必需氨基酸；TNEAA：总非必需氨基酸；*** 同行上标不同（a，b，c）代表差异显著，$P < 0.05$

3.3　水产 DL－蛋氨酸在鱼虾饲料中的应用

　　由于补充 DL－蛋氨酸的有效性和高度可利用性，因此可以成功用于鱼虾饲料中起到优化氨基酸模式的作用，作为减少饲料鱼粉水平和降低饲料蛋白质含量的有效措施。

3.3.1　减少饲料鱼粉水平

　　Zhu（2010）采用鸡肉粉和喷雾干燥血粉完全替代鱼粉，同时降低鲤鱼饲料的蛋白水平。正对照组含有4%的鱼粉和37%的植物蛋白成分作为蛋白源，而替代饲料则补充了0.7%的 L－赖氨酸和不同梯度水平的水产专用 DL－蛋氨酸来调节氨基酸模式并优化水产 DL－蛋氨酸的补充水平。试验鱼初重约为55克的鱼，每个处理4重复，每天投喂三次，开展了8周的养殖实验，实验结果见表12。

表 12　鲤鱼替代鱼粉和降低蛋白质研究中补充水产专用 DL－蛋氨酸（Zhu 等，2010）*

日粮	对照	日粮 1	日粮 2	日粮 3	日粮 4	日粮 5	SEM
DL－蛋氨酸（%，）添加水平	—	—	—	0.09	0.18	0.27	
粗蛋白（占干物质%）	34.8	30.2	30.9	31.2	31.8	31.9	
赖氨酸（占干物质%）	1.79	1.51	1.85	1.84	1.91	1.91	
蛋氨酸（占干物质%）	0.61	0.49	0.51	0.59	0.73	0.78	
增重（克/尾）	66.67[ab]	62.77[a]	64.65[a]	70.10[bc]	71.59[c]	73.88[c]	0.95
摄食量（克/100 克体重/天）	2.57	2.56	2.56	2.59	2.55	2.54	0.01
饲料系数	1.46[bc]	1.56[c]	1.55[c]	1.45[b]	1.41[ab]	1.36[a]	0.02

　　* 同行上标不同（a，b，c）代表差异显著，$P < 0.05$

　　表12 结果表明，饲喂补充水产专用 DL－蛋氨酸的鱼增重显著提高，FCR 降低，当采用补充水产专用 DL－蛋氨酸来优化氨基酸模式时，鲤鱼饲料中的鱼粉可以被完全取代，而且饲料蛋白质水平可以降低3个百分点。摄食含0.78%（干物质）水产专用 DL－蛋氨酸饲料的鱼生产性能与饲喂对照组饲料相比得到显著改善，尤其体现在 FCR 上，这表明鲤鱼对水产专用 DL－蛋氨酸消化利用并不逊色于结合态的鱼粉蛋白，同时也表明饲料氨基酸的平衡性比饲料中鱼粉水平更重要。

3.3.2　降低饲料蛋白质水平

　　最近的草鱼试验表明可以将外源必需氨基酸应用到低蛋白草鱼饲料中（Liu 等，2010）。试验分为4个处理，每个处理4个网箱，960尾平均体重为115克的草鱼随机分配到16个网箱中（2.0m × 2.0m × 1.5m，60尾/箱）。饲喂以豆粕、菜籽粕和棉籽粕等为主要蛋白源的试验饲料，按鱼体 2.5% 方式定量投喂，每日两次，这四个处理包括：含 33.9%（干物质）粗蛋白的对照组，25.9%（干质物 DM）的低蛋白饲料，低蛋白饲料基础上补充两种不同剂量 L－赖氨酸和水产专用 DL－蛋氨酸。表 13 中的结果表明提高饲料蛋氨酸和赖氨酸水平显著提高草鱼生产性能。

表 13　低蛋白水平饲料中添加 DL－蛋氨酸对草鱼生长以及饲料利用的影响（Liu 等，2010）*

处理	1	2	3	4
赖氨酸（%，风干基础）	—	—	0.33	0.41
DL－蛋氨酸（%，风干基础）	—	—	0.07	0.1
饲料蛋白水平	33.94	25.86	25.53	25.68
赖氨酸（占干物质%）	1.55	1.01	1.27	1.35
蛋氨酸（占干物质%）	0.56	0.47	0.51	0.57
赖氨酸＋蛋氨酸（占干物质%）	1.19	1.02	1.05	1.10
初始体重（克/尾）	115.0 ± 2.68	115.1 ± 2.29	114.83 ± 2.63	115.0 ± 2.97
末体重（克/尾）	320.58 ± 11.68[c]	287.43 ± 13.30[a]	299.55 ± 4.94[ab]	305.38 ± 1.49[b]
增重（克/尾）	205.6 ± 11.94[c]	172.30 ± 12.68[a]	184.78 ± 5.74[ab]	190.35 ± 2.18[b]
特殊生长率（%/天）	1.86 ± 0.07[c]	1.66 ± 0.08[a]	1.75 ± 0.05[ab]	1.78 ± 0.04[bc]
采食量（克）	283.5	283.5	283.5	284.6
料重比（克/克）	1.39 ± 0.08[a]	1.66 ± 0.15[c]	1.55 ± 0.06[bc]	1.50 ± 0.04[ab]
存活率（%）	100	100	100	99.6

＊同行上标不同（a，b，c）代表差异显著，$P < 0.05$

　　处理 3 组和 4 组的生长结果表明，伴随着水产专用 DL－蛋氨酸添加水平的增加，生长显著提高，这表明草鱼可以有效地利用外源氨基酸（图 13）。而且，赖氨酸和蛋氨酸＋胱氨酸摄入量相对增重的回归分析表现很强的线性相关（r2 = 0.98（赖氨酸）；0.94（蛋氨酸＋胱氨酸））。由此可以假定赖氨酸和蛋氨酸的补充超过处理 4 中的水平将有助于生长性能的进一步提高。

3.3.3　平衡饲料的氨基酸模式

　　在纯植物蛋白配制的粗蛋白水平 36.7%（干物质）并缺乏蛋氨酸的鲤鱼基础饲料中，梯度添加 DL－蛋氨酸，试验周期为 8 周，试验鱼初始体重约为 98 克，密度为每缸 20 尾（600L/缸），每梯度水平 4 重复，每日饱食投喂 3 次（Qu 等，2011）。研究结果表明水产专用 DL－蛋氨酸可以被鲤鱼高效利用用于体增重，显著改善鱼体增重和饲料转化率（表 14）。

表 14　饲料中添加不同水平水产专用 DL－蛋氨酸对鲤鱼生长性能以及饲料利用的影响（Qu 等，2011）*

	日粮 1	日粮 2	日粮 3	日粮 4	日粮 5	日粮 5
蛋氨酸（干物质%）	0.36	0.46	0.54	0.61	0.69	0.77
DL－蛋氨酸添加水平（%）	—	0.07	0.13	0.21	0.28	0.34

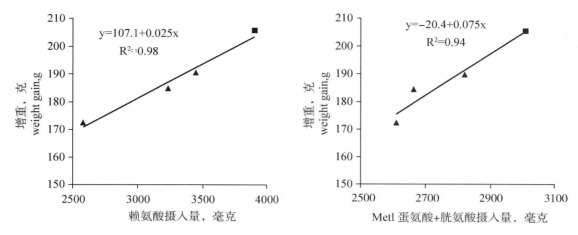

图13　56天试验期内饲喂高蛋白饲料或者补充梯度水平 L - 赖氨酸和
DL - 蛋氨酸的低蛋白日粮的草鱼增重（图2）和赖氨酸摄入量（左图）
或者蛋氨酸 + 胱氨酸摄入量（右图）之间的回规关系（Liu 等，2010）。

（续表）

	日粮1	日粮2	日粮3	日粮4	日粮5	日粮5
初始重（克/尾）	97.98[a]	97.95[a]	97.94[a]	97.98[a]	97.95[a]	97.98[a]
末重（克/尾）	167.59[a]	181.29[a]	199.66[b]	204.63[bc]	224.23[d]	212.91[cd]
饲料效率	1.62±0.02[e]	1.53±0.01[e]	1.36±0.02[cd]	1.33±0.02[bcd]	1.17±0.04[a]	1.25±0.03[ab]

*同行上标不同（a，b，c）代表差异显著，$P < 0.05$

　　水产专用 DL - 蛋氨酸同样也可以被南美白对虾有效利用。选用初重为3 g的南美白对虾，基础料（赖氨酸2.5%）蛋氨酸含量0.66%，梯度添加水产专用 DL - 蛋氨酸，试验周期为63天。结果表明，南美白对虾能够有效利用水产专用 DL - 蛋氨酸，伴随着 DL - 蛋氨酸添加水平的升高，增重率显著增加。达到最大增重率时，饲料中蛋氨酸含量为0.9%（总含硫氨基酸1.32%）（图14）（Evonik，2014）。

4　结　论

　　蛋氨酸是水产动物生命活动中极其重要的必需氨基酸，迄今为止大量的研究报道表明，水产动物对蛋氨酸的需求量比较高。目前市场上大部分鱼虾（主要包括罗非鱼、草鱼、鲤鱼以及对虾）商业饲料由于含有较高的植物蛋白源，存在蛋氨酸缺乏现象，因此水产饲料生产中应特别关注饲料中的蛋氨酸水平，而且要合理选择蛋氨酸源。水产专用DL - 蛋氨酸对于水产动物而言，能够被高效利用，利用效率并不逊色于蛋白来源蛋氨酸。通过补充水产专用 DL - 蛋氨酸，可以在保证鱼类生长的情况下降低饲料成本，增加盈利，降低养殖水体污染。水产专用 DL - 蛋氨酸作为水产饲料添加剂符合我国水产养殖的环保和

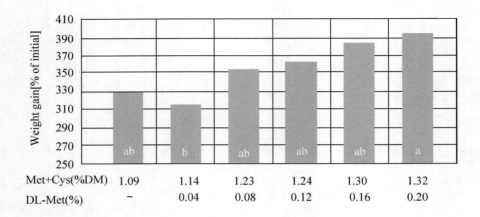

图 14　饲料中添加不同水平水产专用 DL – 蛋氨酸对南美白对虾生长性能的影响

可持续发展的迫切需要。

参考文献

［1］Ammerman C B，D H Baker，A J Lewis. Bioavailability of nutrients for animals – Amino acids，minerals，and vitamins. Academic Press，San Diego，California，1995.

［2］Chuanzhong Zhu，Xuan Zhu. Unpublished results of cooperation trial between Evonik and DBN group，2010.

［3］Chuanzhong Zhu，Xuan Zhu. Unpublished results of cooperation trial between Evonik and DBN group，2010.

［4］Edwards III H M，Baker，D H. Maintenance sulfur amino acid requirements of young chicks and efficiency of their use for accretion of whole – body sulfur amino acids and protein. Poultry Science，1999，78：1 418 – 1 423.

［5］Evonik. Unpublished results of cooperation trial between Evonik and South sea fishery research institution，2014.

［6］Furuya WM，C Hayashi V R B，et al. Exigencias de metionina + cistina para alevinos revertidos de tilapia do Nilo（Oreochromis niloticus），baseadas no conceito de proteina ideal. Marginga，2001，23：885 – 889.

［7］Goff J B，D M Gatlin III. Evaluation of different sulfur amino acid compounds in the diet of red drum，Sciaenops ocellatus，and sparing value of cystine of methionine. Aquaculture，2004，241：465 – 477.

［8］Keembiyehetty C N，D M Gatlin III. Evaluation of different sulfur compounds in the diet of juvenile sunshine bass（Morone chrysops × M. Saxatilis）. Comparative Biochemistry and Physiology，1995，112A：155 – 159.

［9］Kelly M，B Gisdale – Helland，S. J. Helland，D M Gatlin III. Refined understanding of sulphur amino acid nutrition in hybrid striped bass，Morone chrysops × M. saxatilis. Aquaculture Research，2006，37：1546 – 1555.

［10］Lemme Andreas，Kals Schrama. Common carp（Cyprinus carpio L）can utilize supplemental DL – Methionine to more than 90% for methionine and cysteine retention.，Aquaculture Europe 2011，Rhode Iland，Greece，accepted as oral presentation，2011.

［11］Li P，G S Burr，et al. Dietary sufficiency of sulfur amino acid compounds influences plasma ascorbic acid concentrations and liver peroxidation of juvenile hybrid striped bass（Morone chrysops × M. Saxatilis）. Aquaculuture，2009，287：414 – 418.

［12］Littell R C，P R Henry，A J Lewis，et al. Estimation of relative bioavailability of nutrients using SAS Procedures. Journal of Animal Science, 1997, 75: 2 672 – 2 683.

[13] Meina Qu, Jia Wang, Ming Xue, Xuan Zhu. Dietary methionine requirement of growth – up Common carp (Cyprinus carpio) . The Eighth Symposium World′s Chinese Scientists on Nutrition & Feeding of Fish and Shellfish, Abstract, 2011.

[14] Murai T, Ogata H, Kisutarak P. , et al. Effects of amino acids supplementation and methanol treatment on utilization of soy flour by fingerling carp. Aquaculture, 1986, 56: 197 – 206.

[15] Murai T. , Daozun W, Ogata H. Supplementaiton of Methionine to Soy Flour Diets for Fingerling Carp, Cyprinus Carpio. Aquaculture, 1989, 77: 373 – 385.

[16] Nguyen T N, Davis D A. Methionine requirement in practical diets of juvenile Nile tilapia, Oreochromis niloticus. Journal of the World Aquaculture Society, 2009, 40: 410 – 416。

[17] N R C . Nutrient requirements of fish and shrimp, The National Academic Press, Washington, DC. 2011.

[18] Richards L, P P Blanc, et al. Maintenance and growth requirements for nitrogen, lysine and methionine and their utilisation efficiencies in juvenile black tiger shrimp, Penaeus monodon, using a factorial approach. Brit, J. Nutr, 2010, 103: 984 – 995.

[19] Santiago C. B, Lovell R T. Amino acid requirements for growth of Nile tilapia. Journal of Nutrition, 1988, 118, 1 540 – 1 546.

[20] Schwarz Frieder J, Manfred Kirchgessner , et al. Studies on the methionine requirement of carp (Cyp rinus carpioL) . Aquaculture, 1998, 161: 121 – 129.

[21] Tianyi Liu, Hongqing Li, Xuan Zhu, Lemme Andreas. Responses of grass carp (Ctenopharyngodon idellus) to supplemental methionine and lysine. The 14th International Symposium on Fish Nutrition and Feeding, QinDao, Abstracts, 2010.

[22] 唐炳荣，冯琳，等. 生长中期草鱼蛋氨酸需要量的研究. 动物营养学报，2012，24（11）：2 263 – 2 271.

[23] 王胜. 草鱼幼鱼蛋白质和主要必需氨基酸需求的研究. 博士学位论文，中山大学，广州，2006.

珠蛋白肽对仔猪肠道免疫营养的作用机理

王建霞　江国永　吕永彪　成国祥

（上海杰隆生物制品股份有限公司，上海　201210）

营养学的传统观点认为：小肠仅仅是消化和吸收日粮中营养物质的部位。然而，今天新的科学试验证据表明：消化道在合成和降解氨基酸的过程中起着关键的作用。小肠氨基酸代谢对于维持小肠粘膜细胞数量、吸收能力以及防御功能、细菌屏障和免疫反应等是必需的。

从免疫学来看，尽管不同的生物都具有功能上非常相似的蛋白质，但是由于其非功能区存在着较大氨基酸的差异，所以不能相互使用。生物正是通过免疫系统识别自身蛋白和外来蛋白的这些非功能区的差异来清除异己和保持自身稳定性的。另外，现代生物代谢研究也发现：人类摄取的蛋白质经消化道多种酶水解后，不像以前认为的仅以氨基酸的形式吸收，今天更多的学者认为它们是以低肽或者小肽的形式直接被吸收。许多活性肽的组成氨基酸并不一定是必须氨基酸，日粮中并非所有的氨基酸都能被吸收，并非所有吸收的氨基酸都能用于蛋白质的合成。

现代动物营养理论正由传统的蛋白质、氨基酸营养向小肽营养过渡，小肽营养成为继蛋白质营养后的又一热点。近年来国内外的研究表明，在动物的低蛋白日粮中补填适宜数量和比例的合成氨基酸，并不能有效的替代总氮水平相同的天然饲料全价蛋白质。动物肠道对蛋白质利用并不局限于游离氨基酸的形式，还有相当一部分是以 2~3 个氨基酸组成的二肽（pipeptide）与三肽（tripeptide）形式吸收。

根据所发挥的功能不同可以把小肽分为两大类，即营养性小肽和功能性小肽。营养性小肽是指不具有特殊生理调节功能，只为蛋白质合成提供氮架的小肽，这类小肽在实际生产中添加量占 3%~6%。功能性小肽指能参与调节动物的某些生理活动或具有某些特殊作用的小肽，添加量一般为 0.3%~0.6%。比如酪蛋白磷酸肽可以促进钙、磷等的吸收转换；胸腺肽能提高机体免疫力；阿片肽能调节神经系统，从而有诱食及调整睡眠等功能；谷氨酰二肽在修复仔猪肠道粘膜上有特殊功能等。小肽作功能性生物活性蛋白原料越来越受到人们的关注。

由上海杰隆生物制品股份有限公司生产的珠蛋白肽（水解珠蛋白粉）是以新鲜健康动物血为原料，采用先进工艺制造的功能生物活性蛋白原料。富含优质的功能物活性肽，寡肽（分子量 1000Da 以下）含量在 60% 以上。具有生物活性强、直接吸收等特点。可用于多种动物在不同发育阶段的饲料中，特别是幼小动物有明显的促生长效果，是促进僵猪生长、减轻乳猪断奶应激的理想免疫调节剂和蛋白营养强化剂。

小肽吸收速度快、耗能低、不易饱和，各种肽之间转运无竞争性和抑制性。小肽的亲水性强，以溶液或日粮形式提供的小肽，其氨基酸能被很好地吸收，与在水溶液中不稳定的游离氨基酸相比，小肽具有明显的优势。因此，动物对小肽中氨基酸的吸收比对游离氨基酸的吸收更迅速、更有效。另外，研究表明，小肽在小肠中可以被完整地吸收，并且在血液中有小肽的存在，这表明肽在机体代谢中具有重要的意义。

畜禽免疫系统发育尚不完善，极容易产生应激，影响其生长和健康。在畜禽的日粮中添加小肽，能使幼小动物的小肠提早成熟，刺激消化酶的分泌，提高免疫力，有效减少下痢。另外，小肽可以直接作为神经递质刺激肠道受体激素或酶的分泌，从而可以很好地改善机体对蛋白质及其营养物质的吸收利用率，从而提高动物生长性能和免疫机能。

1　小肽的生理功能

1.1　促进氨基酸吸收和蛋白质沉积

在日粮中添加小肽，可以减轻游离氨基酸因相互竞争吸收位点而产生的颉颃，更有利于氨基酸的吸收和利用。有研究表明，当赖氨酸和精氨酸以游离形式存在时二者会相互竞争吸收位点，而赖氨酸以肽的形式存在时，赖氨酸的吸收不再受精氨酸的影响。Zaloga（1990）的研究也指出：动物67%的氨基酸是以小肽的形式吸收的，剩余的33%才以游离氨基酸（FAA）的形式吸收。小肽不仅能被小肠粘膜吸收利用，其合成蛋白质的速度也远远高于氨基酸，当动物以小肽作为氮源时，整体蛋白质沉积高于相应的游离氨基酸日粮或完整蛋白质日粮。Rerat等（1988）研究报道，向猪十二指肠灌注小肽后，血浆胰岛素的浓度高于灌注游离氨基酸组，这是因为小肽吸收速度快，吸收峰高，能快速提高动静脉的氨基酸差值，从而提高整体蛋白合成。

1.2　提高矿物质的吸收利用率

在大多植物蛋白饲料中，由于植酸、草酸、纤维、单宁及别的多酚等抗营养物质的存在，抑制了动物对 Ca^{2+}、Zn^{2+}、Cu^{2+}、Fe^{2+}、Mg^{2+} 等矿物元素的生物利用率，增加了环境的污染。在动物体内，大多数的矿物元素吸收都要以蛋白质为载体，如钙的吸收需要肠黏膜上的钙转运蛋白，铁的吸收需要铁转运蛋白，小肽可以与金属离子形成螯合物，保证其可溶状态，从而可以促进金属元素的被动转运过程及储存，目前研究最多的矿物元素结合肽是酪蛋白磷酸肽（CPPs）。Maubois 等（1989）从 a 和 β - 酪蛋白的酶解液中分离出了可与矿物质结合的酪蛋白磷酸肽，它能与多种矿物质元素结合形成可溶性的有机磷酸盐，充当许多矿物质元素如 Ca^{2+}、Mn^{2+}、Fe^{2+}、Zn^{2+}、Se^{2+} 体内运输的载体，从而提高矿物元素的吸收利用。施用晖等（1996）报道，在蛋鸡日粮中添加小肽制品后，血浆中的 Fe^{2+}、Zn^{2+} 的含量显著高于对照组，蛋壳强度有所提高。李永富等（2000）报道，分别给1日龄和10日龄的乳猪口服或者肌内注射小肽铁和右旋糖苷铁，结果表明：14日龄时添加小肽铁组血清铁蛋白含量明显高于添加右旋糖苷铁组和对照组。这说明小肽络合物形式的矿物离子更易被机体吸收。

1.3　提高动物机体免疫力

小肽能够通过诱导小肠绒毛刷状缘酶活性上升和刺激消化酶分泌，抑制大肠杆菌的繁殖，增加菌体蛋白的合成，从而提高机体的免疫力。高萍等（2000）研究表明，注射一定剂量的猪胰多肽，可提高仔猪的血清球蛋白水平，增强仔猪免疫力。关荣发等（2003）报道，在饲料中添加酪蛋白磷酸肽（CPPs）能提高动物血清中 IgG、IgA 等抗体水平，同时使肠道内抗原性 IgA 和总 IgA 得到显著提高。李清等（2005）在鲤鱼上的研究表明：小肽可以显著促进其疫器官发育，提高免疫器官指数。

1.4 促进消化道的发育，减少腹泻的发生，改善饲料的理化特性和营养价值

幼龄动物因消化道中的酶活较低，消化能力差，当日粮中蛋白质和游离氨基酸浓度过高时，容易引起动物的腹泻。小肽可优先作为肠黏膜上皮细胞结构和功能发育的能源底物，间接刺激肠道激素受体和酶的分泌，从而有效促进肠黏膜组织的生长发育，避免此问题的发生。张军民（2000）试验表明，日粮中添加谷氨酰二肽可改善 35 日龄仔猪空肠中段微绒毛的形态和结构，减少上皮细胞的损伤，从而促进营养吸收。蒋建文等（1999）研究也表明，补充 Gly－Gln 可缓解应激时 Gln 水平的下降，促进蛋白质的合成，防止肠黏膜萎缩和维持肠黏膜的正常结构和功能。由此可见，小肽对于消化道发育未成熟，消化酶活性低的幼小动物更具有应用价值，它通过诱导小肠中一些酶活性的提高，使小肠消化功能发育提前，促进幼小动物的健康生长和提高其生产性能。试验表明，在一定量的低蛋白日粮饲料中，补充适量的含小肽物质，可以达到饲喂高蛋白日粮所获得的生产性能。

2 小肽的吸收机制和特点

2.1 小肽的吸收机制

单胃动物吸收小肽的部位是在肠系膜系统，由小肠黏膜上皮细胞来完成。小肽的吸收机制与游离氨基酸完全不同，游离氨基酸的吸收靠中性、酸性、碱性和亚氨基酸 4 类系统，是主动转运过程，而小肽的吸收主要由 2 个载体和 3 个机制共同作用来完成。小肽转运载体主要包括 PepT1 和 PepT2 两种：PepT1 主要在小肠中表达，对小肽的吸收起关键作用，它能转运 2~5 个氨基酸残基的肽，但以转运二肽的速度最快，而 PepT2 主要在肾中表达，对小肽起重新吸收的作用。3 类吸收机制主要包换：①依赖 H^+ 和 Ca^{2+} 质量浓度的主动转运过程，需要消耗 ATP，在缺氧和添加代谢抑制剂的情况下被抑制；②具有 pH 值依赖性的非耗能性 H^+/Na^+ 交换转运系统，大多数的小肽吸收依靠这种方式；③谷胱甘肽（GSH^{2+}）转运系统。由于谷胱甘肽在生物膜内具有抗氧化的作用，因而，GSH^{2+} 转运系统可能具有特殊的生理意义，但目前其机制尚不十分清楚。

2.2 小肽吸收特点

与游离氨基酸吸收相比，小肽的吸收具有耗能低、转运速度快、载体不易饱和和无竞争性抑制等特点。Daneil 等（1994）认为，肽载体转运能力高于各种 AA 转运能力的总和，其原因除了小肽吸收机制本身外，可能是小肽本身对氨基酸或其残基的吸收有促进作用。赵昕红（1998）在仔猪十二指肠灌注二肽和等量氨基酸混合物，观测肝门静脉中氨基酸含量的变化时发现：仔猪肝门静脉对来自二肽中的赖氨酸的摄取速度及吸收量要远大于对游离氨基酸混合物中赖氨酸的摄取，且来源于肽的甘氨酸吸收总量也高于游离氨基酸混合物，表明小肽的吸收不仅比 FAA 快，而且吸收率高，吸收强度大的优势。小肽与游离氨基酸在动物体内具有相互独立的转运机制，二者互不干扰。Bamba 等（1993）的研究结果说明：小肽作为肠腔的底物，可以降低氨基酸之间的拮抗，加速其吸收速率。这就有助于减轻由于游离氨基酸相互竞争吸收位点而产生的吸收抑制，而且小肽本身也能促进氨基

酸或氨基酸残基的吸收。

3 珠蛋白肽对断奶仔猪生产性能和血液生化指标的影响

目前研究较多的是植物小肽，关于珠蛋白肽的研究还停留在生产工艺阶段，其对断奶仔猪的营养生理效应的研究鲜有报道。上海杰隆生物制品股份有限公司 2011 年通过在仔猪断奶阶段使用珠蛋白肽，研究其对断奶仔猪生长性能和血液生化指标的影响，为珠蛋白肽在断奶仔猪阶段的实际应用提供依据。

3.1 试验日粮

选择 35 日龄、体重胎次相近的"长×大"二元去势公猪 120 头。试验组和对照组的基础日粮相同，其营养水平为：代谢能 13.6MJ/kg，粗蛋白 19.3%，钙 0.7%，磷 0.6%，赖氨酸 1.2%。试验组日粮为基础日粮中加 0.5%、1% 珠蛋白肽，通过 65~75℃制粒工艺加工而成。珠蛋白肽由上海杰隆生物制品有限公司提供，含多种生物活性小肽，营养成分见表 1。

表 1 珠蛋白肽营养成分

一般营养成分	含量	氨基酸	含量
粗蛋白（%）	76.0	Lys	7.91
寡肽（%）	60.0	Met	0.743
干物质（%）	92.0	Cys	0.784
灰份（%）	8.0	Thr	2.33
钙（%）	0.05	IIe	0.868
总磷（%）	0.5	His	2.52
总能（Mcal/Kg）	4.98	Arg	2.52

3.2 试验设计和管理

按单因素完全随机设计把实验仔猪随机分为 3 组，分别为对照组、0.5%、1.0% 珠蛋白肽组，其中对照组饲喂基础日粮，试验组分别在基础日粮中添加 0.5%、1.0% 的珠蛋白肽。每组 4 栏，每栏 10 头仔猪，试验期 28 天。试验动物统一采用高床平养双列式保育舍，以窗口和排气扇通风为主，每天早中晚各饲喂 1 次，保证自由采食和杯式饮水器饮水，每天清洗猪栏一次，疾病预防和饲养管理均按猪厂的常规程序进行。

3.3 试验结果

3.3.1 珠蛋白肽对断奶仔猪生产性能的影响

由表 2 可知，各处理组初始体重差异不显著（$P > 0.05$），0.5%、1.0% 小肽组期末体重显著高于对照组，分别提高了 7.0% 和 6.2%（$P < 0.05$）。与对照组相比，0.5% 小肽组平均日增重显著提高（$P < 0.05$），平均日采食量和料重比虽然差异不显著（$P > 0.05$），但平均采食量较对照组都有所提高，料重比有所降低。表明在断奶仔猪饲粮中添加适宜的珠蛋白肽可显著提高仔猪对蛋白质和各种养分的吸收利用率，增加采食量，促进仔猪生长，最大限度地发挥其生产性能。但随着小肽添加量的增加，仔猪生产性能有下降的趋势。王贤勇（2006）在断奶仔猪日粮中分别添加 2‰、4‰、6‰ 的珠蛋白肽，结果表明：

2‰小肽组比对照组日采食量和日增重分别提高了15.5%和17.3%（P<0.05），而随着添加量的增加，试验仔猪的生长性能呈下降趋势，这与本试验的研究结果基本一致。

引起断奶仔猪腹泻的原因很复杂，饲料应激是原发性原因。Milleris提出"仔猪肠道对日粮抗原过敏从而导致肠道损伤是断奶后腹泻的根本原因"的过敏理论。本试验中，0.5%、1.0%珠蛋白肽组断奶仔猪腹泻率显著低于对照组，分别降低了52%、42%（P<0.05），说明珠蛋白肽具有低过敏原性，可完整而有效被被断奶仔猪所吸收，保护消化道，降低腹泻率。

表2　珠蛋白肽对断奶仔猪生产性能的影响

项目	对照组	0.5%小肽组	1.0%小肽组
初始体重（kg）	8.95±0.33	9.05±0.49	9.38±0.10
期末体重（kg）	22.45±1.02[b]	24.03±1.37[a]	23.85±0.82[a]
平均日增重（ADG，g/（头·d））	482.15±29.16[b]	534.82±31.35[a]	516.97±29.89[ab]
平均日采食量（ADFI，g/（头·d））	744.8±19.51	785.7±17.54	772.5±31.68
料重比（F/G）	1.55±0.04	1.47±0.01	1.49±0.01
腹泻率（%）	13.27±2.70[a]	7.32±1.26[b]	8.94±0.50[b]

注：同一行中肩注相同字母者表示差异不显著（P>0.05），不同字母表示差异显著（P<0.05），下表同。

3.3.2　珠蛋白肽对断奶仔猪血液生化指标的影响

结果见表3。

血清总蛋白含量的高低，可反映机体蛋白质合成代谢的强弱，当血清总蛋白质含量升高时，可促使其与组织蛋白质保持的动态平衡向组织蛋白沉积正方向进行，从而促进组织器官的生长和发育。血清尿素氮是反映蛋白质在体内代谢利用的重要参数，含量降低表明氮在体内沉积增加，饲料中蛋白质利用率提高；含量升高表明蛋白质分解代谢增强，氮沉积减少。本试验中，0.5%、1.0%小肽组血清总蛋白比对照组分别提高19.8%（P<0.05）和13.8%（P>0.05）。与对照组相比，0.5%小肽组血清尿素氮降低20%，1.0%小肽组则有升高的趋势（P>0.05）。表明适宜的珠蛋白肽可以提高蛋白质的利用效率，但随着添加量的增加，其代谢利用率有下降的趋势。

IgG可与巨噬细胞结合，增强巨噬细胞吞噬细菌和异物的能力，血清球蛋白则是B细胞转化为浆细胞后分泌而成，这些指标都能反映机体对疾病的抵抗力。郑云峰等（2006）在断奶仔猪基础日粮中添加2%、3%、4%的饲料肽产品，结果表明：2%添加量组球蛋白、IgG含量显著高于其他各处理组（P<0.05）。本试验中，0.5%小肽组IgG、血清球蛋白显著高对照组（P<0.05），分别提高了59.1%和29.1%，1.0%小肽组与对照组相比差异不显著但有增高的趋势（P>0.05）。表明珠蛋白肽可显著提高断奶仔猪免疫力和疾病抵抗力，同时采食量的增加使得猪蛋白营养摄入提高，可较好地保证血液中的抗体能正常适度的合成、分泌，从而增强猪对不良环境和应激的抵抗能力。

谷草转氨酶活性和谷丙转氨酶活性与日增重呈极显著正相关。本试验中，0.5%小肽组谷丙转氨酶都显著高对照组（P<0.05），谷草转氨酶比对照组提高了17.6%（P>0.05）。表明珠蛋白肽有促进早期断奶仔猪生长的作用，这与平均日增重显著高于对照组相一致。血清乳酸脱氢酶活性可反映仔猪抗应激能力，0.5%小肽组乳酸脱氢酶比对照组分别降低了8.2%（P>0.05），表明珠蛋白肽在一定程度上增强了断奶仔猪的抗应激能力。

表3 珠蛋白肽对断奶仔猪血液生化指标影响

项目	对照组	0.5% 小肽组	1.0% 小肽组
总蛋白（g/L）	45.88 ± 2.16[b]	54.98 ± 3.61[a]	52.23 ± 8.65[ab]
白蛋白（g/L）	12.55 ± 2.02	13.78 ± 1.75	16.03 ± 4.05
球蛋白（g/L）	33.33 ± 1.1[b]	41.20 ± 4.82[a]	36.20 ± 4.98[ab]
白球比（A/G）	0.38 ± 0.06	0.34 ± 0.08	0.44 ± 0.06
尿素氮（mmol/l）	2.88 ± 0.53	2.23 ± 0.41	3.30 ± 1.17
谷丙转氨酶（U/L）	31.5 ± 8.27[b]	47.0 ± 2.83[a]	37.5 ± 2.52[b]
谷草转氨酶（U/L）	68.25 ± 1.89	80.25 ± 20.4	79.50 ± 24.37
碱性磷酸酶（U/L）	223.75 ± 33.95	258.0 ± 45.62	184.25 ± 51.13
乳酸脱氢酶（U/L）	1186.33 ± 186.23	1089.67 ± 20.98	1355.0 ± 551.6
IgM（g/L）	0.31 ± 0.08	0.46 ± 0.11	0.43 ± 0.13
IgG（g/L）	2.54 ± 0.06[b]	4.04 ± 1.02[a]	3.04 ± 0.6[ab]

4 结 论

通过珠蛋白肽对早期断奶仔猪生长性能和血液指标的影响试验结果可得，35 d断奶仔猪日粮中添加0.5%的珠蛋白肽，可以显著提高仔猪增重和饲料转化率，提高血清中IgG和球蛋白的含量，增加仔猪采食量，降低腹泻发生率。

珠蛋白肽作为一种营养性有免疫调节功能的物质是抗生素的良好替代品。它具有高效、天然、无毒、无污染、无残留等特点。目前，本产品已得到了规模化生产与应用推广，是乳猪料、特种水产料等高档畜禽水产饲料的高品质蛋白质添加剂，取得了良好的养殖效益。

珠蛋白肽集经济、社会、生态效益于一体，该产品来源丰富、成本低（来源于动物屠宰加工场废弃物），不仅减少了屠宰废弃物对环境的污染，而且使其得到了高质化应用。因此，进一步深入研究珠蛋白肽的免疫调节机理，对畜禽的健康养殖、畜产品的安全规范和后抗生素时代的到来具有非常重要的意义。

参考文献

[1] 伍国耀. 小肠氨基酸的代谢：动物营养的新视角 [J]. 饲料工业，2011，32（22）：52-58.

[2] Fei Y J, Kanai Y, Nussberger S, et al. Expression cloning of a mammalian proton – coupled oligopeptide transporter [J]. Nature，1994，7：563-566.

[3] Adibi S A, Schenker S, Morse E. Mechanism of clearance and transfer of dipeptides by perfused human placenta [J]. American Journal of Physiology – Endocrinology and Metabolism，1996，34（3）：535.

[4] 郑云峰，许云英，徐玉娟. 蛋白质营养中小肽的研究新进展 [J]. 饲料工业，2006，27（1）：16-18.

[5] 武艳军. 血球蛋白粉来源鉴定及其酶解小肽对断奶仔猪营养生理效应研究 [D]. 扬州大学，2010.

[6] 孙占田，郭新珍，胡新旭，等. 半胱胺和小肽对断奶仔猪生产性能、养分表观消化率和血清激素水平的影响 [J]. 饲料工业，2013，34（22）：5-8.

[7] 蒋金津，陈立祥. 小肽的营养特性及其在动物生产中的应用 [J]. 中国畜牧兽医，2010（6）：17-20.

[8] Pan Y, Wong E A, Bloomquist J R, et al. Expression of a cloned ovine gastrointestinal peptide transporter

（opept1）in xenopus oocytes induces uptake of oligopeptides *in vitro* ［J］．The Journal of nutrition，2001，131 （4）：1264 － 1270．

［9］ Zaloga G P．Invited review：Physiologic effects of peptide － based enteral formulas ［J］．Nutrition in Clinical Practice，1990，5 （6）：231 － 237．

［10］ Boza J J，Martínez － Augustin O，Baró L，*et al*．Protein v. enzymic protein hydrolysates-Nitrogen utilization in starved rats ［J］．British Journal of Nutrition，1995，73 （1）：65 － 71．

［11］ Rerat A，Nunes C S，Mendy F，*et al*．Amino acid absorption and production of pancreatic hormones in non － anaesthetized pigs after duodenal infusions of a milk enzymic hydrolysate or of free amino acids ［J］．British Journal of Nutrition，1988，60 （01）：121 － 136．

［12］ 施用晖，乐国伟，左绍群，等．产蛋鸡日粮中添加酪蛋白肽对产蛋性能及血浆肽和铁，锌含量的影响 ［J］．四川农业大学学报，1996，14：46 － 50．

［13］ 李永富，施用晖，潘茹芳．小肽络合铁对新生仔猪补铁效果的研究 ［J］．饲料研究，2000，2：11 － 13．

［14］ 代建国，傅伟龙，高萍．禽胰多肽粗品对肉鸡生长及血液生长激素，甲状腺激素水平的影响［J］．动物营养学报，2000，12 （2）：39 － 42．

［15］ 徐彤．阿片肽及其免疫调节作用［J］．国外医学：免疫学分册，1997，20 （1）：12 － 16．

［16］ 李勇竞，汪以真．酪蛋白磷酸肽调节动物免疫功能的研究进展［J］．动物营养学报，2005，17 （3）：6 － 10．

［17］ 张军民．谷氨酰胺对早期断奶仔猪肠道的保护作用及其机理研究 ［D］．北京：中国农业科学院，2000．

［18］ 蒋建文，黎介寿．甘氨酰谷氨酰胺二肽对猪自体移植小肠的营养作用 ［J］．中华外科杂志，1999，37 （11）：677 － 677．

［19］ Mathews D，Adibi S A．Peptide absorption ［J］．Gastroenterology，1976，71 （1）：151 － 161．

［20］ Leibach F．Is intestinal peptide transport energized by a proton gradient? ［J］．The American journal of physiology，1985，249：153 － 160．

［21］ 赵昕红，杨唐斌．仔猪小肠对二肽吸收特点的研究 ［J］．中国畜牧杂志，1999，35 （3）：14 － 15．

［22］ Bamba T，Fuse K，Chun W，*et al*．Polydextrose and activities of brush － border membrane enzymes of small intestine in rats and glucose absorption in humans ［J］．Nutrition，1992，9 （3）：233 － 236．

［23］ 沈峰，王恬，张莉莉，等．小肽制剂对肥育猪生产性能，屠宰性能及血清生化指标的影响［J］．中国饲料，2006 （2）：30 － 32．

［24］ Rosebrough R，Steele N，McMurtry J．Effect of protein level and supplemental lysine on growth and urea cycle enzyme activity in the pig ［J］．Growth，1982，47 （4）：348 － 360．

功能大豆寡肽蛋白饲料在奶牛生产中的应用研究

张吉鹍[1,3] 吴文旋[1*,2,4] 李龙瑞[3] 邹庆华[1,3]

（1. 江西省农业科学院畜牧兽医研究所，南昌 330200；2. 贵州大学动物科学学院，
贵阳 550025；3. 江西新天地药业有限公司兽药研究院，江西峡江 331400；
4. 贵州大学新农村发展研究院·中国西部发展能力研究中心，贵阳 550025）

摘　要：采用单因子随机分组试验设计，将16头体重、产奶量相似的2胎次泌乳中期中国荷斯坦牛随机分为4组（对照组、试验Ⅰ组、试验Ⅱ组与试验Ⅲ组），每组4头，进行为期21天的饲养试验。对照组的精饲料为基础精饲料，试验Ⅰ组为用5%的功能大豆寡肽蛋白饲料（FSOPF）取代基础精饲料中5%的鱼粉，试验Ⅱ组为用10%的FSOPF分别取代基础精饲料中5%的鱼粉与5%的豆粕，试验Ⅲ组为用15%的FSOPF分别取代基础精饲料中5%的鱼粉与10%的豆粕，3个试验组的其他精饲料组分同基础精饲料，各组的粗饲料相同。分别在试验前3天与正试期的最后3天测定试验牛只的产奶量、乳常规指标（乳蛋白、乳脂肪、乳糖、全脂乳固体与非脂乳固体）以及体细胞数。结果表明：FSOPF能减缓泌乳中期奶牛产奶量的下降，改善乳常规指标，降低乳体细胞数。本研究结论：FSOPF可以取代泌乳中期中国荷斯坦奶牛日粮中的进口鱼粉，其适宜用量为在精粗比为40~45：60~55下，占精饲料的10%。

关键词：奶牛；功能大豆寡肽蛋白饲料；乳常规指标；体细胞

植物蛋白原料中普遍存在着植物过敏源与抗营养因子，使得植物蛋白的消化率与生物学效价远不及鱼粉等动物源性蛋白，这些植物过敏物质是造成幼龄动物（如断乳仔猪）出现腹泻，生长迟缓等的主因。我国动物蛋白原料资源非常短缺，大多依赖进口。近年来，随着市场需求的增大和相关资源的逐步枯竭，优质动物源性蛋白的价格不断攀升，已严重制约我国养殖业的利润水平。另一方面，疯牛病的蔓延使人们认识到在饲料中使用动物源性蛋白（如肉骨粉）存在严重的安全性问题。因此，去除植物蛋白中的抗营养因子，改善植物蛋白的营养品质用于替代动物源性蛋白就有着十分重要的意义。

蛋白质营养由氨基酸营养和小肽营养两部分组成，小肽吸收比氨基酸吸收具有更多的优越性：速度快，耗能低；载体不易饱和等。小肽在蛋白质的降解、运输、合成中发挥着重要作用。由理想氨基酸模式配制的纯化日粮并不能使动物获得最佳的生产性能和饲料报酬，只有完整蛋白质和小肽最佳配比的饲料才能使动物获得最佳生产性能。目前，含小肽在内的功能寡肽已广泛应用于饲料配方中。生物发酵生产寡肽（小肽）已成为饲料原料研究的热点。以发酵大豆蛋白生产功能大豆寡肽的形式提供蛋白源营养或曰"肽营养"较之传统的养殖生产中以豆粕为原料提供蛋白质营养技术而言，无疑是一个重大进步。

功能大豆寡肽蛋白饲料（Functional Soy Oligopeptide – Protein Feeds，FSOPF）是用现

---

* 通讯作者

代生物发酵工程技术处理豆粕（大豆蛋白）而成。固态发酵过程中，一方面，降解大豆蛋白中的植物过敏源和抗营养因子，另一方面，酶解大豆蛋白的大分子为小分子的寡肽和小肽，从而提高大豆蛋白的品质。功能大豆寡肽（Functional Soy Oligopeptide，FSO）是大豆蛋白经蛋白酶水解后产生的由 2～10 个氨基酸残基组成的低肽混合物，分子量为 1 000 左右。功能大豆寡肽与具有相同氨基酸组成的大豆蛋白质相比，具有许多独特的理化特性与生物学活性。由于功能大豆寡肽除了具有优于大豆蛋白的加工特性（保湿性、发泡性、非酸沉性等）外，还具有易消化、吸收快（肽通过肠道几乎全被吸收利用，进入血液中，然后运送到各个部位，发挥出肽的生物学功能）、抗原性低，并具有提高动物血液中胰岛素水平，促进淋巴细胞增生、促进矿物质吸收、抗氧化、促进双歧杆菌和乳酸菌增殖、增强免疫力等许多独特的生理功能。FSOPF 是源于大豆蛋白而营养品质优于豆粕，是绿色、环保并具调控功能的优质蛋白质原料，较之鱼粉等动物蛋白饲料，不受供货限制，杂质含量少，质量更稳定，保质期长，易储存。因此，FSOPF 在养殖业中具有广阔的应用前景，在畜禽饲料中应用 FSOPF 代替动物蛋白原料，有利于实现高效养殖，这对蛋白质资源相对不足的条件下使我国养殖业保持可持续发展具有重要意义。

1　材料与方法

1.1　试验动物与饲养管理

试验选择健康无病，体重（600 kg 左右）、泌乳日龄（154.4 ± 15.8 d）、产奶量（19.08 ± 2.97 kg/d）、体况（3.17 ± 0.09 分）相近的经产中国荷斯坦 2 胎母牛 16 头进行本试验。试验于 2011 年 12 月 4 日至 24 日在江西萍乡某乳业集团中心牛场进行。采用双列尾队尾栓系饲养，每天分别在 7：00、19：00 饲喂，自由饮水，早晚各一次机器（6：00、18：00）挤奶。

1.2　试验日粮

1.2.1　基础精饲料组成与营养水平

基础精饲料配方：玉米 50%、豆粕 20%、麸皮 12%、玉米蛋白粉 10%、鱼粉 5%、磷酸氢钙 1.6%、碳酸钙 0.4%、食盐 0.5%、预混料 0.5%。

该基础精饲料的营养水平：干物质 90.7%，粗蛋白 23.78% DM，粗脂肪 4.31% DM，粗纤维 3.83% DM，粗灰分 3.76%，钙（Ca）0.89% DM，磷（P）0.68% DM。

1.2.2　日粮组成

精饲料：每头奶牛日采食精饲料 10 kg。

粗饲料：玉米青贮 18 kg、稻草 2 kg、玉米秸秆 2 kg、苜蓿干草 2 kg、鲜啤酒糟与豆腐渣 4 kg。试验所用粗饲料的营养成分及饲料相对值（Relative Feed Value，RFV）与分级指数（Grading Index，GI）对试验用饲料品质的综合评定见表 1。

表 1　试验用饲料营养成分及其品质评定

项目	DM（%）	CP（% DM）	FAT（% DM）	ASH（% DM）	NDF（% DM）	ADF（% DM）	RFV	GI（Mcal）
稻草 RS	92.93	4.56	3.97	13.61	70.95	49.56	65.94	0.66
紫花苜蓿 MSL	92.64	20.88	2.93	8.19	51.17	37.27	108.83	7.66

（续表）

项目	DM（%）	CP（% DM）	FAT（% DM）	ASH（% DM）	NDF（% DM）	ADF（% DM）	RFV	GI（Mcal）
玉米秸秆 CS	91.63	5.79	1.13	6.04	70.86	39.47	76.34	1.06
豆腐渣 SBCR	27.14	23.84	4.59	3.97	38.74	26.97	163.02	18.38
啤酒糟 BG	55.83	26.17	9.87	3.82	65.14	21.73	102.78	7.75

注：DM，干物质；CP，粗蛋白；FAT，粗脂肪；ASH，粗灰分；NDF，中性洗涤纤维；ADF，酸性洗涤纤维。RFV，饲料相对值。GI，分级指数

1.2.3 功能大豆寡肽蛋白饲料

功能大豆寡肽蛋白饲料为江西省农业科学院畜牧兽医研究所与江西新天地药业有限公司联合研制，其主要营养成分为：①寡肽含量≥70%，其中小肽≥12%；②粗蛋白质含量≥52.0%，总氨基酸含量≥48.0%；③体外消化率≥95.3%，碱溶解蛋白≥84.7%，水溶解度≥21.8%；④乳酸≥3%；⑤富含多种生物活性因子、低抗原（张吉鹍等，2010）。

1.3 试验设计

采用单因子随机分组试验设计，16 头牛随机分为 4 组，每组 4 头，进行为期 21 天的饲养试验，其中预试期 14 天，正试期 7 天。对照组的精饲料为基础精饲料，试验Ⅰ组为用 5% 的 FSOPF 取代基础精饲料中 5% 的鱼粉，试验Ⅱ组为用 10% 的 FSOPF 分别取代基础精饲料中 5% 的鱼粉与 5% 的豆粕，试验Ⅲ组为用 15% 的 FSOPF 分别取代基础精饲料中 5% 的鱼粉与 10% 的豆粕，3 个试验组的其他精饲料组分同基础精饲料。

1.4 测定指标与方法

1.4.1 饲料样品指标的测定与方法

水分采用 GB 6435 – 86 法测定，粗蛋白质采用 GB/T 6432 – 94 法测定，粗脂肪采用 GB/T6433 – 94 法测定，粗纤维采用 GB/T 6434 – 94 法测定，粗灰分采用 GB/T6438 – 92 法测定，中性洗涤纤维和酸性洗涤纤维根据范氏（Van Soest）洗涤纤维分析法测定，钙和磷采用原子吸收法测定。具体测定方法详见《饲料分析与检验》（王加启等，2004）。RFV 与 GI 的计算参见张吉鹍（2003）介绍的方法进行。

1.4.2 牛奶样品指标的测定与方法

对照组和试验组均在预试期的前三天与正试期的后三天测定泌乳量、乳蛋白、乳脂肪、乳糖、干物质含量以及鲜奶中的体细胞数。泌乳量在挤出牛奶后直接称重，乳蛋白采用凯氏定氮法、乳脂肪采用毛氏抽脂瓶法、乳糖采用还原滴定法、全脂乳固体与非脂乳固体采用直接干燥法、体细胞数采用显微镜法，具体操作严格按《反刍动物营养学研究方法》（王加启，2011）中所描述的相应方法进行。奶牛体况评分参照《农户科学养奶牛》（王加启，2007）中所描述的方法进行。

1.5 数据处理

试验中测得的基础数据用 Execel 进行整理，通过 SAS 9.0 软件，采用有重复观测值的 SAS 混合模型对数据进行最小二乘法方差分析，显著水平为 $P < 0.05$。

2 结果与分析

2.1 对产奶量的影响

表 2 试验前后各组牛的产奶量及其比较 （单位：kg/d）

	对照组	试验 I 组	试验 II 组	试验 III 组	SEM
试验前	19.18[a]	20.44[a]	18.82[a]	17.88[a]	1.5751
正试期	18.42[a]	19.66[a]	18.39[a]	17.50[a]	1.5747
试验前后比较	−0.76[a]	−0.78[a]	−0.43[b]	−0.38[b]	0.0407

不同比例 FSOPF 等比例取代鱼粉与豆粕对产奶量的影响见表 2。从表 2 可以看出，较之试验前三天的平均产奶量，各组正试期最后三天每头牛的平均产奶量均有降低，这符合奶牛在泌乳中期产奶量逐渐下降的生理规律（王加启，2007）。尽管正试期各组的产奶量差异不显著（$P > 0.05$），但每头牛正试期最后三天平均产奶量较试验前三天的平均产奶量的下降幅度不同，正试期各组最后三天平均产奶量的减量（见括弧中的数据，单位为%）自高到低的排序依次为试验I组（0.78）＞对照组（0.76）＞试验II组（0.43）＞试验III组（0.38）。其中，试验 I 组与对照组、试验 II 组与试验 III 组差异不显著（$P > 0.05$），其余组间差异显著（$P < 0.05$），说明 FSOPF 对减缓泌乳中期奶牛产奶的下降有明显效果。

2.2 对乳常规指标的影响

不同比例 FSOPF 等比例取代鱼粉与豆粕对乳常规指标的影响见表 3 至表 7。由表 3 至表 7 可见，FSOPF 能显著提高原奶中的乳蛋白、乳脂肪、乳糖、全脂乳固体与非脂乳固体等乳常规指标。

2.2.1 乳蛋白

乳蛋白是原奶的主要营养成分之一，通常含量为 2.8% ~ 3.8%。乳蛋白主要由酪蛋白、乳清蛋白组成，含有 8 种人体必需的氨基酸，是补充人体蛋白质的较好来源。因此，原奶中蛋白质含量的高低是衡量原奶品质好坏的重要指标。本研究中，试验前与正试期的乳蛋白含量，均在正常范围之内。正试期各组的乳蛋白差异不显著（$P > 0.05$），但较试验前均有增加。乳蛋白的增量（见括弧中的数据，单位为%）自高到低的排序为：试验III组（0.10）＞试验II组（0.08）＞对照组（0.07）＞试验I组（0.05），除试验III组与试验I组的差异显著（$P < 0.05$）外，其余组间差异不显著（$P > 0.05$），详见表 3。

表 3 试验前后各组原奶的乳蛋白含量及其比较 （单位:%）

	对照组	试验 I 组	试验 II 组	试验 III 组	SEM
试验前	3.20[a]	3.20[a]	3.20[a]	3.20[a]	0.0126
正试期	3.27[a]	3.25[a]	3.28[a]	3.30[a]	0.0171
试验前后比较	0.07[ab]	0.05[b]	0.08[ab]	0.10[a]	0.0125

2.2.2 乳脂肪

乳脂肪是原奶的主要营养成分之一，含量一般为3%～5%，对原奶风味发挥着重要作用。乳脂肪以脂肪球的形式分散于乳中，主要由甘油三酯、少量的磷脂、微量的甾醇和游离脂肪酸等组成。由于原奶中的脂肪对人体非常重要，所以乳脂肪含量越高的原奶，其品质也越好。本研究中各组的乳脂肪含量均在正常范围之内，正试期各组的乳脂肪含量差异不显著（$P > 0.05$），但各组乳脂肪增加的幅度不同。乳脂肪增量以试验Ⅲ组的最高，为0.15%；其次为试验Ⅱ组，为0.14%；对照组与试验Ⅰ组的最低，均为0.10%。其中，试验Ⅲ组与试验Ⅱ组、对照组与试验Ⅰ组差异不显著（$P > 0.05$），其余组间差异显著（$P < 0.05$），详见表4。

表4 试验前后各组原奶的乳脂肪含量及其比较 （单位:%）

	对照组	试验Ⅰ组	试验Ⅱ组	试验Ⅲ组	SEM
试验前	3.47[a]	3.44[a]	3.47[a]	3.49[a]	0.0637
正试期	3.57[a]	3.54[a]	3.61[a]	3.64[a]	0.0665
试验前后比较	0.10[b]	0.10[b]	0.14[a]	0.15[a]	0.0102

2.2.3 乳糖

乳糖是哺乳动物的乳腺产生的特有物质。牛奶中乳糖的含量一般在4.7%左右，是乳中最稳定的一种成分。但乳糖对人体健康的作用不大，所以，乳糖含量的高低，并未引起重视，对评价牛奶品质的影响也不大。本研究试验前乳糖的含量在4.56%～4.57%，正试期在4.72%～4.77%，组间差异不显著（$P > 0.05$），但各组正试期乳糖的增量不同，乳糖增量（见括弧中的数据，单位为%）自高到低的排序为：试验Ⅲ组（0.21）＞试验Ⅱ组（0.20）＞对照组（0.18）＞试验Ⅰ组（0.16）。其中，试验Ⅲ组与试验Ⅱ组、对照组与试验Ⅰ组、对照组与试验Ⅱ组差异不显著（$P > 0.05$），其余组间差异显著（$P < 0.05$），详见表5。

表5 试验前后各组原奶的乳糖含量及其比较 （单位:%）

	对照组	试验Ⅰ组	试验Ⅱ组	试验Ⅲ组	SEM
试验前	4.56[a]	4.56[a]	4.57[a]	4.56[a]	0.0635
正试期	4.74[a]	4.72[a]	4.77[a]	4.77[a]	0.0672
试验前后比较	0.18[bc]	0.16[c]	0.20[ab]	0.21[a]	0.0097

2.2.4 全脂乳固体

原奶除去水分后，剩下的组分就是全脂乳固体（又称干物质或总固体），含量一般在11.3%～14.5%。本研究各组试验前与正试期的全脂乳固体均在正常范围之内，各组的全脂乳固体含量差异不显著（$P > 0.05$），但试验期间全脂乳固体的增量不同，以试验Ⅲ组的最高，为0.38%；其次为试验Ⅱ组的，为0.37%；最低的为试验Ⅰ组，为0.20%。其中，试验Ⅲ组与试验Ⅱ组、对照组与试验Ⅰ组的差异不显著（$P > 0.05$），其余组间差异显著（$P < 0.05$），详见表6。

表6　试验前后各组原奶的全脂乳固体含量及其比较　　　　（单位:%）

	对照组	试验Ⅰ组	试验Ⅱ组	试验Ⅲ组	SEM
试验前	12.07[a]	12.02[a]	11.97[a]	12.09[a]	0.3310
正试期	12.30[a]	12.22[a]	12.34[a]	12.47[a]	0.3176
试验前后比较	0.23[b]	0.20[b]	0.37[a]	0.38[a]	0.0270

2.2.5　非脂乳固体

非脂乳固体或非脂干物质，即全脂乳固体扣除脂肪后剩余组成部分，含量一般在 8.1% ~ 10.0%，试验前与正试期各组的非脂乳固体含量均在正常范围之内，组间差异不显著（$P > 0.05$）。正试期以试验Ⅲ组的最高，为 8.87%；其次为试验Ⅱ组，为 8.83%；最低的为试验Ⅰ组，为 8.70%；其中，试验Ⅲ组、试验Ⅱ组与对照组的差异不显著（$P > 0.05$），试验Ⅱ组、对照组与试验Ⅰ组的差异亦不显著（$P > 0.05$），其余组间差异显著（$P < 0.05$）。试验期间非脂乳固体的增量（括弧中的数据，单位为%）自高到低的排序为：试验Ⅲ组（0.28）＞试验Ⅱ组（0.27）＞对照组（0.16）＞试验Ⅰ组（0.15）。其中，试验Ⅲ组与试验Ⅱ组、对照组与试验Ⅰ组差异不显著（$P > 0.05$），其余组间差异显著（$P < 0.05$），详见表7。

表7　试验前后各组原奶的非脂乳固体含量及其比较　　　　（单位:%）

	对照组	试验Ⅰ组	试验Ⅱ组	试验Ⅲ组	SEM
试验前	8.57[a]	8.55[a]	8.56[a]	8.59[a]	0.050167
正试期	8.73[ab]	8.70[b]	8.83[ab]	8.87[a]	0.046368
试验前后比较	0.16[b]	0.15[b]	0.27[a]	0.28[a]	0.011903

2.3　对乳中体细胞数的影响

体细胞是指原奶中混杂的上皮细胞和白细胞。牛奶中所含体细胞数（Somatic Cell Count，SCC）通常以每毫升牛奶中的细胞个数来表示。近年来，几乎所有国家均将牛奶中体细胞数作为牛奶收购标准之一。牛奶中体细胞数是评价牛奶质量的重要指标，也是奶牛群体改良（Dairy Herd Improvement，DHI）中的一个重要测定项目。测定牛奶中体细胞数的变化可及早发现乳房损伤或感染，预防乳房炎。本研究，试验前各组的体细胞数均超过 50 万 / mL，位于 51.00 万 ~ 53.64 万 / mL，以对照组的最高，试验Ⅱ组的最低，组间差异不显著（$P > 0.05$）。经 21 天的饲养试验，正试期以对照组的最高，为 54.06 万 / mL，较试验前的 53.64 万 / mL 略增加；其次为试验Ⅰ组，为 39.05 万 / mL，较试验前降低 14.86 万 / mL；试验Ⅲ组的最低，仅为 26.74 万 / mL，较试验前降低 25.22 万 / mL；试验Ⅱ组的体细胞数及其较试验前的降低数分别为 28.29 万 / mL 与 22.71 万 / mL，均与试验Ⅲ组的相近。正试期原奶中的的体细胞数及其较试验前体细胞的降低数除试验Ⅲ组与试验Ⅱ组的差异不显著（$P > 0.05$）外，其余组间差异显著（$P < 0.05$）。表明，FSOPF 能够降低原奶中的体细胞数，且降低的体细胞数随其在日粮中的比例的升高而增加，但提高的幅度趋缓，详见表8。

表 8　试验前后各组原奶的体细胞及其比较　　　　　　（单位：万/mL）

	对照组	试验Ⅰ组	试验Ⅱ组	试验Ⅲ组	SEM
试验前	53.64[a]	53.91[a]	51.00[a]	51.96[a]	1.990225
正试期	54.06[a]	39.05[b]	28.29[c]	26.74[c]	1.82377
试验前后比较	0.43[c]	-14.86[b]	-22.71[b]	-25.22[a]	2.303273

2.4　成本变动分析

试验各组除以不同比例 FSOPF 等比例取代鱼粉与豆粕外，其余精饲料的组分完全相同。因此，完全可以以对照组基础精饲料中被取代的组分的价格为参照，分析各试验组精料变动的成本。进口鱼粉按 10 000 元/t、豆粕按 3 600 元/t、功能大豆寡肽蛋白饲料按 5 000 元/t 计，以对照组的精饲料为参照，则试验组每 t 精饲料成本的变动为：试验Ⅰ组的较对照组的降低 250 元；试验Ⅱ组较对照组的降低 180 元，较试验Ⅰ组增加 70 元；试验Ⅲ组较对照组的降低 110 元，较试验Ⅰ组增加 140 元，较试验Ⅱ组增加 70 元。试验期各组成本自高到底的排序为：对照组 > 试验Ⅲ组 > 试验Ⅱ组 > 试验Ⅰ组。

3　讨　论

3.1　FSOPF 提高奶牛生产奶性能的机理

FSOPF 是多菌种组合在特定工艺条件下固态发酵豆粕，使产品中的部分大豆蛋白质降解为大豆寡肽，并有效降解大豆中的 2 种主要的抗原蛋白 glycinin（大豆球蛋白）和 β-conglycinin（大豆聚球蛋白）而成，寡肽含量超过 70%，其中小肽含量超过 12%。产品中不仅含有降解大豆蛋白的多种小肽、氨基酸与维生素，还含有生物发酵产生的多种生物活性因子及蛋白酶等多种酶，并兼具益生素的功效。如：益生菌数高达 1×107 cfu/g（张吉鹍等，2010）。已有的研究表明，黑曲霉、米曲霉等有益菌在发酵过程中产生的如小肽、酶类、多种维生素及未知营养因子等，具有调节瘤胃微生态的功能（赛红等，2003；吴石金等，2003；王文娟等，2007）。它们与奶牛瘤胃中的固有微生物发生协同作用，调控瘤胃微生态平衡，增加瘤胃纤维分解菌数目以及瘤胃细菌总数，从而促进瘤胃发酵，提高瘤胃微生物对粗饲料的利用率与瘤胃微生物蛋白的产量，最终提高奶牛的生产性能（孙安权等，2006；王恬等，2004；姜宁等，2005）。其他学者亦亦得出了类似结论，证明添加小肽或保护性小肽可提高奶牛产奶量 4.12%～24.02%，同时还可提高原奶中的乳蛋白和乳脂肪（曹志军等，2004；张永根等，2005；黄国清等，2006）。程茂基等（2004）（程茂基等，2004）的研究发现，瘤胃细菌生长需要肽营养，指出肽是瘤胃细菌生长的限制性因素之一。本研究中，随着 FSOPF 在奶牛精料中比例的提高，奶牛产奶量下降的幅度减少，奶常规指标提高的幅度增加，可能与其中的小肽含量增加有关，这与有关报道一致（郭春华等，2009）。

3.2　FSOPF 改善牛奶品质的"度"

由于原奶的全脂固体中含有多种对人体有益的物质，例如蛋白质、脂肪、乳糖、矿物质（钙、铁、磷等）和维生素 B_1、维生素 B_2 等，目前，国际上越来越多的国家采用干物质的总量来表示奶牛产奶量，而不用产出牛奶的总体积。在不掺假的前提下，原奶中全脂乳固体或非脂乳固体的含量越高，其品质越好。本研究中，随着 FSOPF 在奶牛精料中比例的提高，原奶中全脂乳固体或非脂乳固体的含量亦随之增加，增加的幅度趋缓，甚至接近，表明 FSOPF 在改善牛奶品质上有个度，并不是越多越好。

3.3　FSOPF 对奶牛乳房炎的预防作用

影响牛奶体细胞数的因素很多，包括乳房感染状态、遗传、泌乳阶段、奶牛年龄、季节因素、疾病影响等，其中最主要的原因是奶牛感染传染性乳房炎。患牛乳中体细胞数升高的程度取决于诱发感染的特定微生物病原菌种类与炎症的严重程度。一般高质量牛乳中所含体细胞不超过 50 万 / mL，一旦超过这个值就会导致产奶量和牛奶质量的下降。因此，体细胞数的检测可以用来判断奶牛乳房的健康状况及其泌乳性能和评价原奶的质量（王加启，2011；黄亚东等，2006）。体细胞数的变化与乳房的感染和产奶量有直接的关系，如果牛奶中的体细胞数在 20 万个/mL 以内，那么对乳房的感染率影响非常小；如果牛奶中的体细胞数达到 50 万个/mL，那么乳房的感染率就达到 16%，产奶量的损失会达到 6%；如果牛奶中的体细胞数超过 150 万个/mL，那么乳房的感染率就要达到 48%，产奶量的损失会达到 29%（韩博，2009）。本研究试验前体细胞数 51.00 万 ~ 54.06 万个/mL，表明供试牛比较健康，牛奶质量较好。FSOPF 占精料比例 15% 的试验Ⅲ组与占 10% 的试验Ⅱ组，原奶中的体细胞数较试验前分别降低 25.22 万个/mL 与 22.71 万个/mL（$P > 0.05$），远高于占 5% 试验Ⅰ组的 14.86 万个/mL（$P < 0.05$），而不含 FSOPF 的对照组，较试验前增加 0.43 万个/mL，这可能与 FSOPF 中所含的小肽等生物活性物质，提高奶牛的非特异性免疫功能，增强其抗病力有关（张吉鹍等，2010；韩博，2009）。同时说明，精饲料中 5% 的 FSOPF 即可发挥降低原奶中体细胞数的功效，但也存在着"度"，综合考虑成本因素，本研究以占精饲料的 10% 为适度水平。

4　结　论

（1）用 FSOPF 等比例取代泌乳中期中国荷斯坦奶牛精饲料中的进口鱼粉可显著降低成本，还能显著降低原奶中的体细胞数，防治乳房炎，而对牛奶产量、乳常规指标的影响较小。

（2）在不使用鱼粉的情况下，FSOPF 在泌乳中期中国荷斯坦奶牛精饲料中的适宜比例为 10%。

参考文献

[1] 张吉鹍，李龙瑞，邹庆华. 功能大豆寡肽蛋白饲料的研制及其固态发酵工艺参数的优化研究 [J]，中国奶牛，2010，(10)：8 – 14.

[2] 王加启，于建国. 饲料分析与检验 [M]. 北京：中国计量出版社，2004：34 – 65.

[3] 张吉鹍. 粗饲料品质评定指数研究进展 [J]. 中国饲料，2003，(16)：9 – 11.

[4] 王加启. 反刍动物营养学研究方法 [M]. 北京：现代教育出版社，2011：311 – 465.

[5] 王加启. 农户科学养奶牛 [M]. 北京：金盾出版社，2007：215 – 223.

[6] 赛红，孙建义，李卫芬. 黑曲霉固体发酵对棉籽粕营养价值的影响 [J]. 中国粮油学报，2003，18（1）：70 – 73.

[7] 吴石金，郑丽琴，夏一峰. 黑曲霉液体发酵产纤维素酶酶系均衡性研究 [J]. 浙江工业大学学报，

2003，31（4）：439－443.

［8］王文娟，宋俊梅，曲静然. 黑曲霉发酵豆粕产蛋白酶活性的研究［J］. 中国酿造，2007，（5）：23－25.

［9］孙安权，沙海锋，王光文. 米曲霉提取物对瘤胃生态及奶牛生产性能的影响［J］. 中国奶牛，2006，（11）：11－12.

［10］王恬，贝水荣，傅永明，等. 小肽营养素对奶牛泌乳性能的影响［J］. 中国奶牛，2004，（2）：12－14.

［11］姜宁，张爱忠，陆明海，等. RPAA 和保护性小肽对奶牛生产性能与消化率的影响［J］. 四川畜牧兽医，2005，（6）：27－28.

［12］曹志军，李胜利，丁志民. 日粮中添加小肽对奶牛产奶性能影响的研究［J］. 饲料工业，2004，25（4）：35－37.

［13］张永根，曲晨，欧建辉. 乐能小肽在奶牛饲养中的应用研究［J］. 中国乳业，2005，（2）：8－30.

［14］黄国清，易虹. 小肽营养素对奶牛泌乳性能和乳品质的影响［J］. 当代畜牧，2006，（9）：33－34.

［15］程茂基，卢德勋，王洪荣，等. 不同来源肽对培养液中瘤胃细菌蛋白产量的影响［J］. 畜牧兽医学报，2004，35（1）：1－5.

［16］郭春华，魏荣禄，陶文清，等. 微生物发酵蛋白饲料在奶牛饲养中的应用研究［J］. 西南民族大学学报（自然科学版），2009，35（4）：759－763.

［17］黄亚东，王仁雷. 牛乳体细胞检测在奶牛泌乳性能及乳质监控中的应用［J］. 研究食品工业科技，2006，27（5）：179－181.

［18］韩博. 牛奶中体细胞的控制和乳房炎的治疗［J］. 中国奶牛，2009，9：33.

［19］徐姗楠，邱宏端. 微生物发酵生产蛋白饲料的研究进展［J］. 福州大学学报（自然科学版），2002，30（增刊）：709－713.

菌肽蛋白对断奶仔猪生产性能和养分表观消化率的影响

钊守梅[1]　蔡祥敏[2]　韩新燕[1*]　闻尧祥[3]

（1. 浙江大学动物华东区农业部重点实验室，饲料科学研究所　杭州　310029；2. 浙江诚元生物技术有限公司，杭州　310029；3. 宁波梅湖牧业有限公司，宁波　315010）

摘　要：本文旨在探讨饲喂菌肽蛋白对断奶仔猪生产性能、养分表观消化率和血清生化指标的影响。选择体重 6.41 kg 左右杜长大三元杂交断奶仔猪 120 头，随机分为 4 组（每组 3 个重复，每个重复 10 头）。对照组饲喂玉米豆粕型基础日粮，三个处理组分别饲喂添加 5%、10% 和 15% 菌肽蛋白的日粮，保持各组的粗蛋白含量一致。饲养期 21 天。结果表明：1）与对照组相比，菌肽蛋白组能提高断奶仔猪日增重、降低料重比和腹泻率（$P < 0.05$）。2）相比对照组，菌肽蛋白组提高了断奶仔猪对饲料粗蛋白和粗脂肪的消化率（$P < 0.05$）。3）菌肽蛋白组相比对照组显著改善了断奶仔猪空肠粘膜的绒毛形态。4）与对照组相比，菌肽蛋白组提高了断奶仔猪血清总蛋白含量和碱性磷酸酶的活性，降低了血清尿素氮的含量（$P < 0.05$）。结果提示，饲粮中添加菌肽蛋白能明显提高断奶仔猪的生产性能和对饲料的利用率。

关键词：菌肽蛋白；生产性能；表观消化率；肠道形态；血清生化指标

豆粕是畜禽重要的植物性蛋白质饲料，其蛋白质含量高，氨基酸组成较平衡，是目前饲料工业和畜牧养殖业使用量很大的一种优质蛋白质来源，但是豆粕中存在多种抗营养因子，影响了豆粕的饲用价值（刘海燕等，2012）。近年来动物营养研究显示，尤其是豆粕中的抗原蛋白，限制了幼年动物对蛋白质的有效吸收，影响了豆粕在饲料工业中的应用（Dunsford, *et al*, 1989；Li, *et al*, 1990；Jiang, *et al*, 2000；White, *et al*, 2000；康立新，2003），对动物的生理、生长、健康造成不良的影响。因此，如何消除抗营养因子和大分子蛋白质对动物生产的影响一直是人们关注的焦点。近年来，对豆粕进行发酵处理成为研究热点之一，其目的是破坏豆粕中抗营养因子、消除豆粕蛋白的抗原性、降解大分子蛋白质以及促进有益发酵产物生成（葛向阳，2010）。Kiers（2003）研究发现饲喂发酵豆粕可显著提高仔猪生产性能。但是发酵豆粕经过烘干处理后部分营养物质遭到破坏，益生菌的数量显著降低，且会增加生产的成本。本试验中使用的菌肽蛋白经浙江诚元生物公司独有专利技术处理，能更有效地保护营养物质和益生菌的活性。以其为试验材料，探讨其对断奶仔猪生产性能、养分表观消化率、血清生化指标和肠道形态的影响，为其在养殖业中的应用提供科学的理论依据。

1　材料与方法

1.1　试验设计

菌肽蛋白由浙江诚元生物技术有限公司提供，商品名为诚元金元宝，含水量 40%，粗蛋白含量 35%。试验选择 120 头体重 6.41 kg 左右的"杜×长×大"三元杂交断奶仔猪，按体重相近、公母各半的原则随机分为 4 组，每组 3 个重复，每个重复 10 头猪（公母各半）。对照组饲喂玉米豆粕型基础日粮，三个处理组分别饲喂添加 5%（Ⅰ组）、10%（Ⅱ组）和 15%（Ⅲ组）菌肽蛋白替代基础日粮中部分普通豆粕，保持各组的粗蛋白含量一致。试验仔猪采用群饲，自由采食和饮水，进行常规仔猪免疫程序，饲养管理按常规进行。试验前对猪舍进行消毒。预试期 7 天，正试期 21 天。饲养试验结束后，分别从每组随机选取 6 头（每重复 2 头，公母各半），共 24 头试验猪进行屠宰试验。屠宰前于自由饮水条件下禁食 12 h，宰前称重。

1.2　试验饲粮

饲养试验的日粮配方如表 1 所示：

表 1　试验日粮配方及营养成分

项　目	对照组	Ⅰ组	Ⅱ组	Ⅲ组
玉米	58	57	56	55
豆粕	21	17	13	9
膨化大豆	6	6	6	6
菌肽蛋白	0	5	10	15
鱼粉	4	4	4	4
乳清粉	5	5	5	5
豆油	2	2	2	2
预混料	4	4	4	4
营养水平				
消化能/（MJ/kg）	13.97	13.95	13.94	13.91
粗蛋白（%）	19.22	19.15	19.08	19.02
粗脂肪（%）	4.23	4.22	4.15	4.09
粗灰分（%）	6.65	6.73	6.72	6.79
钙（%）	0.77	0.76	0.77	0.75
总磷（%）	0.69	0.69	0.68	0.69

注：1. 每千克饲粮含有 contained the following per kg of diet：铜 100 mg（CuSO₄·5H₂O），铁 200 mg（FeSO₄·7 H₂O），锰 30 mg（MnSO₄·4H₂O），Zn140mg；维生素为市售复合多维；泛酸 pantothenate acid 20.0 mg；烟酸 niacin 33 mg；氯化胆碱 choline chloride 700 mg；

2. 以上指标除消化能外，均为实测值 Digestible energy was calculated value and others were measured values

1.3　样品的采集

血清样品：屠宰时采集血样装于一次性的塑料杯中，置 37 ℃下静置至血清析出，吸取血清于离心管中，3 000 r/min 离心 10 min，得浅黄色血清样品，收集血清样品，分装与 eppendorf 管中，浸入液氮中速冻，而后保存在 -70 ℃冰箱中待测。

空肠镜检样品：取空肠中段 0.5 cm×2，用生理盐水将其轻轻冲洗干净，而后平铺在滤纸上将液体吸干，浸入 2.5% 戊二醛固定液中，置 4 ℃冰箱中保存，用于制作电镜切片。

1.4　指标测定

1.4.1　生产性能指标的测定

试验开始时称量每头猪的重量并打上相应的耳标，试验期间每日记录饲料消耗量，统计腹泻和死亡情况，试验结束后，禁食 12 h，自由饮水，后称重。计算日增重（ADG）、日采食量（ADFI）、料重比（F/G）及腹泻率，其中腹泻率（%）＝总腹泻头数/（仔猪头数×试验天数）×100%。

1.4.2 表观消化率的测定

饲养结束前一周，在饲粮中拌入 0.5% Cr_2O_3，预试四天，第五天下午 3 点收粪，连收三天。收粪、拌匀后在烘箱中制成风干样品，待测定。按国际方法分析各样品中 Cr2O3 和养分含量（中华人民共和国国家标准 GB6432－6439，GB13885）。

$$某养分消化率（%）＝100-\left(\frac{C_1 \times P_2}{C_2 \times P_1} \times 100\right)$$

C_1：饲粮 Cr_2O_3 的含量（%）；C_2：干粪中 Cr_2O_3 的含量（%）；P_1：饲粮中某养分的含量（%）；P_2：干粪中某养分的含量（%）。

1.4.3 空肠组织的电镜切片制作与观察

将 2.5% 戊二醛固定液倒掉，样品用 0.1 M，pH 7.0 的磷酸缓冲液漂洗样品 3 次，每次 15min；1% 的锇酸溶液固定样品 1~2 h；倒掉固定液，用 0.1 M，pH 7.0 的磷酸缓冲液漂洗样品 3 次，每次 15 min；用梯度浓度（包括 50%，70%，80%，90% 和 95% 五种浓度）的乙醇溶液对样品进行脱水处理，每种浓度处理 15 min，再用 100% 的乙醇处理两次，每次 20 min；用乙醇与醋酸异戊酯的混合液（V/V＝1/1）处理样品 30 min，再用纯醋酸异戊酯处理样品 1~2 h；临界点干燥；镀膜，观察。处理好的样品在荷兰 Philips 公司的 XL 30 型环境扫描电镜中观察。

1.4.4 血清生化指标的测定

血清总蛋白、尿素氮、碱性磷酸酶、谷草转氨酶、谷丙转氨酶活性的测定采用南京建成生物技术有限公司生产的试剂盒，于 RX daytonaTM 全自动生化分析仪上测定。

1.5 统计分析

试验数据统计分析采用 SAS（6.12 版）软件中的一般线性模式（GLM）进行单因素方差分析，各处理组间的差异用 Duncan's 多重比较进行差异显著性检验，$P < 0.05$ 为差异显著，结果均以平均值±标准差表示。

2 结果与分析

2.1 菌肽蛋白对断奶仔猪生产性能的影响

2.1.1 菌肽蛋白对断奶仔猪生长性能的影响

表2 菌肽蛋白对断奶仔猪生长性能的影响

项 目	对照组	I 组	II 组	III 组
初重（kg）	6.40±0.19	6.42±0.20	6.41±0.19	6.39±0.17
末重（kg）	12.48±1.17[c]	13.03±0.1.39[bc]	13.47±1.43[ab]	13.88±1.24[a]
平均日增重 ADG（g/d）	287.63±41.15[c]	311.4±50.41[bc]	335.47±60.31[ab]	353.86±46.56[a]
平均日采食量 ADFI（g/d）	503.35±33.12[b]	510.31±37.07[ab]	531.26±29.67[ab]	547.15±23.22[a]
料重比（F/G）	1.75±0.17[b]	1.67±0.15[ab]	1.58±0.16[a]	1.55±0.11[a]

注：同一行中上标字母不同为差异显著（$P < 0.05$），下表同。

由表 2 可以看出，在饲料中添加 5%、10% 和 15% 菌肽蛋白均不同程度地促进了仔猪的生长。5%、10% 和 15% 菌肽蛋白组平均日增重较对照组分别提高了 8.3%（$P > 0.05$）、16.6%（$P < 0.05$）和 23.0%（$P < 0.05$）。与对照组相比，10% 和 15% 菌肽蛋白组料重比分别降低了 9.7%（$P < 0.05$）和 11.4%（$P < 0.05$），5% 菌肽蛋白组有降低的趋势，但差异不显著。

2.1.2 菌肽蛋白对断奶仔猪腹泻的影响

试验期间断奶仔猪腹泻情况见图 1。饲粮中添加不同水平的菌肽蛋白均不同程度地降低了断奶仔猪的腹泻率。与对照组相比，5%、10% 和 15% 菌肽蛋白粗组的腹泻率分别降低了 10.9%（$P < 0.05$）、30.7%（$P < 0.05$）和 36.5%（$P < 0.05$）；10% 和 15% 菌肽蛋白组与 5% 菌肽蛋白组相比分别降低了 22.1%（$P < 0.05$）和 28.7%（$P < 0.05$）。

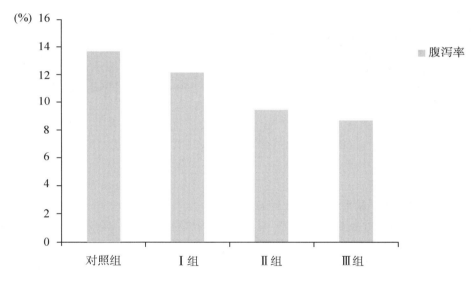

图 1 菌肽蛋白对断奶仔猪腹泻的影响

2.2 CS – Zn 对断奶仔猪养分表观消化率的影响

菌肽蛋白对断奶仔猪表观消化率的影响见表 3。与对照组相比，10% 和 15% 菌肽蛋白组粗蛋白表观消化率均显著提高；10% 和 15% 菌肽蛋白组相比 5% 菌肽蛋白组有升高的趋势，但差异不显著。与对照组相比，10% 和 15% 菌肽蛋白组粗脂肪表观消化率均显著提高，5% 菌肽蛋白组有升高的趋势，但差异不显著。各组间粗灰分、Ca 和 P 的表观消化率比较均差异不显著。

表 3 菌肽蛋白对断奶仔猪营养物质表观消化率的影响

项 目	对照组	Ⅰ组	Ⅱ组	Ⅲ组
粗蛋白（%）	68.32 ± 1.49[b]	72.95 ± 2.32[ab]	75.81 ± 2.75[a]	76.03 ± 2.38[a]
粗脂肪（%）	53.11 ± 2.29[b]	56.92 ± 2.63[ab]	59.70 ± 2.22[a]	61.00 ± 1.86[a]
粗灰分（%）	48.68 ± 1.44	49.26 ± 2.14	49.79 ± 2.37	51.03 ± 2.00
钙 Ca（%）	63.21 ± 2.10	63.43 ± 1.62	64.55 ± 1.80	65.06 ± 1.08
磷 P（%）	48.32 ± 2.13	48.47 ± 1.54	49.21 ± 2.21	49.78 ± 1.69

2.3 菌肽蛋白对断奶仔猪肠道形态的影响

图 2 为扫描电镜下空肠黏膜的绒毛形态。如图 2 所示，对照组空肠绒毛受损较严重，绒毛受损塌陷、歪斜倒伏，粘连。与对照组相比，菌肽蛋白组空肠绒毛形态排列整齐紧密，呈指状，表面光滑、完整。

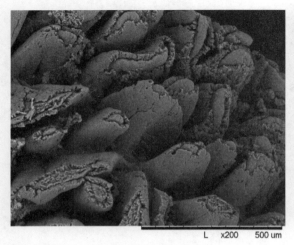 

对照组　　　　　　　　　　　　　　　　　15%菌肽蛋白组

图 2　断奶仔猪空肠形态的扫描电镜观察

2.4 菌肽蛋白对断奶仔猪血清生化指标的影响

菌肽蛋白对血清生化指标的结果表 4。与对照组相比，5%、10% 和 15% 菌肽蛋白组的 TP 均显著提高，菌肽蛋白组间无显著差异。与对照组、5% 和 10% 菌肽蛋白组相比，15% 菌肽蛋白的 BUN 含量显著降低，其余各组间差异不显著。与对照组相比，5%、10% 和 15% 菌肽蛋白组的 AKP 活性均显著提高；与 5% 和 10% 菌肽蛋白组相比，15% 菌肽蛋白组的 AKP 活性也显著提高。饲料中添加菌肽蛋白对 GOT 和 GPT 的活性无显著影响。

表 4　菌肽蛋白对血清生化指标的影响

项　目	对照组	I 组	II 组	III 组
总蛋白 TP（g/L）	52.26 ± 3.57^b	$66.31. \pm 1.98^a$	70.64 ± 3.12^a	72.09 ± 2.22^a
尿素氮 BUN（mmol/L）	5.12 ± 0.18^a	5.06 ± 0.28^a	5.05 ± 0.23^a	3.55 ± 0.29^b
碱性磷酸酶 AKP（U/L）	2.71 ± 0.18^c	3.11 ± 0.14^b	3.46 ± 0.30^b	4.30 ± 0.25^a
谷草转氨酶 GOT（IU/L）	55.43 ± 3.13	54.77 ± 2.88	54.65 ± 3.73	53.83 ± 3.19
谷丙转氨酶 GPT（IU/L）	37.50 ± 3.03	37.6 ± 2.69	34.27 ± 3.22	34.44 ± 2.29

3　讨　论

3.1 菌肽蛋白对断奶仔猪生产性能的影响

豆粕经发酵后不仅营养成分得到改善、抗营养因子水平有所降低，而且在断奶仔猪试验中也证明使用发酵豆粕替代普通豆粕能改善动物的生产性能和健康水平（Kim，et al，2010）。Kiers 等（2003）研究发现 Rhizopus subtilis 发酵豆粕饲喂仔猪能显著提高仔猪的日增重和采食量，并且能有效的控制由大肠杆菌引起的腹泻。Kim 等（2005）研究发现在育肥猪饲料中添加 5% 的微生物发酵豆粕能显著提高其日增重，降低料重比。王继强等（2011）也发现发酵豆粕在改善乳仔猪生产性能、降低腹泻和提高免疫等方面发挥了重大的作用。但是经特殊技术处理的菌肽蛋白无相关报道，本研究发现：饲喂菌肽蛋白能显著提高断奶仔猪的生产性能，降低腹泻率。

3.2　菌肽蛋白对断奶仔猪养分表观消化率的影响

断奶仔猪的消化能力有限，作为提供主要营养物质的植物蛋白因其自身的组成、结构常引起断奶仔猪的消化障碍。豆粕作为断奶仔猪日粮蛋白原的主要选择，其中的胰蛋白酶抑制因子及抗原蛋白等大分子物质能引起仔猪的消化障碍，增加内源蛋白的外泻（Mital，et al，1990）。章世元等（2008）报道，日粮添加 17.5% 和 35% 发酵豆粕提高断奶仔猪 CP消化率 11 ~ 14 个百分点，但是未影响钙磷的消化率。与烘干后的发酵豆粕相比，菌肽蛋白更有效地保护营养成分不被破坏，本研究发现：饲喂菌肽蛋白的断奶仔猪同样对粗蛋白和粗脂肪的表观消化率显著提高，对其他营养物质的表观消化率也有所提高但是差异不显著。其原因可能是提高了断奶仔猪对营养成分的吸收率，同时在微生物发酵过程中有效地去除了豆粕中的抗营养因子，并对豆粕中的大分子蛋白质进行了预消化（章世元等，2008；Kiers，et al，2000；Hachmeister，et al，1993），提高了豆粕的营养价值，从而促进断奶仔猪的生长。

3.3　菌肽蛋白对断奶仔猪肠道形态的影响

小肠的正常结构与功能是营养物质充分吸收和消化的基本保证，而小肠绒毛结构的良好状态是养分消化吸收和动物正常生长的生理学基础（姚浪群等，2003），肠道形态学的变化将引起功能上的改变和肠道吸收机能的降低。许多研究表明，断奶后日粮组成的变化使小肠绒毛长度和隐窝深度都造成不同程度的影响（张宏福等，2000）。菌肽蛋白相比烘干后的发酵豆粕更有效地保护了益生菌的活性，我们的研究发现：饲喂菌肽蛋白可显著改善断奶仔猪的肠道形态，从而增强断奶仔猪对营养物质的消化吸收，进而提高断奶仔猪的生长性能。其原因可能是经过微生物发酵豆粕，其中的抗营养因子已经大部分被去除，仔猪采食进入消化道，不会引起肠道的过敏反应不能造成对小肠的损伤，同时，大量的益生菌能有效的调节肠道菌群的平衡，从而保证了肠道结构的完整性。

3.4　菌肽蛋白对断奶仔猪血清生化指标的影响

血液生化指标的改变是组织细胞通透性发生改变和机体新陈代谢机能发生改变的反映。血清 TP 主要反应蛋白质在体内的合成状况，血清 TP 含量增高是蛋白质代谢旺盛的表现，有利于仔猪对蛋白质的利用和降低饲料消耗。血清 BUN 是反映动物体内蛋白质代谢及日粮氨基酸平衡状况较为准确的指标（Mol，1988），其浓度越低则表明氮的利用效率越高（Kim，et al，2001）。在正常生理范围内，血液中 GOT、GPT 和 AKP 的活性的提高可反应蛋白质和脂类的代谢效率，特别是 AKP，作为具有遗传标记的同功酶，其活性的高低可反映动物的生长速度和生产性能（唐晓玲等，2005）。单达聪等（2013）发现，用发酵豆粕替代普通豆粕后可显著提高断奶仔猪血清总蛋白的含量。刘海燕等（2010）也发现用饲喂发酵豆粕断奶仔猪可有效地降低仔猪血清中尿素氮水平。菌肽蛋白相比烘干后的发酵豆粕具有众多优势，本研究结果表明：菌肽蛋白可显著提高断奶仔猪血清 TP 含量和 AKP 活性，降低血清 BUN 的含量，从而提高对饲料蛋白的利用率，促进断奶仔猪的生长。

4 结 论

综上所述，菌肽蛋白，即新型的功能性蛋白原料通过提高断奶仔猪对饲料粗蛋白、粗脂肪的利用率，改善断奶仔猪血清生化指标水平和小肠的形态结构，促进断奶仔猪对养分的消化吸收，从而提高饲料的利用效率，进而提高断奶仔猪的生长性能，降低腹泻。

参考文献

[1] 刘海燕，邱玉朗，魏炳栋，等. 微生物发酵豆粕研究进展 [J]. 动物营养学报 2012，24（1）：35 – 40.

[2] Dunsford B D, D A Knabc, W E Hacnsly. Effect of dietary soybean meal on the microscopic anatomy of the small intestine in the early – weaned pig. J. Anim. Sci. 1989（67）：1 855 – 1 864.

[3] Li D F, J L Nelssen and P G Reddy. Transient hypersensitivity to soybean meal in the early weaned pig. J. Anim. Sci. 1990（68）：1 790 – 1 799.

[4] Jiang R, X Chang, B Stoll, et al. Burrin Diatery plasma proteins used more efficiently than extruded soy protein for lean tissue growth in early – weaned pigs [J]. J. Nulr. 2000（130）：2 016 – 2 019.

[5] White C E, D R Campbell, L R McDowell. Effects of dye matter content on trypsin inhibitors and urease activity in heat treated soya beans fed to weaned piglets [J]. 2000（87）：105—115.

[6] 康立新. 发酵法去除豆粕中抗营养因子及提高其营养价值的研究. 华中农业大学硕士学位论文. 2003.

[7] 葛向阳. 发酵豆粕评判标准、测定程序和鉴别方法 [J]. 新饲料，2010，2：16 – 17.

[8] KIERS J L, MEIJER J C. Effect of fermented soya beans on diarrhoea and feed efficiency in weaned piglets [J]. Journal of Applied Microbiology. 2003，95（3）：545 – 552.

[9] Kim S W, van Heugten E, Ji F, et al. Fermented soybean meal as a vegetable protein source for nursery pigs：I. Effects on growth performance of nursery pigs [J]. J Anim Sci, 2010, 88：214 – 224.

[10] Kiers, J L, Meijer, J C, Nout, et al. Effect of fermented soya beans on diarrhea and feed efficiency in weaned piglets [J]. Joumal of Applied Microbiology2003, 95：545 – 552.

[11] Kim, S W, R D Marco, F Ji. Fermented soybean meal as a protein source in nursery diets replacing dried skim milk [J]. J. Anim. Sci., 2005, 83, Suppl, 1：116.

[12] 刘春雪，李绍章，黄少文，等. 酵豆粕配制抗断奶应激仔猪料饲养试验 [J]. 湖北畜牧兽医，2005（5）：15 – 17.

[13] 王继强，龙强，李爱琴，等. 发酵豆粕的营养特性及在乳仔猪饲料中的应用 [J]. 饲料博览，2011（7）：9 – 11.

[14] Mital B K, S K Garg, Tempeh – technology and food value [J]. Food Reviews International, 1990, 6：213 – 224.

[15] 章世元，全丽萍，徐健超，等. 发酵豆粕对断奶仔猪生长性能 、养分消化率和胃肠道发育的影响 [J]. 中国饲料，2008，16：8 – 11.

[16] Kiers, J L, Van Laeken, A E A, et al. In vitro digestibility of Bacillus fermented soya bean [J]. International Journal of Food Microbiology, 2000, 60：163 – 169.

[17] Hachmeister, K A, Fung, D Y. Tempeh：a mold – modified indigenous fermented food made from soy-

beans and/or cereal grains [J]. Critical Reviews in Microbiology, 1 993, 19: 137 –188.

[18] 姚浪群，萨仁娜，佟建明，等. 安普霉素对仔猪肠道微生物及肠道组织结构的影响 [J]. 畜牧兽医学报，2003, 34（3）: 250 –257.

[19] 张宏福，卢亚萍. 仔猪消化功能、免疫功能的发育及营养对策 [J]. 中国饲料，2000, 14（22）: 15 –17.

[20] MOL MOL F K. Animo acid in farm animal nutrition metabolism. partition and consequences of imbanlance [J]. Swidish Journal of Agriculture Research, 1988, 18（4）: 191 –193.

[21] Kim J H, HeoK N, Odle J, et al. Liquid diets accelerate the growth of early – weaned pigs and the effects are maintained to maintained to market weight [J]. J Anim Sci, 2001, 79: 427 –434.

[22] 唐晓玲，刘振湘. 糖萜素对早期断奶仔猪血液生化指标及免疫机能的影响研究 [J]. 湖南环境生物职业技术学院学报，2005, 11（3）: 239 –243.

[23] 单达聪，王四新，季海峰，等. 发酵豆粕替代普通豆粕对断奶仔猪饲喂效果的影响 [J]. 饲料工业，2013, 34（9）: 38 –40.

[24] 刘海燕，秦贵信，等. 发酵豆粕对仔猪生长性能、血液生化和抗氧化指标的影响 [J]. 中国饲料，2010, 17: 19 –21.

聚丙烯酸树脂乳胶液水分散体辅料在
饲料添加剂包衣包被中的应用技术

李玉生　　李金林

（悦康药业集团安徽天然制药有限公司，阜阳太和　236600）

摘　要： 包衣技术在饲料添加剂（包括药物添加剂）中的应用越来越广泛，本文以聚丙烯树脂乳胶液水分散体辅料为例，对目前在饲料添加剂领域中应用的一些新型包衣技术比如肠溶包衣、缓释包衣和防护包衣技术进行了初步研究，探讨包衣技术对饲料添加剂产业发展的重要作用。

近年来，随着制药工业的迅速发展，新辅料不断涌现，聚丙烯酸树脂乳胶液水分散体就是其中之一，从第一个产品问世至今将近半个世纪，已被广泛应用，成为许多国际名牌制剂产品的重要辅料。这种辅料具有连续的碳氢链结构，在体内不被吸收，不参与人体生理代谢，口服后以不变的分子形式很快被排出，对人体无害，是一种优良的高分子类药用新辅料。

关键词： 聚丙烯酸树脂乳胶液；包被；应用技术

20 世纪 80 年代以后，以水为分散体介质的包衣方法愈发受到重视和广泛的研究，包衣技术及包衣材料发展迅速，给各种制剂的包衣带来了一场新的技术革命，被誉为包衣工艺的第三里程碑。

聚丙烯酸树脂类系列产品最早由德国的罗姆公司于 20 世纪 60 年代开发成功并投放市场，品种多达 10 种以上。近半个世纪以来，一直占据全世界药品固体制剂包衣类辅料的主要地位，主要用于包制片剂、颗粒剂、丸剂、微囊等各种制剂以后，在临床上起到胃溶、肠溶、缓释、控释等作用。特别是乳胶液水分散体类产品，目前仍是欧洲共同体各个成员国药品制造业包制制剂的主要包衣材料。

包衣是药剂学中最常用的技术之一，所谓包衣是指在特定的设备中按特定的工艺将能成膜的材料涂覆在药物固体制剂的外表面，使其干燥后成为紧密黏附在表面的一层或数层不同厚薄、不同弹性的多功能保护层，这个多功能保护层就叫做包衣。

包衣技术是喷射聚合物溶液或混悬液到丸芯表面形成全薄膜或半薄膜衣层，它可以包制颗粒、丸剂、微丸、粉末、片剂，用于保护药物分子，具有生产周期短、用料少、防湿、抗氧化能力强等特点。目的主要是：改善外观和便于识别；掩盖不良气味；抗氧化；便于服用；减轻胃肠反应；控制饲料添加剂（包括药物添加剂）释放；改变饲料添加剂（包括药物添加剂）释放曲线；防潮、避光、耐磨、隔绝空气以增加饲料添加剂（包括药物添加剂）的稳定性。它涉及物理化学、化学工程学、液体力学、高分子材料学等学科。近几十年来，随着新材料、新技术、新机械的不断产生，包衣技术发展迅速，形成了一整套较为完整的理论和操作经验，在药剂学中占有重要地位。

1　水分散体的含义和特性

水分散体是以水为分散介质的分散体系，以聚丙烯酸树脂乳胶液为分散相的水分散体系，为聚丙烯酸树脂乳胶液水分散体。水分散体的主要特性是分散相颗粒的粒径介于 10～1000 nm，这些颗粒由于热对流和布朗运动，不会沉淀，又由于存在光散射，水分散体外观呈乳状，固又称为乳胶液。水分散的另一特性是固体含量高，一般含量为 28%～30%（W/W）粘度低，易于喷雾包衣操作，效率较高。和聚合物有机溶液包衣相比，使用安全不存在环境污染问题。

2　水分散体的成膜机理

水分散体具有特殊成膜机理，膜的形成与表面能有关。但当水分散体在成膜过程中，乳胶粒形成积层，随水分蒸发表面张力增大，使胶粒紧密聚集，颗粒间的液体产生毛细管压，由于颗粒直径很小这种毛细管压很大（因为毛细管压与颗粒直径成反比），所以在最低成膜温度以上环境中形成薄膜十分致密，这种膜的抗水渗透性优于有机溶剂包衣液形成的膜。有机溶剂包衣液中溶剂的蒸发由于溶剂化热，需要消耗比水分散体中水蒸发更多的能量，加之后者固体含量高，所以水分散体包衣的能耗较低，有利于节约生产成本，同时用水分散体包衣代替有机溶剂包衣液还有利于安全生产和环境保护。

3　水分散体的稳定性

水分散体分散相颗粒粒径很小，一般不会沉淀，保质期在 18 个月以上，水分散体与胶体相似对一些外界因素很敏感，应避免加入电解质、酸、碱、有机溶剂。在加热和高速搅拌，会引起乳胶粒凝聚，辅料的这种影响在刚加入水分散体时不能察觉，往往几小时后在包衣操作过程变得明显，迫使包衣操作中止。大部分水溶性颜料电解质会使水分散体凝聚；可选用色淀或氧化铁、钛白粉作为着色剂。

4　水分散体的最低成膜温度

水性聚合物分散体系的薄膜形成是很复杂的。在润湿的阶段，聚合物以大量的不连续粒子存在，随后这些粒子紧密接触，变形、凝聚，最后相互融化，形成一个连续膜。

最低成膜温度是指高于该温度界限时聚合物乳液在各自确定的条件下能形成膜。它极大程度上取决聚合物玻璃化转变温度，玻璃化温度是一种聚合物属性，在此温度时，无定形或大部分无定形聚合物由硬的玻璃转变成软的，更有弹性的黏稠的聚合物。最低成膜温度的概念包括薄膜形成过程中水的增塑作用。对于聚丙烯酸树脂乳胶液水分散体包衣温度应在 25～35 ℃，以确保达到薄膜形成的理想条件。

5 水分散体的包衣工艺原理

5.1 原理

当物料在包衣机或流化床中运转时，将包衣混悬液的极细小的液滴喷射到物料的外表，当这些液滴到达物料时通过接触、铺展，液滴间的相互结合，在物料的表面形成一层衣膜，这一过程中包衣液及物料之间会发生两种作用，即包衣液对物料的渗透作用和包衣液的蒸发作用，当包衣液的蒸发量衡定时。且与包衣液喷射量相等时，包衣的过程达到平衡。

5.2 工艺操作参数

包衣过程中，影响喷射液及干燥之间平衡的参数可分为两类：①与喷液有关的：喷液类型、喷液速度、喷咀直径、喷枪高度、喷射压力。②与干燥有关的：进风温度、进风量、干燥时间、批量大小。另一个参数是包衣锅的转速，调节转速可使物料的运动尽可能的有规律。

5.3 处方组成

成膜材料必须具有成膜型、溶解性和稳定性等物化特性。

6 水分散体的包衣特点

水分散体的包衣有以下特点：①包衣的成膜原理不同于其他固体类的药用辅料类材料，适合低温操作，产品质量稳定，成膜质量好。②有多种产品可供选用，适合于各种功能包衣（胃溶、肠溶、缓控释、掩味、保护隔离和防潮抗氧化包衣等）。③物料包衣成本低于固体类辅料，降低制造成本——材料费用低，省时、省电、省工，节能减排、经济可行。④有4种水分散体产品，用水分散体取代有机溶剂包衣液符合现代制剂生产发展方向，无三废、无污染、使用安全。⑤包衣液配制方便，现用现配，简单、快速及安全，操作方便。⑥缩短包衣时间，提高生产效率，包衣耐磨、光亮。⑦工艺简单，不需添置新技术、新设备，减少员工出错，缩短准备工作。⑧不被人体吸收，无刺激性和毒性，贮存过程中包衣性质稳定。⑨全水性包衣，安全生产，无污染。

7 水分散体的包衣的优点

水分散体包衣有以下的主要优点：①防潮，隔湿，抗高温，抗氧化，耐摩擦，能作色，娇味，遮盖力强，色泽美观，增加制剂的硬度。②可降低生产成本，提高生产效率。③优越的包衣性能可提高饲料产品的质量和存放期间的稳定性。④降低劳动强度、节省工时。⑤不用有机溶剂，生产安全，无三废。

8　水分散体产品及用途

8.1　水分散体的产品

8.1.1　甲基丙烯酸—丙烯酸乙酯共聚物水分散体（L 30D – 55）

L 30D – 55 在 pH 值 >5.5 时溶解（即十二指肠溶解），肠溶型；为乳白色低粘度的液体，具有微弱的特殊气味，能与任何比例的水混溶，呈乳白色，是阴离子甲基丙烯酸酯聚合物，不溶于酸，溶于 pH5.5 值以上的介质中，具有较低的水蒸汽渗透率。电解质和有机溶剂的加入、过度振荡和冷冻均将使乳胶液凝聚。

优点：十二指肠溶解，有效而稳定的肠溶包衣成膜剂在小肠上段可迅速溶解。

L 30D – 55 的着色防护包衣：许多活性成分需要一层防护或隔离层来提高稳定性和改善机械性能。L 30D – 55 可用于生产制剂在胃液中快速崩解的防护或隔离包衣。除了单纯的机械稳定性外，对片剂和颗粒还起到防潮和掩口味或气味的功能。依赖于制剂和技术的目标，只需要很薄的膜，即可以达到很好的防护包衣的效果。使用 L 30D – 55 不超过 $0.8 \sim 1 \text{ mg/cm}^2$，相当于大约 $7 \sim 8 \text{ } \mu\text{m}$ 厚的膜，可以视为一个简单的防护包衣，来提高饲料添加剂的有效期，隔离空气影响，隔离相互作用的活性成份，保护易吸潮饲料添加剂，掩盖苦味或不良味道。

8.1.2　丙烯酸乙酯—甲基丙烯酸甲酯共聚物水分散体（NE 30D）

NE 30D 不溶于水，中性渗透缓释型；为乳白色低粘度的液体，具有微弱的特殊气味，能与任何比例的水混溶，呈乳白色。是一种中性甲基丙烯酸聚合物。

特点：不用增塑剂，薄膜柔性好，可用于制备骨架型缓释制剂。用包衣技术或直接加入将饲料添加剂包裹在一定厚度的衣膜内，通过包衣膜来控制和调节剂型中药物在体内外的释放速率，使饲料添加剂以恒定或接近恒定的速率通过膜释放出来，以达到缓释的目的。形成的薄膜能耐唾液且不溶于水和消化液中，但能膨胀并具渗透性，其渗透性与 pH 无关，故饲料添加剂的释放在消化道内不受酶及体液的影响。

NE 30D 乳胶液中固体含量高，也可用于亲水性药物制剂的包衣，释药速率可由包衣厚度调节。用这种聚合物包覆的小丸还可以压制成片剂；其水分散体也能形成水不溶性薄膜。这种软性的聚合物特别适用于骨架片的制粒和不用增塑剂的缓释包衣。

NE 30D 不受离子和 pH 的影响，可用水或缓冲液作为测试介质。它在水中不溶解，但可溶胀，具有较低的渗透性；是一种很柔软的聚合物，不需加入增塑剂。适用于骨架型饲料添加剂。

8.1.3　聚丙烯酸树脂乳胶液（肠溶型）

在 pH 值 >6.5 时溶解（即小肠溶解），肠溶型；为乳白色低粘度混悬均匀的乳胶液，有微弱的气味，与水能以任意比例混合。该产品含有 30% 的固体物质，遇电解质易凝聚，能在 pH 值 6.5 以上的介质中溶解。

本品对 pH 值具有较强的敏感性，使用该材料包衣的饲料添加剂在胃液中不释放、不崩解，有较强的稳定性，一旦进入肠液中，衣膜会迅速溶解，完全释放物料。适用于定向在肠液中释防或崩解的饲料添加剂。

8.1.4　聚丙烯酸树脂乳胶液（胃崩型）

pH 值非依赖性，胃崩缓释型；为乳白色低粘度混悬均匀的乳胶液，有微弱的气味，与水能以任意比例混合。该产品含有30%的固体物质，乳液中胶粒平均直径在0.2 μm以下，遇电解质和一些溶剂均出现不同程度的凝结，成膜在水中不溶解，防潮性能好。用于片剂、丸剂的缓释、控释性包衣，具有良好的可控性。

本品可广泛适用于饲料添加剂中的片剂、丸剂、颗粒剂的胃溶包衣。该包衣液浓度高，粘度低，具有良好的防潮性能，操作顺畅快捷，包衣时间短，包衣成本低，衣膜光滑，色彩艳丽，是目前国内胃溶薄膜包衣应用前景宽广的产品。

8.1.5 聚丙烯酸树脂乳胶液配套用包衣预混剂

本品是由增塑剂、抗粘剂等多种药用辅料的预混合材料，为色泽均匀的无定形粉末；无臭，无味。可以根据制剂品种不同，配制不同的配套用包衣预混剂和聚丙烯酸树脂乳胶液（肠溶型、胃崩型）配套使用，这样可以减少饲料企业自配包衣液难以保证质量的稳定性，且批间差异大，成本高等问题。

8.2 水分散体的特点

水分散体主要有以下特点：①有多种产品可供选用，适合各种功能的包衣（胃溶、肠溶、缓控释和保护隔离包衣及掩味包衣、防潮抗氧化包衣、粉末包衣等）。②以水分散体取代有机溶剂包衣液，生产更安全。③能容纳2~3倍其他辅料，遮色能力较强。④包衣耐磨、光亮。⑤贮存过程中包衣性质稳定。⑥不被动物体内吸收，无刺激性毒性。

8.3 水分散体的用途

广泛用于饲料添加剂行业：泰乐菌素、恩诺沙星、替米考星、维生素C、强力霉素、植酸酶、氟苯尼考、阿奇霉素、金霉素、多种氨基酸等品种的包衣包被。缓释尿素、溶菌酶、半光胺、吉他霉素肠溶颗粒、氧化锌肠溶颗粒、包被包膜缓释型酸化剂、缓控释肥等产品。

8.4 设备要求

聚丙烯酸树脂乳胶液水分散体适用于普通糖衣锅、高效包衣机和流化床等包衣设备，不需增添其他设备。

综上所述，包衣技术在饲料添加剂中的应用是很广泛的，在提高产品稳定性、掩盖不良气味、控制产品在消化道中的释放和提高生物利用度等方面发挥着重要作用。随着药物制剂学的发展，相信一些新的包衣技术会逐步应用到添加剂行业中来，推动整个饲料添加剂行业的发展。

随着国内养殖业的多样化发展，饲料行业也在蓬勃发展，其中有部分饲料必须要包制成胃、肠溶薄膜衣，因而，水分散体系列产品的应用在这一行业也有了用武之地，该项目在未来的国内市场上，无论是药品行业，还是饲料添加剂行业都会给企业带来良好的经济效益和社会效益。

参考文献

[1] 上海医药工业研究院药物制剂研究室. 药用辅料应用技术［M］. 中国医药科技出版社，1991.

[2] 庄越，等. 实用药物制剂技术［M］. 人民卫生出版社，1999.

[3] Graham Cole，John Hogan，Michael Aulton. 郑俊民译. 片剂包衣的工艺和原理片剂包衣的工艺和原理［M］. 中国医药科技出版社，2001.

[4] 国家食品药品监督管理局信息中心. 药物新剂型产品新辅料及新技术汇编［R］. 2003.

鸣　　谢

 北京挑战生物技术有限公司

 上海杰康诺酵母科技有限公司

 韩国希杰集团

 美国金宝公司

 北京挑战牧业科技股份有限公司